Unity3D

游戏开发技术详解与典型案例

吴亚峰　徐歆恺　苏亚光◎编著

人民邮电出版社

北京

图书在版编目（CIP）数据

Unity 3D游戏开发技术详解与典型案例 / 吴亚峰，徐歆恺，苏亚光编著. -- 北京：人民邮电出版社，2023.5
ISBN 978-7-115-60694-5

Ⅰ. ①U… Ⅱ. ①吴… ②徐… ③苏… Ⅲ. ①游戏程序—程序设计 Ⅳ. ①TP317.6

中国版本图书馆CIP数据核字(2022)第237189号

内 容 提 要

本书对Unity集成开发环境的界面、脚本的编写和众多高级特效的实现进行了详细的介绍。本书内容深入浅出，是一本适合不同需求、不同开发水平的读者的技术宝典。

全书共13章。第1章简要介绍Unity的诞生、特点、集成开发环境的搭建及运行机制；第2章对Unity集成开发环境进行详细的介绍；第3章介绍Unity中脚本的编写；第4章主要对Unity开发过程中经常使用的组件及对象进行详细的介绍；第5章介绍Unity集成开发环境中完整的物理引擎体系，包括刚体、碰撞体、关节、交通工具、布料及粒子系统等知识；第6章介绍Unity中着色器的开发和着色器语言，能为读者学习各种高级特效打下良好的基础；第7章介绍游戏开发过程中经常使用的一些着色特效，如边缘发光、描边效果、菲涅尔效果等；第8章介绍天空盒、3D拾取、重力加速度传感器、虚拟按钮与摇杆、声音、水特效及雾特效等常用开发技术；第9章介绍Unity中经常使用的光影效果，主要包括各种光源、阴影、光照贴图、光探头、法线贴图、镜头光晕及反射探头等相关知识；第10章介绍Unity中模型的网格概念及新旧动画系统；第11章详细介绍Unity自带的地形引擎、拖尾渲染器及自动寻路技术等知识；第12章介绍AssetBundle资源包的使用及Lua热更新；第13章介绍Unity中的多线程技术与网络开发。

为了便于读者学习，本书附赠的资源包含了书中所有案例的完整源代码，可以最大限度地帮助读者快速掌握Unity 3D游戏开发技术。

◆ 编　著　吴亚峰　徐歆恺　苏亚光
　　责任编辑　张　涛
　　责任印制　王　郁　焦志炜

◆ 人民邮电出版社出版发行　北京市丰台区成寿寺路11号
　　邮编　100164　电子邮件　315@ptpress.com.cn
　　网址　https://www.ptpress.com.cn
　　三河市君旺印务有限公司印刷

◆ 开本：787×1092　1/16
　　印张：34.25　　　　　　　　　2023年5月第1版
　　字数：901千字　　　　　　　2025年2月河北第5次印刷

定价：129.80元

读者服务热线：(010)81055410　印装质量热线：(010)81055316
反盗版热线：(010)81055315

前　言

为什么要写这样一本书

　　Unity 拥有方便灵活的编辑器、友好的开发环境、丰富的工具套件，旨在帮助开发人员打造最佳游戏效果。不论你是程序员，还是美术师、独立制作人员或大型团队成员，都能使用 Unity 制作游戏并获得成功。

　　本书通过详细讲解 Unity 集成开发环境的搭建、集成开发环境的各个界面、脚本的编写、开发过程中经常应用的技术和对象，以及一些综合案例，为读者提供了一个由浅入深、循序渐进的学习教程，相信每一位读者都会通过本书取得意想不到的收获。

　　近几年 Unity 发展迅猛，截至作者写作本书时，该游戏引擎通过不断优化与改进已经升级到 Unity 2020。Unity 2020 增加了许多新的特性，如推出了新的多玩家和联网解决方案 MLAPI，加入了 HDR 高清渲染管线，实现了 Cinemachine 等。本书也随着该游戏引擎的升级加入了许多新的内容。

本书特点

　　（1）内容丰富，由浅入深

　　本书在组织上本着"起点低，终点高"的原则，内容覆盖了学习 Unity 3D 开发必知必会的基础知识，以及基于着色器语言所实现的高级特效。这样组织内容不仅可以使新手一步步成长为 3D 开发的高手，还能够满足绝大部分想学习 3D 开发的学生与技术人员，以及正在学习 3D 开发的读者的需求。

　　（2）结构清晰，讲解到位

　　本书每个需要讲解的知识点都配有相应的插图与案例，初学者易于上手，有一定基础的读者便于深入。书中所有案例均是根据作者多年的开发心得设计的，结构清晰明朗，便于读者学习。同时，书中还有很多作者多年来积累的编程技巧，对于读者具有很高的参考价值。

　　（3）实用的随书项目资源

　　为了便于读者学习，本书附赠的资源包含了书中所有案例的完整源代码，可以最大限度地帮助读者快速掌握 Unity 3D 游戏开发技术。

内容导读

　　本书共 13 章，内容按照必知必会的基础知识、基于 Unity 集成开发环境及真实大型游戏案例的开发顺序进行详细的讲解。

章名	主要内容
第 1 章 Unity 基础及集成开发环境的搭建	简要介绍 Unity 的诞生、特点、集成开发环境的搭建及其运行机制
第 2 章 Unity 集成开发环境详解	主要对 Unity 集成开发环境进行详细的介绍
第 3 章 Unity 脚本程序开发	介绍 Unity 中脚本的编写,主要讲解的是特定于 Unity 的 C#脚本编写的语法和技巧
第 4 章 Unity 图形用户界面基础	主要对 Unity 开发过程中经常使用的控件及对象进行详细的介绍
第 5 章 物理引擎	介绍 Unity 集成开发环境中完整的物理引擎体系,包括刚体、碰撞体、关节、交通工具、布料及粒子系统等知识
第 6 章 着色器和着色语言	介绍 Unity 中着色器的开发和着色器语言,为各种高级特效的实现打下良好的基础
第 7 章 常用着色器特效	介绍游戏开发过程中经常使用的一些着色器特效,如边缘发光、描边效果、菲涅尔效果等
第 8 章 3D 游戏开发的常用技术	介绍天空盒、3D 拾取、重力加速度传感器、虚拟按钮与摇杆、声音、水特效及雾特效等常用开发技术
第 9 章 光影效果的使用	介绍 Unity 中经常使用的光影效果,主要包括各种光源、阴影、光照贴图、光探头、法线贴图、镜头光晕及反射探头等相关知识
第 10 章 模型与动画	介绍 Unity 中模型的网格概念及新旧动画系统,着重介绍 Mecanim 动画系统
第 11 章 地形与寻路技术	详细介绍 Unity 自带的地形引擎、拖尾渲染器及自动寻路技术等知识
第 12 章 游戏资源更新	介绍 AssetBundle 资源包的使用及 Lua 热更新
第 13 章 多线程技术与网络开发	介绍 Unity 中的多线程技术及网络开发

本书内容丰富,涵盖了从基础知识到高级特效,从简单的应用程序到完整的 3D 游戏案例在内的所有内容,适合不同需求、不同水平层次的各类读者。

(1)初学 Unity 3D 应用开发的读者

本书包括在 Unity 平台进行 3D 应用开发的各方面知识,内容由浅入深,并配有详细的案例,可以帮助初学者循序渐进地学习,最终成为 3D 游戏应用开发的高手。

(2)有一定 3D 开发基础的读者

本书不仅包含 Unity 3D 开发的基础知识,还包含着色器语言、高级光影效果、动画等技术的相关知识,以及 Unity 强大的物理引擎与完整的游戏案例讲解,有利于有一定基础的开发人员进一步提高开发水平与能力。

(3)各个平台的 3D 开发人员

Unity 支持跨平台,可以开发基于各个平台的项目,因此本书适合各种平台的 3D 开发人员学习与使用。

特别说明

本书所有的案例项目及源代码都在随书资源中,读者可加入 QQ 群(277435906)获取。正文中提到某章下面的某个项目目录时,实际指的是资源中此章目录下同名的 ZIP 压缩包。实际使用时,读者需要将所需的压缩包复制到自己的计算机上并解压缩。

本书作者

吴亚峰　毕业于北京邮电大学，后留学澳大利亚卧龙岗大学并取得硕士学位。1998年开始从事Java应用开发，有20多年的Java开发与培训经验。目前主要的研究方向为计算机图形学和深度学习。现任职于华北理工大学并兼任华北理工大学以升大学生创新实验中心移动及互联网软件工作室负责人，同时为VR、AR、手游独立软件开发工程师。多年来不但多次指导学生开发手游作品并获得多项学科竞赛大奖，还为数十家著名企业培养了上千名高级软件开发人员。曾编写过《Unity游戏开发技术详解与典型案例》《Unity 3D游戏开发标准教程》《Unity案例开发大全》《Vulkan开发实战详解》《Android应用案例开发大全》《Android游戏开发大全》等畅销技术图书。

徐歆恺　中国矿业大学（北京）博士，人工智能学会智能交互专委会委员，长期从事人机交互和人工智能方面的教学研究工作，拥有10年以上的移动应用开发经验，多次组织Google Android培训班并担任主讲，曾荣获2016年度"Google奖教金"。

苏亚光　哈尔滨理工大学硕士，从业于计算机软件领域近20年，在软件开发和计算机教学方面有着丰富的经验，曾参与编写过《Unity游戏开发技术详解与典型案例》《Android游戏开发大全》等畅销技术图书。

本书在编写过程中得到了唐山百纳科技软件培训中心的大力支持，同时蒋迪、韩金铖、许凯炎、董杰、郝镓轮、朱一腾、王嘉欣、武飞扬、王鹏晖、赵敬铎、李国江及作者的家人为本书的编写提供了很多帮助，在此表示衷心的感谢！

由于作者的水平和学识有限，且书中涉及的知识较多，难免有错误、疏漏之处，敬请广大读者批评指正，并提出宝贵意见，反馈邮箱为javase6_guide@qq.com。编辑联系邮箱为zhangtao@ptpress.com.cn。

作者

目 录

第 1 章 Unity 基础及集成开发环境的搭建……1

1.1 Unity 基础知识概览……………………1
   1.1.1 初识 Unity………………………1
   1.1.2 Unity 广阔的市场前景…………1
   1.1.3 Unity 的特点……………………1
1.2 Unity 集成开发环境的搭建………………3
   1.2.1 Windows 平台下 Unity 的下载及安装…………………………3
   1.2.2 目标平台的 SDK 与 Unity 的集成…………………………………5
1.3 第一个 Unity 程序………………………6
1.4 本书案例的导入及运行…………………10
1.5 本章小结…………………………………13

第 2 章 Unity 集成开发环境详解……………14

2.1 Unity 集成开发环境……………………14
   2.1.1 Unity 集成开发环境的整体布局………………………………14
   2.1.2 菜单栏……………………………15
   2.1.3 工具栏……………………………15
   2.1.4 Scene 窗口………………………16
   2.1.5 Game 窗口………………………18
   2.1.6 Hierarchy 面板…………………19
   2.1.7 Project 面板……………………20
   2.1.8 Inspector 面板…………………21
   2.1.9 状态栏与控制台…………………21
   2.1.10 Animation 窗口………………21
   2.1.11 动画控制器编辑窗口…………21
2.2 菜单栏……………………………………21
   2.2.1 File………………………………22
   2.2.2 Edit………………………………23
   2.2.3 Assets……………………………28
   2.2.4 GameObject……………………31
   2.2.5 Component……………………34
   2.2.6 Window…………………………38
2.3 本章小结…………………………………40

第 3 章 Unity 脚本程序开发…………………41

3.1 Unity 脚本概述…………………………41
3.2 Unity 中 C#脚本的注意事项……………41
3.3 Unity 脚本的基础语法…………………43
   3.3.1 对游戏对象的常用操作…………43
   3.3.2 记录时间…………………………43
   3.3.3 访问游戏对象组件………………44
   3.3.4 访问其他游戏对象………………45
   3.3.5 向量………………………………47
   3.3.6 成员变量…………………………48
   3.3.7 实例化游戏对象…………………49
   3.3.8 协同程序及其中断………………50
   3.3.9 一些重要的类……………………50
   3.3.10 特定文件夹……………………55
   3.3.11 脚本编译………………………56
   3.3.12 与销毁相关的方法……………56
   3.3.13 性能优化………………………58
3.4 综合案例…………………………………58
   3.4.1 案例策划及准备工作……………59
   3.4.2 创建项目及搭建场景……………59
   3.4.3 飞机控制脚本的编写……………60
   3.4.4 摄像机跟随脚本的编写…………63
3.5 本章小结…………………………………64

第 4 章 Unity 图形用户界面基础……………65

4.1 图形用户界面……………………………65
   4.1.1 图形用户界面的控制变量………65
   4.1.2 图形用户界面中的常用控件……71
   4.1.3 图形用户界面中的常用方法……86
   4.1.4 图形用户界面控件综合案例……93
4.2 UGUI 系统………………………………95
   4.2.1 UGUI 系统的基础知识…………95
   4.2.2 UGUI 控件………………………97

4.2.3　UGUI 布局管理器及相关
　　　　　组件介绍 ················104
　　4.2.4　UGUI 中不规则形状的
　　　　　按钮的碰撞检测 ············106
　　4.2.5　屏幕自适应和锚点 ············107
　　4.2.6　UGUI 综合案例——音乐
　　　　　播放器的 UI 搭建 ············107
4.3　Prefab 资源的应用 ················113
　　4.3.1　Prefab 资源的创建 ············113
　　4.3.2　利用 Prefab 资源实例化游戏
　　　　　对象 ··················114
　　4.3.3　Prefab 的编辑 ···············114
4.4　常用的输入对象 ··················115
　　4.4.1　Touch 对象 ················115
　　4.4.2　Input 对象 ················117
4.5　本章小结 ······················121

第 5 章　物理引擎 ················122

5.1　刚体 ·························122
　　5.1.1　刚体特性 ··················122
　　5.1.2　物理管理器 ················129
5.2　铰接体 ·······················130
　　5.2.1　铰接体的属性 ················131
　　5.2.2　铰接体的创建 ················131
　　5.2.3　运行效果 ··················135
5.3　碰撞体 ·······················135
　　5.3.1　碰撞体的添加 ················136
　　5.3.2　碰撞过滤 ··················137
　　5.3.3　触发器 ····················139
　　5.3.4　碰撞检测 ··················139
　　5.3.5　物理材质 ··················140
　　5.3.6　碰撞体交互 ················141
5.4　关节 ························142
　　5.4.1　铰链关节的属性 ··············142
　　5.4.2　铰链关节的创建 ··············143
　　5.4.3　固定关节的属性 ··············144
　　5.4.4　固定关节的创建 ··············144
　　5.4.5　弹簧关节的属性 ··············144
　　5.4.6　弹簧关节的创建 ··············145
　　5.4.7　角色关节的属性 ··············145
　　5.4.8　角色关节的创建 ··············146
　　5.4.9　可配置关节的属性 ············146
　　5.4.10　可配置关节的创建 ···········147

　　5.4.11　关节综合案例——
　　　　　　机械手 ················148
5.5　交通工具 ·····················152
　　5.5.1　车轮碰撞体的添加 ············153
　　5.5.2　车轮碰撞体的属性 ············153
　　5.5.3　车轮碰撞体的应用 ············153
5.6　布料 ························157
　　5.6.1　蒙皮网格渲染器属性 ··········158
　　5.6.2　布料属性 ··················158
　　5.6.3　布料的简单案例 ··············159
5.7　力场 ························160
　　5.7.1　力场组件的属性 ··············160
　　5.7.2　力场综合案例 ················161
5.8　角色控制器 ···················161
　　5.8.1　角色控制器组件的属性 ········161
　　5.8.2　角色控制器的案例 ············162
5.9　粒子系统 ·····················162
　　5.9.1　粒子系统的简介 ··············162
　　5.9.2　粒子系统的属性 ··············163
　　5.9.3　通过脚本控制粒子系统 ········173
　　5.9.4　粒子系统的综合应用 ··········180
5.10　物理引擎在动画系统中的使用 ···185
　　5.10.1　场景的搭建 ················185
　　5.10.2　脚本的开发 ················187
　　5.10.3　运行效果 ··················187
5.11　物理引擎综合案例 ·············188
　　5.11.1　场景的搭建 ················188
　　5.11.2　界面的搭建 ················192
　　5.11.3　脚本的开发 ················193
　　5.11.4　案例开发总结 ··············195
5.12　本章小结 ·····················196

第 6 章　着色器和着色语言 ········197

6.1　初识着色器 ···················197
　　6.1.1　着色器概述 ················197
　　6.1.2　材质、着色器与贴图 ··········198
　　6.1.3　ShaderLab 语法基础 ··········198
　　6.1.4　着色器中涉及的各种空间
　　　　　概念 ··················204
6.2　渲染管线 ·····················206
　　6.2.1　OpenGL 渲染管线 ············206
　　6.2.2　DirectX 渲染管线 ············212
　　6.2.3　Unity 可编程渲染阶段 ········213

6.3 着色器的3种形态 213
  6.3.1 固定管线着色器 213
  6.3.2 顶点片元着色器 214
  6.3.3 表面着色器 219
6.4 表面着色器的基础知识及应用 220
  6.4.1 表面着色器的基础知识 220
  6.4.2 通过表面着色器实现体积雾 225
6.5 渲染通道的通用指令 230
  6.5.1 设置LOD数值 230
  6.5.2 渲染队列 232
  6.5.3 混合操作 233
  6.5.4 Alpha测试 235
  6.5.5 深度测试 236
  6.5.6 模板测试 239
  6.5.7 通道遮罩 242
  6.5.8 面的剔除操作 243
  6.5.9 抓屏操作 245
6.6 曲面细分着色器 246
  6.6.1 固定数量的曲面细分 246
  6.6.2 基于距离的曲面细分 248
  6.6.3 基于边缘长度的曲面细分 249
  6.6.4 Phong曲面细分 251
6.7 几何着色器 252
6.8 Standard Shader 254
  6.8.1 什么是基于物理的着色 254
  6.8.2 材质编辑器 254
6.9 着色器的组织、复用和移动平台上的优化 256
  6.9.1 着色器的组织和复用 257
  6.9.2 移动平台上的优化 261
6.10 Shader Graph 263
  6.10.1 Shader Graph环境安装 263
  6.10.2 创建一个Shader Graph 263
6.11 着色器综合案例 263
  6.11.1 着色器综合案例一 264
  6.11.2 着色器综合案例二 278
6.12 本章小结 281

第7章 常用着色器特效 282

7.1 顶点动画 282
  7.1.1 基本原理 282
  7.1.2 开发步骤 283
7.2 纹理动画 285
  7.2.1 基本原理 285
  7.2.2 开发步骤 286
7.3 边缘发光 287
  7.3.1 基本原理 287
  7.3.2 开发步骤 287
7.4 描边效果 289
  7.4.1 基本原理 289
  7.4.2 开发步骤 290
7.5 遮挡透视效果 292
  7.5.1 基本原理 292
  7.5.2 开发步骤 292
7.6 菲涅尔效果 293
  7.6.1 基本原理 293
  7.6.2 立方体纹理技术 294
  7.6.3 开发步骤 294
7.7 高斯模糊 297
  7.7.1 基本原理 297
  7.7.2 开发步骤 298
7.8 Bloom效果 301
  7.8.1 基本原理 301
  7.8.2 开发步骤 301
7.9 景深 304
  7.9.1 基本原理 304
  7.9.2 开发步骤 304
7.10 积雪效果 306
  7.10.1 基本原理 306
  7.10.2 开发步骤 307
7.11 浴室玻璃 309
  7.11.1 基本原理 309
  7.11.2 开发步骤 309
7.12 消融效果 311
  7.12.1 基本原理 311
  7.12.2 开发步骤 311
7.13 能量罩 313
  7.13.1 基本原理 313
  7.13.2 开发步骤 313
7.14 本章小结 316

第8章 3D游戏开发的常用技术 317

8.1 立方贴图技术的应用 317
  8.1.1 Unity天空盒 317
  8.1.2 Cubemap的应用 320
  8.1.3 HDR天空盒设置 322
8.2 3D拾取技术 324

8.2.1 3D 拾取技术简介 ……… 324
8.2.2 切换可拾取性 ……… 326
8.3 视频播放器——Video Player ……… 327
8.3.1 视频的属性 ……… 327
8.3.2 视频播放器应用案例 ……… 328
8.4 动态字体 ……… 330
8.5 重力加速度传感器 ……… 331
8.6 PlayerPrefs 类 ……… 333
8.7 虚拟按钮与摇杆的使用 ……… 334
8.7.1 下载并导入标准资源包 ……… 335
8.7.2 使用虚拟按钮和摇杆的案例 ……… 335
8.8 线的渲染——Line Renderer ……… 337
8.9 Render Texture 的应用 ……… 339
8.10 声音——Audio ……… 341
8.10.1 声音类型 ……… 341
8.10.2 音频管理器 ……… 341
8.10.3 音频监听器 ……… 342
8.10.4 音频源 ……… 342
8.10.5 音频效果 ……… 346
8.10.6 音频混响区 ……… 349
8.10.7 简单的声音控制案例 ……… 350
8.10.8 混音器 ……… 351
8.10.9 录音 ……… 357
8.11 Cinemachine 相机 ……… 359
8.11.1 Cinemachine 相机的下载与安装 ……… 359
8.11.2 Cinemachine 相机的使用方法 ……… 359
8.12 Timeline 的使用 ……… 360
8.13 多场景编辑——Multi-Scene Editing ……… 361
8.13.1 多场景编辑的基础操作 ……… 361
8.13.2 多场景编辑的高级操作 ……… 363
8.13.3 多场景编辑模式还存在的问题 ……… 364
8.14 水特效 ……… 364
8.14.1 基础知识 ……… 364
8.14.2 水特效案例 ……… 365
8.15 雾特效 ……… 367
8.15.1 雾效果基本原理 ……… 367
8.15.2 场景搭建及开发步骤 ……… 367
8.16 3D 场景中的其他特效 ……… 371
8.16.1 光源周围的光晕 ……… 371
8.16.2 面板渲染 ……… 371
8.16.3 投影器 ……… 372
8.17 本章小结 ……… 372

第 9 章 光影效果的使用 ……… 373
9.1 渲染路径与颜色空间 ……… 373
9.1.1 渲染路径 ……… 373
9.1.2 颜色空间 ……… 374
9.2 光源 ……… 375
9.2.1 点光源 ……… 375
9.2.2 平行光光源 ……… 376
9.2.3 聚光灯光源 ……… 377
9.2.4 区域光光源 ……… 377
9.2.5 发光材质 ……… 378
9.2.6 Cookies ……… 378
9.2.7 光照过滤 ……… 378
9.3 阴影 ……… 379
9.3.1 阴影质量 ……… 379
9.3.2 阴影性能 ……… 381
9.4 光照贴图 ……… 381
9.4.1 对场景进行光照烘焙 ……… 381
9.4.2 光照烘焙参数详解 ……… 383
9.5 光探头 ……… 386
9.5.1 Light Probes 的使用 ……… 386
9.5.2 Light Probes 应用细节 ……… 388
9.5.3 LPPV 光探头代理 ……… 388
9.6 法线贴图 ……… 390
9.6.1 在 Unity 中使用法线贴图 ……… 391
9.6.2 如何在 3ds Max 中制作法线贴图 ……… 393
9.7 镜头光晕——Flare ……… 394
9.8 反射探头 ……… 395
9.8.1 反射探头的使用 ……… 395
9.8.2 反射探头属性详解 ……… 397
9.9 镜子的开发 ……… 399
9.9.1 场景的搭建 ……… 399
9.9.2 镜面着色器的开发 ……… 402
9.9.3 C#脚本的开发 ……… 403
9.10 真实水面效果的开发 ……… 405
9.10.1 基本原理 ……… 406
9.10.2 场景的搭建 ……… 407
9.10.3 C#脚本的开发 ……… 407
9.10.4 镜面着色器的开发 ……… 410
9.11 本章小结 ……… 412

第10章 模型与动画 413

10.1 3D 模型导入 413
10.1.1 主流 3D 建模软件的介绍 413
10.1.2 Unity 与建模软件单位的比例关系 414
10.1.3 将 3D 模型导入 Unity 415

10.2 网格——Mesh 416
10.2.1 网格过滤器 416
10.2.2 Mesh 的属性和方法 416
10.2.3 Mesh 的使用 417
10.2.4 使用 Mesh 使物体变形的简单案例 417

10.3 第三方切割工具库 Shatter Toolkit 的使用 422
10.3.1 Shatter Toolkit 简介 422
10.3.2 使用 Shatter Toolkit 的简单案例 424

10.4 旧版动画系统 431
10.4.1 导入角色动画资源 431
10.4.2 动画控制器 432
10.4.3 动画脚本 433
10.4.4 使用旧版动画系统的简单案例 434

10.5 Mecanim 动画系统 437
10.5.1 角色动画的配置 437
10.5.2 动画控制器的创建 443
10.5.3 动画控制器的配置 443
10.5.4 角色动画的重定向 446
10.5.5 角色动画的混合——创建动画混合树 449
10.5.6 角色动画的混合——混合类型介绍 450
10.5.7 Mecanim 中的代码控制 451
10.5.8 案例分析 456

10.6 动画变形——Blend Shapes 459
10.7 本章小结 462

第11章 地形与寻路技术 463

11.1 地形引擎 463
11.1.1 地形的创建 463
11.1.2 灰度图的使用 468

11.2 树编辑器 469
11.2.1 属性介绍 469
11.2.2 简单案例 471

11.3 拖尾渲染器——Trail Renderer 473
11.3.1 背景介绍 473
11.3.2 拖尾渲染器属性介绍 473
11.3.3 拖尾渲染器的使用 474
11.3.4 产生汽车轮胎刹车痕案例 474

11.4 自动寻路技术 478
11.4.1 基础知识 478
11.4.2 简单案例 479

11.5 本章小结 483

第12章 游戏资源更新 484

12.1 AssetBundle 资源包 484
12.1.1 AssetBundle 简介 484
12.1.2 创建 AssetBundle 484
12.1.3 AssetBundle 的下载 487
12.1.4 AssetBundle 的加载和卸载 489
12.1.5 关于 AssetBundle 490
12.1.6 本节小结 491

12.2 Lua 热更新 491
12.2.1 热更新的基本介绍 492
12.2.2 XLua 的基本介绍 493
12.2.3 XLua 框架介绍 494
12.2.4 XLua 常用方法介绍 495
12.2.5 XLua 热更新案例 497
12.2.6 热更新服务器配置 502
12.2.7 本节小结 504

12.3 本章小结 504

第13章 多线程技术与网络开发 505

13.1 多线程技术 505
13.1.1 多线程技术的基础知识 505
13.1.2 多线程技术用于大量计算 506
13.1.3 多线程技术在网络开发中的应用 508

13.2 UnityWebRequest 类 511
13.2.1 用 UnityWebRequest 类下载网络资源 512

13.2.2　场景搭建············512
　13.3　JSON··················514
　　　13.3.1　JSON 的基础知识·······514
　　　13.3.2　JSON 的解析··········514
　13.4　网络类——Network·········515
　　　13.4.1　静态变量············515
　　　13.4.2　静态方法············518
　　　13.4.3　消息发送············523
　13.5　基于 MLAPI 开发网络游戏······524
　　　13.5.1　非授权服务器和授权
　　　　　　服务器·············524
　　　13.5.2　Network Manager 组件·····524
　　　13.5.3　使用 MLAPI 进行开发·····525
　13.6　基于 Photon 服务器开发网络
　　　　游戏··················529
　　　13.6.1　环境搭建············529
　　　13.6.2　案例的效果预览········530
　　　13.6.3　案例场景的搭建········530
　　　13.6.4　脚本的编写··········531
　13.7　本章小结················533

第 1 章 Unity 基础及集成开发环境的搭建

本章主要介绍 Unity 的基础知识及集成开发环境的搭建。学完本章后，读者将对 Unity 有一个大致的了解。通过对本书案例的导入及运行，读者可以方便地使用自己计算机上的 Unity 进行效果预览和其他操作。

1.1 Unity 基础知识概览

本节主要介绍 Unity 的发展历史及其特点，主要内容包括初识 Unity、Unity 广阔的市场前景和 Unity 的特点等。通过对本节的学习，读者将对 Unity 有一个基本的认识。

1.1.1 初识 Unity

Unity 是由 Unity Technologies 开发的一个用于轻松创建三维视频游戏、建筑可视化、实时三维动画等互动内容的多平台综合型游戏开发工具，是一个全面整合的专业游戏引擎。Unity 简单的用户界面使开发人员可以轻松完成各种工作。

Unity 的编辑器运行在 Windows 和 macOS 下，可发布游戏至 Windows、macOS、Wii、iOS 和 Android 平台，也可以利用 Unity Web Player 插件发布网页游戏，支持 macOS 和 Windows 的网页浏览，并且 Unity 的网页播放器也得到了 Mac Widget 的支持。

1.1.2 Unity 广阔的市场前景

近年来，Android 平台游戏、iOS 平台游戏及基于 Web 的网页游戏发展迅猛，成为带动游戏发展的中坚力量。

Unity 不仅可以应用于游戏领域，还可以用于 3D 虚拟仿真、大型产品 3D 展示、3D 虚拟展会、3D 场景导航及一些精密仪器使用方法的演示等，其应用领域非常广泛。

1.1.3 Unity 的特点

在游戏开发领域，Unity 用其强大的技术和先进的理念征服了全球众多的公司及游戏开发人员。本小节将介绍 Unity 的特点，帮助读者进一步学习 Unity。

Unity 的基本特点

（1）综合编辑

Unity 的用户界面是层级式的综合开发环境，具备视觉化编辑、详细的属性编辑器和动态的游戏预览特性。由于其强大的综合编辑特性，Unity 被用来快速制作或开发游戏原型。

（2）图形引擎

Unity 使用的图形引擎是 DirectX 12、Vulkan 和其自有的 API（Wii）。

（3）资源导入

在 Unity 中，项目中的资源会被自动导入，并可根据资源的改动自动更新。虽然很多主流的三维建模软件为 Unity 所支持，不过 Unity 对 3ds Max、Maya、Blender、Cinema 4D 和 Cheetah3D 的支持相对较好。

（4）着色器（Shader）

Unity 中着色器的编写使用的是 ShaderLab 语言，但 Unity 同时支持自有工作流中的编程方式或用 Cg、GLSL 编写的着色器。

（5）地形编辑器

Unity 内建有强大的地形编辑器，支持地形创建、树木与植被贴片，以及自动地形 LOD，还支持水面特效。即便是低端硬件，也可流畅显示广阔茂盛的植被景观，甚至可以使用 TreeEditor 来编辑树木的各部位细节。

（6）物理引擎

物理引擎是一个计算机程序，用于模拟牛顿力学模型，并使用质量、速度、摩擦力和空气阻力等变量来预测模型在不同情况下的效果。Unity 内置强大的 NVIDIA PhysX 物理引擎，可以帮助开发人员方便、准确地开发出所需要的物理特效。

PhysX 可以用 CPU 来计算，但其程序本身在设计上还可以调用独立的浮点处理器（如 GPU 和 PPU）来计算。也正因为如此，它可以轻松完成像流体力学模拟那样的大计算量的物理模拟计算。并且 PhysX 物理引擎还可以在 Windows、Linux、Xbox360、macOS、Android 等平台上运行。

（7）音频和视频

Unity 中的音效系统基于 OpenAL 程式库，可以播放 Ogg Vorbis 的压缩音效；Unity 中的视频系统采用 Theora 编码，支持实时三维图形混合音频流和视频流。

OpenAL 的主要功能是在来源物体、音效缓冲和收听者中编码。来源物体包含一个指向缓冲区的指标，包括声音的速度、位置和方向，以及声音强度。收听者包含收听者的速度、位置和方向，以及全部声音的整体增益。

（8）脚本

游戏脚本基于 Mono，Mono 是一个基于.NET Framework 的开源平台，因此开发人员可用 JavaScript、C#等语言编写脚本。

> **提示** 由于 JavaScript 和 C#脚本语言是目前 Unity 开发中比较流行的语言，同时考虑到脚本语言的通用性，因此本书采用 JavaScript 和 C#两种脚本语言编写脚本，给读者带来更多的选择。

（9）真实的光影效果

Unity 提供了具有柔和阴影与光照贴图的高度完善的光影渲染系统。光照贴图（Lightmap）是包含了视频游戏中面的光照信息的一种三维引擎的光强数据。光照贴图是预先计算好的，而且要用在静态目标上。

Unity 采用了实时全局光照技术 Enlighten。Enlighten 是目前仅有的为实现 PC 和移动游戏中的完全动态光照效果而优化的实时全局光照技术。Enlighten 的实时技术极大地改善了工作流程。

> **说明** 静态目标（Static Object）在三维引擎里是区别于动态目标（Dynamic Object）的一种分类。

（10）集成2D游戏开发工具

2D游戏在当今的游戏市场中仍然占据着很大的市场份额，尤其是移动设备（如手机、平板电脑等）支持的2D游戏仍然是主流游戏类型。针对这种情况，Unity 在4.3及以上版本中加入了 Unity 2D游戏开发工具集。

使用 Unity 2D 游戏开发工具集可以非常方便地开发 2D 游戏，利用工具集中的 2D 游戏换帧动画图片制作工具可以快速地制作 2D 游戏换帧动画。Unity 为 2D 游戏开发集成了 Box2D 物理引擎并提供了一系列 2D 物理组件，使用这些组件可以非常简单地在 2D 游戏中实现物理特性的模拟。

（11）虚拟现实与增强现实

无论是VR、AR还是MR，都可以依靠 Unity 高度优化的渲染管线与编辑器快速迭代能力将XR创意带入现实。

（12）Unity Analytics

Unity Analytics 服务为游戏而生，其原生集成到 Unity，无须安装 SDK，能够为开发人员提供指定信息用于调整游戏玩法与多个平台的最佳体验，并帮助开发人员实现利益最大化。

现在市面上已经推出了很多由 Unity 开发的基于 Android 平台、iOS 平台、PC 平台、VR 平台的游戏及大型的3D网页游戏，这些游戏都得到了很高的评价。

1.2 Unity 集成开发环境的搭建

本节将介绍 Unity 集成开发环境的搭建步骤，共两步：一是 Unity 的下载及安装；二是目标平台的 SDK 与 Unity 的集成，包括在 Windows 平台下安装 Android SDK 和在 macOS 平台下安装 iOS SDK。

1.2.1 Windows 平台下 Unity 的下载及安装

本小节将讲述如何在 Windows 平台下搭建 Unity 的集成开发环境，主要包括如何从 Unity 官网下载 Windows 平台下使用的 Unity 游戏开发引擎，以及如何安装下载好的 Unity 安装程序。具体的步骤如下。

（1）登录 Unity 官方网站 https://unity.cn，在下载栏中单击"所有版本"，找到 2020.3.14。单击"下载(Win)"→"Unity Editor 64-bit"，如图 1-1 所示。

（2）下载完成后双击 UnitySetup.exe 进入安装界面。单击 Next 按钮进入许可证协议界面，勾选 I accept the terms of the License Agreement 复选框。然后一直单击 Next 按钮直到安装完成。

▲图 1-1 下载合适版本的 Unity

除了安装 Unity，还需要安装 Unity Hub。Unity Hub 是 Unity 官网推出的用于简化工作流程的桌面端应用程序。它提供了一个用于管理 Unity 项目，简化下载、查找、卸载及安装管理多个 Unity 版本的工具。下面介绍如何安装 Unity Hub。

（1）在 Unity 官网页面中单击"下载 Unity Hub"按钮，在弹出的"提示"对话框中单击"Windows 下载"按钮，如图 1-2 所示。

第 1 章 Unity 基础及集成开发环境的搭建

▲图 1-2 下载 Unity Hub

（2）下载完毕后双击 UnityHubSetup.exe 进入安装界面。单击"我同意"按钮进入下一步，选择安装位置，等待程序安装完成。

（3）打开 Unity Hub，如图 1-3 所示，可以看到主界面下方"还没有任何项目"的提示，单击"管理许可证"按钮进入许可证管理界面，如图 1-4 所示。

▲图 1-3 Unity Hub 主界面

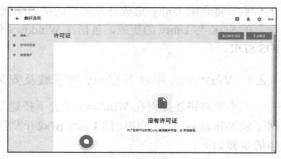

▲图 1-4 许可证管理界面

（4）单击"激活新许可证"按钮，在许可证激活界面中单击"Unity 个人版"→"我不以专业身份使用 Unity。"单选按钮，如图 1-5 所示，单击"完成"按钮即可获得许可。

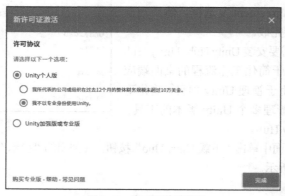

▲图 1-5 许可证激活界面

1.2 Unity 集成开发环境的搭建

（5）完成许可证激活后在主界面中切换到"安装"选项卡，单击"添加已安装的版本"按钮，找到下载好的 Unity 的可执行文件并单击"添加"按钮。返回主界面，单击"新建"按钮将项目命名为"Hello world"，选择安装路径，如图 1-6 所示，单击"创建"按钮，进入 Unity 开发环境，如图 1-7 所示。

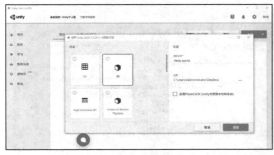

▲图 1-6 创建新项目

▲图 1-7 Unity 开发环境

在 macOS 平台上安装 Unity 和在 Windows 平台上安装的步骤差不多，此处不赘述。

1.2.2 目标平台的 SDK 与 Unity 的集成

Unity 可发布游戏至 Window、macOS、Wii、iOS 和 Android 等平台，因此对不同的平台需要下载安装并集成目标平台的 SDK。本小节将详细介绍如何把目标平台的 SDK 集成到 Unity。

1. Android SDK 的下载、安装与集成

前面已经对 Unity 的下载与安装进行了详细的介绍，本小节将进行 Android SDK 的下载、安装与集成，具体的步骤如下。

> 说明：由于 Android 是基于 Java 的，所以要先安装 JDK。

（1）在 http://developer.android.com 页面下载 Android SDK，将下载好的 SDK 压缩包解压到任意盘的根目录下，此处将 SDK 放在了 D 盘 Android 目录下。

（2）右击"我的电脑"，选择"属性"→"高级"→"环境变量"，打开 Path 系统环境变量，将 SDK 的解压目录中的 tools 目录 D:\Android\ sdk\tools 添加进去，如图 1-8 所示。单击"确定"按钮完成配置。

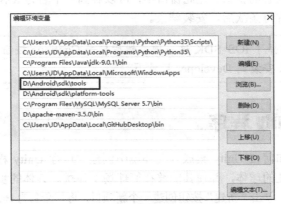

▲图 1-8 SDK 环境变量配置

（3）进入 Unity 集成开发环境，选择 Edit→Preferences，如图 1-9 所示。在弹出的 Unity Preferences 对话框中选择 External Tools 选项，并选择正确的 Android SDK 路径，如图 1-10 所示。

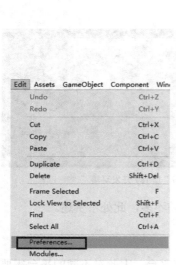

▲图 1-9 选择 Preferences

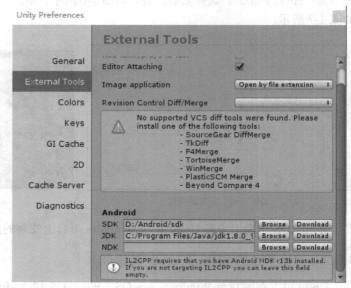

▲图 1-10 Unity Preferences 对话框

2．iOS SDK 的下载、安装与集成

由于 Unity 是跨平台的，所以 Unity 在 iOS 平台下同样可以正常运行。iOS SDK 的下载、安装和集成与 Android SDK 的下载、安装和集成的操作大体相同。

（1）登录 Apple Developer 的官网 http://developer.apple.com，下载 iOS SDK。

（2）如果有 Apple ID，则只需填写好账号和密码，单击 Sign In 按钮登录。若没有 Apple ID，则需先创建一个，创建账号是免费的。在注册信息界面，所有必须填写的信息都要填写正确，最好用英文。

（3）成功登录后，下载 iOS SDK。SDK 是以磁盘镜像文件的形式提供的，默认保存在 Downloads 文件夹下。

（4）单击此磁盘镜像文件即可进行加载。加载后就会看到一个名为 iOS SDK 的卷。打开这个卷会出现一个显示该卷内容的窗口。在此窗口中，可以看到一个名为 iOS SDK 的包。双击此包即可开始安装。同意若干许可条款后，安装结束。

> **提示** 确保选择了 iOS SDK 这一项，然后单击 Continue 按钮。安装程序会将 Xcode 和 iOS SDK 安装到 Developer 目录下。

1.3 第一个 Unity 程序

本节将详细地介绍如何在 Unity 集成开发环境中创建并运行 Unity 程序。本节案例的主要内容为：制作一个具有弹性的球体，并使其能够在篮球场上弹跳。具体的步骤如下。

（1）启动 Unity Hub，单击"新建"按钮创建一个新项目，将其命名为 BallSample，选择 3D 选项，即建立 3D 项目，如图 1-11 所示。单击"创建"按钮，完成创建并进入 Unity 集成开发环境，开始开发程序。

1.3 第一个 Unity 程序

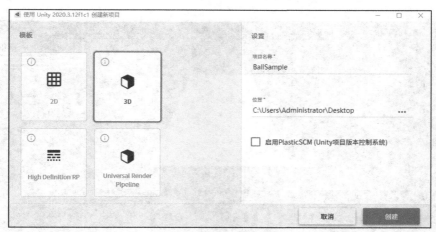

▲图 1-11　新建项目窗口

（2）进入 Unity 集成开发环境后，单击 GameObject→3D Object→Cube，创建一个 Cube 对象，如图 1-12 所示。

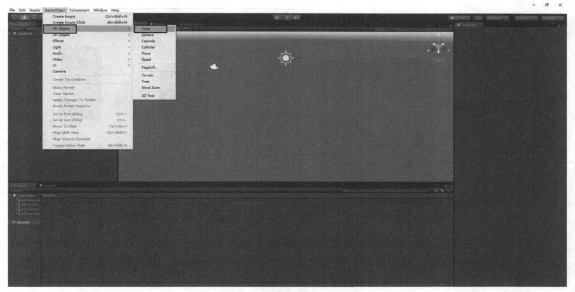

▲图 1-12　创建一个 Cube 对象

（3）在 Unity 集成开发环境中的 Hierarchy 面板里双击刚刚创建的 Cube 对象，Scene 窗口的中心就会出现该 Cube 对象。

（4）在 Hierarchy 面板里单击刚刚创建的 Cube 对象，右侧的 Inspector 面板会立即显示 Cube 对象的所有属性。调整其位置参数、旋转参数和缩放参数，如图 1-13 所示。

（5）在 Unity 集成开发环境中，单击 Assets→Import New Asset，如图 1-14 所示，导入所需要使用的资源文件。在这个案例中，所需要导入的资源是纹理图片，选中需要导入的纹理图片，单击 Import 按钮完成导入，如图 1-15 所示。

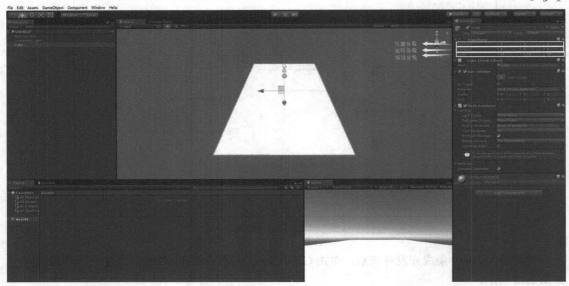

▲图1-13 调整参数

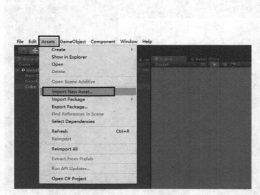

▲图1-14 单击Import New Asset

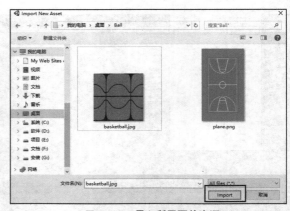

▲图1-15 导入所需要的资源

（6）要为创建的 Cube 对象添加合适的纹理贴图，就需要创建一个材质对象。具体步骤为单击 Assets→Create→Material，此时资源列表中会生成一个 New Material.mat 文件，如图1-16所示。将其重命名为plane.mat，在其属性栏中单击Albedo前的"⊙"符号，弹出Select Texture对话框，在其中选择合适的纹理贴图，如图1-17所示。然后关闭对话框。

▲图1-16 创建材质对象

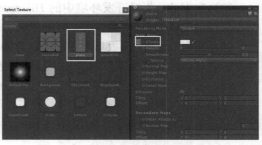

▲图1-17 选择贴图

(7) 单击 GameObject→3D Object→Sphere，创建一个 Sphere（球体）对象，为其添加纹理 basketball.mat，效果如图 1-18 所示。设置其 Transform 组件中的参数，如图 1-19 所示。

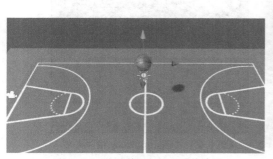
▲图 1-18 为球体添加纹理后的效果

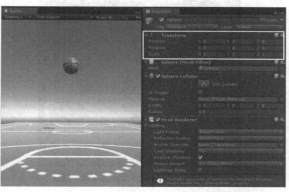
▲图 1-19 设置 Transform 组件中的参数

(8) 为场景添加一个光源，这里创建的是平行光光源。具体步骤为：单击 GameObject→Light→Directional Light，光源在 Scene 窗口中的效果如图 1-20 所示。在右侧的 Inspector 面板中调整其位置、姿态、缩放比例、光照颜色、光照强度、阴影类型等参数，如图 1-21 所示。

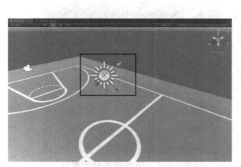
▲图 1-20 光源的效果

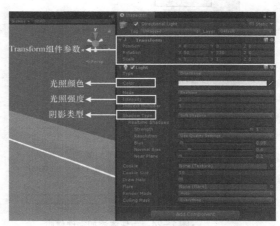
▲图 1-21 调整参数

(9) 在 Unity 集成开发环境中的 Hierarchy 面板里单击 Main Camera（主摄像机），在右侧的 Inspector 面板中调整主摄像机的参数，包括位置、姿态、大小、背景颜色、投影方式、视角大小等。

> 提示：每一个新创建的场景都会自带一个主摄像机及一个平行光光源，用户可以直接使用。

(10) 为 Sphere 对象添加 Rigidbody（刚体）组件，先在 Hierarchy 面板中选中 Sphere 对象，之后单击 Inspector 面板底部的 Add Component 按钮，如图 1-22 所示。选择 Physics→Rigidbody，并调整其属性，如图 1-23 所示。

▲图 1-22　单击 Add Component 按钮

▲图 1-23　调整 Rigidbody 组件属性

（11）如果想要球体具有弹性，需要为球体对象添加物理材质，具体步骤为：单击 Assets→Create→Physic Material，如图 1-24 所示。在 Inspector 面板中为其设置合适的 Bounciness 参数，如图 1-25 所示。除此之外，也要用相同的方法给地面添加物理材质。

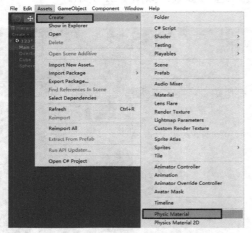

▲图 1-24　为球体添加物理材质

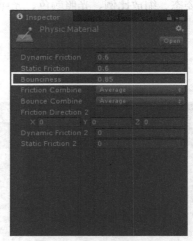

▲图 1-25　设置物理材质属性

（12）一切准备完毕后，单击"运行"按钮，创建的 Unity 程序的运行效果就会在 Game 窗口里展现出来。

1.4　本书案例的导入及运行

本节将以随书资源中上一节的案例为例，详细地介绍如何导入并运行现有项目。读者可参照以下操作步骤将随书资源中的各个项目案例导入自己计算机上的 Unity 进行效果预览和其他操作。具体的导入操作步骤如下。

（1）启动 Unity Hub，单击"添加"按钮。

（2）找到项目文件夹的存放路径，选择要导入的项目文件夹，这里以书中上一节制作的案例为例。选择 BallSample 文件夹，单击"选择文件夹"按钮。

1.4 本书案例的导入及运行

> **提示** 在进行这一步之前,必须把随书资源中对应的案例项目文件夹复制到计算机的某个路径下(路径中不能出现中文)。

(3) Unity 会重新启动,进入 Unity 后在 Project 面板中的 Assets/Scene 文件夹下找到 sence1.unity 文件,双击该文件就能在场景中看到运行效果了。

将项目导入 Android 手机的主要步骤如下。

(1) 单击 File→Build Settings,如图 1-26 所示。在弹出的 Build Settings 对话框中,单击 Add Open Scenes 按钮添加游戏需要的场景,在 Platform 列表框中选择 Android 选项,如图 1-27 所示。

▲图 1-26 单击 Build Settings

▲图 1-27 Build Settings 对话框(1)

(2) 单击 Build And Run 按钮,弹出选择 APK 包存放路径的对话框,如图 1-28 所示。在其中选择一个路径用于存放生成的游戏 APK 包,在"文件名"文本框中输入生成的 APK 包的名字,单击"保存"按钮开始将游戏导入手机,系统弹出导入进度条,如图 1-29 所示。

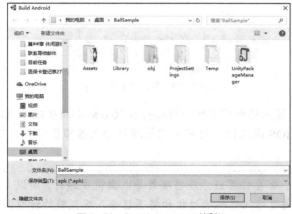

▲图 1-28 Build Android 对话框

▲图 1-29 导入进度条(1)

（3）导入需要一定的时间，请耐心等待。导入结束后手机就会自动进入游戏界面并且手机上会显示游戏图标。

（4）如果在 Build Settings 对话框中单击 Build 按钮，则只会生成 APK 包而不会将游戏自动导入手机，所以使用这种方法生成游戏 APK 包时不用连接手机。

导出 iOS 项目的具体步骤如下。

（1）打开 Build Settings 对话框，在 Platform 列表框中选择 iOS 选项，如图 1-30 所示。单击 Player Settings 按钮打开 Player Settings 对话框，设置 SDK Version 参数值为 Simulator SDK，以便能导出项目到 iOS 虚拟机上运行，如图 1-31 所示。

▲图 1-30　Build Settings 对话框（2）

▲图 1-31　Player Settings 对话框

（2）单击 Build And Run 按钮，弹出选择 iOS 项目存放路径的对话框，如图 1-32 所示。在其中选择一个路径用于存放生成的 iOS 项目文件夹，在 Save As 文本框中输入生成项目文件夹的名字，单击 Save 按钮开始生成 iOS 项目，系统弹出导入进度条，如图 1-33 所示。

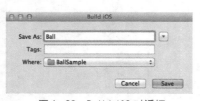
▲图 1-32　Build iOS 对话框

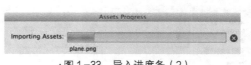
▲图 1-33　导入进度条（2）

（3）导入需要一定的时间，请耐心等待。导入结束后系统会自动打开 Xcode 并将生成的 iOS 项目导入 Xcode 中，这时 Xcode 会自动打开 iOS 虚拟机，将刚生成的项目导入虚拟机中并自动运行。

> 提示：由于 iOS 平台是非开放平台，需要许可证才能将项目导入真机中运行，所以上文只讲了导入虚拟机的方法，将项目导入真机的过程和将项目导入虚拟机的过程基本一样。

1.5 本章小结

本章首先介绍了 Unity 的发展历史及特点，主要内容包括初识 Unity、Unity 广阔的市场前景、Unity 的特点等。学完本章，相信读者对 Unity 已经有了初步的了解。对于 Unity 的发展历史这部分，读者只需大致了解，无须深究。

其次，本章通过讲解 Unity 的下载及安装和将目标平台的 SDK 集成到 Unity，帮助读者顺利地进入并使用 Unity 集成开发环境。

最后，通过对本书案例的导入及运行，为读者介绍了如何方便地使用自己计算机上的 Unity 进行效果预览和其他操作。

第 2 章 Unity 集成开发环境详解

本章将对 Unity 的集成开发环境做系统化的介绍，分别对 Unity 集成开发环境的整体布局、标题栏、菜单栏、工具栏、各个面板，以及菜单栏中的每个菜单做详细的介绍和说明，帮助读者系统化地理解和使用 Unity 集成开发环境。

2.1 Unity 集成开发环境

本节将对 Unity 集成开发环境的整体布局做详细的介绍与说明，主要包括菜单栏、工具栏、Scene 窗口、Game 窗口、Inspector 面板等，通过介绍帮助读者理解各个布局的作用与用途，从而对 Unity 集成开发环境有整体化了解。

2.1.1 Unity 集成开发环境的整体布局

Unity 集成开发环境的默认布局分为一系列不同的面板和带有标签的窗口。每个窗口都显示了编辑器某一方面的细节，并允许开发人员在开发游戏时使用不同的功能。

双击 Unity 的快捷方式图标，选择或创建 3D 项目，进入 Unity 集成开发环境，其整体布局为标题栏、菜单栏、工具栏、Scene（场景）窗口、Game（游戏）窗口、Hierarchy（层级）面板、Project（项目）面板、Inspector（属性查看器）面板、状态栏和控制台，如图 2-1 所示。

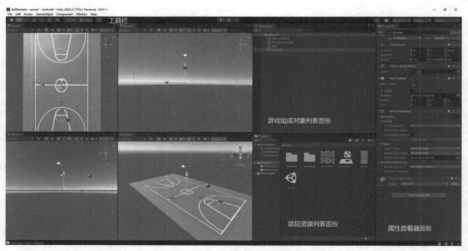

▲图 2-1 Unity 集成开发环境的整体布局

所有带标签的窗口都带有一个名为 Windows Options（窗口选项）快捷菜单，可以用来最大化所选中的窗口，关闭当前显示的窗口，或是在这个窗口中添加另一个带标签的窗口。Windows

Options 快捷菜单如图 2-2 所示。

2.1.2 菜单栏

初始的 Unity 菜单栏中包括 File、Edit、Assets、GameObject、Component、Window 和 Help 这 7 个菜单。每个菜单下都有子菜单，开发人员可以根据需要选择不同的菜单，以实现所需要的功能，同时也可以根据实际需求来添加自定义菜单。

▲图 2-2　Windows Options 快捷菜单

- File（文件）菜单：用于打开和保存场景、项目，以及创建游戏。
- Edit（编辑）菜单：包含普通的复制和粘贴功能，以及选择进行相应的设置。
- Assets（资源）菜单：包含与资源创建、导入、导出及同步相关的所有功能。
- GameObject（游戏对象）菜单：用于创建、显示游戏对象，以及为游戏对象创建父子关系。
- Component（组件）菜单：用于为游戏对象创建新的组件或属性。
- Window（窗口）菜单：用于显示特定窗口、面板等（例如，Project 面板或 Hierarchy 面板）。
- Help（帮助）菜单：包含跳转到手册、社区论坛及激活许可证的链接。

> 提示　此处只简单介绍每个菜单中所包含的常见功能，后面用到时，再对各个功能进行更为详细的介绍。

2.1.3 工具栏

工具栏位于菜单栏的下方，主要有 Transform 工具、Transform Gizmo 切换、Play 控件、Cloud 按钮、Account 下拉列表框、Layers 下拉列表框和 Layout 下拉列表框，如图 2-3 所示，这些工具用于控制 Scene 窗口和 Game 窗口中的显示方式及变换场景中游戏对象的位置和方向等。

▲图 2-3　工具栏

- Transform（变换）工具：在 Scene 窗口中用来操控对象，按照从左到右的次序，它们分别是平移窗口工具、位移工具、旋转工具、缩放工具和矩形手柄工具。
- Transform Gizmo（变换 Gizmo）切换：改变 Scene 窗口中 Translate 工具的工作方式。
- Play（播放）控件：用来在编辑器内开始或暂停游戏的测试。
- Cloud（云）按钮：用来打开 Unity 有关云服务部分的窗口。
- Account（账户）下拉列表框：用于开发人员访问自己的 Unity 账户。
- Layers（分层）下拉列表框：用于控制任何给定时刻在 Scene 窗口中显示特定的对象。
- Layout（布局）下拉列表框：用于改变窗口和面板的布局，并且可以保存所创建的任意自定义布局。

> 提示　控制工具也是按照功能分类的，它们主要用来辅助开发人员在 Scene 窗口和 Game 窗口中对对象进行编辑和移动，后文将对其进行更为完整的介绍。

2.1.4　Scene 窗口

Scene 窗口是编辑器中最重要的面板之一，是游戏世界或关卡的可视化表示，如图 2-4 所示。在这里可以对 Hierarchy 面板中的所有物体进行移动、操纵和放置，我们所做的一切修改都会在这里直观地体现出来。

在 Hierarchy 面板中列出的对象都会在 Scene 窗口中显示出来。可以在 Hierarchy 面板中单击对象的名字来选中对象，也可以直接在 Scene 窗口中单击要选择的对象。在 Scene 窗口或是 Hierarchy 面板中单击对象，Inspector 面板中会显示相应对象的属性。

▲图 2-4　Scene 窗口

1. 摄像机导航

在 Scene 窗口中迅速移动视角，是使用编辑器所需要掌握的重要技能之一。

可以把 Scene 窗口想象成一个虚拟摄像机的输出或焦点。

- Tumble（旋转，Alt 键+鼠标左键）：摄像机会以任意轴为中心进行旋转，从而旋转视图。
- Track（移动，Alt 键+鼠标中键）：在场景中把摄像机向左、向右、向上或向下移动。
- Zoom（缩放，Alt 键+鼠标右键或是鼠标中键）：在场景中缩小或放大摄像机视角。
- Flythrough（穿越）模式（鼠标右键+W、A、S、D 键）：摄像机会进入"第一人称"模式，使得开发人员可以迅速地移动视角、缩放视野。
- Center（居中，选择游戏对象并按 F 键）：摄像机会放大视野并把选中的对象居中显示在视野中。鼠标指针必须位于 Scene 窗口中，而不是在 Hierarchy 面板中的对象上方。
- Full Screen（全屏）模式（空格键）：按空格键可以使当前激活的视图占据编辑器所有可用的显示空间，再次按它可以返回之前的布局。当前激活的视图就是鼠标指针悬停的视图。

Scene 窗口还包含一个名为 Persp 的特殊工具，如图 2-5 所示。使用这一特殊工具可以让开发人员迅速且便捷地切换观察场景的角度。

单击 Persp 上的每个箭头都会改变观察场景的角度，使场景沿着二维方向变换，如图 2-6 所示。单击 Persp 工具的居中立方体图标，可以把 Scene 窗口恢复到默认的透视（Perspective）视图。

▲图 2-5　Persp 工具

2. 高级视图操作

Scene 窗口的控制栏可以改变摄像机查看场景的方式，如图 2-7 所示，其默认设置可以使开发人员对场景在游戏中渲染后的样子有很好的认识，它还会显示一个网格以帮助开发人员定位和移动对象。通过改变控制栏中的设置可以以多种模式查看场景。

- 绘制模式可以控制游戏场景中的对象的绘制方式。其默认值为 Shaded（带有材质的），即对象会使用开发人员为其指定的材质进行绘制。Wireframe（线框），只显示对象的物理网格，而不带有任何贴图；Shaded Wireframe（带有材质的线框）会把对象的贴图和线框叠加在一起显示。

2.1 Unity 集成开发环境

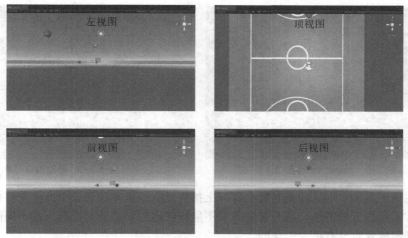

▲图 2-6 各个主要方向的视图

▲图 2-7 Scene 窗口的控制栏

> **提示** 这些选择都不会改变任何游戏对象本身的显示方式及固有属性，它们只会改变我们在 Scene 窗口中查看这些对象的方式。

❑ Miscellaneous（杂项）下拉列表框用于对游戏场景中的对象进行微调，进而优化；Global Illumination（全局光照模式设置）下拉列表框可以对全局光照模式进行设置。

❑ Scene Lighting（场景光照）按钮用于控制在 Scene 窗口中是使用默认的内置光照还是使用开发人员自定义的光照。如果开发人员没有在场景中放入任何光源，使用内置光照设置可以使系统为场景自动添加一个光源。

❑ Scene Overlay（场景叠加）可以对摄像机显示的场景进行更新，使场景的显示效果就像在游戏中一样——网格被隐藏了，雾化效果、GUI 元素及天空盒等也会被渲染。

3. 操作对象

除了移动摄像机视角以外，还需要在场景中重新定位和移动对象。这些操作称为对象变换（Object Transform），对象变换可以对任意选中对象的位置、旋转和大小（相对尺寸）进行调整。对象变换有两种方式：在 Inspector 面板中输入新的数值；通过变换工具手动地移动和操作对象。

❑ 在 Hierarohy 面板或者 Scene 窗口中单击 Ground 对象，使其信息显示在 Inspector 面板中，如图 2-8 所示。每个对象列出的第一个属性就是变换，它保存了该对象当前的位置、旋转和缩放信息。单击文本框可以修改里面的数值。

> **提示** 也可以通过 Transform 工具来对对象进行变换。开发人员可以手动地在工具栏中选择工具，也可以使用下一节介绍的快捷键在工具之间快速切换（强烈推荐）。

❑ 使用图 2-9 所示的 Translate 工具可以在场景中移动选中的对象，可以沿着 3 条坐标轴中的某一条移动，也可以在整个空间中自由移动。在 Hierarchy 面板中单击 Sphere 对象并按 W 键来激活移动工具，在其中的一个手柄上按住鼠标左键并拖动，可以将对象沿着相应坐标轴移动。

▲图 2-8　Inspector 面板

▲图 2-9　移动游戏对象

也可以在该工具的中心（或是对象自身）上按住鼠标左键并在场景中拖动来自由移动对象。然而，这通常不是最好的方法，因为开发人员不能精细地控制放置的位置。在不同的正交视图中切换，对精确地放置对象有很大的帮助。

> **提示**　Inspector 面板中的值会根据我们对对象的操作进行更新，并且 Scene 窗口中会实时显示修改后的效果。

❑ 使用图 2-10 所示的 Rotate 工具可以把对象根据任何给定的坐标轴进行旋转。单击 Sphere 对象并按 E 键来激活 Rotate 工具，这个工具的手柄就好像 3 个带有颜色的环包着一个球体，拖动这些手柄或者直接按住鼠标左键拖动鼠标就可以旋转对象。

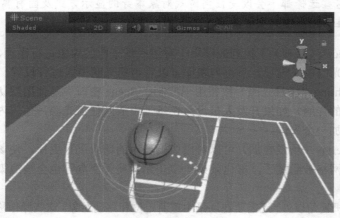
▲图 2-10　旋转游戏对象

> **注意**　这些环的颜色用于指明对象会根据哪条轴来旋转。例如，拖动蓝色的手柄，球体就会沿着 z 轴旋转。这一工具还有一个简单的黄色环围绕在另外 3 个环的外侧，拖动黄色的环可以让对象根据 3 条坐标轴进行旋转。

❑ 可以在键盘上按 R 键来激活 Scale 工具，它和 Translate 工具的用法很相似——可以拖动某个手柄，将对象在对应坐标轴上缩放，或者使用中间的黄色方块来把对象在 3 条坐标轴上一致地缩放。

2.1.5　Game 窗口

在默认的 Tall 布局中，Game 窗口的标签位于 Scene 窗口标签的旁边。我们可以在任何时候通过这个窗口在编辑器内测试或试玩游戏，而不需要停下来构建任何东西。

要测试游戏，可以单击工具栏播放控件中的各个按钮，实现相关的操作，如果 2-11 所示。

❑ 播放控件中第一个右箭头按钮，即"运行"按钮，单击它后，编辑器会激活 Game 窗口，并且让所有的用户界面变得稍微黑一些，然后开始游戏。

❑ 中间的按钮为"暂停"按钮，单击"暂停"按钮游戏就会暂停，再次单击"暂停"按钮可以从暂停的地方继续游戏。

❑ 最后一个按钮是"单帧播放"按钮，游戏在编辑器里运行的过程中单击这个按钮游戏会暂停，以后每单击一次该按钮游戏就会运行一帧。当开发人员需要调试某段特定的、有问题的代码，或是需要查看某些东西在哪里出现错误时，这个按钮就非常有用。

Game 窗口和 Scene 窗口一样，其也具有控制栏。其控制栏上有一些功能菜单，主要包括（部分）Aspect 下拉列表框、Scale 滑动条、Maximize On Play 按钮、Stats 按钮及 Gizmos 按钮，如图 2-12 所示。

▲图 2-11 播放控件

▲图 2-12 Game 窗口的控制栏

Aspect 下拉列表框可以实时改变 Game 窗口的显示比例，即使游戏正在运行。其中的 Free Aspect 选项允许 Game 窗口填满当前窗口中所有可用的空间，而其他的选项会模拟最常见的显示器的分辨率和比例。当需要为不同大小的屏幕制作 GUI 时，这会非常方便。

单击 Maximize On Play 按钮，可以在游戏运行时把 Game 窗口扩大到编辑器视图的整个区域。单击 Gizmos 按钮，可以切换游戏中用于绘制和渲染的所有工具。单击 Stats 按钮可以显示 Statistics 界面，该界面用于显示游戏绘制的数据，如图 2-13 所示。

❑ FPS：每一秒渲染的帧数。这个数值越大，说明游戏运行越流畅。

❑ Batches：最初单独描绘调用被添加到批处理的数量。批处理是指引擎试图结合多个物体渲染进行一次描绘调用，以降低 CPU 开销。为了保证良好的批处理效果，应该尽可能多地在物体之间共享材质。

▲图 2-13 Statistics 界面

❑ Tris：绘制三角形的数目。在游戏开发中应尽量减少三角形的数量。

❑ Screen：屏幕的分辨率，以及其抗锯齿级别和内存的使用量。

❑ Visible skinned meshes：渲染蒙皮网格的数量。

❑ Animations：正在播放动画的数量。

2.1.6 Hierarchy 面板

Hierarchy 面板列出了游戏场景中所有的游戏对象。场景中的这些对象是简单地按照生成顺序排列的，随着开发人员在游戏中添加或者删除对象，Hierarchy 面板会进行更新。图 2-14 所示为 Hierarchy 面板显示的当前 Scene 窗口中的内容。

在 Hierarchy 面板中选择一个对象并按 Delete 键（或是右击对象并在弹出的快捷菜单中选择 Delete 选项），可以从当前场景中删除这个对象。一个资源的每个实例都会被单独列出来，因此命名规范尤为重要。命名的规范也就是要能见名知义。

在Hierarchy面板中可以为对象建立父子关系，这使得对游戏进行编辑和修改更为简单。为对象建立父子关系，就是将相似的对象收集到一起并进行分组，使它们位于一个单一的父对象之下。在该父对象下的所有其他对象，都称为其子对象，如图2-15所示。

▲图2-14 Hierarchy 面板

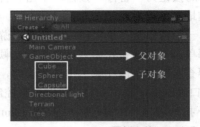
▲图2-15 Hierarchy 面板中的父子关系

> **说明**　　在图2-15中，名为GameObject的对象就是父对象，其下有3个子对象，分别为Cube、Sphere和Capsule。单击GameObject旁边的箭头可以展开或是收起这一分组。

建立父子关系除了提供了一种快捷的方式来把有相似功能的对象组织在一起外，还带来了另一个重要的好处，即对父对象进行移动或是操作时，父对象下的所有子对象也会被应用同样的操作，也就是说，子对象继承了父对象的基本数据变换。

> **提示**　　为对象建立父子关系，可以使对大量对象的移动变得更为方便和精确，因此，我们应该尽可能地使用这种方法。后文将会进一步介绍建立父子关系更多内容。

2.1.7 Project 面板

Project 面板列出了项目中的所有文件，包括脚本、贴图、模型、场景等文件，并且这些文件都组织到 Assets（资源）文件夹中。Assets 文件夹包含开发人员创建或导入的所有文件资源。

Project 面板显示了当前项目所包含的全部资源，并且这些资源在项目中的组织方式与计算机资源管理器中的组织方式完全一致。文件夹旁边的箭头表示这是一个嵌套层，单击这个箭头就会展开该文件夹并显示里面的内容。在 Project 面板中通过简单地拖动，就可以在不同文件夹中移动和组织文件。

> **提示**　　在 Unity 编辑器外部移动资源文件时要非常小心，实际上，应该尽量避免这样做。如果需要重新组织或移动某个资源，开发人员应该在 Project 面板内进行。否则，可能会损坏或是删除和这个资源相关联的源数据或是链接，甚至可能在此过程中损坏项目。

可以在 Project 面板中直接打开文件并进行编辑。如果发现需要对任何文件的内容（如脚本文件）进行调整或是修改，只需双击相应文件就可以在默认编辑器中打开它。正常保存这个文件，Unity 编辑器会自动把这个文件更新到项目中。

如果项目中包含了成千上万个文件，开发人员可能会发现通过眼睛去找到某个文件非常不方便。Project 面板提供了搜索栏，开发人员可以在搜索栏中输入文件名的任何部分，从而在项目各个层次的子目录中进行查找。

> **说明** 要重命名一个文件，可以缓慢地单击这个文件两次，或是选择想要重命名的文件并按 F2 键。重命名后，可以按 Enter 键确认修改。

2.1.8 Inspector 面板

Inspector 面板用于显示游戏中每个游戏对象所包含的所有组件的详细属性。单击 Plane 对象，其所有组件的详细属性就会显示在 Inspector 面板中。

Inspector 面板中一般包含很多属性信息，每个对象对应的 Inspector 面板都遵循一些基本原则。在 Inspector 面板的顶端是对象的名称，然后是显示对象各个方面信息的列表，例如，Transform（变换）组件和 Mesh Collider（网格碰撞体）组件。

Inspector 面板中的每个属性都有与其对应的帮助按钮和上下文菜单。单击帮助按钮会显示参考手册中和这个属性相关的帮助文档。单击上下文菜单会显示仅与该属性相关的选项，也可以在此把该属性重置为默认值。

2.1.9 状态栏与控制台

状态栏与控制台是 Unity 集成开发环境中两个很有用的调试工具，如图 2-16 所示。状态栏总是出现在编辑器的底部。可以通过单击 Window→Console 或按 Ctrl+Shit+C 快捷键打开控制台，也可以单击状态栏来打开控制台。

当单击"播放"按钮开始测试项目或是运行项目时，状态栏和控制台就会显示相关的提示信息，而且可以通过脚本让项目向控制台和状态栏输出一些特定信息，这有助于调试和修复错误。项目遇到的任何错误、消息或者警告，以及和特定错误相关的任何细节，都会显示在这里。

▲图 2-16 状态栏与控制台

2.1.10 Animation 窗口

Animation 窗口使开发人员可以在这里查看或是调整动画曲线。这个窗口在默认情况下未打开，但是，可以通过单击 Window→Animation 或是按 Ctrl+6 快捷键来打开它，此时 Animation 窗口会作为一个单独的浮动窗口弹出，开发人员可以自由移动它或是改变其大小。

2.1.11 动画控制器编辑窗口

动画控制器编辑窗口用于编辑动画控制器。这个窗口在默认情况下也未打开，开发人员可以通过单击 Window→Animator 或是在 Project 面板中双击一个动画控制器文件来打开它。在动画控制器编辑窗口中可以添加和删除动画。

2.2 菜单栏

本节将对菜单栏中的各个菜单及其子菜单进行详细讲解，读者通过对菜单栏的学习可以对 Unity 各项功能有一个系统、全面的认识，在今后的开发中能够熟练地运用各个菜单，以满足开发的需求。

2.2.1 File

本小节将对菜单栏中的 File（文件）菜单进行讲解，并对其下的每一个子菜单进行介绍。读者通过对本小节的学习，能够清楚地理解 File 菜单的功能，从而在开发过程中进行熟练的操作。

在 Unity 集成开发环境中，单击 File 菜单，弹出的下拉菜单如图 2-17 所示。

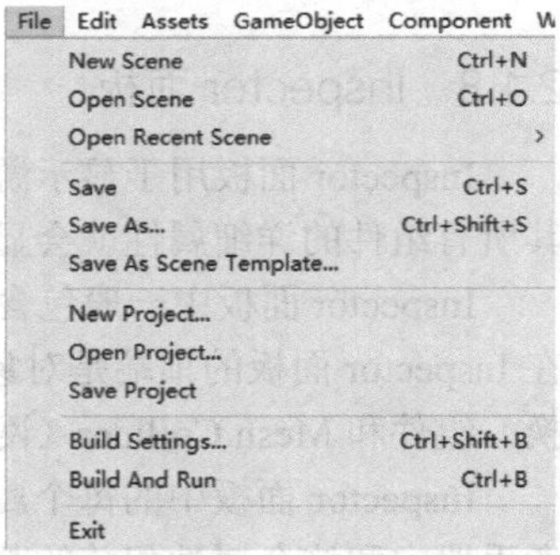

（1）New Scene

New Scene 用于新建场景，即新建一个游戏场景，每一个新创建的游戏场景都包含一个 Main Camera（主摄像机）和一个 Directional Light（平行光光源），开发人员可以根据需要在场景中添加相应的 GameObject（游戏对象）。

（2）Open Scene

Open Scene 用于打开场景，即打开以前所保存的场景。单击 File→Open Scene 后，会弹出 Load Scene 对话框，在其中选择所要打开的场景文件（扩展名为.unity 的文件），单击"打开"按钮即可。

▲图 2-17 File 菜单

（3）Open Recent Scene

Open Recent Scene 用于打开最近使用过的场景（场景需保存），即快捷打开在当前项目中使用过并已保存的场景。单击 File→Open Recent Scene 后，在弹出的子菜单中选择要打开的场景即可。

（4）Save

Save 用于保存场景，即保存当前所搭建的场景。如果是第一次保存当前场景，单击 File→Save 后会弹出 Save Scene 对话框，在"文件名"下拉列表框中输入文件名称，单击"保存"按钮，就会生成一个场景文件。如果之前保存过该场景，单击 File→Save，之前保存的场景文件就会被覆盖，不会弹出 Save Scene 对话框。

（5）Save As

Save As 用于把当前的场景另存为一个新的场景文件。单击 File→Save As，会弹出 Save Scene 对话框，在"文件名"下拉列表框中输入文件名称，单击"保存"按钮，就会生成一个新的场景文件。

（6）Save As Scene Template

Save As Scene Template 用于将当前场景保存为模板。单击 File→Save As Scene Template，会弹出 Save Scene 对话框，在"文件名"下拉列表框中输入文件名称，单击"保存"按钮，就会生成一个新的场景模板文件，每次保存默认不覆盖之前保存的模板文件。

（7）New Project

New Project 用于新建项目，即创建一个新的项目。单击 File→New Project，会弹出 New Project 对话框。在 Project Name 栏中输入项目名称，在 Location 栏中选择合适的路径，在 Asset Packages 处选择需要导入的资源包；新建的项目默认为 3D 项目，如果想要创建 2D 项目，则需要选中 2D 选项，然后单击 Create 按钮，即可创建一个项目并打开 Unity 集成开发环境。

（8）Open Project

Open Project 用于打开项目，即打开以前创建的项目。单击 File→Open Project，会弹出 Recent Projects 对话框，以前创建的项目都会显示在列表中。单击项目名称即可打开对应项目。如果想要打开列表中没有的项目，则需要单击 Open 按钮，找到要打开的项目，单击"选择文件夹"按钮。

（9）Save Project

Save Project 用于保存项目，单击 File→Save Project 即可保存当前正在编辑的项目。

2.2 菜单栏

（10）Build Settings

Build Settings 用于进行发布设置，即在发布游戏前进行相关的设置。单击 File→Build Settings，会弹出 Build Settings 对话框。在 Platform 列表框中选择项目发布后所要运行的平台，同时可以单击 Player Settings 按钮，在 Inspector 面板中针对要发布的平台做相应的参数设置。完成设置后，单击 Build 按钮，在弹出的对话框中为生成的安装文件设置文件名，单击"保存"按钮，开始生成安装文件。

（11）Build and Run

Build and Run 的功能为发布并运行，即在编译完游戏后，直接将游戏发布到目标平台上并运行。

（12）Exit

Exit 用于退出 Unity 程序。

> 提示：如果游戏要发布到各个平台，在线下找齐所有的实物机型进行测试是一件非常麻烦的事情，而在 Unity Cloud Build 中，开发人员可以拥有一个跨所有平台的编译、测试环境。

2.2.2 Edit

本小节将对菜单栏中的 Edit（编辑）菜单进行详细讲解，并对其下的子菜单进行介绍。读者通过对本小节的学习，能够清楚地理解 Edit 菜单的功能，从而在开发过程中进行熟练的操作。

在 Unity 集成开发环境中，单击 Edit 菜单，弹出的下拉菜单如图 2-18 所示。

（1）Undo

Undo 的功能为撤销，即取消当前的操作，该操作在开发中使用得较多，其快捷键为 Ctrl+Z。

（2）Redo

Redo 为 Undo 的反向操作，即重新做一遍当前的操作，其快捷键为 Ctrl+Y。

▲图 2-18 Edit 菜单

（3）Select All

Select All 的功能为选择全部，其快捷键为 Ctrl+A。

（4）Deselect All

Deselect All 的功能为取消所有对象的选中状态，其快捷键为 Shift+D。

（5）Select Children

Select Children 的功能为选择当前选中的对象及其子对象，其快捷键为 Shift+C。

（6）Select Prefab Root

Select Prefab Root 的功能为选择当前选中的预制件的根，其快捷键为 Ctrl+Shift+R。

（7）Invert Selection

Invert Selection 的功能为选择当前场景下除已选中对象之外的所有对象，同时对当前对象取消选中，其快捷键为 Ctrl+I。

（8）Cut

Cut 的功能为剪切，其快捷键为 Ctrl+X。

（9）Copy

Copy 的功能为复制，其快捷键为 Ctrl+C。

（10）Paste

Paste 的功能为粘贴，其快捷键为 Ctrl+V。

（11）Paste As Child

Paste As Child 的功能为选择某些对象并复制，选择一个对象后单击 Edit→Paste As Child 可以一步实现复制并将复制得到的对象设置成子对象，其快捷键为 Ctrl+Shift+V。

（12）Duplicate

Duplicate 的功能为复制并粘贴，其快捷键为 Ctrl+D。

（13）Rename

Rename 的功能为重命名，即重命名选中的对象。

（14）Delete

Delete 的功能为删除。

（15）Frame Selected

Frame Selected 的功能为居中并最大化显示当前选中的物体，若要在 Scene 窗口中近距离观察选中的对象，便可单击 Edit→Frame Selected（快捷键为 F），快捷地切换观察视角，极大地方便项目的开发与设计。

（16）Lock View to Selected

Lock View to Selected 的功能为居中并最大化显示 Hierarchy 面板中选中的对象，即在 Hierarchy 面板中选中对象后，单击 Edit→Lock View to Selected，该对象就会在场景中居中并最大化显示，其呈现的效果与 Frame Selected 的相同。

（17）Find

Find 的功能为查找，即查找场景中的对象，其快捷键为 Ctrl+F。

（18）Play

Play 的功能为播放（运行），即播放当前场景动画，其快捷键为 Ctrl+P，相当于单击工具栏中的"播放"按钮，如图 2-19 所示，场景动画效果将在 Game 窗口中显示。

（19）Pause

Pause 的功能为暂停（中断），即暂停当前场景动画，其快捷键为 Ctrl+Shift+P，相当于单击工具栏的"暂停"按钮，如图 2-20 所示，场景动画效果将在 Game 窗口中显示。

（20）Step

Step 的功能为播放当前场景动画的下一帧，其快捷键为 Ctrl+Alt+P，相当于单击工具栏中的"下一帧"按钮，如图 2-21 所示，场景动画效果将在 Game 窗口中显示。

 ▲图 2-19 播放　　 ▲图 2-20 暂停　　 ▲图 2-21 下一帧

（21）Sign in

Sign in 的功能为登入，即登录 Unity 账户。

（22）Sign out

Sign out 的功能为登出，即退出当前 Unity 账户。

（23）Selection

Selection 的功能为选择，即选择要载入或存储的游戏对象。选择菜单中的加载选项，即可载

入以前所保存的游戏对象，如图 2-22 所示；选择菜单中的存储选项，即可保存当前 Scene 窗口中所选中的游戏对象，并赋予其相应的编号，如图 2-23 所示。

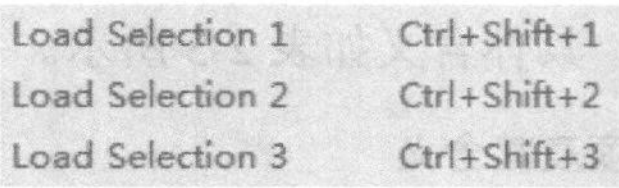

Load Selection 1	Ctrl+Shift+1
Load Selection 2	Ctrl+Shift+2
Load Selection 3	Ctrl+Shift+3

▲图 2-22 加载选项

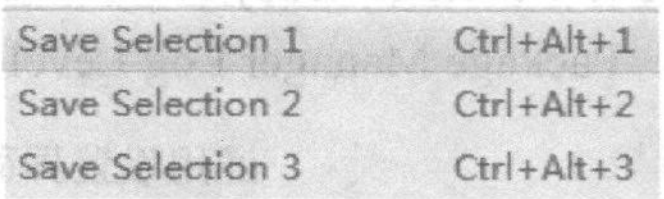

Save Selection 1	Ctrl+Alt+1
Save Selection 2	Ctrl+Alt+2
Save Selection 3	Ctrl+Alt+3

▲图 2-23 存储选项

（24）Project Settings

Project Settings 的功能为项目设置，即对项目进行相应的设置。单击 Edit→Project Settings，会弹出 Project Settings 窗口，在该窗口中可以对项目的具体设置进行更改，选项含义如表 2-1 所示。

表 2-1　　　　　　　　　　Project Settings 窗口中的选项及其含义

选项	含义	选项	含义
Adaptive Performance	自适应性能	Quality	质量
Audio	音频	Scene Template	场景模板
Editor	编辑	Script Execution Order	脚本执行顺序
Graphics	图形	Service	服务
Input Manager	输入管理器	Tags&Layers	标签和层
Package Manager	包管理器	TextMesh Pro	图文混排
Physics	物理	Time	时间
Physics2D	2D 物理	Timeline	时间轴
Player	播放	Version Control	版本控制
Preset Manager	预置管理器	XR Plugin Management	扩展现实插件管理

选中表 2-1 中某选项，Project Settings 窗口右侧面板中就会出现其具体设置，可以根据需要对参数做具体的调整。

（25）Preferences

Preferences 的功能为偏好设置，即对 Unity 集成开发环境的相应参数进行设置。单击 Edit→Preferences 后，会弹出 Unity Preferences 对话框，里面有 13 个选项，分别为 General、2D、Analysis、Cache Server、Colors、External Tools、GI Cache、Languages、Quick Search、Scene View、Search Service、Timeline、UI Scaling，具体含义如表 2-2 所示。

表 2-2　　　　　　　　　　Unity Preferences 对话框中的选项及其含义

选项	含义	选项	含义
General	通用	2D	2D
Analysis	分析	Cache Server	缓存服务器
Colors	颜色	External Tools	外部工具
GI Cache	实时光照缓存	Languages	语言
Quick Search	快速搜索	Scene View	场景视图
Search Service	搜索服务	Timeline	时间轴
UI Scaling	图标缩放	—	—

① 选择 General（通用）选项，进入通用设置界面，该界面用于在整体上对 Unity 集成开发环境进行一些相关设置，包含 Auto Refresh、Directory Monitoring、Load Previous Project On Startup、

Compress Assets On Import、Disable Editor Analytics（Pro Only）、Verify Saving Assets、Script Changes While Playing、Code Optimization On Startup、Editor Theme、Editor Font、Enable Alphanumeric Sorting、Enable Code Coverage、Busy Progress Delay、Graph Snapping、Show Enter Safe Mode Dialog、Interaction Mode、Package Manager Log Level 等选项，具体含义如表 2-3 所示。

表 2-3　　　　　　　　　　通用设置界面中的选项及其含义

选项	含义
Auto Refresh	自动更新
Directory Monitoring	目录监视
Load Previous Project On Startup	启动时加载以前的项目
Compress Assets On Import	导入时压缩资源
Disable Editor Analytics（Pro Only）	自动将分析报告发送给 Unity
Verify Saving Assets	退出时验证所要保存的资源
Script Changes While Playing	播放时更改脚本
Code Optimization On Startup	启动时优化代码
Editor Theme	主题编辑器
Editor Font	字体编辑器
Enable Alphanumeric Sorting	允许 Hierarchy 面板中的对象按字母顺序排列
Enable Code Coverage	启用代码覆盖率
Busy Progress Delay	繁忙进度延迟
Graph Snapping	图形吸附
Show Enter Safe Mode Dialog	显示 "进入安全模式" 对话框
Interaction Mode	交互模式
Package Manager Log Level	包管理器日志级别

② 选择 2D 选项，进入 2D 设置界面，在该界面可以通过滑动条来设置 2D 精灵缓存文件夹的大小。设置后，2D 精灵缓存文件夹的大小将尽可能保持在设置值以下。

③ 选择 Analysis（分析）选项，进入分析设置界面，在该界面可以进行 Unity 分析器的相关设置，包含 Frame Count、Show Stats for 'current frame'、Default Recording State、Default Editor Target mode 等选项，具体含义如表 2-4 所示。

表 2-4　　　　　　　　　　分析设置界面的选项及其含义

选项	含义	选项	含义
Frame Count	帧数	Show Stats for 'current frame'	显示 '当前帧' 的统计数据
Default Recording State	默认记录状态	Default Editor Target mode	默认编辑器目标模式

④ 选择 Cache Server（缓存服务器）选项，进入缓存服务器设置界面，在该界面可以对缓存服务器进行设置，当启动缓存服务器，即勾选 Use Cache Server 复选框时，就需要在 IP Address（IP 地址）栏中填入正确的 IP 地址，否则无法启用缓存服务器。

⑤ 选择 Colors（颜色）选项，进入颜色设置界面，在该界面可以对各个窗口、工具的背景颜色、显示颜色进行设置，开发人员可根据自己的使用习惯对颜色进行选择和设置，对 Unity 集成开发环境进行装饰和修改。

⑥ 选择 External Tools（外部工具）选项，进入外部工具设置界面，在该界面可以对与 Unity 相关的一些外部编辑工具进行设置，包含 External Script Editor、Generate .csproj files for、Image Application、Revision Control Diff/Merge、Tool Path、Two-way Diff Command Line、Three-way Diff Command Line、Merge Arguments、Android SDK Location 等选项，具体含义如表 2-5 所示。

表 2-5　　　　　　　　　　　外部工具设置界面的选项及其含义

选项	含义	选项	含义
External Script Editor	外部脚本编辑器	Generate .csproj files for	为各项功能生成 C#文件
Image Application	打开图像文件的工具	Revision Control Diff/Merge	文件比较/合并工具
Tool Path	工具路径	Two-way Diff Command Line	双向比较命令行
Three-way Diff Command Line	三向比较命令行	Merge Arguments	合并参数
Android SDK Location	各种工具包路径	—	—

⑦ 选择 GI Cache（实时光照缓存）选项，进入实时光照缓存设置界面，在该界面可以对 Unity 实时光照缓存进行设置，包含 Maximum Cache Size (Gb)、Custom Cache Location、Cache Compression、Clean Cache、Cache Size、Cache Folder Location 等选项，具体含义如表 2-6 所示。

表 2-6　　　　　　　　　　　实时光照缓存设置界面的选项及其含义

选项	含义	选项	含义
Maximum Cache Size (Gb)	最大缓存设置	Custom Cache Location	是否自定义缓存位置
Cache Compression	缓存压缩	Clean Cache	清除缓存
Cache Size	当前缓存尺寸	Cache Folder Location	当前缓存位置

⑧ 选择 Languages（语言）选项，进入编辑器语言设置界面，在该界面可以对编辑器的语言进行设置。开发人员可以在此设置自己的偏好语言，需要注意的是，Unity 编辑器自带的语言只有 English，如果想要使用中文等，必须在下载选项中勾选对应的语言包。

⑨ 选择 Scene View（场景视图）选项，进入场景视图设置界面，在该界面可以对场景视图属性进行设置，包含 General、Create Objects at Origin、Handles、Line Thickness、Search、Enable Filtering While Searching、Enable Filtering While Editing LOD Groups 等选项，具体含义如表 2-7 所示。

表 2-7　　　　　　　　　　　场景视图设置界面的选项及其含义

选项	含义
General	通用
Create Objects at Origin	在原点创建对象
Handles	控制柄
Line Thickness	线粗
Search	搜索
Enable Filtering While Searching	搜索时启用过滤
Enable Filtering While Editing LOD Groups	编辑 LOD 组时启用过滤

⑩ 选择 Search Service（搜索服务）选项，在 Preferences 对话框右侧会显示搜索服务器设置界面，在该界面可以对搜索属性、参数进行设置，例如选择是否打开对象选择器，包含 Object

Selector、Project 和 Scene 选项，具体含义如表 2-8 所示。

表 2-8　　　　　　　　　搜索服务器设置界面的选项及其含义

选项	含义
Object Selector	对象选择器
Project	项目
Scene	场景

⑪ 选择 Timeline（时间轴）选项，进入时间轴设置界面，在该界面可以对时间轴属性进行设置，包含 Time Unit、Playback Scrolling Mode、Show Audio Waveforms、Allow Audio Scrubbing、Snap To Frame、Edge Snap 等选项，具体含义如表 2-9 所示。

表 2-9　　　　　　　　　时间轴设置界面的选项及其含义

选项	含义	选项	含义
Time Unit	时间单元	Playback Scrolling Mode	播放滚动模式
Show Audio Waveforms	显示音频波形	Allow Audio Scrubbing	允许音频清理
Snap To Frame	捕捉到帧	Edge Snap	边缘捕捉

⑫ 选择 UI Scaling（图标缩放）选项，进入编辑器图标和文本缩放设置界面，在该界面可以对编辑器图标和文本进行设置，包含 Use Default Desktop Setting、Current Scaling、Use Custom Scaling Value 等选项，具体含义如表 2-10 所示。

表 2-10　　　　　　　编辑器图标和文本缩放设置界面的选项及其含义

选项	含义
Use Default Desktop Setting	使用默认桌面设置
Current Scaling	当前缩放
Use Custom Scaling Value	使用自定义缩放值

（26）Shortcuts

Shortcuts 的功能为设置快捷键，单击 Edit→Shortcuts，会弹出 Shortcuts 对话框，在其中可以根据个人的喜好与习惯为各个功能自定义相应的快捷键。

（27）Clear All PlayerPrefs

Clear All PlayerPrefs 的功能为清除所有 PlayerPrefs 类，即清除当前项目中所有的 PlayerPrefs 类，需要注意的是，此功能不可回退。单击 Edit→Clear All PlayerPrefs，会弹出确认是否清除对话框，单击"是"按钮则开始不可逆清除。

（28）Graphics Tier

Graphics Tier 的功能为选择所需要的着色器层数。

（29）Grid and Snap Settings

Grid and Snap Settings 的功能为选择适当的网格和对齐方式，可以根据需要修改参数。

2.2.3　Assets

本小节将对菜单栏中的 Assets（资源）菜单进行详细讲解，并对其下的每一个子菜单进行细致的介绍。读者通过对本小节的学习，能够清楚地理解 Assets 菜单的功能和作用。

（1）Create

Create 的功能为创建 Unity 内置的资源，子菜单中为 Unity 内置的各个资源。所创建的任何资源都会出现在 Project 面板中，根据需要分别对所创建的资源进行相应的编辑，进而实现具体的功能。

下面来简单介绍一下 Create 子菜单下每个选项的功能和含义。

① 单击 Create→Folder，就会在 Project 面板中创建一个项目文件夹，可以根据需要修改文件夹名称。单击 Create→C# Script，就会在 Project 面板中创建一个 C#脚本，可以根据需要修改脚本名称，在脚本中用 C#编写代码，以实现具体的功能。

② 单击 Create→Javascript，就会在 Project 面板中创建一个 Javascript 脚本，可以根据需要修改脚本名称，在脚本中用 Javascript 编写代码，以实现具体的功能。单击 Create→Shader 下的命令，就会在 Project 面板中创建相应着色器脚本，在脚本中用 ShaderLab 或者 Cg.GLSL 编写着色器代码。

③ 单击 Create→Testing 下的命令时，就会在 Project 面板中创建相应集成测试脚本，可以根据需要修改脚本名称，在脚本中实现具体的功能。单击 Create→Scene，就会在 Project 面板中创建一个场景文件，其作用和 File 菜单下的 New Scene 相同。

④ 单击 Create→Prefab，就会在 Project 面板中创建一个预制件，其作用是通过代码批量地创建相同的游戏对象。单击 Create→Audio Mixer，就会创建一个音频混合器，可以根据需要混合不同的声音源来达到需要的效果。

⑤ 单击 Create→Material，就会在 Project 面板中创建一个材质，可以根据需要在 Inspector 面板中设置材质的颜色、渲染管线及材质的渲染方式。单击 Create→Lens Flare，就会在 Project 面板中创建一个光晕资源，可以根据需要选择合适的光晕 2D 纹理贴图。

⑥ 单击 Create→Render Texture，就会创建一个渲染纹理资源。可以根据需要对创建的渲染纹理资源进行具体的设置。单击 Create→Lightmap Parameters 就会创建一个光照贴图参数资源。

⑦ 单击 Create→Sprites 下的命令时，就会创建不同类型的精灵对象，可以给这些精灵对象赋予合适的贴图。单击 Create→Animator Controller，就会创建一个动画控制器。开发人员可以根据实际的开发需求，打开动画控制器对动画进行设置，以满足开发的实际需求。

⑧ 单击 Create→Animation 就会创建一个动画片段资源。单击 Create→Animator Override Controller 就会创建一个动画重新控制器，可以在 Inspector 面板中对其进行设置，用来重写给定 avatar 的控制器的某些动画剪辑。

⑨ 单击 Create→Avatar Mask，就会创建一个身体遮罩资源，通过身体遮罩可以对动画里面特定的身体部位进行激活或禁止。单击 Create→Physic Material，就会创建一个物理材质。开发人员可以根据实际的开发需求，在 Inspector 面板中设置相应的参数。

⑩ 单击 Create→Physics2D Material，就会创建一个 2D 物理材质。单击 Create→GUI Skin，就会创建一个绘制样式资源。对 2D 界面中的图形绘制进行具体的设置时，开发人员可以根据实际的开发需求，在 Inspector 面板中对具体的参数进行设置。

⑪ 单击 Create→Custom Font，就会创建一个文本样式资源。单击 Create→Legacy→Cubemap，就会创建一个立方体纹理映射资源，可以分别对立方体的 6 个面进行纹理设置。

（2）Show in Explorer

Show in Explorer 的功能为在资源管理器中显示资源文件。单击 Assets→Show in Explorer 就会将当前选中的资源在资源管理器中显示出来，在每个资源管理器中将显示此项目所有的资源，而选中的资源在资源管理器中将自动被选中。

（3）Open

Open 的功能为打开 Project 面板中的资源文件。选中一个资源，然后单击 Assets→Open，或者双击相应资源，Unity 就会使用默认的编辑器将其打开，从而可以对其进行编辑。

（4）Delete

Delete 的功能为删除 Project 面板中的资源文件。选中一个资源文件，然后单击 Assets→Delete，或是按 Delete 键，系统就会弹出确定是否删除资源文件的对话框。单击 Delete 按钮就会删除选中的资源文件。

（5）Rename

Rename 的功能为重命名资源。选中一个资源，然后单击 Assets→Rename，就可以在 Project 面板中重新编辑资源的名称。也可以通过在 Project 面板中右击资源并选择 Rename 选项来执行此操作。

（6）Copy Path

Copy Path 的功能为复制资源路径。选中一个资源，然后单击 Assets→Copy Path，就可以复制这个资源的路径。Unity 中某些功能需要输入对应的资源路径，此时就可以使用此功能快捷复制路径。其快捷键为 Alt+Ctrl+C。

（7）Open Scene Additive

Open Scene Additive 的功能为载入场景。选中一个场景资源，然后单击 Assets→Open Scene Additive 就可以载入这个场景。同样的功能也可以通过双击场景资源实现。

（8）View in Package Manager

View in Package Manager 的功能为在 Package Manager 中查看可用的包，其中 Package Manager 是从 Unity 2018 起添加的新功能，打开路径为 Windows→Package Manage。

（9）Import New Asset

Import New Asset 的功能为导入项目所需要的资源。单击 Assets→Import New Asset 就会立刻弹出 Import New Asset 对话框，在其中选择需要导入的资源文件并单击 Import 按钮即可。

> **提示** 为了方便起见，导入较小的资源时没必要进行这些烦琐的操作，直接选中要导入的资源并将其拖进 Unity 集成开发环境的 Project 面板，即可成功导入。

（10）Import Package

Import Package 的功能为导入项目所需要的 Unity 资源包。单击 Assets→Import Package→Custom Package 就会弹出 Import Package 对话框，在其中选择需要导入的资源包并单击"打开"按钮就会弹出导入进度框。

（11）Export Package

Export Package 的功能为将所需要的资源导出资源包。选中需要导出的资源文件，单击 Assets→Export Package 就会立即弹出 Export Package 对话框，单击 Export 按钮即可导出资源包。

（12）Find References In Scene

Find References In Scene 的功能为在场景中找出使用选中的资源的游戏对象。先在 Project 面板中选中一个资源，然后单击 Assets→Find References In Scene，就会在 Hierarchy 面板中显示使用该资源的游戏对象。

（13）Select Dependencies

Select Dependencies 的功能为选择游戏对象的依赖资源。先在 Hierarchy 面板中选择需要找出依赖资源的游戏对象，然后单击 Assets→Select Dependencies，就会在 Project 面板中显示游戏对象的依赖资源。

（14）Refresh

Refresh 的功能为刷新 Project 面板。在 Unity 编辑器外部改动项目资源后，需要单击 Assets

→Refresh 来刷新 Project 面板。

（15）Reimport

Reimport 的功能为重新导入项目资源。选中需要重新导入的项目资源，然后单击 Assets→Reimport 就会将选中的资源重新导入项目。

（16）Reimport All

Reimport All 的功能为重新导入项目的所有资源。单击 Assets→Reimport All 就会将 Project 面板中的所有资源重新导入项目。

（17）Extract From Prefab

Extract From Prefab 的功能为从预制件中提取。选中预制件中的某个资源，单击 Extract From Prefab 就可以将其从预制件中提取出来单独进行修改。

（18）Run API Updater

Run API Updater 的功能为将脚本中已经过时的 API 自动更新。选中旧版项目中含有过时 API 的脚本，单击 Assets→Run API Updater 就会自动将过时的 API 更新。脚本中不是所有过时的 API 都能自动更新，有些需要手动修改代码来更新。

（19）Update UXML Schema

Update UXML Schema 的功能为将已经过时的 UXML 架构自动更新为新的 UXML 架构，其中 UXML 文件是定义用户界面逻辑结构的文本文件。

（20）Open C# Project

Open C# Preject 的功能为在脚本编辑工具中打开本项目。单击 Assets→Open C# Preject 就会将 Unity 项目脚本同步到脚本编辑工具项目中，并且会在脚本编辑工具中打开该项目。

（21）Properties

Properties 的功能为属性设置，选中资源后单击 Assets→Properties 就会弹出属性设置对话框，弹出的对话框内记录了所选资源的所有属性，开发人员可以在此对其进行修改。

2.2.4　GameObject

本小节将对菜单栏中的 GameObject（游戏对象）菜单进行详细讲解，并对其下的每一个子菜单进行细致的介绍。读者通过对本小节的学习，能够清楚地理解 GameObject 菜单的功能和作用。

（1）Create Empty

Create Empty 的功能为创建空游戏对象。空游戏对象就是不带有任何组件的游戏对象，只是当其他游戏对象进行分组时作为父对象。单击 GameObject→Create Empty 或按 Ctrl+Shift+N 快捷键就会在场景中创建一个空游戏对象。

（2）Create Empty Child

Create Empty Child 的功能为创建子游戏对象。选中一个游戏对象，单击 GameObject→Create Empty Child 或按 Alt+Shift+N 快捷键就会为选中的游戏对象创建一个子游戏对象。

（3）Create Empty Parent

Create Empty Parent 的功能为创建父游戏对象。选中一个游戏对象，单击 GameObject→Create Empty Parent 或按 Ctrl+Shift+G 快捷键就会为选中的游戏对象创建一个父游戏对象。

（4）3D Object

3D Object 的功能是创建 3D 游戏对象。其下的命令分别为 Cube、Sphere、Capsule、Cylinder、Plane、Quad、Text-TextMeshPro、Ragdoll、Terrain、Tree、Wind Zone 和 3DText，具体含义如表 2-11 所示。

表 2-11　3D Object 子菜单下的命令及其含义

命令	含义	命令	含义
Cube	立方体	Sphere	球体
Capsule	胶囊	Cylinder	圆柱体
Plane	平面	Quad	四边形
Text-TextMeshPro	文本区	Ragdoll	布偶系统
Terrain	地形	Tree	树
Wind Zone	风区	3DText	3D 文本

（5）Effects

Effects 子菜单的功能是创建光源对象。其下的命令分别为 Particle System、Particle System Force Field、Trail 和 Line，具体含义如表 2-12 所示。

表 2-12　Effects 子菜单下的命令及其含义

命令	含义
Particle System	粒子系统
Particle System Force Field	粒子系统力场
Trail	拖尾
Line	线

（6）Light

Light 子菜单的功能是创建光源对象。其下的命令分别为 Directional Light、Point Light、Spotlight、Area Light、Reflection Probe 和 Light Probe Group，具体含义如表 2-13 所示。

表 2-13　Light 子菜单下的命令及其含义

命令	含义	命令	含义
Directional Light	平行光	Point Light	点光源
Spotlight	聚光灯	Area Light	区域光
Reflection Probe	反射探头	Light Probe Group	光探头组

（7）Audio

Audio 子菜单的功能是创建与声音有关的游戏对象。其下的命令分别为 Audio Source 和 Audio Reverb Zone。Audio Source 的功能为创建声音源，Audio Reverb Zone 的功能为创建音频混响区对象。

（8）Video

Video 子菜单的功能是创建与视频有关的游戏对象。其下的命令为 Video Player。Video Player 的功能为创建一个视频播放管理对象。

（9）UI

UI 子菜单的功能是创建与搭建 UI 有关的游戏对象。其下的命令分别为 Text、Text-TextMeshPro、Image、Raw Image、Button、Button- TextMeshPro、Toggle、Slider、Scrollbar、Dropdown、Dropdown-TextMeshPro、Input Field、Input Field-TextMeshPro、Canvas、Panel、Scroll View 和 Event System，具体含义如表 2-14 所示。

表 2-14　　　　　　　　　　UI 子菜单下的命令及其含义

命令	含义	命令	含义
Text	文本控件	Text-TextMeshPro	TextMeshPro 文本控件
Image	图片控件	Raw Image	原始图片控件
Button	按钮控件	Button- TextMeshPro	TextMeshPro 按钮控件
Toggle	选项控件	Slider	滑动条
Scrollbar	滑动块控件	Dropdown	下拉列表框控件
Dropdown-TextMeshPro	TextMeshPro 下拉列表框控件	Input Field	输入框控件
Input Field-TextMeshPro	TextMeshPro 输入框控件	Canvas	画布
Panel	面板	Scroll View	滚动视图
Event System	事件系统	—	—

（10）XR

XR 子菜单的功能是创建与搭建 XR 界面有关的游戏对象。其下菜单只有 Convert Main Camera To XR Rig 命令，功能为将主摄像机转换为 XR 设备。

（11）Camera

Camera 的功能为创建摄像机对象，单击 GameObject→Camera 就会在场景中创建一个摄像机对象。在 Hierarchy 面板中选中该摄像机对象，Inspector 面板中就会显示其具体属性信息，开发人员可以根据需要对属性进行修改，从而达到想要的效果。

> **提示**　系统会默认为每个场景自动创建一个摄像机，并命名为 Main Camera，一般情况下可以达到项目要求。

（12）Center On Children

Center On Children 的功能为将父对象的位置设置到子对象的中心点上。选中一个父对象，然后单击 GameObject→Center On Children 就会将该父对象的位置移动到所有子对象的平均中心点上。

（13）Make Parent

Make Parent 的功能为多个游戏对象创建父子关系。在 Hierarchy 面板中选中多个游戏对象，然后单击 GameObject→Make Parent 就会将除选中的最上面的对象外的其他所有游戏对象设置为最上面对象的子对象。

（14）Clear Parent

Clear Parent 的功能为将子对象与父对象的父子关系解除。在 Hierarchy 面板中选中多个游戏子对象，然后单击 GameObject→Clear Parent 就会将选中的多个游戏子对象与父对象的父子关系解除，同时使其成为独立对象。

（15）Apply Changes To Prefab

Apply Changes To Prefab 的功能为将使用预制件实例化的游戏对象的改变应用到预制件上。在 Hierarchy 面板中选中使用预制件实例化的游戏对象，然后单击 GameObject→Apply Changes To Prefab 就会将游戏对象的改变应用到预制件上。

（16）Break Prefab Instance

Break Prefab Instance 的功能为将使用预制件实例化的游戏对象的预制件文件删除。在 Hierarchy 面板中选中使用预制件实例化的游戏对象，然后单击 GameObject→Break Prefab Instance 就会将游戏对象的预制件文件删除。

（17）Set as first sibling

Set as first sibling 的功能为在 Hierarchy 面板中将子对象移动到其父对象下属的所有子对象的

最上面。选中需要移动的子对象，然后单击 GameObject→Set as first sibling，或者按 Ctrl+=快捷键就会将选中的子对象移动到其父对象下的所有子对象的最上面。

（18）Set as last sibling

Set as last sibling 的功能为在 Hierarchy 面板中将子对象移动到其父对象下的所有子对象的最下面。选中需要移动的子对象，然后单击 Set as last sibling，或者按 Ctrl+ −快捷键就会将选中的子对象移动到其父对象下的所有子对象的最下面。

（19）Move To View

Move To View 的功能为移动游戏对象到 Scene 窗口的中心位置。在 Hierarchy 面板中选中一个游戏对象，然后单击 GameObject→Move To View 就会将选中的游戏对象移动到 Scene 窗口的中心位置，使其在 Scene 窗口中全部显示。

（20）Align With View

Align With View 的功能为移动游戏对象至与视窗对齐。在 Hierarchy 面板中选中一个游戏对象，然后单击 GameObject→Align With View 就会将选中的游戏对象对齐到视窗。

（21）Align View to Selected

"Align View to Selected 的功能为移动视窗与游戏对象。在 Hierarchy 面板中选中一个游戏对象，然后单击 GameObject→Align With View 就会将 Scene 窗口的中心位置移动到选中对象的中心点，但是所选中的游戏对象的位置不变。

（22）Toggle Active State

Toggle Active State 的功能为控制游戏对象的激活状态。选中游戏对象，如果游戏对象处于激活状态，单击 GameObject→Toggle Active State，或者按 Alt+Shift+A 快捷键，该游戏对象就会变为未激活状态，在 Hierarchy 面板中该游戏对象就会变暗。

2.2.5 Component

本小节将对菜单栏中的 Component（组件）菜单进行详细讲解，并对其下的主要子菜单进行细致的介绍。读者通过对本小节的学习，能够清楚地理解 Component 菜单的功能和作用。Component 菜单如图 2-24 所示。

（1）Add

Add 的功能是为场景中的游戏对象添加组件。单击 Component→Add 或是按 Ctrl+Shift+A 快捷键，Inspector 面板中会弹出 Add Component 下拉列表，可以在其中选择需要添加的组件，如图 2-25 所示。

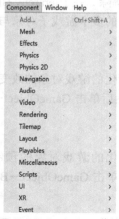

▲图 2-24 Component 菜单

▲图 2-25 Add Component 下拉列表

2.2 菜单栏

（2）Mesh

Mesh 子菜单的功能是为游戏对象添加与网格相关的组件。其下的命令分别为 Mesh Filter、Text Mesh、Mesh Renderer、Skinned Mesh Renderer 和 TextMeshPro-Text，如图 2-26 所示，每个命令的具体含义如表 2-15 所示。

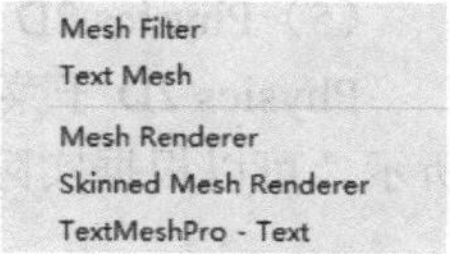

▲图 2-26　Mesh 子菜单

表 2-15　　　　　　　　　　Mesh 子菜单下的命令及其含义

命令	含义	命令	含义
Mesh Filter	网格过滤器	Text Mesh	文本网格
Mesh Renderer	网格渲染器	Skinned Mesh Renderer	带骨骼动画的网格渲染器
TextMeshPro-Text	TextMeshPro 文本	—	—

（3）Effects

Effects 子菜单的功能是为游戏对象添加 Unity 集成开发环境自带的特殊显示效果的相关组件。其下的命令分别是 Particle System、Trail Renderer、Line Renderer、Lens Flare、Halo、Projector 和 Legacy Particles。

其中 Legacy Particles 下还有 Ellipsoid Particle Emitter、Mesh Particle Emitter、Particle Animator、World Particle Collider 和 Particle Renderer。可以根据实际的开发需求，在场景中添加合适的特效。每个命令的具体含义如表 2-16 所示。

表 2-16　　　　　　　　　　Effects 子菜单下的命令及其含义

命令	含义	命令	含义
Particle System	粒子系统	Trail Renderer	拖尾渲染器
Line Renderer	线性渲染器	Lens Flare	镜头光晕
Halo	光晕	Projector	投影器
Legacy Particles	旧版粒子系统	Ellipsoid Particle Emitter	椭球粒子发射器
Mesh Particle Emitter	网格粒子发射器	Particle Animator	粒子动画
World Particle Collider	世界粒子碰撞体	Particle Renderer	粒子渲染器

（4）Physics

Physics 子菜单的功能是为游戏对象添加物理属性组件。其下的命令及含义如表 2-17 所示。可以根据实际的开发需求，为场景的游戏对象添加合适的物理特效。

表 2-17　　　　　　　　　　Physics 子菜单下的命令及其含义

命令	含义	命令	含义
Rigidbody	刚体	Character Controller	角色控制器
Box Collider	盒子碰撞体	Sphere Collider	球体碰撞体
Capsule Collider	胶囊碰撞体	Mesh Collider	网格碰撞体
Wheel Collider	轮体碰撞体	Terrain Collider	地形碰撞体
Cloth	布料	Hinge Joint	铰链关节
Fixed Joint	固定关节	Spring Joint	弹性关节
Character Joint	角色关节	Configurable Joint	可配置关节
Constant Force	恒力	—	—

（5）Physics 2D

Physics 2D 子菜单的功能是为 2D 游戏对象添加物理属性组件。其下的命令和含义如表 2-18 所示。可以根据实际的开发需求，为场景的 2D 游戏对象添加合适的 2D 物理特效。

表 2-18　　　　　　　　　Physics2D 子菜单下的命令及其含义

命令	含义	命令	含义
Rigidbody 2D	2D 刚体	Box Collider 2D	盒子碰撞体
Circle Collider 2D	圆圈碰撞体	Edge Collider 2D	边缘碰撞体
Polygon Collider 2D	多边形碰撞体	Capsule Collider 2D	胶囊碰撞体
Composite Collider 2D	混合碰撞体	Distance Joint 2D	距离关节
Fixed Joint 2D	固定关节	Friction Joint 2D	摩擦关节
Hinge Joint 2D	铰链关节	Relative Joint 2D	相对关节
Slider Joint 2D	滑动关节	Spring Joint 2D	弹簧关节
Target Joint 2D	定向关节	Wheel Joint 2D	滚轮关节
Area Effector 2D	区域效应器	Buoyancy Effector 2D	浮力效应区
Point Effector 2D	点效应器	Platform Effector 2D	平台效应器
Surface Effector 2D	表面效应器	Constant Force 2D	恒力

（6）Navigation

Navigation 子菜单的功能是为游戏对象添加导航组件。其下的命令分别为 Nav Mesh Agent、Off Mesh Link、Nav Mesh Obstacle。导航组件的具体用法将在后文具体介绍。

（7）Audio

Audio 子菜单的功能是为场景添加音效组件。其下的命令分别为 Audio Listener、Audio Source、Audio Reverb Zone、Audio Low Pass Filter、Audio High PassFilter、Audio Echo Filter、Audio Distortion Filter、Audio Reverb Filter、Audio Chorus Filter、Audio Spatializer，具体含义如表 2-19 所示。

表 2-19　　　　　　　　　Audio 子菜单下的命令及其含义

命令	含义	命令	含义
Audio Listener	声音监听器	Audio Source	声音源
Audio Reverb Zone	音频混响区	Audio Low Pass Filter	音频低通滤波器
Audio High Pass Filter	音频高通滤波器	Audio Echo Filter	音频回音滤波器
Audio Distortion Filter	音频失真滤波器	Audio Reverb Filter	音频混响滤波器
Audio Chorus Filter	音频合唱滤波器	Audio Spatializer	声源定位

（8）Video

Video 子菜单的功能是创建与视频有关的游戏对象。其下的 Video Player 命令的功能为创建一个视频播放管理对象。

（9）Rendering

Rendering 子菜单的功能是添加对场景的效果进行渲染的相关组件。其下的命令分别为 Camera、Skybox、Flare Layer、GUI Layer、Light、Light Probe Group、Light Probe Proxy Volume、Reflection Probe、Occlusion Area、Occlusion Portal、LOD Group、Sprite Renderer、Sprite Group、

Canvas Renderer、GUI Texture 和 GUI Text，具体含义如表 2-20 所示。

表 2-20　　　　　　　　　　Rendering 子菜单下的命令及其含义

命令	含义	命令	含义
Camera	摄像机	Occlusion Area	闭塞区域
Skybox	天空盒	Occlusion Portal	闭塞入口
Flare Layer	光晕层	LOD Group	层次级别分组
GUI Layer	UI 层	Sprite Renderer	精灵渲染器
Light	光照	Sprite Group	精灵组
Light Probe Group	光探头组	Canvas Renderer	标签渲染器
Light Probe Proxy Volume	光探头代理	GUI Texture	UI 图片
Reflection Probe	反射探头	GUI Text	UI 文本

（10）Tilemap

Tilemap 子菜单中的组件是系统组件，用来储存和处理 2D 相关的瓦块资源，分别为 Tilemap、Tilemap Renderer、Tilemap Colider 2D。

（11）Layout

Layout 子菜单的功能是添加与 UI 布局相关的组件。其下的命令分别为 Rect Transform、Canvas、Canvas Group、Canvas Scaler、Layout Element、Content Size Fitter、Aspect Ratio Fitter、Horizontal Layout Group、Vertical Layout Group 和 Grid Layout Group，具体含义如表 2-21 所示。

表 2-21　　　　　　　　　　Layout 子菜单下的命令及其含义

命令	含义	命令	含义
Rect Transform	矩阵变换	Canvas	画布
Canvas Group	画布组	Canvas Scaler	UI 屏幕自适应
Layout Element	布局元素	Content Size Fitter	内容大小适配器
Aspect Ratio Fitter	屏幕长宽比适配器	Horizontal Layout Group	水平布局
Vertical Layout Group	垂直布局	Grid Layout Group	网格布局

（12）Playables

Playables 子菜单只有一个命令：Playable Director。Playable Dircetor 组件存储了 Timeline instance（Timeline 实例）与 Timeline Asset（Timeline 资源）间的连接。

（13）Miscellaneous

Miscellaneous 子菜单的功能是添加 Component 菜单里面的一些单独组件。其下的命令分别为 Animator、Animation、Network View、Terrain、Wind Zone、Billboard Renderer 和 World Anchor，具体含义如表 2-22 所示。

表 2-22　　　　　　　　　　Miscellaneous 子菜单下的命令及其含义

命令	含义	命令	含义
Animator	动画控制器	Animation	动画播放器
Network View	网格视图	Terrain	地形
Wind Zone	风	Billboard Renderer	标志板渲染器
World Anchor	世界坐标锚	—	—

（14）UI

UI 子菜单的功能是添加与搭建 UI 相关的组件。其下的命令分别为 Effects、Image、Text、Image、Raw Image、Mask、Rect Mask 2D、Button、Input Field、Toggle、Toggle Group、Slider、Scrollbar、DropDown、Scroll Rect、Selectable，具体含义如表 2-23 所示。

表 2-23　　　　　　　　　　　UI 子菜单下的命令及其含义

命令	含义	命令	含义
Effects	特效组件	Toggle	选项组件
Text	文本组件	Toggle Group	选项组组件
Image	图片组件	Slider	滑动条组件
Raw Image	原始图片组件	Scrollbar	滑动块组件
Mask	遮挡组件	DropDown	下拉列表框组件
Rect Mask 2D	2D 矩形遮挡组件	Scroll Rect	滚动条组件
Button	按钮组件	Selectable	可选择组件
Input Field	输入框组件	—	—

（15）XR

XR 子菜单的功能是添加与场景中空间映射相关的组件。其下的命令分别为 Camera Offset、Tracked Pose Driver。

（16）Event

Event 子菜单的功能是添加与事件监听相关的组件。其下的命令分别为 Event System、Event Trigger、Physics 2D Raycaster、Physics Raycaster、Standalone Input Module、Touch Input Module 和 Graphic Raycaster。与事件监听相关的组件的具体用法将在后文具体介绍。

2.2.6　Window

本小节将对菜单栏中的 Window（窗口）菜单进行详细讲解，并对其下的每一个子菜单都进行细致的介绍。读者通过对本小节的学习，能够清楚地理解 Window 菜单的功能和作用。

（1）Next Window

Next Window 的功能为将当前的视图转换到下一个窗口。单击 Window→Next Window，当前的视图会自动切换到下一个窗口，实现在不同的窗口视角下观察同一物体，可以更加清楚地观察场景的搭建效果及游戏中的真实效果，有助于对场景进行修改。

（2）Previous Window

Previous Window 的功能为将当前正在操作的窗口设置为当前窗口。单击 Window→Previous Window，将当前操作的窗口设置为当前窗口，以方便开发人员开发。

（3）Layouts

Layouts 的功能为设置整个 Unity 集成开发环境的整体布局，该子菜单如图 2-27 所示，包含布局、保存布局、删除布局和恢复出厂设置等命令。单击 Window→Layouts→2 by 3，Unity 集成开发环境会展现相应布局效果。

▲图 2-27　Layouts 子菜单

（4）Scene

Scene 的功能为打开 Scene 窗口。单击 Window→Scene，或按 Ctrl+1 快捷键，即可打开 Scene 窗口。

2.2 菜单栏

（5）Game

Game 的功能为打开 Game 窗口。单击 Window→Game，或是按 Ctrl+2 快捷键，即可打开 Game 窗口。

（6）Inspector

Inspector 的功能为打开 Inspector 面板。单击 Window→Inspector，或是按 Ctrl+3 快捷键，即可打开 Inspector 面板。

（7）Hierarchy

Hierarchy 的功能为打开 Hierarchy 面板。单击 Window→Hierarchy，或按 Ctrl+4 快捷键，即可切换到 Hierarchy 面板。

（8）Project

Project 的功能为打开 Project 面板。单击 Window→Project，或按 Ctrl+5 快捷键，即可打开 Project 面板。

（9）Animation

Animation 的功能为打开 Animation 窗口。单击 Window→Animation，或是按 Ctrl+6 快捷键，即可以打开 Animation 窗口。在此不对动画的具体制作及设计做详细的说明，后文将做细致的讲解。

（10）Profiler

Profiler 的功能为对 Unity 集成开发环境中各个功能选项的使用情况及 CPU 的利用率进行检查。单击 Window→Profiler 或按 Ctrl+7 快捷键，即可进入探查窗口。

（11）Audio Mixer

Audio Mixer 的功能为打开音频混合器编辑窗口。单击 Window→Audio Mixer，或者双击需要编辑的音频混合器资源就会显示音频混合器编辑窗口，在该界面中可以对音频混合器资源进行编辑，以达到项目需要的效果。

（12）Asset Store

Asset Store 的功能为打开资源商店。单击 Window→Asset Store，或是按 Ctrl+9 快捷键，即可进入资源商店，在里面可以搜索并购买资源。

（13）Version Control

Version Control 为版本控制，单击 Window→Version Control 就会立刻弹出版本控制窗口。单击窗口中的 Settings 按钮，Inspector 面板中就会显示版本控制的模式，可供开发人员选择。

（14）Animator Parameter

Animator Parameter 的功能为打开动画控制器参数设置窗口。单击 Window→Animator Parameter 就会打开动画控制器参数设置窗口。在该窗口中可以设置用于控制动画播放的参数，这些参数可以在动画播放控制窗口中使用。

（15）Animator

Animator 的功能为打开动画控制器编辑窗口。单击 Window→Animator，即可打开动画控制器编辑窗口。

（16）Sprite Packer

Sprite Packer 的功能为打开精灵打包器，单击 Window→Sprite Packer 就会立刻打开精灵打包器，可以在其中中将具有同一标识（Packing Tag）的精灵打包成同一图集，其中 Packing Tag 属性在选中精灵的情况下位于 Inspector 面板中。

（17）Experimental

Experimental 的功能为打开基于图像的照明工具窗口。单击 Window→Experimental 子菜单→

Look Dev，即可打开基于图像的照明工具窗口。

（18）Holographic Emulation

Holographic Emulation 的功能为打开全息仿真设置窗口。单击 Window→Holographic Emulation 即可打开全息仿真设置窗口，在该面板中可以对与全息方针有关的属性进行设置。

（19）Test Runner

Test Runner 的功能为打开测试窗口。单击 Window→Test Runner 即可打开测试窗口，在该窗口中可以对不同模式的测试进行设置。

（20）Lighting

Lighting 的功能为打开光照设置窗口。单击 Window→Lighting→Settings 即可打开光照设置窗口，在该窗口中可以对与光照有关的属性进行设置。单击 Window→Lighting→Light Explorer 即可打开光照资源管理器。

（21）Occlusion Culling

Occlusion Culling 的功能为打开遮挡剔除窗口。单击 Window→Occlusion Culling 即可打开遮挡剔除窗口，在该窗口中可以进行场景的遮挡剔除。

（22）Frame Debugger

Frame Debugger 的功能为打开帧调试器。单击 Window→Frame Debugger 即可打开帧调试器，在其中可以详细查看场景绘制的每一个步骤。

（23）Navigation

Navigation 的功能为打开导航网格设置窗口。单击 Window→Navigation 就会立刻打开导航网格设置窗口，并且 Scene 窗口中会显示烘焙过的区域。

（24）Console

Console 的功能为打开控制台。单击 Window→Console，或是按 Ctrl+Shift+C 快捷键，即可进入控制台窗口。控制台里面将会显示游戏遇到的任何错误、消息或者警告，以及和这个特定错误相关的任何细节，便于开发人员发现游戏存在的问题并加以解决。

2.3 本章小结

Unity 是一款功能强大的集成开发编辑器和游戏引擎，为开发人员提供了创新和发布一款游戏所必需的工具，无论开发人员是要开发一款 3D 第一人称射击游戏还是要开发一款休闲的 2D 智力游戏，都可以使用 Unity 进行。Unity 每个视图都提供了不同的编辑和操作功能，以帮助开发人员提高开发效率。

Unity 的许可方式及可选的插件使得开发人员在需要时可以得到合适的功能或定制功能。这款编辑器是以资源为中心的，它会为所有不同类型的对象创建物理链接和引用，包括代码对象。这样的灵活性使得它可供一个独立的开发人员或是一个大型的开发团队使用。

第 3 章 Unity 脚本程序开发

通过前两章的介绍，读者应该已经了解了 Unity 中一些基本对象的创建方法，本章将介绍 Unity 中脚本程序的开发。Unity 支持多种语言作为脚本语言，因为现在 Unity 开发中 C#使用最为广泛，所以本章介绍 C#在 Unity 中的使用。

> **提示** 由于本书是针对 Unity 开发的，故本章并没有致力于详细介绍 C#的基本语法等基础知识，而是侧重于 C#在 Unity 中的运用。对 C#不太熟悉的读者，请先参考其他图书或资料，了解 C#的基础知识。

3.1 Unity 脚本概述

与其他常用的平台有所不同，Unity 中的脚本程序如果要起作用，主要途径是将脚本附加到特定的游戏对象上。这样，脚本中不同的方法在特定的情况下会被回调，从而实现特定的功能，下面给出几个常用的回调方法。

❑ Start 方法：在游戏场景加载时被调用，在该方法内可以写一些游戏场景初始化的代码。
❑ Update 方法：会在每一帧渲染之前被调用，大部分游戏代码在这里执行，除了物理部分的代码。
❑ FixedUpdate 方法：会在固定的物理时间步调调用一次。这里也是基本物理行为代码执行的地方。

除了以上几个常用的回调方法，Unity 还提供了很多其他回调方法，后文会陆续介绍。同时，还有一种可以称为方法外部代码的源代码，其在物理加载时运行，还可以用于初始化脚本状态，有点类似于 C#里面的成员变量声明。

此外，开发人员在有需要的情况下，还可以重写一些处理特定事件的回调方法，这类方法一般以 On 开头，如 OnCollisionEnter 方法（此方法在系统检测到碰撞开始时被回调）等。

> **提示** 上述的方法与代码在开发中一般都位于 MonoBehaviour 类的子类中，也就是说开发脚本程序时，主要是继承 MonoBehaviour 类并重写其中特定的方法。

3.2 Unity 中 C#脚本的注意事项

Unity 中 C#脚本的运行环境使用了 Mono 技术，Mono 是由 Novell 公司主导的、一个致力于.NET 开源的项目。可以在 Unity 脚本中使用.NET 所有的相关类。但 Unity 中 C#的使用和传统的 C#有一些不同，下面将介绍 Unity 中 C#脚本的注意事项。

1. 继承 MonoBehaviour 类

Unity 中所有挂载到游戏对象上的脚本中的类必须直接或间接继承 MonoBehaviour 类。MonoBehaviour 类定义了各种回调方法，例如 Start、Update 和 FixedUpdate 等。通过 Asset→Create→C# Script 创建脚本时，系统模版已经包含了必要的定义。

```
1    public class NewBehaviourScript : MonoBehaviour {...}    //继承 MonoBehaviour 类
```

2. 类名必须匹配文件名

C#脚本中类名需要手动编写，而且类名必须和文件名相同，否则当脚本挂载到游戏对象时，控制台会报错。另外需要注意，在 Unity 中初次创建脚本时，创建的文件名与类名默认是相同的，如果后续需要修改文件名那么要在 C#脚本中手动修改类名。

3. 使用 Awake 或 Start 方法初始化

用于初始化脚本的代码必须置于 Awake 或 Start 方法中。Awake 和 Start 方法的不同之处在于，Awake 方法是在加载场景时被调用，Start 方法是在第一次调用 Update 或 FixedUpdate 方法之前被调用，Awake 方法运行在所有 Start 方法之前。

4. Unity 脚本中协同程序有不同的语法规则

Unity 脚本中协同程序（Coroutines）必须是 IEnumerator 返回类型，并且 yield 要用 yield return 替代，示例代码如下。

```
1    ...//此处省略了导入系统包的代码
2    public class NewBehaviourScript : MonoBehaviour {        //声明类
3        IEnumerator SomeCoroutine(){                         //C#协同程序
4            yield return 0;                                  //等待一帧
5            yield return new WaitForSeconds(2);              //等待2s
6        }}
```

5. 只有特定类型的变量才能显示在属性面板中

只有序列化的成员变量才能显示在属性面板中，而 private 和 protected 类型的成员变量只能在专家模式中显示，而且其属性不被序列化或显示在属性面板中。如果想让变量的属性在属性面板中显示，则变量必须是 public 类型的。

6. 尽量避免使用构造方法

不要在构造方法中初始化任何变量，要用 Awake 或 Start 方法来实现。即便是在编辑模式，Unity 仍会自动调用构造方法，这通常是在一个脚本编译之后，因为需要调用脚本的构造方法来取回脚本的默认值。构造方法的调用时机无法预计，它或许会被预制件或未激活的游戏对象调用。

而在单一模式下使用构造方法可能会导致严重后果，会带来类似随机的空引用异常。因此，如果想实现单一模式就不要用构造方法，要用 Awake 或 Start 方法。事实上，没必要在继承自 MonoBehaviour 的类的构造方法中写任何代码。

7. 调试

Unity 中 C#代码的调试与传统的 C#的调试有所不同。Unity 自带完善的调试功能，Unity 的控制台中包含了当前的全部错误，每一个错误信息都明确指出了代码出错的位置和原因。若是脚本错误，双击错误，可以自动跳转到默认的脚本编辑器中，然后光标会出现在错误对应行的行首。

Unity 的控制台中也收集了有效的警告信息，用黄色叹号表示。这些警告信息给出了哪些变量声明了却没使用，或者自定义的方法可能返回默认值等。尽量优化代码，使其不再产生警告信息，这是一个很好的编程习惯。

> ▼提示　Unity 将调试的信息显示在控制台中，无须开发人员编写关于显示调试信息的代码，这为代码的调试提供了便利。

在 Unity 中，可以使用 print 和 Debug.Log 方法输出调试信息。但是 print 方法只能在 Mono 的类中使用，所以一般情况下最好使用 Debug.Log，它的效果和 print 方法的一样，但是它可以在各处使用。同时也可以使用 Debug.Log.Warning 和 Debug.LogError 方法收集警告和错误信息。

在 Unity 中，可以通过 Debug.Break 方法设置断点。如果想查看特定情况发生时对象属性的变化，那么可以通过设置断点来完成。

3.3 Unity 脚本的基础语法

通过前两节的介绍，读者应该对 Unity 脚本的基础知识和在 Unity 中使用 C#脚本的注意事项有了简单的了解，下面就以 C#脚本为例对 Unity 脚本的基本语法进行介绍说明，主要包括对游戏对象的常用操作、访问游戏对象和一些重要类的介绍等。

3.3.1 对游戏对象的常用操作

Unity 中很多对游戏对象的操作都是通过脚本修改对象的 Transform（变换）与 Rigidbody（刚体）属性参数来实现的。上述属性的参数可以非常方便地通过脚本编程来修改，例如让物体绕 x 轴顺时针旋转 20°，可以使用如下的 C#代码片段来实现。

```
1    …//此处省略了导入系统包的代码
2    public class NewBehaviourScript : MonoBehaviour {    //声明类
3      void Update(){                                      //重写 Update 方法
4        this.transform.Rotate(20,0,0);                    //绕 x 轴旋转 20°
5    }}
```

脚本开发完成后，将这个脚本挂载到需要旋转的游戏对象上，在项目运行时即可实现所需效果。如果希望游戏对象沿 z 轴正方向移动，则可以使用如下的 C#代码片段来实现。该代码运行时可以实现游戏对象每帧向前移动一个单位长度的效果。

```
1    …//此处省略了导入系统包的代码
2    public class NewBehaviourScript : MonoBehaviour {    //声明类
3      void Update(){                                      //重写 Update 方法
4        this.transform.Translate(0,0,1);                  //对象每帧向前移动一个单位长度
5    }}
```

> **提示** 一般情况下，在 Unity 中，x 轴为红色的轴，表示左右；y 轴为绿色的轴，表示上下；z 轴为蓝色的轴，表示前后。

用于旋转的 Rotate 方法和用于移动的 Translate 方法都有 4 个参数，第 4 个参数为 Space 枚举类型，如果设置为 Space.Self，变换相对于自身轴，如果设置为 Space.World，变换相对于世界坐标系。如果不设置第 4 个参数，则使用默认设置 Space.Self。示例 C#代码片段如下。

```
1    this.transform.Rotate(5,0,0,Space.World);    //相对于世界坐标系进行旋转
2    this.transform.Translate(5,0,0,Space.Self);  //相对于自身轴进行移动
```

3.3.2 记录时间

在 Unity 中记录时间需要用到 Time 类。Time 类中比较重要的变量为 deltaTime（时间增量），它指的是完成最后一帧所花费的时间。示例代码如下。

```
1    …//此处省略了导入系统包的代码
2    public class NewBehaviourScript : MonoBehaviour {    //声明类
3      void Update(){                                      //重写 Update 方法
4        this.transform.Rotate(10*Time. deltaTime,0,0);    //绕 x 轴匀速旋转
5    }}
```

> **提示** 系统在绘制每一帧时，都会回调一次 Update 方法，因此，如果想在系统绘制每一帧时都做同样的工作，可以把对应的代码写在 Update 方法中。

同样地，也可以使用类似的方法来移动对象，示例代码如下。

```
1    …//此处省略了导入系统包的代码
2    public class NewBehaviourScript : MonoBehaviour {        //声明类
3      void Update(){                                          //重写 Update 方法
4        this.transform.Translate (0, 0, 1*Time. deltaTime);   //绕 z 轴匀速平移
5    }}
```

如果想每秒增加或者减少一个值，那么需要用 1 乘以 Time.deltaTime，同时也要明确在游戏中是需要实现每秒一个单位还是每帧一个单位的效果。如果用某个数乘以 Time.deltaTime，那么游戏对象就会按固定的节奏运动而不依赖游戏的帧速率，因此，游戏对象的运动变得更容易控制。

例如，想让游戏对象沿 y 轴正方向每秒上升 5 个单位，可以使用如下的 C#代码片段来实现。

```
1    …//此处省略了导入系统包的代码
2    public class NewBehaviourScript : MonoBehaviour {    //声明类
3      public GameObject gameObject;                       //声明一个游戏对象
4      void Update(){                                      //重写 Update 方法
5        Vector3 te = gameObject.transform.position;       //获取游戏对象的位置坐标
6        te.y += 5 * Time.deltaTime;                       //沿 y 轴每秒上升 5 个单位
7        gameObject.transform.position = te;               //设置游戏对象的位置坐标
8    }}
```

如果涉及刚体，则相关代码可以写在 FixedUpdate 方法里面，如果想每秒增加或者减少一个值，需要在 FixedUpdate 方法里面用 5 乘以 Time.fixedDeltaTime。例如，想让刚体沿 y 轴正方向每秒上升 5 个单位，可以使用如下的 C#代码片段来实现。

```
1    using UnityEngine;
2    using System.Collections;                              //引入系统包
3    public class NewBehaviourScript : MonoBehaviour {      //声明类
4      public GameObject gameObject;                        //声明游戏对象
5      void FixedUpdate(){                                  //重写 FixedUpdate 方法
6        Vector3 te = gameObject.GetComponent<Rigidbody>().transform.position;
                                                            //获取刚体的位置坐标
7        te.y += 5 * Time.fixedDeltaTime;
         //刚体沿 y 轴每秒上升 5 个单位
8        gameObject.GetComponent<Rigidbody>().transform.position = te;//设置刚体的位置坐标
9    }}
```

> **提示** FixedUpdate 方法是按固定的物理时间被系统回调执行的，其中的代码的执行和游戏的帧速率无关。

3.3.3 访问游戏对象组件

组件属于游戏对象，例如把一个 Renderer 组件附加到游戏对象上，可以使游戏对象显示到游戏场景中；把 Camera 组件附加到游戏对象上可以使该对象具有摄像机的所有属性。由于所有的脚本都是组件，因此一般情况下脚本都可以附加到游戏对象上。

常用的组件可以通过简单的成员变量获取，常见的成员变量如表 3-1 所示。

表 3-1　　　　　　　　　　　常见的成员变量

组件名称	变量名称	组件名称	变量名称
Transform	transform	Rigidbody	rigidbody
Renderer	renderer	Camera	Camera（只在摄像机对象有效）
Light	Light（只在光源对象有效）	Animation	animation
Collider	collider	—	—

3.3 Unity 脚本的基础语法

> **提示** 这里的组件体现在属性面板上，而变量是在脚本中体现的。一个游戏对象的所有组件及其所带的属性参数都能够在属性面板中查看。如果想通过挂载在游戏对象上的脚本来获取该游戏对象上的对应组件及其属性，可以通过变量名来获取。

如果想查看所有的预定义成员变量，可以查看关于 Component、Behavior 和 MonoBehaviour 类的文档，本书不一一介绍。如果游戏对象中没有想要获取的值，那么上面的变量值将为 null。

在 Unity 中，附加到游戏对象上的组件可以通过 GetComponent 方法获取，示例代码如下：

```
1   …//此处省略了导入系统包的代码
2   public class NewBehaviourScript : MonoBehaviour {    //声明类
3     void Update(){                                     //重写 Update 方法
4       transform.Translate(1, 0, 0);                    //沿 x 轴移动一个单位
5       GetComponent<Transform>().Translate(1, 0, 0);    //沿 x 轴移动一个单位
6   }}
```

代码中第 4 行和第 5 行代码功能是一样的，都是使游戏对象沿 x 轴正方向移动一个单位，而第 5 行代码通过获取 Transform 组件来使游戏对象移动。

> **提示** 注意 transform 和 Transform 之间大小写的区别，前者是变量（小写），后者是类或脚本（首字母大写）。大小写不同使开发人员能够从类和脚本名中区分出变量。

同样地，也可以通过 GetComponent 方法获取其他的脚本。例如有一个 HelloWorld 脚本，里面有一个 sayHello 方法。要调用 sayHello 方法具体可以使用如下的 C#代码片段来实现，HelloWorld 脚本要与调用它的脚本附加在同一游戏对象上。

```
1   …//此处省略了导入系统包的代码
2   public class NewBehaviourScript : MonoBehaviour {    //声明类
3     void Update(){                                     //重写 Update 方法
4       HelloWorld helloWorld = GetComponent<HelloWorld>();//获取 HelloWorld 脚本组件
5       helloWorld.sayHello();                           //执行 sayHello 方法
6   }}
```

> **提示** 在 C#代码中只有 public 类型的变量和方法才能在所有其他类中使用，private 类型的变量和方法只能在其所在的类中使用，protected 类型的变量和方法只能在子类和同命名空间下的类中使用，而不指定类型的变量和方法只能在同命名空间下的类中使用。

3.3.4 访问其他游戏对象

大部分脚本不单单控制其所附加的游戏对象。Unity 脚本中有很多方法可以访问其他的游戏对象和游戏组件，可以通过在属性面板指定参数的方法来获取游戏对象，也可以通过 Find 方法来获取游戏对象，下面将对这些方法进行详细介绍。

1. 通过在属性面板指定参数获取游戏对象

在代码中声明 public 类型的游戏对象引用，属性面板中就会显示这个游戏对象参数，然后就可以将需要获取的游戏对象拖动到属性面板的相关参数位置，具体可以使用如下的 C#代码片段来实现：获取游戏对象上的 Test 脚本组件，然后执行 doSomething 方法。

```
1   …//此处省略了导入系统包的代码
2   public class NewBehaviourScript : MonoBehaviour {  //声明类
3     public GameObject otherObject;                   //游戏对象引用
4     void Update(){                                   //重写 Update 方法
5       Test test = otherObject.GetComponent<Test>();  //获取 Test 脚本组件
6       test.doSomething();                            //执行 doSomething 方法
7   }}
```

2. 确定对象的层次关系

游戏对象在 Hierarchy 面板中存在父子关系,在代码中可以通过获取 Transform 组件来找到其子对象或者父对象,示例代码如下。

```
1   …//此处省略了导入系统包的代码
2   public class NewBehaviourScript : MonoBehaviour {        //声明类
3       void Update(){                                       //重写 Update 方法
4           transform.Find("hand").Translate(0, 0, 1);
                                              //找到 hand 子对象,并将其沿 z 轴每帧移动一个单位
5           transform.parent.Translate(0, 0, 1);   //找到父对象,并将其沿 z 轴每帧移动一个单位
6   }}
```

一旦成功获取到 hand 子对象,就可以通过 GetComponent 方法获取 hand 对象的其他组件,也可以直接调用 GetComponentInChildren 与 GetComponentInParent 方法获取父对象或子对象上的组件。例如,有一个 Test 脚本挂载在子对象 hand 上,可以使用如下的 C#代码片段来对 Test 脚本进行操作。

```
1   …//此处省略了导入系统包的代码
2   public class NewBehaviourScript : MonoBehaviour {        //声明类
3       void Update(){                                       //重写 Update 方法
4         transform.Find("hand").GetComponent<Test>().a=2;
5         //找到子对象 hand,同时设置 Test 脚本中的变量 a 为 2
6         transform.Find("hand").GetComponent<Test>().doSomething();//执行 doSomething 方法
7         transform.GetComponentInParent<Test>().doSomething();//调用父对象的 doSomething 方法
8         transform.Find("hand").GetComponent<Rigidbody>().
9         AddForce(0, 0, 2);       //为 hand 子对象的刚体属性加上沿 z 轴方向的大小为 2 的力
10  }}
```

也可以使用脚本来循环获取所有的子对象,然后对子对象进行操作,如平移、旋转等。示例代码如下。

```
1   …//此处省略了导入系统包的代码
2   public class NewBehaviourScript : MonoBehaviour {  //声明类
3       void Update(){                                 //重写 Update 方法
4         foreach (Transform child in transform){      //循环获取所有的子对象
5           child.Translate(0, 5, 0);                  //沿 y 轴每帧移动 5 个单位
6   }}}
```

3. 通过名字或标签获取游戏对象

在 Unity 脚本中可以使用 FindWithTag 方法和 Find 方法来获取游戏对象,FindWithTag 方法用于获取指定标签的游戏对象,Find 方法用于获取指定名称的游戏对象,示例代码如下。

```
1   …//此处省略了导入系统包的代码
2   public class NewBehaviourScript : MonoBehaviour {  //声明类
3       void Start(){                                  //重写 Start 方法
4         GameObject name = GameObject.Find("somename");//获取名称为 somename 的游戏对象
5         name.transform.Translate(0, 0, 1);           //沿 z 轴平移
6         GameObject tag = GameObject.FindWithTag("sometag");//获取标签为 sometag 的游戏对象
7         tag.transform.Translate(0, 0, 1);            //沿 z 轴平移
8   }}
```

这样,通过 GetComponent 方法就能获取指定游戏对象上的任意脚本或组件,示例代码如下。

```
1   …//此处省略了导入系统包的代码
2   public class NewBehaviourScript : MonoBehaviour {  //声明类
3       void Start (){                                 //重写 Start 方法
4         GameObject name = GameObject.Find("somename");//获取名称为 somename 的游戏对象
5         name.GetComponent<Test>().doSomething();//调用 Test 脚本中的 doSomething 方法
6         GameObject tag = GameObject.FindWithTag("sometag");//获取标签为 sometag 的游戏对象
7         tag.GetComponent<Test>().doSomething();//调用 Test 脚本中的 doSomething 方法
8   }}
```

4. 通过传递参数来获取游戏对象

一些事件回调方法的参数中包含了特殊的游戏对象或组件信息,例如触发碰撞事件的 Collider 组件。在 OnTriggerStay 方法的参数中有一个碰撞体参数,通过这个参数能获取碰撞的刚体,示例

代码如下。

```
…//此处省略了导入系统包的代码
public class NewBehaviourScript : MonoBehaviour {     //声明类
  void OnTriggerStay(Collider other){                 //重写OnTriggerStay方法
    if (other.GetComponent<Rigidbody>()){             //如果该游戏对象上有Rigidbody组件
      other.GetComponent<Rigidbody>().AddForce(0, 0, 2);//给刚体施加一个力
}}}
```

或者通过Collider组件获取游戏对象上挂载的Test脚本，示例代码如下。

```
…//此处省略了导入系统包的代码
public class NewBehaviourScript : MonoBehaviour {     //声明类
  void OnTriggerStay(Collider other){                 //重写OnTriggerStay方法
    if (other.GetComponent<Test>()){                  //如果该游戏对象上有Test脚本组件
      other.GetComponent<Test>().doSomething();//调用Test脚本中的doSomething方法
}}}
```

5. 通过组件名称获取游戏对象

在Unity脚本中可以通过FindObjectsOfType方法和FindObjectOfType方法来获取挂载特定类型组件的游戏对象。FindObjectsOfType方法可以获取所有挂载指定类型组件的游戏对象，而FindObjectOfType方法只能获取挂载指定类型组件的第一个游戏对象。示例代码如下。

```
…//此处省略了导入系统包的代码
public class NewBehaviourScript : MonoBehaviour {//声明类
  void Start(){                                        //重写Start方法
    Test test = FindObjectOfType<Test>();              //获取第一个找到的Test组件
    Debug.Log(test.gameObject.name);                   //输出挂载Test组件的第一个游戏对象的名称
    Test[] tests = FindObjectsOfType<Test>();          //获取所有的Test组件
    foreach (Test te in tests){
      Debug.Log(te.gameObject.name);                   //输出挂载Test组件的所有游戏对象的名称
}}}
```

3.3.5 向量

3D游戏开发中经常需要用到向量，Unity提供了完整的向量表示和操纵方法，分别为表示二维向量的Vector2类、表示三维向量的Vector3类与表示四维向量的Vector4类。由于这3种向量的使用方法基本相同，下面将以三维向量为例详细介绍Unity中向量的使用方法。

Vector3类可以在实例化时进行赋值，也可以实例化后给x、y、z分别进行赋值，可以使用如下的C#代码片段来实现。

```
…//此处省略了导入系统包的代码
public class NewBehaviourScript : MonoBehaviour {     //声明类
  public Vector3 position1 = new Vector3();           //实例化Vector3
  public Vector3 position2 = new Vector3(1, 2, 2);    //实例化Vector3并赋值
  void Start(){                                        //重写Start方法
    position1.x = 1;                                   //为x赋值
    position1.y = 2;                                   //为y赋值
    position1.z = 2;                                   //为z赋值
}}
```

Vector3类也定义了一些常量，例如Vector.up，它等同于Vector(0,1,0)，使用这些常量可以简化代码。这些常量对应的值如表3-2所示。

表3-2　　　　　　　　　　Vector3类中常量对应的值

常量	值	常量	值
Vector3.zero	Vector(0,0,0)	Vector3.one	Vector(1,1,1)
Vector3.forward	Vector(0,0,1)	Vector3.up	Vector(0,1,0)
Vector3.rigth	Vector(1,0,0)	Vector3.back	Vector(0,0,-1)
Vector3.down	Vector(0,-1,0)	Vector3.left	Vector(-1,0,0)

Vector3 类中有很多对向量进行操纵的方法,例如想要获得两点之间的距离,可以使用 Distance 方法来完成,除此之外还能通过 magnitude 等属性获取向量的长度等信息,这些属性/方法的作用如表 3-3 所示。

表 3-3　　　　　　　　　　　Vector3 类中属性/方法的作用

属性/方法	作用
magnitude	向量的长度
normalized	向量归一化后的结果
sqrMagnitude	向量的平方长度
Lerp	两个向量之间的线性插值
Slerp	在两个向量之间进行球形插值
OrthoNormalize	使向量规范化并且彼此相互垂直
MoveTowards	从当前的位置移向目标
RotateTowards	从当前的位置转向目标
SmoothDamp	随着时间的推移,逐渐改变一个向量使其朝向预期的目标
Scale	两个矢量组件对应相乘
Cross	两个向量的向量积
Reflect	沿着法线反射向量
Dot	两个向量的数量积
Project	投影一个向量到另一个向量
Angle	返回两个向量的夹角
Distance	返回两点之间的距离
ClampMagnitude	返回向量的长度,最大不超过 maxLength 所指示的长度
Min	返回两个向量中长度较小的向量
Max	返回两个向量中长度较大的向量
operator +	两个向量相加
operator -	两个向量相减
operator *	两个向量相乘
operator /	两个向量相除
operator ==	判断两个向量是否相等

3.3.6　成员变量

一般情况下,定义在方法体外的变量是成员变量,如果这个变量为 public 类型,就可以在属性面板中看到它,若在属性面板对它的值进行修改,它的值就会随着项目一起自动保存,C#脚本代码如下。

```
1    public int a = 1;
```

可以在属性面板中看到这个变量,名称为 a,它默认显示的值为 1,可以随时在属性面板中修改该值。

如果声明的是一个组件类型的变量(类似 GameObject、Transform、Rigidbody 等),则需要在属性面板中拖动游戏对象到变量处并确定它的值,具体可以使用如下的 C#代码片段来实现。

```
1    …//此处省略了导入系统包的代码
2    public class NewBehaviourScript : MonoBehaviour {//声明类
```

```
3       public Transform ren;                              //声明一个 Transform 组件
4       void Update(){                                     //重写 Update 方法
5         if (Vector3.Distance(ren.position, transform.position) < 10){
                                                           //如果 ren 和 transform 的距离小于 10
6            Debug.Log(ren.position);                      //输出 ren 的位置
7   }}}
```

可以通过 private 关键字创建私有变量，这些变量不会在属性面板中显示，从而可以避免被错误地修改。用 private 关键字创建私有变量的示例代码如下。

```
1   …//此处省略了导入系统包的代码
2   public class NewBehaviourScript : MonoBehaviour {      //声明类
3       private Collider collider;                         //声明私有的 Collider 组件
4       void OnCollisionEnter(Collision collisionInfo){    //重写 OnCollisionEnter 方法
5           collider = collisionInfo.collider;             //获取 Collider 组件
6   }}
```

C#脚本可以通过 static 关键字来创建全局变量，从而可以在不同脚本间调用这个变量，示例代码如下。

```
1   public static int test;
```

如果想从另外一个脚本中调用变量 test，可以通过"脚本名.变量名"的方法来实现，示例代码如下。

```
1   …//此处省略了导入系统包的代码
2   public class HelloWorld: MonoBehaviour {               //声明类
3       void Start(){                                      //重写 Start 方法
4           Test.test = 1;                                 //为 Test 脚本中的 test 变量赋值
5   }}
```

3.3.7 实例化游戏对象

在 Unity 中，如果想创建游戏对象，可以通过创建游戏对象菜单在场景中创建游戏对象，这些游戏对象可以在场景加载的时候被创建出来，也可以在脚本中动态地创建。在游戏运行的过程中根据需要在脚本中实例化游戏对象的方法更加灵活。

在 Unity 中，如果想创建很多相同的物体（例如射击出去的子弹、保龄球瓶等），可以通过实例化（Instantiate）快速实现。而且实例化出来的游戏对象包含了这个对象所有的属性，这样就能保证创建的对象都是相同的。实例化在 Unity 中有很多用途，能合理使用它非常重要。

例如，创建一个脚本 Hit.cs，该脚本的功能为当一个碰撞体撞击到一个物体时，销毁这个物体，并在原来的位置实例化一个已损坏的物体，该脚本的代码如下所示。

```
1   …//此处省略了导入系统包的代码
2   public class NewBehaviourScript : MonoBehaviour{       //声明类
3       public GameObject explosion;                       //声明游戏对象引用
4       void OnCollisionEnter(){                           //重写 OnCollisionEnter 方法
5           Destroy(gameObject, 1);                        //撞击发生 1s 后销毁对象
6           GameObject theClonedExplosion = Instantiate(explosion, transform.position,
    transform.rotation)
7               as GameObject;                             //在物体原来的位置实例化一个已损坏的物体
8   }}
```

> **说明** Destroy(gameObject,n)方法是在 n s 后销毁物体，如果想立刻销毁物体可以使用 DestroyImmediate(gameObject,boolean)，参数 boolean 的值为 true，就会立刻销毁物体。

3.3.8 协同程序及其中断

协同程序即在主程序运行时同时开启另一段逻辑处理来协同当前程序的执行的。但它与多线程程序不同,所有的协同程序都是在主线程中运行的,且协同程序是单线程程序。在 Unity 中,可以通过 StartCoroutine 方法来启动一个协同程序。

StartCoroutine 方法位于 MonoBehaviour 类中,也就是说该方法必须在 MonoBehaviour 类或继承 MonoBehaviour 类的类中调用。StartCoroutine 方法可以使用返回值为 IEnumerator 类型的方法作为参数。示例代码如下。

```
1    …//此处省略了导入系统包的代码
2    public class NewBehaviourScript : MonoBehaviour{    //声明类
3      void Start(){                                     //重写 Start 方法
4        StartCoroutine(doThing());                      //开启协同程序
5      }
6      IEnumerator doThing(){                            //声明 doThing 方法
7        Debug.Log("dothing");                           //输出提示信息
8        yield return null;
9    }}
```

在协同程序中,使用 yield 关键字来中断协同程序,可以使用 WaitForSecondes 类的实例化对象让协同程序休眠,示例代码如下。

```
1    …//此处省略了导入系统包的代码
2    public class NewBehaviourScript : MonoBehaviour{    //声明类
3      void Start(){                                     //重写 Start 方法
4        StartCoroutine(doThing());                      //开启协同程序
5      }
6      IEnumerator doThing(){                            //声明 doThing 方法
7        yield return new WaitForSeconds(2);             //协同程序休眠 2s
8        Debug.Log("dothing");                           //输出提示信息
9    }}
```

可以创建一个脚本,将多个协同程序进行连接,该脚本功能为在 Start 方法中开启 doThing1 协同程序,在 doThing1 协同程序中开启并等待执行 doThing2 协同程序,doThing2 协同程序休眠 2s 后输出"doThing2"提示信息,doThing2 协同程序执行完后返回 doThing1 协同程序并输出"doThing1"提示信息,具体代码如下。

```
1    …//此处省略了导入系统包的代码
2    public class NewBehaviourScript : MonoBehaviour{    //声明类
3      void Start(){                                     //重写 Start 方法
4        StartCoroutine(doThing1());                     //开启 doThing1 协同程序
5      }
6      IEnumerator doThing1(){                           //声明 doThing1 方法
7        yield return StartCoroutine(doThing2());        //开启 doThing2 协同程序
8        Debug.Log("dothing1");                          //输出提示信息
9      }
10     IEnumerator doThing2(){                           //声明 doThing2 方法
11       yield return new WaitForSeconds(2);             //协同程序休眠 2s
12       Debug.Log("dothing2");                          //输出提示信息
13   }}
```

3.3.9 一些重要的类

本小节将介绍 Unity 脚本中一些重要的类,由于篇幅限制,所以本小节只对这些类中比较常用的变量和方法进行简单的介绍和说明,其他具体的信息读者可以查阅官方脚本参考手册。

1. MonoBehaviour 类

MonoBehaviour 类是每个脚本的基类。在 C#脚本中,所定义的类必须直接或间接地继承 MonoBehaviour 类。MonoBehaviour 类中的一些方法可以重写,这些方法会被系统在固定的时间

3.3 Unity 脚本的基础语法

回调，下面介绍常用的可以重写的方法，如表 3-4 所示。

表 3-4　　　　　　MonoBehaviour 类中常用的可重写的方法

方法	说明
Update	当脚本启用后，该方法在每一帧被调用
FixedUpdate	当脚本启用后，这个方法会在固定的物理时间步调调用
LateUpdate	当场景中所有脚本中的 Update 方法执行完毕后，执行此方法
Awake	当一个脚本实例被载入时该方法被调用
Start	该方法仅在 Update 方法第一次被调用前调用
OnCollisionEnter	当刚体撞击碰撞体或碰撞体撞击刚体时该方法被调用
OnEnable	当对象变为可用或激活状态时该方法被调用
OnDisable	当对象变为不可用或非激活状态时该方法被调用
OnDestroy	当对象被销毁时该方法被调用
OnGUI	渲染和处理 GUI 事件时调用
OnMouseDown	当用户在 Collider 上按下鼠标键时，该方法被调用
OnMouseUp	当用户松开鼠标键时，该方法被调用

MonoBehaviour 类中有许多可以被子类继承的成员变量，这些成员变量可以在脚本中直接使用。下面介绍常用的可继承的成员变量，如表 3-5 所示。

表 3-5　　　　　　MonoBehaviour 类中常用的可继承的成员变量

成员变量	说明
Enabled	启用行为被更新，禁用行为不更新
Transform	附加到游戏物体的 Transform 组件（如无附加则为空）
Rigidbody	附加到游戏物体的 Rigidbody 组件（如无附加则为空）
Camera	附加到游戏物体的 Camera 组件（如无附加则为空）
Light	附加到游戏物体的 Light 组件（如无附加则为空）
Animation	附加到游戏物体的 Animation 组件（如无附加则为空）
ConstantForce	附加到游戏物体的 ConstantForce 组件（如无附加则为空）
Renderer	附加到游戏物体的 Renderer 组件（如无附加则为空）
Audio	附加到游戏物体的 AudioSource 组件（如无附加则为空）
GuiText	附加到游戏物体的 GUIText 组件（如无附加则为空）
Collider	附加到游戏物体的 Collider 组件（如无附加则为空）
ParticleEmitter	附加到游戏物体的 ParticleEmitter 组件（如无附加则为空）
GameObject	组件附加的游戏物体。一个组件总是被附加到一个游戏物体
Tag	游戏物体的标签

MonoBehaviour 类中有许多可以被子类继承的成员方法，这些成员方法可以直接在子类中使用。下面将介绍常用的可继承的成员方法，如表 3-6 所示。

表 3-6　　　　　　MonoBehaviour 类中常用的可继承的成员方法

成员方法	说明
GetComponent	返回游戏物体上指定名称的组件
GetComponentInChildren	返回游戏对象及其子对象上指定类型的第一个被找到的组件

续表

成员方法	说明
GetComponents	返回游戏对象上指定名称的全部组件
SendMessage	在游戏对象每一个脚本上调用指定名称的方法
Instantiate	实例化游戏对象
Invoke	在一定时间后调用某个方法
Destroy	删除一个游戏对象、组件或资源
DestroyImmediate	立即销毁对象
FindObjectsOfType	返回指定类型的所有激活的加载的对象列表
FindObjectOfType	返回指定类型第一个激活的加载的物体

2. Transform 类

场景中的每一个物体都有一个 Transform 组件，它就是 Transform 类实例化的对象，用于储存并操控物体的位置、旋转和缩放信息。每一个 Transform 组件都可以有一个父级，允许分层次应用位置、旋转和缩放设置，可以在 Hierarchy 面板查看层次关系。Transform 类包含了很多成员变量，下面介绍常用的成员变量，如表 3-7 所示。

表 3-7　　　　　　　　　　Transform 类中常用的成员变量

成员变量	说明
Position	在世界坐标系中游戏对象的位置
LocalPosition	相对于父级的变换的位置
EulerAngles	物体旋转的欧拉角
LocalEulerAngles	相对于父级旋转的欧拉角
Right	在世界坐标系变换的红色轴，也就是 x 轴
Up	在世界坐标系变换的绿色轴，也就是 y 轴
Forward	在世界坐标系变换的蓝色轴，也就是 z 轴
Rotation	在世界坐标系变换的旋转角度
LocalRotation	对象相对于其父级对象变换的旋转角度
LocalScale	对象相对于其父级对象变换的缩放比例
Parent	对象的父级对象
WorldToLocalMatrix	从世界坐标系转为自身坐标系的矩阵变换（只读）
LocalToWorldMatrix	从自身坐标系转为世界坐标系的矩阵变换（只读）
ChildCount	变换的子对象数量
LossyScale	对象的全局缩放（只读）
Root	对象层级关系中根对象的 Transform 组件

Transform 类也包含了很多的成员方法，下面介绍常用的成员方法，如表 3-8 所示。

表 3-8　　　　　　　　　　Transform 类中常用的成员方法

成员方法	说明
Translate	移动游戏对象的方向和距离
Rotate	应用一个欧拉角的旋转角度

续表

成员方法	说明
RotateAround	按照指定角度在世界坐标系中旋转物体
LookAt	旋转物体指向目标的当前位置
TransformDirection	从自身坐标系到世界坐标系变换方向
InverseTransformDirection	从世界坐标系到自身坐标系变换方向
TransformPoint	从自身坐标系到世界坐标系变换位置
InverseTransformPoint	从世界坐标系到自身坐标系变换位置
DetachChildren	为所有子对象解除父子关系
IsChildOf	是否是父级的子物体

3. Rigidbody 类

Rigidbody 组件可以模拟物体的物理效果，它是 Rigidbody 类实例化的对象。它可以让物体接受力和扭矩，让物体相对真实地移动。如果一个物体需要被重力所约束，则其必须挂载 Rigidbody 组件。Rigidbody 类包含了很多成员变量，下面介绍常用的成员变量，如表 3-9 所示。

表 3-9　　　　　　　　　　Rigidbody 类中常用的成员变量

成员变量	说明
Velocity	刚体的速度向量
AngularVelocity	刚体的角速度向量
Drag	刚体的阻力
AngularDrag	刚体的角阻力
Mass	刚体的质量
UseGravity	控制重力是否影响整个刚体
IsKinematic	控制物理是否影响这个刚体
FreezeRotation	控制物理是否能改变刚体的旋转
CollisionDetectionMode	刚体的碰撞检测模式
CenterOfMass	相对于变换原点的重心
WorldCenterOfMass	世界坐标系中的刚体的重心（只读）
InertiaTensorRotation	旋转惯性张量
InertiaTensor	相对重心的质量的惯性张量对角线
DetectCollisions	碰撞检测是否启用（默认总是启用的）
Position	刚体的位置
Rotation	刚体的旋转角
SolverIterationCount	允许覆盖每个刚体的求解迭代次数
SleepVelocity	线性速度，低于该值的刚体将开始休眠
SleepAngularVelocity	角速度，低于该值的刚体将开始休眠
MaxAngularVelocity	刚体的最大角速度

Rigidbody 类也包含了很多的成员方法，下面介绍常用的成员方法，如表 3-10 所示。

表 3-10　Rigidbody 类中常用的成员方法

成员方法	说明
SetDensity	基于附加的碰撞体假设一个固定的密度设置质量
AddForce	对刚体施加力
AddRelativeForce	相对于自身坐标系，对刚体施加力
AddTorque	对刚体施加扭矩
AddRelativeTorque	相对于自身坐标系，对刚体施加扭矩
AddForceAtPosition	在指定位置施加力
AddExplosionForce	对刚体施加力来模拟爆炸效果，爆炸力将随着到刚体的距离线性衰减
ClosestPointOnBounds	到附加的碰撞体包围盒上的最近点
GetRelativePointVelocity	相对于刚体在指定点的速度
GetPointVelocity	刚体在世界坐标系中指定点的速度
MovePosition	移动刚体到指定位置
MoveRotation	旋转刚体到指定角度
Sleep	强制一个刚体休眠至少一帧
IsSleeping	判断刚体是否在休眠
WakeUp	强制唤醒处于休眠状态的刚体

4. CharacterController 类

角色控制器是 CharacterController 类的实例化对象，用于第三人称或第一人称游戏角色控制。它可以根据碰撞检测判断是否能够移动，而不必添加刚体和碰撞体，而且角色控制器不会受到力的影响。CharacterController 类包含了很多成员变量，下面介绍常用的成员变量，如表 3-11 所示。

表 3-11　CharacterController 类中常用的成员变量

成员变量	说明
isGrounded	角色控制器是否触碰地面
velocity	角色控制器当前的相对速度
collisionFlags	在最近一次角色控制器移动方法调用时，角色控制器的哪个部分与周围环境相碰撞
radius	角色控制器的半径
height	角色控制器的高度
center	角色控制器的中心位置
slopeLimit	角色控制器的坡度度数限制
stepOffset	角色控制器的台阶偏移量（台阶高度）
detectCollisions	其他的刚体和角色控制器是否能够与本角色控制器相碰撞

CharacterController 类也包含了很多的成员方法，下面介绍常用的成员方法，如表 3-12 所示。

表 3-12　CharacterController 类中常用的成员方法

成员方法	说明
SimpleMove	以一定的速度移动角色
Move	一个更加复杂的移动方法，每次都绝对移动

3.3.10 特定文件夹

在 Unity 项目的开发过程中，可以选择创建任意符合规范名称的文件夹以组成整个项目的目录结构，同时，Unity 定义了一系列特定名称的文件夹用于处理指定的任务，例如，必须将与编辑器相关的脚本放置在 Editor 文件夹内，脚本才能正常工作。下面逐个介绍主要特定文件夹的具体功能。

1. Assets

Assets 文件夹包含了 Unity 项目中所有使用到的资源文件，新建 Unity 项目后，会自动创建该文件夹。在 Project 面板中，Assets 作为根文件夹使用。并且，不需要明确地指明，所有的 API 方法默认全部资源文件都位于 Assets 文件夹内。

2. Editor

放置到此文件夹内的脚本被看作编辑器脚本，而不是运行脚本。换句话说，也就是该文件夹内的脚本仅在开发时在编辑器内运行，而不会被包含进 build 后的项目中。只有在此文件夹内的脚本能够访问 Unity Editor 的 API，对编辑器进行扩展。

> **注意**：在项目中可以包含多个 Editor 文件夹，在普通文件夹下，Editor 文件夹可以处于目录的任何层级，但是在特定文件夹下，Editor 文件夹必须是其直接子文件夹。

3. Resources

此文件夹允许在脚本中通过文件的名称来访问对应的资源，使用 Resource.Load 方法进行动态加载，放在这一文件夹的资源被包含进 build 后的项目中，即使没有被使用。一旦打包生成项目，Resources 文件夹内的所有资源均被打包进存放资源的 archive 文件夹中。

> **提示**：当资源作为脚本变量被访问时，这些资源在脚本被实例化之后就被加载进内存，若资源过大，可以将这些大资源放进 Resources 文件夹内进行动态加载，当不再使用这些资源时，调用 Resources.UnloadUnusedAssets 释放内存。

4. Plugins

此文件夹用于存放 native 插件，这些插件会被自动包含进 build 后的项目中。在 Windows 平台，native 插件是.dll 文件；在 Mac OS X 平台，native 插件是.bundle 文件；在 Linux 平台，其是.so 文件。

> **注意**：Plugins 文件夹必须是 Assets 文件夹的直接子文件夹。

5. Gizmos

在 Unity 中，可以使用 Gizmos 类在 Scene 窗口中绘制图像来显示设计细节，其中 Gizmos.DrawIcon 方法可以在 Scene 窗口中绘制一个图标以标记特殊的对象和位置，而该方法所使用的图像文件需要位于 Gizmos 文件夹中。

6. StreamingAssets

当需要使用某种保留原格式，而不是被 Unity 进行特殊处理后的格式的资源时，可将该资源放置在 StreamingAssets 文件夹中，该文件夹中的资源将在游戏安装时被复制到目标设备相应的文件夹下，任何平台都可以通过 Application.streamingAssetsPath 进行访问。

7. Standard Assets

此文件夹中的脚本最先被编译，这些脚本会根据语言被导出到 Assembly-CSharp-firstpass 或

Assembly-UnityScript-firstpass 项目中，将脚本放到此文件夹内，就可以用 C#脚本来访问 JavaScript 脚本或其他语言的脚本。

8. 隐藏文件夹

以"."开头、"~"结尾、"cvs"命名或".tmp"为扩展名的文件夹均为隐藏文件夹，隐藏文件夹中的资源不会被导入，脚本也不会被编译，Unity 将会完全忽略此文件夹的存在。

3.3.11 脚本编译

作为一名 Unity 开发人员，熟悉 Unity 脚本的编译步骤是很有必要的。这样可以更加高效地编写代码，如果代码出现了问题，还能有效地对其进行修正。由于脚本的编译顺序会涉及特定文件夹，所以脚本的放置位置非常重要。

根据 Unity 官方的解释，脚本的具体编译需要以下 4 步。

（1）所有在 Standard Assets、Pro Standard Assets、Plugins 文件夹中的脚本被首先编译。在这些文件夹中的脚本不能直接访问这些文件夹以外的脚本，不能直接引用类或类的变量，但是可以使用 GameObject.SendMessage 与它们通信。

（2）所有在 Standard Assets/Editor、Pro Standard Assets/Editor、Plugins/Editor 文件夹中的脚本紧接着被编译。如果想要使用 UnityEditor 命名空间，那么必须放置脚本到这些文件夹中。

（3）所有在 Assets/Editor 文件夹外面的，并且不在（1）、（2）提及的文件夹中的脚本文件被编译。

（4）所有在 Assets/Editor 文件夹中的脚本被编译。

3.3.12 与销毁相关的方法

在游戏的开发过程中，经常会遇到对象、组件、资源等在使用完毕后就失去了作用的情况，如果放任其不管，轻则影响项目运行效率，重则可能影响到项目的正常运行。所以必须有一类方法来管理、删除这些没有用的资源。本小节将介绍 Unity 中的各类删除方法。

Unity 中有很多 Destroy 方法，不同功能的 Destroy 方法用于销毁不同类型的资源，常用的各个类型的 Destroy 方法及其功能如表 3-13 所示。

表 3-13　　　　　　　　　　常用的 Destroy 方法及其功能

方法	作用	方法	作用
Object.Destroy	删除游戏对象、组件或资源	MonoBehaviour.OnDestroy	脚本被销毁时调用
NetWork.Destroy	销毁网络对象	—	—

下面将对表中的各个方法进行详细的介绍。

1. Object.Destroy 方法

Object.Destroy 方法可以将对象立即销毁，也可以设置在一定的时间后销毁，如果删除的对象是一个组件，则该组件会被移除。下面通过一个具体的代码片段来说明 Object.Destroy 方法的使用方式，代码片段如下。

```
1    void Start () {
2        Destroy(ball.GetComponent<Rigidbody>());
3        Destroy(ball,5);
4    }
```

> 说明　　在这个代码片段中，ball 是场景中挂有 Rigidbody 组件的游戏对象，在 Start 方法中，先删除 ball 上挂载的 Rigidbody 组件，然后在 5s 后删除 ball 游戏对象。

3.3 Unity 脚本的基础语法

2. NetWork.Destroy 方法

NetWork.Destroy 方法可以销毁网络对象，该方法包含了两种重载方式，方法签名如下。

```
public static void Destroy(NetworkViewID viewID)
public static void Destroy(GameObject gameObject)
```

当使用第一种重载方式时，需要给出网络对象的 viewID，然后系统会删除所有和该 viewID 相关的对象，需要注意的是，本地的和远端的对象都会被销毁。使用方法见如下代码片段。

```
1   …//此处省略了导入系统包的代码
2   public class example : MonoBehaviour {   //通过网络销毁拥有该脚本的对象,必须具备NetworkView属性
3     public float timer = 0;                //计时器
4     void Awake() {
5       timer = Time.time;                   //记录下开始时间
6     }
7     void Update() {
8       if (Time.time - timer > 2)           //2s 后
9         Network.Destroy(GetComponent<NetworkView>().viewID);//删除具有NetworkView的物体
10  }}
```

NetWork.Destroy 方法还可以使用第二种重载方式来销毁网络上的游戏对象，下面用一段代码片段来说明。

```
1   …//此处省略了导入系统包的代码
2   public class example : MonoBehaviour {
3     public float timer = 0;                //声明计时器
4     void Awake() {
5       timer = Time.time;                   //记录下开始时间
6     }
7     void Update() {
8       if (Time.time - timer > 2)           //2s 后
9         Network.Destroy(gameObject);       //删除 gameObject
10  }}
```

> **说明** 这段代码的主要功能是自脚本唤醒 2s 后删除游戏对象 gameObject，其中 Time.time 代表游戏开始后的真实时间。

3. MonoBehaviour.OnDestroy 方法

MonoBehaviour.OnDestroy 方法是 MonoBehaviour 类中的销毁回调方法。类似于脚本中常见的 Update、Start 方法，该方法也由系统自动回调。这个方法在脚本被移除时由系统回调。其应用如下面的代码片段所示。

```
1   …//此处省略了导入系统包的代码
2   public class DestroyTest : MonoBehaviour {
3     void Start () {
4       Destroy(this.GetComponent<DestroyTest>(), 5);        //移除该脚本
5     }
6     void OnDestroy(){
7       Debug.Log("this script has been destroy");           //移除该脚本时回调
8   }}
```

> **说明** 将该脚本挂载到摄像机上后运行场景，在这段代码中，第 4 行指定 5s 后从摄像机上删除这个脚本，所以等到 5s 后删除脚本时就会看到第 7 行代码的输出，这是因为 OnDestroy 方法在移除该脚本时被自动回调了。

3.3.13 性能优化

Unity 已经针对各个平台在功能上进行了大量的优化，以保证程序的顺利运行。但在使用 Unity 开发软件的过程中，培养良好的开发习惯，积累编程技巧，对开发人员来说也是至关重要的。良好的开发习惯不仅能帮助开发人员编写健康的程序，还能达到事半功倍的效果。下面介绍一些针对 Unity 开发的优化措施。

1. 缓存组件查询

当通过 GetComponent 方法获取一个组件时，Unity 必须从游戏对象里查找目标组件，如果是在 Update 方法中进行查找，就会影响运行速度。可以设置一个私有变量去存储这个组件，这样，Unity 就无须在每一帧中去查询组件。实现方法可以参考如下代码片段。

```
1  public class NewBehaviourScript : MonoBehaviour {
2    private Transform m_transform;                         //声明私有变量
3    void Start () {
4      m_transform = this.transform;
5    }
6    void Update () {
7      m_transform.Translate(new Vector3(0,0,1));          //沿 Z 轴每帧移动 1m
8  }}
```

2. 使用内建数组

虽然 ArrayList 和 Array 使用起来容易并且方便，但是比起内建数组，它们在速度方面还是有所欠缺。内建数组直接嵌入 struct 数据类型存入第一缓冲区里，不需要其他类型的信息或者其他资源，因此用作缓存遍历会更加快捷。其应用的示例代码如下。

```
1  private Vector3[] positions;                             //声明私有向量
2  void Start() {
3    positions = new Vector3[100];                         //创建向量数组
4    for (int i = 0; i < positions.Length; i++) {         //遍历数组
5      positions[i] = Vector3.zero;                       //为每个向量赋值
6  }}
```

> **注意** 在实际开发中，一般把标志位检查放在 Update 方法外面，这样就无须每一帧都检查标志位，从而减少了设备性能的消耗。

3.4 综合案例

前面几节对 Unity 的基本语法进行了系统的介绍，下面介绍一个简单的控制飞机飞行的案例。该案例的目标是运用基本的方法完成对飞机运动状态的控制，以及摄像机对目标物体的跟随。

本案例基本包含了 Start 方法和 Update 方法的使用、向量的应用、标签功能的应用、Android 设备按键的监听、整体场景的搭建及摄像机的控制。最终的运行效果如图 3-1 与图 3-2 所示。

▲图 3-1 最终运行效果图（1）

▲图 3-2 最终运行效果图（2）

3.4.1 案例策划及准备工作

制作该案例的目的是利用本章所介绍的基本知识,实现对飞机飞行状态的控制(主要包含飞机的前进、转向等功能)。在开发项目前,先要对开发项目所需使用的资源进行收集和归类,需要的主要资源如表 3-14 与表 3-15 所示。

表 3-14　　　　　　　　　　　　　　图片资源列表

图片名	文件大小（KB）	尺寸（px×px）	用途
plane_texture.jpg	1024	2048×2048	飞机机身贴图
plane_glass.jpg	7.59	64×64	飞机挡风玻璃贴图

表 3-15　　　　　　　　　　　　　　模型资源列表

图片名	文件大小（KB）	格式	用途
airplane.FBX	146	FBX	2D 物理属性

3.4.2 创建项目及搭建场景

上一小节介绍了开发项目前的策划和准备工作,本小节将介绍项目的创建及游戏场景具体的搭建过程,主要包括新建 Unity 项目、将已经准备好的地形资源包导入、飞机模型的导入、光源的设置等操作,具体步骤如下。

(1) 双击桌面上的 Unity 快捷方式图标,进入 Unity 集成开发环境,Unity 会自动创建一个场景,里面包含一个 Main Camera (主摄像机) 与 Directional Light (平行光光源)。

(2) 导入飞机模型包。单击 Assets→Import Package→Custom Package,弹出 Import package 对话框,在该对话框中找到所要导入的包并选中,单击"打开"按钮,弹出图 3-3 所示的对话框,其中显示了资源包内的文件列表,勾选需要导入的资源文件,单击 Import 按钮,开始导入资源。地形资源包的导入方法与飞机模型包的导入方法相同,由于篇幅所限,故不赘述。

> **注意**　该项目所使用的资源包已经由笔者放入了该项目文件夹中,读者可在随书资源中复制后,导入自己的项目中,飞机和地形资源包见随书资源中第 3 章目录下的 FlightControl 文件夹。

(3) 完成资源的导入后,在 Project 面板中选中飞机模型 airpanle.FBX,并将其拖动到场景中。

(4) 在 Project 面板中分别选中纹理贴图 plane_texture.jpg 和 plane_glass.jpg,如图 3-4 所示,将选中的纹理贴图拖动到飞机模型上即可为模型添加纹理,最终效果如图 3-5 所示。

▲图 3-3　文件列表

▲图 3-4　选择纹理贴图

（5）为飞机模型添加 Rigidbody 组件。选中模型，在 Inspector 面板中，单击 Add Component 按钮，如图 3-6 所示，在弹出的下拉列表中选择 Physcis→Rigidbody 添加 Rigidbody 组件。添加完成后，设置 Rigidbody 组件的参数，如图 3-7 所示，取消勾选 Use Gravity 复选框，使物体不受重力的影响。

  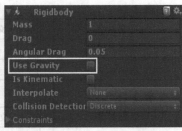

▲图 3-5　带纹理贴图的飞机模型　　▲图 3-6　单击 Add Component 按钮　　▲图 3-7　设置 Rigidbody 组件的参数

（6）在 Project 面板中选中 TerrainData/Prefabs 目录下的 SceneTerrain-Town-Scene 预制件，如图 3-8 所示，将其拖动到场景中，并调整位置，如图 3-9 所示。

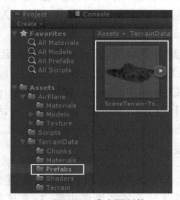 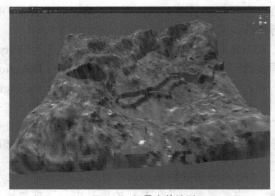

▲图 3-8　选中预制件　　　　　　　▲图 3-9　场景中的地形

> **注意**　　本案例使用的预制件的知识将在后文具体介绍，这里读者只需要按照步骤将地形拖入场景即可。

3.4.3　飞机控制脚本的编写

上一小节介绍了项目的创建及游戏场景具体的搭建过程，本小节将详细介绍控制飞机飞行的脚本的编写。为了便于初学者能够清楚理解脚本的内容，这里将按照脚本的编写顺序，分步介绍每一个功能的开发过程。

（1）单击 Assets→Create→C# Script，创建一个名为 AirControl.cs 的脚本，将此脚本挂载到飞机模型上。双击脚本文件，打开编辑器开始编写脚本，具体代码如下。

代码位置：随书资源中的源代码/第 3 章/FlightControl/Assets/Scripts/AirControl.cs。

```
1    …//此处省略了导入系统包的代码
2    public class AirControl : MonoBehaviour {
3        private Transform m_transform;              //声明 Transform 实例
4        public float speed = 600f;                  //飞机的飞行速度
5        private float rotationz = 0.0f;             //绕 z 轴的旋转量
6        public float rotateSpeed_AxisZ = 45f;       //绕 z 轴的旋转速度
```

3.4 综合案例

```
7        public float rotateSpeed_AxisY = 20f;              //绕 y 轴的旋转速度
8        private Vector2 touchPosition;                      //触摸点坐标
9        private float screenWeight;                         //屏幕宽度
10       void Start () { /*此处省略的代码将在下文讲解*/}
11       void Update () { /*此处省略的代码将在下文讲解*/}
12   }
```

❏ 第 2 行声明 AirControl 类，该类继承自 MonoBehaviour 类。只有继承自 MonoBehaviour 的类才可以作为 Unity 脚本组件被使用。

❏ 第 3 行声明了一个 Transform 实例，用于存放 Transform 组件的调用。

❏ 第 4 行定义飞机的飞行速度，该变量为 public 类型，因此可在 Unity 中直接更改它的值。

❏ 第 5 行定义飞机绕 z 轴的旋转量，用于保存飞机的实时姿态。

❏ 第 6~7 行定义的是飞机绕 z 轴的旋转速度和绕 y 轴的旋转速度。

❏ 第 8 行定义手指触摸到移动设备屏幕上的坐标。

❏ 第 9 行定义移动设备屏幕的宽度。

（2）重写 Start 方法。Start 方法是在第一次调用 Update 或 FixedUpdate 方法之前被调用的，一般包含在脚本开启后先执行且只执行一次的代码，例如一些初始化操作。具体代码如下。

代码位置：随书资源中的源代码/第 3 章/FlightControl/Assets/Scripts/ AirControl.cs。

```
1   void Start() {
2       m_transform = this.transform;                                   //获取 transform
3       this.gameObject.GetComponent<Rigidbody>().useGravity = false;   //关闭重力影响
4       screenWeight = Screen.width;                                    //获取屏幕宽度
5   }
```

❏ 第 2 行获取并保存 transform，避免了后面在 Update 方法中多次调用游戏对象的 Transform 组件，这样写可以减少外部代码的调用，提高运行效率。

❏ 第 3 行使用 GetComponent 方法获取游戏对象的 Rigidbody 组件，并将其 useGravity 变量赋值为 false，使游戏对象不受重力影响。

❏ 第 4 行用于获取设备屏幕的宽度。

（3）让飞机动起来。先是让飞机可以向前飞行及飞机的螺旋桨可以转动。此时需要重写 Update 方法，具体代码如下。

代码位置：随书资源中的源代码/第 3 章/FlightControl/Assets/Scripts/ AirControl.cs。

```
1   void Update () {
2       m_transform.Translate(new Vector3(0, 0, speed * Time.deltaTime));//向前移动
3       //寻找到名称为 propeller 的对象并使其绕 y 轴旋转
4       GameObject.Find("propeller").transform.Rotate(new Vector3(0, 1000f * Time.deltaTime, 0));
5   }
```

❏ 第 2 行用于使飞机朝 z 轴方向移动，Vector3 是一个三维向量，用于在 Unity 中传递 3D 位置或方向，3 个参数分别代表 x、y、z 轴上的分量。Time.deltaTime 为完成最后一帧的时间，需要在每帧中发生增减变化的数值需要与 Time.deltaTime 相乘。

❏ 第 4 行用于查找螺旋桨 propeller 对象，并使其旋转。利用 Find 方法，查找飞机上名称为 propeller 的对象，propeller 对象的位置如图 3-10 所示。利用 Rotate 方法使其旋转，这里仍然用到了 Vector3，因为螺旋桨是围绕 y 轴旋转，所以第 2 个参数有值，为旋转的速度。

▲图 3-10 propeller 对象的位置

（4）控制飞机左右转向。控制飞机转向是通过触摸屏幕来实现的。当玩家触摸屏幕的左半部分时，飞机左转；当玩家触摸屏幕的

右半部分时，飞机右转；当没有触摸事件发生时，飞机恢复平衡状态。具体代码如下。

代码位置：随书资源中的源代码/第 3 章/FlightControl/Assets/Scripts/ AirControl.cs。

```
1    void Update () {
2        …//飞机向前飞行的功能代码，在上文中已经进行讲解
3        rotationz = this.transform.eulerAngles.z;         //获取飞机对象绕 z 轴的旋转量
4        if(Input.touchCount > 0) {                         //当触摸的数量大于 0
5            for (int i = 0; i < Input.touchCount; i++) {
6                Touch touch = Input.touches[i];           //实例化当前触摸点
7                if(touch.phase == TouchPhase.Stationary ||
8                    touch.phase == TouchPhase.Moved) {    //手指在屏幕上没有移动或发生滑动时触发的事件
9                    touchPosition = touch.position;       //获取当前触摸点的坐标
10                   if(touchPosition.x < screenWeight / 2) {   //触摸点在屏幕左半部分
11                       m_transform.Rotate(new Vector3(0, -Time.deltaTime * 30, 0), Space.World);
                                                           //飞机左转
12                   }
13                   else if (touchPosition.x >= screenWeight / 2) {  // 触摸点在屏幕右半部分
14                       m_transform.Rotate(new Vector3(0, Time.deltaTime * 30, 0), Space.World);
                                                           //飞机右转
15               }}
16               else if (touch.phase == TouchPhase.Ended) {  //手指离开屏幕时触发的事件
17                   BackToBlance();                       //调用恢复平衡状态的方法
18       }}}
19       if(Input.touchCount == 0) {                        //当没有手指触摸屏幕时
20           BackToBlance();                               //调用恢复平衡状态的方法
21       }}
```

❑ 第 3~4 行获取飞机对象绕 z 轴的旋转量，同时判断当前是否发生触摸事件。

❑ 第 6 行实例化当前触摸点，用于后面判断触摸事件的类型和获取触摸点的坐标。

❑ 第 7~8 行用于判断触摸事件，具体通过 phase 的值来判断。当其等于 TouchPhase.Stationary 时，代表手指在屏幕上但没有滑动；当其等于 TouchPhase. Moved 时，代表手指在屏幕上并发生了滑动。

❑ 第 9~12 行用于判断飞机是否左转，如果触摸点在屏幕左半部分，飞机就以一定的速度旋转，因为是左转，所以旋转的角度取负值。

❑ 第 13~15 行用于判断飞机是否右转，与左转类似，故不赘述。

❑ 第 16~18 行用于判断手指是否离开屏幕，以及离开时触发的事件，所调用的 BackToBlance 方法在后面介绍。

❑ 第 19~21 行为当没有手指触摸屏幕时，触发恢复平衡事件，同样调用 BackToBlance 方法。

（5）为了使飞机的转向更加真实，需要在飞机转向时，让飞机的机身倾斜。例如飞机左转时，机身应该向左稍微倾斜，所以需要改进上面的代码，将上面的第 10~12 行代码改为如下代码。

代码位置：随书资源中的源代码/第 3 章/FlightControl/Assets/Scripts/ AirControl.cs。

```
1    if(touchPosition.x < screenWeight / 2) {              //触摸点在屏幕左半部分
2        if((rotationz <= 45 || rotationz >= 315)) {       //若飞机没有超过设定的阈值
3            m_transform.Rotate(new Vector3(0, 0, (Time.deltaTime * rotateSpeed_AxisZ)),
         Space.Self);                                     //飞机左倾
4        }
5        m_transform.Rotate(new Vector3(0, -Time.deltaTime * 30, 0), Space.World);
                                                          //飞机左转
6    }
```

❑ 第 2 行为判断飞机发生倾斜的阈值。

❑ 第 3 行用于使飞机向左倾斜，同样使用 Rotate 方法，此时通过使飞机绕自身的 z 轴旋转来实现倾斜的效果。因为要绕自身坐标轴旋转，所以要使用 Space.Self 参数。

> **注意** 向右倾斜功能的代码与向左倾斜类似，由于篇幅限制，故省略，读者可参照随书资源中的项目源代码。

（6）下面介绍上面所调用的BackToBlance方法，该方法用于在没有发生转向时，使飞机恢复到平衡状态，具体代码如下。

代码位置：随书资源中的源代码/第3章/FlightControl/Assets/Scripts/AirControl.cs。

```
1   void BackToBlance() {                                   //恢复平衡的方法
2     if((rotationz <= 180)) {                              //如果飞机为右倾状态
3       if(rotationz - 0 <= 2) {                            //在阈值内轻微晃动
4         m_transform.Rotate(0, 0, Time.deltaTime * -1);
5       }else {                                             //快速恢复到平衡状态
6         m_transform.Rotate(0, 0, Time.deltaTime * -40);
7     }}
8     if((rotationz > 180)) {                               //如果飞机为左倾状态
9       if(360 - rotationz <= 2) {                          //在阈值内轻微晃动
10        m_transform.Rotate(0, 0, Time.deltaTime * 1);
11      }else {                                             //快速恢复到平衡状态
12        m_transform.Rotate(0, 0, Time.deltaTime * 40);
13  }}}
```

❑ 第2～7行用于使飞机从右倾状态恢复到平衡状态。当rotationz≤180时，可判断飞机为右倾状态，这时让飞机以Time.deltaTime * -40的速度恢复平衡。但当rotationz接近0时，飞机会发生明显的晃动，所以需要设定一个阈值，当rotationz小于此阈值时，恢复速度为Time.deltaTime * -1。

❑ 第8～13行用于使飞机从左倾状态恢复到平衡状态，具体实现与让飞机从右倾状态恢复平衡类似，故不赘述。

（7）在Update方法中给Android设备的按键添加控制方法，当按下Home键或者返回键时，退出游戏，具体代码如下。

代码位置：随书资源中的源代码/第3章/FlightControl/Assets/Scripts/AirControl.cs。

```
1   //判断当前运行平台是否为Android平台，退出程序
2   if(Application.platform == RuntimePlatform.Android) {//判断运行平台是否为Android平台
3     if(Input.GetKeyDown(KeyCode.Home)) {               //判断当前的输入是否为Home键
4       Application.Quit();                              //退出程序
5   }
6   if(Input.GetKeyDown(KeyCode.Escape)) {               //判断当前的输入是否为返回键
7     Application.Quit();                                //退出程序
8   }}
```

❑ 第2行用于判断当前运行的平台是否为Android平台。

❑ 第3～4行用于添加对设备Home键的控制，当玩家按下Home键时，程序退出。如果没有添加对Home键的控制，当玩家按下Home键后，设备将返回主界面，程序切换到后台运行。

❑ 第6～7行用于添加对设备返回键的控制，当玩家按下返回键时，程序退出。

> **提示**　编写完成飞机控制脚本AirPlane后，需要将该脚本挂载在游戏对象airplane上，这样才能实现对飞机的控制。

3.4.4　摄像机跟随脚本的编写

上一小节介绍了飞机控制脚本的编写步骤，本小节将介绍摄像机跟随脚本的编写。此脚本能够使主摄像机在场景中实时跟随飞机游戏对象，保证飞机一直出现在屏幕中，在飞机对象发生转向时，摄像机能够平滑转向。该脚本挂载在Main Camera（主摄像机）上。

该脚本是Unity标准资源包中自带的脚本，为了介绍Tag（标签）的相关知识，本案例中对该脚本进行了简单的修改，所以下面只对修改的部分进行介绍。其他代码与本章所要介绍的内容无关，但也添加了注释，有兴趣的读者可自行学习。

（1）创建新的标签，单击Edit→Project Settings→Tags and Layers，在Inspector面板中单击添

加按钮，如图 3-11 所示，将新标签命名为 AirPlane，修改之后即可在 Inspector 面板中将 airplane 对象的 Tag 修改为 AirPlane，如图 3-12 与图 3-13 所示。

▲图 3-11 添加标签

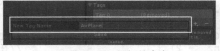
▲图 3-12 新标签命名

▲图 3-13 更改 airplane 对象的 Tag

（2）下面介绍如何根据游戏对象的标签属性在场景中查找游戏对象，在该脚本中，重写 Start 方法来实现此功能。具体代码如下。

代码位置：随书资源中的源代码/第 3 章/FlightControl/Assets/Scripts/SmoothFollow.cs。

```
1    void Start(){
2        //寻找标签为 AirPlane 的游戏对象并将其设置为要跟随的目标对象
3        target = GameObject.FindWithTag("AirPlane");
4    }
```

❑ 第 1 行为重写的 Start 方法，因为查找游戏对象的操作只需要在脚本开始时执行一次，所以需要写在 Start 方法中。

❑ 第 3 行用于查找游戏对象，利用 FindWithTag 方法查找场景中标签为 AirPlane 的游戏对象，并将其赋值给已经声明的变量 target。

3.5 本章小结

本章简要介绍了 Unity 中控制游戏对象运动的相关脚本，讲解了 Unity 中 C#脚本的基本应用。通过对本章的学习，读者应该对 Unity 的脚本有了一定的了解，并能写一些简单的脚本，为以后模拟复杂、真实的物体控制打下坚实的基础。

最后的简单案例对本章讲解的一些基础知识进行了实践，通过案例的编写与开发，读者能够顺利地掌握和使用相关知识，以便于后续的开发。

第 4 章　Unity 图形用户界面基础

在使用 Unity 引擎进行游戏开发的过程中，经常需要搭建一些图形用户界面来实现玩家与游戏程序之间的交互，这时就需要用到 UI 系统中多种多样的功能控件。本章将介绍 Unity 早期的基本 UI 系统及 Unity 在 4.6 及以上版本增加的 UGUI 系统。

> **说明**　早期的 Unity 引擎仅包含基本 UI 系统，其功能较弱，难以满足广大开发人员的需求。后来 Unity 在 4.6 及以上版本增加了功能更为强大的 UGUI 系统。由于 UGUI 具有良好支持，因此发展迅速，已经逐渐成为广大开发人员的第一选择。

4.1　图形用户界面

虽然基于 Unity 开发的大部分都是 3D 游戏，但其中也会用到不少的 2D 交互界面元素（例如游戏的选项、设置等）。2D 交互界面需要用到很多不同种类的控件，如按钮、文本框、滑动条、复选框、单选按钮等。

> **提示**　Unity UI 系统中控件的绘制是通过给定的矩形对象（Rect 类型）中携带的坐标、尺寸数据来确定位置和尺寸的。这里采用的坐标系统以屏幕左上角为原点，x 轴正方向水平向右，y 轴正方向垂直向下，单位为像素。因此屏幕左上角坐标为(0,0)，屏幕右下角坐标为(Screen.Width, Screen.Height)。

4.1.1　图形用户界面的控制变量

Unity 提供了类型丰富的图形用户界面控制变量。通过这些控制变量，开发人员可以在整体上对图形用户界面做出相应的设置，从而实现特定的需求。下面对图形用户界面的部分常用控制变量进行详细的介绍，具体的信息如表 4-1 所示。

表 4-1　图形用户界面的部分常用控制变量

变量名	含义	变量名	含义
skin	图形用户界面使用的皮肤风格	backgroundColor	图形用户界面控件的背景颜色
color	图形用户界面中控件的颜色	contentColor	图形用户界面控件中的文本颜色
tooltip	图形用户界面中控件的提示信息	enabled	图形用户界面控件的启用状态
changed	检测控件中的输入数据是否发生改变	depth	图形用户界面控件的深度顺序

1. skin 变量

skin 变量控制的是图形用户界面所使用的整体皮肤风格，在使用 skin 变量前需要先创建

GUISkin 类型的皮肤资源。

GUISkin 资源整合了对图形用户界面中所有控件的字体、颜色、响应方式等组件的设置，从而定义出一套整体的皮肤风格。示例中需要的 GUISkin 资源的创建和设置的步骤如下。

（1）创建两个 GUISkin 资源，名称分别为 GUISkin1 和 GUISkin2。每创建一个 GUISkin 资源都需要先在 Project 面板中右击，在弹出的快捷菜单中选择 Create→GUISkin。创建完成后的效果如图 4-1 所示。

（2）分别单击创建好的 GUISkin1 和 GUISkin2，Inspector 面板中就会罗列出当前皮肤风格中各个控件的相关选项，从而可以对这两个 GUISkin 资源中的控件进行具体设置，如图 4-2 所示。

▲图 4-1　创建 GUISkin 资源

▲图 4-2　对 GUISkin 资源中的控件进行设置

（3）将 GUISkin 资源创建并设置好以后，接下来需要使用 skin 变量来对 GUISkin 资源进行管理，skin 变量正是通过对 GUISkin 资源的管理来实现控制全局皮肤风格的功能的。具体的代码如下。

代码位置：随书资源中的源代码/第 4 章/GUI/Assert/GUIScipt/Skin.cs。

```
1   using UnityEngine;
2   using System.Collections;
3   public class Skin : MonoBehaviour {
4       public GUISkin[] gskin;                              //GUISkin 资源引用数组
5       public int skin_Index=0;                             //当前使用皮肤的索引
6       void Update () {
7           if (Input.GetKeyDown(KeyCode.Space)){            //设置按空格键时的监听
8               skin_Index++;                                //皮肤索引+1 切换到下一个皮肤资源
9               if (skin_Index >= gskin.Length){ skin_Index = 0;} //如果索引大于 gskin 数组长度便重置索引
10          }}
11      void OnGUI(){                                        //重写 OnGUI 方法
12          GUI.skin = gskin[skin_Index];                    //设置皮肤风格
13          if (GUI.Button(new Rect(0, 0, Screen.width / 10, Screen.height / 10),"a button")){
                                                             //创建按钮控件
14              Debug.Log("Button has been pressed");        //输出点击信息
15          }
16          GUI.Label(new Rect(0,Screen.height*3/10,Screen.width/10,
17              Screen.height/10),"a label");                //创建标签控件
18      }}
```

- 第 4 行声明了皮肤（GUISkin）资源引用数组 Gskin。这样当脚本被挂载到摄像机上后，就可以在摄像机对应的 Inspector 面板中 Skin 脚本下的 Gskin 属性组下看到 Size 属性。通过设置 Size 属性的值可以确定 Gskin 数组的长度，故 Size 属性的值应该和期望挂载的皮肤资源的数量相同。

- 第 6～10 行重写了 Update 方法。设置了按空格键时的监听，每当玩家按空格键，皮肤资源的索引便会发生改变，从而实现在不同皮肤之间进行切换的功能。接着设置了重置索引的功能，当索引超出皮肤资源的数量时便会进行重置。

- 第 11 行重写了 OnGUI 方法。OnGUI 方法会在渲染和处理 GUI 事件时被调用。

- 第 12 行使用 skin 变量把当前索引代表的皮肤资源设为全局使用的皮肤风格。

❏ 第 13~17 行创建了一个 Button 控件，并设置了单击按钮时的输出信息。

（4）将该脚本挂载到摄像机上后，先将 Gskin 属性组的 Size 属性值改为 2，再挂载上两个 GUISkin 资源，如图 4-3 所示。运行后就可以通过按空格键来切换皮肤风格，如图 4-4 所示。

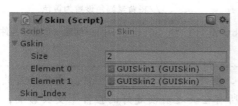

▲图 4-3 挂载 GUISkin 资源

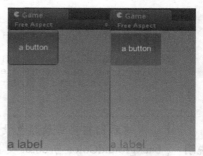

▲图 4-4 切换皮肤风格演示

> 说明
> 本示例创建了两个 GUISkin 资源（GUISkin1 和 GUISkin2），按空格键时可在两种皮肤效果之间切换。需要注意的是，当控件的样式改变时，创建该控件的代码没有任何变化，仅是使用的皮肤发生改变。如果没有设定任何 GUISkin 资源或者 Gskin 属性组的 Size 属性值设为 0，那么皮肤将恢复默认的 GUI 皮肤。

在 GUI 系统中，还可以使用 skin 变量来设置不同控件的响应方式。响应方式指的是各个控件在不同事件下的样式，如按钮控件的单击状态、选中状态、鼠标指针指向状态等。熟练地运用该属性可以使控件的应用更加灵活。

2. color 变量

color 变量控制的是图形用户界面控件全局的颜色。通过改变 color 变量可以同时更改控件的文本颜色和背景颜色，进而实现开发中的具体需求。该变量的具体使用方法如下面的代码片段所示。

代码位置：随书资源中的源代码/第 4 章/GUI/Assert/C#/Test1.cs。

```
1   using UnityEngine;
2   using System.Collections;                          //导入系统类
3   public class Test : MonoBehaviour {
4       void OnGUI(){                                  //重写 OnGUI 方法
5           GUI.color = Color.yellow;                  //将控件颜色设置为黄色
6           GUI.Label (new Rect (Screen.width / 10, Screen.height / 10,
7               Screen.width / 5,Screen.height / 10), "Hellow World!");  //创建一个标签控件
8           GUI.Box (new Rect(Screen.width / 10, Screen.height / 5,
9               Screen.width / 5,Screen.height / 5),"A Box");    //创建一个盒子控件
10          GUI.color = Color.red;                     //将控件颜色设置为红色
11          GUI.Button (new Rect(Screen.width / 10 ,Screen.height / 2,
12              Screen.width / 5,Screen.height / 10),"A Button");  //创建一个按钮控件
13      }}
```

> 说明
> 本示例先将全局颜色设为黄色并创建了一个 Label 控件和一个 Box 控件，然后又把全局颜色设为红色并创建了一个 Button 控件。需要注意的是，color 变量是对 GUI 系统全局进行颜色设置，所有在其之前创建好的控件不受其影响，但在其之后创建的控件的背景和文本颜色都会随之改变。

将编写好的脚本挂载到摄像机上，单击 Unity 集成开发环境中的"运行"按钮，在 Game 窗口中就会显示对颜色变量设置的效果。

3. backgroundColor 变量

backgroundColor 变量控制的是图形用户界面控件的背景颜色。通过改变 backgroundColor 的

值可以改变图形用户界面控件的背景颜色，进而实现开发中的具体要求。该变量的具体使用方法如下面的代码片段所示。

代码位置：随书资源中的源代码/第 4 章/GUI/Assert/C#/Test2.cs。

```
1    using UnityEngine;
2    using System.Collections;                              //导入系统类
3    public class Test : MonoBehaviour {
4        void OnGUI(){                                      //重写 OnGUI 方法
5            GUI.backgroundColor = Color.yellow;            //将背景颜色设置为黄色
6            GUI.Button (new Rect(Screen.width / 10 ,Screen.height / 10,
7                Screen.width / 5,Screen.height / 10),"A Button"); //创建一个按钮控件
8    }}
```

> **说明** 本示例在将背景颜色设为黄色后，创建了一个 Button 控件。需要注意的是，backgroundColor 与 color 变量一样，所有在其之前创建好的控件不受其影响，但在其之后创建的控件的背景颜色都会随之改变。

将编写好的脚本挂载到摄像机上，单击 Unity 集成开发环境中的"运行"按钮，在 Game 窗口中就会显示对颜色变量设置的效果。

4. contentColor 变量

contentColor 变量控制的是图形用户界面控件中的文本的颜色。在开发过程中可以通过修改 contentColor 的值来改变图形用户界面控件中文本的颜色，进而实现开发中的具体需求。该变量的具体使用方法如下面的代码片段所示。

代码位置：随书资源中的源代码/第 4 章/GUI/Assert/C#/Test3.cs。

```
1    using UnityEngine;
2    using System.Collections;                              //导入系统类
3    public class Test3 : MonoBehaviour {
4        void OnGUI() {                                     //重写 OnGUI 方法
5            GUI.contentColor = Color.yellow;               //将文本颜色设置为黄色
6            GUI.Button(new Rect(Screen.width/10,Screen.height/10,
7                Screen.width/5,Screen.height/10),"A Button"); //创建一个按钮控件
8    }}
```

> **说明** 本示例在将文本颜色设置为黄色后，创建了一个 Button 控件。contentColor 变量和上述两种变量一样，所有在其之前创建好的控件不受其影响，但在其之后创建的控件的文本颜色都会随之改变。

将编写好的脚本挂载到摄像机上，单击 Unity 集成开发环境中的"运行"按钮，在 Game 窗口中就会显示对颜色变量设置的效果。

5. changed 变量

changed 变量可以检测控件中输入数据的值是否发生改变，当输入数据发生改变时返回 true。实际开发中可以根据需求利用 changed 变量来输出一些提示信息。该变量的具体使用方法如下面的代码片段所示。

代码位置：随书资源中的源代码/第 4 章/GUI/Assert/C#/Test4.cs。

```
1    using UnityEngine;
2    using System.Collections;                              //导入系统类
3    public class Test4 : MonoBehaviour {
4        public string stringToEdit="Modify me.";           //声明一个字符串变量 stringToEdit
5        void OnGUI() {                                     //重写 OnGUI 方法
6            stringToEdit = GUI.TextField(new Rect(Screen.width/10,
7                Screen.height/10,Screen.width/4,Screen.height/10),stringToEdit,25);
                //创建一个单行文本编辑框控件
```

```
8        if(GUI.changed)                    //调用 changed 变量，检测输入数据是否发生改变
9            Debug.Log("Text field has changed.");  //若检测到输入数据发生改变，则输出提示信息
10    }}
```

> **说明** 本示例创建了一个文本编辑框控件，若改变文本编辑框中的内容，控制台内就会显示 Text field has changed 的提示信息。

将编写好的脚本挂载到摄像机上，单击 Unity 集成开发环境中的"运行"按钮，Game 窗口中就会显示使用 changed 变量的效果。

6. enabled 变量

enabled 变量可以控制图形用户界面控件全局的启用状态。在开发过程中可以对 enabled 变量的值进行设置。当 enabled 变量的值为 true 时启用控件，当 enabled 变量的值为 false 时禁用控件。该变量的具体使用方法如下面的代码片段所示。

代码位置：随书资源中的源代码/第 4 章/GUI/Assert/C#/Test5.cs。

```
1   using UnityEngine;
2   using System.Collections;              //导入系统类
3   public class Test5 : MonoBehaviour {
4       public bool allOptions = true;     //声明一个初始值为 true 的布尔型变量 allOptions
5       public bool extended1 = true;      //声明一个初始值为 true 的布尔型变量 extended1
6       public bool extended2 = true;      //声明一个初始值为 true 的布尔型变量 extended2
7       void OnGUI(){                      //重写 OnGUI 方法
8           allOptions = GUI.Toggle(new Rect(0,0,Screen.width/5,
9               Screen.height/10),allOptions,"Edit All Options"); //创建开关控件，并设置状态
10          if(GUI.Button(new Rect(0, Screen.height * 3 / 10, Screen.width / 5,
11              Screen.height / 10), "ok"))  //创建按钮，设置监听
12              print("user clicked ok");
13          GUI.enabled = allOptions;      //将 allOptions 的值赋给 enabled 变量
14          extended1 = GUI.Toggle(new Rect(Screen.width/10,Screen.height/10,
15              Screen.width/5,Screen.height/10),extended1,"Extended Option1");
                                           //创建开关控件，并设置状态
16          extended2 = GUI.Toggle(new Rect(Screen.width / 10, Screen.height / 5,
17              Screen.width / 5, Screen.height / 10), extended2,"Extended Option2");
                                           //创建开关控件，并设置状态
18          GUI.enabled = true;            //将 enabled 变量的值设置为 true
19   }}
```

❑ 第 13 行将 allOptions 的值赋给 enabled 变量，使第一个开关能够控制 enabled 变量。当第一个开关关闭时，enabled 变量变为 false，从而禁用所有控件。禁用后创建的控件会变为半透明，表示控件不可用。与之前介绍的 color 变量类似，enabled 变量产生的半透明效果只会对此次设置后、下次设置前所创建的控件产生影响，在此前后创建的控件则不受其影响。

❑ 第 18 行将 enabled 变量设为 true，启用所有控件。因为 enabled 变量控制的是控件全局的禁用状态，所以当第一个开关关闭后，虽然它并没有变为半透明状态但它其实已经被禁用，导致再次单击第一个开关时无法将 enabled 变量的值变回为 true。所以最后需要将 enabled 变量的值重新设置为 true，才可以完整实现第一个开关控制全局控件启用状态的功能。

> **说明** 切勿将开关控件的开闭状态与全局控件的启用状态混淆。

将编写好的脚本挂载到摄像机上，单击 Unity 集成开发环境中的"运行"按钮，Game 窗口中就会显示使用 enabled 变量的效果。

7. tooltip 变量

tooltip 变量控制的是控件的提示信息。在创建 GUI 控件时，该变量会将控件上的提示信息传递给创建好的提示工具，再由提示工具来呈现控件的提示信息。下面用一个简单的例子来说明 tooltip 变量的具体应用，代码片段如下所示。

代码位置：随书资源中的源代码/第 4 章/GUI/Assert/C#/Test6.cs。

```
1    using UnityEngine;
2    using System.Collections;
3    public class Test6 : MonoBehaviour {
4        void OnGUI() {                                                    //重写 OnGUI 方法
5            GUI.Button(new Rect(Screen.width / 10, Screen.height / 10, Screen.width / 5,
                 Screen.height / 10),
6                new GUIContent("Click me", "This is the tooltip"));//创建一个按钮，并设置提示信息
7            GUI.Label(new Rect(Screen.width / 12, Screen.height / 5,
8                Screen.width / 5, Screen.height / 10), GUI.tooltip);     //创建一个标签控件
9            GUI.Box(new Rect(Screen.width / 5, Screen.height / 4,
10               Screen.width / 5, Screen.height / 10), GUI.tooltip);     //创建一个盒子控件
11       }}
```

❏ 第 5~6 行创建了一个带有提示信息的 Button 控件。这个 Button 控件中的提示信息是由 GUIContent 对象携带的。GUIContent 对象代表的是图形用户界面元素中的内容。

❏ 第 7~8 行创建了一个作为提示工具的 Label 控件。tooltip 变量相当于 GUIContent 对象，它将自身的内容变为 Button 控件的提示信息的内容，以此来将提示信息传递给 Label 控件。Label 控件在接收到提示信息后便成为 Button 控件的提示工具，当鼠标指针位于 Button 控件上方时，携带着提示信息的 Label 控件便会出现。

❏ 第 9~10 行创建了一个作为提示工具的 Box 控件。与之前创建的 Label 控件一样，Box 控件在接收到由 tooltip 变量传递来的提示信息后也成为 Button 控件的提示工具，当鼠标指针位于 Button 控件上方时，Box 控件中便会出现提示信息。

> 说明　在本示例中，鼠标指针位于按钮上方或单击按钮显示提示信息是 tooltip 变量在获取到当前控件的提示信息后将提示信息传递给其他控件而实现的。当鼠标指针悬停在有提示信息的控件上时，GUI.tooltip 的值将被设置为此控件的提示信息。

在 GUI 系统中，开发人员并不需要为图形用户界面元素中简单的字符串内容创建 GUIContent 对象，例如下面两行代码在功能上其实是相同的。

```
1    GUI.Button(Rect(0,0,100,20),"Click Me");
2    GUI.Button(Rect(0,0,100,20),new GUIContent("Click Me"));
```

将编写好的脚本挂载到摄像机上，单击 Unity 集成开发环境中的"运行"按钮，Game 窗口中就会显示使用 tooltip 变量的效果。

8. depth 变量

depth 变量控制的是当前执行的 GUI 行为的深度顺序。因此在搭建图形用户界面时，若有不同的脚本需要同时运行，则需要通过设置这个变量来决定脚本的运行顺序。下面用一个简单的例子来说明 depth 变量的具体应用，代码片段如下所示。

代码位置：随书资源中的源代码/第 4 章/GUI/Assert/C#/Test9.cs。

```
1    using UnityEngine;
2    using System.Collections;                       //导入系统类
3    public class Test9 : MonoBehaviour {            //声明类 Test9，它继承自 MonoBehaviour 类
4        public static int guiDepth = 0;             //声明初始值为 0 的静态整型变量 guiDepth
5        void OnGUI(){
6            GUI.depth = guiDepth;                   //将 guiDepth 的值赋给 GUI.depth
7            If (GUI.RepeatButton(new Rect(Screen.width / 10, Screen.height / 10,
8                Screen.width / 5, Screen.height / 5), "GoBack")){ //绘制一个名为 GoBack 的 RepeatButton
9                guiDepth = 1;                       //若长按 GoBack 按钮，则将 guiDepth 变量的值置为 1
10               Test10.guiDepth = 0;                //将 Test10.guiDepth 的值置为 0
11       }}}
```

代码位置：随书资源中的源代码/第 4 章/GUI/Assert/C#/Test10.cs。

```
1   using UnityEngine;
2   using System.Collections;                //导入系统类
3   public class Test10 : MonoBehaviour {    //声明类 Test10，它继承自 MonoBehaviour 类
4       public static int guiDepth = 1;      //声明初始值为 1 的静态整型变量 guiDepth
5       void OnGUI(){
6           GUI.depth = guiDepth;            //将 guiDepth 的值赋给 GUI.depth
7           if (GUI.RepeatButton(new Rect(Screen.width / 5, Screen.height / 5,
8               Screen.width / 5, Screen.height / 5), "GoBack")){//绘制一个名为 GoBack 的 RepeatButton
9               guiDepth = 1;                //若长按 GoBack 按钮，则将 guiDepth 变量的值置为 1
10              Test9.guiDepth = 0;          //Test9.guiDepth 的值置为 0
11  }}}
```

> **说明**　本示例创建了两个类来实现两个按钮的功能，注意文件名需要和脚本名一致。

本示例创建了两个部分重叠的按钮，被单击的按钮会被置于后方。将编写好的脚本挂载到摄像机上，单击 Unity 集成开发环境中的"运行"按钮，Game 窗口中就会显示使用 depth 变量的效果。

上面介绍的这些控制变量是图形用户界面搭建中非常重要的一环。控制变量在与各式各样的控件的配合下才能发挥其强大的功能，所以灵活运用这些控制变量并做到熟能生巧、融会贯通，才能搭建出具有实际价值的图形用户界面。

4.1.2 图形用户界面中的常用控件

Unity 不仅提供了丰富的控制变量，还提供了功能各异的图形用户界面控件。这些控件可以使图形用户界面拥有许多独特的功能，或是变得更加美观。灵活使用这些控件，能搭建出令人满意的图形用户界面。具体的控件信息如表 4-2 所示。

表 4-2　　　　　　　　　　　　图形用户界面的部分常用控件

控件名	描述	控件名	描述
Label	文本或纹理标签控件	DrawTexture	纹理图片控件
Box	图形盒子控件	Button	按钮控件
RepeatButton	长按按钮控件	TextField	单行文本编辑控件
PasswordField	密码文本编辑控件	TextArea	多行文本编辑控件
Toggle	开关按钮控件	Toolbar	工具栏控件
SelectionGrid	按钮网格控件	HorizontalSlider	水平滑动条控件
VerticalSlider	垂直滑动条控件	HorizontalScrollbar	水平滚动条控件
VerticalScrollbar	垂直滚动条控件	Window	窗口控件

1. Label 控件

Label 控件用于创建文本或纹理标签。标签可以显示一段文本或者是一幅纹理图片。Label 控件的具体使用方法如下。

（1）使用控件前应该先掌握该控件的方法声明，一般情况下采用的是静态方法，具体如下。

```
1   public static void Label(Rect position, string text);
2   public static void Label(Rect position, Texture image);
3   public static void Label(Rect position, GUIContent content);
4   public static void Label(Rect position, string text, GUIStyle style);
5   public static void Label(Rect position, Texture image, GUIStyle style);
6   public static void Label(Rect position, GUIContent content, GUIStyle style);
```

> 说明　　上述方法声明中的参数如表 4-3 所示。

表 4-3　　　　　　　　　　Label 控件方法声明参数列表

参数名	描述	参数名	描述
position	标签在屏幕上矩形的位置	content	在标签上显示的文本、图片和信息提示
text	在标签上显示的文本	style	标签上显示的 GUI 样式
image	在标签上显示的纹理	—	—

（2）熟悉了方法声明后就可以使用 Label 控件在界面上创建文本或纹理标签了，示例代码片段如下所示。

代码位置：随书光盘中的源代码/第 4 章/GUI/Assert/C#/GUILabel.cs。

```
1    using UnityEngine;
2    using System.Collections;
3    public class GUILabel : MonoBehaviour{
4        public Texture2D textureToDisplay;                          //声明一个纹理图片对象
5        void OnGUI(){                                               //重写 OnGUI 方法
6            GUI.Label(new Rect(Screen.width / 10,Screen.height / 10,
7                Screen.width / 5,Screen.height / 10), "Hello World!");//绘制一个文本标签
8            GUI.Label(new Rect(Screen.width / 10,Screen.height / 3,
9                textureToDisplay.width, textureToDisplay.height), textureToDisplay); }}
                //绘制一个纹理图片标签
```

❑ 第 4 行声明一个纹理图片对象，这样当脚本挂载到摄像机上时就可以在 Inspector 面板看到该纹理图片对象。纹理图片对象的实际内容是需要在 Inspector 面板中挂载的，如图 4-5 所示。

❑ 第 8～9 行绘制了一个纹理图片标签。需要注意的是，这里将纹理图片标签的宽度和高度分别设置为纹理图片对象的宽度和高度。纹理图片对象上挂载的图片大小发生改变时，纹理图片标签的大小也随之改变。

> 说明　　Label 控件没有用户交互，不捕捉鼠标单击事件，并总是被渲染为普通样式。

将编写好的脚本挂载到摄像机上，单击 Unity 集成开发环境中的"运行"按钮，Game 窗口中就会显示 Label 控件的创建效果。本示例创建了一个文本标签和一个纹理图片标签，如图 4-6 所示。

▲图 4-5　挂载纹理图片

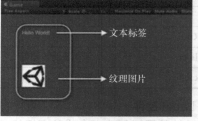

▲图 4-6　Label 控件的创建效果

2. DrawTexture 控件

DrawTexture 控件用于创建纹理图片。创建的纹理图片没有用户交互，不捕捉鼠标单击事件，只具有显示效果。DrawTexture 控件的具体使用方法如下。

（1）使用控件前应该先掌握该控件的方法声明，一般情况下采用的是静态方法，具体如下。

```
1    public static void DrawTexture(Rect position, Texture image);
2    public static void DrawTexture(Rect position, Texture image, ScaleMode scaleMode);
3    public static void DrawTexture(Rect position, Texture image, ScaleMode scaleMode,
         bool alphaBlend);
```

```
4    public static void DrawTexture(Rect position, Texture image, ScaleMode scaleMode,
     bool alphaBlend, float imageAspect);
```

> **说明** 上述方法声明中的参数如表 4-4 所示。

表 4-4　　　　　　　　　　DrawTexture 控件方法声明的参数列表

参数名	描述	参数名	描述
scaleMode	纹理图片的缩放模式	position	纹理图片在屏幕上矩形的位置
alphaBlend	纹理图片的混合模式	image	纹理图片
imageAspect	源图片的长宽比	—	—

（2）熟悉了方法声明后就可以使用 DrawTexture 控件在界面上创建纹理图片了，示例代码如下。

代码位置：随书资源中的源代码/第 4 章/GUI/Assert/C#/GUIDrawTexture.cs。

```
1   using UnityEngine;
2   using System.Collections;
3   public class GUIDrawTexture : MonoBehaviour {
4       public Texture aTexture;                                //声明一个纹理图片对象
5       void OnGUI () {                                         //重写 OnGUI 方法
6           GUI.DrawTexture(new Rect(Screen.width / 10,Screen.height / 10,Screen.width / 5,
7               Screen.height / 5),aTexture,ScaleMode.ScaleToFit,true,0.0f);
                                                                //创建一个纹理图片
8   }}
```

将脚本挂载到摄像机上，单击 Unity 集成开发环境中的 "运行" 按钮，Game 窗口中就会显示 DrawTexture 控件的创建效果。本示例创建了一个纹理图片，如图 4-7 所示。

3. Box 控件

Box 控件用于创建图形化的盒子。盒子可以和其他控件组合在一起使界面看起来简洁、美观。Box 控件的具体使用方法如下。

（1）使用控件前应该先掌握该控件的方法声明，一般情况下采用的是静态方法，具体如下。

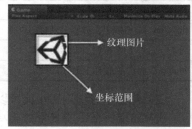

▲图 4-7　DrawTexture 控件的创建效果

```
1   public static void Box(Rect position, string text);
2   public static void Box(Rect position, Texture image);
3   public static void Box(Rect position, GUIContent content);
4   public static void Box(Rect position, string text, GUIStyle style);
5   public static void Box(Rect position, Texture image, GUIStyle style);
6   public static void Box(Rect position, GUIContent content, GUIStyle style);
```

> **说明** 上述方法声明中的参数如表 4-5 所示。

表 4-5　　　　　　　　　　Box 控件方法声明的参数列表

参数名	描述	参数名	描述
position	盒子在屏幕上矩形的位置	content	在盒子上显示的文本、图片和信息提示
text	在盒子上显示的文本	style	在盒子上显示的 GUI 样式
image	在盒子上显示的纹理	—	—

（2）熟悉了方法声明后就可以使用 Box 控件在界面上创建图形盒子了，示例代码片段如下。

第 4 章　Unity 图形用户界面基础

代码位置：随书资源中的源代码/第 4 章/GUI/Assert/C#/GUIBox.cs。

```
1   using UnityEngine;
2   using System.Collections;
3   public class GUIBox : MonoBehaviour {
4       void OnGUI(){                                                    //重写 OnGUI 方法
5           GUI.Box(new Rect(Screen.width / 5, Screen.height / 5,
6               Screen.width / 2, Screen.height / 2), "This is a title"); //绘制一个内容为
                                                                         //This is a title 的 Box 控件
7   }}
```

将脚本挂载到摄像机上，单击 Unity 集成开发环境中的"运行"按钮，Game 窗口中就会显示 Box 控件的创建效果。本示例创建了一个图形盒子。

4. Button 控件

Button 控件用于创建按钮。按钮可以挂载监听事件，响应用户单击从而实现交互。

（1）使用控件前应该先掌握该控件的方法声明，一般情况下采用的是静态方法，具体如下。

```
1   public static bool Button(Rect position, string text);
2   public static bool Button(Rect position, Texture image);
3   public static bool Button(Rect position, GUIContent content);
4   public static bool Button(Rect position, string text, GUIStyle style);
5   public static bool Button(Rect position, Texture image, GUIStyle style);
6   public static bool Button(Rect position, GUIContent content, GUIStyle style);
```

> **说明**　上述方法声明中的参数如表 4-6 所示。

表 4-6　　　　　　　　　　Button 控件方法声明的参数列表

参数名	描述	参数名	描述
position	按钮在屏幕上矩形的位置	content	在按钮上显示的文本、图片和信息提示
text	在按钮上显示的文本	style	在按钮上显示的 GUI 样式
image	在按钮上显示的纹理	—	—

（2）熟悉了方法声明后就可以使用 Button 控件在界面上创建按钮了，示例代码片段如下。

代码位置：随书资源中源代码/第 4 章/GUI/Assert/C#/GUIButton.cs。

```
1   using UnityEngine;
2   using System.Collections;
3   public class GUIButton : MonoBehaviour{
4       public Texture btnTexture;                                       //声明一个 2D 纹理图片
5       void OnGUI(){                                                    //重写 OnGUI 方法
6           if (!btnTexture){                                            //判断是否存在纹理图片
7               Debug.LogError("Please assign a texture on the inspector");
                                                                         //若不存在，输出提示消息
8               return;
9           }
10          if (GUI.Button(new Rect(Screen.width / 10,Screen.height / 10,Screen.width / 10,
11              Screen.width / 10), btnTexture))  //创建一个纹理按钮，并进行是否执行按钮操作的判断
12              Debug.Log("Clicked the button with an image");           //若单击按钮，则输出提示信息
13          if (GUI.Button(new Rect(Screen.width / 10,Screen.height / 3, Screen.width / 5,
14              Screen.height / 10), "Click"))//创建一个文本按钮，并进行是否执行按钮操作的判断
15              Debug.Log("Clicked the button with text");               //若单击按钮，则输出提示信息
16  }}
```

❑ 第 6～9 行对纹理按钮上是否存在纹理图片进行判断。纹理按钮上显示的纹理图片也需要挂载，与 Label 控件挂载纹理图片的方法相似，如图 4-8 所示。

❑ 第 10～15 行利用 Button 控件的返回值对单击的按钮类别进行判断。Button 控件的返回值是布尔值，每当用户单击按钮时返回 true。

将脚本挂载到摄像机上，单击 Unity 集成开发环境中的"运行"按钮，Game 窗口中就会显示

Button 控件的创建效果。本示例创建了一个纹理图片按钮和一个文本按钮,如图 4-9 所示。

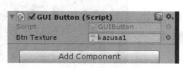
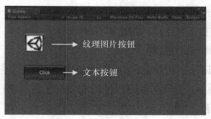

▲图 4-8 挂载纹理图片　　　　　　▲图 4-9 Button 控件的效果

5. RepeatButton 控件

RepeatButton 控件用于创建长按按钮。长按按钮只有在长按时才会被激活,并且从按下按钮到释放按钮的时间内将持续不断地触发 OnClick 事件。RepeatButton 控件的具体使用方法如下。

(1) 使用控件前应该先掌握该控件的方法声明,一般情况下采用的是静态方法,具体如下。

```
1   public static bool Button(Rect position, string text);
2   public static bool Button(Rect position, Texture image);
3   public static bool Button(Rect position, GUIContent content);
4   public static bool Button(Rect position, string text, GUIStyle style);
5   public static bool Button(Rect position, Texture image, GUIStyle style);
6   public static bool Button(Rect position, GUIContent content, GUIStyle style);
```

> 说明　　上述方法声明中的参数如表 4-7 所示。

表 4-7　　　　　　　　　　RepeatButton 控件方法声明的参数列表

参数名	描述	参数名	描述
position	按钮在屏幕上矩形的位置	content	在按钮上显示的文本、图片和信息提示
text	在按钮上显示的文本	style	在按钮上显示的 GUI 样式
image	在按钮上显示的纹理	—	—

(2) 熟悉了方法声明后就可以使用 RepeatButton 控件在界面上创建长按按钮了,示例代码片段如下。

代码位置:随书资源中的源代码/第 4 章/GUI/Assert/C#/GUIReButton.cs。

```
1   using UnityEngine;
2   using System.Collections;
3   public class GUIReButton : MonoBehaviour {
4   public Texture btnTexture;                              //声明一个纹理图片对象
5   void OnGUI(){                                           //重写 OnGUI 方法
6   if (!btnTexture) {                                      //判断是否存在纹理图片
7       Debug.LogError("Please assign a texture on the inspector");//若不存在,则输出提示信息
8       return;
9   }
10  if (GUI.RepeatButton(new Rect(Screen.width / 10, Screen.height / 10,
11      Screen.width / 10, Screen.width / 10), btnTexture))//绘制一个纹理图片 RepeatButton
12      Debug.Log("Clicked the button with an image");   //若长按按钮,则输出提示信息
13  if (GUI.RepeatButton(new Rect(Screen.width / 10,Screen.height / 3,
14      Screen.width / 5,Screen.height / 10), "Click"))   //绘制一个文本 RepeatButton
15      Debug.Log("Clicked the button with text");        //若长按按钮,则输出提示信息
16  }}
```

> 说明　　与 Button 控件一样,RepeatButton 控件上的纹理图片也是需要挂载的,挂载方法与 Button 控件的相同。RepeatButton 控件在用户长按按钮时也会返回一个其值为 true 的布尔值。

第 4 章 Unity 图形用户界面基础

将脚本挂载到摄像机上，单击 Unity 集成开发环境中的"运行"按钮，Game 窗口中就会显示 RepeatButton 控件的创建效果。本示例创建了一个纹理图片按钮和一个文本按钮，如图 4-10 所示。

6. TextField 控件

TextField 控件用于创建单行文本编辑框。创建了单行文本编辑框后，用户可以对编辑框中的字符串进行编辑。TextField 控件的具体使用方法如下。

（1）使用控件前应该先掌握该控件的方法声明，一般情况下采用的是静态方法，具体如下。

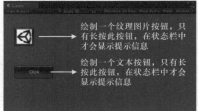

▲图 4-10 RepeatButton 控件的效果

```
1    public static string TextField(Rect position, string text);
2    public static string TextField(Rect position, string text, GUIStyle style);
3    public static string TextField(Rect position, string text, int maxLength);
4    public static string TextField(Rect position, string text, int maxLength, GUIStyle style);
```

> **说明** 上述方法声明中的参数如表 4-8 所示。

表 4-8　　　　　　　　TextField 控件方法声明的参数列表

参数名	描述	参数名	描述
position	文本编辑框在屏幕上矩形的位置	style	文本编辑框上显示的 GUI 样式
text	文本编辑框中的文本	maxLength	文本编辑框中文本的最大长度

（2）熟悉了方法声明后就可以使用 TextField 控件在界面上创建单行文本编辑框了，示例代码片段如下。

代码位置：随书资源中的源代码/第 4 章/GUI/Assert/C#/GUITxField.cs。

```
1    using UnityEngine;
2    using System.Collections;
3    public class GUITxField : MonoBehaviour {
4        public string stringToEdit = "Hello World";
5        void OnGUI(){                                                    //重写 OnGUI 方法
6            stringToEdit = GUI.TextField(new Rect(Screen .width /10, Screen.height /10,
7            Screen.width / 3, Screen.height / 10), stringToEdit, 25);    //绘制一个单行文本编辑框
8        }}
```

> **说明** TextField 控件的返回值是字符类型的，返回的是被编辑的文本。代码片段中第 6～7 行正是利用其返回值对文本框中的内容进行再次赋值，使文本框变为可编辑状态。

将脚本挂载到摄像机上，单击 Unity 集成开发环境中的"运行"按钮，Game 窗口中就会显示 TextField 控件的创建效果。本示例创建了单行文本编辑框，如图 4-11 所示。

7. PasswordField 控件

PasswordField 控件用于创建可编辑的密码输入框。在密码输入框中输入的内容会自动变为设定好的遮罩字符以起到保密作用。PasswordField 控件的具体使用方法如下。

（1）使用控件前应该先掌握该控件的方法声明，一般情况下采用的是静态方法，具体如下。

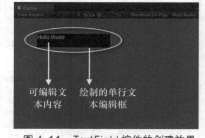

▲图 4-11　TextField 控件的创建效果

```
1    public static string PasswordField(Rect position, string password, char maskChar);
2    public static string PasswordField(Rect position, string password, char maskChar,
     GUIStyle style);
3    public static string PasswordField(Rect position, string password, char maskChar,
     int maxLength);
```

```
4    public static string PasswordField(Rect position, string password, char maskChar,
        int maxLength, GUIStyle style);
```

说明 上述方法声明中的参数如表 4-9 所示。

表 4-9　　　　　　　　　PasswordField 控件方法声明的参数列表

参数名	描述	参数名	描述
style	密码输入框上显示的 GUI 样式	maxLength	密码输入框中文本的最大长度
position	密码输入框在屏幕上矩形的位置	maskChar	密码输入框中密码的字符遮罩
password	密码输入框中的密码	—	—

（2）熟悉了方法声明后就可以使用 PasswordField 控件在界面上创建密码输入框了，示例代码片段如下。

代码位置：随书资源中的源代码/第 4 章/GUI/Assert/C#/GUIPwField.cs。

```
1   using UnityEngine;
2   using System.Collections;
3   public class GUIPwField : MonoBehaviour {
4   public string passwordToEdit = "My Password";
5   void OnGUI(){                                             //重写 OnGUI 方法
6       passwordToEdit = GUI.PasswordField(new Rect(Screen.width / 10,Screen.height / 10,
7           Screen.width / 2, Screen.height / 10), passwordToEdit, "*"[0], 25);
                                                              //绘制一个密码输入框
8   }}
```

说明 与 TextField 控件一样，PasswordField 控件的返回值是字符类型的，返回的是被编辑的密码。代码片段中第 6～7 行正是利用其返回值对密码输入框中的内容进行再次赋值，使密码输入框变为可编辑状态。

将脚本挂载到摄像机上，单击 Unity 集成开发环境中的"运行"按钮，Game 窗口中就会显示 PasswordField 控件的创建效果。本示例创建了密码输入框，如图 4-12 所示。

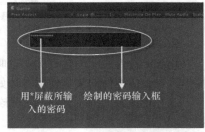

▲图 4-12　PasswordField 控件的创建效果

8. TextArea 控件

TextArea 控件用于创建多行文本编辑框。用户可以在编辑框里编辑一段字符串。TextArea 控件的具体使用方法如下。

（1）使用控件前应该先掌握该控件的方法声明，一般情况下采用的是静态方法，具体如下。

```
1   public static string TextArea(Rect position, string text);
2   public static string TextArea(Rect position, string text, GUIStyle style);
3   public static string TextArea(Rect position, string text, int maxLength);
4   public static string TextArea(Rect position, string text, int maxLength,
        GUIStyle style);
```

说明 上述方法声明中的参数如表 4-10 所示。

表 4-10　　　　　　　　　TextArea 控件方法声明的参数列表

参数名	描述	参数名	描述
position	多行文本编辑框在屏幕上矩形的位置	style	多行文本编辑框上显示的 GUI 样式
text	多行文本编辑框中的文本	maxLength	多行文本编辑框中文本的最大长度

（2）熟悉了方法声明后就可以使用 TextArea 控件在界面上创建多行文本编辑框了，示例代码

片段如下。

代码位置：随书资源中的源代码/第 4 章/GUI/Assert/C#/GUITtArea.cs。

```
1    using UnityEngine;
2    using System.Collections;
3    public class GUITtArea : MonoBehaviour {
4    public string stringToEdit = "Hello World\nI've got 2 lines...";
5    void OnGUI(){                                              //重写 OnGUI 方法
6        stringToEdit = GUI.TextArea(new Rect(Screen.width / 10,Screen.height / 10,
7            Screen.width / 2,Screen.height /2), stringToEdit, 200); //绘制一个多行文本编辑框
8    }}
```

> **说明**　与 TextField 控件一样，TextArea 控件的返回值也是字符类型的，返回的是被编辑的文本。与 TextField 控件不同的是，TextArea 控件可以输入多行文本，超过显示范围时其中的文本会自动换行。

将脚本挂载到摄像机上，单击 Unity 集成开发环境中的"运行"按钮，本示例运行后创建了多行文本编辑框，如图 4-13 所示。

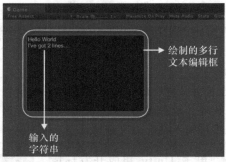

▲图 4-13　TextArea 控件的创建效果

9. Toggle 控件

Toggle 控件用于创建开关，也叫单选按钮，用户可以通过控制开关的闭开来执行一些具体的操作。Toggle 控件的具体使用方法如下。

（1）使用控件前应该先掌握该控件的方法声明，一般情况下采用的是静态方法，具体如下。

```
1    public static bool Toggle(Rect position, bool value, string text);
2    public static bool Toggle(Rect position, bool value, Texture image);
3    public static bool Toggle(Rect position, bool value, GUIContent content);
4    public static bool Toggle(Rect position, bool value, string text, GUIStyle style);
5    public static bool Toggle(Rect position, bool value, Texture image, GUIStyle style);
6    public static bool Toggle(Rect position, bool value, GUIContent content, GUIStyle style);
```

> **说明**　上述方法声明中的参数如表 4-11 所示。

表 4-11　　　　　　　　Toggle 控件方法声明的参数列表

参数名	描述	参数名	描述
value	开关的闭开状态值	position	开关在屏幕上矩形的位置
text	开关上显示的文字	image	开关上显示的纹理图片
content	开关上的提示信息	style	开关上显示的 GUI 样式

4.1 图形用户界面

（2）熟悉了方法声明后就可以使用 Toggle 控件在界面上创建开关了，具体使用方法如下面的代码片段所示。

代码位置：随书资源中的源代码/第 4 章/GUI/Assert/C#/GUIToggle.cs。

```
1    using UnityEngine;
2    using System.Collections;
3    public class GUIToggle : MonoBehaviour {
4      public Texture aTexture;                 //声明一个纹理图片对象
5      private bool toggleTxt = false;          //声明初始值为 false 的 bool 型变量 toggleTxt
6      private bool toggleImg = false;          //声明初始值为 false 的 bool 型变量 toggleImg
7      void OnGUI(){                            //重写 OnGUI 方法
8        if(!aTexture){                         //判断是否存在纹理图片
9          Debug.LogError("Please assign a texture in the inspector.");
                                                 //若不存在则输出提示信息
10         return;
11       }
12       toggleTxt = GUI.Toggle(new Rect(Screen.width/ 10,Screen.height/ 10,
13         Screen.width/ 3,Screen.height / 10), toggleTxt, "A Toggle text");
                                                 //绘制一个开关
14       toggleImg = GUI.Toggle(new Rect(Screen.width/ 10,Screen.height/ 4,
15         Screen.width / 10,Screen.height / 10), toggleImg, aTexture);
                                                 //绘制一个开关
16    }}
```

将脚本挂载到摄像机上，单击 Unity 集成开发环境中的"运行"按钮，本示例运行后创建了文本开关和纹理图片开关，如图 4-14 所示。

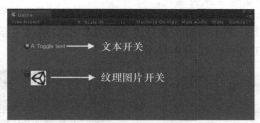

▲图 4-14　Toggle 控件的创建效果

10. Toolbar 控件

Toolbar 控件用于创建工具栏，在这个工具栏中可以置入一些用来实现各种功能的工具按钮。Toolbar 控件的具体使用方法如下。

（1）使用控件前应该先掌握该控件的方法声明，一般情况下采用的是静态方法，具体如下。

```
1    public static int Toolbar(Rect position, int selected, string[] texts);
2    public static int Toolbar(Rect position, int selected, Texture[] images);
3    public static int Toolbar(Rect position, int selected, GUIContent[] content);
4    public static int Toolbar(Rect position, int selected, string[] texts, GUIStyle style);
5    public static int Toolbar(Rect position, int selected, Texture[] images, GUIStyle style);
6    public static int Toolbar(Rect position, int selected, GUIContent[] contents,
       GUIStyle style);
```

> 说明　上述方法声明中的参数如表 4-12 所示。

表 4-12　Toolbar 控件方法声明的参数列表

参数名	描述	参数名	描述
position	工具栏在屏幕上矩形的位置	texts	显示在工具栏按钮上的字符串数组
zelected	被选择按钮的索引号	images	在工具栏按钮上的纹理图片数组
style	工具栏上显示的 GUI 样式	content	工具栏按钮的文本、图片和提示信息数组

（2）熟悉了方法声明后就可以使用 Toolbar 控件在界面上创建工具栏了，示例代码片段如下。

代码位置：随书资源中的源代码/第 4 章/GUI/Assert/C#/GUIToolbar.cs。

```
1   using UnityEngine;
2   using System.Collections;
3   public class GUIToolbar : MonoBehaviour {
4   public int toolbarInt = 0;                              //声明初始值为 0 的整型变量 toolbarInt
5   public string[] toolbarStrings = new string[] { "Toolbar1", "Toolbar2", "Toolbar3" };
                                                            //声明一个字符型数组
6   void OnGUI(){                                           //重写 OnGUI 方法
7       toolbarInt = GUI.Toolbar(new Rect(Screen.width /10,Screen.height /10,
    Screen.width /2, Screen.height /10), toolbarInt, toolbarStrings);     //绘制工具栏
8
9   }}
```

❑ 第 5 行创建的数组在为工具按钮命名的同时也确定了工具按钮的个数。除了在代码中设置这些变量，还可以使用 Inspector 面板中的 Toolbar Strings 属性来修改这些变量，如图 4-15 所示。

❑ 第 6~9 行重写了 OnGUI 方法，绘制了工具栏，并详细给出了 GUI.Toolbar 方法中的各个参数。读者可以尝试自己修改参数，观察工具栏的变化来加深理解。

> 说明：Toolbar 控件的返回值类型是 int 类型，返回的是被选择的按钮工具的索引，同时被选择的按钮也会获得焦点。

将脚本挂载到摄像机上，单击 Unity 集成开发环境中的"运行"按钮，本示例运行后创建了一个包含 3 个工具按钮的工具栏，如图 4-16 所示。

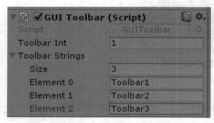

▲图 4-15 Toolbar Strings 属性设置

▲图 4-16 Toolbar 控件的创建效果

11. SelectionGrid 控件

SelectionGrid 控件的作用是创建按钮网格，用户可以在自定义的按钮网格中置入一些按钮。SelectionGrid 控件的具体使用方法如下。

（1）使用控件前应该先掌握该控件的方法声明，一般情况下采用的是静态方法，具体如下。

```
1   public static int SelectionGrid(Rect position, int selected, string[] texts, int xCount);
2   public static int SelectionGrid(Rect position, int selected, Texture[] images, int xCount);
3   public static int SelectionGrid(Rect position, int selected, GUIContent[] content,
    int xCount);
4   public static int SelectionGrid(Rect position, int selected, string[] texts, int
    xCount, GUIStyle style);
5   public static int SelectionGrid(Rect position, int selected, Texture[] images, int xCount,
6       GUIStyle style);
7   public static int SelectionGrid(Rect position, int selected, GUIContent[] contents,
    int xCount, GUIStyle style);
```

> 说明：上述方法声明中的参数如表 4-13 所示。

表 4-13 SelectionGrid 控件方法声明的参数列表

参数名	描述	参数名	描述
position	按钮网格在屏幕上矩形的位置	style	按钮网格上显示的 GUI 样式
selected	被选择按钮的索引号	content	工具按钮的文本、图片和提示信息数组
images	显示在工具按钮上的纹理图片数组	xCount	水平方向上的按钮个数,用来设置合适的格式
texts	显示在工具按钮上的字符串数组	—	—

（2）熟悉了方法声明后就可以使用 SelectionGrid 控件在界面上创建按钮网格了,示例代码片段如下。

代码位置：随书资源中的源代码/第 4 章/GUI/Assert/C#/GUISeGrid.cs。

```
1    using UnityEngine;
2    using System.Collections;
3    public class GUISeGrid : MonoBehaviour {
4        public int selGridInt = 0;              //声明初始值为 0 的整型变量 selGridInt
5        public string[] selStrings = new string[] { "Grid 1", "Grid 2", "Grid 3", "Grid 4" };
                                                   //声明字符型数组
6        void OnGUI(){                            //重写 OnGUI 方法
7            selGridInt = GUI.SelectionGrid(new Rect(Screen.width /10,Screen.height /10,
8                 Screen.width /2, Screen.height /3), selGridInt, selStrings, 2);
                                                   //绘制按钮网格
9    }}
```

❑ 第 5 行创建的数组在为工具按钮命名的同时也确定了工具按钮的个数。除了在代码中设置这些变量,还可以在 Inspector 面板中的 Sel Strings 里修改这些变量。

❑ 第 6～9 行重写了 OnGUI 方法,绘制了按钮网格,并详细给出了 GUI.SelectionGrid 方法中的各个参数。读者可以尝试自己修改参数,观察按钮网格的变化来加深理解。

> **说明**　与 Toolbar 控件一样,SelectionGrid 控件的返回值也是被选择的按钮工具的索引,被选择的按钮也会获得焦点。

将脚本挂载到摄像机上,单击 Unity 集成开发环境中的"运行"按钮,本示例运行后创建了一个包含 4 个工具按钮的按钮网格。

12. HorizontalSlider 控件

HorizontalSlider 控件的作用是创建水平滑动条。滑动条由开发人员设定阈值,可以在指定范围内随意滑动。HorizontalSlider 控件的具体使用方法如下。

（1）使用控件前应该先掌握该控件的方法声明,一般情况下采用的是静态方法,具体如下。

```
1    public static float HorizontalSlider(Rect position, float value, float leftValue,
     float rightValue);
2    public static float HorizontalSlider(Rect position, float value, float leftValue,
     float rightValue, GUIStyle slider, GUIStyle thumb);
```

> **说明**　上述方法声明中的参数如表 4-14 所示。

表 4-14 HorizontalSlider 控件方法声明的参数列表

参数名	描述	参数名	描述
position	滑动条在屏幕上矩形的位置	value	滑动条的值,用来确定可滑动滑块的位置
leftValue	滑动条最左边的值	slider	可滑动区域的 GUI 样式
rightValue	滑动条最右边的值	thumb	可滑动滑块的 GUI 样式

（2）熟悉了方法声明后就可以使用 HorizontalSlider 控件在界面上创建水平滑动条了，示例代码片段如下。

代码位置：随书资源中的源代码/第 4 章/GUI/Assert/C#/GUIHorSlider.cs。

```csharp
1    using UnityEngine;
2    using System.Collections;
3    public class GUIHorSlider : MonoBehaviour {
4        public float hSliderValue = 0.0F;
5        void OnGUI(){                                          //重写 OnGUI 方法
6            hSliderValue = GUI.HorizontalSlider(new Rect(Screen.width /10,
7                Screen.height/10, Screen.width/3, Screen.height/10),hSliderValue, 0.0F, 10.0F);
                                                                //绘制一个水平滑动条
8    }}
```

> 说明　HorizontalSlider 控件的返回值为 float 类型，返回的是滑动条当前的值。滑动条中滑块的滑动方向是根据左右两边值的大小决定的，从小值滑向大值。用户只能在最小和最大值之间拖动滑块。

将脚本挂载到摄像机上，单击 Unity 集成开发环境中的"运行"按钮，本示例运行后创建了一个水平滑动条控件。

13. VerticalSlider 控件

VerticalSlider 控件的作用是创建垂直滑动条。滑动条由开发人员设定阈值，可以在指定范围内随意拖动。VerticalSlider 控件的具体使用方法如下。

（1）使用控件前应该先掌握该控件的方法声明，一般情况下采用的是静态方法，具体如下。

```csharp
1    public static float VerticalSlider(Rect position, float value, float topValue,
         float bottomValue);
2    public static float VerticalSlider(Rect position, float value, float topValue,
         float bottomValue, GUIStyle slider, GUIStyle thumb);
```

> 说明　上述方法声明中的参数如表 4-15 所列。

表 4-15　　　　　　　　VerticalSlider 控件方法声明的参数列表

参数名	描述	参数名	描述
position	滑动条在屏幕上矩形的位置	value	滑动条的值，用来确定可滑动滑块的位置
topValue	滑动条最顶部的值	slider	可滑动区域的 GUI 样式
bottomValue	滑动条最底部的值	thumb	可滑动滑块的 GUI 样式

（2）熟悉了方法声明后就可以使用 VerticalSlider 控件在界面上创建垂直滑动条了，示例代码片段如下。

代码位置：随书资源中的源代码/第 4 章/GUI/Assert/C#/GUIVerSlider.cs。

```csharp
1    using UnityEngine;
2    using System.Collections;
3    public class GUIVerSlider : MonoBehaviour {
4        public float vSliderValue = 0.0F;
5        void OnGUI(){                                          //重写 OnGUI 方法
6            vSliderValue = GUI.VerticalSlider(new Rect(Screen.width/10,Screen.height/10,
7                Screen.width/10, Screen.height/3), vSliderValue, 10.0F, 0.0F);
                                                                //绘制一个垂直滑动条
8    }}
```

> 说明　VerticalSlider 控件的返回值为 float 类型，返回的是滑竿当前的值。滑竿中滑块的滑动方向是根据上下两边值的大小决定的，从小值滑向大值。用户只能在最小值和最大值之间拖动滑块。

将脚本挂载到摄像机上,单击 Unity 集成开发环境中的"运行"按钮,本示例运行后创建了一个垂直滑竿控件。

14. HorizontalScrollbar 控件

HorizontalScrollbar 控件用于绘制水平滚动条,由开发人员设置阈值。

(1) 使用控件前应该先掌握该控件的方法声明,一般情况下采用的是静态方法,具体如下。

```
1   public static float HorizontalScrollbar(Rect position, float value, float size,
        float leftValue, float rightValue);
2   public static float HorizontalScrollbar(Rect position, float value, float size,
        float leftValue, float rightValue, GUIStyle style);
```

> **说明** 上述方法声明中的参数如表 4-16 所示。

表 4-16　　　　　　　HorizontalScrollbar 控件方法声明的参数列表

参数名	描述	参数名	描述
position	滚动条在屏幕上矩形的位置	value	滚动条的值,用来确定可滚动滚动块的位置
leftValue	滚动条最左边的值	slider	可滚动区域的 GUI 样式
rightValue	滚动条最右边的值	thumb	可滚动滑块的 GUI 样式

(2) 熟悉了方法声明后就可以使用 HorizontalScrollbar 控件在屏幕上创建水平滚动条了,示例代码片段如下。

代码位置:随书资源中的源代码/第 4 章/GUI/Assert/C#/GUIHScrollbar.cs。

```
1   using UnityEngine;
2   using System.Collections;
3   public class GUIHScrollbar : MonoBehaviour {
4       public float hSbarValue;
5       void OnGUI(){                                  //重写 OnGUI 方法
6           hSbarValue = GUI.HorizontalScrollbar(new Rect(Screen.width/10, Screen.height/10,
7               Screen.width/3,Screen.height/10), hSbarValue, 1.0F, 0.0F, 10.0F);
                                                       //绘制一个水平滚动条
8   }}
```

> **说明** HorizontalScrollbar 控件的效果与 HorizontalSlider 控件的大同小异。HorizontalScrollbar 控件的返回值类型也为 float 类型,返回的是滚动块当前的值。滚动块的滚动方向是根据左右两边值的大小决定的,从小值到大值。用户只能在最小值和最大值之间拖动滑块。

将脚本挂载到摄像机上,单击 Unity 集成开发环境中的"运行"按钮,本示例运行后创建了一个水平滚动条。

15. VerticalScrollbar 控件

VerticalScrollbar 控件用于绘制垂直滚动条,由开发人员设置阈值。

(1) 使用控件前应该先掌握该控件的方法声明,一般情况下采用的是静态方法,具体如下。

```
1   public static float VerticalSlider(Rect position, float value, float topValue,
        float bottomValue);
2   public static float VerticalSlider(Rect position, float value, float topValue,
        float bottomValue, GUIStyle slider, GUIStyle thumb);
```

> **说明** 上述方法声明中的参数如表 4-17 所示。

表 4-17　VerticalScrollbar 控件方法声明的参数列表

参数名	描述	参数名	描述
position	滚动条在屏幕上矩形的位置	value	滚动条的值，用来确定可滚动滚动块的位置
topValue	滚动条最顶部的值	Slider	可滚动区域的 GUI 样式
bottomValue	滚动条最底部的值	Thumb	可滚动滑块的 GUI 样式

（2）熟悉了方法声明后就可以使用 VerticalScrollbar 控件在屏幕上创建垂直滚动条了，示例代码片段如下。

代码位置：随书资源中的源代码/第 4 章/GUI/Assert/C#/GUIVerSlider.cs。

```
1    using UnityEngine;
2    using System.Collections;
3    public class GUIVerSlider : MonoBehaviour {
4        public float vSliderValue = 0.0F;
5        void OnGUI(){                                                            //重写 OnGUI 方法
6            vSliderValue = GUI.VerticalSlider(new Rect(Screen.width/10,Screen.height/10,
7                Screen.width/10, Screen.height/3), vSliderValue, 10.0F, 0.0F);//绘制一个垂直滚动条
8    }}
```

> **说明**　VerticalScrollbar 控件的效果与 VerticalSlider 控件的大同小异。VerticalScrollbar 控件的返回值类型也为 float 类型，返回的是滚动块当前的值。滚动块的滚动方向是根据上下两边值的大小决定的，从小值到大值。用户只能在最小值和最大值之间拖动滚动块。

将脚本挂载到摄像机上，单击 Unity 集成开发环境中的"运行"按钮，本示例运行后创建了一个垂直滚动条。

16. Window 控件

Window 控件用于创建窗口。窗口中可以放置其他控件，用户可以对窗口中的控件进行操作。

（1）使用控件前应该先掌握该控件的方法声明，一般情况下采用的是静态方法，具体如下。

```
1    public static Rect Window(int id, Rect clientRect, GUI.WindowFunction func,
         string text);
2    public static Rect Window(int id, Rect clientRect, GUI.WindowFunction func,
         Texture image);
3    public static Rect Window(int id, Rect clientRect, GUI.WindowFunction func,
         GUIContent content);
4    public static Rect Window(int id, Rect clientRect, GUI.WindowFunction func,
         string text, GUIStyle style);
5    public static Rect Window(int id, Rect clientRect, GUI.WindowFunction func,
         Texture image, GUIStyle style);
6    public static Rect Window(int id, Rect clientRect, GUI.WindowFunction func,
         GUIContent title, GUIStyle style);
```

> **说明**　上述方法声明中的参数如表 4-18 所示。

表 4-18　Window 控件方法声明的参数列表

参数名	描述	参数名	描述
id	用于标记每一个窗口的唯一 id	func	在创建窗口时创建的方法，必须要将该窗口的 id 传入方法
clientRect	窗口在屏幕上矩形的位置	text	窗口的标题上显示的文本
style	窗口应用的 GUI 样式	image	窗口的标题上显示的纹理图片
content	窗口的提示信息	—	—

（2）熟悉了方法声明后就可以使用 Window 控件在屏幕上创建窗口了，示例代码片段如下。

代码位置：随书资源中的源代码/第 4 章/GUI/Assert/C#/GUIWindow1.cs。

```
1    using UnityEngine;
2    using System.Collections;
3    public class GUIWindow1 : MonoBehaviour {
4    public Rect windowRect = new Rect(20, 20, 120, 50);//声明窗口的矩形区域 windowRect
5        void OnGUI(){                                    //重写 OnGUI 方法
6            windowRect = GUI.Window(0, windowRect, DoMyWindow, "My Window");
                                                          //在指定区域内绘制一个窗口
7        }
8        void DoMyWindow(int windowID){         //声明 DoMyWindow 方法，用于创建一个按钮
9            if (GUI.Button(new Rect(10, 20, 100, 20), "Hello World"))
                                                //创建一个按钮，并判断按钮是否被按下
10               print("Got a click");           //若按钮被按下，则输出提示信息
11   }}
```

> **说明** Window 控件的返回值为 Rect 类型，表示窗口所在的矩形。在使用 Window 控件时必须创建一个方法将其他 GUI 控件放入 Window 控件所创建的窗口中。示例中的 DoMyWindow 方法的作用就是在窗口中放入一个 Button 控件。

将脚本挂载到摄像机上，单击 Unity 集成开发环境中的"运行"按钮，本示例运行后创建了一个包含按钮的窗口，如图 4-17 所示。

（3）需要创建多个窗口的时候，只要不同的窗口都拥有唯一的 id，就可以共用同一个方法来放入别的 GUI 控件。示例代码片段如下。

▲图 4-17 Window 控件的创建效果

代码位置：随书资源中的源代码/第 4 章/GUI/Assert/C#/GUIWindow2.cs。

```
1    using UnityEngine;
2    using System.Collections;
3    public class GUIWindow2 : MonoBehaviour {
4    public Rect windowRect0 = new Rect(20, 20, 120, 50);   //声明窗口的矩形区域 windowRect0
5    public Rect windowRect1 = new Rect(20, 100, 120, 50);  //声明窗口的矩形区域 windowRect1
6        void OnGUI(){                                      //重写 OnGUI 方法
7            windowRect0 = GUI.Window(0, windowRect0, DoMyWindow, "My Window");
8            windowRect1 = GUI.Window(1, windowRect1, DoMyWindow, "My Window");
9        }
10       void DoMyWindow(int windowID){        //声明 DoMyWindow 方法，用于放置一个按钮
11           if (GUI.Button(new Rect(10, 20, 100, 20), "Hello World"))
                                                //创建一个按钮，并判断按钮是否被按下
12               print("Got a click in window " + windowID); //若按钮被按下，输出相关提示信息
13   }}
```

（4）如果需要清除窗口，只需要停止调用 OnGUI 方法取消 Window 控件的绘制即可清除窗口。示例代码片段如下。

代码位置：随书资源中的源代码/第 4 章/GUI/Assert/C#/GUIWindow3.cs。

```
1    using UnityEngine;
2    using System.Collections;
3    public class GUIWindow3 : MonoBehaviour {
4    public bool doWindow0 = true;        //设置初始值为 true 的 bool 类型变量 doWindow0
5        void DoWindow0(int windowID){    //声明 DoWindow0 方法，用于绘制一个按钮
6            GUI.Button(new Rect(10, 30, 80, 20), "Click Me!");//绘制一个名为 Click Me! 的按钮
7        }
8        void OnGUI(){                                //重写 OnGUI 方法
9            doWindow0 = GUI.Toggle(new Rect(10, 10, 100, 20), doWindow0, "Window 0");//绘制开关
10           if(doWindow0)                 //对 doWindow0 变量进行判断，以判断是否绘制窗口
11               GUI.Window(0, new Rect(110, 10, 200, 60), DoWindow0, "Basic Window");
     //绘制指定的窗口
12   }}
```

将脚本挂载到摄像机上,单击 Unity 集成开发环境中的"运行"按钮,本示例运行后使用一个开关控制窗口的显示,如图 4-18 和图 4-19 所示。

 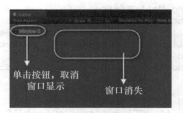

▲图 4-18　打开开关,显示窗口　　　　　　▲图 4-19　关闭开关,窗口消失

4.1.3　图形用户界面中的常用方法

除了 GUI 变量和 GUI 控件,还有一些常用的控制方法需要开发人员掌握。这些方法有的可以设置下一个控件的名称,有的可以获取当前焦点所在的控件的名称,有的可以创建滚动视图,等等。在开发中灵活地使用这些方法可以使用户界面变得更加精美。具体的方法信息如表 4-19 所示。

表 4-19　　　　　　　　　　　　图形用户界面中的常用方法

方法名	描述	方法名	描述
SetNextControlName	设置接下来注册的控件的名称	GetNameOfFocusedControl	获取当前焦点所在的控件的名称
FocusControl	移动焦点到指定的控件	BeginScrollView	滚动视图的起点
EndScrollView	滚动视图的终点	ScrollTo	滚动至滚动视图的某一位置
DragWindow	使窗口变得可拖动	BringWindowToFront	使特定窗口移至最上方
BringWindowToBack	使特定窗口移至最下方	FocusWindow	使特定窗口获得焦点
UnfocusWindow	使特定窗口失去焦点	BeginGroup	控件组的起点
EndGroup	控件组的终点	—	—

1. SetNextControlName 方法和 GetNameOfFocusedControl 方法

(1) SetNextControlName 方法用于给接下来注册的控件设置名称,其声明一般采用静态方法,具体的方法声明如下。

```
1    public static void SetNextControlName(string name);
```

> **说明**　　此方法的参数 name 表示设置的控件名称。

(2) GetNameOfFocusedControl 方法用于获取当前焦点所在的控件的名称,其声明一般采用静态方法,具体的方法声明如下。

```
1    public static string GetNameOfFocusedControl();
```

> **说明**　　此方法无参数,其返回值类型为 string 类型,被返回的是当前焦点所在的控件的名称。

(3) 将这两种方法配合使用就可以使用当前焦点所在的控件的名称来执行各种操作了。示例代码片段如下。

4.1 图形用户界面

代码位置：随书资源中的源代码/第 4 章/GUI/Assert/C#/GUISName.cs。

```
1   using UnityEngine;
2   using System.Collections;
3   public class GUISName : MonoBehaviour {
4   void OnGUI(){                                          //重写 OnGUI 方法
5       GUI.SetNextControlName("Amy");                     //设置接下来创建的控件的名称为 Amy
6       GUI.TextArea(new Rect(Screen.width / 10,Screen.height / 10,
7           Screen.width / 3,Screen.height / 10), "Amy");
8       if( GUI.GetNameOfFocusedControl() == "Amy")        //判断获取的当前控件的名称是否为 Amy
9           Debug.Log("Amy!");                             //输出结果
10      GUI.SetNextControlName("Bob");                     //设置接下来创建的控件的名称为 Bob
11      GUI.TextArea(new Rect(Screen.width / 10, Screen.height / 5,
12          Screen.width / 3, Screen.height / 10), "Bob");
13      if(GUI.GetNameOfFocusedControl() == "Bob")         //判断获取的当前控件的名称是否为 Bob
14          Debug.Log("Bob!");                             //输出结果
15  }}
```

将脚本挂载到摄像机上，单击 Unity 集成开发环境中的"运行"按钮，本示例创建了两个多行文本编辑框用于在获得焦点时输出相应的信息。

2. FocusControl 方法

（1）FocusControl 方法用于控制键盘焦点所在的位置。其声明通常采用静态方法，具体的方法声明如下。

```
1   public static void FocusControl(string name);
```

> **说明**：此方法中的参数 name 表示焦点所要移动到的控件的名称。

（2）使用 FocusControl 方法，可以使焦点移动至需要的控件上，示例的代码片段如下。

代码位置：随书资源中的源代码/第 4 章/GUI/Assert/C#/GUIFControl.cs。

```
1   using UnityEngine;
2   using System.Collections;
3   public class GUIFControl : MonoBehaviour {
4   public string username = "username";                   //声明内容为 username 的字符串 username
5   public string pwd = "a pwd";                           //声明内容为 a pwd 的字符串 pwd
6   void OnGUI(){                                          //重写 OnGUI 方法
7       GUI.SetNextControlName("MyTextField");//设置接下来创建的控件的名称为 MyTextField
8       username = GUI.TextField(new Rect(Screen.width / 10,Screen.height/ 10,
                                                           //绘制一个单行文本编辑框
9           Screen.width /3,Screen.height/ 10), username);
10      pwd = GUI.TextField(new Rect(Screen.width / 10,Screen.height / 4,
11          Screen.width /3, Screen.height/ 10), pwd);     //绘制一个单行文本编辑框
12      if(GUI.Button(new Rect(Screen.width/ 10,Screen.height *2/ 5,
13          Screen.width  /6, Screen.height /10), "Move Focus"))
14      GUI.FocusControl("MyTextField");                   //绘制一个名为 Move Focus 的按钮
15  }}
```

将编写好的脚本挂载到摄像机上，单击 Untiy 集成开发环境中的"运行"按钮，预览面板中就会显示控件组效果，如图 4-20 所示。本示例通过单击按钮使第一个单行文本编辑框获得焦点。

3. BeginGroup 方法和 EndGroup 方法

（1）BeginGroup 方法和 EndGroup 方法用于在屏幕上创建一个控件组。当开发中需要移动一批 GUI 元素时，使用控件组批量移动元素会非常方便。BeginGroup 方法作为控件组起点，EndGroup 方法作为控件组终点。两个方法具体的声明如下。

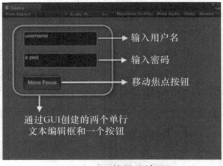

▲图 4-20 控件组效果

❑ BeginGroup 方法。

```
1    public static void BeginGroup(Rect position);
2    public static void BeginGroup(Rect position, string text);
3    public static void BeginGroup(Rect position, GUIStyle style);
4    public static void BeginGroup(Rect position, Texture image);
5    public static void BeginGroup(Rect position, GUIContent content);
6    public static void BeginGroup(Rect position, string text, GUIStyle style);
7    public static void BeginGroup(Rect position, Texture image, GUIStyle style);
8    public static void BeginGroup(Rect position, GUIContent content, GUIStyle style);
```

说明 上述方法声明中的参数如表 4-20 所示。

表 4-20　　　　　　　　　　　BeginGroup 方法的参数列表

参数名	描述	参数名	描述
position	控件组在屏幕上矩形的位置	text	控件组显示的文本
image	控件组显示的纹理图片	content	控件组的提示信息
style	控件组应用的 GUI 样式	—	—

❑ EndGroup 方法。

```
1    public static void EndGroup();
```

说明 此方法无参数，用于结束一个组。

（2）使用 BeginGroup 方法和 EndGroup 方法，可以创建用来放入控件的控件组，示例代码片段如下。

代码位置：随书资源中的源代码/第 4 章/GUI/Assert/C#/GUIBgEdGroup.cs。

```
1    using UnityEngine;
2    using System.Collections;
3    public class GUIBgEdGroup : MonoBehaviour {
4    void OnGUI(){                                              //重写 OnGUI 方法
5    GUI.BeginGroup(new Rect(Screen.width / 2 - 200,
6        Screen.height / 2 - 100, 400, 200));                   //在屏幕自定义区域内创建一个组
7    GUI.Box(new Rect(0, 0, 400, 200),
8        "This box is now centered! - here you would put your main menu");
                                                                //在自定义区域内创建一个 Box 控件
9    GUI.EndGroup();                                            //结束这个组
10   }}
```

说明 在创建组时，放入其中的 GUI 控件的坐标系统以控件组的左上角为原点(0,0)，所有放入的控件被限制到该组范围内。组也可以嵌套，子组将依附于父组。

将脚本挂载到摄像机上，单击 Unity 集成开发环境中的"运行"按钮，本示例运行后创建了一个包含 Box 控件的控件组。

4. BeginScrollView 方法和 EndScrollView 方法

（1）BeginScrollView 方法和 EndScrollView 方法用于在屏幕上创建一个滚动视图。具体的使用方法与创建控件组类似。BeginScrollView 方法作为滚动视图的起点，EndScrollView 方法作为滚动视图的终点。两个方法的具体声明如下。

❑ BeginScrollView 方法。

```
1    public static Vector2 BeginScrollView(Rect position, Vector2 scrollPosition,
         Rect viewRect);
2    public static Vector2 BeginScrollView(Rect position, Vector2 scrollPosition,
         Rect viewRect, bool alwaysShowHorizontal, bool alwaysShowVertical);
```

```
3    public static Vector2 BeginScrollView(Rect position, Vector2 scrollPosition,
         Rect viewRect, GUIStyle horizontalScrollbar, GUIStyle verticalScrollbar);
4    public static Vector2 BeginScrollView(Rect position, Vector2 scrollPosition,
         Rect viewRect, bool alwaysShowHorizontal, bool alwaysShowVertical,
         GUIStyle horizontalScrollbar, GUIStyle verticalScrollbar);
```

> 说明 上述方法声明中的参数如表4-21所示。

表 4-21　BeginScrollView 方法的参数列表

参数名	描述	参数名	描述
viewRect	滚动视图内容所使用的矩形	horizontalScrollbar	用于水平滚动条的可选 GUI 样式
alwaysShowHorizontal	是否总是显示水平滚动条	verticalScrollbar	用于垂直滚动条的可选 GUI 样式
alwaysShowVertical	是否总是显示垂直滚动条	position	滚动视图在屏幕上矩形的位置
scrollPosition	显示滚动条的位置	—	—

❑ EndScrollView 方法。

```
1    public static void EndScrollView();
```

> 说明 此方法无参数，主要用于结束一个滚动视图。

（2）使用 BeginScrollView 方法和 EndScrollView 方法，可以创建一个滚动视图，示例代码片段如下。

代码位置：随书资源中的源代码/第 4 章/GUI/Assert/C#/GUIBgEdView.cs。

```
1    using UnityEngine;
2    using System.Collections;
3    public class GUIBgEdView : MonoBehaviour {
4        public Vector2 scrollPosition = Vector2.zero;//声明初始值为(0,0)的坐标scrollPosition
5        void OnGUI(){                                //重写 OnGUI 方法
6            scrollPosition = GUI.BeginScrollView(    //在屏幕的自定义区域内创建一个滚动视图
7                new Rect(Screen.width/10,Screen.height/10,Screen.width/4,Screen.height/3),
8                    scrollPosition, new Rect(0, 0,Screen.width /2, Screen.height/2));
9        GUI.Button(new Rect(0, 0, 100, 20), "Top-left");//在屏幕自定义区域内分别创建 4 个按钮
10       GUI.Button(new Rect(120, 0, 100, 20), "Top-right");
11       GUI.Button(new Rect(0, 120, 100, 20), "Bottom-left");
12       GUI.Button(new Rect(120, 120, 100, 20), "Bottom-right");
13       GUI.EndScrollView();                          //结束滚动视图
14   }}
```

将脚本挂载到摄像机上，单击 Unity 集成开发环境中的"运行"按钮，运行效果如图 4-21 所示。

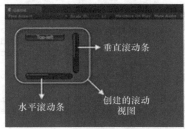

▲图 4-21　滚动视图效果

5. ScrollTo 方法

（1）ScroollTo 方法的作用是滚动 ScrollViews 到 position 指定的位置，通俗来说就是把内容滚动到指定的坐标。其声明通常采用静态方法，具体如下。

```
1    public static void ScrollTo(Rect position);
```

> 说明 上述方法声明中的参数 position 表示在屏幕上滚动到的位置。

（2）使用 ScrollTo 方法的示例代码片段如下。

代码位置：随书资源中的源代码/第 4 章/GUI/Assert/C#/GUIScrollTo.cs。

```
1    using UnityEngine;
2    using System.Collections;
3    public class GUIScrollTo : MonoBehaviour {
4      public Vector2 scrollPos = Vector2.zero;     //声明初始值为(0,0)的坐标 scrollPos
5      void OnGUI(){                                //重写 OnGUI 方法
6        scrollPos = GUI.BeginScrollView(          //在屏幕指定区域内创建一个自定义滚动区域
7          new Rect(Screen.width/10,Screen.height/ 10, Screen.width/5, Screen.height/4),
8          scrollPos, new Rect(0, 0, Screen.width/2,Screen.height/ 10));
9        if(GUI.Button(newRect(0,0,Screen.width/5,Screen.height/10),"GoRight"))
10         GUI.ScrollTo(new Rect(Screen.width / 4, 0, Screen.width / 4, Screen.height / 10));
11       if (GUI.Button(new Rect(Screen.width/4, 0, Screen.width/5, Screen.height/10),
    "GoLeft"))
12         GUI.ScrollTo(new Rect(0, 0, Screen.width/5, Screen.height/10));
13       GUI.EndScrollView();                      //撤销滚动视图
14   }}
```

❑ 第 6~8 行创建了一个自定义的滚动视图。

❑ 第 9~12 行分别创建了 GoRight 和 GoLeft 两个按钮。GoRight 按钮位于滚动条的最左侧，GoLeft 按钮位于滚动条的最右侧。

> **说明** 单击 GoRight 按钮时，ScrollTo 方法将滚动视图滚动至最右侧，使 GoLeft 按钮显示出来。同理，GoLeft 按钮的监听方法是将滚动视图滚动至最左侧，使 GoRight 按钮显示出来。

将脚本挂载到摄像机上，单击 Unity 集成开发环境中的"运行"按钮，本示例运行后创建了一个包含两个按钮的滚动视图。

6．DragWindow 方法

（1）DragWindow 方法用于使一个窗口变得可以拖动，并且可以为窗口设置可拖动的区域。其声明通常采用静态方法，具体的方法声明如下。

```
1    public static void DragWindow();
2    public static void DragWindow(Rect position);
```

> **说明** 上述方法声明中的参数 position 表示窗口能拖动的范围。

（2）使用 DragWindow 方法的示例代码片段如下。

代码位置：随书资源中的源代码/第 4 章/GUI/Assert/C#/GUIDgWindow.cs。

```
1    using UnityEngine;
2    using System.Collections;
3    public class GUIDgWindow : MonoBehaviour {
4      public Rect windowRect = new Rect(20,20,120,50);  //声明窗口的矩形区域 windowRect
5      void OnGUI(){                                     //重写 OnGUI 方法
6        windowRect = GUI.Window(0, windowRect, DoMyWindow, "My Window");//绘制窗口
7      }
8      void DoMyWindow(int windowID){        //声明 DoMyWindow 方法，用于创建可拖动窗口
9        GUI.DragWindow(new Rect(0, 0, 10000, 20));  //在自定义区域内绘制可拖动窗口
10   }}
```

> **说明** DragWindow 方法可以设置窗口的可拖动范围，如果想使窗口可以自由拖动，则需要使用无参数版本的 DragWindow 方法，然后将其放在窗口方法的末尾。这么做的意义是使拖动优先于对其他控件的操作，拖动将仅在没有别的鼠标指针焦点时才被激活。

将脚本挂载到摄像机上，单击 Unity 集成开发环境中的"运行"按钮，本示例创建了一个可以拖动的窗口，如图 4-22 所示。

7. BringWindowToFront 方法

（1）BringWindowToFront 方法用于将当前窗口移至最上方显示。其声明通常采用静态方法，具体的方法声明如下。

▲图 4-22 创建的可拖动窗口

```
1    public static void BringWindowToFront(int windowID);
```

> **说明** 上述方法声明中的参数 windowID 表示在窗口调用时使用的窗口的 ID。

（2）使用 BringWindowToFront 方法的示例代码片段如下。

代码位置：随书资源中的源代码/第 4 章/GUI/Assert/C#/GUIBwtFront.cs。

```
1    using UnityEngine;
2    using System.Collections;
3    public class GUIBwtFront : MonoBehaviour{
4        private Rect windowRect = new Rect(20, 20, 120, 50);//声明窗口的矩形区域windowRect
5        private Rect windowRect2 = new Rect(80, 20, 120, 50);//声明窗口的矩形区域windowRect2
6        private Rect windowRect3 = new Rect(140, 20, 120, 50);
7        voidOnGUI(){
8            windowRect = GUI.Window(0, windowRect, DoMyFirstWindow, "First");//绘制第一个窗口
9            windowRect2 = GUI.Window(1, windowRect2, DoMySecondWindow, "Second");
10       }
11   void DoMyFirstWindow(int windowID){         //声明 DoMyFirstWindow 方法
12       if(GUI.Button(new Rect(10, 20, 100, 20), "Bring to front0"))
                                               //绘制一个按钮，并判断其是否被按下
13           GUI.BringWindowToFront(0); //调用BringWondowToFront方法，并将ID为0的窗口置于最上方
14           GUI.DragWindow(new Rect(0, 0, 10000, 20));  //绘制一个可拖动窗口
15       }
16   void DoMySecondWindow(int windowID){//声明 DoMySecondWindow 方法
17       if(GUI.Button(new Rect(10, 20, 100, 20), "Bring to front1"))
                                               //绘制一个按钮，并判断其是否被按下
18           GUI.BringWindowToFront(1);   //调用BringWindowToFront方法，将ID为1的窗口置于最上方
19       GUI.DragWindow(new Rect(0, 0, 10000, 20));
20   }}
```

将编写好的脚本挂载到摄像机上，单击 Untiy 集成开发环境中的"运行"按钮后，Game 窗口中就会显示相关效果。

8. BringWindowToBack 方法

（1）BringWindowToBack 方法用于将当前窗口移至最下方显示。其声明通常采用静态方法，具体的方法声明如下。

```
1     public static void BringWindowToBack(int windowID);
```

> **说明** 上述方法声明中的参数 windowID 表示在窗口调用时使用的窗口的 ID。

（2）使用 BringWindowToBack 方法的示例代码片段如下。

代码位置：随书资源中的源代码/第 4 章/GUI/Assert/C#/GUIBwtBack.cs。

```
1    using UnityEngine;
2    using System.Collections;
3    public class GUIBwtBack : MonoBehaviour {
4        private Rect windowRect = new Rect(20, 20, 120, 50);  //声明窗口的矩形区域windowRect
5        private Rect windowRect2 = new Rect(80, 20, 120, 50);//声明窗口的矩形区域windowRect2
6        void OnGUI(){                                          //重写 OnGUI 方法
7            windowRect = GUI.Window(0, windowRect, DoMyFirstWindow, "First");//绘制第一个窗口
8            windowRect2 = GUI.Window(1, windowRect2, DoMySecondWindow, "Second");
                                                               //绘制第二个窗口
9        }
```

```
10    void DoMyFirstWindow(int windowID){                    //声明 DoMyFirstWindow 方法
11        if(GUI.Button(new Rect(10, 20, 100, 20), "Put Back"))//绘制一个按钮，并判断其是否被按下
12            GUI.BringWindowToBack(0);  //调用 BringWindowToBack 方法,将 ID 为 0 的窗口置于最下方
13        GUI.DragWindow(new Rect(0, 0, 10000, 20));     //绘制一个可拖动窗口
14    }
15    void DoMySecondWindow(int windowID){                   //声明 DoMySecondWindow 方法
16        if(GUI.Button(new Rect(10, 20, 100, 20), "Put Back"))
                                                       //绘制一个按钮，并判断其是否被按下
17            GUI.BringWindowToBack(1);//调用 BringWindowToBack 方法,将 ID 为 1 的窗口置于最下方
18        GUI.DragWindow(new Rect(0, 0, 10000, 20));     //绘制一个可拖动窗口
19    }}
```

将编写好的脚本挂载到摄像机上，单击 Untiy 集成开发环境中的"运行"按钮后，Game 窗口中就会显示相关效果。

9. FocusWindow 方法

（1）FocusWindow 方法可以通过调用窗口的 ID 使指定窗口获得焦点。其声明通常采用静态方法，具体的方法声明如下。

```
1    public static void FocusWindow(int windowID);
```

> **说明** 上述方法声明中的参数 windowID 表示在窗口调用时使用的窗口的 ID。

（2）使用 FocusWindow 方法的示例代码片段如下。

代码位置：随书资源中的源代码/第 4 章/GUI/Assert/C#/GUIFcWindow.cs。

```
1    using UnityEngine;
2    using System.Collections;
3    public class GUIFcWindow : MonoBehaviour {
4        private Rect windowRect = new Rect(20, 20, 120, 50);//声明窗口的矩形区域 windowRect
5        private Rect windowRect2 = new Rect(20, 80, 120, 50);//声明窗口的矩形区域 windowRect2
6        void OnGUI(){                                       //重写 OnGUI 方法
7            windowRect = GUI.Window(0, windowRect, DoMyFirstWindow, "First");//绘制第一个窗口
8            windowRect2 = GUI.Window(1, windowRect2, DoMySecondWindow, "Second");
                                                            //绘制第二个窗口
9        }
10    void DoMyFirstWindow(int windowID){                    //声明 DoMyFirstWindow 方法
11        if (GUI.Button(new Rect(10, 20, 100, 20), "Focus other"))
                                                       //绘制一个按钮，并判断其是否被按下
12            GUI.FocusWindow(1);       //调用 FocusWindow 方法,并将 ID 为 1 的窗口设置为焦点窗口
13        }
14    void DoMySecondWindow(int windowID){                   //声明 DoMySecondWindow 方法
15        if (GUI.Button(new Rect(10, 20, 100, 20), "Focus other"))
                                                       //绘制一个按钮，并判断其是否被按下
16            GUI.FocusWindow(0);       //调用 FoucsWindow 方法,并将 ID 为 0 的窗口设置为焦点窗口
17    }}
```

将编写好的脚本挂载到摄像机上，单击 Untiy 集成开发环境中的"运行"按钮后，Game 窗口中就会显示相关效果。本示例创建了两个包含按钮的窗口，单击按钮时焦点会移至另一个窗口。

10. UnfocusWindow 方法

（1）UnfocusWindow 方法可以通过调用窗口的 ID 使窗口失去焦点。其声明通常采用静态方法，具体的方法声明如下。

```
1    public static void UnfocusWindow();
```

（2）使用 UnfocusWindow 方法的示例代码片段如下。

代码位置：随书资源中的源代码/第 4 章/GUI/Assert/C#/GUIDgWindow.cs。

```
1    using UnityEngine;
2    using System.Collections;
3    public class GUIDgWindow : MonoBehaviour {
4        public Rect windowRect = new Rect(20,20,120,50);   //声明窗口的矩形区域 windowRect
5        void OnGUI(){                                       //重写 OnGUI 方法
6            windowRect = GUI.Window(0, windowRect, DoMyWindow, "My Window");//绘制一个窗口
```

```
7    }
8    void DoMyWindow(int windowID){        //声明 DoMyWindow 方法,用于创建一个可拖动窗口
9        GUI.DragWindow(new Rect(0, 0, 10000, 20));    //在自定义区域绘制一个可拖动窗口
10       if (GUI.Button(new Rect(10, 20, 100, 20), "UnFocus"))
11           GUI.UnfocusWindow();
12   }}
```

将编写好的脚本挂载到摄像机上,单击 Untiy 集成开发环境中的 "运行" 按钮后,Game 窗口中就会显示相关效果。本示例创建了一个包含按钮的窗口,单击按钮时该窗口会失去焦点。

4.1.4 图形用户界面控件综合案例

学习完图形用户界面的相关知识后,读者应该对图形用户界面内的控件、控制变量和控制方法都有了一定的了解。

接下来就要使用这些图形用户界面元素来搭建一个相册界面。案例中将含有一些按钮、纹理图片和窗口,通过对这些控件的合理搭配搭建出一个较为美观的相册界面。下面就对相册案例的制作过程进行详细的介绍,具体的制作步骤如下。

(1) 准备相册所需的资源。既然要搭建一个相册界面,就避免不了准备照片、按钮纹理贴图和相册标题贴图,表 4-22 所示是这些资源的具体信息。

表 4-22　　　　　　　　　　相册案例所需资源的详细信息

图片名	文件大小(KB)	尺寸(px×px)	用途
1.jpg	170	512×512	示例图片 1
2.jpg	170	512×512	示例图片 2
3.jpg	170	512×512	示例图片 3
4.jpg	170	512×512	示例图片 4
5.jpg	170	512×512	示例图片 5
album.png	85	256×128	相册标题纹理贴图
ok.png	85	256×128	"确定"按钮纹理贴图
return.png	85	256×128	"返回"按钮纹理贴图
bg.jpg	341	1024×512	背景图片

(2) 将准备好的资源导入 Unity 集成开发环境。单击桌面上的 Unity 快捷方式图标进入 Unity 集成开发环境,在开发环境中单击 File→New Scene 新建一个场景,单击 Assets→Import New Asset 弹出 Import New Asset 对话框,在其中选择需要导入的资源。

(3) 编写脚本,实现具体的图形用户界面的搭建。单击 Assets→Create→C# Script,在 Project 面板中创建一个 C#脚本。在此将脚本的名称改为 AlbumScript,双击这个脚本进行编辑。在脚本编辑器中编写此相册的脚本,代码片段如下所示。

代码位置:随书资源中的源代码/第 4 章/GUI/Assert/C#/AlbumScript.cs。

```
1    using UnityEngine;
2    using System.Collections;
3    public class AlbumScript : MonoBehaviour {
4        public Texture BackgroundTex;              //声明背景纹理图片
5        public Texture Texture1;                   //声明示例图片 1
6        public Texture[] Scene;                    //声明示例图片数组
7        int i = 1;                                 //声明示例图片数组索引
8        public GUIStyle MyStyle;                   //声明 GUIStyle
9        ...//此处省略一些变量声明的代码,有兴趣的读者可以自行翻看随书资源中的源代码
10       void Update() {                            //声明 Update 方法
11           if(Application.platform == RuntimePlatform.Android) {//判断运行平台是否为 Android
```

```
12         if(Input.GetKeyUp(KeyCode.Home)) {          //判断按键是否为Android设备的Home键
13             Application.Quit();                      //若是Home键，程序退出
14         }
15         if (Input.GetKeyUp(KeyCode.Escape)) {        //判断按键是否为Android设备的返回键
16             Application.Quit();                      //若是返回键，程序退出
17     }}}
18     void OnGUI(){                                    //重写OnGUI方法
19         float ratioScaleTempH = Screen.height / 960.0f; //声明屏幕自适应的纵向缩放比变量
20         float ratioScaleTempW = Screen.width / 540.0f;  //声明屏幕自适应的横向缩放比变量
21         Rect windowRect =new Rect(20*ratioScaleTempW,
22             250*ratioScaleTempH,500*ratioScaleTempW,550*ratioScaleTempH);
             //声明自定义矩形窗口，实现屏幕自适应
23         GUI.DrawTexture(new Rect(0,0,540*ratioScaleTempW,
24             960*ratioScaleTempW),BackgroundTex,ScaleMode.ScaleToFit,true,540.0f/960.0f);
             //绘制背景纹理图片，并实现屏幕自适应
25         GUI.DrawTexture(new Rect(170*ratioScaleTempW,
26             20*ratioScaleTempH,200*ratioScaleTempW,100*ratioScaleTempH),
27             AlbumTex,ScaleMode.ScaleToFit,true,200.0f/100.0f);
             //绘制相册标题纹理图片，并实现屏幕自适应
28         if (GUI.Button(new Rect(20 * ratioScaleTempW, 145 * ratioScaleTempH,
29         50 * ratioScaleTempW, 50 * ratioScaleTempH),LeftTexture,MyStyle)){
30             i--;                                    //示例图片数组索引自减
31             if(i < 0) {                             //若示例图片数组索引小于0
32                 i = 4;                              //将索引值设为4
33         }}
34         if(GUI.Button(new Rect(70 * ratioScaleTempW, 130 * ratioScaleTempH,
35             80 * ratioScaleTempW, 80 * ratioScaleTempH),Texture1, MyStyle)){
36             i = 0;                                  //设置示例图片数组的索引值为0
37         }
38         ...//此处省略一些按钮绘制的代码，有兴趣的读者可以自行翻看随书资源中的源代码
39         windowRect = GUI.Window(0,windowRect,DoMyWindow,"");       //绘制一个窗口
40     if(GUI.Button(new Rect(70 * ratioScaleTempW, 830 * ratioScaleTempH,
41         100 * ratioScaleTempW, 50 * ratioScaleTempH),okTexture, MyStyle)) {
42         Debug.Log("显示的风景图片");                   //若被按下则输出提示信息
43     }
44     ...//此处省略一些按钮绘制的代码，有兴趣的读者可以自行翻看随书资源中的源代码
45     }}
46     void DoMyWindow(int windowID){//声明DoMyWindow方法
47         float ratioScaleTempH = Screen.height / 960.0f; //声明屏幕自适应的纵向缩放比变量
48         float ratioScaleTempW = Screen.width / 540.0f;  //声明屏幕自适应的横向缩放比变量
49         //在刚绘制的窗口内，自定义一个区域并绘制一个与示例图片数组索引项对应的示例图片
50         GUI.DrawTexture(new Rect(10 * ratioScaleTempW, 30 * ratioScaleTempH,
51             480 * ratioScaleTempW, 480 * ratioScaleTempH),Scene[i],
52         ScaleMode.ScaleToFit, true, 500.0f / 500.0f);
53     }}
```

> **说明** 需要注意的是，album、ok、return等图片资源的类型要设置为Sprite类型，如图4-23所示。

❑ 第1~8行声明了纹理图片、纹理图片数组、纹理图片索引和GUI风格样式等变量。可以在Inspector面板中查看各个参数上挂载的资源或取值。

❑ 第10~17行重写了Update方法，该方法的主要功能是判断运行平台是否是Android，如果是则对手机Home键和返回键进行监听，分别实现退出和返回功能。

❑ 第19~27行声明了屏幕自适应比例的变量、自定义的矩形窗口，绘制了纹理图片，并都实现了屏幕自适应。

❑ 第28~37行绘制了"左箭头"和"图片1"的纹理按钮，并添加了监听：点击"左箭头"按钮，示例图片会跳转至上一幅图片；点击"图片1"按钮，示例图片会跳转至第一幅图片。

❑ 第39~43行绘制了窗口和"确定"纹理按钮，并为其添加了监听，点击"确定"按钮就会输出当前图片的提示信息。

❑ 第49~53行在DoMyWindow方法中绘制了一幅与当前图片数字索引相对应的示例图。

4.2 UGUI 系统

（4）将编写好的脚本挂载到摄像机上，摄像机的 Inspector 面板中便会出现 AlbumScript 组件，在这个组件中将所需资源挂载到脚本声明的变量中。由于相册中共有 5 幅图片，AlbumScript 组件中的 Size 属性值应设置为 5，并将图片一一挂载。完成操作后，项目便可以正确运行，效果如图 4-24 所示。

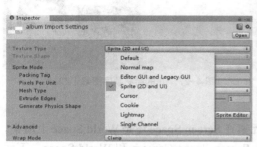
▲图 4-23　图片类型的设置

▲图 4-24　案例运行效果

4.2　UGUI 系统

本节将要介绍 Unity 4.6 新增的 UGUI 系统。旧版的 GUI 系统在使用时有很多不便，以至于在实际的游戏开发时开发人员一般都选用其他方式代替它。新版的 UGUI 系统相比旧版的 GUI 系统有了很大的提升，使用起来更加便捷，其界面也更加美观，下面将对 UGUI 系统进行详细的介绍。

4.2.1　UGUI 系统的基础知识

下面介绍一些 UGUI 系统的基础知识，以使读者对 UGUI 系统有一个初步的了解。

1．UI 元素的创建

先要了解如何创建 UGUI 控件。在菜单栏中单击 GameObject→UI→Canvas 创建一个 Canvas（画布），再选中刚创建的 Canvas，单击 GameObject→UI→Image 分别创建两个 Image 控件。创建效果如图 4-25 所示。

2．Canvas

之前创建好的 Canvas 是 UGUI 系统的一个重要组成部分。Canvas 是一个游戏对象，所有的 UI 元素都必须是 Canvas 的子对象。若场景中没有 Canvas，那么当创建一个新的 UI 元素时 Unity 会自动生成一个 Canvas 游戏对象。对于 Canvas 需要了解的内容如下。

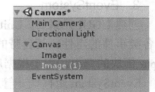
▲图 4-25　创建的两个 Image 控件

（1）UI 元素的绘制顺序

UI 元素在 Canvas 里的绘制顺序和它们在 Hierarchy 面板中的排序是一致的，即第一个子对象最先绘制，然后是第二个子对象，以此类推。如果两个 UI 元素有重叠部分，那么之后绘制的元素会挡在先绘制的元素上面。可以参考图 4-26 和图 4-27 理解。

> 💡 说明　　将之前创建的两个 Image 控件分别命名为 A、B，再将纹理图片挂载到 Image 控件上。需要注意的是，挂载图片前应先将图片类型改为 Sprite 类型。

▲图 4-26 UI 的绘制顺序图解（1）

▲图 4-27 UI 的绘制顺序图解（2）

（2）Render Modes 渲染模式

在 Canvas 中还可以通过设置渲染模式来确定 UI 元素在 Screen Space 还是 World Space 上渲染。Unity 支持的渲染模式有 3 种：Screen Space-Overlay、Screen Space-Camera 和 World Space。下面将详细介绍。

① Screen Space-Overlay。

该渲染模式是默认的渲染模式。在该渲染模式下，所有的 UI 元素都渲染在场景中的顶层。如果计算机屏幕尺寸或者分辨率发生变化，Canvas 也会自动和变化后的尺寸相适应。如果需要在 UI 元素上绘制 3D 模型，此渲染模式是不能做到的。

② Screen Space-Camera。

这个渲染模式和 Screen Space-Overlay 类似。在该渲染模式下，Canvas 游戏对象被放置在预先设置好的摄像机的特定距离外。使用该渲染模式时应该创建一个摄像机并将其指定给 Canvas 组件下的 Render Camera。改变该摄像机的设置，UI 元素的显示效果也会跟着改变。

③ World Space。

这种渲染方式使得 Canvas 更像一个游戏对象，开发人员可以手动改变其 RectTransform 组件从而更改其大小与旋转。在渲染时，UI 元素会根据它们在 3D 场景中的位置被渲染在其他游戏对象之前或之后，从而成为游戏视图的一个组成部分。在制作动态效果较多的界面时使用该渲染模式比较合适。

3. EventSystem

创建 UGUI 元素后，Unity 会创建一个名为 EventSystem 的游戏对象，其挂载了一系列用于控制各类事件的组件。其自带的 Input Module 组件用于响应标准输入。在 Input Module 中封装了对 Input 模块的调用，用于根据用户操作触发对应的 Event Trigger 事件。

EventSystem 组件统一管理 Input Module 和各种 Raycaster。该组件每帧调用多个 Input Module 处理用户的操作，同时还调用多个 Raycaster 用于获取用户单击到的 UGUI 控件或 2D、3D 物体。

> 说明　EventSystem 是 Unity 中的事件管理系统。UGUI 中控件的事件监听等方法的实现将在后文进行介绍，本节读者只需要了解 EventSystem 是一种将基于输入的事件发送到应用程序的对象，包括键盘、鼠标或自定义输入。

4. RectTransform 组件

每个 Canvas 控件都会有一个 RectTransform 组件。该组件继承自 Transform，用于控制 UI 元素的 Transform 信息。向 Empty Object（空对象）添加 UI Component 组件时，Transform 组件会自动变为 RectTransform。RectTransform 组件的参数如表 4-23 所示。

表 4-23　　　　　　　　　　　　　RectTransform 组件的参数

参数名	含义	参数名	含义
PosX、PosY、PosZ	UI 元素的位置	Width、Height	UI 元素的宽度和高度
Anchors	相对于父对象的锚点	Pivot	UI 元素的中心
Rotation	按轴旋转	Scale	按轴缩放

4.2.2　UGUI 控件

与 GUI 系统一样，UGUI 系统同样提供了许多功能强大的控件。与 GUI 控件不同的是，这些控件不只局限在 2D 空间里，它们也可以与 3D 游戏控件交互，从而呈现出更为华丽的界面。

1. Panel 控件

单击 GameObject→UI→Panel，在 Canvas 对象下创建一个 Panel 控件，该控件是覆盖屏幕的平面，可以显示 UI 的背景。其 Image 组件中的 Source Image 用于放置显示的 Sprite，Color 组件可以更改其颜色及透明度，Material 组件可以设置其材质。

> **说明**　Panel 控件在默认情况下会自动根据屏幕的尺寸来调整自身的大小，所以不用担心其屏幕自适应问题。对于其上挂载的 Image 组件将在后文介绍。

2. Button 控件

按钮是界面的重要组成元素之一。在菜单栏中单击 GameObject→UI→Button 就可以创建一个 Button 控件。创建出来的 Button 控件中包含一个 Text 子对象，用于控制 Button 上显示的文字，若不需要显示按钮上的文字，可以将该子对象删除。

（1）组件介绍

每个按钮都挂载了 Image 和 Button 组件，其中 Image 组件用于管理按钮的显示图片，Button 组件用于管理按钮被单击后的变化及监听。具体内容如下。

① Image 组件。

Button 控件上的 Image 组件和之前介绍的 Panel 控件上的 Image 组件没有任何区别，在 Source Image 中可以放上合适的 Sprite，Color 和 Material 组件可以设置图片的颜色和材质。

② Button 组件。

Button 控件上的 Button 组件实现了按钮的全部功能，包括被单击后的特效、单击的事件监听方法。

Button 组件中的 Transition 过渡选项定义了 4 种过渡模式，分别为 None、Color Tint、Sprite Swap、Animation。除了 None 以外的每种模式都有 4 个状态：Normal（正常状态）、Highlight（突出显示）、Pressed（按下状态）、Disable（禁用）。开发人员可以对每个状态的按钮过渡进行自定义。

（2）过渡模式介绍

接下来详细介绍上面提到的除 None 以外的过渡模式。

① Color Tint。

当使用该模式时，可以通过 Color 组件对按钮的 4 个状态进行设置，在对应的状态下按钮的颜色就会变为设置好的颜色，从而与正常状态区别开来。

② Sprite Swap。

该过渡模式为精灵换图，同样地，按钮有 4 个状态可以设置，用户可以为每个状态的按钮设置一个 Sprite 类型的图片，设置完毕后，当按钮处于对应状态时就会显示相应的图片。注意在各个状态中设置图片的时候，图片也应当是 Sprite 类型的。

③ Animation。

这个过渡模式是 UGUI 系统的特色，该功能使 UGUI 系统和 Unity 中的动画系统完美地结合，使用动画编辑器可以对不同状态下的按钮的位置、大小、旋转、图片等参数进行设置，功能非常全面。接下来介绍一个使用 Animation 过渡模式的例子。

❏ 单击 GameObject→UI→Button 创建一个按钮，将其 Button 组件中的 Transition 设置为 Animation。然后单击下方的 Auto Generate Animation 按钮，在弹出的对话框中找到合适的目录创建一个动画控制器。

❏ 创建好动画控制器后，单击 Window→Animation 打开 Animation 窗口，在 Animation 窗口中单击左上角的下拉列表框就可以选择想要编辑的按钮状态。

❏ 本示例想要达到的效果是单击按钮后按钮进行弹性缩放，所以将当前编辑的按钮状态选为 Pressed，然后单击下面的 Add Property 按钮；展开 Rect Transform，单击 Scale 右边的"+"按钮；操作如图 4-28 所示。

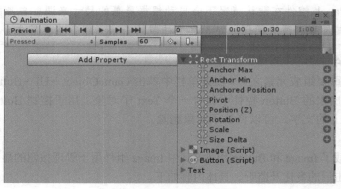

▲图 4-28　设置动画编辑器

❏ 单击 Animation 窗口下方的 Curves 按钮进入曲线编辑模式，在该模式下可以对按钮 Scale 中的 Scale.x、Scale.y、Scale.z 这 3 个参数进行设置。本示例的动画曲线如图 4-29 所示。

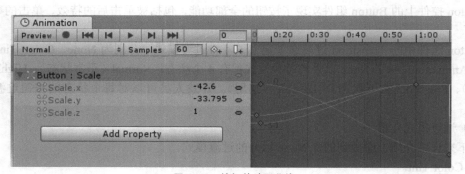

▲图 4-29　按钮的动画曲线

❏ 至此动画设置结束，关闭 Animation 窗口，运行场景，单击按钮时，按钮会进行弹性缩放。

（3）挂载监听

本部分将介绍如何给创建好的按钮挂载单击监听。当然，为按钮挂载单击监听的方法有很多，这里介绍的是通过 Button 组件中的 On Click() 事件参数添加按钮的单击监听，具体步骤如下。

❑ 在 Project 面板中右击，在弹出的快捷菜单中选择 Create→C# Script 创建一个 C#脚本，并将其命名为 UGUIOnClick.cs，然后将其挂载到 Canvas 游戏对象上。编辑脚本，此脚本的功能相当简单，声明一个返回类型为空的方法，加上输出信息即可，代码如下。

代码位置：随书资源中的源代码/第 4 章/UI/Assets/UGUIScript/UGUIOnClick.cs。

```
1    using UnityEngine;
2    using System.Collections;
3    public class UGUIOnClick : MonoBehaviour {
4        public void Onbt1Click(int index){
5            Debug.Log("This is bt"+index);
6    }}
```

> **说明** Onbt1Click 方法就是场景中的按钮单击事件监听方法。在 Unity 中将该方法添加到按钮的单击事件列表中后，单击按钮时就会自动回调该方法。

❑ 单击 Button 组件 On Click() 下方的 "+" 按钮，为监听列表添加一个事件，如图 4-30 所示。将挂载有 UGUIOnClick.cs 脚本的游戏对象 Canvas 拖到图 4-31 所示的选框中，展开有 NoFunction 字样的下拉列表框，选择 UGUIOnClick,Onbt1Click 选项即可。

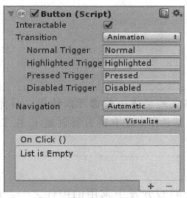
▲图 4-30　添加事件监听

▲图 4-31　指定事件监听方法

❑ 运行场景，单击按钮后就会在控制台中看到输出的 This is bt1 字样。在指定监听方法时还可以传递参数。修改上述代码，为 Onbt1Click 方法添加一个 int 类型的参数，然后保存。

> **说明** 在按钮的事件列表中为 Onbt1Click 设置参数，单击按钮，就会调用该方法，并且传入设置好的参数。本示例传入的参数的类型是 int 类型。

❑ 重新在 Button 组件的 OnClick() 列表中指定方法后，其下方会多出一个输入框，在其中输入对应的 int 类型参数即可。设置完毕后运行游戏场景，单击按钮就可以看到输出信息 This is bt5。

3. Text 控件

Text 控件的主要功能是在对应的区域内显示相应的文本。虽然在游戏中大部分文本为了美观需要使用 Image 来代替，但是 Text 控件依然可以在开发中提供许多便利。该控件包含的参数如表 4-24 所示。

表 4-24　　　　　　　　　　　Text 控件的参数

参数名	含义	参数名	含义
Text	显示的文本	Font Style	字体样式，包括加粗、斜体
Font	需要选用的字体	Font Size	字体大小
Line Spacing	行间距	Alignment	对齐方式
Rich Text	是否为多格式文本	Color	字体颜色
Material	字体材质	Vertical Overflow	垂直溢出方式
Alignment By Geometry	按几何对齐	Horizontal Overflow	水平溢出方式
Best Fit	最佳匹配方式（字体大小会根据内容多少和 Text 控件大小自动更改）	—	—

接下来给出一段代码，该段代码用于更改 Text 控件中的显示内容及字体颜色，将该段代码对应的脚本挂载到 Canvas 游戏对象上，并将新建的 Text 控件指定给脚本中对应的变量。

代码位置：随书资源中的源代码/第 4 章/UI/Assets/UGUIScript/UGUIText.cs。

```
1    using UnityEngine;
2    using System.Collections;
3    using UnityEngine.UI;
4    public class UGUIText : MonoBehaviour {
5        public Text tt;
6        void Start () {
7            tt.color = Color.red;
8            tt.text = "this is text";
9    }}
```

> **说明**　Unity 支持导入外部的字体包，TTF 格式的字体一般都可以使用。具体导入方法是将下载好的 TTF 文件放在 Assets/Font 目录下（没有请自行创建），在 Text 控件的 Font 参数中就可以找到导入的字体了。

4. Image 控件

Image 控件用于显示一个不可交互的 Sprite。作为游戏开发中常用的控件之一，Image 控件可以用于装饰界面、图标等。Image 控件所包含的参数如表 4-25 所示。

表 4-25　　　　　　　　　　　Image 控件的参数

参数名	含义	参数名	含义
Source Image	用于显示的图片素材	Color	图片的色调
Material	图片的材质	Raycast Target	是否遮挡射线事件

> **说明**　Image 控件中的 Source Image 用于显示 Sprite，所以当需要使用自己的图片时可以将其设置为 Sprite 格式。具体步骤为单击图片，在 Inspector 面板中将 Texture Type 设置为 Sprite（2D and UI），然后单击 Apply 按钮。

5. Raw Image 控件

Raw Image 控件用于显示一个不可交互的图像，这点与 Image 控件非常相似，区别在于 Image 控件只能显示 Sprite，而 Raw Image 控件可以显示任何类型的纹理。Raw Image 控件的参数如表 4-26 所示。

表 4-26　　　　　　　　　　　　Raw Image 控件的参数

参数名	含义	参数名	含义
Texture	用于显示的图片纹理	Color	图片的色调
Material	Raw Image 所使用的材质	Raycast Target	是否接受射线事件
UV Rect	图片在控件矩形中显示的偏移和大小	—	—

由于 Raw Image 控件不只局限于 Sprite，它可以显示从某个 URL 下载的图像或渲染纹理，也可以显示某个摄像机中的画面。下面介绍如何使用 Raw Image 控件呈现场景中的摄像机 Camera1 所拍摄的画面。

（1）在 Project 面板中右击，在弹出的快捷菜单中选择 Create→RenderTexture 创建一个渲染图片，并将其命名为 Camera1RT。在场景中创建一个名为 Camera1 的摄像机，并将 Camera 组件中的 Target Texture 设置为 Camera1RT。

（2）将 RawImage 控件的 Texture 设置为 Camera1RT。设置完毕后单击"运行"按钮运行该游戏场景。这时 RawImage 控件显示的就是 Camera1 拍摄到的画面。

6. Slider 控件

Slider 控件用于创建滑块，滑块滑动时，其属性值的大小也在发生改变。

Slider 的子对象中：Background 是滑块主题背景，其本身为一个 Image 控件；Fill Area 下的子对象 Fill 代表已经被选中的部分，它会随着滑块的滑动改变长度；Handle 子对象是玩家点击的滑块按钮。接下来介绍 Slider 控件的参数，如表 4-27 所示。

表 4-27　　　　　　　　　　　　Slider 控件的参数

参数名	含义	参数名	含义
Interactable	是否启用该控件	Transition	过渡模式
Navigation	导航模式，使用户可以通过键盘移动滑块	Visualize	使导航路线可视化
FillRect	Fill 子对象的 RectTransform 组件的引用	HandleRect	Handle 子对象的 RectTransform 组件的引用
Direction	滑块的移动方向，默认是从左到右	Min Value	滑动条的最小值
Max Value	滑动条的最大值	Whole Number	滑动条的值是否为整
Value	滑动条的当前值	—	—

Slider 控件最下方的 OnValueChanged（Single）还可以为 Slider 控件绑定事件监听方法，该控件发出事件的前提是"值发生改变"，所以绑定的监听方法会在滑块值发生变化时回调。具体设置步骤如下。

（1）创建一个脚本，将其命名为 UGUISlider.cs，并将其挂载到 Canvas 游戏对象上，将其 sd 参数值指定为 Slider，脚本代码如下。

代码位置：随书资源中的源代码/第 4 章/UI/Assets/UGUIScript/UGUISlider.cs。

```
1   using UnityEngine;
2   using System.Collections;
3   using UnityEngine.UI;
4   public class UGUISlider : MonoBehaviour {
5       public Slider sd;
6       public void OnsdValueChange(){
7           Debug.Log (sd.value);
8       }}
```

> **说明**　该脚本较为简单，仅有一个 OnsdValueChange 方法，在 Unity 中将该脚本中的监听方法挂载给对应的滑块后，滑块的值发生改变，系统就会自动回调 OnsdValueChange 方法。

（2）单击 OnValueChange(Single)下方的"+"按钮添加监听，将挂载有脚本 UGUISlider.cs 的游戏对象 Canvas 拖到 Runtime 下的 GameObject 选框中。选择其监听方法为 UGUISlider.OnsdValueChange。运行场景，滑块的值变化，控制台就输出变化后的滑块值。

7. Scrollbar 控件

Scrollbar 控件用于创建滚动条。Scrollbar 控件和 Slider 控件的功能相似，其具体参数如表 4-28 所示。

表 4-28　　　　　　　　　　　Scrollbar 控件的参数

参数名	含义	参数名	含义
Interactable	是否启用该控件	Transition	过渡模式
Navigation	导航模式，使用户可以通过键盘移动滑块	Visualize	使导航路线可视化
Number of Steps	对滚动条进行分块，控制滚动块的步进	HandleRect	Handle 子对象的 RectTransform 组件的引用
Direction	滚动块滚动的方向，默认是从左到右	Size	滚动块的大小
Value	滚动块的当前值	—	—

8. Toggle 控件

在游戏的设置界面中经常能见到各种开关，UGUI 中的 Toggle 控件就实现了开关的功能，如图 4-32 所示，其内部结构如图 4-33 所示。

▲图 4-32　开关控件展示

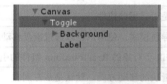

▲图 4-33　开关控件的内部结构

Toggle 控件的子对象包含 Background，它是一个 Image 控件，作为开关的背景；Label 是一个 Text 控件，可用来显示开关的信息。Toggle 控件的参数如表 4-29 所示。

表 4-29　　　　　　　　　　　Toggle 控件的参数

参数名	含义	参数名	含义
Interactable	是否启用该控件	Transition	过渡模式
Navigation	导航模式，确认控件的顺序便于操作	Visualize	使导航顺序在 Scene 窗口中可视化
Is On	开关的状态（"开"或"关"）	Toggle Transition	开关的消隐模式，有 None 和 Fade（褪色消隐）两种模式
Graphic	Chackmark 子对象的引用	Group	开关组（将一组开关变成多选一开关）

接下来将详细介绍如何使用开关的 Group 参数来创建开关组。

（1）在 Hierarchy 面板中右击 Canvas 游戏对象，在弹出的快捷菜单中选择 Create Empty 选项创建一个空对象。依次创建 3 个 Toggle 控件，并将其设置为 GameObject 的子对象。在这里需要将创建的 3 个 Toggle 控件中的 Is On 设置为关闭状态。

（2）选中上一步创建的 GameObject 空对象，单击 Component→UI→Toggle Group，添加一个

Toggle Group 组件，其中的 Allow Swich Off 参数决定是否可以取消选中打开的开关。

（3）选中第一步创建的 3 个 Toggle 控件，将其 Group 参数值设为挂载有 Toggle Group 组件的 GameObject 游戏对象。这样 3 个 Toggle 控件就成为开关组了。

9. Input Field 控件

Input Field 控件用于创建输入框，在用户进行输入之前，会显示默认的提示文本。单击该控件时，可以使用键盘进行输入。

Input Field 控件的子对象中：Placeholder 是用于显示默认提示信息的文本框；Text 是用于显示用户输入的文本，若想改变默认提示文本，直接改变 Placeholder 的 Text 组件即可。Input Field 控件的参数如表 4-30 所示。

表 4-30　　　　　　　　　　　　　　Input Field 控件的参数

参数名	含义	参数名	含义
Interactable	是否启用该控件	Transition	过渡模式
Navigation	导航模式，确定控件的顺序，便于操作	Visualize	使导航顺序在 Scene 窗口中可视化
Text Component	用于用户输入的文本框的引用	Text	用户输入文本框中的内容
Character Limit	可以在输入框中输入的最多文字数	Content Type	指定输入框的类型
Line Type	换行方式，包括单行显示、自动换行、自定义换行	Placeholder	提示文本框的引用
Caret Blink Rate	光标的闪烁速度	Caret Width	光标的宽度
Custom Caret Color	光标的颜色	Selection Color	选中输入框中的文本时输入框的颜色
Hide Mobile Input	在移动设备上输入时是否隐藏	Read Only	是否只读

Input Field 控件可以发出 OnValueChanged 和 OnEndEdit 两个事件，分别表示当值发生改变时发出和结束编辑时发出。用户可以自行单击事件下方的"+"按钮添加事件监听方法。添加两个事件监听的方法完全相同，前文介绍过，故这里不再赘述。

10. DropDown 控件

DropDown 控件的作用是创建下拉列表框。

11. Scroll View 控件

Scroll View 控件的作用是创建滚动视图。

这个控件的子对象 Scrollbar Horizontal 和 Scrollbar Vertical 的参数和使用都与滚动条控件的无异，可以将其看作两个滚动条。Scroll View 控件的参数如表 4-31 所示。

表 4-31　　　　　　　　　　　　　　Scroll View 控件的参数

参数名	含义	参数名	含义
Conent	Scroll Rect 的 RectTransform 组件的引用	Horizontal	是否允许横向滚动
Vertical	是否允许纵向滚动	movementType	滚动块的运动模式
inertia	滚动结束时是否拥有惯性移动，为 ture 时会以 DecelerationRate 的值作为惯性的量	decelerationRate	decelerationRate 的正常值为 0~1，该值大于或等于 1 时则永远不会减速，除非到达屏幕边界
scrollSensitivity	对于鼠标中键的敏感度，该值越大，对鼠标中键的动作反应越大	horizontalScrollbar	横向的滚动控制条
verticalScrollbar	纵向的滚动控制条	—	—

Scroll View 控件的监听方法是 OnValueChanged，当值发生改变时触发此事件。用户可以自行单击事件下方的"+"按钮添加事件监听方法，具体操作前文已有详细介绍，这里不再赘述。

4.2.3　UGUI 布局管理器及相关组件介绍

前面介绍了 UGUI 中控件的相关知识，接下来讲解如何管理、布局多个控件。UGUI 系统有多种布局管理器供开发人员使用。布局管理器可以使创建的控件按照需要的布局出现，这部分知识通常用于游戏的道具界面，学好这部分知识非常重要。

Unity 自带的布局分为"水平布局""垂直布局""网格布局" 3 种，还有其他一些适配器、布局元素等功能。接下来将逐个介绍各个布局管理器的功能和用法。先创建 5 个 Image 控件，并将其放在空对象 UIMain 下成为其子对象。

1. 水平布局

选中 UIMian 空对象，单击 Add Component→Layout→Horizontal Layout Group，为该游戏对象添加水平布局管理组件。顾名思义，在该组件的作用下，UIMain 的子对象将按照一定的要求进行水平排列。Horizontal Layout Group 组件的参数如表 4-32 所示。

表 4-32　　　　　　　　　　Horizontal Layout Group 组件的参数

参数名	含义	参数名	含义
Padding	布局的边缘填充（即偏移）	Spacing	布局内的元素间距
Child Alignment	对齐方式	Control Child Size	是否控制子物体缩放
Child Force Expand	自适应宽和高	—	—

为 UIMain 添加 Horizontal Layout Group 组件后，UIMain 的所有 UI 元素子对象都会根据对 Horizontal Layout Group 组件的设置自动进行水平排列。

2. 垂直布局

选中 UIMain 游戏对象，单击 Add Component→Layout→Vertical Layout Group，为该游戏对象添加垂直布局管理组件。该组件的功能是将 UI 元素按照一定的规则垂直排列。其参数和 Horizontal Layout Group 组件的参数基本一样，这里不赘述。

为 UIMain 添加 Vertical Layout Group 组件后，UIMain 的所有 UI 元素子对象都会根据对 Vertical Layout Group 组件的设置自动进行垂直排列。

3. 网格布局

选中 UIMain 游戏对象，单击 Add Component→Layout→Grid Layout Group 为该游戏对象添加网格布局管理组件。该组件的功能是将 UI 元素进行网格排列。此外，它还具有自动换行等功能，常用于实现游戏中的背包系统。Grid Layout Group 组件的参数如表 4-33 所示。

表 4-33　　　　　　　　　　Grid Layout Group 组件的参数

参数名	含义	参数名	含义
Padding	偏移参数	Cell Size	内部元素的大小
Spacing	每个元素间的水平间距和垂直间距	Start Corner	第一个元素的位置
Start Axis	元素的主轴线	Child Alignment	对齐方式
Constraint	指定网格布局的行数或列数	—	—

Unity 自带的 3 种布局管理器可以满足大部分的开发需求。在开发时若将新实例化的 UI 控件或者游戏对象设置为挂载有 Layout Group 组件（3 种中任意一种皆可）的游戏对象的子对象，Layout

Group 组件便会对其进行自动布局排列，示例代码如下。

代码位置：随书资源中的源代码/第 4 章/UI/Assets/UGUIScript/UGUILayout.cs。

```
1   using UnityEngine;
2   using System.Collections;
3   using UnityEngine.UI;
4   public class UGUILayout : MonoBehaviour {
5       public GameObject UIMain;
6       public GameObject items;
7       void Start () {
8           for (int i = 0; i < 10; i++)
9           {
10              GameObject item = (GameObject)Instantiate(items);
11              item.transform.parent = UIMain.transform;
12          }}
13      void Update () {
14  }}
```

> **说明** 在 Start 方法中新实例化了一个 item 预制件，将其设置为挂载有布局管理组件的 UIMain 的子对象。观察场景，就会发现新实例化的预制件已经被自动排列好了。这使得在游戏开发中可以随时实例化 UI 元素而不用再三考虑排布问题。

4. 元素布局

Layout Element 是元素布局，这个组件常用于管理带有布局组对象的子物体。选中游戏对象单击 Add Component→Layout→Layout Element，即可为相应游戏对象添加元素布局组件。元素布局组件的参数如表 4-34 所示。

表 4-34　　　　　　　　　　Layout Element 组件的参数

参数名	含义	参数名	含义
Ignore Layout	是否受布局组影响	Min Width	布局元素的最小宽度
Min Height	布局元素的最小高度	Preferred Width	布局元素的优选宽度
Preferred Height	布局元素的优选高度	Flexible Width	宽度拉伸布局比例
Flexible Height	高度拉伸布局比例	—	—

5. 内容尺寸适配器

Content Size Fitter 是内容尺寸适配器，尺寸适配器需要配合上面介绍的元素布局组件使用。选中 UIMain 单击 Add Component→Layout→Content Size Fitter，即可为 UIMain 游戏对象添加内容尺寸适配器。然后将 UIMain 的 Layout Element 组件中的 Preferred Width 设为 300。

在不进行内容尺寸适配之前，当改变 UIMain 的高度和宽度时，Image 的大小变化并没有界限，当进行上面的设置后，Image 的理想宽度被设为 300。也就是说无论怎么改变 UIMain 组件的高度和宽度，Image 的宽度都不会改变。Content Size Fitter 组件的参数如表 4-35 所示。

表 4-35　　　　　　　　　　Content Size Fitter 组件的参数

参数名	含义	参数名	含义
Unconstrained	不使用任何基于元素布局的尺寸	Min Size	使用基于元素布局的最小尺寸
Preferred Size	使用基于元素布局的优选尺寸	—	—

6. 宽高比适配器

Aspect Ratio Fitter 是宽高比适配器组件，它可以调节高度以适应宽度，反之亦然。Aspect Ratio Fitter 组件的参数如表 4-36 所示。

表 4-36　　　　　　　　　　　Aspect Ratio Fitter 组件的参数

参数名	含义	参数名	含义
Aspect Mode	宽高比适配模式	None	不进行宽高比适配
Width Controls Height	高度适配宽度	Height Controls Width	宽度适配高度
Fit In Parent	尽量填充父对象空间，但不会有越界部分	Envelope Parent	尽量填充父对象空间，可以越界
Aspect Ratio	宽高比	—	—

4.2.4　UGUI 中不规则形状的按钮的碰撞检测

UGUI 自带的按钮是标准的矩形，虽然可以任意换图，但是其碰撞检测区域始终是矩形的。有些时候可能会用到特殊形状的按钮，这就需要其碰撞检测区域符合按钮形状。本小节将创建一个不规则形状的按钮，具体步骤如下。

（1）创建一个 Button 控件，将其命名为 bt1，由于这里不需要它的 Text 子对象，所以可以将其删除。选中 bt1 后单击 Add Component→Physics2D→Polygon Colloder2D 为 bt1 添加多边形碰撞体组件。

（2）重写 Image 类。新建一个 C#脚本，将其命名为 UGUIImagePlus.cs，该脚本需要引用 UnityEngine.UI 命名空间，并继承 Image 类。脚本代码如下。

代码位置：随书资源中的源代码/第 4 章/UI/Assets/UGUIScript/UGUIImagePlus.cs。

```
1    using UnityEngine;
2    using System.Collections;
3    using UnityEngine.UI;
4    public class UGUIImagePlus : Image {
5    PolygonCollider2D collider;                              //多边形碰撞体组件
6    void Awake(){
7    collider = GetComponent<PolygonCollider2D>();            //获取 2D 多边形碰撞体组件
8    }
9    public override bool IsRaycastLocationValid(Vector2 screenPoint, Camera eventCamera){
10   bool inside = collider.OverlapPoint(screenPoint);        //判断触摸点是否在圈出的多边形区域内
11   return inside;                                           //返回是否在多边形内
12   }}
```

> 说明　该脚本中的 UGUIImagePlus 类继承自 UnityEngine.UI.Image 类，并重写了该类的 IsRaycastLocationValid 方法。这个方法用于判断触摸点（screenPoint）是否在图片范围内。在该方法中使用 collider2D.OverlapPoint 方法判断触摸点是否在圈出的多边形区域内。

（3）将 bt1 上面挂载的 Image 组件移除。将编写的 UGUIImagePlus.cs 脚本拖到 bt1 上，生成 UGUIImagePlus 组件，它可以代替之前的 Image 组件。

（4）挂载好 UGUIImagePlus 组件后，重新为该组件指定纹理图片，纹理图片位置：UI/Assets/PIC/six。

（5）单击 Polygon Colloder2D 组件中的 Edit Colloder 按钮，在 Scene 窗口中将需要的碰撞检测区域框选出来，如图 4-34 所示。框选出来的五边形即该按钮的碰撞检测区域。

（6）为 bt1 上面的 Button 组件挂载单击事件监听。这里挂载的监听方法是 UGUIOnClick.cs，Onbt1Click()，如图 4-35 所示。这时不规则按钮的创建就完成了。按钮的单击监听写在 Onbt1Click() 方法中即可。

▲图 4-34 设置好的碰撞检测区域

▲图 4-35 添加按钮单击监听

4.2.5 屏幕自适应和锚点

随着技术的发展,屏幕的分辨率也越来越高。针对不同的屏幕分辨率制作不同的素材是不现实的,所以就需要一套分辨率自适应机制来适配具有不同屏幕分辨率的设备。本小节将介绍 UGUI 提供的分辨率自适应机制,具体如下。

(1)在 Game 窗口中将分辨率改为 WVGA Landspace(800×480dpi),如图 4-36 所示。然后创建一个 Canvas,并将 Render Mode 设为 Screen Space-Camera,将主摄像机挂载到 Render Camera 上,再将 Canvas Scaler 组件的 UI Scale Mode 设为 Scale With Screen Size,如图 4-37 所示。

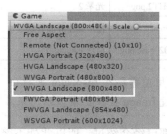
▲图 4-36 设置测试分辨率

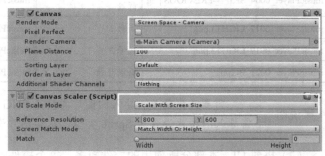
▲图 4-37 画布参数设置

(2)创建一个按钮,将其命名为 bt1,将按钮移动到画布的左上角。在 Scene 窗口中将模式切换到 2D 编辑模式,这时选中新建的按钮,画布的中心会出现一个类似于"雪花"的图案,这个图案就是此按钮的锚点。

(3)拖动锚点,将锚点拖到画布的左上角。这时不管界面的分辨率怎样变化,按钮会永远居于屏幕的左上角。

> 说明 Unity 中的屏幕自适应方法还有很多,实现屏幕自适应需要和实际开发结合。这里介绍的是一个最简单的方法,旨在讲解锚点的含义,有兴趣的读者可以自行查阅有关屏幕自适应的资料进一步探索。

4.2.6 UGUI 综合案例——音乐播放器的 UI 搭建

经过前面的介绍,读者应该已经对 UGUI 控件的创建和使用有了一个基本的了解。本小节将给出一个使用 UGUI 系统搭建的音乐播放器的 UI。由于这是一个 UI 案例,所以没有编写音乐播放的逻辑代码,希望读者学习该案例后,对 UGUI 系统的使用更加得心应手。播放器界面如图 4-38 所示。

(1)导入本案例需要用到的图片资源,这些资源都放在源项目文件中的 Assets/UGUIDemo/Music-PlayerPIC 中,图片及其用途如表 4-37 所示。

▲图 4-38 播放器界面演示

表 4-37　　　　　　　　　　综合案例图片资源及其用途

图片名	用途	图片名	用途
delete.png	"删除"按钮图标	Edit.png	"编辑"按钮图标
musicPlayer_0000_ListBG.png	"音乐列表"按钮背景	musicPlayer_0001_BGMask.png	音乐列表界面背景
musicPlayer_0001_titleBG.png	音乐列表界面标题背景	musicPlayer_0002_soundbutton.png	"音量"按钮图标
musicPlayer_0003_PLAY.png	"播放"按钮图标	musicPlayer_0015_BG1.png	"播放"按钮背景
musicPlayer_0005_SKIP-_-NEXT.png	"播放下一首"按钮图标	musicPlayer_0006_LIST-2.png	"显示音乐列表"按钮图标
musicPlayer_0007_REPEAT-2.png	"重新播放"按钮图标	musicPlayer_0008_SHUFFLE.png	"随机播放"按钮图标
musicPlayer_0009_next-bg.png	"下一首"按钮背景	musicPlayer_0010_back-bg.png	"上一首"按钮背景
musicPlayer_0011_play-bg.png	"播放上一首"按钮图标	musicPlayer_0012_you-3.png	修饰播放器的图片
musicPlayer_0004_SKIP-_-PREVIOUS.png	用于显示作者信息的背景	musicPlayer_0016_BG-2.png	用于显示当前音乐名称底版背景
musicPlayer_0017_LIGHT1.png	光晕 1	musicPlayer_0018_LIGHT2.png	光晕 2
musicPlayer_0019_LIGHT3.png	光晕 3	musicPlayer_0020_bg.png	播放器主界面背景
musicPlayer_0021_BG.png	场景背景	musicPlayer_0000s_0002_base.png	滑块 Handle 图

> **说明**　需要注意的是,导入的图片类型是 PNG 类型,在使用前需要在 Inspector 面板中将导入的图片设置为 Sprite 类型,这样图片资源才能通过 Image 控件正常显示出来。

(2)搭建 UI。本部分所使用的控件较多,每个控件的创建方法都已经介绍过,所以此处不赘述。接下来用表格的形式介绍场景中 Canvas 下的 MusicPlayer 及其子对象,读者可以根据内容及层级关系依次进行创建,如表 4-38 所示。

表 4-38　　　　　　　　　　MusicPlayer 中的 UI 元素及其介绍

UI 元素名	控件类型	介绍	UI 元素名	控件类型	介绍
MusicPlayer	Image	音乐播放器主界面	RePeatBT	Button	"重新播放"按钮图标
MusicName	Image	用于显示当前音乐的背景	ShuffleBT	Button	"随机播放"按钮图标
MakerName	Image	用于显示作者的背景	Center	Image	中部光晕
PlayBT	Button	"播放"按钮图标	Top	Image	顶部光晕
BTImage	Image	"播放"按钮图标	Light	Image	灯图片
BackBT	Button	"播放上一首"按钮图标	BTImage	Image	"播放上一首"按钮图标
NextBT	Button	"播放下一首"按钮图标	BTImage	Image	"播放下一首"按钮图标
BackGroundMask	Image	覆盖整个界面的背景图	SoundBT	Button	"音量"按钮图标
ListBT	Image	"显示音乐列表"按钮图标	Slider	Slider	调节音量滑块
Light	GameObject	用于存放光晕图片的父对象	—	—	—

(3)按照表 4-38 所示的内容创建 MusicPlayer 游戏对象及其子对象,并为每个控件赋予相应

的贴图，在 Game 窗口中应该可以看到图 4-38 所示的界面，MusicPlayer 子对象结构如图 4-39 所示。下面对部分特殊控件的设置进行介绍。

> **说明** 搭建 MusicPlayer 界面时，对于每个控件对应的贴图读者可以自行查看源项目的设置，随书资源中的源代码/第 4 章/UI/Assets/UGUIDemo。

（4）将 Canvas 对象 Canvas 组件中的 Render Mode 设置为 World Space，这样，该画布就可以在 3D 场景中进行旋转等变换了。将 SoundBT 下的子对象 BackGroundMask 的 Image 组件颜色设置为黑色，透明度设置为半透明，如图 4-40 所示。

▲图 4-39　MusicPlayer 子对象结构　　　　▲图 4-40　BackGroundMask 游戏对象的设置

（5）设置 BackGroundMask 的位置和大小，使其与 MusicPlayer 游戏对象重合。这样当 BackGroundMask 游戏对象被激活后，整个 UI 会变暗，并且 Slider 控件会突出。

（6）Slider 控件用于调节音量，其位于"音量"按钮的正下方。将 Slider 组件中的 Direction 参数设置为 Bottom to top，这样该滑动条就是一个垂直的滑动条了。

（7）将 Slider 的 Handle 子对象的贴图设置为 musicPlayer_0000s_0002_base.png，将滑块中的 Fill 游戏对象的 Image 组件的颜色设置为淡紫色，使其符合整个 UI 的配色方案即可。全部设置完毕后，将 Slider 控件和 BackGroundMask 控件隐藏，如图 4-41 和图 4-42 所示。

（8）搭建音乐播放器的音乐列表界面 MusicList。在本案例的设计中，单击 ListBT，界面由主界面跳转到音乐列表界面，音乐列表界面显示播放器中包含的音乐，运行效果如图 4-43 所示。MusicList 中的 UI 元素及其介绍如表 4-39 所示。

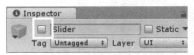  

▲图 4-41　隐藏 Slider 控件　　▲图 4-42　隐藏 BackGroundMask 控件　　▲图 4-43　音乐列表界面

表 4-39　MusicList 中的 UI 元素及其介绍

UI 元素名	控件类型	介绍	UI 元素名	控件类型	介绍
MusicList	Image	音乐列表界面背景	BackMenuBT	Button	"返回主界面"按钮
List	GameObject	用于存放音乐 Button 的空对象	EditBT	Button	"编辑"按钮
Title	Image	音乐列表标题背景	—	—	—

（9）根据表 4-39 创建好游戏对象后，选中 List 游戏对象，为其添加 Grid Layout Group 组件，并对其布局参数进行设置，如图 4-44 所示。

（10）选中 MusicList 控件，为其添加 Scroll Rect 组件及 Mask 组件，并将 Scroll Rect 组件的 Content 参数设置为 List 游戏对象，如图 4-45 所示。添加这两个组件后，MusicList 就变成了一个滚动视图。

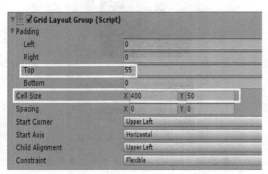
▲图 4-44　List 对象的布局设置

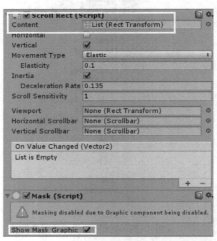
▲图 4-45　Scroll Rect 组件和 Mask 组件的设置

（11）设置完毕后选中 MusicList 游戏对象，并将其隐藏。这是因为在案例运行后，MusicList 游戏对象一开始是不可见的，只有在单击 ListBT 按钮后该游戏对象才会被激活从而显示出来。

（12）制作用于显示音乐列表中元素按钮的预制件。先创建一个 Button 控件，将其命名为 ListButton，其宽、高分别设为 400、50。将该按钮的子对象 Text 命名为 Count，用于显示当前音乐的编号，将其摆放到合适的位置。

（13）在 ListButton 下再创建一个 Text 组件，将其命名为 MusicInformation，用于显示音乐的信息（音乐名及作者），调整大小后将其摆放到合适的位置。Count 和 MusicInformation 的设置如图 4-46 和图 4-47 所示。

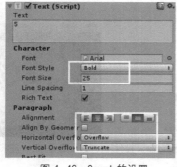
▲图 4-46　Count 的设置

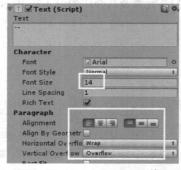
▲图 4-47　MusicInformation 的设置

（14）将两个 Text 组件设置完毕后，创建"删除"按钮 DeleteBT。在 ListButton 下创建一个 Button 子对象，并命名为 DeleteBT，删除它的 Text 组件，并由 Image 组件代替。DeleteBT 对应的贴图为 musicPlayer_0011_play-bg.png，Image 对应的贴图为 delete.png。设置完毕后效果如图 4-48 所示。

（15）ListBotton 创建完毕后，将 DeleteBT 子对象隐藏，在 Project 面板中右击，在弹出的快捷菜单中选择 Create→Prefab 创建一个预制件，将其命名为 ListButton，将游戏场景中的 ListButton 拖到该预制件上，完成设置，如图 4-49 所示。

> **说明** 关于预制件的相关知识将在下一节介绍。

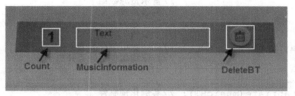

▲图 4-48 创建好的 ListButton

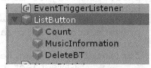

▲图 4-49 ListButton 预制件

（16）至此，场景的搭建已经基本结束，下面介绍案例的脚本的开发及使用。先创建一个 C# 脚本 MusicBtnListener.cs。该脚本的主要功能为监听主界面中所有按钮的触控事件。脚本代码如下。

代码位置：随书资源中的源代码/第 4 章/UI/Assets/UGUIDemo/MusicBtnListener.cs。

```
1   using UnityEngine;
2   using System.Collections;
3   using UnityEngine.UI;
4   public class MusicBtnListener : MonoBehaviour {
5       public Button bplay;                            // "播放"按钮
6       public Button bnext;                            // "播放下一首"按钮
7       public Button blist;                            // "显示音乐列表"按钮
8       public Button bsound;                           // "音量"按钮
9       public Button bbackMenu;                        // "返回主界面"按钮
10      public GameObject MusicPlayer;                  //播放器主界面
11      public GameObject MusicList;                    //音乐列表
12      private bool setSound = false;                  //是否正在设置声音
13      private bool showList = false;                  //是否显示列表
14      void Start () {
15          blist.onClick.AddListener(OnListBtnClick);      //给"显示音乐列表"按钮添加单击监听
16          bplay.onClick.AddListener(OnPlayBtnClick);      //给"播放"按钮添加单击监听
17          bsound.onClick.AddListener(OnSoundBtnClick);    //给"音量"按钮添加监听
18          bbackMenu.onClick.AddListener(OnListBtnClick);  //给"返回主界面"按钮添加监听
19      }
20      void OnListBtnClick(){                          //"显示音乐列表"与"返回主界面"按钮的监听方法
21          showList = !showList;                       //更改是否显示列表标志位
22          MusicList.SetActive(showList);              //设置主界面是否显示
23      }
24      void OnPlayBtnClick(){                          //"播放"按钮监听方法
25          Debug.Log("play");                          //输出信息
26      }
27      void OnSoundBtnClick(){                         //"音量"按钮监听方法
28          setSound = !setSound;                       //更改标志位是否为设置状态
29          bsound.transform.GetChild(0).gameObject.SetActive(setSound);//开启或关闭背景遮罩
30          bsound.transform.GetChild(1).gameObject.SetActive(setSound);//开启或关闭音量滑块
31      }}
```

> **说明** 创建好脚本后，将该脚本挂载到 Canvas 游戏对象上，并将其中的按钮分别拖曳到脚本中的变量上，如图 4-50 所示。该脚本的内容较为简单，在 Start 方法中将每个按钮的监听方法设置好，然后对应每个方法实现相应的点击功能即可。

（17）通过上一步，主界面中的按钮都有了单击监听。接下来创建脚本 MusicListBtnListener.cs，该脚本挂载在 Canvas 游戏对象上，用于初始化音乐列表，并包含音乐列表界面中每个按钮的监听。脚本代码如下。

代码位置：随书资源中的源代码/第 4 章/UI/Assets/UGUIDemo/MusicListBtnListener.cs。

▲图 4-50　挂载好脚本后的参数设置

```
1   using UnityEngine;
2   using System.Collections;
3   using UnityEngine.UI;
4   public class MusicListBtnListener : MonoBehaviour {
5       public AudioClip[] ac;                              //音乐资源数组
6       public GameObject List;                             //列表游戏对象
7       public GameObject musicBT;                          //制作好的 ListButton 预制件
8       public Button bEdit;                                //"编辑"按钮
9       private ArrayList alb=new ArrayList();              //动态数组储存列表中的音乐
10      private bool isEdit=false;                          //标记编辑模式是否开启的标志位
11      void Start () {
12      for(int i=0; i < ac.Length; i++) {
13              GameObject bt = Instantiate(musicBT);  //实例化预制件
14              bt.GetComponent<RectTransform>().SetParent(List.GetComponent<RectTransform>());
15              bt.GetComponent<RectTransform>().localScale = Vector3.one;  //调整大小
16              bt.GetComponent<RectTransform>().localPosition = Vector3.zero;//调整位置
17              string[] musicInfomation = ac[i].name.Split('-');//按照"-"符号拆分音乐名
18              bt.transform.Find("Count").GetComponent<Text>().text = ""+(i+1);
                                                            //为音乐设置编号
19              bt.transform.Find("MusicInformation").GetComponent<Text>().text =
20                  string.Format("<size=12>{0}</size>" + "\n<size=15>{1}</size>",
21                  musicInfomation[0], musicInfomation[1]);
22              bt.GetComponent<Button>().onClick.AddListener(//为实例化的按钮添加监听
23                  delegate(){
24                  this.onListElementBtnClick(bt);
25              });
26              Button bdelete = bt.transform.Find("DeleteBT").GetComponent<Button>();
                                                            //获取"删除"按钮的引用
27              bdelete.onClick.AddListener(                //为"删除"按钮添加监听
28                  delegate(){
29                  this.OnDeleteBthClick(bt);
30              });}
31              List.GetComponent<RectTransform>().sizeDelta = new Vector2(400,
                                                            //根据音乐数量设定列表大小
32                  ac.Length * 50 + (ac.Length - 1) * 5);
33              bEdit.onClick.AddListener(OnEditBtnListener);
34              for (int i = 0; i < List.transform.childCount; i++) {
35                  alb.Add(List.transform.GetChild(i));//将 List 游戏对象的子对象加入动态数组
36          }}
37      public void onListElementBtnClick(GameObject bt) { //给每个音乐按钮添加监听
38          Debug.Log("this is bt"+bt.name);                //输出音乐信息
39          }
40      void OnEditBtnListener(){
41      isEdit = !isEdit;                                   //改变现在的编辑状态
42          foreach (Transform go in alb) {                 //遍历列表
43              go.transform.Find("DeleteBT").gameObject.SetActive(isEdit);
                                                            //设置"删除"按钮的显示或隐藏
44      }}
45      void OnDeleteBthClick( GameObject bt) {             //"删除"按钮的监听方法
46          alb.Remove(bt.transform);                       //从列表中删除 bt 对象
47          Destroy(bt);                                    //销毁 bt 对象
48          UpdateMusicArrayListButtonText();               //更新列表
49      }
50      void UpdateMusicArrayListButtonText()  {            //更新列表方法
51          foreach(Transform go in alb){                   //遍历整个动态数组
52          go.transform.Find("Count").GetComponent<Text>().text = "" + (alb.IndexOf
                (go.transform) + 1);
53          Debug.Log((alb.IndexOf(go.transform) + 1));
54          }
```

```
55              List.GetComponent<RectTransform>().sizeDelta = new Vector2(400, (alb.
                Count+1) * 50);
56     }}
```

- 第 1～10 行的主要功能是引用命名空间和声明变量。由于该脚本使用了 UI 方面的 API，所以需要引用 UnityEngine.UI 命名空间。在声明变量阶段声明了按钮的引用、存储列表中按钮的动态数组、列表游戏对象等。
- 第 11～25 行在 Start 方法中初始化每个音乐资源对应的按钮。首先获取音乐资源数组 ac，将其中的每个元素都实例化成一个 ListButton 预制件；然后调整大小、位置及内部两个 Text 组件的显示字样，再将其设置为 list 的子对象；最后为每个 ListButton 对象都指定 onListElementBtnClick 监听方法。
- 第 14 行为实例化出来的预制件设置父对象，第 20～22 行设置了音乐信息的显示格式。
- 第 27～39 行先为每个实例化的 ListButton 对象中的 DeleteBT 子对象添加单击监听方法 OnDeleteBthClick，然后根据其子对象的数目调整列表大小。为"编辑"按钮添加监听方法后，将每个 List 的子对象都添加到动态数组 alb 中。
- 第 40～44 行是"编辑"按钮的监听方法。单击"编辑"按钮时会进入编辑模式。
- 第 45～49 行为 OnDeleteBthClick 方法，该方法实现了删除功能，单击按钮后会从动态数组 alb 中移除并删除对象。删除后回调 UpdateMusicArrayListButtonText 方法，重置按钮编号及 List 的大小。
- 第 50～56 行为 UpdateMusicArrayListButtonText 方法，每当动态数组内的元素发生变化就要回调该方法。该方法会重新设置每个 ListButton 子对象中 Count 显示的编号，然后按照 alb 中的元素数目重新设置 List 的大小。

（18）添加粒子系统——PanWithMouse.cs 脚本来让 UI 更加美观。注意 PanWithMouse.cs 脚本为一个动画脚本，挂载到 Canvas 上后 Canvas 会根据鼠标指针的位置动态地变换，让界面动态性更强。

> **说明** PanWithMouse.cs 脚本可以同时挂载在 Canvas 和摄像机上以达到更佳的动态效果。当挂载在 Canvas 上时，需要确保 Canvas 的 Render Mode 为 World Space，这样脚本才会起作用。

4.3 Prefab 资源的应用

在项目的开发过程中，开发人员经常需要创建多个完全相同的游戏对象，如果一一创建会耗费大量的时间和资源，在管理上也会有一定的难度。这时就需要用到预制件（Prefab）来预先定义好需要复制的游戏对象，在开发中只要实例化创建好的 Prefab 就可以方便地创建多个相同的游戏对象了。

4.3.1 Prefab 资源的创建

创建 Prefab 资源的具体操作步骤如下。

（1）创建 Prefab。单击 Assets→Create→Prefab，即可在 Project 面板中创建一个 Prefab，将其名称改为 BallPrefab。此时的 Prefab 只是一个空壳，还需添加一些具体的游戏对象。

（2）在场景中创建球体。单击 Game Object→3D Object→Sphere，创建一个 Sphere，将其命名为 Ball。

（3）向项目中导入一个球面纹理图片。单击 Assets→Import New Asset，在弹出的 Import New

Asset 对话框中，选中需要的球面纹理图片，单击 Import 按钮完成导入。

（4）为创建的 Ball 添加 Rigidbody 组件。先选中 Ball，再单击 Component→Physics→Rigidbody，为 Ball 添加 Rigidbody 组件。

（5）将导入的球面纹理图片资源添加到创建的 Ball 上面。选中纹理图片然后将其拖到创建的 Ball 上面。添加的各个组件都会在 Inspector 面板中显示出来。

（6）为 BallPrefab 添加游戏对象。选中 Ball 对象，将其拖到 Project 面板中已经创建好的 BallPrefab 上，此时这个空的 BallPrefab 就拥有了与 Ball 对象完全相同的属性。

4.3.2 利用 Prefab 资源实例化游戏对象

本小节通过实例化篮球的小案例来讲解利用 Prefab 实例化游戏对象的具体操作过程，具体步骤如下。

单击 Assets→Create→C# Script，创建一个 C#脚本，将此脚本的名称改为 BallPrefabScript。双击脚本进入脚本编辑器，对脚本进行编辑，具体实现如下面的代码片段所示。

代码位置：随书资源中的源代码/第 4 章/Prefab/Assets/BallPrefabScript.cs。

```
1    using UnityEngine;
2    using System.Collections;
3    public class BallPrefabScript : MonoBehaviour {
4        public int i = 5;
5        public int j = 0;
6        public Rigidbody BallPrefab;                    //声明刚体 BallPrefab
7        public float x = 0.0f;                          //初始化 x、y、z 的坐标
8        public float y = 4.0f;
9        public float z = 0.0f;
10       public float k = 2.0f;                          //声明实例化球的行数
11       public int n = 4;
12       int count = 0;                                  //声明一个计数器
13       public Rigidbody[] BP;                          //声明刚体数组 BP
14       void Start(){                                   //重写 Start 方法
15           BP = new Rigidbody[10];                     //初始化刚体数组
16           count = 0;                                  //计数器置 0
17           for (i = 0; i <= n; i++)                    //对变量 i 进行循环
18               for (j = 0; j < i; j++)                 //对变量 j 进行循环
19               //在自定义坐标位置实例化球体
20               BP[count++] =(Rigidbody )Instantiate(BallPrefab,
21               new Vector3(x-2.0f*k*i+4.0f*j*k,2.0f,z-2.0f*1.75f*k*i),BallPrefab.rotation);
22    }}
```

❑ 第 1～13 行的主要功能是声明变量，主要声明了控制球的排列位置的整型变量 i、j，刚体 BallPrefab 的 x、y、z 坐标，刚体的行数及计数器，并且对相关的参数进行了赋值等。在 Unity 集成开发环境下的 Inspector 面板中，用户可以为各个参数指定资源或值。

❑ 第 14～22 行的主要功能是对 Start 方法进行重写，初始化刚体组数，然后先对 i 进行循环，再在 i 的循环中对 j 进行循环，最后在自定义坐标位置中通过实例化刚体数组创建了 10 个球体，并且对这 10 个球体的位置按照一定的规律进行了排列。

将编写完的脚本挂载到摄像机上，然后对摄像机脚本属性中的 BP 变量参数进行设置。单击 Unity 集成开发环境中的"运行"按钮，游戏场景中就会显示实例化的效果，本案例创建了 10 个 Ball。

4.3.3 Prefab 的编辑

在 Unity 2020.1 中，可以在不离开场景上下文的情况下进入预制模式。新的默认设置意味着，当通过场景中的实例打开 Prefab Assets 时，可以在背景为灰色的情况下对其进行编辑。在 Unity 2018.3 中引入预制模式时，可以编辑 Prefab Assets。但是，Prefab Mode 不适用于根据实例所在的

上下文来编辑 Prefab Assets。

从 Unity 2020.1 开始，Unity 对 Prefab 的工作流程进行了改进，将之称为 Context 中的 Prefab Mode。像始终在预制模式下一样，正在编辑的是 Prefab Assets 本身，而不是实例，但是上下文同时可见。之前编辑 Prefab 时需要进入独立的 Prefab Mode 来编辑，而在 Unity 2020.1 中，可以直接在 Scene 窗口中对 Prefab 进行编辑。

同样用篮球案例演示，先将 BallPrefab 置于场景中，如图 4-51 所示，直接编辑资源列表中的 BallPrefab 的 Scale 参数以改变预制件大小，会发现场景中已布置好的篮球的大小随之发生变化，运行后可以发现通过脚本生成的篮球的大小发生了同样的变化，如图 4-52 所示。

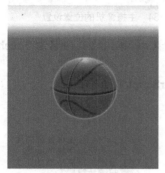
▲图 4-51　置于场景中的预制件

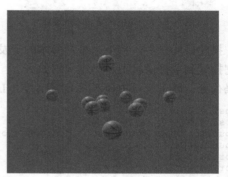
▲图 4-52　运行效果

4.4　常用的输入对象

在游戏的开发过程中，时常需要获取玩家的输入信息，类似手机、平板的触控行为，PC 端的键盘、鼠标操作行为等。在其他的开发平台中，要获取这些操控参数往往需要编写不少代码，而 Unity 在设计时就封装好了这些常用的方法与参数。

针对玩家的输入，Unity 专门为开发人员提供了两个输入对象——Touch 与 Input。开发人员通过 Touch 与 Input 输入对象中的方法及参数可以非常方便地获取玩家触控的位置、相位、手指按下位移及玩家鼠标、键盘的输入情况等。下面将对 Touch 与 Input 对象进行详细的介绍。

4.4.1　Touch 对象

Touch 对象提供了多种参数及方法，使得开发人员可以获取 Android、iOS 等移动平台上详细的触摸操控信息。可以将分析 Touch 对象的代码写在对应的脚本中，然后挂载到游戏对象上，这样就可以简单地获取到 Touch 对象的信息了。Touch 对象的常用变量如表 4-40 所示。

表 4-40　　　　　　　　　　　Touch 对象的常用变量

变量名	含义	变量名	含义
fingerID	手指的索引	Position	手指的位置
deltaPosition	距离上次改变的距离增量	deltaTime	自上次改变的时间增量
tapCount	点击次数	Phase	触摸相位

Touch 对象的各个参数在开发的过程中一般都是相互配合使用的，只有各个变量之间相互配合才能满足开发的需求。接下来将给出一个解析玩家手势操控的示例，希望通过该示例，读者可以更深入地了解所学习的内容。

（1）搭建所需的游戏场景，新建一个名为 TouchTest 的场景，单击 GameObject→3D Object→Sphere 创建一个小球（Ball），并赋予其纹理图片。调整小球的大小与位置，如图 4-53 所示。调整主摄像机的位置，如图 4-54 所示。

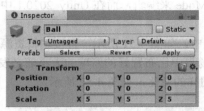

▲图 4-53　小球的位置与缩放设置

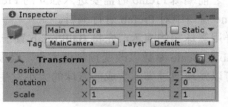

▲图 4-54　主摄像机的位置设置

（2）搭建好场景后，接下来进行脚本的开发。新建一个 C#脚本，将其命名为 TouchTest.cs。然后将它挂载到主摄像机上。脚本代码如下。

代码位置：随书资源中的源代码/第 4 章/UI/Assets/OtherScript/TouchTest.cs。

```
1    using UnityEngine;
2    using System.Collections;
3    public class TouchTest : MonoBehaviour {
4        public GameObject ball;                              //Sphere 游戏对象的引用
5        private float lastDis=0;                             //上一次两根手指的距离
6        private float cameraDis = -20;                       //主摄像机距离小球的距离
7        public float ScaleDump = 0.1f;                       //声明缩放阻尼
8        void Update() {
9            if(Input.touchCount ==1) {
10               Touch t = Input.GetTouch(0);                 //获取单指触控点
11               if(t.phase == TouchPhase.Moved){             //手指移动中
12                   ball.transform.Rotate(Vector3.right, Input.GetAxis("Mouse Y"), Space.World);
                                                              //垂直旋转
13                   ball.transform.Rotate(Vector3.up, -1 * Input.GetAxis("Mouse X"), Space.World);
                                                              //水平旋转
14               }}
15           else if (Input.touchCount > 1){
16               Touch t1 = Input.GetTouch(0);                //获取第一点触控 t1
17               Touch t2 = Input.GetTouch(1);                //获取第二点触控 t2
18               if(t2.phase == TouchPhase.Began){
19                   lastDis = Vector2.Distance(t1.position, t2.position);//初始化 lastDis
20               }else
21               if(t1.phase == TouchPhase.Moved && t2.phase == TouchPhase.Moved){
                                                              //两个手指都在移动
22                   float dis = Vector2.Distance(t1.position, t2.position);//计算手指位置
23                   if(Mathf.Abs(dis - lastDis)>1)           //若是手指距离大于 1
24                       cameraDis += (dis - lastDis)*ScaleDump;//设置主摄像机到物体的距离
25                   cameraDis=Mathf.Clamp(cameraDis, -40, -5);  //限制主摄像机到物体的距离
26                   lastDis = dis;                          //备份本次触摸结果
27           }}}
28       void LateUpdate(){
29           this.transform.position = new Vector3(0,0,cameraDis); //调整主摄像机的位置
30       }
31       void OnGUI(){                    //重写 OnGUI 方法实现输出信息与退出程序
32           string s = string.Format("Input.touchCount={0}\ncameraDIS=\n{1}",
33               Input.touchCount,cameraDis);                //输出字符串
34           GUI.TextArea(new Rect(0, 0, Screen.width / 10, Screen.height), s);
                                                             //用 TextArea 控件显示字符串
35           if(GUI.Button(new Rect(Screen.width * 9 / 10, 0,
36               Screen.width / 10, Screen.height / 10),"quit")){//"退出"按钮
37           Debug.Log("quit");                               //输出信息
38           Application.Quit();                              //退出程序
39   }}}
```

❑　第 1～7 行主要是引用命名空间及声明变量，在变量声明中还声明了场景中 Sphere 游戏对象的引用 ball，方便下面对其进行旋转等变换，同时还声明了一些全局变量，其用途将会在后

文介绍。

- 第 8～14 行主要是单指操控的逻辑代码。当发生触控并且用户的手指处在移动状态时，就可以通过 Input.GetAxis("Mouse X/Y")获取用户的手指位移，然后将其转换为旋转角并使 ball 进行旋转。
- 第 15～27 行主要是多点操控的逻辑代码。当触控数目大于 1 时，不断地计算两根手指间的距离，并与上一次计算出的距离进行比较，若距离变大就将主摄像机推近产生放大的效果，反之将主摄像机拉远得到缩小的效果。
- 第 25 行对主摄像机的位置进行了限制，使其不能无限推近或者拉远。
- 第 26 行备份这一帧中手指间的距离用于下一帧和新的距离进行比较。
- 第 28～30 行主要是重写 LateUpdate 方法，这个方法在 Update 方法回调完成后回调。该方法的功能是根据上一步算出来的 cameraDis 对主摄像机进行推近或者拉远，以产生放大或者缩小的效果。
- 第 31～39 行主要是使用 TextArea 控件对触控的信息进行输出，使其在实机上也可以看到输出，方便学习与调试。最后还设置了一个"退出"按钮，单击该按钮程序结束运行。

> **说明** 第 12、13 行使用 Input.GetAxis("Mouse X/Y")而不是 Touch.deltaPosition 获取手指位移，是因为手机屏幕分辨率不同，Touch.deltaPosition 的返回值也不同，使用起来不方便，而 Input.GetAxis("Mouse X/Y")可以实现相同的效果，且支持 iOS 平台。具体使用哪个，读者可以根据开发需求自行选择。

4.4.2 Input 对象

Touch 对象仅用于获取用户的触摸操作信息，而 Input 对象可以获取用户的一切输入行为，如通过鼠标、键盘、陀螺仪、按钮等进行的输入，所以掌握 Input 对象就可以在外部输入信息和系统之间架立一座桥梁。Input 对象的主要变量如表 4-41 所示。

表 4-41　　　　　　　　　　　　Input 对象的主要变量

变量名	含义	变量名	含义
mousePosition	当前鼠标指针的像素坐标	anyKey	当前是否有按键被按下，若有返回 true
anyKeyDown	用户按任何键或单击鼠标键时返回 true	inputString	返回从键盘输入的字符串
acceleration	加速度传感器的值	touches	返回当前触摸（Touch）列表

1. mousePosition 变量

mousePosition 变量是一个三维坐标，用于获取当前鼠标指针的像素坐标。像素坐标是以屏幕左下角坐标为(0,0)、屏幕右上角坐标为(Screen.width,Screen.height)计算的。具体获取方式可以参照下面的代码片段。

```
1    void Update () {
2    if(Input.GetButtonDown("Fire1")) {                        //单击
3        Debug.Log(Input.mousePosition);                       //输出鼠标指针位置
4    }}
```

2. anyKey 变量与 anyKeyDown 变量

anyKey 变量的功能是检测当前是否有任何按键被按下，若有，就返回 true，示例代码片段如下。如果按住不放便会持续打印。

```
1    void Update () {
2        if(Input.anyKey) {                                              //若有按键被按下
3            Debug.Log("A key or mouse click has been detected");  //输出提示信息
4    }}
```

anyKeyDown 变量和 anyKey 变量有些许差别，这个变量只有按下按键后的第一帧返回 true。将上面的代码片段稍做修改后运行场景，会发现只要有按键被按下，就会输出一次信息，若是按键持续处于被按下状态，也仅输出第一次。

3. inputString 变量

inputString 变量的功能是返回键盘在这一帧中输入的字符串，注意返回的字符串中只包含 ASCII 中的字符，若是本次没有输入字符串则会返回一个空串，示例代码如下。

```
1    void Update () {
2       if(Input.inputString!=""){                //若当前输入字符串不为空
3           Debug.Log(Input.inputString);         //输出输入的字符串
4    }}
```

4. acceleration 变量

acceleration 变量可以获取设备在当前三维空间中的线性加速度，它常见于 3D 游戏中的重力感应操控模式。当用户倾斜设备时，若设备上有加速度传感器，就会传回一个代表设备倾斜加速度的三维向量，使用 Input.acceleration 变量就可以获取该三维向量，示例代码如下。

```
1    using System.Collections;
2    using UnityEngine;
3    public class NewBehaviourScript : MonoBehaviour {
4       public float speed = 10.0f;                       //物体的移动速度
5       void Update () {
6           Vector3 dir = Vector3.zero;                   //新建三维向量
7           dir.x = Input.acceleration.x;                 //获取重力感应的 x 轴参数
8           dir.y = Input.acceleration.y;                 //获取重力感应的 y 轴参数
9           if(dir.sqrMagnitude > 1)                      //判断获取的三维向量是不是标准向量
10              ir.Normalize();                           //规格化向量
11          dir *= Time.deltaTime;                        //将速度转化为方向向量
12          ransform.Translate(dir * speed);              //平移物体
13   }}
```

> **说明** 将该脚本挂载在一个游戏对象上，然后将所属项目导入拥有重力传感器的设备中运行后就可以看到游戏对象会根据用户倾斜设备的方向进行移动。

5. touches 变量

4.4.1 小节介绍了 Touch 对象，Input.touches 变量可以获取到当前在屏幕上的所有触控点的引用（Touch[]类型），开发人员可以根据索引轻易地获取到各个触控点的信息。touches 变量的具体使用方法可以参考下面的代码片段。

```
1    void Update() {
2        int fingerCount = 0;                             //手指触摸计数器
3        foreach (Touch touch in Input.touches) {         //遍历每个触控点
4            if (touch.phase != TouchPhase.Ended &&       //当前触控点不是结束状态
5                touch.phase != TouchPhase.Canceled)      //且当前触控点不是取消状态
6                fingerCount++;                           //触摸计数器自增
7        }
8        if (fingerCount > 0)                             //判断是否有触摸
9            print("User has " + fingerCount + " finger(s) touching the screen");
10   }
```

> **说明** 该代码片段的作用为若发生触控，就通过 Input.touches 获取到每个触控点的引用，然后遍历触控列表；若触控点的相位不是结束状态或取消状态，就将手指触摸计数器 fingerCount 加 1，最后输出当前在屏幕上的有效触摸数目。

4.4 常用的输入对象

Input 对象不仅包括了丰富的变量，还提供了大量的实用方法。下面对 Input 对象中封装好的常用方法进行详细介绍，具体如表 4-42 所示。

表 4-42　　　　　　　　　　　　　　Input 对象中的常用方法

方法名	含义	方法名	含义
GetAxis	返回被表示的虚拟轴的值	GetAxisRaw	返回没有经过平滑处理的虚拟轴的值
GetButton	若虚拟按键被按下返回 true	GetButtonDown	虚拟按键被按下的一帧返回 true
GetButtonUp	抬起虚拟按键的一帧返回 true	GetKey	按下指定按键时返回 true
GetKeyDown	按下指定按键的一帧返回 true	GetKeyUp	抬起指定按键的一帧返回 true
GetMouseButton	指定的鼠标按键被按下时返回 true	GetMouseButtonDown	指定的鼠标按键被按下的一帧返回 true
GetMouseButtonUp	指定的鼠标按键抬起的一帧返回 true	GetTouch	根据索引返回当前触控（Touch 类型）

1. GetAxis 方法和 GetAxisRaw 方法

游戏对象在移动时，会有两个虚拟的轴来反映该游戏对象在水平和垂直方向上的移动距离等。GetAxis 方法和 GetAxisRaw 方法的作用是获取输入对象对应的虚拟轴的值。这样通过触控或者鼠标事件改变虚拟轴的值就可以控制游戏对象移动了。具体使用方法如下面的代码片段所示。

```
1   using UnityEngine;
2   using System.Collections;
3   public class InputTest : MonoBehaviour {
4       private float speed = 0.1f;                                    //设置对象移动速度
5       void Update () {
6           float moveX = Input.GetAxis ("Horizontal");                //按左右键时触发
7           float moveY = Input.GetAxis("Vertical");                   //按上下键时触发
8           this.transform.Translate(new Vector3(moveX, moveY,0)*speed);    //移动对象
9       }}
```

将上面的脚本挂载到场景中的游戏对象上，使用键盘的方向键就可以控制游戏对象的移动。这时若是把 moveX 的值输出，就会发现当按方向键时，其值是从-1 到 1 平滑过渡的。接下来运行下面的代码片段。

```
1   void Update () {
2       float moveX = Input.GetAxisRaw("Horizontal");                  //获取水平轴的值
3       Debug.log(moveX);                                              //输出值
4   }
```

这段代码使用了 GetAxisRaw 方法，运行后按方向键会发现 moveX 的值只有-1、0、1 共 3 种变化，没有中间的过渡值。与 GetAxis 方法相比，GetAxisRaw 方法没有使用平滑滤波器，在需要自定义差值的情况下可以使用 GetAxisRaw 方法。

2. GetButton 方法、GetButtonDown 方法与 GetButtonUp 方法

GetButton、GetButtonDown、GetButtonUp 这 3 个方法用于监听按键的状态，包括被按下、按住、抬起 3 个状态。开发人员需要在 Update 方法中回调这些方法来判断按键的状态。其中的区别可以参考下面的代码片段。

```
1    using UnityEngine;
2    using System.Collections;
3    public class InputTest : MonoBehaviour {
4        void Update () {
5        if (Input.GetButton("Fire1")){                                //使用 GetButton 监听 Fire1 按键
6            Debug.Log("Fire   GetButton");                            //输出信息
7        }
8        if (Input.GetButtonDown("Fire1")){                            //使用 GetButtonDown 监听 Fire1 按键
9            Debug.Log("Fire   GetButtonDown");                        //输出信息
10       }
11       if (Input.GetButtonUp("Fire1")){                              //使用 GetButtonUp 监听 Fire1 按键
```

```
12        Debug.Log("Fire  GetButtonUp");
13 }}}                                                   //输出信息
```

> **说明** 将上述脚本挂载到主摄像机上,按住鼠标左键不放,会发现第 6 行的输出始终在被回调,而第 9 行的输出仅在鼠标左键按下时回调了两次。当松开鼠标左键时,第 12 行的输出才被回调。通过这个简单的脚本,读者应该已经可以区分开这 3 个方法了。

3. GetKey 方法、GetKeyDown 方法与 GetKeyUp 方法

GetKey、GetKeyDown、GetKeyUp 这 3 个方法用于监听键盘上的按键的状态,开发人员需要在 Update 方法中调用这些方法,并传入想要监听的键名或键码,每个按键的状态分为按下、按住、抬起 3 种,开发人员可以根据需要进行选用。示例代码片段如下。

```
1  using UnityEngine;
2  using System.Collections;
3  public class InputTest : MonoBehaviour {
4  void Update () {
5  if (Input.GetKey("up")){                      //使用 GetKey 监听↑按键
6      Debug.Log("up arrow GetKey");             //输出提示信息
7  }
8  if (Input.GetKeyDown(KeyCode.UpArrow)){       //使用 GetKeyDown 监听↑按键
9      Debug.Log("up arrow GetKeyDown");         //输出提示信息
10 }
11 if (Input.GetKeyUp(KeyCode.UpArrow)){         //使用 GetKeyUp 监听↑按键
12 Debug.Log("up arrow GetKeyUp");               //输出提示信息
13 }}}
```

> **说明** 第 5 行和第 8 行分别使用了键名和键码两种方式来监听↑键,其效果是相同的。将上面的脚本挂载到主摄像机上并运行场景,按↑键就会看到相应的输出信息,GetKey 是按住时始终回调的,GetKeyDown 和 GetKeyUp 只有在按下和抬起的一帧调用。

4. GetMouseButton 方法、GetMouseButtonDown 方法和 GetMouseButtonUp 方法

当开发 PC 端的游戏时,需要对鼠标进行监听。Input 对象提供了 GetMouseButton、GetMouseButtonDown 和 GetMouseButtonUp 这 3 个方法来监听鼠标按键。

在使用时,需要在 Update 方法中传入鼠标按键的索引,这样就可以对鼠标进行监听了。与前面介绍的方法类似,这 3 个方法也分别监听了鼠标按键的 3 个状态。示例代码片段如下。

```
1  void Update () {
2  if (Input.GetMouseButton(0)){    //GetMouseButton 监听方法在鼠标按键被按下时一直返回 true
3  Debug.Log("left mouseButton GetMouseButton");          //输出提示信息
4  }
5  if (Input.GetMouseButtonDown(0)){//GetMouseButtonDown 监听方法在鼠标按键被按下时返回一次 true
6  Debug.Log("left mouseButton GetMouseButtonDown");      //输出提示信息
7  }
8  if (Input.GetMouseButtonUp(0)){//GetMouseButtonUp 监听方法在鼠标按键抬起时返回一次 true
9  Debug.Log("left mouseButton GetMouseButtonUp");        //输出提示信息
10 }}
```

> **说明** 这 3 个方法的参数是一个 int 类型的索引。常用的鼠标按键索引为 0、1、2,它们分别对应鼠标的左键、右键、中键。在使用的时候传入相应的索引就可以监听对应的按键了。

5. GetTouch 方法

4.4.1 小节介绍了 Touch 对象,使用其参数时需要获取一个 Touch 类型的变量。Input. GetTouch

方法用于获取 Touch 对象的引用。在使用时应传入一个索引值,它代表要获取的触控索引。示例代码片段如下:

```
1   void Update () {
2     if(Input.touchCount != 0){                          //当前发生触控
3       Vector3 touchPOS=Input.GetTouch(0).position;      //记录下触控点的位置
4   }}
```

> **说明** 上面的代码片段获取了发生触控时的首个触控点,并将其位置记录了下来。注意这个方法只有在支持触摸的移动设备上运行才会生效。

4.5 本章小结

本章首先从整体上对 Unity 旧图形用户界面系统——GUI 系统下的各个控件和方法进行了详细讲解,并对 Unity 4.6 新增的 UGUI 系统也进行了详尽介绍。UGUI 系统相比 GUI 系统有了很大的提升,使用起来更加便捷,其外观也更加美观。

接着,本章对 Prefab 资源的应用进行了详细介绍,这部分内容是通过 Prefab 的创建和对象的实例化来讲解的。

最后,本章对开发过程中的常用输入对象进行了讲解。图形用户界面在任何项目中都有着举足轻重的地位,只有熟练地掌握相关知识,才能搭建出令人满意的界面。

第 5 章 物理引擎

Unity 内置了由 NVIDIA 出品的 PhysX 物理仿真引擎，该引擎具有高效低耗的特点，且仿真程度极高。物理引擎通过为刚性物体赋予真实的物理属性的方式来计算它们的运动、旋转和碰撞反应。在开发过程中只需要简单地操作就可以使物体按照物理规律进行运动。

5.1 刚体

5.1.1 刚体特性

在介绍 Unity 的物理引擎之前，先要讲解刚体（Rigidbody）的概念。刚体是在使用物理引擎的过程中经常用到的一个组件，可以使刚体在作用力及扭转力的作用下进行仿真运动。刚体有许多属性、变量和相关方法，下面将分别进行介绍。

1. 刚体属性

为了便于开发人员控制物理系统，Unity 提供了多个属性接口，开发人员可以通过更改这些属性值来实现对刚体物理状态的控制。在实际的开发过程中，这些属性都被详细地罗列在属性面板中，开发人员可以很方便地对这些属性进行修改。接下来将对这些属性进行详细讲解。

（1）Mass（质量）

Mass 属性表示刚体的质量，其数据类型是 float，默认值为 1。一般来说，大部分的刚体的 Mass 属性值应该设置为接近 0.1 且不超过 10.0 才符合日常生活中的感官感受。刚体的质量并没有单位，在开发过程中可以通过保持刚体与刚体之间的质量比来提高其物理仿真度。

（2）Drag（阻力）

这里的阻力指的是刚体的移动阻力，刚体进行任意方向的移动都会受到 Drag 的影响，该属性的数据类型是 float，默认值为 0。Drag 的方向与刚体移动的方向相反，对刚体的移动起阻碍作用。通过对 Drag 设置不同的值，可以分别模拟出羽毛和石头掉落的情景。

（3）Angular Drag（旋转阻力）

Angular Drag 与 Drag 类似，也是阻碍刚体运动的一个力，该属性的数据类型是 float，默认值是 0.05。如果将该属性值设置为 0，则刚体在因受瞬时力而旋转后，将不会停止旋转运动。此属性值越高，刚体的角速度衰减就会越严重。

（4）Use Gravity（使用重力）

Use Gravity 属性是以布尔值的形式存在的，其初始值为 true。将这一属性值设为 false 时，刚体将不受重力的作用，从而可以模拟出刚体在太空等特殊场合的无重力状态，对于某些特殊的场景的物理模拟是非常有用的。

（5）Is Kinematic（是否遵循运动学）

这个属性表示的是该游戏对象是否遵循牛顿运动学物理定律，其数据类型是 bool，初始值为

false。需要注意的是，该属性值为 true 时表示刚体的运动只受脚本和动画的影响，作用力、关节和碰撞都不会对其产生任何作用。只有将该属性值设置为 false 时，才能正常进行物理计算。

另外，虽然当该属性值为 true 时刚体不受物理定律的约束，但是它还是会影响其他刚体，改变其他刚体的运动状态。在游戏开发中此属性经常会被使用到，例如在第一人称射击类游戏中，敌人被击杀后会倒地不动，因为这个敌人对象中的 Rigidbody 组件上的 Is Kinematic 属性被设置为 true 了。

（6）Interpolate（插值）

Interpolate 属性表示的是该刚体运动的插值模式。默认情况下，Interpolate 属性值是空（None），此时刚体的物理计算不进行插值，所需的值取最近计算的值。开发人员可以选择 Interpolate（内插值）或 Extrapolate（外插值）两种模式进行插值，由于篇幅有限，内插值和外插值的概念在此不做过多阐述。

在 Unity 中，物理模拟和画面渲染并不同步，如果不进行插值处理，计算得到的物理数据会是上一个物理模拟时间点的数据，而插值是获取近似当前渲染时间点数据的一种手段。然而，插值得到的值并非真实值，会产生一定的偏差，建议在开发过程中，只对主要游戏对象进行插值处理。

（7）Collision Detection（碰撞检测）

假设一个高速运动的刚体，其两个相邻物理模拟时间点所进行的位移大于被碰撞刚体的厚度，且其本身厚度足够小，则该刚体将有可能直接穿过被碰撞刚体，这种现象称为碰撞检测的穿透。为防止这种现象出现，Unity 提供了 3 种不同的碰撞检测模式，用于应对不同情况下的碰撞检测。

本属性默认使用占用资源较少的 Discrete（离散）模式，对于静止或运动速度较慢的刚体建议使用该模式；而对于高速运动或体积较小的刚体建议使用 Continuous（连续）模式；被使用了连续检测模式的刚体所撞击的刚体，则应该使用 Continuous Dynamic（动态连续）模式。

（8）Constraints（约束）

Constraints 属性表示的是刚体的位移或旋转是否受到物理定律的约束。默认状态下，刚体任意方向的位移和任意轴的旋转都是受物理定律约束的，开发人员通过设置指定方向的位移和指定轴的旋转，可以灵活地设置刚体的状态，达到自己想要的效果。

以上属性在属性面板中的位置如图 5-1 所示。在实际开发过程中，除了可以在代码中对这些属性进行修改，还可以在属性面板中直接对其进行修改，以提高开发效率。

▲图 5-1　刚体属性面板

> 说明：Rigidbody 和 Transform 的主要区别在于对力的使用。Rigidbody 可以使用力，而 Transform 则不能。Transform 可以对刚体进行旋转和平移，但并不是通过物理作用实现的；Rigidbody 则根据真实物理碰撞改变刚体的位置和角度。

2．刚体变量

为了获取和更改刚体的运动状态，Unity 还预留了多个变量接口，这些接口简化了对刚体运动效果的处理，使得开发人员能够轻松又方便地对刚体的运动状态进行干预和设置，从而获取更为真实的物理模拟，接下来将具体地介绍这些变量。

（1）angularVelocity（角速度）

angularVelocity 变量表示刚体的角速度向量，其数据类型为 Vector3，该向量的方向即刚体的旋转方向，旋转方向遵循左手定则，角速度的大小为向量的模，单位为 rad/s。非必要情况下，不建议对此变量进行过多的干预，直接修改其值会造成一定的模拟失真。

下面的代码可以实现一个静止刚体的旋转。

```
1   void Start () {
2       GetComponent<Rigidbody>().angularVelocity = Vector3.up;//使刚体以 y 轴为旋转轴进行旋转
3   }
```

（2）velocity（位移速度）

velocity 变量表示刚体的位移速度值，在 Unity 中，单位 1 表示现实生活中的 1m。在开发过程中，不推荐直接修改此变量的值，因为 Unity 是经过非常复杂的计算才使得刚体的运动自然平滑，如果进行干预，会使得刚体的运动模拟失真。

下面的代码可以实现一个刚体的速度骤增，以实现瞬移效果。

```
1   void Start () {
2       GetComponent<Rigidbody>().velocity = Vector3.up;          //给刚体赋以向上的速度
3   }
```

（3）centerOfMass（重心）

调低刚体的重心可以使刚体不易因其他刚体的碰撞或作用力而倒下。若不对重心进行设置，Unity 会自动对重心位置进行计算，其计算基础为刚体所挂载的碰撞体。需要注意的是，刚体重心的坐标以局部坐标系（也就是坐标系以物体的中心为坐标原点）为准，而不是世界坐标系。

下面的代码可以实现修改刚体的重心坐标。

```
1   void Start () {
2       GetComponent<Rigidbody>().centerOfMass = Vector3.up;     //修改刚体的重心坐标
3   }
```

（4）detectCollisions（碰撞检测）

detectCollisions 变量是非常有用的，该变量的值默认为 true，在必要的时候可以将其关闭。在开发过程中，有一些刚体并不是时刻都需要进行碰撞检测，此时通过设置本变量而不是移除刚体组件来关闭物体碰撞检测，对提高程序的运行效率有明显的作用。

下面的代码演示了如何关闭刚体碰撞检测。

```
1   void Start () {
2       GetComponent<Rigidbody>().detectCollisions = false;      //关闭碰撞检测
3   }
```

（5）inertiaTensor（惯性张量）

inertiaTensor 变量用来描述刚体的转动惯量，其数据类型为 Vector3，如果不对该变量值进行设置和干预，它将通过挂载在刚体上的碰撞体组件自动进行计算。

下面的代码可以实现给刚体赋一个自定义的惯性张量。

```
1   void Start () {
2       GetComponent<Rigidbody>().inertiaTensor = Vector3.one;    //修改惯性张量
3   }
```

（6）inertiaTensorRotation（惯性张量旋转）

inertiaTensorRotation 变量指刚体惯性张量的旋转值，其数据类型为 Quaternion，即四元数，如果不对该变量值进行设置和干预，它将通过挂载在刚体上的碰撞体组件自动进行计算。

下面的代码可以实现给刚体赋一个原始惯性张量旋转值。

```
1  void Start () {
2      GetComponent<Rigidbody>().inertiaTensorRotation = Quaternion.identity;//修改惯性张量旋转
3  }
```

(7) maxAngularVelocity（最大角速度）

maxAngularVelocity 变量用于设置刚体的最大角速度，其数据类型为 float，单位为 rad/s，只能为非负数，且数值可无限大，默认值为 7。最大角速度用来限制刚体的旋转速度，使刚体的旋转速度不至于过大，当刚体的旋转向量的模大于该值时，则使刚体的旋转速度等于该值。

下面的代码可以实现对刚体最大角速度的修改。

```
1  void Start () {
2      GetComponent<Rigidbody>(). maxAngularVelocity = 1.9f;    //修改最大角速度
3  }
```

(8) maxDepenetrationVeloctiy（最大穿透速度）

当一个刚体穿透其他碰撞体时，刚体的速度会变得非常不稳定，此时通过设置 maxDepenetrationVeloctiy 变量可以限制刚体的速度，从而使得刚体的运动变得更为平滑。该变量的数据类型为 float，其值只能为非负数，且数值可无限大，默认情况下其值为无限大。

下面的代码可以实现对刚体最大穿透速度的修改。

```
1  void Start () {
2      GetComponent<Rigidbody>(). maxDepenetrationVeloctiy = 1.9f;    //修改最大穿透速度
3  }
```

(9) position（坐标）

position 变量表示的是刚体在世界坐标系中的坐标，其数据类型为 Vector3。该变量与 transform.position 具有完全不同的意义，切记不可混淆乱用，position 代表物理模拟中的坐标，而 transform.position 指绘制场景中的坐标，两者的数值会尽量保持一致，但在高速运动的过程中，这两个变量的值会有细微的差别。

下面的代码用于输出刚体的刚体位置坐标值，具体代码如下。

```
1  void Start () {
2      Debug.log(GetComponent<Rigidbody>().position);    //输出刚体位置
3  }
```

(10) rotation（旋转）

rotation 变量表示的是刚体在世界坐标系中的旋转值，其数据类型为 Quaternion。该变量与 transform.rotation 具有完全不同的意义，rotation 代表物理模拟中的旋转值，而 transform.rotation 指绘制场景中的旋转值，两者的数值会尽量保持一致，但在高速旋转的过程中，这两个变量的值会有细微的差别。

下面的代码用于输出刚体的刚体旋转值，具体代码如下。

```
1  void Start () {
2      Debug.log(GetComponent<Rigidbody>().rotation);    //输出刚体旋转值
3  }
```

(11) useConeFriction（使用锥形摩擦）

useConeFriction 变量表示是否使用锥形摩擦，其数据类型为 bool，默认情况下其值为 false。由于该变量对资源的消耗很大，所以除非特殊情况，一般都不会将其值设为 true。

下面的代码用于开启锥形摩擦。

```
1  void Start () {
2      GetComponent<Rigidbody>(). useConeFriction = true;    //开启锥形摩擦
3  }
```

3. 刚体常用方法

讲解了刚体的属性与变量之后，下面来讲解 Unity 提供的刚体的相关方法，这里仅介绍一些常用的方法。

（1）AddForce（施加力）

AddForce 方法的方法签名为 public void AddForce(Vector3 force, ForceMode mode)。此方法被调用时，将会向刚体施加一个沿着 force 方向的力，该力的类型为 mode，包括计算重力的连续力、忽略重力的连续力、计算重力的瞬时力、忽略重力的瞬时力 4 种，具体如下。

❑ 计算重力的连续力（Force）。此模式能够给指定刚体施加向某一方的连续力，真实模拟了现实世界中刚体的运动规律，当把相同的力分别施加给质量为 1 和 2 的刚体，质量为 1 的刚体的移动速度会大于质量为 2 的刚体的移动速度，施加的力的计算方法为质量×距离/时间^2。

❑ 忽略重力的连续力（Acceleration）。此模式与 Force 类似，唯一不同的是 Acceleration 并不会考虑施加刚体的质量，也就是说不论刚体的质量相差多少，只要为其施加相同的力，它们的移动速度将会完全相同，施加的力的计算方法为距离/时间^2。

❑ 计算重力的瞬时力（Impulse）。在此模式下只会为刚体施加瞬时力，而不会像前两个模式那样持续为刚体施加力，在为刚体施加瞬时力时仍然会考虑质量的作用，施加的力的计算方法为质量×距离/时间。

❑ 忽略重力的瞬时力（VelocityChange）。此模式与 Impulse 类似，唯一不同的是 VelocityChange 不会考虑刚体的质量，施加的力的计算方法为距离/时间。

（2）MovePosition（移动）

MovePosition 方法的方法签名为 public void MovePosition(Vector3 position)。当此方法被调用时，系统会根据指定的参数，将刚体移动到相应的位置。该方法经常用于 FixedUpdate 方法中。

下面的代码实现对刚体的匀速平移操作。

```
1    void FixedUpdate () {
2      GetComponent<Rigidbody>().MovePosition(transform.position
3      + Vector3.right * Time.deltaTime);                    //匀速平移刚体
4    }
```

（3）MoveRotation（旋转）

MoveRotation 方法的方法签名为 public void MoveRotation(Quaternion rot)。此方法被调用时，系统会根据指定的参数，将刚体旋转到相应的角度。该方法经常用于 FixedUpdate 方法中以实现每帧的旋转。

下面的代码实现对刚体的匀速旋转操作。

```
1    void FixedUpdate () {
2      GetComponent<Rigidbody>().MoveRotation(transform.rotation * Quaternion.Euler
3      (new Vector3(0, 100, 0) * Time.deltaTime));           //匀速旋转刚体
4    }
```

（4）AddExplosionForce（添加爆炸力）

AddExplosionForce 方法的方法签名为 public void AddExplosionForce(float explosionForce, Vector3 explosionPosition, float explosionRadius, float upwardsModifier, ForceMode mode)。此方法被调用后将在 explosionPosition 处产生模式为 mode、大小为 explosionForce、半径为 explosionRadius 的爆炸力，并在刚体下方 upwardsModifier 处向上施力。

下面的代码实现产生一个爆炸力的操作。

```
1    void Start () {
2      GetComponent<Rigidbody>().AddExplosionForce(19.0f, transform.position, 10,
3      1.5f, ForceMode.Force);                               //添加爆炸力
4    }
```

> **说明** 如果将爆炸力的值设置为负数,则该方法可以模拟出引力的效果,使在半径之内的刚体因爆炸力的作用向中心点靠拢。

(5) AddForceAtPosition(在指定点施加力)

AddForceAtPosition 方法方法签名为 public void AddForceAtPosition(Vector3 force, Vector3 position, ForceMode mode)。该方法被调用时,将在 position 处添加一个 mode 模式、force 大小的力。这里的 position 是基于世界坐标系的,应使 position 在刚体之内,否则将会很难控制。

下面的代码实现在指定点向刚体施加一个力的操作。

```
1  void FixedUpdate () {
2      GetComponent<Rigidbody>().AddForceAtPosition(Vector3.up,
3      transform.position, ForceMode.Force);         //施加作用力
4  }
```

(6) AddRelativeForce(施加相对力)

AddRelativeForce 方法的方法签名为 public void AddRelativeForce(Vector3 force, ForceMode mode)。调用此方法将向刚体施加一个沿着 force 方向的力,该力的模式为 mode。该方法中的 force 基于刚体的模型坐标,与基于世界坐标的 AddForce 方法略有不同。

下面的代码实现向刚体施加一个相对力的操作。

```
1  void Start () {
2      GetComponent<Rigidbody>().AddRelativeForce(Vector3.up, ForceMode.Force);//施加相对力
3  }
```

(7) AddTorque(施加力矩)

AddTorque 方法的方法签名为 public void AddTorque(Vector3 torque, ForceMode mode)。该方法被调用时,将向刚体施加一个 torque 的力矩,其模式为 mode。通过此方法可以使刚体受力矩的作用而进行运动。

下面的代码实现向刚体施加一个力矩的操作。

```
1  void Start () {
2      GetComponent<Rigidbody>().AddTorque(Vector3.up, ForceMode.Force);//施加力矩
3  }
```

(8) AddRelativeTorque(施加相对力矩)

AddRelativeTorque 方法的方法签名为 public void AddRelativeTorque(Vector3 torque, ForceMode mode)。调用此方法时,将向刚体施加一个沿着 torque 方向的力矩,模式为 mode。该方法中的 torque 基于刚体的模型坐标,与基于世界坐标的 AddTorque 方法略有不同。

下面的代码实现向刚体施加一个相对力矩的操作。

```
1  void Start () {
2      GetComponent<Rigidbody>().AddRelativeTorque(Vector3.up, ForceMode.Force);
                                                                    //施加相对力矩
3  }
```

(9) ClosestPointOnBounds(计算边界上的最近点)

ClosestPointOnBounds 方法的方法签名为 public Vector3 ClosestPointOnBounds(Vector3 position)。调用此方法可以计算出在刚体所在的三维空间内与 position 距离最近的点的坐标。

下面的代码实现输出最近点的操作。

```
1  void Update () {
2      Debug.Log(GetComponent<Rigidbody>().ClosestPointOnBounds(Vector3.zero));//打印最近点
3  }
```

（10）GetPointVelocity（获取基于点坐标系的速度）

GetPointVelocity 方法的方法签名为 public Vector3 GetPointVelocity(Vector3 worldPoint)。给定一个基于世界坐标系的点 worldPoint，调用此方法可以计算出刚体在以 wroldPoint 为原点的坐标系中的速度。

下面的代码实现输出刚体基于点坐标系的速度的操作。

```
1   void Update () {
2       Debug.Log(GetComponent<Rigidbody>().GetPointVelocity(Vector3.up));//输出速度
3   }
```

（11）GetRelativePointVelocity（获取基于相对点坐标系的速度）

GetRelativePointVelocity 方法的方法签名为 public Vector3 GetRelativePointVelocity(Vector3 relativePoint)。给定一个基于刚体模型坐标系的点 relativePoint，调用此方法可以计算出刚体在以 relativePoint 为原点的坐标系中的速度。

下面的代码实现输出刚体基于相对点坐标系的速度的操作。

```
1   void Update () {
2       Debug.Log(GetComponent<Rigidbody>(). GetRelativePointVelocity (Vector3.up));
    //打印速度
3   }
```

（12）IsSleeping（是否休眠）

IsSleeping 方法的方法签名为 public bool IsSleeping()。调用此方法将返回一个 bool 类型的值，表示刚体是否处于休眠状态。

下面的代码实现输出刚体是否处于休眠状态的操作。

```
1   void Update () {
2       Debug.Log(GetComponent<Rigidbody>().IsSleeping);      //输出休眠状态
3   }
```

（13）SetDensity（设置密度）

SetDensity 方法的方法签名为 public void SetDensity(float density)。调用此方法将给刚体设置一个密度值，该密度值基于碰撞体的体积。

下面的代码实现设置刚体密度的操作。

```
1   void Start () {
2       GetComponent<Rigidbody>().SetDensity(1.9f);      //设置刚体密度
3   }
```

（14）Sleep（强制休眠）

Sleep 方法的方法签名为 public void Sleep()，可将刚体强制休眠，不参与物理模拟计算，通过将不重要的刚体进行强制休眠，可以节约大量的资源，从而提高程序的运行效率。

下面的代码实现将刚体进行强制休眠。

```
1   void Start () {
2       GetComponent<Rigidbody>().Sleep();               //将刚体强制休眠
3   }
```

（15）WakeUp（唤醒）

WakeUp 方法的方法签名为 public void WakeUp()，可将处于休眠状态的刚体唤醒，使其重新加入物理模拟计算。

下面的代码实现唤醒处于休眠状态的刚体的操作。

```
1   void Update () {
2       if(GetComponent<Rigidbody>().IsSleeping()) {
3           GetComponent<Rigidbody>().WakeUp();          //将休眠的刚体唤醒
4   }}
```

（16）SweepTest（扫描检测）

SweepTest 方法的方法签名为 public bool SweepTest(Vector3 direction, out RaycastHit hitInfo, float maxDistance)。调用该方法将沿着 direction 方向产生一条长度为 maxDistance 的射线 hitInfo，若该射线碰撞到其他刚体，则返回 true，否则返回 false。第一个被检测到的刚体的信息储存在 hitInfo 上。

下面的代码实现扫描检测的功能。

```
1    RaycastHit rh = new RaycastHit();
2    void Update () {
3        Debug.Log(GetComponent<Rigidbody>().SweepTest(Vector3.forward, out rh, 10.0f));
                                                       //扫描结果
4    }
```

（17）SweepTestAll（扫描检测所有）

SweepTestAll 方法的方法签名为 public RaycastHit[] SweepTestAll(Vector3 direction, float maxDistance)，该方法与 SweepTest 方法类似，不同的是其会返回 RaycastHit 类型的数组，其中储存了沿着 direction 方向检测到的所有刚体的信息。该数组的最大长度不超过 128。

下面的代码实现扫描所有刚体的功能。

```
1    RaycastHit rh = new RaycastHit();
2    void Update () {
3        Debug.Log(GetComponent<Rigidbody>().SweepTestAll(Vector3.forward, 10.0f).Length);
                                                       //扫描个数
4    }
```

> **说明** SweepTest 方法和 SweepTestAll 方法都只能扫描到简单类型的碰撞体（Sphere、Cube、Capsule），而网格碰撞体则不适合使用这两个方法。

5.1.2 物理管理器

前面的内容简单介绍了刚体的属性、变量和方法，接下来将讲解物理管理器（Physics Manager）的相关内容。

Unity 作为一个优秀的游戏开发平台，其出色的管理模式是令人称赞的。在 Unity 中，不仅可以对单个分组进行属性设置，还可以对场景全局进行设置。接下来将会详细讲解 Unity 中场景的全局物理参数设置。

1. 物理管理器预览

（1）打开 Unity 集成开发环境，在菜单栏中单击 Edit→Project Settings，弹出 Project Settings 窗口，选中 Physics 选项。

（2）Inspector 面板中会呈现出物理管理器的相关内容，在此可对当前项目的全局物理参数进行设置。

2. 物理管理器参数

接下来介绍物理管理器中的相关属性的含义和用法。

（1）Gravity（重力）

Gravity 属性表示的是当前项目中的重力加速度，其属性值将被应用于所有刚体。该属性的 3 个值分别指在 x、y、z 轴方向上的重力加速度，一般重力加速度是竖直向下的，所以只有 y 轴上有一个负值。默认情况下，y 轴上的值为 -9.81，x 轴和 z 轴上的值为 0。

（2）Default Material（默认材质）

Default Material 属性表示当刚体没有被指定物理材质时刚体的默认材质。默认状态下该属性是没有指定值的，也就是说在默认状态下创建的刚体都是没有指定材质的，因为在 Unity 中，每个刚体的物理材质可能会有很大的不同，有时候指定默认材质并没有太大的意义。

（3）Bounce Threshold（反弹阈值）

Bounce Threshold 属性表示的是项目中的反弹阈值，该属性值被应用于所有刚体。如果两个相互碰撞的刚体的相对速度低于反弹阈值，将不进行反弹计算，通过合理设计，该属性可以有效减少物理模拟过程中的抖动。这里的相对速度是指以其中一个刚体为参照物，另外一个刚体的速度值。

（4）Sleep Threshold（休眠阈值）

Sleep Threshold 属性用来代替之前版本中的 SleepVelocity、SleepAngularVelocity 等属性，表示的是刚体的能量值，其大小受刚体的平移速度和旋转速度影响，设刚体能量为 E，平移速度大小为 V，角速度大小为 A，则刚体能量计算公式为 $E=(\sqrt{V}+\sqrt{A})\times 0.5$。当刚体能量低于休眠阈值时，则进行休眠操作。

（5）Default Contact Offset（默认接触偏差）

当两个刚体的表面距离低于 Default Contact Offset 属性的值时，则认为两个刚体已经接触，并对其进行物理模拟计算。该属性值只能为正数，不可为负数或 0。在实际的物理模拟计算中，很难使两个刚体刚好无缝贴合，如果想对其进行碰撞检测，就必须有一个容差值，使两个刚体能够进行物理模拟计算。

（6）Default Solver Iterations（默认求解迭代）

Default Solver Iterations 属性是确定多个物理相互作用的迭代器，例如关节的运动或者重叠刚体之间的接触。该属性定义 Unity 每帧运行多少求解进程，这会影响求解器输出的质量。通常在使用非默认的 Time.fixedDeltaTime 的情况下更改该属性值。

（7）Default Solver Velocity Iterations（默认求解速度迭代）

Default Solver Velocity Iterations 属性用来设置求解器每帧执行的速度。求解器执行的进程越多，刚体反弹后速度的准确性越高。如果遇到连接刚体元件或者 Ragdolls 碰撞后移动过大的情况，可尝试更改此属性值。

（8）Queries Hit Backface（查询命中背景）

如果希望物理查询检测与 MeshCollider 的背面三角形匹配，就勾选此复选框。此复选框默认未勾选。

（9）Queries Hit Triggers（查询命中触发器）

若希望物理碰撞测试与被标记为触发器的碰撞体相交时返回命中消息，则勾选此复选框。

（10）Enable Adaptive Force（允许自适应力）

自适应力是 PhysX 所使用的一项特殊技术，它主要用于修正 PhysX 在模拟动态状况时不可避免的数值偏差。Unity 在 5.0 及以上版本采用了 PhysX SDK 3.0 的物理引擎，其在 PhysX SDK 2.x 的基础上进行了重新设计，并将 PhysX 的自适应力设置为可切换的，默认状态下是关闭状态。

（11）Enable PCM（启用 PCM）

勾选 Enable PCM 复选框启用物理引擎的多点持续接触（Persistent Contacts Manifold，PCM）。这样会在每个物理框架重新产生较少的接触点，并通过框架产生更多的接触点信息。PCM 产生的路径会更加准确，通常情况下会产生更好的碰撞反馈。

5.2 铰接体

一般情况下，将刚体连接在一起的关节部件加上针对保真度游戏性能进行优化的物理求解器，会导致无法模拟真实的运动学效果。最新版的 Unity 中，添加了铰接体（Articulation Body）关节，能够建立更为真实的物理关节，主要用于运动学上的有链接关系和层次结构的游戏对象，如机械臂等。

5.2.1 铰接体的属性

与 Unity 中提供的旧关节类型相比，铰接体关节更适合构建机器人手臂之类的游戏对象。它使用 Featherstone 算法和简化的坐标表示来保证关节中没有不必要的拉伸。这意味着可以将许多关节串联起来，并且仍然可以实现稳定和精确的运动，它的具体属性如表 5-1 所示。

表 5-1　　　　　　　　　　　　　　　铰接体属性

属性	含义
Mass	铰接体的质量，单位默认为千克
Immovable	铰接体是否可移动，只能为根铰接体设置此属性
Use Gravity	重力是否影响此铰接体
Linear Damping	控制线性减速的系数
Angular Damping	控制旋转减速的系数
Joint Friction	控制由关节摩擦引起的能量损失的系数
Compute Parent Anchor	启用此属性可使父对象相对定位点与当前铰接主体的定位点匹配；如果禁用此属性，则可以分别设置父对象锚点位置和父对象锚点旋转的值
Anchor Position	锚点相对于当前铰接体的位置坐标
Anchor Rotation	锚点相对于当前铰接体的旋转坐标
Articulation Joint Type	将此铰接体连接到其父铰接体的关节类型

以上属性在属性面板中的位置如图 5-2 和图 5-3 所示。图 5-2 所示为一般情况下根铰接体的属性面板，图 5-3 所示为子铰接体的属性面板。在实际的开发过程中，除了可以在代码中对这些属性值进行修改，还可以在属性面板中直接对其进行修改，从而提高开发效率。

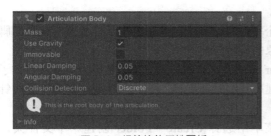

▲图 5-2　根铰接体属性面板

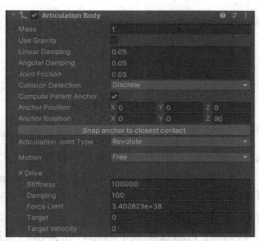

▲图 5-3　子铰接体属性面板

5.2.2 铰接体的创建

上一小节介绍了铰接体的一些属性，本小节将介绍铰接体的创建。在介绍铰接体的创建之前，先要理解一点，即铰接体相比于普通的由刚体组成的关节，可以在工业应用的模拟环境中获得真实的物理行为。创建铰接体的步骤如下。

（1）导入相关风扇模型包。单击菜单栏中的 Assets→Import Package→Custom Package，弹出 Import New Asset 对话框，如图 5-4 所示，在该对话框内浏览需要导入的包并将其选中，单击 Import 按钮，开始导入资源。

> **注意** 该项目所使用的资源包已经放入了该项目文件夹中，读者可在随书资源中复制后，导入自己的项目中，风扇模型包位于随书资源中第 5 章目录下的 ArticulationBody 文件夹内。

（2）完成资源的导入后，在 Project 面板中选中扇叶模型 zz.FBX 和吊杆模型 bb.FBX，将其拖入场景中，并摆放至合适的位置使两个模型相连接，组成吊扇的样子，并调整主摄像机使模型可见。

（3）重新整理扇叶和吊杆，使风扇模型为吊杆模型的子对象。由于铰接体是按照 Game Object 的位置逐一进行控制的，故摆放的位置很重要，会直接影响后续铰接体的移动、旋转等操作。读者可参考随书资源中的项目进行整理。

（4）为模型添加铰接体组件。选中模型，在 Inspector 面板中，单击 Add Component 按钮，然后单击 Miscellaneous→ArticulationBody 添加铰接体组件。添加完成后，分别设置吊杆和扇叶模型的铰接体参数，如图 5-5 和图 5-6 所示，取消勾选 Use Gravity 复选框，使物体不受重力的影响。

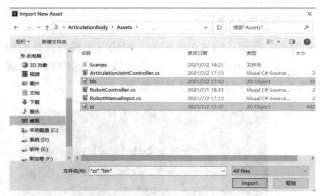

▲图 5-4 Import New Asset 对话框

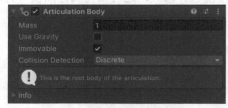

▲图 5-5 吊杆模型的铰接体参数

（5）单击 GameObject→Create Empty 创建一个空对象。该空对象主要用于挂载监听键盘的脚本，该脚本用于接收键盘的输入并设置相关子对象的旋转方向。

（6）单击 Edit→Project Settings→Input Manager 添加自定义的输入管理，名称为对应铰接体子对象的名称，设置扇叶的旋转时，持续按 A 或←键扇叶顺时针旋转，持续按 D 或→键扇叶逆时针旋转，设置的参数如图 5-7 所示。

（7）在 Project 面板中右击，在弹出的快捷菜单中选择 Create→Folder 创建一个文件夹，并将其命名为 Scripts。在 Scripts 文件夹中右击并在弹出的快捷菜单中选择 Create→C# Script 创建 C#脚本，将其命名为 FanController.cs，将其挂载到吊杆对象上，用于铰接体的总控制，该脚本的具体代码如下。

5.2 铰接体

▲图 5-6 扇叶模型的铰接体参数

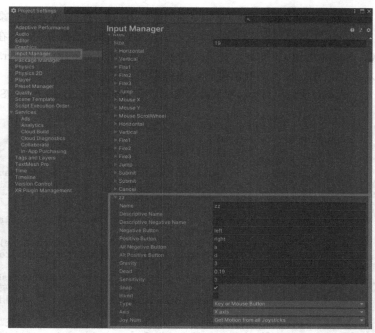

▲图 5-7 输入管理

代码位置：随书资源中的源代码/第 5 章/ArticulationBody/Assets/Scripts/FanController.cs

```
1   using System.Collections;
2   using System.Collections.Generic;
3   using UnityEngine;
4   public class FanController : MonoBehaviour{
5       [System.Serializable]                                        //对象序列化
6       public struct Joint{                                         //自定义的铰接体对象
7           public string inputAxis;                                 //铰接体组件的名称
8           public GameObject robotPart;                             //铰接体对象
9       }
10      public Joint[] joints;                                       //铰接体子对象集合
11      public void StopAllJointRotations(){                         //停止所有子对象的旋转
12          for(int i = 0; i < joints.Length; i++){
13              GameObject robotPart = joints[i].robotPart;          //获取子铰接体对象
14              UpdateRotationState(RotationDirection.None,robotPart);//设置子对象不旋转
15      }}
16      public void RotateJoint(int jointIndex, RotationDirection direction){
                                                                     //更新子对象的旋转方向
17          StopAllJointRotations();                                 //停止所有子对象的旋转
18          Joint joint = joints[jointIndex];                        //获取应旋转的子对象
19          UpdateRotationState(direction,joint.robotPart);          //更新子对象相对应的旋转方向
20      }
21      static void UpdateRotationState(RotationDirection direction, GameObject robotPart){
                                                                     //更新旋转方向
22          ArticulationJointController jointController = robotPart.GetComponent
    <ArticulationJointController>();         //获取对象
23          jointController.rotationState = direction;               //改变旋转方向
24      }}
```

- 第 1～3 行主要是导入系统相关类，要将用到的系统包全部导入。

- 第 6～10 行自定义结构体 Joint，包含了铰接体对象名称和对象，并定义了结构体 Joint 的数组用于记录所有铰接体的子对象。

- 第 11～15 行用于获取所有子对象并且设置所有子对象暂停旋转。

- 第 16～20 行用于更新特定子对象的旋转方向，先设置所有子对象暂停旋转，然后获取 jointIndex 索引对应的子对象并调用 UpdateRotationState 方法以更新子对象的旋转方向。

□ 第 21~24 行为更新特定对象旋转方向的方法，先获取对象，再设置相应的旋转方向。

（8）为铰接体子对象添加脚本控制。在 Project 面板中右击并在弹出的快捷菜单中选择 Create→C# Script 创建 C#脚本，并将其命名为 ArticulationJointController.cs，编写完成后将其挂载到扇叶对象上，用于控制扇叶的旋转，该脚本的具体代码如下。

代码位置：随书资源中的源代码/第 5 章/ArticulationBody/Assets/Scripts/ArticulationJointController.cs。

```
1   using System;
2   ...//此处省略了部分代码，请参考随书资源
3   using UnityEngine;
4   public enum RotationDirection { None = 0, Positive = 1, Negative = -1 };
    //定义枚举类型
5   public class ArticulationJointController : MonoBehaviour{
6       public RotationDirection rotationState = RotationDirection.None;//子对象旋转方向为0
7       public float speed = 100.0f;                                //旋转速度
8       private ArticulationBody articulation;                      //声明铰接体对象
9     void Start(){articulation = GetComponent<ArticulationBody>();} //获取铰接体对象
10      void FixedUpdate(){                                         //更新旋转角度
11          if(rotationState != RotationDirection.None) {          //当旋转方向不为0时
12              float rotationChange = (float)rotationState * speed * Time.fixedDeltaTime;
                                                                    //旋转角度增量
13              float rotationGoal = CurrentPrimaryAxisRotation() + rotationChange;
                                                                    //旋转总角度
14              RotateTo(rotationGoal);         //调用旋转方法旋转至特定角度
15          }}
16      float CurrentPrimaryAxisRotation(){         //获取当前旋转角度
17          float currentRotationRads = articulation.jointPosition[0];  //获取铰接体的x位置
18          float currentRotation = Mathf.Rad2Deg * currentRotationRads;//计算对应旋转角度
19      return currentRotation;                     //返回旋转角度
20      }
21      void RotateTo(float primaryAxisRotation){   //旋转方法
22          var drive = articulation.xDrive;        //获取 x 轴运动
23           drive.target = primaryAxisRotation;    //设置旋转角度
24          articulation.xDrive = drive;
25  }}
```

□ 第 1~9 行主要是导入系统相关类和初始化相关参数。第 4 行声明自定义的枚举类型，0 为不旋转，1 为正向旋转，-1 为逆向旋转。

□ 第 10~15 行更新子对象的旋转角度，先获取旋转角度的增量，计算旋转总角度并调用 RotateTo 方法旋转至特定角度。

□ 第 16~25 行是获取当前旋转角度的方法和更新铰接体对象旋转角度的方法，第 17~18 行先获取位置并进行旋转角度的计算，然后返回旋转角度。

（9）在 Project 面板中右击并在弹出的快捷菜单中选择 Create→C# Script 创建 C#脚本，并将其命名为 FanManualInput.cs，该脚本用于接收自定义的 input 并进行扇叶旋转方向的设置，将该脚本挂载到与铰接体无关的空对象上。该脚本的具体代码如下。

代码位置：随书资源中的源代码/第 5 章/ArticulationBody/Assets/Scripts/FanManualInput.cs。

```
1   using System.Collections;
2   using System.Collections.Generic;
3   using UnityEngine;
4   public class FanManualInput : MonoBehaviour{
5       public GameObject robot;                        //游戏对象的声明
6       void Update() {
7           FanController robotController = robot.GetComponent<FanController>();
                                                        //获取脚本
8           for(int i = 0; i < robotController.joints.Length; i++) { //遍历所有子对象
9               float inputVal = Input.GetAxis(robotController.joints[i].inputAxis);
                                                        //获取键盘的输入
10              if (Mathf.Abs(inputVal) > 0){
11                  RotationDirection direction = GetRotationDirection(inputVal);
                                                        //获取旋转方向
```

```
12                    robotController.RotateJoint(i, direction);  //更新旋转方向
13                    return;
14              }}
15          robotController.StopAllJointRotations();              //停止所有子对象旋转
16      }
17      static RotationDirection GetRotationDirection(float inputVal){
18          if(inputVal > 0){
19              return RotationDirection.Positive;                //当输入大于 0 时,设方向为正
20          }else if (inputVal < 0){
21              return RotationDirection.Negative;                //当输入小于 0 时,设方向为负
22          }else{
23              return RotationDirection.None;                    //否则设为 0
24  }}}
```

- 第 1～5 行主要是导入系统相关类和初始化相关参数。
- 第 6～16 行重写对 Update 方法重写,主要功能为监听键盘并遍历所有该铰接体的子对象,然后更新子对象的位置与旋转方向。
- 第 17～24 行根据输入判断并设置旋转方向。

5.2.3 运行效果

单击"运行"按钮,在键盘上持续按 A 或者←键扇叶顺时针旋转,持续按 D 或→键扇叶逆时针旋转,当无键盘输入时扇叶停止运动。扇叶运行效果如图 5-8 所示。

▲图 5-8 运行效果

5.3 碰撞体

5.1 节讲解了刚体的主要特性,本节将对碰撞体(Collider)进行详细的介绍。碰撞体在 Unity 内置物理引擎中起着很重要的作用。理解碰撞体的原理和概念并掌握碰撞体的使用技巧对 Unity 的学习很重要。

碰撞体组件根据物体的形状设置物理碰撞体。需要注意的是,碰撞体是不可见的。碰撞体并不需要与对象的形状完全一样。有时大致相似的形状会产生更好的游戏体验。所以,在设置碰撞体时要根据实际需要灵活进行。

Unity 中内置的碰撞体包括 6 种,具体如下。

(1) Box Collider(盒子碰撞体)

盒子碰撞体是一种基本的方形碰撞体原型,可以调整成不同大小的长方体,能够很好地应用于门、墙、平台和木箱等,同时也能够用于角色的躯干或者交通工具的外壳。一般情况下,盒子碰撞体应用于比较规则的物体,能够恰好地将作用对象的主要部分包裹起来。

(2) Sphere Collider(球体碰撞体)

球体碰撞体是一种基本的球形碰撞体原型,在三维空间上可以均等地调节大小,但是不能只改变某一维的尺寸。一般情况下,该碰撞体适用于石头、篮球、弹珠等。适当地使用该碰撞体可以在一定程度上减少物理计算,提高性能。

(3) Capsule Collider(胶囊碰撞体)

胶囊碰撞体是一种基本的胶囊状碰撞体原型,由一个圆柱体的上下表面各连接一个半球体组成。胶囊碰撞体的半径和高度均可以单独调节。该碰撞体可以应用于角色控制器或者与其他碰撞体结合应用于形状不规则的物体。

(4) Mesh Collider(网格碰撞体)

网格碰撞体是一种在物体的网格资源上构建的碰撞体。该碰撞体采用网格资源并基于网格构建,对于复杂的网状模型上的碰撞检测,该碰撞体要比上述几个原型碰撞体精确很多。该碰撞体

第 5 章 物理引擎

的大小和位置与其挂载物体的 Transform 属性值相同。

（5）Wheel Collider（车轮碰撞体）

车轮碰撞体是一种特殊的车辆碰撞体。该碰撞体自带碰撞检测、车轮物理引擎和基于滑动的轮胎摩擦模型，专门为车辆的轮胎设计，同时也可应用于其他对象。车轮碰撞体的碰撞检测是通过车轮中心向外发射一条沿 y 轴方向的射线来实现的。

车轮碰撞体将在"5.5 交通工具"一节详细介绍，这里不赘述。

（6）Terrian Collider（地形碰撞体）

地形碰撞体是一种主要作用于地形的碰撞体，用于检测地形和地形上物体的碰撞，防止地形上具有刚体属性的对象无限制地下落。

> **说明** 在实际的开发中，经常会将多种碰撞体组合使用，以保证碰撞的真实性。

5.3.1 碰撞体的添加

在 Unity 集成开发环境中，开发人员想要对游戏对象进行碰撞处理，只需要对其附加碰撞体即可。在 Unity 中，碰撞体作为游戏对象的一种组件，可以随意添加或者删除。接下来将对碰撞体的添加方式进行介绍。

1. 碰撞体的基本添加方式

在开发过程中，对于某些物体，如果仅要求其达到简单的碰撞效果，那么只需要对其附加相应的碰撞体即可，具体步骤如下。

（1）单击 GameObject→3D Object→Cube 创建一个简单的立方体对象（Cube）。创建完成后立方体对象本身会带有很多属性，例如相关碰撞体的组件。

（2）在 Hierarchy 面板中找到步骤（1）创建的立方体对象，选中该对象后可以在 Inspector 面板中看到此对象的所有属性。其中 Box Collider 就是盒子碰撞体组件，其初始参数如图 5-9 所示。

（3）移除游戏对象的碰撞体组件。在 Box Collider 处右击或者单击该组件的设置按钮，在弹出的菜单中选择 Remove Component 选项，如图 5-10 所示，便可以移除已经附加在游戏对象上的碰撞体组件。

▲图 5-9　碰撞体组件

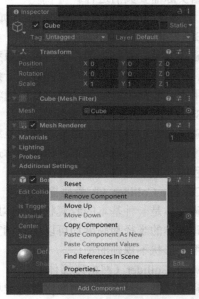
▲图 5-10　选择 Remove Component 选项

（4）添加碰撞体。在立方体对象被选中的状态下，单击 Component→Physics→Box Collider 即可为当前立方体对象添加盒子碰撞体组件，由于游戏对象为规则的正方体，故盒子碰撞体刚好与游戏对象的形状重合。

> 说明　同一个对象可以指定多个相同种类的碰撞体，在数量上不受限制。

2. 碰撞体的组合使用

一般在项目的开发过程中，单个碰撞体的添加方式是很简单的。但是在某些情况下，由于 Unity 内置的碰撞体都是规则的形状，并不能满足非规则形状物体的碰撞事件处理。针对这种情况，下面介绍一种适合的解决方案，具体步骤如下。

（1）单击 GameObject→3D Object→Plane 创建一个平面作为地板并调整为合适的大小，为其指定地板纹理（将导入的地板纹理图片直接拖到地板对象上即可完成纹理的添加）。

（2）单击 GameObject→3D Object→Capsule 创建一个胶囊体，为其指定纹理后将其放置到第（1）步中创建好的地板的上方，主摄像机的正前方，调整好位置后将此对象自带的胶囊碰撞体移除。

（3）在胶囊体对象被选中的状态下单击 Component→Physics→BoxCollider 和 Component→Physics→SphereCollider 添加盒子碰撞体和球体碰撞体，调整碰撞体与胶囊对象的位置和大小，直至球体碰撞体将胶囊的上半球遮盖，盒子碰撞体将胶囊的下半球遮盖。

（4）仍然使胶囊体对象处于被选中的状态，单击 Component→Physics→Rigidbody 为其添加刚体。勾选 Use Gravity 复选框使物体受重力影响，设置完毕后单击"运行"按钮，观看效果，如图 5-11 所示。

▲图 5-11　碰撞器组合最终效果图

> 说明　本示例的场景文件位于随书资源中的源代码/第 5 章/PhysX/Assets/Scenes 中，为了简化操作，本示例使用胶囊体作为不规则物体的替代物，读者可以举一反三，对一些复杂的模型进行碰撞体组合拼接，以达到预期效果。

5.3.2　碰撞过滤

在 Unity 开发过程中，如果某些游戏对象之间不需要检测碰撞或碰撞不符合现实，就要规避这种碰撞。在 Unity 集成开发环境中使用碰撞过滤这一功能可以实现这一效果。碰撞过滤就是对某些对象不进行碰撞检测，可以是两个对象之间也可以是层与层之间，开发人员可以灵活运用这一功能。

1. 通过代码实现两者之间的碰撞过滤

在 Unity 开发过程中，项目中的物理环境不仅能够在开发环境的菜单栏中进行设置，也可以通过编写脚本来设置。使两个对象之间不进行碰撞检测的原理是当脚本被激活的时候，使当前对象的"不检测碰撞体"为指定的另一个对象。

接下来以实现当前对象与另外两个对象不进行碰撞检测为例进行具体说明，代码如下所示。

```
1    public Transform ballA;
2    public Transform ballB;
3    public Transform ballC;                          //3 个小球的引用
4    void Start () {                                   //Start 方法在对象被激活时执行
5      Physics.IgnoreCollision(ballA.GetComponent<Collider>(),ballC.GetComponent<Collider>());
```

```
  6        Physics.IgnoreCollision(ballB.GetComponent<Collider>(), ballC.GetComponent<Collider>());
                              //控制 ballC 对象不和 ballA 和 ballB 对象发生碰撞
  7    }
```

- 第 1～3 行的作用是获取对象的引用，需要在开发环境的 Inspector 面板中分别指定对象。
- 第 4～7 行的作用是设置 ballC 对象不和 ballA 和 ballB 对象发生碰撞。

2. 层与层之间的碰撞过滤

上面介绍了用代码控制两者之间的碰撞过滤的方法，接下来通过一个示例讲解层与层之间实现碰撞过滤的方法，具体的步骤如下。

（1）导入纹理图片资源，在 Project 面板中的 Texture 文件夹下右击或者单击菜单栏中的 Assets 选项，在弹出的列表中选择 Import New Asset，在弹出的对话框中选择要导入的纹理图片文件，单击 Import 按钮导入图片。

（2）单击 GameObject→3D Object→Plane 创建一个平面作为地板。将导入的纹理图拖到创建好的平面上。单击 GameObject→3D Object→Sphere 创建一个球体作为示例中检测碰撞的小球，将其命名为 red 0。

（3）在球体对象被选中的状态下单击 Component→Physics→RigidBody 添加刚体。单击 Assets→Create→Material 创建材质球，将其命名为 RedBall，在材质球属性界面的 Albedo 组件中指定纹理和颜色（颜色为红色）。

（4）为球体指定材质。将创建好的材质球 RedBall 拖到 Hierarchy 面板中创建好的球体 red 0 上，可以看到球体变成了红色并贴有纹理图。

（5）添加层。选择任意对象，选择 Inspector 面板中的 Layer 属性，在弹出的下拉列表中选择 Add Layer 选项，弹出新的窗口，在窗口中的 Layers 属性下添加 green、blue 和 red 这 3 个层。层添加以后，先在资源列表中选择 Assert，然后在弹出的快捷菜单中选择 Creat→Material，创建一个材料球。

（6）重复步骤（3）～（4），创建出 5 个红色球、5 个蓝色球和 5 个绿色球，并分别将这些球命名为 red 0～red 4、blue 0～blue 4 和 green 0～green 4 后为其添加刚体并调整相对位置。

（7）重复步骤（3）创建出 3 个材质球，依次命名为 RedBall、BlueBall 和 GreenBall，分别为其指定纹理图并调整成对应的颜色。

（8）给前面创建好的不同颜色的小球指定对应的材质球和层，指定层的方式为在对象被选中的状态下在 Inspector 面板中 Layer 属性的下拉列表框中选择对应层的选项。

（9）设置物理管理器。单击 Edit→Project Settings→Physics 打开物理管理器。

（10）在同一个层的对象之间设置碰撞过滤。在物理管理器中的 Layer Collision Matrix 属性中取消勾选 red 行与 red 列、blue 行与 blue 列、green 行与 green 列的复选框，这里的 red、blue 和 green 就是之前创建的层，取消勾选后同一个层之间将进行碰撞过滤。

（11）完成上述操作后，单击"运行"按钮，查看运行效果，如图 5-12 所示。

▲图 5-12 运行效果

> **说明** 本示例的场景文件位于随书资源中的源代码/第 5 章/PhysX/Assets/Scene 中。在运行时会发现场景中颜色相同的小球会叠加到一起，颜色不同的小球会发生碰撞，这就是设置层与层之间的碰撞过滤达到的效果。

5.3.3 触发器

脚本中的 OnCollisionEnter 方法可以检测何时发生碰撞。配置为触发器的碰撞体不表现为固体对象,并且可以允许其他碰撞体通过。当一个碰撞体进入触发器的空间时,触发器脚本中的 OnTriggerEnter 方法被调用。

要想使用触发器,只需勾选 IsTrigger 复选框即可。勾选 IsTrigger 复选框后,两个物体即使有碰撞体,也并不会产生碰撞。

5.3.4 碰撞检测

在开发游戏的过程中,经常要检测物体间是否发生碰撞。例如发射一颗子弹,被射到的物体需要做出一系列反应。这就要准确地计算出子弹射击物体的时间。在 Unity 中可以使用碰撞体和触发器来进行碰撞检测。其中经常用到的几个方法如下。

（1）OnTriggerEnter（进入触发器判断方法）

将进入触发器的碰撞体销毁的示例代码如下。

```
1    using UnityEngine;
2    using System.Collections;
3    public class ExampleClass : MonoBehaviour {
4        void OnTriggerEnter(Collider other) {           //进入触发器判断方法
5            Destroy(other.gameObject);                   //销毁碰撞体
6        }}
```

（2）OnTriggerExit（退出触发器判断方法）

将退出触发器的碰撞体销毁的示例代码如下。

```
1    using UnityEngine;
2    using System.Collections;
3    public class ExampleClass : MonoBehaviour {
4        void OnTriggerExit(Collider other) {            //退出触发器判断方法
5            Destroy(other.gameObject);                   //销毁碰撞体
6        }}
```

（3）OnTriggerStay（逗留触发器判断方法）

为逗留在触发器中的刚体施加力的示例代码如下。

```
1    using UnityEngine;
2    using System.Collections;
3    public class ExampleClass : MonoBehaviour {
4        void OnTriggerStay(Collider other) {            //逗留触发器判断方法
5            if(other.attachedRigidbody)                  //判断碰撞体是否附加刚体
6                other.attachedRigidbody.AddForce(Vector3.up * 10);//给碰撞体刚体施加力
7        }}
```

（4）OnCollisionEnter（进入碰撞体判断方法）

OnCollisionEnter 方法的应用示例代码如下。

```
1    using UnityEngine;
2    using System.Collections;
3    public class ExampleClass : MonoBehaviour{
4        AudioSource audio;                               //声明声音源
5        void Start(){
6            audio = GetComponent<AudioSource>();}
7        void OnCollisionEnter(Collision collision){      //进入碰撞体判断方法
8            foreach (ContactPoint contact in collision.contacts){  //碰撞体接触点列表
9                Debug.DrawRay(contact.point, contact.normal, Color.white); }
10           if (collision.relativeVelocity.magnitude > 2)
11               audio.Play();}}                          //播放声音
```

(5) OnCollisionExit（退出碰撞体判断方法）

OnCollisionExit 方法的应用示例代码如下。

```
1   using UnityEngine;
2   using System.Collections;
3   public class ExampleClass : MonoBehaviour {
4       void OnCollisionExit(Collision collisionInfo) {//退出碰撞体判断方法
5           print("No longer in contact with " + collisionInfo.transform.name);
                                                                //输出相关信息
6   }}
```

(6) OnCollisionStay（逗留碰撞体判断方法）

OnCollisionStay 方法的应用示例代码如下。

```
1   using UnityEngine;
2   using System.Collections;
3   public class ExampleClass : MonoBehaviour {
4       void OnCollisionStay(Collision collisionInfo) {//逗留碰撞体判断方法
5           foreach (ContactPoint contact in collisionInfo.contacts) {
6               Debug.DrawRay(contact.point, contact.normal, Color.white);//画出相关点
7   }}}
```

5.3.5 物理材质

在 Unity 开发过程中，有时会需要一些特殊的碰撞效果，例如篮球在地面上的弹起效果、铅球坠落到沙地的效果，要实现这些碰撞效果就需要使用 Unity 中的"物理材质"。

物理材质顾名思义就是指定了物理特性的一种材质。它的特性包括物体的弹性和摩擦因数等。在实际的开发过程中，开发人员可以调整物理材质的各个属性，以得到满意的效果。

1. 物理材质属性

物理材质有多个可调节属性，这些属性共同决定物体材质的弹性和摩擦因数，包括碰撞体间的摩擦力混合模式和物体在不同轴向可以设置不同摩擦力大小的各向异性方向。物理材质属性如表 5-2 所示。

表 5-2　　　　　　　　　　　　　物理材质属性

属性名	含义	属性名	含义
Dynamic Friction	滑动摩擦因子	Static Friction	静摩擦因子
Bounciness	弹性因子	Friction Combine	碰撞体的摩擦力混合方式
Bounce Combine	表面弹性混合方式	—	—

2. 物理材质的创建

作为影响物体碰撞反应的又一重要因素，物理材质的不同能够在很大程度上影响物体运动的表现形式，物理材质的创建方式有以下两种。

方式一：单击 Assests→Create→Physics Material 创建物理材质，如图 5-13 所示。

方式二：在 Project 面板中右击，在弹出的快捷菜单中选择 Create→Physics Material 创建物理材质。创建好的材质在被选中的状态下其属性可以在 Inspector 面板中查看，如图 5-14 所示。

3. 物理材质的设置

在 Unity 开发过程中，物理材质是模拟现实的要素之一，物理材质这一组件也方便了开发人员调节物体的物理特性。为物理材质的各个属性设置合理的值是成功使用物理材质的关键，而开发人员要掌握属性值的设置技巧则需要一定的经验，下面介绍一些小技巧，希望对读者有所启发。

5.3 碰撞体

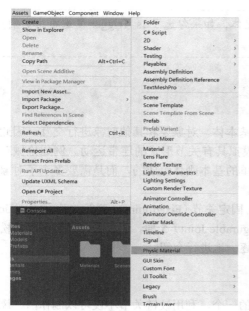

▲图 5-13 创建物理材质

▲图 5-14 物理材质的属性

一般情况下，对于物理材质只需要修改 3 个属性即可，如图 5-15 所示。

（1）Dynamic Friction（滑动摩擦因子）和 Static Friction（静摩擦因子）的设定

滑动摩擦因子和静摩擦因子的取值范围是 0~1。当滑动摩擦因子或静摩擦因子的值为 0 时，被添加此材质的对象类似于冰面。当其值为 1 时，被添加此材质的对象类似于橡胶面。一般情况下，这两个属性值设置为 0.6 即可。

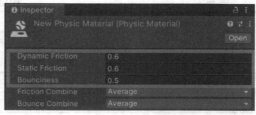

▲图 5-15 设置物理材质

（2）Bounciness（弹性因子）的设定

弹性因子的取值范围是 0~1。当弹性因子的值为 0 时，被添加此材质的物体将不再拥有弹性，类似于橡皮泥，与其碰撞的物体将会完全陷入此物体。当其值为 1 时，被添加此材质的物体类似于钢珠，与其碰撞的物体将会发生完全弹性碰撞，没有能量损耗。

5.3.6 碰撞体交互

在实际开发项目的过程中，只使用一种碰撞体是不够的，有时需要添加多种碰撞体。根据刚体组件的配置方式，碰撞体会相互影响。其中经常用到的碰撞体有以下 3 种。

1. Static Collider（静态碰撞体）

静态碰撞体指的是没有添加刚体组件而添加了碰撞体组件的游戏对象，这类对象一般会勾选 Static 复选框而保持静止或者只产生很轻微的移动。这对于环境模型十分友好，例如静止的墙体碰撞体。

2. Rigidbody Collider（刚体碰撞体）

刚体碰撞体指的是添加了刚体组件和碰撞体组件的游戏对象。

3. Kinematic Rigidbody Collider（运动学刚体碰撞体）

运动学刚体碰撞体指的是在刚体碰撞体的基础上勾选了 IsKinematic 复选框。需要注意的是，如果要移动这类对象，就只能修改他的 Transform，而不是添加作用力。

> **说明** 需要注意的是，对于这3类碰撞体，如果勾选了 Is Trigger 复选框，它们就会变成相应的触发器。

5.4 关节

现实生活中，大部分的运动物体并不是简单基本体，对象要和其他对象进行交互。因此，在 Unity 中，物理引擎内置的关节组件能够使对象模拟具有关节形式的连带运动。例如枪械对象的设计，因为枪械对象的刚体组件并不是由一个简单的基本刚体组成的，而是需要多个子对象刚体组件拼接来组成。这就需要关节来解决连带问题。

在 Unity 中，关节包括铰链关节（Hinge Joint）、固定关节（Fixed Joint）、弹簧关节（Spring Joint）、角色关节（Character Joint）及可配置关节（Configurable Joint）5种。通过关节组装可以轻松地实现人体、机动车等游戏模型。下面将对各种关节逐一地进行介绍。

5.4.1 铰链关节的属性

在 Unity 基本关节中，铰链关节是用途很广的一个，利用铰链关节不仅可以制作门、风车的模型，甚至可以制作机动车的模型。铰链关节主要是将两个刚体束缚在一起，并在两者之间产生一个铰链效果。它的具体属性如表 5-3 所示。

表 5-3　　　　　　　　　　　铰链关节的属性

属性	含义
Connected Body	连接目标至与主体构成铰链组合的目标刚体
Anchor	本体的锚点，连接目标旋转时围绕的中心点
Connected Anchor	连接目标的锚点，本体旋转时围绕的中心点
Axis	锚点和目标锚点的方向，即指定了本体和连接目标的旋转方向
Auto Configur Connecte Anchor	当勾选该复选框时，仅给出锚点的坐标，系统就会自动计算出目标锚点的坐标
Use Spring	是否在关节组件中使用弹簧，只有该复选框被勾选时，Spring（弹簧）属性才会有效
Spring	弹簧力，表示维持对象移动到一定位置的力
Damper	阻尼，指物体运动所受到的阻碍的大小，此值越大，对象移动得越缓慢
Target Position	目标位置，表示的是弹簧旋转的目标角度，弹簧负责将对象拉到目标角度
Use Motor	在关节组件中是否需要使用马达
Target Velocity	目标速率，表示对象试图达到的速率，其将会以此速率为目标进行加速或减速
Force	用于达到目标速率的力
Free Spin	受控对象的旋转是否会被破坏，若启用，马达将永远不会破坏旋转，只会加速
Use Limits	在关节下的旋转是否受限
Min	刚体旋转所能达到的最小角度
Max	该刚体旋转所能达到的最大角度
Min Bounce	刚体达到最小限值时的弹跳值
Max Bounce	刚体达到最大限值时的弹跳值
Break Force	给出一个力的最大限值，当关节受到的力超过此值时关节会被损坏
Break Torque	给出一个力矩的最大限值，当关节受到的力矩超过此值时关节会被损坏

5.4.2 铰链关节的创建

上一小节介绍了铰链关节的属性，本小节介绍铰链关节的创建。需要注意的是，关节是依附在刚体上的，也就是说一个对象必须先挂载一个刚体组件，才能够添加铰链关节组件。铰链关节的创建步骤如下。

（1）单击 GameObject→3D Object→Cylinder 创建一个圆柱体，再单击 GameObject→3D Object→Cube 创建一个立方体，如图 5-16 所示，并设置这两个对象的 Position 都为(0,0,0)，使它们重合并位于原点处，如图 5-17 所示。

▲图 5-16 创建圆柱体和立方体

▲图 5-17 设置对象的 Position

（2）分别调整 Cylinder 和 Cube 对象的大小和位置，以模拟门和门轴的模型。分别选中这两个对象，单击 Component→Physics→Rigidbody 分别为其添加刚体组件。

（3）为圆柱体添加一个铰链关节组件。选中 Cylinder 对象，单击 Component→Physics→Hinge Joint 为圆柱体添加一个铰链关节组件。在 Inspector 面板中修改其属性值，如图 5-18 所示。可以参照随书资源中的示例进行设置。

（4）选中圆柱体对象，在 Inspector 面板中修改其属性值，在 Rigidbody 组件中，把 Constraints 内的所有坐标轴都选中，以冻结圆柱体对象，如图 5-19 所示。立方体充当门，以此制作一个以圆柱体为旋转轴的门模型，如图 5-20 所示。

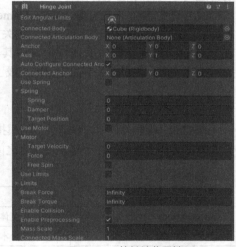

▲图 5-18 铰链关节属性

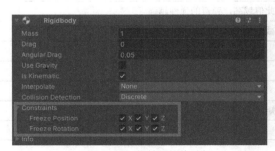

▲图 5-19 冻结圆柱体对象

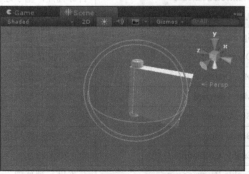

▲图 5-20 示例结果

5.4.3 固定关节的属性

在 Unity 基本关节中，固定关节起到的往往是组装的作用，利用固定关节可以拼接刚体。固定关节将两个刚体束缚在一起，使两者之间的相对位置保持不变。它的具体属性如表 5-4 所示。

表 5-4　　　　　　　　　　　　　　固定关节的属性

属性	含义
Connected Body	连接目标刚体对象
Break Force	给出一个力的最大限值，当关节受到的力超过此限值时关节就会被损坏
Break Torque	给出一个力矩的最大限值，当关节受到的力矩超过此限值时关节就会被损坏
Enable Collision	允许碰撞检测
Enable Preprocessing	允许进行预处理

5.4.4 固定关节的创建

上一小节介绍了固定关节的特性，本小节介绍固定关节的创建。需要注意的是，固定关节是用于连接刚体的，也就是说，游戏对象只有在挂载了刚体组件之后才能使用固定关节。固定关节的创建步骤如下。

（1）创建两个球体对象。单击 GameObject→3D Object→Sphere，分别创建 Sphere1 和 Sphere2 对象。再单击 GameObject→Physics→Rigidbody 分别为这两个对象添加刚体组件。

（2）选中 Sphere1 对象，单击 GameObject→Physics→Fixed Joint 为其添加一个固定关节，然后在 Inspector 面板中修改其属性值，使其与图 5-21 所示相符。至此，固定关节的创建就完成了。

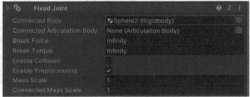

▲图 5-21　固定关节的属性设置

5.4.5 弹簧关节的属性

在 Unity 基本关节中，弹簧关节的模拟效果非常真实。利用弹簧关节可以模拟多种物理模型。弹簧关节将两个刚体束缚在一起，使两者之间好像有一个弹簧连接一样，它的具体属性如表 5-5 所示。

表 5-5　　　　　　　　　　　　　　弹簧关节的属性

属性	含义
Connected Body	连接目标刚体，是关节所依赖的可靠刚体参考对象，默认为世界空间
Anchor	锚点，基于本体的模型坐标系，表示弹簧的一端
Connected Anchor	目标锚点，基于连接目标的模型坐标系，表示弹簧的另一端
Auto Configure Connected Anchor	仅给出本体锚点，系统便会自动计算目标锚点
Spring	表示弹簧的劲度系数，此值越高，弹簧的弹性越强
Damper	阻尼，此值越高，弹簧减速效果越明显
Min Distance	弹簧两端的最小距离
Max Distance	弹簧两端的最大距离
Break Force	破坏弹簧所需的最小力
Break Torque	破坏弹簧所需的最小力矩
Enable Collision	允许碰撞检测
Enable Preprocessing	允许进行预处理

5.4.6 弹簧关节的创建

上一小节介绍了弹簧关节的属性，本小节介绍弹簧关节的创建。需要注意的是，弹簧关节是用于连接刚体的，也就是说，游戏对象只有在挂载了刚体组件之后才能使用弹簧关节。弹簧关节的创建步骤如下。

（1）单击 GameObject→3D Object→Sphere，分别创建 Sphere1 和 Sphere2 对象。单击 GameObject→Physics→Rigidbody 分别为这两个对象添加刚体组件。

（2）选中 Sphere1 对象，单击 GameObject→Physics→Spring Joint 为其添加一个弹簧关节，然后在 Inspector 面板中修改其属性值，使其与图 5-22 所示相符。至此，弹簧关节的创建就完成了。

▲图 5-22 弹簧关节的属性设置

5.4.7 角色关节的属性

在 Unity 基本关节中，角色关节是应用较广的一个基本关节。角色关节一般配合 Ragdoll 使用，是一个扩展的球窝状关节，允许在每个轴上限制关节，角色关节可以模拟人体模型。它的具体属性如表 5-6 和表 5-7 所示。

表 5-6　　　　　　　　　　　角色关节的属性（1）

属性	含义
Connected Body	连接目标刚体，是关节所依赖的可选刚体参考对象
Auto Configure Connected Anchor	自动计算目标锚点
Connected Anchor	目标锚点，即物体在局部坐标系下的坐标
Swing Axis	摆轴，指角色对象上某两个部分的摆所绕的轴，用绿色的 gizmo 圆锥表示
Twist Limit Spring	扭轴弹簧限制，为关节指定的弹簧限制
Low Twist Limit	扭轴下限，为关节扭轴指定的下限，关节扭曲的角度不可低于此下限
High Twist Limit	扭轴上限，为关节扭轴指定的上限，关节扭曲的角度不可高于此上限
Swing 1 Limit	摆轴旋转限制1，用绿色轴表示，当设置为 30 时，表示被限制在-30°到 30°之间
Swing 2 Limit	摆轴旋转限制2，用橙色轴表示，当设置为 30 时，表示被限制在-30°到 30°之间
Enable Projection	进行违反物理定律的关节投射，一般情况下值为 false，在关节被外力强行拆开时可使用
Enable Preprocessing	允许进行预处理

表 5-7　　　　　　　　　　　角色关节的属性（2）

属性	含义	属性	含义
Anchor	基于本体的模型坐标系的锚点	Axis	关节的扭轴，以橙色的 gizmo 圆锥表示
Spring	弹簧限制的弹簧系数	Damper	弹簧限制的弹簧阻尼
Limit	限制角度	Bounciness	在对应限制中的反弹系数
Contact Distance	在对应限制中的接触距离	Projection Angle	关节投射的角度
Break Force	破坏关节所需的力	Break Torque	破坏关节所需的力矩
Enable Collision	允许碰撞检测	Projection Distance	关节投射的距离

5.4.8 角色关节的创建

上一小节介绍了角色关节的特性,本小节介绍角色关节的创建。需要注意的是,角色关节是用于连接刚体的,也就是说,游戏对象只有在挂载了刚体组件之后才能使用角色关节。角色关节的创建步骤如下。

(1)单击 GameObject→3D Object→Cube,分别创建 Cube1 和 Cube2 对象。单击 GameObject→Physics→Rigidbody 分别为这两个对象添加刚体组件。

(2)选中 Cube1 对象,单击 Component→Physics→Character Joint 为其添加一个角色关节,然后在 Inspector 面板中修改其属性值,使其与图 5-23 所示相符。至此,角色关节的创建就完成了。

5.4.9 可配置关节的属性

可配置关节是可定制的。可配置关节将 PhysX 引擎中所有与关节相关的属性都设置为可配置的,因此可以用此关节创造出与其他类型关节行为相似的关节。其强大的灵活性也造成了其复杂性。下面介绍可配置关节的主要属性。其属性如表 5-8 和表 5-9 所示。

▲图 5-23 角色关节的属性设置

表 5-8 可配置关节的属性(1)

属性	含义
Anchor	关节的中心点,所有的物理模拟都以此点为中心进行计算
Axis	主轴,即局部旋转轴,定义了物理模拟下物体的自然旋转
Secondary Axis	副轴,与主轴共同定义了关节的局部坐标系
Linear Limit	以与关节原点距离的形式定义物体的平移限制
Low Angular X Limit	以与关节原点距离的形式定义物体 x 轴的旋转下限
High Angular X Limit	以与关节原点距离的形式定义物体 x 轴的旋转上限
Angular Y Limit	以与关节原点距离的形式定义物体 y 轴的旋转上限
Angular Z Limit	以与关节原点距离的形式定义物体 z 轴的旋转上限
Bounciness	反弹系数,当物体达到限制值给予的反弹值
Damper	弹簧阻尼
Mode	目标位置或目标速度,或者两者都有,默认为 Disabled 模式
Target Rotation	目标角度,用一个四元数进行表示,定义了关节的旋转目标
Target Angular Velocity	目标角速度,用一个 Vector3 表示,表示了关节的目标角速度
Rotation Drive Mode	旋转驱动模式,表示用 x 和 yz 角驱动或插值驱动控制物体的旋转
Angular X Drive	x 轴角驱动,定义了关节如何绕 x 轴旋转,只有当旋转驱动模式为 x&yz 角驱动时才有效
Angular YZ Drive	y 轴角驱动,定义了关节如何绕 y 轴旋转,只有当旋转驱动模式为 x&yz 角驱动时才有效
Slerp Drive	插值驱动,定义了关节如何绕所有局部旋转轴旋转,只有当旋转驱动模式为插值时才有效
Projection Mode	投影模式,表示当物体离开它受限的位置太远时让它迅速回到受限的位置
Projection Distance	投影距离,当物体与连接体的距离超过投影距离时,物体才会迅速回到受限的位置
Projection Angle	投影角度,当物体与连接体的角度超过投影角度时,物体才会迅速回到受限的位置
Congfigure in World Space	启用此项,所有与目标相关的计算都会在世界坐标系中进行
Break Force	当受力超过该值时,关节结构将会被破坏
Break Torque	当力矩超过该值时,关节结构将会被破坏

表 5-9　　　　　　　　　　　可配置关节的属性（2）

属性	含义	属性	含义
X Motion	限定物体沿 x 轴的平移模式	Y Motion	限定物体沿 y 轴的平移模式
Z Motion	限定物体沿 z 轴的平移模式	Angular X Motion	限定物体沿 x 轴的旋转模式
Angular Y Motion	限定物体沿 y 轴的旋转模式	Angular Z Motion	限定物体沿 z 轴的旋转模式
Limit	限制值	Spring	进行反弹的弹簧系数
Target Position	目标位置，指关节应该到达的位置	Target Velocity	目标速度，指关节应该达到的速度
X Drive	x 轴驱动，定义关节如何沿 x 轴运动	Y Drive	y 轴驱动，定义关节如何沿 y 轴运动
Z Drive	z 轴驱动，定义关节如何沿 z 轴运动	Position Spring	位置弹力，朝着定义方向的弹力
Maximum Force	朝着定义方向的最大力	Position Damper	位置阻尼，朝着定义方向的弹力阻尼

5.4.10　可配置关节的创建

上一小节介绍了可配置关节的特性，本小节介绍可配置关节的创建。需要注意的是，可配置关节是依附在刚体上的，也就是说必须挂载有刚体的对象才能够添加可配置关节。可配置关节的创建步骤如下。

（1）单击 GameObject→3D Object→Sphere 和 GameObject→3D Object→Cube，创建 Sphere 和 Cube 对象，将这两个对象摆放到合适位置。

（2）由于关节必须挂载到具有刚体组件的对象上，故为两个游戏对象添加刚体组件。单击 Component→Physics→Rigidbody 分别为 Sphere 和 Cube 对象添加刚体组件。

（3）选中 Cube 对象，单击 Component→Physics→Configurable Joint 为其添加一个可配置关节。在 Inspector 面板中修改其属性值，使其与图 5-24 所示相符。将 X Motion、Y Motion 和 Z Motion 的值都修改为 Locked。

（4）选中 Cube 对象，修改其刚体组件中的属性值使其固定在原点，如图 5-25 所示。单击"运行"按钮，此时的 Sphere 将会在 Cube 对象下面左右摆动，其运行效果如图 5-26 所示。此外，可配置关节还可以模拟出许多其他有趣的效果，由于篇幅有限，在此就不赘述。

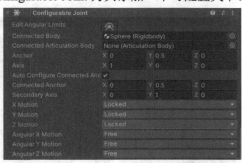

▲图 5-24　可配置关节的属性设置

▲图 5-25　Cube 刚体的属性设置

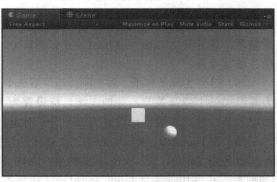

▲图 5-26　运行效果

5.4.11 关节综合案例——机械手

为了帮助读者加深理解，熟悉开发中关节的用法，本小节将介绍一个机械手的开发过程。在本案例中运用到了一些前面所介绍的关节知识，该案例的具体开发步骤如下。

（1）单击 File→New Scene 新建一个场景。然后单击 File→Save Scene 保存场景，将其命名为 Catcher 并保存在 Assets\Scenes 目录下。可在随书资源中的第 5 章目录下找到本案例的项目资源文件。

（2）单击 GameObject→3D Object→Plane 创建 5 个 Plane 对象，并将其摆放到图 5-27 所示的位置。选中这 5 个 Plane 对象，单击 Component→Physics→Rigidbody 为其添加刚体组件，然后将刚体锁定，如图 5-28 所示。

▲图 5-27 摆放 Plane

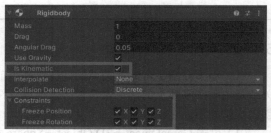
▲图 5-28 锁定刚体

（3）创建图 5-29 所示的几何体充当机械手夹取的对象，并为其添加适当的纹理图片。其中有一些较为复杂的几何体模型文件位于随书资源中的第 5 章/Assets/Models 目录下，如图 5-30 所示，若有需要可自行提取使用。

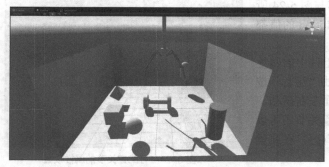
▲图 5-29 添加几何体

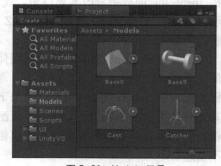
▲图 5-30 Models 目录

（4）将 Models 文件夹中的 Catcher 文件拖到场景中，并给予合适的贴图。将 Catcher 对象重新整理，使其分为 Line 和 MainCatcher 两部分，分别充当绳子和爪子。可适当参考随书资源中的项目进行整理。

（5）分别为绳子和爪子添加刚体组件后选中 Line 对象，单击 Component→Physics→Spring Joint 为其添加一个弹簧关节，并把连接目标设置为 Line 的第一个子对象。为 Line 的所有子对象添加固定关节，并把连接目标设置为下一个子对象。

（6）在 Hierarchy 面板中右击，在弹出的快捷菜单中选择 Create→Folder 创建一个文件夹，并将其命名为 Scripts。在 Scripts 文件夹中右击并从弹出的快捷菜单中选择 Create→C# Script 创建 C#脚本，并将其命名为 JointControl.cs，该脚本的具体代码如下。

5.4 关节

代码位置：随书资源中的源代码/第 5 章/PhysX/Assets/Scripts/JointControl.cs。

```csharp
1   using UnityEngine;
2   ...//此处省略了部分代码，其余代码请参考随书资源
3   using UnityEngine.EventSystems;
4   public class JointControl : MonoBehaviour {
5     public Transform[] claws0;                        //爪子一级支节
6     public Transform[] claws1;                        //爪子二级支节
7     public Transform[] claws2;                        //爪子三级支节
8     private float angle;                              //爪子打开或合拢的角度
9     private float offset;                             //角度步长
10    public Transform Line;                            //绳子对象
11    private Vector3 offsetPosition;                   //绳子移动步长
12    private Vector3 rotateAxis;                       //绳子旋转轴
13    private bool isMove;                              //绳子移动标志位
14    private bool isRota;                              //绳子旋转标志位
15    void Start () {
16      InitUI();                                       //初始化 UI，进行屏幕自适应
17      angle = 0;                                      //默认爪子为开启
18    }
19    void Update () {
20      if(angle + offset >= 0 && angle + offset < 20) { //爪子可进行操作
21        for(int i = 0; i < 4; i++) {                   //进行开启或合拢
22          claws0[i].Rotate(Vector3.left, offset * 2.5f, Space.Self);
                                                        //三级支节分别进行开启或合拢
23          claws1[i].Rotate(Vector3.left, offset * 0.2f, Space.Self);
24          claws2[i].Rotate(Vector3.left, offset * 1.8f, Space.Self);
25        }
26        angle += offset; }                             //自加操作阈值
27      if(isMove) {                                     //移动绳子
28        Line.position=Vector3.Lerp(Line.position,Line.position+offsetPosition*1.2f,
    Time.deltaTime*1.2f); }
29      if(isRota) {                                     //旋转绳子
30        Line.Rotate(rotateAxis, 5);                    //按照给定的旋转轴进行旋转
31  }}}
```

❑ 第 1～14 行进行相应包的导入和相关参数的初始化。爪子拆解后存放于数组内，以便对其进行操纵。程序通过设定标志位监听爪子的操作。

❑ 第 15～18 行是 Start 方法的重写。主要进行程序 UI 按钮的初始化，使其能在不同分辨率的屏幕下正常运行。同时设定 angle 的值，当 angle 的值为最小值时，爪子为打开状态；当 angle 的值为最大值时，爪子为合拢状态。

❑ 第 19～31 行进行 Update 方法的重写，分别实现了爪子打开和合拢的功能、移动绳子、旋转绳子的功能的开发。当进行爪子的操作时，将各个支节进行旋转，使其达到所要的效果。当移动或旋转标志位被修改时，则对绳子对象进行操作，这样做可使其运行较为平滑。

（7）JointControl.cs 中与 UI 按钮相关的方法包括操控按钮回调方法、移动按钮回调方法、旋转按钮回调方法、按钮抬起回调方法等，这些方法与按钮相互配合，完成按钮的相关功能。其详细代码如下。

代码位置：随书资源中的源代码/第 5 章/PhysX/Assets/Scripts/JointControl.cs。

```csharp
1   public void ControlCatcher(int i) {                  //操控按钮回调方法
2     offset = i == 1 ? -0.2f : 0.2f;
3   }
4   public void MoveCatcher(int i) {                     //移动按钮回调方法
5     Vector3[] poses = new Vector3[6] {Vector3.forward, Vector3.back, Vector3.left,
    Vector3.right,
6       Vector3.up, Vector3.down};                       //移动方向集合
7     offsetPosition = poses[i];                         //设定移动方向
8     isMove = true; }                                   //进行移动操作
9   public void RotateCatcher(int i) {                   //旋转按钮回调方法
10    Vector3[] rotas = new Vector3[2] { Vector3.forward, Vector3.back };//旋转轴集合
11    rotateAxis = rotas[i];                             //设定旋转轴
12    isRota = true;    }                                //进行旋转操作
```

```
13    public void MoveButtonUp() {                    //按钮抬起回调方法
14        isMove = false;                             //停止移动操作
15        isRota = false; }                           //停止旋转操作
```

❑ 第 1～3 行实现操控按钮回调方法。合拢或打开爪子会赋予参数 i 不同的值，程序根据 i 的值设定爪子的变化角度 offset 的值，该值为正时爪子进行合拢操作，否则进行打开操作。爪子的合拢和打开功能在 Update 方法中实现。

❑ 第 4～15 行实现移动、旋转按钮回调方法和按钮抬起回调方法。将关键参数储存在数组中，不同的操作将传入不同的索引下标，在获得了某个索引下标之后，便进行相应的操作。旋转和移动操作的功能在 Update 方法中实现。当按钮抬起时，将标志位置反，以结束这些操作。

> **说明** 在该脚本中调用了 InitUI 方法，该方法主要用于调整 UI 控件的大小和位置使其能够在不同分辨率的设备上正常显示，详细的介绍读者可以参考随书资源。

（8）单击 GameObject→UI→Button 分别创建 Close、Open、Forward、Back、Left、Right、TurnL、TurnR、Up、Down 等按钮，并删除其 Text 子对象，如图 5-31 所示。给这几个按钮添加对应的纹理图片，并将其摆放到合适的位置，如图 5-32 所示。

▲图 5-31 创建按钮

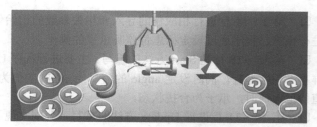
▲图 5-32 摆放按钮

（9）选中创建好的按钮，在属性面板中右击 Button 组件，从弹出的快捷菜单中选择 Remove Component 选项将其删除，如图 5-33 所示。将随书资源中源代码/第 5 章/PhysX/Assets/Scripts 目录下的 MyButton.cs 脚本挂载到这几个按钮上，如图 5-34 所示。

▲图 5-33 选择 Remove Component 选项

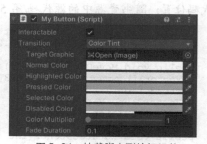
▲图 5-34 挂载脚本到按钮组件

> 说明
>
> 由于在 Unity 提供的 UI 系统中，Button 组件只有单击回调方法，没有按下和抬起回调方法，为此，开发了一个具备多种回调方法的自定义按钮组件，以配合本案例的开发。由于该组件涉及的知识超出了本章的范围，在此便不赘述，读者可以参考随书资源进行学习。

（10）选中 Forward、Back、Left、Right、Up、Down 按钮，为其添加 JointControl.cs 脚本中的 MoveCatcher 方法作为按下回调方法，如图 5-35 所示。选中 TurnL 和 TurnR 按钮，为其添加 JointControl.cs 脚本中的 RotateCather 方法作为按下回调方法，如图 5-36 所示。

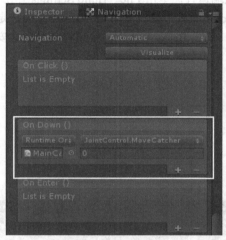

▲图 5-35　移动按钮回调方法

▲图 5-36　旋转按钮回调方法

（11）分别选中 Open 和 Close 按钮，为其添加 JointControl.cs 脚本中的 ControlCatcher 方法作为单击回调方法，如图 5-37 所示。选中除 Open 和 Close 以外的所有按钮，为其添加 JointControl.cs 脚本中的 MoveButtonUp 方法作为抬起回调方法，如图 5-38 所示。

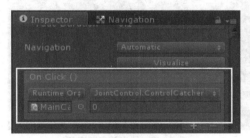

▲图 5-37　操纵按钮回调方法

▲图 5-38　按钮抬起回调方法

> 说明
>
> 部分在按钮上挂载的方法保留了一个 int 类型的参数，该值实际为关键参数数组的索引下标，该值的大小可参照按钮意义和 JointControl.cs 内相关数组的值进行设置。

（12）至此，案例已开发完毕，运行案例查看运行效果。单击前、后、左、右按钮可以调整机械手的位置，单击上、下按钮可以调整机械手的高度，如图 5-39 所示。该机械手可以进行物体的夹取，并携带着被夹取对象移动，其效果如图 5-40 所示。

▲图 5-39 运行效果

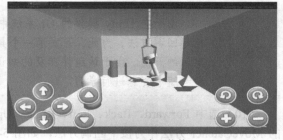
▲图 5-40 夹取物体

（13）本案例可导出 APK 安装包在 Android 手机端运行。单击 File→Build Settings 弹出 Build Settings 对话框，单击 Player Settings 按钮，在 Inspector 面板中修改 Bundle Identifier 为自定义参数，如图 5-41 所示。在手机与计算机正确连接之后，单击 Build And Run 按钮将其导出并安装在手机运行中，如图 5-42 所示。

▲图 5-41 修改配置参数

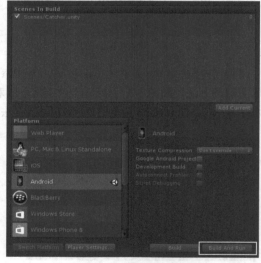
▲图 5-42 导出并安装案例

5.5 交通工具

前文介绍了 Unity 集成开发环境下部分物理引擎的内容，Unity 内置的完善度较高的物理引擎使得开发人员模拟现实变得更加简单。这一节将通过一个小案例介绍物理引擎中的交通工具。

在 Unity 中通过车轮碰撞体（Wheel Collider）来控制车轮运动，通过碰撞检测等相关操作可以实现车轮带动汽车行驶的效果，模拟真实的汽车运行效果。

5.5.1 车轮碰撞体的添加

车轮碰撞体的添加方法与其他碰撞体的添加方法有所区别，车轮碰撞体一般不直接添加到车轮游戏对象上，而是添加到交通工具游戏对象的子对象目录中新建的空对象上，然后将此空对象的位置调整到与车轮位置相同。

添加方法为选中为车轮创建的要添加碰撞体的空对象，单击 Component → Physics → WheelCollider 添加，添加完毕后可以在该对象的属性面板中查看车轮碰撞体的属性。

5.5.2 车轮碰撞体的属性

车轮碰撞体是一种针对车轮的特殊的碰撞体，在车轮碰撞体的属性面板中可以看到其具有多个可调属性。合理地调整这些属性可以使车轮碰撞体控制的交通工具成功模拟现实中的交通工具，同时调整这些交通工具的性能。车轮碰撞体的各个属性如表 5-10 所示。

表 5-10　　车轮碰撞体的属性

属性	含义
Mass	车轮的质量
Radius	车轮的半径
Wheel Damping Rate	车轮阻尼率
Suspension Distance	悬挂高度，可提高车辆稳定性，值不小于 0 且方向垂直向下
Force App Point Distance	悬挂力应用点
Center	基于模型坐标系的车轮碰撞体的中心点
Spring(Suspension Spring)	达到目标中心的弹力，值越大到达中心越快（悬挂弹簧参数）
Damper(Suspension Spring)	悬浮速度的阻尼，值越大车轮归位所消耗的时间越长
Target Position(Suspension Spring)	悬挂中心
Extremum Slip(Forward Friction)	前向摩擦曲线滑动极值（车轮前向摩擦力）
Extremum Point(Forward Friction)	前向摩擦曲线的极值点
Asymptote Slip(Forward Friction)	前向渐近线的滑动值
Asymptote Point(Forward Friction)	前向曲线的渐近线点
Stiffness(Forward Friction)	刚度，控制前向摩擦曲线的倍数
Extremum Slip(Sideways Friction)	侧向摩擦曲线滑动极值（车轮侧向摩擦力）
Extremum Point(Sideways Friction)	侧向摩擦曲线的极值点
Asymptote Slip(Sideways Friction)	侧向渐近线的滑动值
Asymptote Point(Sideways Friction)	侧向曲线的渐近线点
Stiffness(Sideways Friction)	刚度，控制侧向摩擦曲线的倍数

5.5.3 车轮碰撞体的应用

介绍了车轮碰撞体的各个属性之后，接下来通过介绍一个模拟现实中车辆行驶的案例进一步介绍车轮碰撞体及其使用方法，帮助读者更为具体地了解车轮碰撞体的功能及其强大之处，从而能在实际开发过程中更为灵活地使用它。

1. 案例效果与基本原理

在进行案例开发之前，先介绍一下本案例的效果和基本原理。

本案例的效果是能够使用虚拟摇杆按钮控制车辆在平直路面或者凹凸不平的道路上前行、后退、转弯等，同时车辆能够与路面上的障碍物发生碰撞，并根据被撞物体的不同出现不同的碰撞效果，运行效果如图 5-43 和图 5-44 所示。

▲图 5-43　运行效果（1）　　　　　　　　　▲图 5-44　运行效果（2）

从运行效果中可以看出，虚拟摇杆用以控制车辆行驶，车辆会与场景中的木箱、油桶发生碰撞，并且产生不同的碰撞效果。案例中的天空和地形技术在这里不做介绍，车辆行驶通过添加车轮碰撞体实现，同时编写控制脚本完成车辆的控制和行驶功能。

2. 场景搭建及开发步骤

本案例中场景的搭建过程和具体功能的开发步骤如下。

（1）新建项目并且保存场景。打开 Unity，在 Project name 栏中输入项目名称 Car，在 Location 栏中选择项目路径。项目创建完毕后单击 File→Save Scene 或者按 Ctrl+S 快捷键保存场景，将场景命名为 CarDemo。

（2）导入资源。将准备好的赛车模型 F1.fbx 和油桶模型 OilTank.fbx 及其对应的贴图文件导入项目文件夹中（木箱游戏对象是 Unity 内置的 Cube 对象），同时将准备好的 EasyTouch 插件资源导入项目文件夹中。

（3）完成场景搭建的相关工作，包括模型位置的摆放、灯光的创建及地形的设定等，这些步骤前面已有详细介绍，这里不再赘述。

（4）对赛车模型进行相关操作。选中赛车模型对象，单击 Component→Physics→Rigidbody 给赛车添加刚体组件，如图 5-45 所示。在赛车游戏对象 F1 的子对象目录下创建一个空对象，重置该空对象的 Transform 属性，将其命名为 Wheel 后将赛车模型的 4 个车轮对象添加到 Wheel 子对象目录下，如图 5-46 所示。

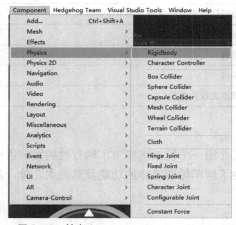

▲图 5-45　单击 Component→Physics→Rigidbody　　　　▲图 5-46　Wheel 子对象目录

（5）在 F1 下创建一个名为 WheelCollider 的子对象，WheelCollider 子对象目录下包含 BLCollider、BRCollider、FLCollider、FRCollider 这 4 个空对象，给这 4 个空对象添加车轮碰撞体，添加步骤为单击 Component→Physics→WheelCollider。

（6）调整车轮碰撞体。要调整车轮碰撞体的位置，只需调整车轮碰撞体挂载的空对象即可，将这 4 个车轮碰撞体调整到和赛车模型中对应车轮的位置，同时调整各个车轮碰撞体的属性值，使赛车模型不再发生颤抖，设置如图 5-47 所示。

（7）给赛车的车身添加碰撞体。本案例中车身的碰撞体使用的是盒子碰撞体的组合，具体步骤为在赛车游戏对象中添加名为 BodyCollider 的空对象，重置其 Transform 属性，在其子对象目录中添加 6 个空对象并依次添加盒子碰撞体，如图 5-48 和图 5-49 所示。

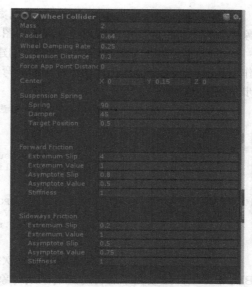

▲图 5-47　车轮碰撞器的属性设置

▲图 5-48　车身碰撞体　　　　　　▲图 5-49　车身碰撞体最终效果

（8）添加虚拟摇杆按钮。单击 Hedgehog Team→EasyTouch→Extensions→Adding joystick 添加虚拟摇杆按钮，以实现控制车辆的前进方向等功能。

（9）创建用于赛车控制的脚本。右击虚拟摇杆按钮并选择 Create→C# Script 创建一个 C#脚本，将其命名为 Car.cs，该脚本的主要作用是使用虚拟摇杆控制赛车的行驶，包括前行、后退和转弯等，具体脚本代码如下。

代码位置：随书资源中的源代码/第 5 章/PhysX/Assets/Scripts/lar.cs。

```
1    using UnityEngine;
2    using System.Collections                      //导入系统包
3    public class Car : MonoBehaviour {            //声明类名
4        public WheelCollider FLCollider;          //声明车前左侧车轮碰撞体
5        public WheelCollider FRCollider;          //声明车前右侧车轮碰撞体
6        public EasyJoystick myJoystick;           //声明虚拟摇杆
7        public float maxTorque = 500;             //初始化最大力矩
8        public float maxAngle = 20;               //初始化最大旋转角
9        void Start () {
10           GetComponent<Rigidbody>().centerOfMass = new Vector3(0, -0.8f, 0); }
                                                   //赛车刚体重心
11       void FixedUpdate () {
12           FLCollider.motorTorque = maxTorque * myJoystick.JoystickTouch.y;//控制力矩
13           FLCollider.steerAngle = maxAngle * myJoystick.JoystickTouch.x;//控制旋转角
14           FRCollider.motorTorque = maxTorque * myJoystick.JoystickTouch.y;//控制力矩
15           FRCollider.steerAngle = maxAngle * myJoystick.JoystickTouch.x;//控制旋转角
16       }}
```

（10）编写完毕后将脚本 Car.cs 挂载到案例中的赛车对象 F1 上，挂载完毕后将对应的游戏对象拖到脚本组件界面中，脚本组件界面如图 5-50 所示。

（11）创建赛车车轮旋转控制脚本。创建一个 C#脚本，将其命名为 Wheel.cs，该脚本的主要作用是根据车轮碰撞体在行驶过程中和转弯过程中发生的旋转，使车轮游戏对象与车轮碰撞体同步，脚本代码如下。

代码位置：随书资源中的源代码/第 5 章/PhysX/Assets/Scripts/Wheel.cs。

```
1   using UnityEngine;                                              //导入系统包
2   using System.Collections;
3   public class Wheel : MonoBehaviour {                            //声明类名
4       public WheelCollider CPCollider;                            //声明对应的车轮碰撞体
5       public float CirValue=0;                                    //声明车轮滚动角
6       void Update () {
7           transform.rotation = CPCollider.transform.rotation*
8              Quaternion.Euler(CirValue,CPCollider.steerAngle,0);  //旋转车轮
9           CirValue += CPCollider.rpm * 360 / 60 * Time.deltaTime; //计算车轮滚动角
10      }}
```

（12）编写完毕后将脚本 Wheel.cs 依次挂载到案例中赛车对象 F1 子对象目录中的 FL、FR、BL、BR 上，挂载完毕后将对应的游戏对象拖到脚本组件界面中，如图 5-51 所示。由于该赛车对象采用的是前驱，为了防止出现前轮打滑现象，在案例中使赛车前轮跟随后轮的车轮碰撞体进行滑动。

▲图 5-50 Car.cs 组件界面

▲图 5-51 Wheel.cs 组件界面

（13）添加摄像机跟随脚本。右击摄像机并从弹出的快捷菜单中选择 Create→C# Script 创建 C#脚本，将其命名为 SmoothFollow.cs，该脚本的主要作用是使摄像机按照一定的距离和高度跟随 F1 赛车同步运动。脚本代码如下。

代码位置：随书资源中的源代码/第 5 章/PhysX/Assets/Scripts /SmoothFollow.cs。

```
1   using UnityEngine;                                              //导入系统包
2   using System.Collections;
3   public class SmoothFollow : MonoBehaviour {                     //声明类名
4       public float distance = 10.0f;                              //声明跟随距离
5       public float height = 5.0f;                                 //声明跟随高度
6       public float heightDamping = 2.0f;                          //声明高度阻尼
7       public float rotationDamping = 3.0f;                        //声明角度阻尼
8       public float offsetHeight = 1.0f;                           //声明高度偏移量
9       Transform selfTransform;
10      public Transform Target;                                    //声明对象
11      [AddComponentMenu("Camera-Control/Smooth Follow")]          //在功能列表中添加功能选项
12      void Start () {
13          selfTransform = GetComponent<Transform>();}             //初始化游戏对象
14      void LateUpdate () {
15          if(!Target)                                             //跟随对象
16              return;
17          float wantedRotationAngle =Target.eulerAngles.y;        //预设角度
18          float wantedHeight = Target.position.y + height;        //预设高度
19          float currentRotationAngle = selfTransform.eulerAngles.y;   //当前角度
20          float currentHeight = selfTransform.position.y;         //当前高度
21          currentRotationAngle = Mathf.LerpAngle(currentRotationAngle,
22              wantedRotationAngle, rotationDamping * Time.deltaTime);//角度渐变至预设角度
23          currentHeight = Mathf.Lerp(currentHeight, wantedHeight,
```

```
24                    heightDamping * Time.deltaTime);              //高度渐变至预设高度
25              Quaternion currentRotation = Quaternion.Euler(0, currentRotationAngle, 0);
26              selfTransform.position = Target.position;             //位置调整
27              selfTransform.position -= currentRotation * Vector3.forward * distance;
28              Vector3 currentPosition = transform.position;
29              currentPosition.y = currentHeight;                    //设置摄像机高度
30              selfTransform.position = currentPosition;             //设置当前位置
31              selfTransform.LookAt(Target.position
32                 + new Vector3(0, offsetHeight, 0));                //设置摄像机正对中心
33          }}
```

❑ 第 1～11 行导入系统包、声明类名和声明脚本中用到的变量。第 11 行可以实现在场景布局的 Component 选项下的列表中添加快捷键功能，用户可以在列表中单击 Component 中添加的快捷键给对象添加此脚本。

❑ 第 12～33 行重写 Start 和 Late Update 方法。通过重写这两个方法设置摄像机的跟随对象，同时利用声明的共有变量调节摄像机与跟随物体的高度、角度、旋转阻尼、位移阻尼及摄像机的位置，使摄像机能够按设置跟随物体。

（14）编写完毕后将该脚本挂载到主摄像机上，用于摄像机跟随，在该脚本的属性界面中将各个属性调整到合适值，同时将 F1 赛车游戏对象拖到 Target 属性中，这样摄像机就会跟随赛车，修改后的属性界面如图 5-52 所示。

（15）创建两个物理材质，依次将其命名为 Wood 和 Metal 分别作为木箱游戏对象和油桶游戏对象的物理材质，调整其属性界面如图 5-53 和图 5-54 所示。

▲图 5-52　脚本 SmoothFollow.cs 属性界面

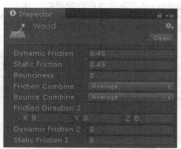
▲图 5-53　Wood 物理材质属性界面

▲图 5-54　Metal 物理材质属性界面

（16）物理材质创建完毕后，将这两个物理材质分别赋给木箱和两个油桶游戏对象，如图 5-55 和图 5-56 所示，模拟真实情况下的两种物理材质，以保证后续当车辆碰撞两种物体时能够模拟出更为真实的效果。还要为其添加刚体组件，以达到真实的碰撞效果。

▲图 5-55　给木箱添加 Wood 物理材质

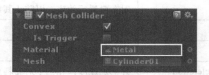
▲图 5-56　给油桶添加 Metal 物理材质

5.6　布料

本节主要介绍布料的相关知识。在 Unity 5.0 及之后的版本中，为提高布料的物理模拟效率，Unity 废弃了之前的 Interactive Cloth 和 Cloth Renderer 组件，转而使用 Skinned Mesh Renderer（蒙

皮网格渲染器）和 Cloth（布料）组件，以实现布料功能，其所有属性也随之改变。

5.6.1 蒙皮网格渲染器的属性

在进行布料组件的讲解前，先介绍蒙皮网格渲染器。该组件的属性如表 5-11 所示。蒙皮网格渲染器可以模拟出非常柔软的网格体，不但在布料中充当着非常重要的角色，同时还支撑了人形角色的蒙皮功能。运用该组件可以模拟出许多与皮肤类似的效果。

表 5-11 蒙皮网格渲染器组件的属性

属性	含义
Cast Shadows	投影方式，包括关（Off）、单向（On）、双向（Two Sided）、仅阴影（Shadows Only）
Receive Shadows	是否接受其他对象对自身投射阴影
Materials	为对象指定的材质
Use Light Probes	使用灯光探头
Reflection Probes	反射探头模式，包括混合探头（Blend Probes）、混合探头及天空盒（Blend Probes And Skybox）、单一（Simple），光探头和反射探头的相关知识将在后文进行讲解
Anchor Override	网格锚点，网格对象将跟随锚点移动并进行物理模拟
Lightmap Parameters	光照烘焙参数，指定所使用的光照烘焙配置文件
Quality	影响任意一个顶点的骨头数量，包括自动（Auto）、1/2/3 个（1/2/3 Bones）
Update When Offscreen	在屏幕之外的部分是否随帧进行物理模拟计算
Mesh	该渲染器所指定的网络对象，通过修改该对象可以设置不同形状的网格
Root Bone	根节点
Bounds(Center)	包围盒的中心点坐标，该坐标值基于网格的模型体系，且不可修改
Bounds(Extents)	包围盒 3 个方向的长度，不可修改，当网格在屏幕之外时，使用包围盒进行计算

5.6.2 布料的属性

Unity 将布料封装为一个组件，任何一个物体，只要挂载了蒙皮网格渲染器和布料组件，就拥有了布料的所有功能，即能够模拟出布料的效果。布料组件的属性如表 5-12 所示。

表 5-12 布料组件的属性

属性	含义
Stretching Stiffness	布料的韧度，其取值区间为(0, 1]，表示布料的可拉伸程度
Bending Stiffness	布料的硬度，其取值区间为(0, 1]，表示布料的可弯曲程度
Use Tethers	对布料进行约束，以防止其出现过度不合理的偏移
Use Gravity	使用重力
Damping	布料的运动阻尼系数
External Acceleration	外部加速度，相当于对布料施加一个常量力，可以模拟随风扬起的旗帜
Random Acceleration	随机加速度，相当于对布料施加一个变量力，可以模拟随强风鼓动的旗帜
World Velocity Scale	世界坐标系下的速度缩放比例，原速度经过缩放后成为实际速度
World Acceleration Scale	世界坐标系下的加速度缩放比例，原加速度经过缩放后成为实际加速度
Friction	布料对角色的摩擦力
Collision Mass Scale	粒子碰撞时的质量增量

5.6 布料

续表

属性	含义
Use Continuous Collision	使用连续碰撞模式,连续碰撞模式的知识请参考刚体相关内容
Use Virtual Particles	为每一个三角形赋加一个虚拟粒子,以提高其碰撞稳定性
Solver Frequency	计算频率,即每秒的计算次数,应权衡性能和精度对该值进行设置
Sleep Threshold	休眠阈值,有关休眠阈值的知识请参考刚体相关内容
Capsule Colliders(Size)	可与布料产生碰撞的胶囊碰撞体个数,并在下方进行指定
Sphere Colliders(Size)	可与布料产生球碰撞体的个数
First/Second	First 和 Second 两个球碰撞体相互连接组成胶囊碰撞体,适当地设置可将其调整成锥形胶囊体

5.6.3 布料的简单案例

通过对前面两小节的学习,读者应该对布料有了一个简单的认识。本小节主要通过一个简单的案例来讲述如何在 Unity 中创建并使用布料。该案例的开发步骤如下所示。

(1)新建一个场景,将其命名为 Cloth,并保存在 Assets/Scenes 目录下。创建一个 Plane 对象,命名为 Plane,用来充当地板;然后创建两个 Sphere 对象,分别命名为 Sphere0 和 Sphere1,用来充当布料的碰撞体。

(2)单击 GameObject→Create Empty 创建一个空对象,并将其命名为 Cloth,如图 5-57 所示。单击 Component→Physics→Cloth 为其添加一个 Cloth 组件,此时 Unity 将同时向 Cloth 对象挂载 Skinned Mesh Renderer 和 Cloth 组件,如图 5-58 所示。

▲图 5-57 将空对象命名为 Cloth

▲图 5-58 挂载组件

(3)设置 Cloth 对象上的 Skinned Mesh Renderer 组件的属性,使其如图 5-59 所示,主要指定了该组件的网格类型为 Plane 和设置根节点为其自身。网格类型可设置为系统自带的网格类型,也可以设置为导入模型的网格样式,从而创建出任意形状的布料。

(4)设置 Cloth 对象上的 Cloth 组件的属性,使其如图 5-60 所示。为使效果明显,将摩擦力调为最大值 1。可尝试更改不同的参数来模拟不同的布料效果。然后将 Sphere0 和 Sphere1 添加成为该布料的碰撞对象,并连接成胶囊体。

(5)单击"运行"按钮,效果如图 5-61 所示,Cloth 对象将向下做自由落体运动,并将挂在平面上的两个球对象上。不难发现,在短暂停留之后,布料将直接滑落而不是停留在 Plane 对象上,这是因为在 Cloth 组件上仅指定了两个球体作为其碰撞体,而未指定的 Plane 对象不与之进行碰撞。

159

第 5 章 物理引擎

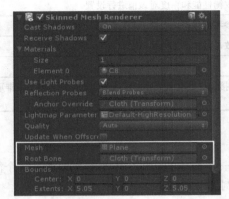

▲图 5-59 Skinned Mesh Renderer 组件的属性设置

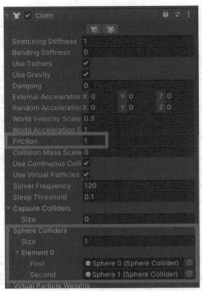

▲图 5-60 Cloth 组件的属性设置

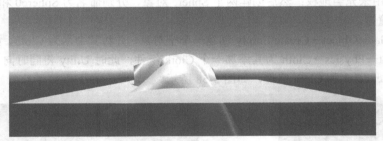

▲图 5-61 运行效果

5.7 力场

在实际的开发过程中，有时候需要给物体施加一个恒定的力或力矩，在过去的 Unity 版本中，需要给物体挂载一个用于施力的脚本。而如今 Unity 提供了一个更为简便的方法来实现该功能，通过封装一个组件，在物体周围产生一个恒定的力场，并通过物理模拟使物体平移或旋转。

5.7.1 力场组件的属性

Unity 通过给一个刚体挂载一个 Constant Force（力场）组件，从而对刚体施加指定方向及大小的力或力矩，也可同时施加力和力矩。在力或力矩的作用下，物体将会进行匀加速平移或旋转运动。力场组件的属性及含义如表 5-13 所示。

表 5-13　　　　　　　　　　　力场组件的属性及含义

属性	含义
Force	恒定力，基于世界坐标系，通过一个 Vector3 类型的数值进行表示
Relative Force	相对恒定力，基于物体自身坐标系，通过一个 Vector3 类型的数值进行表示
Torque	恒定力矩，基于世界坐标系，通过一个 Vector3 类型的数值进行表示，可使物体进行匀速旋转
Relative Torque	相对恒定力矩，基于物体自身坐标系，通过一个 Vector3 类型的数值进行表示

5.7.2 力场综合案例

前一小节介绍了力场组件的基础知识，使用力场组件可以模拟出类似磁场这种没有物体间接触的作用力。为了帮助读者加深理解，熟悉力场组件在实际开发过程中的用法，下面将介绍一个有关力场的案例的开发过程。具体开发步骤如下。

（1）新建一个场景，将其命名为 Constant.unity，并保存在 Assets/Scenes 目录下。分别创建一个 Sphere 和 Plane 对象，调整其 Position 属性值使其摆放合理，Sphere 对象完全在 Plane 对象之上，并分别为其添加合适的材质。

（2）选中 Sphere 对象，为其添加刚体组件，单击 Component→Physics→Constant Force 为 Sphere 对象添加一个力场组件。接着为该对象添加一个相对力和一个相对力矩，使 Sphere 对象受到相对力和相对力矩的作用。

（3）单击"运行"按钮，运行效果如图 5-62 所示。球体受到相对力和相对力矩的作用，进行小范围的围绕滚动之后原地打转，且不会掉落到 Plane 之外。这是由于球体添加的是相对力和相对力矩，当球体向前滚动半圈之后，其相对力和相对力矩的方向刚好与运动方向相反，从而使其往反方向运动。

▲图 5-62　运行效果

5.8 角色控制器

在游戏运行过程中，场景中的各类物体经常会碰撞。一般情况下，将碰撞直接交给物理引擎进行仿真计算即可满足要求。但在特殊情况下，直接使用物理引擎计算会导致效果不真实。例如推门的动作，若使用刚体和碰撞体，门打开的过程就可能不真实，此时使用角色控制器就可以很好地满足要求。

5.8.1 角色控制器组件的属性

Unity 中 CharacterController（角色控制器）组件的作用在于可以使对象进行物理碰撞但不被弹开，在完成人在地面行走、上下楼梯等动作时，使用角色控制器可以达到很好的效果。其中要注意的是，角色控制器的运动不受力的影响，仅当调用 Move 方法时才发生运动。表 5-14 所示为角色控制器组件的属性。

表 5-14　角色控制器组件的属性

属性	含义
Slope Limit	坡度限制，角色控制器只能爬上小于该值的坡度
Step Offset	台阶高度，该值决定了角色控制器可以迈上的最高台阶
Skin Width	皮肤厚度，该值决定了两个角色控制器可以相互深入的深度，该值太大会发生颤抖，太小会使角色控制器卡住
Min Move Distance	最小移动距离，如果角色控制器的移动距离小于该值，角色控制器就不会移动
Center	中心，其值决定胶囊碰撞体在世界坐标系中的位置，不影响其运动
Radius	角色控制器胶囊碰撞体的半径，其值影响碰撞体的宽度
Height	角色控制器胶囊碰撞体的高度，其值影响碰撞体在 y 轴方向的伸缩

5.8.2 角色控制器的案例

上一小节已经介绍了角色控制器的基础属性。在开发项目时使用角色控制器可以实现许多复杂的碰撞,也可以达到更加真实的效果。为了帮助读者加深理解和熟悉角色控制器的使用方法,下面将介绍一个关于角色控制器的开发案例。开发步骤如下。

(1)新建一个场景,将其命名为 Character.unity,并保存在 Assets/Scenes 目录下。然后分别创建两个 Plane、一个 Sphere 和一个 Cube,调整其属性值使其摆放合理。

(2)分别为 Sphere 对象和 Plane 对象添加对应的碰撞体和刚体组件。为 Cube 对象添加角色控制器组件,添加方法为单击 Component→Physics→CharacterController。然后通过脚本给 Sphere 对象添加一个 x 轴方向的初始速度。

(3)单击"运行"按钮,运行效果如图 5-63 所示。圆球向方块方向移动,与方块发生碰撞,但并没有弹开。这是因为方块对象添加了角色控制器组件,它会发生物理碰撞,但并不会受到力的作用。在开发过程中合理运用角色控制器可以模拟更为真实的碰撞效果。

▲图 5-63 运行效果

5.9 粒子系统

开发游戏时,大多数 3D 角色、道具和场景都采用 Mesh 呈现,而 2D 部分则采用 Sprite 呈现。但 Mesh 和 Sprite 都是用于呈现具有明确形状的实体对象,对于呈现液体、云层、烟雾等没有明确形状的事物则比较困难。这时采用粒子系统是最方便的,本节将详细介绍粒子系统的相关知识。

> **提示** 粒子系统不是一种简单的静态系统,其中的粒子会随着时间不断地变形和运动,同时自动生成新的粒子,销毁旧的粒子。基于这一原理就可以表现出类似于烟、雨、水、雾、火焰和流星等现象的特效,这些特效能够极大地提高游戏的可观赏性。

5.9.1 粒子系统的简介

粒子系统在 Unity 集成开发环境下使用起来很方便,很多绚丽的特效都可以通过调整粒子系统的各个属性值来实现。接下来将对粒子系统的创建和使用方法进行介绍。

1. 基础粒子系统

在菜单栏中单击 GameObject→Effects→Particle System 即可创建基础粒子系统。

2. 组件粒子系统

粒子系统在 Unity 中不仅可以作为一种游戏对象,还可以充当一种组件附加在其他游戏对象上。可以参考燃烧的火堆,这种效果就可以通过在火堆模型上附加一个粒子系统来实现,接下来将讲解粒子系统作为组件的创建方法。

(1)导入开发所需资源。导入树桩模型 Wood.fbx 和纹理图片 Wood.png、dimian.png,导入完毕后给树桩模型添加纹理图片。

(2)选中树桩模型对象,单击 Component→Effects→Particle System 给火堆模型添加粒子系统组件。

> **说明** 本案例的场景文件位于随书资源中的源代码/第 5 章/PhysX/Assets/Scenes/FireParticle。

5.9.2 粒子系统的属性

粒子系统是一种非常复杂的对象，有许多的属性。一般在使用粒子系统时，只调节粒子系统中的 4 个默认勾选的属性组，分别是 ParticleSystem 或者附加粒子系统的对象的名称（粒子系统）、Emission（喷射）、Shape（形态）和 Render（渲染器）。下面分别进行介绍。

（1）Particle System（粒子系统）

粒子系统属性组包括许多关于粒子的基本属性，如图 5-64 所示例如粒子的生命周期、循环喷射、喷射延迟、粒子大小、粒子基础颜色、缩放模式等，具体如表 5-15 所示（部分），开发时可以根据实际需要对这些属性进行修改。

表 5-15　Particle System 属性组

属性	含义	属性	含义
Duration	粒子的喷射周期	Looping	是否循环喷射
Prewarm	预热（Looping 状态下预产生下一周期粒子）	Start Delay	粒子喷射延迟（Prewarm 状态下无法延迟）
Start Lifetime	粒子的生命周期	Start Speed	粒子的喷射速度
3D Start Size	是否将粒子大小立体化	Start Size	粒子的大小
3D Start Rotation	是否将粒子角度立体化	Start Rotation	粒子的旋转角
Randomize Rotation	粒子沿反方向旋转角度	Gravity Modifier	相对于物理管理器中重力加速度的重力密度（缩放比）
Start Color	粒子颜色	Simulation Space	粒子系统的模拟空间
Scaling Mode	缩放模式	Play On Awake	创建时自动播放
Max Particles	一个周期内发射的粒子数，多于此数目停止发射	Auto Random Seed	如果勾选此复选框，则每次粒子系统出现时不相同，否则每次出现的粒子系统完全相同

（2）Emission（喷射）

喷射属性组包含 Rate（频率）和 Bursts（爆发）两个主要属性，如图 5-65 所示这两个属性决定了粒子系统的喷射特性。

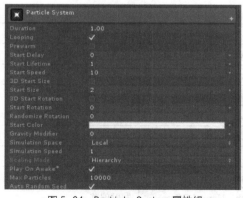

▲图 5-64　Particle System 属性组

▲图 5-65　Emission 属性组

❑ Rate over Time（时间速率）：单位时间内发射的粒子数。

❑ Rate over Distance（距离速率）：单位距离内移动的粒子数。

❑ Bursts（爆发）：在某个特定时间内喷射一定数量的粒子，使用这个属性可以轻松实现爆炸特效；单击该属性右下角的"+"按钮可以添加一个预设，其中的 Time 为粒子的喷射时间，

Particles 为瞬间喷射的粒子数目。

（3）Shape（形态）

形态属性组决定了粒子系统的喷射形式，可供选择的形状有球体（Sphere）、半球体（HemiSphere）、圆锥体（Cone）、盒子（Box）、网格（Mesh）、环形（Circle）和边线（Edge）。Shape 属性组中的属性如表 5-16 和表 5-17 所示。

表 5-16　Shape 属性组（1）

属性	含义
（Sphere）Randomize Direction	粒子发射方向是否随机
（Sphere）Spherize Direction	粒子发射方向是否沿球面方向，其取值范围是 0~1
（Hemisphere）Emit from Shell	是否从半球体表面发射粒子
（Hemisphere）Align to Direction	是否根据喷射形状发射粒子
（Hemisphere）Randomize Direction	粒子发射方向是否随机
（Hemisphere）Spherize Direction	粒子发射方向是否沿底面圆方向，其取值范围是 0~1
（Cone）Align to Direction	是否根据喷射形状发射粒子
（Cone）Randomize Direction	粒子发射方向随机比例，取值范围是 0~1，1 代表完全随机
（Cone）Spherize Direction	粒子发射方向是否沿底面圆方向，其取值范围是 0~1
（Box）Align to Direction	是否根据喷射形状发射粒子
（Box）Randomize Direction	粒子发射方向随机比例，取值范围是 0~1，1 代表完全随机
（Box）Spherize Direction	粒子发射方向的曲面程度
（Mesh）Signal Material	粒子是否从给定的网格值发射
（Mesh）Align to Direction	是否根据喷射形状发射粒子
（Mesh）Randomize Direction	粒子发射方向随机比例，取值范围是 0~1，1 代表完全随机
（Circle）Emit from Edge	使粒子从环形边缘发射，而不是从环形中心
（Circle）Randomize Direction	粒子发射方向随机比例，取值范围是 0~1，1 代表完全随机
（Edge）Randomize Direction	粒子发射方向随机比例，取值范围是 0~1，1 代表完全随机

表 5-17　Shape 属性组（2）

属性	含义	属性	含义
（Sphere）Radius	球体半径	（Sphere）Emit from Shell	是否从球体表面发射粒子
（Sphere）Align to Direction	是否根据喷射形状发射粒子	（Hemisphere）Radius	半球的半径
（Cone）Angle	锥体斜面倾斜角度	（Cone）Radius	锥体下表面半径
（Cone）arc	发射粒子的底面圆的角度	（Cone）Emit from	发射方式
（Box）Box X	立方体 x 轴长度	（Box）Box Y	立方体 y 轴长度
（Box）Box Z	立方体 z 轴长度	（Box）Emit from	发射方式
（Mesh）Vertex	粒子从网格顶点发射	（Mesh）Mesh	粒子的发射网格类型
（Mesh）Use Mesh Color	使用或者忽略网格颜色	（Mesh）Normal Offset	发射偏移
（Mesh）Mesh Scale	源网格的大小	（Mesh）Spherize Direction	粒子发射方向的曲面程度
（Circle）Radius	环形半径	（Circle）Arc	发射粒子的底面圆的角度
（Circle）Align to Direction	是否根据喷射形状发射粒子	（Circle）Spherize Direction	粒子发射方向的曲面程度
（Edge）Radius	边线长度	（Edge）Align to Direction	是否根据喷射形状发射粒子

（4）Velocity over Lifetime（生命周期内的速度）

生命周期内的速度偏移决定了粒子在生命周期内的速度偏移量，如图 5-66 所示。通过应用此属性并对其中的参数进行修改，可以使粒子在粒子系统自身或者世界坐标系的 x 轴、y 轴和 z 轴拥有一个速度，从而实现粒子系统的速度偏移。

- ❑ X、Y、Z 这 3 个属性分别代表粒子系统在 x 轴、y 轴和 z 轴方向的速度。
- ❑ Space 属性有两个可供选择的选项，为 Local 和 World。其中 Local 为粒子系统自身坐标轴，World 为世界坐标轴。

（5）Limit Velocity over Lifetime（生命周期内的限制速度）

生命周期内的限制速度的作用是对粒子系统发射的粒子进行限速，当速度超过给定的上限时，粒子的速度就会逐渐减小到给定的上限速度。该属性组如图 5-67 所示。

▲图 5-66 Velocity over Lifetime 属性组

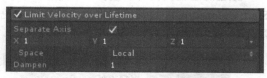

▲图 5-67 Limit Velocity over Lifetime 属性组（勾选 Separate Axis 复选框时）

- ❑ Separate Axis（分离轴）：限制速度是否区分不同轴向。当勾选此复选框时，可以在其下的 X、Y、Z 文本框设置各自的轴向限制速度，不勾选时将会出现上限速度（Speed）属性将 X、Y、Z 轴向和空间坐标系（Space）属性代替，如图 5-68 所示。
- ❑ Space（空间坐标系）：当勾选 Separate Axis 复选框时，在此处选择轴向。有两个选项，分别为 Local 和 World。
- ❑ Speed（上限速度）：当取消勾选 Separate Axis 复选框时用来设置整体限制速度。
- ❑ Dampen（阻尼）：当粒子速度超过上限时对粒子的减速程度，取值范围为 0～1。

（6）Inherit Velocity（速度继承）

速度继承用来控制粒子的速度如何随时间来反映其父对象的移动。其中包括 Mode 和 Multiplier 两个属性，在勾选状态下可以进行相关设置，如图 5-69 所示。

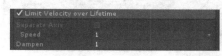

▲图 5-68 Limit Velocity over Lifetime 属性组
（不勾选 Separate Axis 复选框时）

▲图 5-69 Inherit Velocity 属性组

- ❑ Mode（模式）：发射速度如何施加到粒子，包括初始（Initial）和当前（Current）两种模式。
- ❑ Multiplier（乘数）：粒子应该继承的发射器速度的比例。

（7）Force over Lifetime（生命周期内的受力）

生命周期内的受力偏移的含义是粒子系统在生命周期内因受力而产生偏移。例如一个烟雾粒子系统受到风或地心引力的作用而产生偏移。

此属性组如图 5-70 所示。

- ❑ X、Y、Z：分别为粒子系统在不同轴向的受力。
- ❑ Space（空间坐标系）：粒子受力应用的坐标轴，有两个选项，分别为 Local 和 World。
- ❑ Randomize（随机数生成器）：当勾选此复选框时，粒子将受到随机产生的力的影响。

（8）Color over Lifetime（生命周期内的颜色）

生命周期内的颜色决定了粒子在生命周期内的颜色变化，如图 5-71 所示。当勾选此复选框时，此处设置的颜色与在粒子系统的 Start Color 处设置的颜色重叠，可以尝试分别设置观察效果，也可以两者综合使用，如要分别查看效果，将另一处设置成白色即可。

▲图 5-70　Force over Lifetime 属性组

▲图 5-71　Color over Lifetime 属性组

可以单击 Color（颜色）右侧的下拉按钮，在弹出的下拉列表中选择 Gradient（梯度）或者 Random Between Two Gradients（两个梯度之间随机），如图 5-72 所示。

（9）Color by Speed（颜色随速度变化）

颜色随速度变化可以使粒子的颜色随着粒子的速度发生变化。此处设置的颜色与在粒子系统 Start Color 处设置的颜色和生命周期内的颜色（Color over Lifetime）重叠，该属性组如图 5-73 所示。

▲图 5-72　颜色梯度选择

▲图 5-73　Color by Speed 属性组

- Color（颜色）：可以单击其右侧下拉按钮，设置颜色梯度变化。
- Speed Range（速度范围）：决定发生颜色变化的速度范围，取值范围为 0~1。

（10）Size over Lifetime（生命周期内的大小）

生命周期内的大小决定了粒子在生命周期内的大小变化。此处粒子的大小是在粒子系统的 Start Size 处设置的大小的倍数，取值范围为 0~1。该属性组如图 5-74 所示。

Size（粒子大小）是控制粒子大小的参数，默认给出的大小变化方式是 Curve（曲线）变化方式，此外还有 Random Between Two Constants（两常量间随机）变化方式和 Random Between Two Curves（两曲线间随机）变化方式，如图 5-75 所示。

▲图 5-74　Size over Lifetime 属性组

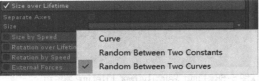

▲图 5-75　生命周期内的大小变化方式

选择曲线变化方式时，在粒子系统 Inspector 面板底端的粒子系统的曲线设置部分默认提供了曲线的变化方式模块，如图 5-76 所示。可以选择默认提供的变化方式也可以单击左下角的设置按钮（图 5-76 所示的齿轮形按钮），打开添加曲线变化方式模块添加变化曲线，如图 5-77 所示。

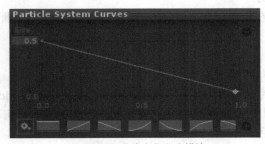

▲图 5-76　曲线变化方式模块

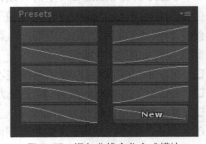

▲图 5-77　添加曲线变化方式模块

5.9 粒子系统

曲线中横轴为粒子发射时间，数值是粒子生命周期的系数；纵轴为粒子大小，数值是粒子的尺寸系数。通过在曲线中右击添加点，如图 5-78 所示。选中曲线中任意点，按住鼠标左键拖动以调整点的位置，选中点后右击弹出点的属性列表，相关属性如表 5-18 和表 5-19 所示，属性列表如图 5-79 所示。

表 5-18　　　　　　　　　　　　粒子大小曲线上点的相关属性（1）

属性	含义	属性	含义
Delete Key	删除点	Edit Key	设置点（包括时间和数值）
Clamped Auto	自动夹紧	Auto	自动调整（包括切线和圆滑程度）
Free Smooth	自由圆滑（可调整该点单向切线）	Flat	使切线平直（Free Smooth 下可用）
Broken	断开切线（点的左右两侧切线均可调整）	（Left Tangent）Free	左侧切线自由调整
（Both Tangents）Free	两侧切线自由调整	（Both Tangent）Linear	线性化两侧切线

表 5-19　　　　　　　　　　　　粒子大小曲线上点的相关属性（2）

属性	含义
（Left Tangent）Constant	点化左侧切线
（Right Tangent）Free	右侧切线自由调整
（Right Tangent）Linear	线性化右侧切线（勾选时右侧切线不可调整）
（Right Tangent）Constant	点化右侧切线
（Both Tangents）Constant	点化两侧切线

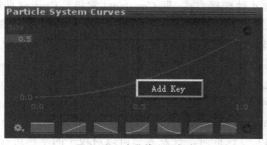

▲图 5-78　在曲线上添加点

▲图 5-79　曲线上点的属性

当选择两常量间随机的变化方式时，之前选择的曲线处会出现输入粒子大小值的选项，输入的值是与粒子设定的大小（Start Size）的比值，粒子的大小会在这两个值之间随机取值，如图 5-80 所示。

当选择两曲线间随机的变化方式时，在粒子系统 Inspector 面板底端会出现两曲线的设置部分，在设置界面中可以调整任意一条曲线，调整方法与粒子的曲线变化方式相同，这里不再赘述。调整完毕后粒子大小会在两曲线的纵轴间随机取值，并随横轴改变粒子大小的取值范围，如图 5-81 所示。

▲图 5-80　粒子的两常量间随机变化方式

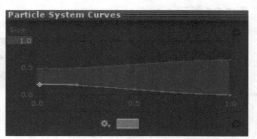

▲图 5-81　粒子的两曲线间随机变化方式

(11) Size by Speed（大小随速度变化）

大小随速度变化属性组根据粒子的速度重新定义粒子的大小，包含 Separate Axes（独立轴）、Size（粒子的大小）和 Speed Range（速度范围）3 个属性，如图 5-82 所示。

❏ 当勾选 Separate Axes（独立轴）复选框时，粒子的 x 轴、y 轴和 z 轴会独立开来，这样方便开发人员对其参数进行设置。

❏ Size（大小）包含 3 种变化方式，分别是 Curve（曲线）变化方式、Random Between Two Constants（两常量间随机）变化方式和 Random Between Two Curves（两曲线间随机）变化方式，这 3 种变化方式在（9）中已有介绍，这里不再赘述。

❏ Speed Range（速度范围）包含两个参数，左侧参数为最小速度，右侧为最大速度，参数值是粒子设定速度（Start Speed）的倍数，最小速度不得大于最大速度。

(12) Rotation over Lifetime（生命周期内的旋转）

生命周期内的旋转属性组使粒子在自身的生命周期内发生旋转，在其中可以调整粒子旋转时的角速度（Angular Velocity），如图 5-83 所示。

▲图 5-82　Size by Speed 属性组　　　　▲图 5-83　Rotation over Lifetime 属性组

❏ 当勾选 Separate Axes（独立轴）复选框时，会分别将粒子的 3 个坐标独立开来，以便对其进行单独设置。

❏ Angular Velocity（角速度）包含 4 种选择方式，即 Constant（常量）、Curve（曲线）、Random Between Two Constants（两常量间随机）和 Random Between Two Curves（两曲线间随机）。

当选择 Constant（常量）选项时，输入一个数值，粒子会按照这个数值在其生命周期内旋转。其他 3 种方式前文已有介绍，这里不再赘述。

(13) Rotation by Speed（旋转随速度变化）

旋转随速度变化属性组根据速度重新定义了粒子的旋转，包含 Separate Axes（独立轴）、Angular Velocity（角速度）和 Speed Range（速度范围）3 个属性，如图 5-84 所示。

❏ 当勾选 Separate Axes（独立轴）复选框时，开发人员可以对粒子的坐标进行单独设置。

❏ Angular Velocity（角速度）包含 4 种选择方式，即 Constant（常量）、Curve（曲线）、Random Between Two Constants（两常量间随机）和 Random Between Two Curves（两曲线间随机），这 4 种方式前文已有介绍，这里不再赘述。

❏ Speed Range（速度范围）与前文所介绍相同，这里不再赘述。

(14) External Forces（外部作用力）

外部作用力属性组定义了粒子系统的风域属性，Multipler（倍增）为风域的倍增系数，如图 5-85 所示。

▲图 5-84　Rotation by Speed 属性组　　　　▲图 5-85　External Forces 属性组

(15) Noise（噪声）

通过添加噪声干扰，可以使粒子的运动更加真实。例如强烈的噪声可以模拟火焰余烬；而柔和的噪声则可用来模拟烟雾。只有合理地运用噪声，才能实现想要的效果。噪声属性组如图 5-86 所示，其中包含了多个属性，具体如表 5-20 所示。

表 5-20　　　　　　　　　　　　　　噪声属性组

属性	含义
Separate Axes	对粒子的 3 个坐标分别进行设置
Strength	定义了噪声在其寿命内对粒子的影响程度
Frequency	噪声的柔和程度。其值越低，噪声越柔和
Scroll Speed	随着声音移动噪声场，从而使粒子的移动更加随机
Damping	当勾选此复选框时，噪声强度与频率成正比，噪声可以进行缩放
Octaves	指定噪声的重叠层数
Quality	噪声的质量，分为高（High）、中（Medium）、低（Low）。噪声质量越低，成本越低，其性能也越低
Remap	噪声是否重映射
Remap Curve	噪声重映射的曲线图

（16）Collision（碰撞）

碰撞属性组可为粒子系统的每一个粒子添加碰撞效果，这种碰撞检测的效率非常高。有两种碰撞形式可供选择，Planes（指定平面碰撞）和 World（世界范围碰撞）。当选择 Planes（指定平面碰撞）时，开发人员可以指定一个或多个任意对象与粒子系统发生碰撞，如图 5-87 所示。

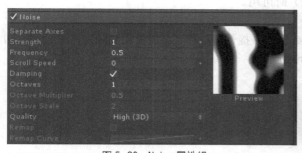

▲图 5-86　Noise 属性组

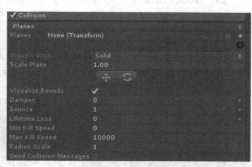

▲图 5-87　平面碰撞属性组

❑　Planes（碰撞平面）：可以指定与粒子系统发生碰撞的物体，单击右侧白色"+"按钮可以创建一个空对象并且将碰撞平面挂载到碰撞平面属性中，白色"+"按钮下方的黑色"+"按钮可以增加碰撞平面对象，使用此项功能可以指定多个平面与粒子系统发生碰撞检测。

❑　Visualization（显示方式）：包含 Grid（网格）显示方式和 Solid（实体）显示方式。

❑　Scale Plane（显示平面大小比例）：决定可视化平面的大小，其值是显示平面与粒子系统范围的比值。

❑　Visualize Bounds（可视化界限）：勾选此复选框，粒子的碰撞范围都会用线框表示。

❑　Dampen（阻尼系数）：粒子经过一次碰撞后的速度损失比例，取值范围是 0～1。

❑　Bounce（弹跳系数）：粒子经过一次碰撞后再次弹起时的速度比例，取值范围 0～2。

❑　Lifetime Loss（生命周期损失）：粒子经过碰撞后生命周期的损失比例，取值范围 0～1。

❑　Min Kill Speed（最小清除速度）：当粒子的速度减小为此速度或者小于此速度时将粒子清除，该值越大粒子消失得越快。

❑　Max Kill Speed（最大清除速度）：与最小清除速度的意义相反。

- Radius Scale（粒子系统半径）：粒子系统与碰撞平面发生碰撞后的有效距离，主要是为了避免粒子系统与碰撞平面的剪裁问题。
- Send Collision Messages（发送碰撞信息）：勾选此复选框，粒子系统与碰撞平面发生的碰撞检测可以被脚本中的 OnParticleCollision 方法检测到。

当选择 World（世界范围碰撞）时，不需要开发人员指定与粒子系统发生碰撞的物体，粒子会与场景中所有的游戏对象发生碰撞。世界范围碰撞属性组如图 5-88 所示。

- Collision Mode（碰撞模式）：可选为 3D 或者 2D。
- Visualize Bounds（可视化界限）、Dampen（阻尼系数）、Bounce（弹跳系数）、Lifetime Loss（生命周期损失）、Min Kill Speed（最小清除速度）、Max Kill Speed（最大清除速度）、Radius Scale（半径缩放）和 Send Collision Messages（发送碰撞信息）与平面碰撞属性组中的含义相同，这里不再赘述。
- Collides With（可碰撞物体）：可以与粒子系统发生碰撞的层。
- Interior Collisions（内部碰撞）：在粒子运动之前报告碰撞。
- Max Collision Shapes（最大碰撞形状）：粒子最大碰撞形状范围。
- Collision Quality（碰撞检测质量）：物体与粒子系统发生碰撞的概率，可选择 High（高）、Medium（中等）和 Low（低）选项，质量越高发生碰撞的概率越大。
- Enable Dynamic Colliders（启用动态对照）：若不勾选此复选框，粒子只能与静态碰撞体碰撞。
- Voxel Size（立体像素尺寸）：碰撞检测中立体像素的大小，只有当 Collision Quality（碰撞检测质量）为 Medium（中等）和 Low（低）时可用。

（17）Triggers（触发器）

要检测粒子系统与物体的碰撞、粒子进入或退出碰撞体等动作，都需要用到触发器进行触发回调。下面将对触发器属性组进行介绍，如图 5-89 所示。

▲图 5-88　世界范围碰撞属性组

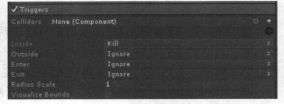

▲图 5-89　Triggers 属性组

- Colliders（碰撞体）：将指定碰撞体拖入此处。
- Inside（内部）：在粒子位于触发器内部时触发事件，可供选择的有回调、忽略和销毁。
- Outside（外部）：在粒子位于触发器外部时触发事件。
- Enter（进入）：在粒子进入碰撞体时触发事件，可供选择的有回调、忽略和销毁。
- Exit（退出）：在粒子退出碰撞体时触发事件。
- Radius Scale（半径缩放）：用来设置碰撞体的碰撞半径。
- Visualize Bounds（可视化界限）：勾选此复选框，粒子的碰撞范围都会用线框表示。

5.9 粒子系统

（18）Sub Emitters（子发射器）

子发射器属性组可以在粒子生成（Birth）、粒子发生碰撞（Collision）和粒子消失（Death）时调用其他粒子系统，如图 5-90 所示。

（19）Texture Sheet Animation（纹理层动画）

纹理层动画属性组可以将粒子在生命周期内的纹理图动态化，如图 5-91 所示。

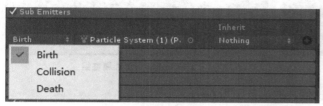

▲图 5-90 Sub Emitters 属性组

▲图 5-91 Texture Sheet Animation 属性组

- Mode（模式）：可供选择的有 Grid 模式和 Sprites 模式
- Tiles（平铺尺寸）：定义纹理图的平铺，分为 X 和 Y 两个平铺参数。
- Animation（动画）：为纹理图指定动画类型，包含 Whole Sheet（整个网格）和 Single Row（单行）两种方式。
- Row Mode（行格式）：从精灵图集选择特定行以生成动画。仅当选择 Single Row 模式时，此选项才可用。
- Fram over Time（时间帧）：动画的变化方式，共有 4 种方式，分别是 Constant（常量）、Curve（曲线）、Random Between Two Constants（两常量间随机）和 Random Between Two Curves（两曲线间随机）。
- Start Frame（开始帧）：粒子动画开始的帧。
- Cycles（周期）：动画的播放周期，周期越短播放速度越快。
- Affected UV Channels（被 UV 通道影响）：允许指定哪些 UV 流受到粒子系统的影响。

（20）Lights（灯光）

灯光属性组可以为粒子系统添加实时照明效果，可以使系统将光线投射到周围环境，还可以使其所附加的粒子集成各种属性。灯光属性组如图 5-92 所示，其中包含多个属性，如表 5-21 所示。

表 5-21　　　　　　　　　　　　　　　　灯光属性组

属性	含义
Light	在此拖入所需要的灯光组件
Ratio	接收光的粒子的比例，取值范围为 0～1
Random Distribution	选择灯光是否随机分布
Use Particle Color	如果勾选此复选框，灯光的颜色将由其所附加的粒子的颜色进行绘制
Size Affects Range	如果勾选此复选框，灯光影响的范围将乘以粒子的大小
Alpha Affects Intensity	如果勾选此复选框，灯光的强度将乘以粒子的 Alpha 值
Range Multiplier	粒子生命周期内影响光范围的值
Intensity Multiplier	影响光强度的值
Maximum Lights	最大灯光数

（21）Trails（轨迹）

轨迹属性组用于显示出粒子的轨迹，其轨迹可应用于多种效果，例如烟雾、子弹和魔术视觉效果。轨迹属性组如图 5-93 所示。

▲图 5-92　Lights 属性组

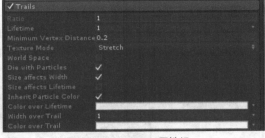

▲图 5-93　Trails 属性组

❑ Ratio（比例）：显示粒子轨迹的比例，取值范围为 0～1。

❑ Lifetime（生命周期）：轨迹存活的周期。

❑ Minimum Vertex Distance（最小顶点距离）：粒子在其轨迹接收到新顶点之前必须行进的距离。

❑ Texture Mode（纹理模式）：可供选择的有 Stretch（伸展）、Tile（平铺）。

❑ World Space（世界坐标系）：用于指定是否启用世界坐标系。

❑ Die with Particles（与粒子一起消失）：如果勾选此复选框，则粒子消失时轨迹立即消失；否则粒子消失时，轨迹仍然运动。

❑ Size affets Width（尺寸影响宽度）：如果勾选此复选框，则轨迹宽度受粒子大小影响。

❑ Size affets Lifetime（尺寸影响生命周期），勾选此复选框后，轨迹生命周期受粒子大小影响。

❑ Inherit Particle Color（继承粒子颜色）：如果勾选此复选框，则轨迹颜色受粒子颜色影响。

❑ Color over Lifetime（生命周期内的颜色）：在（8）中已有介绍，在此不再解释。

❑ Width over Trail（轨迹宽度）：轨迹在生命周期内的宽度，默认给出的变化方式是 Curve（曲线）变化方式，此外还有 Random Between Two Constants（两常量间随机）变化方式和 Random Between Two Curves（两曲线间随机）变化方式。

❑ Color over Trail（轨迹颜色），轨迹在生命周期内的颜色，默认给出的变化方式是 Curve（曲线）变化方式，此外还有 Random Between Two Constants（两常量间随机）变化方式和 Random Between Two Curves（两曲线间随机）变化方式。

（22）Custom Data（自定义数据）

自定义数据属性组允许在编译器中自定义粒子部分数据，数据可以是 Vector 形式，最多可以有 4 个组件参数。该属性组如图 5-94 所示。

（23）Renderer（渲染器）

渲染器属性组定义了粒子系统中粒子的渲染特性，灵活运用此属性组可以更加灵活地使用粒子系统。该属性组如图 5-95 所示。

❑ Render Mode（渲染模式）：粒子渲染的方式，共有 5 种渲染方式，分别为 Billboard（面板）、Stretched Billboard（拉伸面板）、Horizontal Billboard（水平面板）、Vertical Billboard（垂直面板）和 Mesh（网格）。

❑ Camera Scale（摄像机缩放比）：摄像机的运动对粒子拉伸的影响程度，仅当 Render Mode（渲染模式）为 Stretched Billboard（拉伸面板）时可用。

❑ Speed Scale（速度缩放比）：根据粒子运动的速度决定粒子长度的缩放比例，仅当 Render Mode（渲染模式）为 Stretched Billboard（拉伸面板）时可用。

5.9 粒子系统

▲图 5-94 Custom Data 属性组

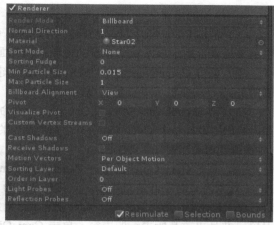

▲图 5-95 Renderer 属性组

❑ Length Scale（长度缩放比）：根据粒子的长度决定粒子的宽度的缩放比例，仅当 Render Mode（渲染模式）为 Stretched Billboard（拉伸面板）时可用。

❑ Mesh（网格类型）：粒子的网格类型，可供选择的类型包括 Unity 内置的几种基础的对象类型，例如球体（Sphere）和胶囊（Capsule）等，以及开发人员自行添加的带有网格渲染模式的游戏对象。仅当 Render Mode（渲染模式）为 Mesh（网格）时可用。

❑ Normal Direction（法线方向）：粒子光照贴图法线的方向，取值范围为 0～1。当取值为 0 时朝向屏幕中心，当取值为 1 时朝向摄像机。

❑ Material（材质）：粒子的材质。

❑ Sort Mode（排序模式）：粒子产生不同优先级的依据，共有 4 种模式，分别是 None（空）、By Distance（依照距离）、Youngest Frist（新生置首）和 Oldest Frist（生成时间最久置首）。

❑ Sorting Fudge（矫正排序系数）：粒子的排序偏差，较低的系数值会增加粒子系统的渲染覆盖其他游戏对象的相对概率。

❑ Min Particle Size（最小粒子尺寸）：粒子的最小尺寸（不用考虑其他位置设置的大小）。

❑ Max Particle Size（最大粒子尺寸）：粒子的最大尺寸（不用考虑其他位置设置的大小），即视口中的最大尺寸。

❑ Cast Shadows（投射阴影）：粒子系统对其他不透明材质投射阴影的方式（只能是不透明的材质），共有 4 种方式，分别是 Off（关闭）、On（打开）、Two Sided（两侧阴影）和 Shadows Only（仅投影）。

❑ Receive Shadows（接受投影）：粒子系统是否接受投影，只有不透明的材质才能投射阴影。

❑ Sorting Layer（分层排序）：粒子系统中不同层的显示顺序，可在下拉列表中添加排序层。

❑ Order in Layer（层顺序）：每个排序层的渲染顺序。

❑ Reflection Probes（反射）：粒子的反射形式，共有 4 种形式，分别是 Off（关闭）、Blend Probes（混合探测）、Blend Probes And Skybox（混合探测和天空盒）和 Simple（简单）。

5.9.3 通过脚本控制粒子系统

粒子系统是一种相对复杂的游戏对象，其包含众多的属性。只需在 Inspector 面板中勾选相应属性组，并设置相关属性值就可以完成对粒子系统的控制。从 Unity 5.3 开始，所有的粒子系统属性可以通过脚本进行配置，下面将通过 Particle_Demo 案例介绍如何用脚本控制粒子系统。

第 5 章 物理引擎

1. 场景的搭建

（1）单击 File→New Scene 新建一个场景，并将其命名为 Particle_Demo 保存。该场景将作为主菜单场景，用于显示粒子系统的控制选项界面。

（2）单击 GameObject→UI→Dropdown 创建下拉列表框。单击创建的 Dropdown 对象，在右侧的 Inspector 面板可以查看其属性。

（3）给 Dropdown 对象添加 Options，分别命名为 Emission（喷射）、ForceOverLifetime（生命周期内的作用力）、ColorOverLifetime（生命周期内的颜色）、SizeBySpeed（大小）和 VelocityOverLifetime（生命周期内的速度）。

（4）单击 GameObject→UI→Panel 创建 Panel 对象，然后单击 GameObject→Create Empty 以 Panel 对象为父对象创建空对象，并将其命名为 Emission。

（5）单击 GameObject→UI→Text 创建 Text 对象，单击 GameObject→UI→InputField 创建 InputField 对象，并且更改其所表示的内容。单击 GameObject→UI→Button 创建按钮，在 Hierarchy 面板中更改各个对象的名称。

（6）单击 GameObject→Effects→Particle System 创建粒子系统，至此本案例的场景搭建已经完成，如图 5-96 所示。Hierarchy 面板中对象的名称和结构如图 5-97 所示。

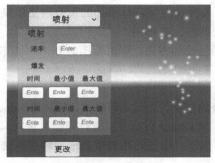

▲图 5-96　场景预览

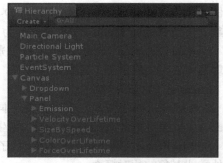

▲图 5-97　Hierarchy 面板对象的名称和结构

2. 脚本的开发

下面要介绍的是 Particle_Demo 案例脚本的开发，本部分主要讲解对粒子系统 Emission、Velocity over Lifetime、Force over Lifetime 和 Color over Lifetime 这 4 个属性组的设置。先获取用户要修改的粒子系统属性，获取数据输入对象，获取输入值，再根据不同选择调用不同方法完成粒子系统的脚本控制。

（1）创建一个 C#脚本，将其命名为 SwitchValue.cs，该脚本的主要作用是根据 Dropdown 对象选择不同选项。选择后切换到对应的属性组，在其中设置完成后单击 Change 按钮就可以完成对粒子系统属性的更改。脚本代码如下。

代码位置：随书资源中的源代码/第 5 章/Particle_Demo/Assets/Scripts/SwitchValue.cs。

```
1     using UnityEngine;
2     ... //此处省略了部分代码，请参考随书资源
3     using UnityEngine.Events;
4     public class SwitchValue : MonoBehaviour {
5         ParticleSystem ps;                          //创建粒子系统对象
6         public Dropdown dd;                         //属性 Dropdown 对象
7         public Dropdown DVelocityoverLifetime;      //Dropdown 对象
8         public Dropdown DColorOverLifeTime1;        //Dropdown 对象
9         public Dropdown DColorOverLifeTime2;        //Dropdown 对象
10        public Mesh m;                              //网格
11        GameObject []go_CheckNum;                   //所要检验数字的游戏对象数组
```

5.9 粒子系统

```
12          GameObject goEmission;                    //粒子系统 Emission 对象
13          GameObject goVelocityoverLifetime;        //粒子系统 VelocityOverLifetime 对象
14          GameObject goSizeBySpeed;                 //粒子系统 SizeBySpeed 对象
15          GameObject goColorOverLifeTime;           //粒子系统 ColorOverLifeTime 对象
16          GameObject goForceOverLifetime;           //粒子系统 ForceOverLifetime 对象
17          void Awake(){
18              setInputLimit ();
19              goEmission = GameObject.Find ("Canvas/Panel/Emission");
                                                      //找到 Emission 游戏对象
20              goVelocityoverLifetime = GameObject.Find ("Canvas/Panel/
    VelocityOverLifetime");
21              goSizeBySpeed = GameObject.Find ("Canvas/Panel/SizeBySpeed");
22                          //找到 SizeBySpeed 游戏对象
23              goColorOverLifeTime = GameObject.Find ("Canvas/Panel/ColorOverLifetime");
24                          //找到 ColorOverLifetime 游戏对象
25              goForceOverLifetime = GameObject.Find ("Canvas/Panel/ForceOverLifetime");
26                          //找到 ForceOverLifetime 游戏对象
27              goEmission.SetActive (false);//停用 Emission 游戏对象
28              goVelocityoverLifetime.SetActive (false);
                                                      //停用 VelocityOverLifetime 游戏对象
29              goColorOverLifeTime.SetActive (false);
                                                      //停用 ColorOverLifetime 游戏对象
30              goForceOverLifetime.SetActive (false);
                                                      //停用 ForceOverLifetime 游戏对象
31              goSizeBySpeed.SetActive (false);      //停用 SizeBySpeed 游戏对象
32              ps = GetComponent<ParticleSystem>();  //获取 ParticleSystem 组件
33      }...//此处省略了部分代码,详细说明将在后文进行介绍
```

❑ 第 1~3 行导入系统相关类,要用到的系统包名需要全部进行导入。

❑ 第 5~10 行声明变量。其中粒子系统对象用于后续控制和修改,Dropdown 对象 dd 用于来自系统修改属性的选择,其余 3 个 Dropdown 对象为粒子系统中属性组的表示。声明网格作为粒子发射器。

❑ 第 11~18 行先声明游戏对象数组,用于获取指定 Tag 表示的游戏对象。然后声明各个游戏对象,用于控制该游戏对象属性的调整。

❑ 第 19~25 行通过 GameObject.Find 方法找到并返回指定名称的游戏对象,如果查找名称中包含 "/",则这个名称被视作 Hierarchy 面板中的路径名。

❑ 第 27~32 行停用 Emission、VelocityOverLifetime、ColorOverLifetime、ForceOverLifetime 和 SizeBySpeed 游戏对象,使其在场景中不可见。获取 ParticleSystem 组件,用作后续属性参数的修改。

(2) 在 SwitchValue.cs 脚本中实现根据在 Dropdown 中选择的选项进行相应修改,控制所有的 InputField 都只能输入数字。先选中 Hierarchy 面板中所有的 InputField 对象,在 Inspector 面板中选择 Tag,单击 AddTag,添加名为 InputField 的 Tag。脚本代码如下。

代码位置:随书资源中的源代码/第 5 章/Particle_Demo/Assets/Scripts/SwitchValue.cs。

```
1   ... //此处省略了部分代码,读者可自行查看随书资源
2   void Update () {
3       if(!Constants.selected.Equals(dd.options [dd.value].text)) {
                                                      //Dropdown 中所选值是否改变
4           Constants.selected = dd.options[dd.value].text;//将标志位值设为所选值
5           ValueSetting (Constants.selected);//根据所选值进行判断
6       }}
7   private void setInputLimit(){             //只能输入数字
8       go_CheckNum=GameObject.FindGameObjectsWithTag("InputField");  //根据 Tag 查找
9       for(int i=0;i<go_CheckNum.Length;i++){            //遍历游戏对象数组
10          go_CheckNum [i].GetComponent<InputField> ().characterValidation =
11              InputField.CharacterValidation.Decimal;//获取 InputField 组件,并对其进行限制
12      }}
13  ... //此处省略了部分代码,读者可自行查看随书资源
```

❑ 第 2~6 行是 Update 方法,这个方法在每一帧进行调用。先获取 Dropdown 中当前所显

第 5 章 物理引擎

示值的字符串，将其与全局变量中标志位所保存的字符串进行比较。如果两者不相同则说明 Dropdown 中的值发生改变，然后根据该值进行后续判断。

❑ 第 7~12 行对 InputField 中要输入内容进行限制。根据 Tag 名查找到该游戏对象数组，遍历数组，对每一个 InputField 进行输入限制。

（3）以 SwitchValue.cs 脚本中的 getColorOverLifeTimeInput 方法为例介绍如何获取用户输入的参数，具体脚本代码如下。

代码位置：随书资源中的源代码/第 5 章/Particle_Demo/Assets/Scripts/ SwitchValue.cs。

```
1    ... //此处省略了相似部分代码，读者可自行查看随书资源
2    public void getColorOverLifeTimeInput(){
3            GameObject gokey1=GameObject.Find ("Canvas/Panel/ColorOverLifetime/InputFieldKey1");
4            float fkey1 =float.Parse(gokey1.GetComponent<InputField> ().text);
5    ... //此处省略了相似部分代码，读者可自行查看随书资源
6            float fkey6 =float.Parse(gokey6.GetComponent<InputField> ().text);
7            string s1=DColorOverLifeTime1.options [DColorOverLifeTime1.value].text;
8            string s2=DColorOverLifeTime2.options [DColorOverLifeTime2.value].text;
9            colorOverLifetime (s1, s2, fkey1, fkey2, fkey3, fkey4, fkey5, fkey6);
10   }...//此处省略了部分代码，可自行查看随书资源
```

> **说明** 在获取用户输入数据之前先要获取到输入对象，可以通过 GameObject.Find 方法进行查找。在获取到 InputField 中输入的字符串后需要根据实际需求进行格式转换，Dropdown 的选择可以直接用字符串表示，用于后面设置粒子系统时对不同属性的判断。获取输入数据后调用相应方法。

（4）上面已经介绍了如何获取在 InputField 中输入的粒子系统设置信息，并将这些参数传入相应方法中，接下来介绍各属性设置方法的实现，脚本代码如下。

代码位置：随书资源中的源代码/第 5 章/Particle_Demo/Assets/Scripts/SwitchValue.cs。

```
1    private void emission(float rate,float time,short min,short max,float time2,short min2,short max2){
2            var em = ps.emission;              //声明并初始化 em 变量作为粒子系统的喷射属性组
3            em.enabled = true;                 //启用粒子喷射
4            em.type = ParticleSystemEmissionType.Time;    //设置粒子喷射类型为时间类型
5            em.SetBursts(new ParticleSystem.Burst[]{ new ParticleSystem.Burst(time,min,max),
6                new ParticleSystem.Burst(time2,min2,max2) });//设置喷射的时间和喷射粒子数量
7            AnimationCurve curve = new AnimationCurve();  //创建动画曲线
8            curve.AddKey(0.0f, 0.1f);                     //设置关键帧值
9            curve.AddKey(0.75f, 1.0f);                    //设置关键帧值
10           em.rate = new ParticleSystem.MinMaxCurve(rate, curve);
                                                           //喷射速度参数设置为动画曲线
11   }
12   private void velocityoverLifetime(float key1,float key2,float key3,float key4,string s){
13           var vel = ps.velocityOverLifetime; //声明并初始化vel变量作为粒子系统生命周期内的速度属性组
14           vel.enabled = true;                //启用粒子系统生命周期内的速度控制
15           if(string.Equals (s, "Local")) {  //判断当前控件坐标系
16               vel.space = ParticleSystemSimulationSpace.Local;    //自身坐标系
17           } else {vel.space = ParticleSystemSimulationSpace.World;}//世界坐标系
18           AnimationCurve curve = new AnimationCurve();  //创建动画曲线
19           curve.AddKey( key1, key2 );                   //设置关键帧值
20           curve.AddKey( key3, key4 );                   //设置关键帧值
21           vel.x = new ParticleSystem.MinMaxCurve(10.0f, curve); }//将x轴曲线设置为动画曲线
22   private void forceOverLifetime(float key1, float key2,float key3,float key4){
23           var fo = ps.forceOverLifetime;    //声明并初始化fo变量作为粒子系统生命周期内的作用力属性组
24           fo.enabled = true;                //启用生命周期内的作用力控制
25           AnimationCurve curve = new AnimationCurve();  //创建动画曲线
26           curve.AddKey(key1, key2 );                    //设置关键帧值
27           curve.AddKey(key3, key4 );                    //设置关键帧值
```

```
28              fo.x = new ParticleSystem.MinMaxCurve(1.5f, curve); }//将x轴曲线设置为动画曲线
29   private void colorOverLifetime(string s1,string s2,float key1,float key2,
     float key3, float key4,
30              float key5,float key6){
31              var col = ps.colorOverLifetime;//声明并初始化col变量作为粒子系统生命周期内的颜色属性组
32              col.enabled = true;                //启用生命周期内的颜色控制
33              Gradient grad = new Gradient();//创建动画颜色渐变
34              if(string.Equals (s1, s2)) {      //判断选择值
35                  if(string.Equals (s1, "blue")) {
36                      grad.SetKeys (new GradientColorKey[] {//在渐变中定义的所有颜色键
37                          new GradientColorKey (Color.blue, key1),
38                           new GradientColorKey (Color.blue, key2)
39                      }, new GradientAlphaKey[] {
40                          new GradientAlphaKey (key3, key4),
41                           new GradientAlphaKey (key5, key6)
42                      });} //...此处省略了部分代码，读者可以自行查看随书资源
43               col.color = new ParticleSystem.MinMaxGradient(grad);//设置动画颜色渐变动画}
```

❑ 第1～11行是粒子系统喷射的设置。首先启用粒子喷射，更改粒子系统的粒子喷射类型为时间型。然后设置粒子喷射的周期和每次喷射时粒子的最大数量和最小数量。最后创建动画曲线，将粒子喷射速度设置为所创建的动画曲线。

❑ 第12～21行是粒子系统生命周期内的速度的设置。先启用该属性组，根据所获取的字符串判断当前所选坐标系，然后为其创建动画曲线，设置关键帧值。将x轴曲线设置为动画曲线。

❑ 第22～28行是粒子系统生命周期内的作用力的设置。首先启用该属性组，为其创建动画曲线，然后给两组关键帧赋值，最后将其x轴曲线设置为动画曲线。

❑ 第29～43行是粒子系统生命周期内的颜色的设置。首先启用该属性组，根据用户选择的颜色组合进行颜色设置。然后创建动画颜色渐变对象，根据用户设置的值在渐变中定义所有颜色和所有Alpha键。最后将动画颜色渐变动画赋值给该属性组。

3. 粒子系统其他属性的控制

由于篇幅有限，前面主要讲解了粒子系统4个属性组的设置。其他属性组通过代码进行设置的内容将在下面进行介绍，介绍的形式是每个属性组的设置由一个单独的脚本来体现。

（1）Collision

先获取粒子系统组件，声明并初始化粒子碰撞属性组对象。启用粒子碰撞属性组，为粒子碰撞属性组对象的弹力属性设置一个动画曲线，并赋值。脚本代码如下。

```
1   using UnityEngine;
2   using System.Collections;
3   public class ExampleClass : MonoBehaviour {
4       void Start () {
5           ParticleSystem ps = GetComponent<ParticleSystem>();//创建粒子系统对象并获取组件
6           var coll = ps.collision;                     //声明并初始化碰撞属性组对象
7           coll.enabled = true;                         //启用碰撞属性组
8           coll.bounce = new ParticleSystem.MinMaxCurve(0.5f); //设置碰撞弹力系数
9       }}
```

（2）Color by Speed

获取粒子系统组件，声明并初始化颜色随速度变化属性组对象。启用粒子颜色随速度变化属性组，创建一个动画颜色渐变对象，根据需要设置颜色组合参数，并在动画颜色渐变中定义所有颜色和所有Alpha键，最后将动画颜色渐变对象赋给颜色随速度变化属性组对象的颜色属性。脚本代码如下。

```
1   using UnityEngine;
2   using System.Collections;
3   public class ExampleClass : MonoBehaviour {
4       void Start () {
5           ParticleSystem ps = GetComponent<ParticleSystem>();//创建粒子系统对象并获取组件
6           var col = ps.colorBySpeed;              //声明并初始化粒子颜色随速度变化属性组对象
```

```
7            col.enabled = true;                          //启用上一步初始化的属性组
8            Gradient grad = new Gradient();              //创建动画颜色渐变对象
9            grad.SetKeys( new GradientColorKey[] { new GradientColorKey(Color.blue, 0.0f),
                                                          //颜色
10                new GradientColorKey(Color.red, 1.0f) }, new GradientAlphaKey[] {
                                                          //Alpha 键
11                  new GradientAlphaKey(1.0f, 0.0f), new GradientAlphaKey(0.0f,
    1.0f) } );
12           col.color = new ParticleSystem.MinMaxGradient(grad);    //设置粒子的颜色
13   }}
```

（3）External Forces

获取粒子系统组件，声明并初始化外部作用力属性组对象。启用粒子外部作用力属性组，为其倍增器属性赋值 0.1f，可根据实际情况进行调节。脚本代码如下。

```
1    using UnityEngine;
2    using System.Collections;
3    public class ExampleClass : MonoBehaviour {
4        void Start() {
5            ParticleSystem ps = GetComponent<ParticleSystem>();//创建粒子系统对象并获取组件
6            var ex = ps.externalForces;                  //声明并初始化外部作用力属性组对象
7            ex.enabled = true;                           //启用外部作用力属性组
8            ex.multiplier = 0.1f;                        //设置倍增力大小
9    }}
```

（4）Inherit Velocity

获取粒子系统组件，声明并初始化速度继承属性组对象。启用粒子速度继承属性组，为其添加一个动画曲线，对关键帧进行赋值后，对速度继承曲线进行设置。脚本代码如下。

```
1    using UnityEngine;
2    using System.Collections;
3    public class ExampleClass : MonoBehaviour {
4        void Start() {
5            ParticleSystem ps = GetComponent<ParticleSystem>();//创建粒子系统对象并获取组件
6            var iv = ps.inheritVelocity;                 //声明并初始化速度继承属性组对象
7            iv.enabled = true;                           //启用速度继承属性组
8            AnimationCurve curve = new AnimationCurve(); //创建动画曲线
9            curve.AddKey( 0.0f, 1.0f );                  //设置关键帧值
10           curve.AddKey( 1.0f, 0.0f );                  //设置关键帧值
11           iv.curve = new ParticleSystem.MinMaxCurve(1.0f, curve);//设置速度继承动画曲线
12   }}
```

（5）Limit Velocity over Lifetime

已创建了粒子系统对象并获取了粒子系统组件，可在声明并初始化限制生命周期速度属性对象后，启用该属性。之后设置该属性的速度阈值来防止速度过快。再后创建一个动画曲线对象，将其设定为随着粒子发射时间的加长而粒子速度减慢的关系曲线。脚本代码如下。

```
1    using UnityEngine;
2    using System.Collections;
3    public class ExampleClass : MonoBehaviour {
4        void Start() {
5            ParticleSystem ps = GetComponent<ParticleSystem>();//创建粒子系统对象并获取组件
6            var lv = ps.limitVelocityOverLifetime;       //声明并初始化生命周期内的限制速度属性组
7            lv.enabled = true;                           //启用该属性组
8            lv.dampen = 0.5f;                            //设置阻尼
9            AnimationCurve curve = new AnimationCurve();              //创建动画曲线
10           curve.AddKey( 0.0f, 1.0f );                               //设置关键帧值
11           curve.AddKey( 1.0f, 0.0f );                               //设置关键帧值
12           lv.limit = new ParticleSystem.MinMaxCurve(10.0f, curve);  //设置限制曲线
13   }}
```

（6）Rotation by Speed

获取粒子系统组件，声明并初始化旋转随速度变化属性组对象。启用该属性组，创建动画曲

线，并为关键帧赋值。设置 z 轴的旋转随速度变化曲线范围在所创建的两个动画曲线之间。脚本代码如下。

```
1   using UnityEngine;
2   using System.Collections;
3   public class ExampleClass : MonoBehaviour {
4       void Start() {
5           ParticleSystem ps = GetComponent<ParticleSystem>();//创建粒子系统对象并获取组件
6           var rot = ps.rotationBySpeed;          //声明并初始化给予旋转随速度变化属性组对象
7           rot.enabled = true;                    //启用该属性组
8           AnimationCurve curve = new AnimationCurve();   //创建动画曲线
9           curve.AddKey(0.0f, 0.1f);              //设置关键帧值
10          curve.AddKey(0.75f, 0.6f);             //设置关键帧值
11          AnimationCurve curve2 = new AnimationCurve();  //创建动画曲线
12          curve2.AddKey(0.0f, 0.2f);             //设置关键帧值
13          curve2.AddKey(0.5f, 0.9f);             //设置关键帧值
14          rot.z = new ParticleSystem.MinMaxCurve(2.0f, curve, curve2);//设置z轴变化曲线
15      }}
```

（7）Rotation over Lifetime

获取粒子系统组件，声明并初始化生命周期内的旋转属性组对象。启用该属性组，创建两个动画曲线，并为关键帧赋值。设置生命周期内的旋转属性组对象的角速度在两个动画曲线之间。脚本代码如下。

```
1   using UnityEngine;
2   using System.Collections;
3   public class ExampleClass : MonoBehaviour {
4       void Start() {
5           ParticleSystem ps = GetComponent<ParticleSystem>();//创建粒子系统对象并获取组件
6           var rot = ps.rotationOverLifetime;     //声明并初始化旋转随速度变化属性组对象
7           rot.enabled = true;                    //启用该属性组
8           AnimationCurve curve = new AnimationCurve();   //创建动画曲线
9           curve.AddKey(0.0f, 0.1f);              //设置关键帧值
10          curve.AddKey(0.75f, 0.6f);             //设置关键帧值
11          AnimationCurve curve2 = new AnimationCurve();  //创建动画曲线
12          curve2.AddKey(0.0f, 0.2f);             //设置关键帧值
13          curve2.AddKey(0.5f, 0.9f);             //设置关键帧值
14          rot.angularVelocity = new ParticleSystem.MinMaxCurve(2.0f, curve, curve2);
                                                   //设置角速度变化
15      }}
```

（8）Shape

获取粒子系统组件，声明并初始化形态属性组对象。启用该属性组，将粒子系统的形状类型设置为网格，将指定网格作为粒子的发射器形状。在实际操作中此处的 myMesh 应有对应的实际网格。脚本代码如下。

```
1   using UnityEngine;
2   using System.Collections;
3   public class ExampleClass : MonoBehaviour {
4       void Start() {
5           ParticleSystem ps = GetComponent<ParticleSystem>();//创建粒子系统对象并获取组件
6           var sh = ps.shape;                     //声明并初始化形态属性组对象
7           sh.enabled = true;                     //启用该属性组
8           sh.shapeType = ParticleSystemShapeType.Mesh;.  //设置形状类型
9           sh.mesh = myMesh;                      //指定网格
10      }}
```

（9）Size by Speed

获取粒子系统组件。声明并初始化粒子大小随速度变化属性组对象。启用该属性，设置变化的范围在两个值之间。创建动画曲线，将基于速度控制粒子大小的曲线设置为刚才创建的动画曲线。脚本代码如下。

```
1    using UnityEngine;
2    using System.Collections;
3    public class ExampleClass : MonoBehaviour {
4        void Start() {
5            ParticleSystem ps = GetComponent<ParticleSystem>();//创建粒子系统对象并获取组件
6            var ss = ps.sizeBySpeed;                    //声明并初始化大小随速度变化属性组对象
7            ss.enabled = true;                          //启用该属性组
8            ss.range = new Vector2(0.0f, 2.0f);         //设置变化范围
9            AnimationCurve curve = new AnimationCurve();//创建动画曲线
10           curve.AddKey(0.0f, 0.1f);                   //设置关键帧值
11           curve.AddKey(0.75f, 1.0f);                  //设置关键帧值
12           ss.size = new ParticleSystem.MinMaxCurve(10.0f, curve);  //设置大小
13       }}
```

（10）Sub Emitters

获取粒子系统组件。声明并初始化子发射器属性组，启用该属性组，设置在父粒子系统的粒子死亡时，子粒子系统生成粒子，并指定子发射器。脚本代码如下。

```
1    using UnityEngine;
2    using System.Collections;
3    public class ExampleClass : MonoBehaviour {
4        void Start() {
5            ParticleSystem ps = GetComponent<ParticleSystem>();//创建粒子系统对象并获取组件
6            var sub = ps.subEmitters;                   //声明并初始化子发射器属性组
7            sub.enabled = true;          //启用该属性组
8            sub.death0 = mySubEmitter;   //设置父粒子系统死亡时启动的子粒子系统
9        }}
```

（11）Texture Sheet Animation

获取粒子系统组件。声明并初始化纹理层动画属性组对象，启用该属性组，在 x 轴定义纹理的镶嵌图案。对每个粒子发射使用随机纹理表的行。脚本代码如下。

```
1     using UnityEngine;
2     using System.Collections;
3     public class ExampleClass : MonoBehaviour {
4         void Start() {
5             ParticleSystem ps = GetComponent<ParticleSystem>();//创建粒子系统对象并获取组件
6             var ts = ps.textureSheetAnimation;          //声明并初始化纹理层动画属性组
7             ts.enabled = true;                          //启用该属性组
8             ts.numTilesX = 2;                           //设置 x 轴定义纹理
9             ts.useRandomRow = true;                     //对每个粒子发射使用随机纹理表的行
10        }}
```

5.9.4　粒子系统的综合应用

生活中会有这样的情况，某些物体从高处坠入水中或者在水中移动时会在水面激起水花并在水面留下波纹。本小节将通过案例"用粒子系统实现水花"介绍这一效果的开发过程。

1. 案例效果与基本原理

介绍案例的具体开发过程之前先要了解本案例所要达到的效果及效果能够达成的基本原理，本案例的效果是使赛艇在水中移动或者旋转时能够激起不同形状的水花并且在水面留下波纹，运行效果如图 5-98 和图 5-99 所示。

从案例的运行效果中可以看出，在本案例中，水中有一艘赛艇在向前游动，在游动的过程中激起了水花，同时在水面留下了一些波纹。案例中的自然场景是使用天空盒技术和地形实现的，这里不赘述，而水花和波纹效果是通过粒子系统实现的。

粒子系统不是一个简单的静态系统，其原理是系统中的粒子会随着时间的推移不断变形和运动，并且系统会自动产生新的粒子，销毁旧的粒子。这样就能够表现出与水花、波纹等极其相似的效果，极大地提升游戏的可观赏性。

5.9 粒子系统

▲图 5-98　运行效果（1）

▲图 5-99　运行效果（2）

2. 场景搭建及开发步骤

了解案例所要达到的运行效果和基本原理后，下面对案例的场景搭建和开发步骤进行详细介绍，具体内容如下。

（1）创建项目。新建一个文件夹，将其命名为 PhysX。打开 Unity，创建项目。在项目中新建场景，将其命名为 Rowing，在项目中新建 3 个文件夹，将创建好的文件夹分别命名为 Models、Texture 和 Map。

（2）导入模型及其对应贴图。将准备好的赛艇模型 Rowing.fbx 和人物模型 Hero.fbx 导入文件夹 Models 中，将对应的贴图 Rowing.png 和 Hero.jpg 导入文件夹 Texture 中。将地形所需的资源导入文件夹 Map 中。

（3）搭建场景。完成场景搭建的相关工作，包括模型的摆放、灯光的创建及地形的设定等，这些步骤前面已有详细介绍，这里不再赘述。至此基本场景开发完成，下面开始水花特效开发和相关脚本开发的介绍。

（4）创建一个粒子系统并将其命名为 WaterBottom，将其拖到赛艇的子对象 Rowing 中作为 Rowing 的子对象，将粒子系统 WaterBottom 调整到合适的位置，作为赛艇底端生成的波纹粒子特效，如图 5-100 和图 5-101 所示。

▲图 5-100　赛艇子对象列表

▲图 5-101　WaterBottom 相对位置

（5）创建两个粒子系统，分别命名为 Waterdown 和 WaterupB，将其分别作为赛艇尾部底端生成的波纹和尾部生成的水花。将这两个粒子系统分别拖到赛艇的子对象 Rowing 中作为 Rowing 的子对象，并调整到合适位置，如图 5-102 和图 5-103 所示。

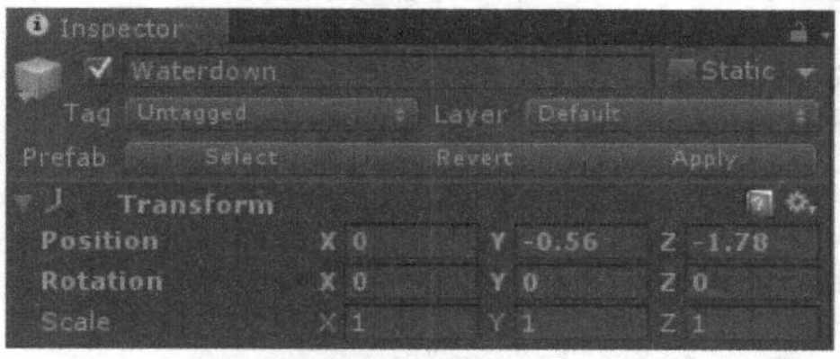

▲图 5-102　Waterdown 相对位置

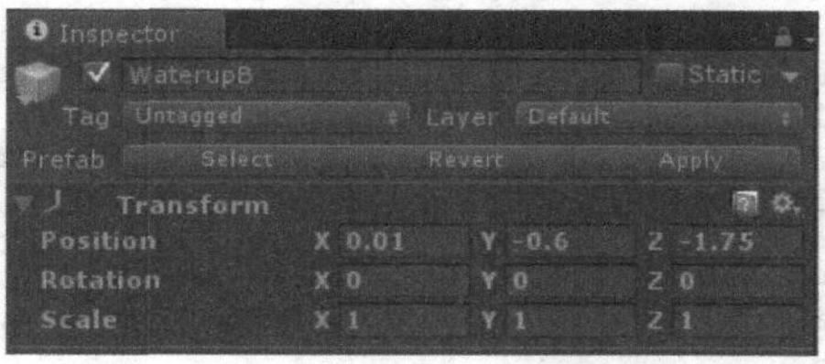

▲图 5-103　WaterupB 相对位置

第 5 章 物理引擎

（6）更换粒子系统的材质。创建两个 Material，将其分别命名为 WaterMat1 和 WaterMat2，作为底部波纹和尾部水花的材质。Inspector 面板中的 Shader 设为 Particles/Additive，Particle Texture 设为 Texture 文件夹下的图片 foam.tga，如图 5-104 和图 5-105 所示。

▲图 5-104　WaterMat1 属性设置　　　　　　▲图 5-105　WaterMat2 属性设置

（7）调整粒子系统的属性设置。调整后的结果如图 5-106 和图 5-107 所示（这里只提供了 WaterupB 的 Particle System 和 Renderer 属性组的设置）。

 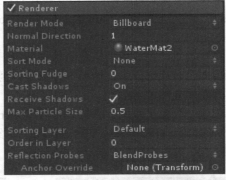

▲图 5-106　WaterupB 的 Particle System 属性组设置　　▲图 5-107　WaterupB 的 Renderer 属性组设置

（8）搭建好粒子系统后水花和波纹特效已经完成，单纯在同一位置生成波纹和水花并不能真实模拟现实生活中的情况，下面介绍案例中赛艇控制脚本的开发。新建一个脚本，将其命名为 Move.cs，脚本代码如下。

代码位置：随书资源中的源代码/第 5 章/PhysX/Assets/Scripts / Move.cs。

```
1   using UnityEngine;
2   using System.Collections;                          //导入系统包
3   public class Move : MonoBehaviour{                 //声明类名
4       public EasyJoystick MyJoystick;                //声明摇杆
5       float MoveSpeed = 0.05f;                       //声明移动速度
6       float RotSpeed = 0.5f;                         //声明旋转速度
7       public GameObject WaterB;                      //声明尾部水花
8       void Start() { WaterB.SetActive(false); }      //尾部水花不可见
9       void Update(){                                 //Update 方法
10          if(MyJoystick.JoystickTouch.x > 0.5f) {    //摇杆到右半部分
11              transform.Rotate(0, RotSpeed, 0);      //赛艇向右旋转
12              Circle.addSpeed = true;                //螺旋桨加速
13          }
14          if(MyJoystick.JoystickTouch.x < -0.5f){    //摇杆到左半部分
15              transform.Rotate(0, -RotSpeed, 0);     //赛艇向左旋转
16              Circle.addSpeed = true;                //螺旋桨加速
17          }
18          if(MyJoystick.JoystickTouch.y > 0.5f){     //摇杆到上半部分
19              WaterB.SetActive(true);                //尾部水花可见
20              transform.Translate(0, 0, MoveSpeed);  //赛艇向前移动
```

```
21              Circle.addSpeed = true;                //螺旋桨加速
22          }
23          if(MyJoystick.JoystickTouch.y < -0.5f) {   //摇杆到下半部分
24              transform.Translate(0, 0, -MoveSpeed); //赛艇向后移动
25              Circle.addSpeed = true;                //螺旋桨加速
26          }
27          if(MyJoystick.JoystickTouch.x == 0 && MyJoystick.JoystickTouch.y==0){
                                                       //摇杆未移动
28              WaterB.SetActive(false);               //尾部水花不可见
29              Circle.minusSpeed = true;              //螺旋桨减速
30          }}}
```

❏ 第1~8行主要导入系统包、声明类名和声明脚本中用到的变量。由于要实现在初始状态下赛艇静止不激起尾部水花，所以在脚本的Start方法中将前面声明的对象WaterB设置为不可见，使其只在需要的时候出现。

❏ 第9~30行主要使用脚本的Update方法实现通过检测摇杆的位置来控制赛艇的功能。当检测到摇杆不同位置的位移后，使赛艇向相应的方向加速或者减速，同时控制尾部水花的可见性。

（9）脚本创建完毕后将其挂载到案例中的对象Boss上，将Boss对象的子对象WaterupB拖到脚本属性界面中的WaterupB选项中，同时导入插件Easytouch，将插件中的New joystick对象挂载到脚本属性界面中的My Joystick选项中。脚本属性界面如图5-108所示。

（10）前面介绍了脚本Move.cs的开发，下面新建脚本，并将脚本命名为Shake.cs。该脚本主要用于实现赛艇随水流的摆动。编写完成后将脚本拖到对象Boss的子对象Shake上，脚本的具体代码如下。

▲图5-108 Move.cs属性界面

代码位置：随书资源中的源代码/第5章/PhysX/Assets/Scripts/Shake.cs。

```
1   using UnityEngine;
2   using System.Collections;                              //导入系统包
3   public class Shake : MonoBehaviour {                   //声明类名
4       float RotSpeedX=0.04f;                             //声明x轴旋转速度
5       float RotSpeedZ=0.06f;                             //声明y轴旋转速度
6       float ShakeFactor = 4;                             //声明旋转中心面
7       void Update () {                                   //Update方法
8           if(transform.eulerAngles.x >= ShakeFactor &&
9               transform.eulerAngles.x <= 180) {          //x轴旋转最大限度
10                  RotSpeedX = -0.04f; }                  //旋转速度
11          if(transform.eulerAngles.x <= 360 - ShakeFactor &&
12              transform.eulerAngles.x > 180){            //x轴旋转最小限度
13                  RotSpeedX = 0.04f; }                   //旋转速度
14          if(transform.eulerAngles.z >= ShakeFactor &&
15              transform.eulerAngles.z <= 180) {          //z轴旋转最大限度
16                  RotSpeedZ = -0.06f; }                  //旋转速度
17          if(transform.eulerAngles.z <= 360 - ShakeFactor &&
18              transform.eulerAngles.z > 180) {           //z轴旋转最小限度
19                  RotSpeedZ = 0.06f; }                   //旋转速度
20          transform.Rotate(RotSpeedX, 0, RotSpeedZ); }}  //旋转
```

❏ 第1~6行主要导入系统包、声明类名和声明脚本中用到的变量。此脚本的主要功能是实现案例中的赛艇模拟在水面上随水流摆动的功能，这里定义了x轴的旋转速度、z轴的旋转速度和旋转围绕的平面3个变量。

❏ 第7~20行使用脚本的Update方法来实现所需功能。此脚本中赛艇绕摆动平面的x轴的旋转速度和z轴的旋转速度不同，这样可以使赛艇在摆动的过程中的规律性不太明显，使摆动的效果更加真实。

（11）前面介绍了脚本Shake.cs的开发，下面新建脚本，并将脚本命名为Circle.cs。该脚本主要用于实现赛艇尾部螺旋桨加速转动、减速转动和匀速转动功能。编写完成后将脚本拖到对象

Shake 的子对象 Back 上，脚本的具体代码如下。

代码位置：随书资源中的源代码/第 5 章/PhysX/Assets/Scripts/Circle.cs。

```
1    using UnityEngine;
2    using System.Collections;                              //导入系统包
3    public class Circle : MonoBehaviour {                  //声明类名
4        float CirSpeed;                                    //声明旋转速度
5        float minSpeed = -1;                               //声明最小速度
6        float maxSpeed = -10;                              //声明最大速度
7        public static bool addSpeed;                       //加速标志位
8        public static bool minusSpeed;                     //减速标志位
9        bool Add = true;                                   //加速计时标志位
10       bool Minus = true;                                 //减速计时标志位
11       float TimeA;                                       //加速时间
12       float TimeM;                                       //减速时间
13       void Update () {                                   //Update 方法
14           transform.Rotate(CirSpeed, 0, 0);              //旋转螺旋桨
15           if(addSpeed) {                                 //加速
16               if(Add){                                   //加速计时
17                   TimeA = Time.time;                     //计时
18                   Add = false;                           //停止计时
19               }
20               CirSpeed = Mathf.Lerp(minSpeed, maxSpeed, Time.time - TimeA);//速度
21               if(CirSpeed == maxSpeed) {                 //到最大速度
22                   addSpeed = false;                      //停止加速
23               }}
24           else{Add = true; }                             //开始计时
25           if(minusSpeed) {                               //减速
26               if(Minus){                                 //减速计时
27                   TimeM = Time.time;                     //计时
28                   Minus = false; }                       //停止计时
29               CirSpeed = Mathf.Lerp(maxSpeed, minSpeed, Time.time - TimeM);//速度
30               if(CirSpeed == minSpeed) {                 //到最小速度
31                  minusSpeed = false;     }}              //停止减速
32           else { Minus = true;     }}}                   //开始计时
```

❑ 第 1～12 行导入系统包、声明类名和声明脚本中用到的变量。此脚本的主要功能是实现案例中赛艇尾部螺旋桨的加速旋转和减速旋转功能，脚本中用一个记录时间点来实现加速和减速效果。

❑ 第 13～32 行使用脚本的 Update 方法来实现所需的功能。其中使用了插值的方式来实现速度渐变效果，同时记录按钮按下的时间点控制赛艇尾部的螺旋桨加速和减速时间。

（12）至此，案例中的脚本开发完毕，下面导入摄像机跟随脚本，导入流程为右击 Assets 文件夹并从弹出的快捷菜单中选择 Import Package→Scripts，在弹出的 Importing package 对话框中选择 SmoothFollow.js 脚本文件导入。

（13）将导入的摄像机跟随脚本 SmoothFollow.js 挂载到场景中的主摄像机 Main Camera 上。单击主摄像机打开主摄像机的组件界面，然后将对象列表中的 Boss 对象的子对象 Target 拖到组件 SmoothFollow.js 中的 Target 选项中。调整属性如图 5-109 所示。

（14）给赛艇添加刚体和碰撞体组件。在对象 Boss 被选中的状态下，单击 Component→Physics→Rigidbody，去掉重力影响，勾选 Freeze Position 的 Y 复选框和 Freeze Rotation 的 X 复选框和 Z 复选框。设置后的结果如图 5-110 所示。

（15）添加天空盒。选中主摄像机 Main Camera，单击 Component→Rendering→Skybox，导入系统天空盒资源，选择 Sunny1 Skybox，将 Inspector 面板中的 Shader 更改为 Mobile→Skybox，将更改后的材质拖到主摄像机 Skybox 组件的 Custom Skybox 中，至此本案例完成。

本案例的场景文件位于随书资源中的源代码/第 5 章/PhysX/Assets/Scenes。读者可以举一反三，扩展此种方案，即将多个粒子系统加以组合从而制作出更加细致、精确的效果。

▲图 5-109　摄像机跟随脚本属性界面

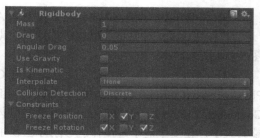

▲图 5-110　刚体组件属性设置结果

5.10　物理引擎在动画系统中的使用

进行格斗游戏、运动类游戏的开发时，经常会用到 Unity 中的 Mecanim 角色动画系统，同时还需要在使用动画系统的基础上，通过物理引擎进行物理模拟计算。本节将通过一个简单的案例介绍如何在 Mecanim 角色动画系统中使用物理引擎进行开发。

5.10.1　场景的搭建

（1）单击 File→New Scene 新建一个场景，将其命名为 Animation，并将其保存在 Assets/Scene 目录下。该场景用于承载本案例的开发。

（2）单击 GameObject→3D Object→Terrain 创建一个地形。为该地形添加一个纹理图片，该图片保存在 Assets/Texs 目录下，本案例使用到的所有资源都可在随书资源中获得。

（3）选中 Assets/Models 目录下的 Boy.fbx 模型，在 Inspector 面板中，将 Rig 项下的 Animation Type 设置为 Humanoid，并单击 Apply 按钮。将该模型拖到场景中，并调整其朝向和位置，如图 5-111 所示。

（4）在 Assets 目录下右击，并从弹出的快捷菜单中选择 Create→Animator Controller 创建一个动画控制器，并将其命名为 BoyAni。双击该动画控制器进入其编辑窗口，并在 Project 面板中将 Boy 模型根目录下的 Take 001 动画拖入动画控制器编辑窗口，使其成为 Idle 动画块。

（5）选中 Assets/Models 目录下的 Boy@Soccer.fbx 模型，同样将其 Animation Type 属性值设置为 Humanoid。把位于其子目录下的 Soccer 动画拖到动画控制器编辑窗口中，如图 5-112 所示，并为 Idle 和 Soccer 动画建立连接。

▲图 5-111　场景效果

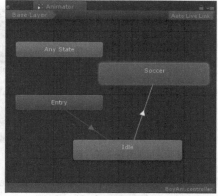

▲图 5-112　添加动画

(6)将 BoyAni 动画控制器赋给 Boy 对象 Animator 组件中的 Controller,如图 5-113 所示。单击"运行"按钮,Boy 对象将会播放踢球动画,其运行效果如图 5-114 所示。

▲图 5-113 设置参数

(7)分别选中相对应的骨头对象,单击 Component→Physics→BoxCollider 为其添加盒子碰撞体组件,再单击 Component→Physics→Rigidbody 为其添加刚体组件,并调整其大小,使多个盒子碰撞体能够刚好包裹住角色,设置效果如图 5-115 所示。

▲图 5-114 播放动画

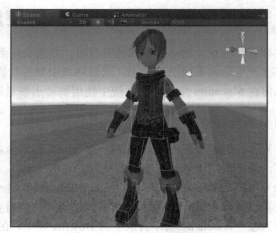
▲图 5-115 设置效果

(8)单击 GameObject→3D Object→Sphere 创建一个球体对象,并将其命名为 Ball,充当足球对象,将其摆放到合适的位置,使 Boy 刚好能够踢中它,如图 5-116 所示。然后再分别为 Ball 对象添加刚体和球形碰撞体组件,如图 5-117 所示。

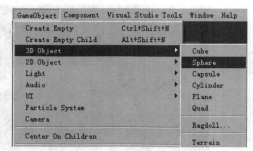
▲图 5-116 新建球体

▲图 5-117 刚体和球形碰撞体组件

(9)在 Inspector 面板中,单击 Tag,在弹出的下拉列表中选择 Add Tag 选项,如图 5-118 所示。添加一个 Player 标签,如图 5-119 所示。分别选中前面添加过碰撞体组件和刚体组件的对象,为其指定 Player 标签。

5.10 物理引擎在动画系统中的使用

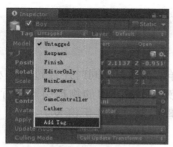

▲图 5-118 单击 Tag

▲图 5-119 添加标签

5.10.2 脚本的开发

本案例使用 C#作为其开发语言，脚本主要实现球与运动员间的碰撞检测，用于在运动员与球相互接触时，向球体施加一个瞬时力，使球产生被击飞的效果。由于前文已经对相应的知识进行了详细的介绍，故在此不再赘述。

在 Project 面板中右击，在弹出的快捷菜单中选择 Create→C# Script 创建一个 C#脚本，并将其命名为 Ball.cs，挂载到 Ball 对象上，用于进行球体的碰撞检测并施加一个力使球体运动。其详细代码如下。

代码位置：随书资源中的源代码/第 5 章/PhysX/Assets/Scripts/Ball.cs。

```
1    using UnityEngine;
2    using System.Collections;
3    public class Ball : MonoBehaviour {
4      void OnCollisionEnter(Collision collisionInfo) {         //碰撞检测
5        if(collisionInfo.gameObject.tag.Equals("Player")) {    //若与运动员产生碰撞
6          collisionInfo.gameObject.GetComponent<Rigidbody>()
7          .AddForce(collisionInfo.contacts[0].normal * 3000);  //向足球施加一个瞬时力
8    }}}
```

❏ 第 4～8 行主要进行 OnCollisionEnter 方法的开发，该方法在球体被触碰之后执行并且只执行一次。对碰撞对象的标签进行识别，若碰撞对象的标签与运动员的标签相同，即运动员与球体进行碰撞，则向球体施加一个力，从而产生球被运动员踢走的效果。

5.10.3 运行效果

单击"运行"按钮，场景中的 Boy 对象将会播放踢球动画，如图 5-120 所示。当 Boy 对象的脚踢中 Ball 对象时，产生图 5-121 所示的效果，球会被踢飞并做弧线运动，最终落在草地上。

▲图 5-120 播放动画

▲图 5-121 击飞足球

5.11 物理引擎综合案例

前面已经对 Unity 中物理引擎的基础知识进行了详细的讲解，同时还通过一些小案例具体介绍了物理引擎的相关应用。本节将通过一个综合案例对 Unity 中的物理引擎进行深入介绍，在完成本案例的学习后，希望读者能够熟练地使用物理引擎进行实际开发。

5.11.1 场景的搭建

本小节先讲解场景的搭建。在前面的章节中，进行了部分案例的开发，经过这些练习，相信读者对场景的搭建及对象的创建有了一定的了解，所以在这里对于这部分知识将只进行简单的介绍，而不做赘述，如有疑问读者可参考随书资源中的内容。

（1）单击 File→New Scene 新建一个 Scene 场景，将其命名为 Sample 并保存在 Assets/Scenes 目录下。单击 GameObject→3D Object→Plane 创建一个 Plane 对象，命名为 Plane，并为其指定合适的材质，用来充当地板。

（2）将 Assets/Models 目录下的 Gun 模型拖到场景中，并设置该模型的位置和大小，创建效果如图 5-122 所示。可在随书资源中的第 5 章/Assets/Models 中找到该模型对象并导入。读者可按照自身喜好为其添加相关材质，模拟出更为真实的大炮模型。

▲图 5-122 Gun 对象

（3）单击 GameObject→3D Object→Sphere 创建一个球体对象，如图 5-123 所示，将其命名为 Ball，赋予其材质并调整其位置，使其刚好位于炮口处，以作为炮弹的复制参照点。调整 Ball 对象的目录，使 Ball 作为 Gun/Gun 的子对象，如图 5-124 所示。

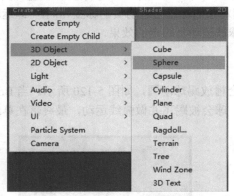

▲图 5-123 创建球体对象

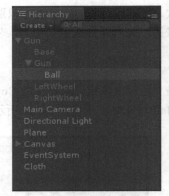

▲图 5-124 调整从属关系

（4）选中刚刚创建完成的 Ball 对象，单击 Component→Physics→Rigidbody 为其添加一个刚体组件。将 Ball 对象从 Hierarchy 面板中拖到 Assets/Models 目录下，使其成为一个预制件。

（5）单击 GameObject→Create Empty 创建一个空对象，并将其命名为 Cloth，用于充当场景中的布料。选中 Cloth 对象，单击 Component→Physics→Cloth 为其添加一个布料组件。

（6）选中 Cloth 对象，在 Inspector 面板中调整 Skinned Mesh Renderer 组件下的 Mesh 为 Plane，调整 Skinned Mesh Renderer 组件 Materials 下的 Size 为 1 并添加合适的材质。

（7）选中 Cloth 对象，在 Inspector 面板中调整 Cloth 组件下的 Random Acceleration 为(0,100,0)，为布料添加一个指定方向且大小为 10 的随机作用力，使布料产生随风飘动的效果，该布料物理模拟效果如图 5-125 所示。

（8）选中 Cloth 对象，单击 Component→Physics→Box Collider 为其添加一个盒子碰撞体组件。单击碰撞体组件中的调整按钮，调整该碰撞体的大小及位置，使其刚好位于布料后方且厚度合适，如图 5-126 所示。

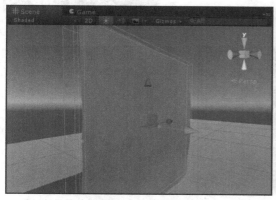
▲图 5-125　布料效果

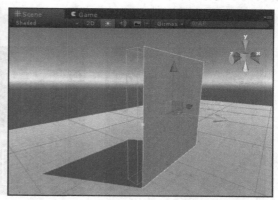
▲图 5-126　调整碰撞体

（9）分别选中 Gun 对象的子对象 Gun 和 Base，单击 Component→Physics→Rigidbody 为其添加一个刚体组件，如图 5-127 所示。选中 Gun 对象，单击 Component→Physics→Hinge Joint 为其添加一个铰链关节组件，如图 5-128 所示。

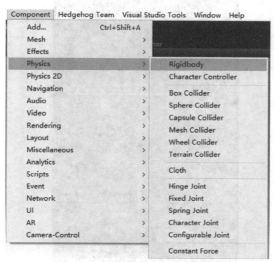
▲图 5-127　添加刚体组件

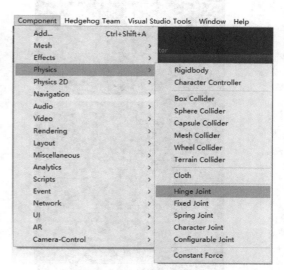
▲图 5-128　添加铰链关节组件

（10）选中 Gun 对象，调整其铰链关节组件属性，将 Connected Body 指定为 Base 对象，如图 5-129 所示，取消勾选 Auto Configure Connected Anchor 复选框。调整连接点的位置，使两个刚体的旋转轴重合并位于炮架中心，如图 5-130 所示。

（11）单击 GameObject→Create Empty 创建两个空对象，并分别命名为 Emi 和 FireFlare，以分别用于实现爆炸和烟雾效果。单击 GameObject→Effects→Particle System 创建一个粒子系统对象，并将其命名为 Follow，如图 5-131 所示。

（12）选中 Emi，创建两个粒子系统对象作为其子对象，并命名为 EmiFire 和 EmiFlare。选中 FireFlare，创建两个粒子系统对象作为其子对象，并命名为 PousFlare 和 PousFire，如图 5-132 所示。

▲图 5-129　指定连接对象

▲图 5-130　调整连接点位置

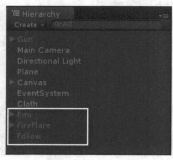

▲图 5-131　创建对象

▲图 5-132　创建粒子系统对象

（13）选中 Emi 对象的子对象 EmiFire 和 EmiFlare，设置这两个粒子系统的属性如图 5-133 和图 5-134 所示。这两个粒子系统用于模拟炮弹爆炸时产生的焰火和烟雾效果。

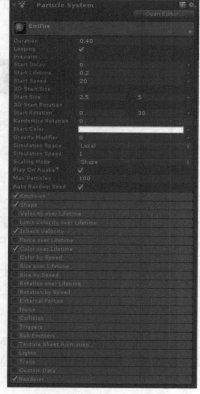

▲图 5-133　EmiFire 属性设置

▲图 5-134　EmiFlare 属性设置

(14) 选中 FireFlare 对象的子对象 PouseFlare 和 PousFire，设置这两个粒子系统的属性如图 5-135 和图 5-136 所示。这两个粒子系统分别充当炮弹发射时产生的烟雾和焰火。最后将 Follow 粒子系统的属性设置到图 5-137 所示，该粒子系统充当跟随在炮弹后面的烟雾。

▲图 5-135　PouseFlare 属性设置

▲图 5-136　PousFire 属性设置

▲图 5-137　Follow 属性设置

> **说明**　由于前文已经对粒子系统的知识进行了详细的介绍，所以对于这几个粒子系统的设置就不赘述了。读者可以参照随书资源中的第 5 章/PhysX/Assets/Models 目录下的预制件进行设置。

(15) 经过上两步的设置之后，这些粒子系统的最终运行效果如图 5-138、图 5-139 和图 5-140 所示。在开发过程中，读者可以根据自身喜好适当发挥，观察不同的属性设置得到的不同效果，不必与给出的参数完全一致。

(16) 将 Emi、FireFlare 和 Follow 等对象分别拖到 Assets/Models 目录下使其成为预制件，以供后面的脚本开发使用，如图 5-141 所示。将场景中的粒子系统对象删除，后续的开发中将通过实例化预制件来使用粒子系统。

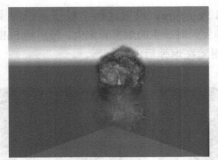
▲图 5-138　Emi 效果

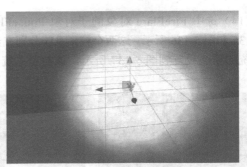
▲图 5-139　FireFlare 效果

▲图 5-140　Follow 效果

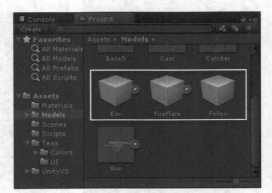
▲图 5-141　生成预制件

5.11.2　界面的搭建

接下来进行程序交互界面的开发。本案例所需的按钮较少，只需要炮管角度调整按钮和开火按钮。此处通过 UGUI 系统进行 UI 的开发，其所涉及的知识在前文已经进行了详细的讲解，此处不赘述。

（1）单击 Create→UI→Button 创建 3 个按钮，如图 5-142 所示，然后将其分别命名为 ButtonFIRE、ButtonUP、ButtonDOWN，由于本案例只需要简单按钮，故删除 3 个按钮各自的子对象 Text，如图 5-143 所示。

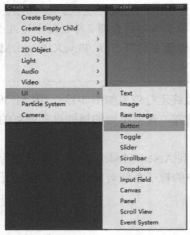
▲图 5-142　创建按钮

▲图 5-143　删除按钮子对象

（2）分别选中创建完成的 3 个按钮，调整 Rect Transform 组件下的参数，单击左上角的方块，选择 left 和 bottom，为屏幕自适应的开发做准备，如图 5-144 所示。通过设置 Image 组件下的 Source Image，添加按钮图片，并调整按钮至合适位置，如图 5-145 所示。

▲图 5-144 调整 UI 原点

▲图 5-145 调整按钮位置

5.11.3 脚本的开发

本案例使用 C#作为脚本开发语言，主要包含炮弹监听和按钮监听两部分的开发，其中调用了部分与物理引擎相关的方法，以及其他有关 GUI 的开发方法，由于前文已经对相关知识进行了详细的介绍，故此处不赘述。

（1）单击 Assets→Create→C# Script 创建一个 C#脚本，将其命名为 SampleListener.cs，该脚本用于 UI 监听和部分逻辑的开发，其详细代码如下。

代码位置：随书资源中的源代码/第 5 章/PhysX/Assets/Scripts/SampleListener.cs。

```
1   using UnityEngine;
2   using System.Collections;
3   public class SampleListener : MonoBehaviour {
4       public GameObject ballPre;                              //炮弹预制件
5       public Transform targetPos;                             //炮弹生成点
6       public Cloth cloth;                                     //布料对象
7       private int icount;                                     //计数器
8       public GameObject FireFlare;                            //发射烟雾
9       void Start () {
10          InitUI();                                           //屏幕自适应
11      }
12      public void Fire() {
13          Rigidbody ballRi = ((GameObject)(Instantiate(ballPre, targetPos.position,
14              targetPos.rotation))).GetComponent<Rigidbody>();     //实例化炮弹
15          ballRi.AddForce((targetPos.position - transform.position) * 500);//向炮弹施加一个力
16          addCollider(ref cloth, ballRi.gameObject.GetComponent<SphereCollider>());
                                                                //添加到碰撞列表
17          BallListener.destoryGameobject.Add((GameObject)Instantiate(FireFlare,
18              targetPos.position, targetPos.rotation));       //添加到待销毁列表
19      }
20      public void Update() {
21          if(BallListener.destoryGameobject.Count != 0) {     //检测待销毁对象列表是否为空
22              icount++;                                       //计数器自增
23              if (icount > 60) {
24                  GameObject.Destroy((GameObject)BallListener.destoryGameobject[0]);
                                                                //销毁列表头对象
25                  BallListener.destoryGameobject.RemoveAt(0); //移除列表中的对象
26                  icount = 0;                                 //重置计数器
27      }}}
28      public void Roat(int i) {                               //炮管旋转回调方法
29          transform.Rotate(Vector3.forward, i * 5);           //炮管围绕自身坐标轴进行旋转
```

```
30      }
31      private void addCollider(ref Cloth c, SphereCollider sc) {
32          ClothSphereColliderPair[] cscp = new
33          ClothSphereColliderPair[c.sphereColliders.Length + 1];   //重新声明碰撞体数组
34          for (int i = 0; i < c.sphereColliders.Length; i++) {
35              cscp[i] = c.sphereColliders[i];                      //初始化碰撞体数组
36          }
37          cscp[cscp.Length - 1] = new ClothSphereColliderPair(sc);//添加碰撞体
38          BallListener.clothColliders.Add(cscp[cscp.Length - 1]);  //储存碰撞体至列表
39          c.sphereColliders = cscp;                                //设置碰撞列表
40      }
41      private void InitUI() {                                      //UI 按钮屏幕自适应方法
42          Vector2 editScreen = new Vector2(866, 477);              //设置编辑窗口大小
43          Transform canvas = GameObject.Find("Canvas").transform;//进行位置和大小的调整
44          Vector2 scaleExchange = new Vector2(Screen.width / editScreen.x, Screen.height / 
    editScreen.y);
45          for (int i = 0; i < canvas.childCount; i++) {
46              RectTransform canvasChildRT = canvas.GetChild(i).GetComponent<RectTransform>();
47              canvasChildRT.position = new Vector3(scaleExchange.x * canvasChildRT.position.x,
48              scaleExchange.y * canvasChildRT.position.y, 0);      //调整控件位置
49              canvasChildRT.sizeDelta = new Vector3(scaleExchange.x * canvasChildRT.sizeDelta.x,
50              scaleExchange.y * canvasChildRT.sizeDelta.y, 1);     //调整控件大小
51  }}}
```

- 第 1~11 行主要进行相关参数和对象的声明，并调用 UI 初始化方法实现屏幕自适应。对于公共的对象，将在后面的开发过程中进行手动挂载。

- 第 12~30 行的主要进行发射按钮回调方法、上下调整按钮回调方法及 Update 方法的实现。程序通过给新生成的炮弹施加一个作用力使其被弹出，通过一个静态列表存储待销毁的对象，并在 Update 方法中每隔一段时间把列表头对象销毁。

- 第 31~51 行主要实现添加布料碰撞体和屏幕自适应方法。程序将新生成的炮弹添加到布料碰撞体列表，使炮弹能与布料产生相互作用。程序通过将实际屏幕的尺寸与预定的屏幕尺寸做对比，重新设置 UI 控件的大小，使其能够在不同的屏幕上正常运行。

（2）将 SampleListener.cs 脚本挂载到 Gun/Gun 对象上，并将 Assets/Models 目录下的 Ball 和 FireFlare 预制件分别拖到 Ball Pre 和 Fire Flare 框中，把场景中的 Ball 和 Cloth 对象分别拖到 Target Pos 和 Cloth 框中，如图 5-146 所示。

（3）分别选中 ButtonFIRE、ButtonUP 和 ButtonDOWN，为其添加 OnClick()回调方法，将 Gun 对象作为其 Select Object，将 Fire 方法指定为 ButtonFIRE 按钮的回调方法，将 Roat 方法指定为 ButtonUP 和 ButtonDOWN 按钮的回调方法。

▲图 5-146 挂载脚本

（4）创建一个脚本，并将其命名为 BallListener.cs，该脚本用于实现炮弹的监听，在适当的时间点销毁炮弹对象，并产生对应的粒子系统。该脚本的详细代码如下。

代码位置：随书资源中的源代码/第 5 章/PhysX/Assets/Scripts/BallListener.cs。

```
1   using UnityEngine;
2   using System.Collections;
3   public class BallListener : MonoBehaviour {
4       public static ArrayList clothColliders = new ArrayList();
                                                //列表中存储了能与布料发生碰撞的对象
5       public static ArrayList destoryGameobject = new ArrayList();
                                                //列表中存储了将要进行销毁的对象
6       public GameObject Emi;                  //爆炸粒子系统对象
7       Cloth cloth;                            //指定的布料对象
8       void Start () {
9           cloth = GameObject.Find("Cloth").GetComponent<Cloth>(); //初始化布料对象
10      }
```

```
11    void OnTriggerEnter(Collider target) {                            //碰撞检测
12      removeCollider();                                               //移除碰撞列表中的对象
13      Quaternion q = new Quaternion();                                //声明一个临时四元数
14      q.eulerAngles = new Vector3(270, 0, 0);                         //设置该四元数的朝向
15      GameObject fire = (GameObject)Instantiate(Emi, transform.position, q);
                                                                        //声明粒子系统对象
16      if(!target.gameObject.name.Equals("Cloth")) {                   //与非布料对象发生碰撞
17        destoryGameobject.Add(fire);                                  //添加到销毁列表
18      }
19      Destroy(gameObject);                                            //进行自我销毁
20    }
21    void removeCollider() {
22      //在碰撞列表中移除自身
23      clothColliders.Remove(new ClothSphereColliderPair(GetComponent<SphereCollider>()));
24      //重新声明碰撞列表
25      ClothSphereColliderPair[] cscp = new ClothSphereColliderPair[clothColliders.Count];
26      for (int i = 0; i < cscp.Length; i++) {
27        cscp[i] = (ClothSphereColliderPair)clothColliders[i];         //初始化碰撞列表
28      }
29      cloth.sphereColliders = cscp;                                   //设置碰撞列表
30    }}
```

❏ 第1~10行主要进行相关参数和对象的声明,并进行Start方法的重写,该方法在脚本开始运行时执行一次,用于布料对象的初始化。

❏ 第11~20行主要进行炮弹的碰撞检测。当炮弹与其他物体产生碰撞时,产生一个火焰粒子系统对象,同时销毁该炮弹对象。若不是与布料对象碰撞,则将其加入待销毁列表,并在一定时间之后将其销毁。

❏ 第21~30行主要实现移除碰撞体的方法,该方法与SampleListener.cs脚本中的addCollider方法对应。在炮弹要进行销毁之前,将其在布料碰撞体列表中的项删除,使其不再占用布料碰撞体列表中的位置。

(5)将BallListener.cs脚本挂载到Ball预制件上,并将Emi粒子系统预制件挂载到Emi框中。单击"运行"按钮,其运行效果如图5-147和图5-148所示。单击发射按钮可以进行炮弹的发射,当炮弹打在布料上时,其产生的火焰将不会熄灭。

▲图5-147 运行效果(1)

▲图5-148 运行效果(2)

5.11.4 案例开发总结

到此,本案例的开发已经结束,在开发过程中有多处对属性的设置,这些修改都是凭借经验来进行的,没有经验的初学者可以在特定范围内进行尝试,以体验不同的设置带来的不同视觉感受,这一阶段对于初学者是必不可少的。

在本案例的开发过程中,同时使用了刚体、粒子系统和交互布料多种组件。将多种技术用在同一个场景中是很常见的,初学者要提高自身综合运用能力,才能对各种技术有更加深入的理解,开发的思路也才能更加开阔。

5.12 本章小结

Unity 的便利之处在于，仅需要几步简单的操作，就可以使游戏中的对象严格按照物理法则运动。刚体和碰撞体模拟了物理的实体性，每个对象将不仅是呈现在屏幕上的虚假现象，它还可以与游戏玩家发生仿真交互。

本章不仅介绍了物理引擎的刚体和碰撞体组件，还介绍了关节、粒子系统和力场的使用方法。在学习 Unity 的过程中，最关键的是能理解对象的关键物理特性，读者应该时刻保持"仿真"的心态，以更加贴近现实为目标开发出更为真实的游戏场景。

第 6 章 着色器和着色语言

本章将介绍 Unity 中的着色器和着色语言，内容从基础语法到渲染管线、从基本的顶点片元着色器到复杂的曲面细分与几何着色器，最后在综合案例中灵活运用基础知识，由浅入深，帮助读者逐步掌握 Unity 中各种基础着色器的编写。

6.1 初识着色器

6.1.1 着色器概述

实际游戏开发中的许多特效，如镜面反射和折射、动物毛发、卡通效果等，都是使用着色器来实现的。这些效果如果直接通过编程实现会比较困难，即使实现了，在程序运行的时候其计算量会比用着色器实现同样效果的计算量大很多，因而会影响游戏的整体运行。

着色器（Shader）是一种运行在 GPU（Graphic Processor Unit，图形处理单元）上的程序，其可以让开发人员对图形硬件的渲染功能进行设置。Unity 中大多数的渲染都是通过着色器来完成的，Unity 内置了大量着色器，开发人员可以直接使用，也可以根据需求编写自己的着色器。

目前这种面向 GPU 的编程有 4 种高级图像语言可选择。

（1）HLSL

Microsoft 公司提供的 HLSL（High Level Shader Language，高阶着色器语言）通过 Direct3D 图形软件库来编写着色器，只能供 Microsoft 的 Direct3D 和 XNA 使用（Direct3D 是 Microsoft 公司的 DirectX Graphics 的三维部件）。

（2）Cg 语言

NVIDIA 公司和微软公司合作开发了 Cg（C for Graphics）语言，Cg 与 C 语言相似，不过有自己的一套关键词和方法库。Cg 是独立于三维编程接口的，完全和 Direct3D 或者 OpenGL 结合在一起。一个正确的 Cg 程序可以工作在 Direct3D 或者 OpenGL 上。这种灵活性意味着 Cg 提供了一种方法来编写能够同时工作在主要的三维程序接口和任何操作系统上的程序。Cg 的这种多厂商、跨 API 和多平台的特征使它成为可编程图形处理器编写程序的最佳选择。

（3）GLSL

OpenGL 委员会提供的 GLSL（OpenGL Shading Language，OpenGL 着色语言）是用来在 OpenGL 中进行着色编程的语言。开发人员用其编写的短小的自定义程序是在 GPU 上执行的，代替了固定的渲染管线的一部分，使渲染管线中不同层次具有可编程性。

（4）ShaderLab

Unity 对着色语言的支持非常全面，但为了实现对跨平台性的支持，Unity 对着色语言的重点支持为 Cg 语言。作为一款跨平台性最佳的游戏开发引擎，对于要适应不同 GPU 的着色器来说，Unity 使用自定义的 ShaderLab 来组织着色器的内容，并将对不同的平台进行编译。

6.1.2 材质、着色器与贴图

前文已经介绍了模型的贴图渲染，在这一过程中往往会用到材质、着色器与贴图，那么这三者有着什么样的关系？它们又各自有什么作用呢？其实，在 Unity 的渲染过程中这三者起到了关键性的作用，它们的关系如图 6-1 所示。

每一个材质都需要指定一个着色器，利用着色器的指令，对应的材质就能明白如何对物体进行渲染；而一个着色器又能够根据需要指定一个或者多个贴图，这些贴图变量都能够在材质的 Inspector 面板中进行指定。材质、着色器和贴图的具体定义如下。

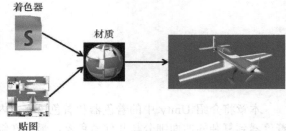

▲图 6-1　材质、贴图与着色器的关系

- 材质：定义了如何对一个表面进行渲染，包含了对贴图与颜色等其他参数的引用，任何一个材质都必须有一个指定的着色器。
- 着色器：简单来说就是一个能够利用数学算法计算每个片元颜色值的脚本，这些计算方法能够由开发人员根据需要任意编写，有很强的灵活性。
- 贴图：通俗来讲，贴图就是一张位图，材质中包含所需贴图的引用，这样着色器就能结合光照与贴图等信息实现对每个片元的渲染。

6.1.3 ShaderLab 语法基础

Unity 中的着色器是使用着色语言 ShaderLab 开发的，该语言具备显示材质所需的一切信息，同时还支持使用 Cg 语言、HLSL 或 GLSL 编写的着色器。着色语言 ShaderLab 类似于微软公司的 FX 文件或 NVIDIA 的 CgFX，用 Cg 语言或 HLSL 编写。下面将介绍 ShaderLab 的语法基础。

1．Shader

Shader 是着色器的一个根命令，每个着色器都必须定义唯一一个 Shader，其中定义了材质如何使用这个着色器渲染对象。Shader 命令的语法如下。

```
Shader "name" {
[Properties]
SubShader {...}
[Fallback]
}
```

- 上面的语句定义了一个名为 name 的 Shader。这些内容在材质的 Inspector 面板上列于 name 下。着色器通过 Properties 来可选地定义一个显示在材质设定界面的属性列表。后面紧跟 SubShader 的列表，并可额外添加一个代码块用于应对 Fallback 的情况。
- 着色器拥有一个 Properties 的列表。任何定义在着色器中的属性都会显示在 Inspector 面板中。典型的属性有颜色、纹理或是任何被着色器所使用的数值数据。
- 着色器还包含一个子着色器的列表，其中至少有一个子着色器。当加载一个着色器时，Unity 将遍历这个列表，获取第一个能被用户机器支持的子着色器。如果没有子着色器被支持，Unity 将尝试使用降级着色器，即 Fallback 操作。

> 说明　Properties、SubShader 和 Fallback 在后面的内容中会详细讲解。

2．Properties

着色器可以在属性块中定义一些属性，这些属性可以由开发人员在 Unity 的 Inspector 面板中编辑和调整，而不需要单独编辑，着色器中的 Properties 块就是用来定义这些属性的地方。

Properties 的基本语法如下。

```
Properties { 属性块 }
```

定义了属性块,其中可包含多个属性,如表 6-1 所示。

表 6-1　　　　　　　　　　　Properties 的属性

属性	说明
name ("display name", Range (min, max)) = num	定义浮点数范围属性,在 Inspector 面板中可通过一个标注了最大值和最小值的滑动条来修改
name ("display name", Float) = num	定义浮点数属性
name ("display name", Int) = num	定义整型属性
name ("display name", Color) = (num, num, num, num)	定义颜色属性,num 的取值范围为 0~1
name ("display name", Vector) = (num, num, num, num)	定义四维向量属性
name ("display name", 2D) = " name " { options }	定义 2D 纹理属性,默认值为:"white""black""gray""bump"
name ("display name", Cube) = " name " { options }	定义立方贴图纹理属性,默认值同 2D 纹理属性的相同
name ("display name", 3D) = " name " { options }	定义 3D 纹理属性

❑　包含在着色器中的每一个属性通过"name"索引(在 Unity 中,通常使用下划线来开始一个着色器属性的名字),属性值通过"name"来访问。属性会将"display name"显示在 Inspector 面板中,还可以在等号后为每个属性提供默认值,属性结构如图 6-2 所示。

❑　包含在纹理属性的大括号中的选项是可选的,可选的选项如表 6-2 所示。

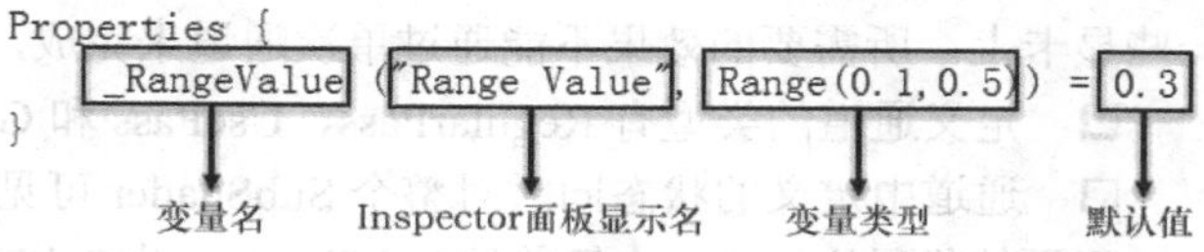

```
Properties {
    _RangeValue ("Range Value", Range(0.1, 0.5)) = 0.3
}
```
变量名　　Inspector面板显示名　　变量类型　　默认值

▲图 6-2　属性结构

表 6-2　　　　　　　　　　　纹理属性可选的选项

选项名称	说明
TexGen	纹理生成模式,纹理自动生成纹理坐标时的模式。可以是 ObjectLinear、EyeLinear、SphereMap、CubeReflect 或 CubeNormal,这些模式和 OpenGL 纹理生成模式相对应。注意,如果使用自定义顶点片元着色器,那么纹理生成将被忽略
LightmapMod	光照贴图模式,如果给出这个选项,纹理会被渲染器的光照贴图所影响,即纹理不能应用在材质中,而是使用渲染器中的设定

❑　除了定义属性外,还能够在每一个属性之前定义可选属性,这些可选属性由 Unity 进行自动识别,并根据需要改变其在材质 Inspector 面板上的显示方式。需要注意的是,这些可选属性都应包含在中括号中,具体可选属性如表 6-3 所示。

表 6-3　　　　　　　　　　　可选属性

可选属性名称	说明
[HideInInspector]	在材质的 Inspector 面板中不显示对应属性的信息
[NoScaleOffset]	在材质的 Inspector 面板中不显示贴图对应的 tilling 与 offset
[Normal]	表明此贴图属性期待得到的是一张法线贴图
[HDR]	表明此贴图属性期待得到的是一张 HDR 图
[Gamma]	Float 或 Vector 属性被指定为 sRGB 颜色值
[PerRendererData]	表明此纹理数据通过程序进行赋值

下面的代码片段说明了 Properties 的定义方法。

```
1   Properties {
2       _RangeValue ("Range Value", Range(0.1,0.5)) = 0.3        //定义一个浮点数范围属性
3       _FloatValue ("Float Value", Float) = 1.5                 //定义一个浮点数属性
4       _Color ("Color", Color) = (1,1,1,1)                      //定义一个颜色属性
5       _Vector ("Vector", Vector) = (1,1,1,1)                   //定义一个四维向量属性
6       _MainTex ("Albedo (RGB)", 2D) = "white" {TexGen EyeLinear}//定义 2D 纹理属性
7       _Cube("CubeTex", Cube)="skybox"{ TexGen CubeReflect}     //定义立方贴图纹理属性
8   }
```

3. SubShader

真正用于呈现渲染物体的类是在 SubShader 中实现的,使用 SubShader 的目的在于能使开发人员针对不同性能的显卡编写不同的着色器。Unity 中的每一个着色器都包含一个 SubShader 的列表,Unity 运行时会针对实际的运行环境,在列表中从上到下选出第一个被用户显卡支持的 SubShader 来呈现效果。

SubShader 的基本语法如下。

```
SubShader{ [Tags] [CommonState] Pass{} }
```

- SubShader 由标签(Tags)、通用状态(CommonState)和一个通道(Pass)列表构成。
- SubShader 定义了一个渲染通道列表,并可选择是否为所有通道初始化所需要的通用状态。
- 当 Unity 选择一个 SubShader 进行渲染的时候,将优先渲染一个被每个通道所定义的对象(这个对象很可能是由光线交互决定的)。由于渲染每一个对象是个十分"昂贵"的操作,有时在一些显卡上,所需要的效果不能通过单次通道来完成,必须使用多次通道。
- 定义通道的类型有 RegularPass、UsePass 和 GrabPass。
- 通道中定义的状态同时对整个 SubShader 可见,这将使得所有通道共享状态。

下面的代码片段是一个简单的 SubShader,此 SubShader 定义了一个 Pass,关闭了所有的光照,仅将一张 _MainTex 贴图显示在 Mesh 上。

```
1   SubShader {
2       Tags { "Queue" = "Transparent" }           //渲染队列为透明队列
3       Pass {
4           Lighting Off                            //关闭光照
5           SetTexture [_MainTex] {}                //设置纹理
6       }}
```

4. SubShader Tags

SubShader 使用标签(Tags)来告诉 Unity 渲染引擎或者其他用户如何认证这个 SubShader。Tags 的基本语法如下。

```
Tags { "标签1" = "值1"       "标签2" = "值2" }
```

标签的标准是键值对,可以有任意多个,常用的标签如下。

- Queue——队列标签。Queue 标签用来决定对象被渲染的次序。着色器决定对象所归属的渲染队列,任何透明物体都可以通过这种方法确保自身在不透明物体渲染之后渲染。ShaderLab 中有 5 种预定义的队列标签可选值,分别是:Background(背景),对应值为 1000;Geometry(几何体,此为默认值,对应值为 2000;AlphaTest(Alpha 测试),对应值为 2450;Transparent(透明),对应值为 3000;Overlay(覆盖),对应值为 4000。每个标签的意义将在"6.5.2 渲染队列"一节中详细介绍。

队列标签的使用如下。

```
1   Tags { "Queue" = "Transparent" }                //设置渲染队列为"透明"
```

> **说明** 透明渲染队列为了达到最优的性能，优化了对象绘制次序，其他渲染队列根据距离来排序对象，从最远的对象开始，由远至近渲染。

- 自定义队列标签。对于特殊的需要可以使用中间队列来满足。每一个队列都有自己的对应值，通过着色器可以自定义一个队列。

因为 Background、Geometry、AlphaTest、Transparent、Overlay 这些单词都可以对应成数字，所以可以将这些单词当作整型变量来看，示例如下。

```
1  Tag { "Queue" = " Geometry +600" }          //自定义渲染队列
```

上面的代码设置对象的渲染队列为 Geometry+600，即 2600，在 AlphaTest 队列和 Transparent 队列之间渲染。

- RenderType——渲染类型标签。RenderType 标签将着色器分为若干个预定义组。例如，采用透明着色器还是 Alpha 测试的着色器等。该标签由着色器替换使用，有时用于生成摄像机的深度纹理。渲染类型标签的预定义值如表 6-4 所示。

表 6-4　　　　　　　　　　　渲染类型标签的预定义值

预定义值	说明
Opaque	不透明，用于大多数着色器（法线着色器、自发光着色器、反射着色器及地形着色器）
Transparent	透明，用于大多数半透明着色器（透明着色器、粒子着色器、字体着色器、地形额外通道着色器）
TransparentCutout	遮蔽的透明着色器（透明镂空着色器、两个通道植被着色器）
Background	天空盒着色器
Overlay	GUITexture、光晕着色器、闪光着色器
TreeOpaque	地形引擎中的树皮
TreeTransparentCutout	地形引擎中的树叶
TreeBillboard	地形引擎中的布告板树
Grass	地形引擎中的草
GrassBillboard	地形引擎中的布告板草

- DisableBatching——禁用批处理标签。某些着色器（大部分是进行物体空间顶点变形的）在进行描绘调用批处理时会不起作用，使用 DisableBatching 标签可以用来指示这种情况。DisableBatching 标签有 3 个可选值，分别为 true（这个着色器将一直禁用批处理）、false（不禁用批处理，此为默认值）和 LODFading（当 LODFading 被激活时禁用批处理）。
- ForceNoShadowCasting——强制不投射阴影标签。当给定 ForceNoShadowCasting 标签并且该标签为 True 时，使用该子着色器渲染的对象将永不投射阴影。当在透明对象上使用着色器替换，但不想从另一个 SubShader 获得阴影通道时，这会非常有用。
- IgnoreProjecttor——忽略投影标签。如果设置 IgnoreProjecttor 标签为 true，那么使用这个着色器的对象将不会被投影器所影响。这对半透明的物体来说最有用，因为这样它就不会受到投影器的影响而产生阴影。
- CanUseSpriteAtlas——使用精灵图集标签。若该着色器用于精灵对象上，且设置 CanUseSpriteAtlas 标签为 false，那么当精灵被打包进图集后，着色器就不会起作用。
- PreviewType——预览类型标签。PreviewType 标签指示出材质检视器应该怎样展示材质文件。默认情况下以材质球的形式展示，但是 PreviewType 也可以设置为 Plane（以 2D 形式展示）或者 Skybox（作为天空盒展示）。

5. Pass

SubShader 包装了一个渲染方案,而这个方案是由一个个通道(Pass)来执行的。SubShader 可以包括多个 Pass,每个 Pass 都能使几何对象被渲染一次。

Pass 的基本语法如下。

```
Pass { [Name and Tags] [RenderSetup] [TextureSetup] }
```

基本的通道命令包含一个可选的渲染设置命令(RenderSetup)的列表和可选的纹理设置命令(TextureSetup)的列表。一个通道能定义它的 Name 和任意数量的 Tags(用于向渲染引擎传递通道的意图的名称或值的字符串)。

> **说明** Pass 的 Name 一般用来引用此 Pass,这种引用意味着可以定义一个 Pass,然后在其他着色器的 Pass 中多次引用它,从而减少重复操作。根据 Unity 的命名规则,命名时必须使用大写。

通道渲染设置命令可以设置显卡的各种状态,例如能打开 Alpha 混合、能使用雾等。这些命令如表 6-5 所示。

表 6-5 通道渲染设置命令

命令	含义	说明
Lighting	光照	开启或关闭顶点光照,开关状态的值为 On 或 Off
Material{材质块}	材质	定义一个使用顶点光照管线的材质
ColorMaterial	颜色集	当计算顶点光照时使用顶点颜色,颜色集可以是 AmbientAndDiffuse 或 Emission
SeparateSpecular	开关状态	开启或关闭顶点光照相关的镜面高光颜色,开关状态的值为 On 或 Off
Color	颜色	设置当顶点光照关闭时所使用的颜色
Fog{雾块}	雾	设置雾参数
AlphaTest	Alpha 测试	Less、Greater、LEqual、GEqual、Equal、NotEqual、Always(小于、大于、小于或等于、大于或等于、等于、不等于、一直),默认值为 LEqual
ZTest	深度测试模式	深度测试模式有 Less、Greater、LEqual、GEqual、Equal、NotEqual、Always
ZWrite	深度写模式	开启或关闭深度写模式,开关状态的值为 On 或 Off
Blend	混合模式	混合模式有 SourceBlendMode、DestBlendMode、AlphaSource BlendMode、AlphaDestBlendMode
ColorMask	通道遮罩	设置通道遮罩,颜色值可以是 RGB、A、0 或任何 R、G、B、A 的组合,设置为 0 将关闭所有颜色通道的渲染
Offset	偏移因子	设置深度偏移,这个命令仅接收常数参数

上文中讲到的 Pass 为 RegularPass,除此之外,还有两个特殊的 Pass 能用于反复利用 RegularPass 或是实现一些高级特效,如表 6-6 所示。

表 6-6 两个特殊通道

通道名称	语法	说明
UsePass	UsePass"Shader/Name"	插入所有来自给定着色器中的给定名称的通道。Shader 为着色器的名称,Name 为通道的名称
GrabPass	GrabPass{ ["纹理名"] }	捕获屏幕到一个纹理,该纹理通常使用在靠后的通道中。"纹理名"是可选项

在着色器中通过 UsePass 重用其他着色器中已存在的通道,提高了代码的重用率。为了让

UsePass 能正常工作，必须给希望使用的通道命名，通道的命名用 Name"通道名"进行。示例代码如下。

```
1    UsePass "Specular/BASE"           //插入镜面高光着色器中名为 "BASE" 的通道
2    Name "MyPassName"                 //给通道命名为 MyPassName
```

GrabPass 是一种特殊的通道类型，它会捕获物体所在位置的屏幕的内容并将其写入一个纹理中，这个纹理能被用于在后续的通道中完成一些高级图像特效。GrabPass 同样可以使用 Name 和 Tags 命令。将 GrabPass 放入 SubShader 中有以下两种方式。

（1）GrabPass {}

GrabPass{}用于捕获当前屏幕的内容到一个纹理中。纹理能在后续通道中通过_GrabTexture 进行访问。

> **说明** 该形式的捕获通道在每一个使用该通道的对象渲染过程中执行极耗资源的屏幕捕获操作。

（2）GrabPass { "纹理名" }

GrabPass { "纹理名" }用于捕获屏幕内容到一个纹理中，但只会在每帧中处理第一个使用该给定纹理名的纹理对象。该纹理在后续的通道中可以以通道给定的纹理名访问。当在一个场景中拥有多个使用 GrabPass 的对象时将提高游戏性能。

6. Fallback

降级（Fallback）定义在所有 SubShader 后。简单来说，它表示"如果没有任何 SubShader 能被运行到当前硬件上，请尝试使用降级着色器"，其常用语法如下。

❑ Fallback "着色器名"：退回到给定名称的着色器。
❑ Fallback Off：显示声明没有降级着色器并且不会输出任何警告，甚至没有 SubShader 会被当前硬件运行。

7. CustomEditor

开发人员可以为着色器定义自定义编辑器（CustomEditor），执行此操作时，Unity 会查找以该名称拓展 MaterialEditor 的类。如果找到一个，则使用该着色器的所有材质都将使用这个材质检视器，其常用语法如下。

```
CustomEditor "name"
```

> **提示** CustomEditor 语句会影响使用该着色器的所有材质。

8. Category

分类（Category）是渲染命令的逻辑组。大多数情况下被用于继承渲染状态。例如，一个着色器可以有多个子着色器，它们都需要关闭雾效果、混合等，下面的代码片段说明了分类的使用。

```
1    Shader "example" {
2    Category {
3        Fog { Mode Off }                //设置雾模式
4        Blend One One                    //设置混合模式
5        SubShader {... }                 //SubShader
6        SubShader {... }                 //SubShader
7        ...//此处省略分类模块的其他内容
8    }}
```

Category 只影响着色器的解析，使用它和将其中设定的任何状态"粘贴"到其下所有块中没有差别，不会影响着色器的执行速度。

6.1.4 着色器中涉及的各种空间概念

要绘制出屏幕上绚丽多彩的 3D 场景画面，就需要将每个物体从自己所属的物体空间依次经世界空间、摄像机空间、剪裁空间、标准设备空间进行变换，最终到达实际窗口空间。了解每一个空间概念，可以帮助开发人员认识每个顶点在不同空间之间是如何变换的。

1. 物体空间

物体空间比较容易理解，就是需要绘制的 3D 物体所在的原始坐标系代表的空间，在 3ds Max 等建模软件中，为了便于表示和导出，每一个物体都有一个以自身为原点的三维坐标空间，导出时它们将自身看作一个整体。例如导出的汽车模型，虽然 4 个车轮与车身是分开的，但在建模时，车轮被放置在汽车底部，并随车身移动，这就是在汽车模型的物体空间中完成的。

在 Unity 脚本中，可以通过 transform.worldToLocalMatrix 矩阵的 MultiplyPoint、MultiplyPoint3x4 和 MultiplyVector 方法，将用世界空间坐标表达的矢量转换为用物体空间坐标表达的矢量。在着色器编程中，可以通过左乘_World2Object 矩阵来实现。

> **说明**　在进行设计时，一般以物体的几何中心为坐标系原点，人物模型一般以双脚的中心点为物体空间坐标系原点。

2. 世界空间

世界空间就是物体在最终 3D 场景中所属的坐标系代表的空间。由于每个物体的物体空间都是处理自身内部相对关系的，无法处理自身以外与其他物体之间的关系，所以就需要一个统一的空间坐标来管理所有的物体，用于表达空间中各个物体的相对关系、大小、旋转姿态等。

例如，要在(2,0,0)摆放一个立方体，在(1,0,2)摆放一个球体，这里(2,0,0)和(1,0,2)两组坐标所属的坐标系代表的就是世界空间，如图 6-3 与图 6-4 所示。

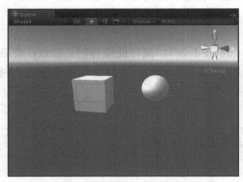
▲图 6-3　世界空间中的物体相对位置

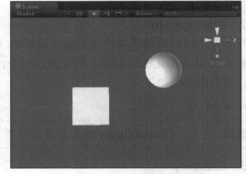
▲图 6-4　世界空间中的物体俯视图

在 Unity 脚本中，可以通过 transform.localToWorldMatrix 矩阵的 MultiplyPoint、MultiplyPoint3x4 和 MultiplyVector 方法，将用物体空间坐标表达的矢量转换为用世界空间坐标表达的矢量。在着色器编程中，可以通过左乘_Object2World 矩阵来实现。

3. 摄像机空间

物体经摄像机观察后，进入摄像机空间。摄像机空间稍复杂一些，其指的是以观察场景的摄像机为原点的一个特定坐标系代表的空间，在这个坐标系中，摄像机位于原点，视线沿 z 轴负方向，y 轴方向与摄像机的 UP 向量方向一致。相对于世界空间，摄像机空间可能是歪的或斜的。

摄像机在不同位置观察到的物体，其本身位置没有发生变化，但在摄像机空间中相对位置完全相反，如图 6-5 和图 6-6 所示。在着色器编程中，可以通过 UNITY_MATRIX_MV 矩阵将物体从物体空间转换到摄像机空间。

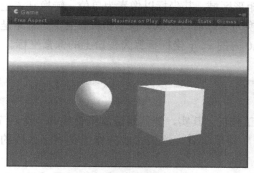

▲图 6-5 摄像机观察到的物体（1）

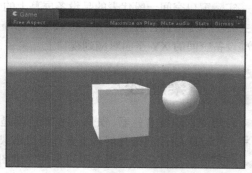

▲图 6-6 摄像机观察到的物体（2）

4. 剪裁空间

在介绍剪裁空间前先要引入"视景体"的概念，视景体也叫视锥体，对平行投影来说，视景体是一个四边平行于投影方向的四棱柱，如图 6-7 所示；对透视投影来说，视景体是一个以近平面为上底，远平面为下底的棱台，当近平面为 0 时，则是一个以投影中心为顶点的四棱锥，如图 6-8 所示。

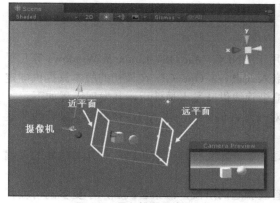

▲图 6-7 平行投影下的视景体

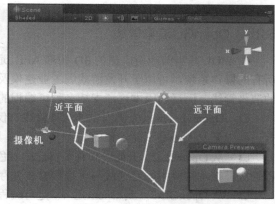

▲图 6-8 透视投影下的视景体

与人眼类似，尽管世界空间中的物体都是客观存在的，但是人眼只会看到视力范围内的物体，渲染引擎同样不会将世界空间内的全部物体渲染出来，而只是渲染出现在视景体内的物体。

只有在视景体里面的物体才能够最终被用户观察到，也就是说并不是摄像机空间中所有的物体都能最终被观察到，只有在摄像机空间中，并且只有位于视景体内的物体才能在运行中被观察到。

因此，将摄像机空间中视景体内的部分独立出来经过处理后，就成了剪裁空间。在着色器编程中，可以通过 UNITY_MATRIX_MVP 一次性完成物体从物体空间到摄像机空间再到剪裁空间的变换。

5. 标准设备空间

标准设备空间就是对剪裁空间执行透视除法后得到的空间。例如，对 OpenGL ES 而言，标准设备空间 3 个轴的坐标范围都是 $-1.0 \sim 1.0$。透视除法就是将齐次坐标 $[x,y,z,w]$ 的 4 个分量都除以 w，结果为 $[x/w, y/w, z/w, 1]$，本质上就是对齐次坐标进行了规范化。

6. 实际窗口空间

实际窗口空间一般代表的是设备屏幕上的一块矩形区域，其坐标以像素为单位。转换到该空间的主要工作是将执行透视除法后的 x、y 坐标分量转换为实际窗口的 XY 像素坐标，主要的思路是将标准设备空间的 XY 平面对应到视口上，将 −1.0~1.0 内的 x、y 坐标折算为视口上的像素坐标。

6.2 渲染管线

若想深入理解着色器，先要明白着色器是如何工作的。其实，着色器是渲染管线的一个环节，而将一个 3D 物体渲染到屏幕上必须经过渲染管线，简单来讲，渲染管线的作用是将一系列的顶点、纹理等信息转化成一张人眼可见的二维图片。

Unity 底层采用 OpenGL 与 DirectX 两个 3D 应用程序接口，根据发布平台的不同采用对应的接口，这样开发人员就能方便地实现跨平台开发，但是 OpenGL 与 DirectX 的渲染管线却有些细微的差别，下面来分别介绍这两个 3D 应用程序接口的渲染管线。

> **提示**　本节仅从概念上介绍渲染管线的流程，若是初次接触着色器的读者可能会感觉有些抽象难懂，后文会对这些可编程的着色器进行实战编写，以加深读者对各种着色器的理解。

6.2.1 OpenGL 渲染管线

OpenGL 是当前应用广泛的 3D 图形 API，适用于 UNIX、Mac OS、Linux 及 Windows 等几乎所有的操作系统，可用于开发游戏、工业建模及嵌入式设备。OpenGL 在最初的版本只提供固定的渲染管线，而后的版本逐渐支持多种可编程的渲染管线供开发人员使用，其发展历程如下。

- ❑ OpenGL 1.x 只提供固定的渲染管线，仅对开发人员开放一些 API，在整个渲染管线的运行过程中开发人员是不能干预的。
- ❑ 从 OpenGL 2.x 开始，其有了自己的着色语言，开始支持顶点着色器与片元着色器的可编程管线，在本阶段中固定管线与可编程管线并存。
- ❑ 从 OpenGL 3.0 到 OpenGL 4.x 是可编程管线崛起的阶段，渲染管线加入了更多的可编程着色器，例如曲面细分着色器与几何着色器，借助这些可编程的渲染管线可以更加灵活地开发出各种复杂炫酷的效果。
- ❑ 近年来，Vulkan 初露头角，其是 Khronos 组织制订的 OpenGL "下一代" 开放的图形显示 API，是可以与 DirectX 12 "匹敌" 的 GPU API 标准，引入了更多高性能可编程渲染方式，在并行计算方面也有了显著的性能提升。

OpenGL 的渲染管线流程如图 6-9 所示。顶点数据送入 GPU 的渲染管线后进行了一系列的操作处理，其中顶点着色器、曲面细分控制着色器、曲面细分计算着色器、几何着色器与片元着色器是完全可编程的处理阶段，能让开发人员随意发挥。接下来对其中主要的阶段进行详细的讲解。

1. 基本处理

基本处理阶段的主要任务是对顶点进行齐次坐标变换与光照处理，设定顶点坐标、顶点对应颜色与顶点的纹理坐标等属性，为后续顶点着色器的处理提供对应的数据。本阶段能够对顶点缓冲与索引缓冲中的数据进行操作，顶点缓冲存储每个顶点的相关数据，而索引缓冲记录每个顶点之间的关联情况。

从 OpenGL 的渲染管线流程图中可以看出，基本处理阶段将索引缓冲中所存储的每个顶点联系情况直接传送到了图元装配阶段,告诉图元装配阶段,这些顶点应该如何组装。OpenGL 中基本的图元有三角形、线段和点,所有的顶点将会装配成这 3 种图元。

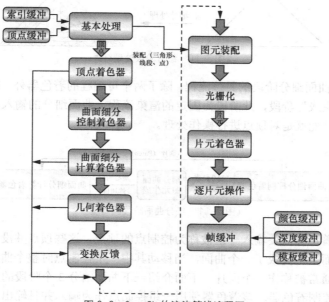

▲图 6-9 OpenGL 的渲染管线流程图

2. 顶点着色器

顶点数据经过简单的处理后,送入顶点着色器。顶点着色器是一个可编程的处理单元,能对顶点进行变换、光照、材质应用与计算等相关的操作,其处理单位是顶点,所以输入进来的每一个顶点都会经过顶点着色器的处理。

> **注意** 顶点着色器本身并不具备新建或删除任何顶点的能力,同时也不能获得顶点之间的关系,只能够批量地对每一个单独顶点进行处理。

其工作过程为将原始的顶点集合信息及其他属性传送到顶点着色器中,经过自己开发的顶点着色器处理后产生纹理坐标、颜色、点位置等后续流程需要的各项顶点属性信息,然后将其送入渲染管线的下一阶段。顶点着色器的基本功能如下。

❏ 假设需要对一个 3D 模型进行渲染,先经过基本处理阶段将该 3D 模型上的所有顶点数据传送到顶点着色器,之后顶点着色器需要将这些顶点从物体空间变换到剪裁空间,同时也可以根据光照、纹理等对顶点颜色进行计算。

❏ 如果有需要也可以对顶点的位置进行移动处理,处理完毕后,将顶点数据送入曲面细分、变换反馈或者图元装配阶段,由这些阶段进行更深一步的处理。

3. 曲面细分着色器

OpenGL 的曲面细分包含曲面细分控制与曲面细分计算两个阶段,这两个阶段共同实现了曲面细分的功能,曲面细分着色器是一个可选的着色器。前面介绍的顶点着色器无法创建额外的几何图形,其仅更新与当前所处理的顶点相关的数据,同时也无法访问当前图元的其他顶点数据。

为了解决这些问题,在 OpenGL 的渲染管线中添加了曲面细分着色器,而细分曲面的过程并不对基本的几何图元进行操作,而是使用一个新的图元——面片(Patch)。简单来说,将能够组成一个三角形的 3 个顶点送入曲面细分阶段，将会输出多个由此三角形细化出来的三角形面，如图 6-10 所示。

▲图 6-10 细分阶段处理结果

图 6-11 所示是曲面细分阶段的具体流程，除了两个可编程的着色器外，在它们中间还包括一个"细分曲面图元生成"阶段，此阶段为固定的渲染流程。曲面细分的输入与输出均为顶点，可见曲面细分的主要功能就是对顶点进行操作处理。

▲图 6-11 细分曲面阶段具体流程

曲面细分控制着色器需要输入一组被称为控制点的顶点，这些顶点并没有被真正定义成像三角形这样的形状，而是定义成了一个曲面，当移动其中一个控制点时整个曲面都会受到相应的影响，这一组控制点通常被称作一个面片。下面介绍一下曲面细分 3 个阶段的主要功能。

❑ 曲面细分控制着色器。该着色器使用一组控制点作为输入并且输出一个面片到曲面细分计算着色器，开发人员能够在这里对控制点进行变换甚至添加或删除。除此之外，还要确定曲面细分的精细程度，简单来讲，也就是说这个面片需要生成多少个三角形。

❑ 细分曲面图元生成。该阶段实现细分操作，但并不是真正对面片进行细分，而是借助细分精度中的信息在三角形内部生成一系列的点，每个点都是由这个三角形的质心坐标系确定的，之后，输出质心坐标与连通性到曲面细分计算着色器，进行最终顶点的生成。

❑ 曲面细分计算着色器。这一阶段会将曲面细分控制着色器中生成的每一个位于质心坐标系下的顶点生成为真正的顶点。该着色器与顶点着色器在某种程度上十分相似，每次只能生成一个顶点，但是不能丢弃任何一个顶点。

4. 几何着色器

与曲面细分着色器类似，几何着色器也是一个可选的着色器，其被启用后，将会获得从顶点着色器或者曲面细分着色器传来的图元，之后对图元中的顶点进行处理。几何着色器将决定输出的图元类型和个数，需要注意的是，其只能生成点、直线带或三角形带 3 种图元。

当输出的图元减少或者不输出时，实际上起到了裁剪图形的作用；如果输出的顶点数比原始图元多，那么相当于对几何体进行了细化操作。除此之外，还可以产生与输入数据不同的输出图元类型，也就是说能够在此过程中改变几何体的类型。

 提示　　几何着色器的输入内容与输出类型不存在任何关联，例如点可生成三角形，三角形可生成三角形带。

举个简单的例子，在图 6-12 中可以看到一个由三角形面组成的胶囊对象，可以将组成三角形的每一个点传送到几何着色器中，之后再沿着点法线方向以一定距离创建新的点，以线段的形式从几何着色器传送出去，这样就能呈现出该胶囊对象每个顶点的法线，如图 6-13 所示。

5. 变换反馈

变换反馈是 OpenGL 中比较实用的特性，其可以重新捕获即将装配为图元（点、线段、三角形）的顶点，然后将这些顶点的部分或者全部属性传递到缓存对象中，这样就可以通过回读这些数据来进行后续的渲染操作。

▲图 6-12　胶囊对象

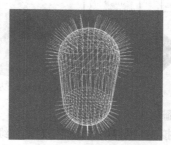
▲图 6-13　胶囊对象每个顶点的法线

此阶段较灵活，可以通过对缓存对象中的顶点数据进一步操作实现特定的功能，比较常见的就是粒子系统的实现。变换反馈流程如图 6-14 所示，当变换反馈接收到从上层渲染阶段传过来的顶点后，选取需要的顶点送入变换反馈缓冲，供下次渲染时顶点着色器使用。

渲染某一帧时，上一帧中输出顶点的信息可以在这一帧中作为顶点缓存使用，在这样的一个循环中，可以不借助应用程序来实现对粒子信息的更新，简化了程序的编写，也提升了性能。

6. 图元装配

此阶段主要有两个任务，一个是图元组装，另一个是图元处理。图元组装是指顶点数据根据绘制方式组合成完整的图元。例如，点绘制方式仅需要一个单独的顶点，顶点为一个图元；三角形绘制方式下则需要 3 个顶点组成一个图元。

图元处理最重要的工作就是剪裁，目的是消除位于半空间（Half-Space）之外的部分几何图元，此半空间是由一个剪裁平面所定义的。例如点剪裁就是简单地接受或者拒绝顶点，线段或者多边形剪裁可能需要增添额外的顶点，具体取决于直线或者多边形与剪裁平面之间的位置关系，如图 6-15 所示。

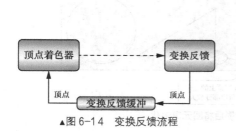
▲图 6-14　变换反馈流程　　▲图 6-15　剪裁三角形 3 个顶点生成 6 个新的顶点

> **说明**　图 6-15 给出了一个三角形图元（图中为点划线绘制）被 4 个剪裁平面裁剪的情况。4 个剪裁平面分别为上面、左侧面、右侧面、后面。

之所以要进行剪裁是因为随着观察位置、角度的不同，并不总能看到（这里可以简单地理解为显示到设备屏幕上）特定 3D 物体某个图元的全部。例如，当观察一个正四面体并离某个三角形面很近时，可能只能看到此面的一部分，这时在屏幕上显示的就不再是三角形了，而是经过裁剪后形成的多边形，如图 6-16 所示。

裁剪时，若图元完全位于视景体及自定义剪裁平面的内部，则将图元传递到后面的步骤进行处理；如果其完全位于视景体或者自定义剪裁平面的外部，则丢弃该图元；如果其有一部分位于内部，另一部分位于外部，则需要裁剪该图元。

▲图6-16 从不同位置、角度观察正四面体

7. 光栅化

虽然虚拟3D世界中的几何信息是三维的，但由于目前用于显示的设备都是二维的。因此在真正执行光栅化工作之前，首先需要将虚拟3D世界中的物体投影到视平面上。需要注意的是，由于观察位置的不同，同一个3D场景中的物体投影到视平面可能会产生不同的效果，如图6-17所示。

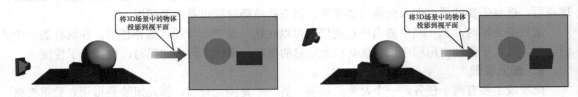

▲图6-17 光栅化阶段投影到视平面

另外，由于虚拟3D世界当中物体的几何信息一般采用连续的数学量来表示，因此投影的平面结果也是用连续数学量表示的。但目前的显示设备屏幕都是离散化的（由一个个的像素组成），因此还需要将投影的结果离散化。

将图元分解为一个个离散的小单元，这些小单元一般称为片元，具体效果如图6-18所示。

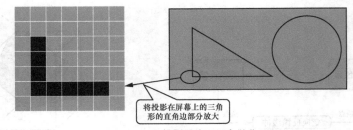

▲图6-18 投影后将图元离散化

其实每个片元都对应于帧缓冲中的一个像素，之所以不直接称之为像素是因为3D空间中的物体是可以相互遮挡的。而一个3D场景最终显示到屏幕上虽然是一个整体，但每个3D物体的每个图元是独立处理的。

这就可能出现这样的情况：系统先处理的是位于离观察点较远的图元，其光栅化出了一组片元，暂时送入帧缓冲的对应位置。

但后面继续处理离观察点较近的图元时也光栅化出了一组片元，两组片元中有对应到帧缓冲中同一个位置的，这时距离近的片元将覆盖距离远的片元（如何覆盖的检测在深度检测阶段完成）。因此某片元就不一定能成为最终屏幕上的像素，此时称之为像素就不准确了，可以将其理解为候选像素。

> 提示
>
> 每个片元包含其对应的顶点坐标、顶点颜色、顶点纹理坐标及顶点的深度等信息，这些信息是系统根据投影前此片元对应的 3D 空间中的位置及与此片元相关的图元的各顶点信息进行插值计算而生成的。

8. 片元着色器

片元着色器是除了顶点着色器之外的另一个非常重要的可编程着色器，其是处理片元值及其相关数据的可编程单元，可以执行纹理的采样、颜色的汇总等操作，每片元执行一次。片元着色器的主要功能是将 3D 物体中的图元光栅化后产生的每个片元的颜色属性计算出来并送入后续的阶段。

需要注意的是，此阶段代替了纹理、颜色求和、雾及 Alpha 测试等阶段。与顶点着色器类似，被其替代的功能将不再提供，也就是说开发人员要根据需要进行编写添加，这在提高灵活性的同时也增加了开发的难度。片元着色器的基本功能如下。

❑ 本阶段的输入是光栅化阶段对顶点信息进行插值后得到的结果，而输出是一个或多个颜色值，如图 6-19 所示。

❑ 片元着色器能够根据三角形 3 个顶点的颜色、光照等其他信息计算出每个片元对应的颜色，除此之外也能够根据每个顶点对应的纹理得到覆盖片元的纹理坐标。

▲图 6-19　片元着色器的输入与输出

> 提示
>
> 了解了顶点着色器、光栅化与片元着色器之后，可以知道顶点着色器每顶点一执行，而片元着色器每片元一执行，片元着色器的执行次数明显大于顶点着色器的执行次数。因此在开发中，应尽量减少片元着色器的运算量，可以将一些复杂运算放在顶点着色器中执行。

9. 逐片元操作

逐片元操作是渲染管线的最后一个需要配置的阶段，这一阶段主要有两个任务：一个是决定片元的可见性，例如进行深度测试、模板测试等测试工作；另一个是将片元的颜色与颜色缓冲区中的颜色进行混合，简称混合。此阶段是高度可配置的，能够对具体的实施步骤进行设置。

❑ 深度测试是指将片元的深度值与帧缓冲区中存储的对应位置片元的深度值进行比较，若输入片元的深度值小则将输入片元送入下一阶段准备覆盖帧缓冲中的原片元或与帧缓冲中的原片元混合，否则丢弃该输入片元。

❑ 模板测试的主要功能是将绘制区域限定在一定范围内，一般用在湖面倒影、镜像等场合，后文会详细介绍。

10. 帧缓冲

OpenGL 中的物体绘制并不是直接在屏幕上进行的，而是预先在帧缓冲区中进行绘制，每绘制完一帧再将绘制的结果交换到屏幕上。同时还需要了解的是，为了应对不同方面的需要，帧缓冲是由一套组件组成的，主要包括颜色缓冲、深度缓冲及模板缓冲，各组件的具体用途如下。

❑ 颜色缓冲用于存储每个片元的颜色值，每个颜色值包括 RGBA（红、绿、蓝、透明度）4 个色彩通道，应用程序运行时在屏幕上看到的就是颜色缓冲中的内容。

❑ 深度缓冲用来存储每个片元的深度值，所谓深度值是指以特定的内部格式表示的从片元处到观察点（摄像机）的距离。在启用深度测试的情况下，新片元想进入帧缓冲时需要将自己的深度值与帧缓冲中对应位置片元的深度值进行比较,若结果为小于才可能进入缓冲,否则将被丢弃。

❑ 模板缓冲用来存储每个片元的模板值,供模板测试使用。模板测试是几种测试中最为灵活和复杂的一种,后文将详细介绍。

6.2.2 DirectX 渲染管线

DirectX 是一种应用程序接口,可以让以 Windows 为平台的游戏或者多媒体程序获得更高的执行效率,加强 3D 图形与声音的效果,与 OpenGL 不同,DirectX 不仅是一种图形方法库,其还包含声音、输入与网络等模块。

同样,DirectX 从 1.0 到 7.0 版本均使用的是固定渲染管线,直到 DirectX 8.0 才开始支持顶点着色器与像素着色器,使 GPU 真正成了可编程的处理器,随着技术的发展与版本的变更,DirectX 11.0 在渲染管线中增添了更多的可编程阶段,其流程如图 6-20 所示。

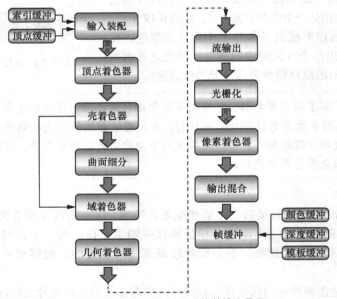

▲图 6-20 DirectX 11.0 渲染管线流程图

DirectX 11.0 的渲染管线流程图与 OpenGL 的渲染管线流程图看起来有着很大的区别,但实际并不如此,渲染管线中每个阶段的基本功能都大致相同,只不过在名称与使用细节上有些许的差别,具体如下。

❑ DirectX 11.0 中的输入装配阶段与 OpenGL 中的基本处理阶段功能相同,都是对顶点进行简单的变换处理,给顶点着色器提供其所需要的数据。

❑ 壳着色器、曲面细分与域着色器共同实现细分曲面的功能,壳着色器计算如何添加新顶点及在何处添加顶点;曲面细分根据从壳着色器中得到的结果执行实际的图元划分;域着色器根据前两个阶段得到的数据创建更多的细节,与 OpenGL 中的曲面细分着色器类似。

❑ 流输出与 OpenGL 中的变换反馈相对应。

❑ DirectX 11.0 中像素着色器和输出混合阶段分别与 OpenGL 中的片元着色器和逐片元处理阶段功能相同。

6.2.3 Unity 可编程渲染阶段

前面的两个小节分别介绍了 OpenGL 与 DirectX 的渲染管线，可以发现这两种渲染管线的基本处理流程大致相同，这也为 Unity 的封装提供了便捷。在 Unity 中不需要关注底层的细节处理，其会根据发布平台的不同自动进行适配，只需要关注图 6-21 所示的可编程阶段。

在 Unity 中，这些可编程的阶段均在 Shader 文件中进行编写。其中曲面细分与几何着色器为可选着色器，可根据具体的编程需要进行设置；而测试&混合阶段是一个可高度配置的阶段，只需通过几句简单的命令进行配置。详细的编写方法将会在下文中进行介绍。

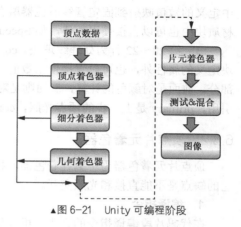

▲图 6-21　Unity 可编程阶段

6.3 着色器的 3 种形态

Unity 的着色器可以分为 3 种不同的形态：固定管线着色器、顶点片元着色器和表面着色器。其中固定管线着色器是为了兼容老一代 GPU 而设计的，而表面着色器是 Unity 推荐使用的形态，因为它能更加方便地处理光照。

6.3.1 固定管线着色器

固定管线着色器是在老一代 GPU 能力比较有限时，约束性比较高的一种着色器形态。新一代的显卡仍对其有所选择地进行支持。下面将通过 Unity 官方文档中有关固定管线着色器的相关内容来进行介绍。

代码位置：随书资源中的源代码/第 6 章/Shader/Assets/BaseForm1.shader。

```
1   Shader "Custom/BaseForm1" {
2     Properties {                                      //定义属性块
3       _Color ("Main Color", Color) = (1,1,1,0.5)      //定义主颜色值
4       _SpecColor("Sec Color",Color)=(1,1,1,1)         //定义高光颜色值
5       _Emission("Emission Color",Color)=(0,0,0,0)     //定义自发光颜色值
6       _Shininess("Shininess",Range(0.01,1))=0.7       //定义高光系数值
7       _MainTex ("Base (RGB)", 2D) = "white" {}        //定义纹理值
8     }
9     SubShader {
10      Pass{
11        Material{                                     //材质块
12          Diffuse [_Color]                            //漫反射
13          Ambient [_Color]                            //环境光
14          Shininess [_Shininess]                      //高光系数
15          Specular [_SpecColor]                       //高光
16          Emission [_Emission]                        //自发光
17        }
18        Lighting On                                   //开启光照
19        SeparateSpecular On                           //允许高光使用一个不同于主颜色的颜色
20        SetTexture [_MainTex]{                        //处理纹理块
21          constantColor [_Color]                      //颜色值
22          Combine texture*primary DOUBLE,texture*constant //计算最终颜色
23  }}}}
```

❑ 第 2～8 行为着色器的属性定义块。着色器用到的所有的属性都必须在这里定义，以_Color 属性为例，_Color 为属性在着色器中的名称，"Main Color"为在材质 Inspector 面板中显示的名称，Color 为属性的类型，(1,1,1,0.5)为属性的初始值。

❑ 第11~17行为固定管线着色器的材质块。在固定管线着色器中、材质块里面把在属性块中定义的数值映射到固定管线着色器所有的光照属性上。除了使用在属性定义块定义的属性外，材质块中也可以直接使用数值，如 Specular(1,1,1,1)。

❑ 第20~22行为处理纹理块。constantColor 定义了一个常量颜色值，除了使用在属性定义块定义的属性外，也可以直接使用数值，如 constantColor(1,1,1,0.5)。Combine 语句被逗号分为两部分，前面是对颜色的计算，后面则是对 Alpha 的计算，其中 texture 是对中括号中的纹理贴图的引用，primary 是上一步的顶点光照，constant 是 constantColor 定义的颜色值。

6.3.2 顶点片元着色器

顶点片元着色器为可编程着色器，相比固定管线着色器可以给开发人员更大的发挥空间，但它的缺点是不能直接和光照交互。

1. 编译指令

在代码片段编译指令的开头，可以使用 #pragma 指令来控制着色器代码的编译。一般来说，常用编译指令如表 6-7 所示。

表 6-7　　　　　　　　　　　常用编译指令

编译指令	说明	编译指令	说明
#pragma vertex \<name\>	将名称为 name 的方法编译为顶点着色器	#pragma target \<name\>	要编译成哪个着色器目标
#pragma fragment \<name\>	将名称为 name 的方法编译为片元着色器	#pragma geometry \<name\>	将名称为 name 的方法编译为几何着色器
#pragma hull \<name\>	将名称为 name 的方法编译为壳着色器（DirectX）或曲面细分控制着色器（OpenGL）	#pragma domain \<name\>	将名称为 name 的方法编译为域着色器（DirectX）或曲面细分计算着色器（OpenGL）

> 提示：每个代码片段都必须包含一个顶点程序或一个片元程序，或者两者皆包含。因此，要求必须使用一个 #pragma vertex 指令或一个 #pragma fragment 指令，或者两者都使用。

2. 顶点数据结构体

顶点着色器中的顶点数据必须以一个结构体的形式提交给 Cg 或 HLSL 顶点程序，几个常用的顶点数据结构体定义在 UnityCG.cginc 文件中，大多数情况下只使用它们就足够了，也可以自定义结构体，下面将介绍这几种常用的顶点数据结构体。

❑ appdata_base：由顶点位置、法线和一个纹理坐标构成。其中 vertex 为顶点坐标，normal 为法线，texcoord 为纹理坐标。

❑ appdata_tan：由顶点位置、切线、法线和一个纹理坐标构成。其中 vertex 为顶点坐标，tangent 为切线，normal 为法线，texcoord 为纹理坐标。

❑ appdata_full：由顶点位置、切线、法线、两个纹理坐标及颜色构成。其中 vertex 为顶点坐标，tangent 为切线，normal 为法线，texcoord 为第一个纹理坐标，texcoord1 为第二个纹理坐标，color 为颜色。

❑ appdata_img：由顶点位置和一个纹理坐标构成。其中 vertex 为顶点坐标，texcoord 为纹理坐标。

3. 内置变换矩阵

顶点着色器处理传入的顶点数据，处理完成后返回通过总变换矩阵变换的顶点位置。片元着色器处理从顶点着色器传出的经过光栅化的片元数据，处理完成后返回片元的最终颜色。Unity 中的着色器内置了常用的变换矩阵，如表 6-8 所示。

表 6-8　　　　　　　　　　　　　常用的变换矩阵

变换矩阵	说明	变换矩阵	说明
UNITY_MATRIX_MV	基本变化矩阵×摄像机矩阵	UNITY_MATRIX_P	投影矩阵
UNITY_MATRIX_V	摄像机矩阵	UNITY_MATRIX_VP	摄像机矩阵×投影矩阵
UNITY_MATRIX_T_MV	（基本变化矩阵×摄像机矩阵）的转置矩阵	_Object2World	从自身坐标转到世界坐标的矩阵
UNITY_MATRIX_IT_MV	（基本变化矩阵×摄像机矩阵）的逆转置矩阵	_World2Object	从世界坐标转到自身坐标的矩阵
UNITY_MATRIX_MVP	基本变化矩阵×摄像机矩阵×投影矩阵	—	—

4. 语义

在编写着色器的过程中，指定输入和输出变量需要通过语义来表明这些变量的意图。这些语义包括了顶点着色器与片元着色器的输入和输出变量的语义，以及其他特殊的语义。

❑ 顶点着色器输入数据语义。Mesh 中的相关信息数据都能作为顶点着色器的输入信息，但是每一个输入的数据都需要使用语义进行特殊的标识，通过这种方式 Unity 就能根据语义标识为顶点着色器准备好对应的输入数据。输入语义如表 6-9 所示。

表 6-9　　　　　　　　　　　顶点着色器输入数据语义及其说明

语义	说明
POSITION	顶点的位置，常用 float3 或 float4 声明
NORMAL	顶点的法线，常用 float3 声明
TEXCOORD0	第一个 UV 纹理坐标，常用 float2、float3 或 float4 声明
TEXCOORD1/ TEXCOORD2/ TEXCOORD3	其余 3 个 UV 纹理坐标，也可表示其他自定义数据
TANGENT	切线向量，常用 float4 声明
COLOR	每个顶点的颜色，常用 float4 声明

❑ 片元着色器输出数据语义。通常，一个片元着色器仅输出一个颜色值，这一颜色值需要用 SV_Target 表示。除此之外，在多渲染目标的情况下，片元着色器能够输出多个颜色值，也能够输出片元的深度，具体如表 6-10 所示。

表 6-10　　　　　　　　　　　片元着色器输出数据语义及其说明

语义	说明
SV_Target	片元的颜色值，常用 fixed 声明
SV_TargetN	在多渲染目标的情况下，可以用 SV_Target0、SV_Target1 等输出多个颜色
SV_Depth	通常情况下片元着色器不会改变片元的深度值，但有些效果需要通过修改深度值来实现，而输出的深度值用 float 声明

❑ 顶点着色器输出数据语义。顶点着色器最重要的作用就是将顶点从物体空间转换到剪裁空间，之后经过图元装配、光栅化等阶段将片元传送到片元着色器，而从顶点着色器输出的顶点位置就需要使用 SV_Position 语义进行标识。

❑ 其他特殊语义。除了顶点着色器输入与输出数据、片元着色器的输出数据语义外，Unity

还提供了许多实用的特殊语义，具体如表 6-11 所示。

表 6-11　　　　　　　　　　其他特殊语义及其说明

语义	说明
VPOS	片元着色器提供每个片元在屏幕坐标系上的位置，这一特性仅存在于渲染目标为 3.0 以上的版本，为了统一不同平台的版本，需要使用 UNITY_VOPS_TYPE 类型对该变量进行声明
VFACE	片元着色器提供每个片元是否朝向摄像机的变量，同样这一特性也存在于渲染目标为 3.0 以上的版本
SV_VertexID	此特殊输入允许用户访问顶点着色器内的顶点索引（从指数缓冲区）。这允许用户手动从打字缓冲器或结构化缓冲区（或在 Xbox 360 上使用自定义 vfetch）提取顶点数据，而不是使用硬件顶点缓冲提取

5. 水波纹的制作

下面将通过一个制作水波纹的案例来加深读者对顶点片元着色器的理解，主要介绍案例的基本原理及运行效果图。

真实场景里水波纹的产生是由于水受到机械波的作用，势能发生改变。在水面上，不同的波源发出的机械波在某一点叠加，造成这一点的水面高度发生改变。而在 Unity 中，同样是通过改变模型网格顶点的高度来实现水波纹的，原理如图 6-22 和图 6-23 所示。

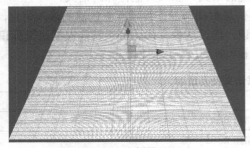
▲图 6-22　案例原理（1）

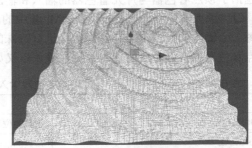
▲图 6-23　案例原理（2）

❑ 图 6-22 所示为模型在 Unity 场景里面的原始状态。在没有受到扰动的情况下，模型中的所有网格顶点均在同一个平面内整齐排列。

❑ 图 6-23 所示为网格顶点坐标改变后的模型。从图中可看出，模型上的一点作为波源振动，产生的机械波向周围传播。每个顶点受到波的作用改变了高度。如果在模型上选择多个点作为波源，使其产生不同振幅、不同频率的波，效果会更加真实。

了解了水波纹的实现原理后，为模型添加一张带有水面效果的贴图，适当调节摄像机的位置，就能获得会波动的水面效果。案例的效果如图 6-24 和图 6-25 所示。

▲图 6-24　案例效果（1）

▲图 6-25　案例效果（2）

❑ 图 6-24 所示为带有贴图的模型在 Unity 场景里面的原始状态。其犹如平静的水面，没有受到任何的扰动。

6.3 着色器的 3 种形态

□ 图 6-25 所示为网格顶点坐标改变后的模型。其像向水中投掷一枚石子后，水面受到扰动，产生了水波纹。

上面介绍了水波纹制作的基本原理和案例效果，下面介绍水波纹制作的具体步骤。

（1）导入模型。在 Unity 中的 Project 面板中右击并从弹出的快捷菜单中选择 Import New Asset 打开加载界面，加载本案例需要用到的所有模型、贴图和声音文件等，需要加载的文件如表 6-12 所示。

表 6-12　　　　　　　　　　　　　　　　模型资源

文件名	文件大小（KB）	用途
water_plane.fbx	4939	水面模型
water_surface.jpg	42.7	水面贴图
flow.mp3	264	水流音效

（2）将导入的 water_plane.fbx 模型拖到游戏场景中，并赋予模型贴图。在材质面板中的 Shader 下拉列表框中选择 Custom/MyWater，并进行相应设置，具体如图 6-26 所示。

（3）创建声音源。在 Hierarchy 面板中右击并从弹出的快捷菜单中选择 Audio→Audio Source 添加一个声音源。在属性面板中选择 Audio Clip 为导入的声音资源 flow.mp3，并勾选 Play On Awak 和 Loop 复选框，这样声音就会在启动时播放，并且开启循环播放模式，具体如图 6-27 所示。

▲图 6-26　水面材质设置

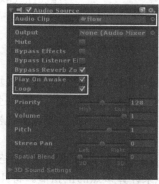
▲图 6-27　声音源的设置

（4）创建水波纹着色器。在 Hierarchy 面板中右击并从弹出的快捷菜单中选择 Create→Shader 创建一个着色器，并命名为 MyWater，将创建好的着色器拖到水面对象上。着色器代码如下。

代码位置：随书资源中的源代码/第 6 章/WaterShader/Assets/Shader/MyWater.shader。

```
1    Shader "Custom/MyWater" {              //定义一个着色器，名称为 MyWater
2        Properties {                       //属性列表，用来指定这段代码将有哪些输入
3            _MainTex ("Base (RGB)", 2D) = "white" {}  //定义一个 2D 纹理属性，默认白色
4            _Aim1("Aim1",Vector) = ( 3, 0,  3, -2.5)  //波源位置 1
5            _Aim2("Aim2",Vector) = ( 5, 0, -5,  2.0)  //波源位置 2
6            _Aim3("Aim3",Vector) = (-3, 0, -3,  1.0)  //波源位置 3
7            _Aim4("Aim4",Vector) = (-5, 0,  5,  0.5)  //波源位置 4
8            _High("High",Float) = 1
9        }
10       SubShader {                        //子着色器
11           Pass{                          //通道
12               CGPROGRAM                  //开始标记
13               #pragma vertex verf        //声明顶点着色器
14               #pragma fragment frag      //声明片元着色器
15               #include "UnityCG.cginc"   //引用 Unity 自带的方法库
16               sampler2D _MainTex;        //2D 纹理属性
```

```
17                  float4 _Aim1;    float4 _Aim2;    float4 _Aim3;    float4 _Aim4
                                                                       //声明四维变量
18                  float4 _MainTex_ST;
19                  float _High;
20                  struct v2f {                              //定点数据结构体
21                      float4 pos:SV_POSITION;               //声明顶点位置
22                      float2 uv:TEXCOORD0;                  //声明纹理
23                  }
24                  v2f verf(appdata_base v)    {             //顶点着色器
25                      v2f o;                                //声明一个结构体对象
26                      //计算当前顶点与_Aim1、_Aim2、_Aim3、_Aim4的距离
27                      float dis1 = distance(v.vertex.xyz,_Aim1.xyz);
28                      float dis2 = distance(v.vertex.xyz,_Aim2.xyz);
29                      float dis3 = distance(v.vertex.xyz,_Aim3.xyz);
30                      float dis4 = distance(v.vertex.xyz,_Aim4.xyz);
31                      //计算当前顶点的高度
32                      float H = sin(dis1*_Aim1.w+_Time.z *_High)/5;//计算正弦波的高度
33                      H += sin(dis2*_Aim2.w + _Time.z*_High)/10;//叠加正弦波的高度
34                      H += sin(dis3*_Aim3.w + _Time.z*_High)/15;//叠加正弦波的高度
35                      H += sin(dis4*_Aim4.w + _Time.z*_High)/20;//叠加正弦波的高度
36                      o.uv = TRANSFORM_TEX(v.texcoord,_MainTex);
37                      o.pos = mul(_Object2World,v.vertex);  //将顶点转换到世界空间的矩阵
38                      o.pos.y = H;                          //顶点的y值赋为H
39                      o.pos = mul(_World2Object,o.pos);     //将顶点转换到自身坐标的矩阵
40                      o.pos = mul(UNITY_MATRIX_MVP,o.pos);  //计算顶点位置
41                      return o;                             //返回顶点着色器对象
42                  }
43                  fixed4 frag(v2f_img i):COLOR {
44                      float4 texCol = tex2D(_MainTex,i.uv);//获取顶点对应UV的颜色
45                      return texCol;                        //返回顶点颜色
46                  }
47              ENDCG                                         //结束标志
48          }}
49      FallBack "Diffuse"                                    //降级着色器（备用的着色器）
50  }
```

□ 第2~9行为着色器属性定义块。此处定义了材质的默认颜色为白色。在所定义的四维向量中，x、y、z为波源的位置，w为正弦函数的初相位，具体用途在代码的后半部分中体现。

□ 第12~17行声明了顶点着色器、片元着色器、纹理贴图变量，以及确定4个波源位置的四维向量。

□ 第24~42行为顶点着色器的实现。先计算当前顶点与各个波源的距离，后通过距离与角速度的乘积来计算该点的正弦值。将4个波函数在此点的正弦值相加得到该点的高度。_Time.z为时间参量，根据时间来改变波函数的初相位，可实现正弦波整体的上下浮动。

□ 第43~46行为片元着色器的实现。这里没有对片元进行更改，故只将顶点颜色返回即可。

□ 第49行为备用的着色器。如果所有的SubShader都失败了，为了在用户的设备上呈现设定的机制，则会调用FallBack下的着色器。FallBack是Unity预制的Shader，一般能够在所有显卡上运行。

（5）创建用于辅助观察案例中的效果的脚本。在Hierarchy面板中右击并从弹出的快捷菜单中选择Create→C# Script创建一个C#脚本并命名为GUIswift.cs，将其挂载到主摄像机Main Camera上。该脚本的主要功能是通过单击按钮来控制是否为平面添加水波纹效果。脚本的代码如下。

代码位置：随书资源中的源代码/第6章/WaterShader/Assets/Scripts/GUIswift.cs。

```
1   using UnityEngine;
2   using System.Collections;
3   public class GUIswift : MonoBehaviour {
4       public Material mat;                        //材质变量
5       public AudioSource flow;
6       void Start () {
7           WaveOn();                               //初始化波源状态
8       }
```

```
9        void Update () {}                                //Update 方法
10       void OnGUI() {
11         if(GUI.Button(new Rect(10, 10, 58, 30), "有波纹")) {
12             WaveOn();                                   //执行打开水波方法
13         }
14         if(GUI.Button(new Rect(10, 50, 58, 30), "无波纹")) {
15             WaveOff();                                  //执行关闭水波方法
16       }}
17       void WaveOn() {                                   //产生水波纹的方法
18         mat.SetVector("_Aim1", new Vector4(3, 0, 3, -2.5f));   //波源 1 的位置
19         mat.SetVector("_Aim2", new Vector4(5, 0, -5, 2f));     //波源 2 的位置
20         mat.SetVector("_Aim3", new Vector4(-3, 0, -3, 1f));    //波源 3 的位置
21         mat.SetVector("_Aim4", new Vector4(-5, 0, 5, 0.5f));   //波源 4 的位置
22         mat.SetFloat("_High", 1);
23         flow.Play();                                    //播放声音
24       }
25       void WaveOff() {                                  //关闭水波纹的方法
26         mat.SetVector("_Aim1", new Vector4(3, 0, 3, 0));       //波源 1 的位置
27         mat.SetVector("_Aim2", new Vector4(5, 0, -5, 0));      //波源 2 的位置
28         mat.SetVector("_Aim3", new Vector4(-3, 0, -3, 0));     //波源 3 的位置
29         mat.SetVector("_Aim4", new Vector4(-5, 0, 5, 0));      //波源 4 的位置
30         mat.SetFloat("_High", 0);
31         flow.Stop();                                    //停止播放
32       }}
```

❏ 第 4~5 行用于变量声明。声明的材质对象用于存放水面的材质，声音源对象为带有流水音效的水面对象。

❏ 第 6~16 行分别重写了 Start 方法、Update 方法与 OnGUI 方法，用于在屏幕上创建按钮，并对按钮进行监听。

❏ 第 17~24 行为产生水波纹的方法。具体实现方法为改变着色器中的变量的值，使用 Material 下的 SetVector 方法为着色器中的_Aim1 赋予一个四维向量。四维向量的前 3 个变量为波源的位置，第 4 个变量为波源产生的波的角速度 ω，可通过改变此参数的值来改变波的频率。后面的_Aim2、_Aim3、_Aim4 的赋值方法与上述相同。

❏ 第 25~32 行为关闭水波纹的方法，具体实现与产生波纹的方法大致相同。实现原理是将所有波函数的角速度置为零。

6.3.3 表面着色器

顶点片元着色器最大的缺点是不能直接和光照交互，为了能够让开发人员更方便、快捷地处理光照，Unity 提供了表面着色器。表面着色器也是使用 Cg 语言或 HLSL 编写的。下面将通过在 Unity 中直接新建的着色器来介绍表面着色器的基本结构。

代码位置：随书资源中的源代码/第 6 章/Shader/Assets/BaseForm2.shader。

```
1    Shader "Custom/BaseForm2" {
2      Properties {                                        //定义属性块
3        _Color ("Color", Color) = (1,1,1,1)               //定义主颜色值
4        _MainTex ("Albedo (RGB)", 2D) = "white" {}        //定义纹理值
5        _Glossiness ("Smoothness", Range(0,1)) = 0.5      //定义高光系数值
6        _Metallic ("Metallic", Range(0,1)) = 0.0          //定义金属材质系数值
7      }
8      SubShader {
9        Tags { "RenderType"="Opaque" }                    //标签
10       LOD 200                                           //LOD 数值
11       CGPROGRAM
12       #pragma surface surf Standard fullforwardshadows  //表面着色器编译指令
13       #pragma target 3.0                                //着色器编译目标
14       sampler2D _MainTex;                               //2D 纹理属性
15       struct Input {                                    //定义输入参数结构体
16         float2 uv_MainTex;                              //纹理 UV 坐标
17       };
```

```
18        half _Glossiness;                                   //声明高光系数
19        half _Metallic;                                     //声明金属材质系数
20        fixed4 _Color;                                      //声明主颜色
21        void surf (Input IN, inout SurfaceOutputStandard o) {   //表面着色器方法
22            fixed4 c = tex2D (_MainTex, IN.uv_MainTex) * _Color;//根据UV坐标从纹理提取颜色
23            o.Albedo = c.rgb;                               //设置颜色
24            o.Metallic = _Metallic;                         //设置金属材质系数
25            o.Smoothness = _Glossiness;                     //设置高光系数
26            o.Alpha = c.a;                                  //设置透明度
27        }
28        ENDCG
29    }
30    FallBack "Diffuse"                                      //降级着色器
31 }
```

- 第2～7行为着色器的属性定义块。着色器用到的所有属性都必须在这里定义，以_Color属性为例，_Color为属性在着色器中的名称，"Color"为在材质Inspector面板中显示的名称，Color为属性的类型，(1,1,1,1)为属性的初始值。

- 第9～10行为通道渲染指令。这里设置了标签和LOD数值，在标签中可以设置渲染队列、渲染类型等。Alpha测试、混合操作、深度测试等指令都需要写在这里。

- 第12～13行为编译指令。surface surf指令告诉编译器下面定义的surf方法为表面着色器方法，Standard指令表示使用Standard光照模型，target 3.0指令表示着色器编译目标为3.0。

- 第14～20行主要定义属性和结构体，如果想在着色器中使用属性块中定义的属性，就必须在这里声明。Input结构体为表面着色器提供输入参数，这个结构体的名称必须为Input。

- 第21～27行为表面着色器方法。实现表面着色器的代码都写在这里，该方法主要实现了从纹理提取颜色为Albedo参数赋值。

表面着色器最终会被编译为一个复杂的顶点片元着色器，不过表面着色器使得开发人员无须关心如何处理光照、阴影及不同的渲染路径，这些通常来说比较复杂的工作由Unity自动完成，从而极大地提高了开发效率。

6.4 表面着色器的基础知识及应用

上一节介绍了着色器的3种形态，其中表面着色器比固定管线着色器更加灵活，相比顶点片元着色器表面着色器能够更加方便地处理光照，所以在游戏开发中最常用的是表面着色器。上一节简单介绍了表面着色器的基本结构，本节将详细介绍表面着色器的基础知识及应用。

6.4.1 表面着色器的基础知识

本小节将详细介绍表面着色器的基础知识，主要包括表面着色器的编译指令、表面着色器方法、输入和输出参数的结构体、自定义光照模型、顶点变换方法及最终颜色修改方法。通过对本小节的学习，读者可以对表面着色器有一个深入的了解。

1. 编译指令

表面着色器与其他着色器一样放置于CGPROGRAM...ENDCG块中。区别是表面着色器必须放置于子着色器中，而不能放在通道中，因为表面着色器自身会编译为多个通道。它使用#pragma surface指令来表明它是表面着色器。

> #pragma surface指令：#pragma surface <surfaceFunction> <lightModel> [optionalparams]

- surfaceFunction：表面着色器方法名称。通过该指令告诉编译器Cg代码中surfaceFunction方法为表面着色器方法。

6.4 表面着色器的基础知识及应用

❑ lightModel：光照模型。通过该指令告诉编译器表面着色器使用的光照模型。Unity 内置的光照模型为 Lambert（漫反射）和 BlinnPhong（高光），还有基于物理 Standard 和 StandardSpecular 光照模型，除此之外也可以自定义光照模型。

❑ optionalparams：可选参数。可用的可选参数如表 6-13 所示。

表 6-13　　　　　　　　　　表面着色器主要编译指令可用的可选参数

可选参数	说明	可选参数	说明
noambient	不使用任何环境光照或者球面调和光照	alpha/alpha:auto	Alpha 混合模式，该参数用于半透明着色器
addshadow	添加阴影投射器和集合通道	softvegetation	使表面着色器仅在 Soft Vegetation 开启时被渲染
alpha:blend	启用 Alpha 混合	nodirlightmap	在这个着色器上禁用方向光照贴图
alpha:fade	启用传统的淡化透明度	exclude_path:prepass 或 exclude_path:forward	使用指定的渲染路径
alpha:premul	启用预乘 Alpha 透明度	fullforwardshadows	在正向渲染路径中支持所有阴影类型
decal:add	附加印花着色器	vertex:VertexFunction	自定义名为 VertexFunction 的顶点方法
decal:blend	附加半透明印花着色器	finalcolor:ColorFunction	自定义名为 ColorFunction 的最终颜色修改方法
dualforward	将双重光照贴图用于正向渲染路径中	finalprepass:ColorFunction	自定义名为 ColorFunction 的预制基本路径
nolightmap	在这个着色器上禁用光照贴图	finalgbuffer:ColorFunction	自定义名为 ColorFunction 用于修改 G-Buffer 内容的延迟路径
novertexlights	在正向渲染中不使用球面调和光照或逐顶点光照	alphatest:VariableName	Alpha 测试模式，该参数用于透明镂空着色器。镂空值（VariableName）为浮点型的变量
keepalpha	不透明的表面着色器将 1 写入 Alpha 通道，无论输出结构体中的 Alpha 为何值	noforwardadd	禁用正向渲染添加通道。这会使着色器支持一个完整的方向光和所有逐顶点/SH 计算的光照
approxview	对于有需要的着色器，逐顶点而不是逐像素计算规范化视线方向。这种方法更快速，但当摄像机靠近表面时，视线方向不会完全正确	halfasview	将半方向向量（而非视线方向向量）传递到光照方法中。半方向向量将会被逐顶点计算和规范化。这种方法更快速，但不会完全正确

> 💡 提示　　此外，还可以在 CGPROGRAM 块中编写 #pragma debug，然后表面编译器（Surface Compiler）将产生大量生成代码的注释。可以在着色器检视器中使用开放的编译着色器（Open Compiled Shader）进行查看。

2. 输入和输出参数的结构体

表面着色器方法可以有两个参数，其中一个参数为 Input 结构体，用于为表面着色器方法输入所需的纹理坐标和其他的数据；另一个参数为 SurfaceOutput 结构体，需在表面着色器方法中写入相应的值，用于输出数据。

Input 结构体中的纹理坐标必须在纹理名称前面加上 uv 或 uv2，带 uv 的纹理坐标为物体所带的第一个纹理坐标，如果物体带有第二个纹理坐标，则带 uv2 的纹理坐标为物体所带的第二个纹理坐标。其他可用的数据如表 6-14 所示。

表 6-14　　　　　　　　　　　　　Input 结构体其他可用的数据

可用的数据	说明
float3 viewDir	视图方向。为了计算视差、边缘光照等效果，Input 结构体需要包含视图方向
float4 color	每个顶点颜色的插值
float4 screenPos	屏幕空间中的位置。为了获得反射效果，需要包含屏幕坐标
float3 worldPos	世界坐标空间位置
float3 worldRefl	世界空间中的反射向量，但必须表面着色器不写入 o.Normal 参数
float3 worldNormal	世界空间中的法线向量，但必须表面着色器不写入 o.Normal 参数
float3 worldRefl; INTERNAL_DATA	世界坐标反射向量，但必须表面着色器写入 o.Normal 参数。若要基于逐像素法线贴图获得反射向量，请使用 WorldReflectionVector (IN, o.Normal)
float3 worldNormal; INTERNAL_DATA	世界坐标法线向量，但必须表面着色器写入 o.Normal 参数。若要基于逐像素法线贴图获得法线向量，请使用 WorldNormalVector (IN, o.Normal)

Input 结构体不但可以包含上面所列的数据也可以包含自定义的数据用于从顶点方法传输数据给表面着色器方法。表面着色器的输出结构体 SurfaceOutput 是内置定义好的，只需在表面着色器方法中为需要的变量赋值即可，标准的表面着色器输出结构体如下。

```
1  struct SurfaceOutput {
2      half3 Albedo;              //漫反射的颜色值
3      half3 Normal;              //法线坐标
4      half3 Emission;            //自发光颜色
5      half Specular;             //镜面反射系数
6      half Gloss;                //光泽系数
7      half Alpha;                //透明度系数
8  };
```

自 Unity 5.0 之后，表面着色器开始支持基于物理的光照模型，其内置的 Standard 与 Standard Specular 光照模型需要分别使用如下的输出结构体。

```
1   struct SurfaceOutputStandard {          //Standard 光照模型输出结构体
2       fixed3 Albedo;                      //基础颜色（漫反射或镜面）
3       fixed3 Normal;                      //法线坐标
4       half3 Emission;                     //自发光颜色
5       half Metallic;                      //0：非金属。1：金属
6       half Smoothness;                    //0：粗糙。1：光滑
7       half Occlusion;                     //遮挡程度（默认为1）
8       fixed Alpha;                        //透明度系数
9   };
10  struct SurfaceOutputStandardSpecular {  //StandardSpecular 光照模型输出结构体
11      fixed3 Albedo;                      //漫反射的颜色值
12      fixed3 Specular;                    //镜面反射系数
13      fixed3 Normal;                      //法线坐标
14      half3 Emission;                     //自发光颜色
15      half Smoothness;                    //0：粗糙。1：光滑
16      half Occlusion;                     //遮挡程度（默认为1）
17      fixed Alpha;                        //透明度系数
18  };
```

此外，也可以自定义表面着色器的输出结构体，但自定义的结构体必须包括 SurfaceOutput 结构体的所有变量，可以添加自己需要的变量用于从自定义光照模型方法传输数据给表面着色器方法。

3. 自定义光照模型

编写表面着色器就是描述一个表面的属性（反射率颜色、法线等等），并由光照模型完成光照交互的计算。系统内置了 Lambert（漫反射光照）和 BlinnPhong（高光光照）两个光照模型。有时也需要开发自定义光照模型。

6.4 表面着色器的基础知识及应用

自定义的光照模型是由名称为 Lighting 开头的方法实现的。自定义光照模型方法的声明有以下几种形式，用于满足不同的需求。

- half4 Lighting<Name> (SurfaceOutput s, half3 lightDir, half atten)：在正向渲染路径中用于与视线方向不相关的光照模型（例如漫反射）。
- half4 Lighting<Name> (SurfaceOutput s, half3 lightDir, half3 viewDir, half atten)：在正向渲染路径中用于与视线方向相关的光照模型。
- half4 Lighting<Name>_PrePass (SurfaceOutput s, half4 light)：用于延时光照路径中的光照模型。

其中 SurfaceOutput 结构体用于和表面着色器方法传输数据，这个结构体也可以自定义，但必须与表面着色器方法的输出结构体相同。lightDir 参数为点到光源的单位向量，viewDir 参数为点到摄像机的单位向量，atten 参数为光源的衰减系数。

光照模型方法的返回值为经过光照计算的颜色值。下面通过一个带自定义光照模型的表面着色器来详细介绍自定义光照模型。

代码位置：随书资源中的源代码/第 6 章/Shader/Assets/BaseForm3.shader。

```
1   Shader "Custom/BaseForm3" {
2     Properties {
3       _Color ("Color", Color) = (1,1,1,1)               //主颜色值
4       _MainTex ("Albedo (RGB)", 2D) = "white" {}        //2D 纹理值
5       _Shininess ("Shininess ", Range(0,10)) = 10       //镜面反射系数
6     }
7     SubShader {
8       CGPROGRAM
9       #pragma surface surf Phong                        //表面着色器编译指令
10      sampler2D _MainTex;                               //2D 纹理属性
11      fixed4 _Color;                                    //主颜色属性
12      float _Shininess;                                 //镜面反射系数属性
13      struct Input {
14        float2 uv_MainTex;                              //UV 纹理坐标
15      };
16      float4 LightingPhong(SurfaceOutput s, float3 lightDir,half3 viewDir, half atten){
                                                          //光照模型方法
17        float4 c;
18        float diffuseF = max(0,dot(s.Normal,lightDir));//计算漫反射强度
19        float specF;
20        float3 H = normalize(lightDir+viewDir);         //计算视线与光线的半向量
21        float specBase = max(0,dot(s.Normal,H));        //计算法线与半向量的点积
22        specF = pow(specBase,_Shininess);               //计算镜面反射强度
23        c.rgb = s.Albedo * _LightColor0 * diffuseF *atten + _LightColor0*specF;
24        //结合漫反射光与镜面反射光计算最终光照颜色
25        c.a = s.Alpha;
26        return c;                                       //返回最终光照颜色
27      }
28      void surf (Input IN, inout SurfaceOutput o) {     //表面着色器方法
29        fixed4 c = tex2D (_MainTex, IN.uv_MainTex) * _Color;//根据UV坐标从纹理提取颜色
30        o.Albedo = c.rgb;                               //设置颜色
31        o.Alpha = c.a;                                  //设置透明度
32      }
33      ENDCG
34    }
35    FallBack "Diffuse"                                  //降级着色器
36  }
```

- 第 2～6 行为着色器的属性定义块。其中定义了主颜色值、2D 纹理值及镜面反射系数。
- 第 9～15 行为表面着色器编译指令和属性变量声明。编译指令中的 Phong 告诉编译器，表面着色器使用自定义名称为 Phong 的光照模型，并且名称为 LightingPhong 的方法为光照模型方法。

❑ 第 16~27 行为自定义光照模型方法。其通过法线和光线的点积求出漫反射强度，然后通过视线与光线的半向量与法线的点积求出镜面反射强度，最后结合漫反射光与镜面反射光计算最终光照颜色。

❑ 第 28~32 行为表面着色器方法。该方法主要实现了从纹理提取颜色为 Albedo 参数和 Alpha 参数赋值的功能。

❑ 第 35 行为备用的着色器。如果所有的 SubShader 都失败了，为了在用户的设备上呈现设定的机制，会调用 FallBack 下的着色器。

4. 顶点变换方法

顶点变化方法可以修改顶点着色器中的输入顶点数据并为表面着色器方法传递顶点数据。这可用于程序性动画、沿法线的挤压等。使用表面着色器编译指令 vertex:<Name>，其中 Name 为顶点方法的名称，顶点方法的声明有以下几种形式，用于满足不同的需求。

❑ void <Name> (inout appdata_full v)：用于只修改顶点着色器中的输入顶点数据。

❑ half4 <Name> (inout appdata_full v, out Input o)：用于修改顶点着色器中的输入顶点数据并为表面着色器方法传递数据。

其中 inout 类型的结构体是使用了顶点数据的结构体，用于给顶点方法输入顶点数据。out 类型的结构体为表面着色器中使用的输入结构体，用于顶点变换方法为表面着色器方法传递数据。下面以通过顶点变换方法实现吹气膨胀效果的表面着色器为例来详细介绍顶点方法。

代码位置：随书资源中的源代码/第 6 章/Shader/Assets/BaseForm4.shader。

```
1   Shader "Custom/BaseForm4" {
2     Properties {
3       _MainTex ("Texture", 2D) = "white" {}          //2D 纹理值
4       _Amount ("Extrusion Amount", Range(0,0.1)) = 0.05 //膨胀系数值
5     }
6     SubShader {
7       CGPROGRAM
8       #pragma surface surf Lambert vertex:vert       //表面着色器编译指令
9       struct Input {                                 //Input 结构体
10        float2 uv_MainTex;                           //UV 纹理坐标
11      };
12      float _Amount;                                 //声明膨胀系数属性
13      sampler2D _MainTex;                            //声明 2D 纹理
14      void vert (inout appdata_base v) {             //顶点变换方法
15        v.vertex.xyz += v.normal * _Amount;          //通过法线挤压实现充气的效果
16      }
17      void surf (Input IN, inout SurfaceOutput o) {  //表面着色器方法
18        o.Albedo=tex2D (_MainTex, IN.uv_MainTex).rgb; //从纹理提取颜色为漫反射颜色赋值
19      }
20      ENDCG
21    }
22    Fallback "Diffuse"                               //降级着色器
23  }
```

❑ 第 2~5 行为着色器的属性定义块。其中定义了 2D 纹理值和膨胀系数值。

❑ 第 8~13 行为表面着色器编译指令和属性变量声明。编译指令中的 vertex:vert 告诉编译器，表面着色器名称为 vert 的方法为顶点变换方法。

❑ 第 14~16 行为顶点变换方法。其通过将顶点向法线方向移动来实现充气的效果。

❑ 第 17~19 行为表面着色器方法。该方法主要实现从纹理提取颜色为 Albedo 参数赋值。

❑ 第 22 行为备用的着色器。如果所有的 SubShader 都失败了，为了在用户的设备上呈现设定的机制，会调用 FallBack 下的着色器。

5. 最终颜色修改方法

最终颜色修改方法用于修改表面着色器的最终颜色。这可用于绘制物体表面的最终颜色。使

用表面着色器编译指令 finalcolor:<Name>，其中 Name 为最终颜色修改方法的名称，最终颜色修改方法的声明形式如下。

```
1    void <Name> (Input IN, SurfaceOutput o, inout fixed4 color)
```

其中 Input 结构体用于顶点变换方法为最终颜色修改方法传输数据，SurfaceOutput 结构体用于为最终颜色修改方法传输数据，inout 类型的 color 参数为最终颜色修改方法输出的最终颜色。下面通过使用最终颜色修改方法实现调色的表面着色器来详细介绍最终颜色修改方法。

代码位置：随书资源中的源代码/第 6 章/Shader/Assets/BaseForm5.shader。

```
1    Shader "Custom/BaseForm5" {
2      Properties {
3        _MainTex ("Texture", 2D) = "white" {}          //2D 纹理值
4        _ColorTint ("Tint", Color) = (1.0, 0.6, 0.6, 1.0)  //调色数值
5      }
6      SubShader {
7        Tags { "RenderType" = "Opaque" }               //设置 RenderType 为 Opaque
8        CGPROGRAM
9        #pragma surface surf Lambert finalcolor:mycolor  //表面着色器编译指令
10       struct Input {                                 //Input 结构体
11         float2 uv_MainTex;                           //UV 纹理坐标
12       };
13       fixed4 _ColorTint;                             //调色数值属性
14       sampler2D _MainTex;                            // 2D 纹理属性
15       void mycolor(Input IN, SurfaceOutput o, inout fixed4 color){//最终颜色修改方法
16         color *= _ColorTint;                         //通过调色数值修改最终颜色
17       }
18       void surf (Input IN, inout SurfaceOutput o) {  //表面着色器方法
19         o.Albedo = tex2D (_MainTex, IN.uv_MainTex).rgb;  //从纹理提取颜色为漫反射颜色赋值
20       }
21       ENDCG
22     }
23     Fallback "Diffuse"                               //降级着色器
24   }
```

❑ 第 2～5 行为着色器的属性定义块。其中定义了 2D 纹理值和调色数值。

❑ 第 9～14 行为表面着色器编译指令和属性变量声明。编译指令中的 finalcolor:mycolor 告诉编译器，表面着色器名称为 mycolor 的方法为最终颜色修改方法。

❑ 第 15～17 行为最终颜色修改方法。其通过调色数值修改最终颜色。

❑ 第 18～20 行为表面着色器方法。该方法主要实现从纹理提取颜色为 Albedo 参数赋值。

❑ 第 23 行为备用的着色器。如果所有的 SubShader 都失败了，为了在用户的设备上呈现设定的机制，则会调用 FallBack 下的着色器。

6.4.2 通过表面着色器实现体积雾

现实世界中的山中雾气往往是随风变化的，并不是在所有的位置都遵循完全一致的雾浓度因子，而简单雾特效也有一定的局限性。本小节将介绍一种能更好地模拟山间烟云效果的雾特效技术——体积雾，通过它可以开发出非常真实的山中烟雾缭绕的效果。

1. 基本原理

介绍具体的案例之前，先要介绍本案例实现体积雾的基本原理。实现体积雾的关键点在于计算出每个待绘制片元的雾浓度因子，然后根据雾浓度因子、雾的颜色及片元本身采样的纹理颜色计算出片元的最终颜色。

简单雾特效采用的也是这样的策略，但体积雾的雾浓度因子计算模型不像简单的雾特效那样是一个公式，其具体的计算策略如图 6-28 所示。从图 6-28 中可以看出，体积雾具体的计算策略如下（此计算由表面着色器完成）。

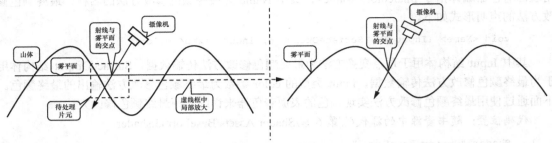

▲图 6-28　体积雾计算模型原理

（1）通过当前待处理片元的位置与摄像机的位置确定一条射线，通过雾平面的高度求出摄像机位置到射线与雾平面交点位置的距离与摄像机位置到片元位置的距离的比值 t。

（2）如果片元位置在雾平面以下，通过 t 值计算出射线与雾平面交点的坐标。求出交点到待处理片元位置的距离。根据该距离求出雾浓度因子，距离越大雾越浓。

> **提示**　为了进一步增强真实感，实际案例中的雾平面并不是一个完全的平面，而是加入了正弦函数的高度扰动使得雾平面看起来有波动效果，如图 6-28 中右图所示。

2. 体积雾特效案例的开发

前面介绍了体积雾特效开发的基本原理，下面将通过一个案例来详细介绍体积雾特效的开发。案例的设计目的是使用体积雾特效实现山中烟雾缭绕的效果。

（1）新建一个场景。在菜单栏中单击 File→New Scene 创建一个场景。按 Ctrl+S 快捷键保存该场景，并将其命名为 text。

（2）创建一个 Plane 对象。单击 GameObject→3D Object→Plane，如图 6-29 所示。设置 Plane 对象的位置和大小，如图 6-30 所示。

（3）导入山模型。将 Assets/Model 文件夹下的山模型文件导入场景，将山连续覆盖到 Plane 对象上直到将 Plane 对象完全覆盖。创建一个空对象，并命名为 shan，将所有山对象拖到 shan 对象上使其成为 shan 对象的子对象。

（4）添加光源。单击 GameObject→Create Other→Directional Light 创建一个平行光光源。调整其位置和角度，如图 6-31 所示，使其能够照亮场景。

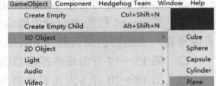

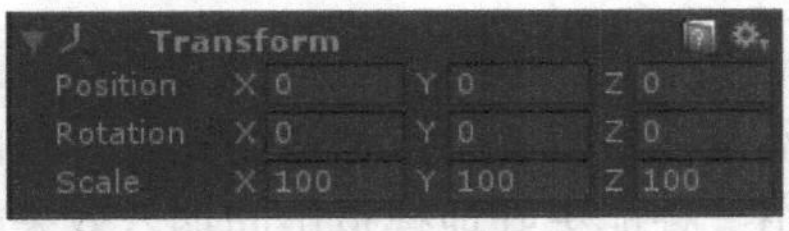

▲图 6-29　创建 Plane 对象

▲图 6-30　设置 Plane 对象的位置和大小　　　▲图 6-31　光源的位置和角度

（5）开发体积雾特效的着色器。在 Shader 文件夹中右击，在弹出的快捷菜单中选择 Create→Shader 创建着色器，如图 6-32 所示。将其命名为 VolumeFog，然后双击打开该着色器，开始 VolumeFog 着色器的编写。

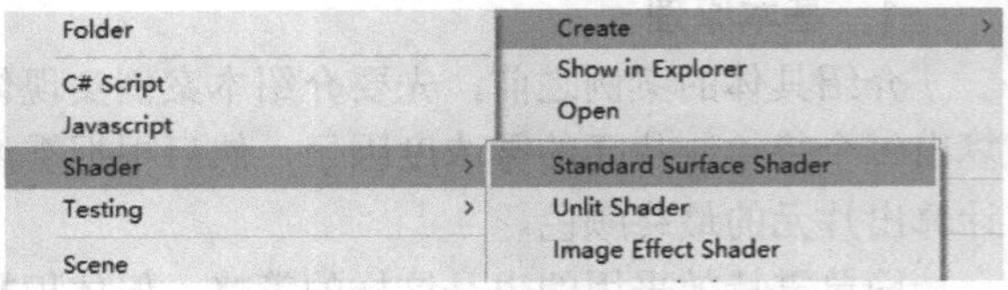

▲图 6-32　创建着色器

6.4 表面着色器的基础知识及应用

代码位置：随书资源中的源代码/第 6 章/FogExampleB/Assets/Shader/VolumeFog.shader。

```
1   Shader "Custom/VolumeFog" {
2     Properties {
3       _MainTex ("Pic", 2D) = "white" {}                       //岩石纹理
4       _MainTex1 ("Pic1", 2D) = "white" {}                     //草皮纹理
5       _CameraPosition("CameraPosition",Vector)=(0,0,0,1)      //摄像机位置
6       _StartAngel("startAngel",float)=0                       //扰动起始角
7       _FogColor("FogColor",Color)=(1,1,1,1)                   //雾颜色
8     }
9     SubShader {
10      Tags { "RenderType"="Geometry " }                       //要确保渲染顺序在透明之前
11      CGPROGRAM
12      #pragma surface surf Lambert vertex:myVertex
13      sampler2D _MainTex;                                     //岩石纹理
14      sampler2D _MainTex1;                                    //草皮纹理
15      float4 _CameraPosition;                                 //摄像机位置
16      float _StartAngel;                                      //扰动起始角
17      float4 _FogColor;                                       //雾颜色
18      struct Input{
19        float2 uv_MainTex;                                    //纹理坐标
20        float3 orignPosition;                                 //片元位置
21      }
22      ...//此处省略了用于计算体积雾浓度因子的方法，在下面将详细介绍
23      void myVertex(inout appdata_full v, out Input o){
24        UNITY_INITIALIZE_OUTPUT(Input,o);                     //初始化结构体。
25        o.orignPosition=v.vertex.xyz;           //设置 orignPosition 参数为该顶点位置
26      }
27      void surf (Input IN, inout SurfaceOutput o) {
28        float3 pLocation=IN.orignPosition;                    //获取片元位置
29        half4 c = tex2D (_MainTex1, IN.uv_MainTex);           //从纹理图片中获取片元颜色
30        if(pLocation.y<20){                                   //如果片元的 y 坐标值小于 20
31          c = tex2D (_MainTex1, IN.uv_MainTex);               //从草皮纹理中获取片元颜色
32        }
33        else if(pLocation.y>=36){                             //如果片元的 y 坐标值大于 36
34          c = tex2D (_MainTex, IN.uv_MainTex);                //从岩石纹理中获取片元颜色
35        }else{                         //如果片元的 y 坐标值在草皮和岩石混合处
36          float te=(pLocation.y-20)/16;                       //计算岩石纹理所占的百分比
37          //将岩石、草皮纹理颜色按比例混合
38          c=tex2D (_MainTex, IN.uv_MainTex)*(te)+tex2D (_MainTex1, IN.uv_MainTex)*(1-te);
39        }
40        o.Alpha =1.0;                                         //设置 Alpha 值
41        float fogFactor=tjFogCal(pLocation);                  //计算雾浓度因子
42        ...//根据雾浓度因子、雾的颜色及片元本身采集的纹理颜色计算出片元的最终颜色
43        o.Albedo=c.rgb*(fogFactor)+(1-fogFactor)*half3(_FogColor.rgb);
44      }
45      ENDCG
46    }
47    FallBack "Diffuse"
48  }
```

❏ 第 1～8 行为着色器属性定义块，在这部分中定义的属性会在着色器的 Inspector 面板中显示相应的 UI。在这里定义了两种纹理及对应的色调，还定义了摄像机位置、扰动起始角和雾颜色等。

❏ 第 9～21 行添加了一个 SubShader。之后将 Properties 块中定义过的属性再声明一次作为着色器内部参数，相当于参数的传递，将从 Unity 传入的参数赋值给着色器中的参数以供使用。同时还声明了一个结构体 Input，里面带有贴图的 UV 及顶点位置。

❏ 第 22～26 行计算体积雾浓度因子并实现顶点着色器。顶点着色器的工作是将顶点位置信息存储在结构体的 orignPosition 变量中。此处省略了用于计算体积雾浓度因子的方法，在下面将详细介绍。

❏ 第 27～44 行为表面着色器的实现，表面着色器的工作是获取片元位置，并且通过判断片元的 y 坐标值来确定从哪个纹理图片中采集纹理颜色。通过调用计算体积雾浓度因子的方法来计

算雾浓度因子，根据雾浓度因子、雾的颜色及片元采集的纹理颜色计算出片元的最终颜色。

（6）下面介绍用于计算体积雾浓度因子的 tjFogCal 方法。

代码位置：随书资源中的源代码/第 6 章/FogExampleB/Assets/Shader/VolumeFog.shader。

```
1   float tjFogCal(float3 pLocation){
2       float startAngle=_StartAngel;                          //获取扰动起始角
3       float slabY=24.0;                                      //设置雾平面高度
4       float3 uCamaraLocation=_CameraPosition.xyz;            //获取摄像机位置
5       float fogFactor;
6       float xAngle=pLocation.x/30.0*3.1415926;               //计算出顶点 x 坐标折算出的角度
7       float zAngle=pLocation.z/30.0*3.1415926;               //计算出顶点 z 坐标折算出的角度
8       float slabYFactor=sin(xAngle+zAngle+startAngle)*1.5f; //计算出角度和的正弦值
9       float t=(slabY+slabYFactor-uCamaraLocation.y)/(pLocation.y-
10      uCamaraLocation.y);       //求从摄像机到顶点射线参数方程 Pc+(Pp-Pc)t 中的 t 值
11      if(t>0.0&&t<1.0){         //有效的 t 的范围应该为 0～1
12          float xJD=uCamaraLocation.x+(pLocation.x-
13          uCamaraLocation.x)*t;                              //求出射线与雾平面交点的 x 坐标
14          float zJD=uCamaraLocation.z+(pLocation.z-
15          uCamaraLocation.z)*t;                              //求出射线与雾平面交点的 z 坐标
16          float3 locationJD=float3(xJD,slabY,zJD);           //射线与雾平面的交点坐标
17          float L=distance(locationJD,pLocation.xyz);        //求出交点到顶点的距离
18          float L0=20.0;
19          fogFactor=(L0/(L+L0));                             //计算雾浓度因子
20      }else{
21          fogFactor=1.0;        //若待处理片元不在雾平面以下，则此片元不受雾影响
22      }
23      return fogFactor;                                      //返回雾浓度因子
24  }
```

- 第 2～8 行声明了一些变量，这些变量主要包括扰动起始角、雾平面高度、摄像机位置及雾平面高度波动的正弦值。

- 第 9～19 行主要先计算从摄像机到顶点射线参数方程 $Pc+(Pp-Pc)t$ 中的 t 值，如果 t 的范围为 0～1，则表示该片元在雾平面以下。通过 t 值计算出射线与雾平面的交点坐标，求出交点到顶点的距离，通过距离计算出雾浓度因子。

- 第 20～24 行主要实现如果 t 值不为 0～1，表示待处理片元不在雾平面以下，此片元不受雾影响。最后返回雾浓度因子。

（7）创建体积雾材质。在 Material 文件夹中右击，在弹出的快捷菜单中选择 Create→Material 创建创建材质，如图 6-33 所示。并将材质命名为 VolumeFog，将材质的 Shader 属性设置为 Custom/VolumeFog，如图 6-34 所示。

（8）设置 VolumeFog 材质着色器的各个参数。将参数中第一个纹理设置为 Assets/Texture 文件夹下的 Mountain 纹理图，第二个纹理设置为 Assets/Texture 文件夹下的 grass 纹理图，其他详细参数设置如图 6-34 所示。

▲图 6-33 创建材质

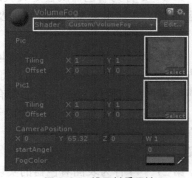

▲图 6-34 设置材质属性

(9) 设置山对象的网格渲染器的材质。选中所有的山对象，将网格渲染器组件中的 Material 设为上面创建的 VolumeFog。

(10) 在 Script 文件夹中创建脚本 VolumeCS。该脚本用于向体积雾着色器传递参数，该脚本编写完毕以后，将其分别拖到所有的山对象上，脚本代码如下。

代码位置：随书资源中的源代码/第 6 章/FogExampleB/Assets/Script/VolumeCS.cs。

```
1   using UnityEngine;
2   using System.Collections;
3   public class VolumeCS : MonoBehaviour {
4     public GameObject CameraA;                          //主摄像机对象
5     float StartAngel = 0;                               //扰动起始角
6     void Update () {
7         StartAngel+=0.05f%360f;                         //不断改变扰动起始角
8         GetComponent<Renderer>().material.SetVector(" CameraPosition",CameraA.
9     transform.position);                                //将摄像机位置传递给着色器
10        GetComponent<Renderer>().material.SetFloat(" StartAngel",
11    StartAngel);                                        //将扰动起始角传递给着色器
12  }}
```

> **说明**　该脚本重写了 Update 方法，物体每次被绘制时该方法被调用。其主要功能是不断改变扰动起始角，并将摄像机位置和扰动起始角传递给着色器。

(11) 创建控制摄像机移动的虚拟摇杆。创建步骤在介绍虚拟摇杆的部分有详细的讲解，这里不再重复介绍。

(12) 创建控制摄像机移动的脚本。在 Script 文件夹中创建脚本并将其命名为 KongZhi，该脚本的主要功能为用键盘和虚拟摇杆控制摄像机的移动。该脚本编写完毕以后，将其拖到摄像机对象上，脚本代码如下。

代码位置：随书资源中的源代码/第 6 章/FogExampleB/Assets/Script/KongZhi.cs。

```
1   using UnityEngine;
2   using System.Collections;
3   public class KongZhi : MonoBehaviour {
4     void Update () {
5     if((Input.GetKey(KeyCode.UpArrow))){   //如果按↑键
6         Vector3 te = transform.position;   //获取摄像机位置
7         if(te.z > -224f){                  //如果摄像机的 z 坐标值大于-224
8             te.z--;                        //摄像机向前移动
9         }
10        transform.position = te;           //设置摄像机位置
11    }
12    ...//此处省略了按↓键控制摄像机向后移动的代码，读者可以自行翻看随书资源中的源代码
13    if (Input.GetKey(KeyCode.LeftArrow)){//如果按←键
14        Vector3 te = transform.position; //获取摄像机位置
15        if(te.x < 300f){                 //如果摄像机的 x 坐标值小于 300
16            te.x++;                      //摄像机向左移动
17        }
18        transform.position = te;         //设置摄像机位置
19    }
20    ...//此处省略了按→键控制摄像机向右移动的代码，读者可以自行翻看随书资源中的源代码
21    }
22    ...//此处省略了脚本开启、停用和销毁时系统回调方法的代码，读者可以自行翻看随书资源中的源代码
23    void OnJoystickMove(MovingJoystick move){
24        float joyPositonX = move.joystickAxis.x;        //获得摇杆偏移量 x 的值
25        float joyPositonY = move.joystickAxis.y;        //获得摇杆偏移量 y 的值
26    ...//此处省略了通过虚拟摇杆控制摄像机移动的代码，读者可以自行翻看随书资源中的源代码
27  }}
```

❑ 第 5~12 行主要实现当按↑或↓键时，通过改变摄像机的 z 坐标值使摄像机向前或向后移动。

❑ 第 13~20 行主要实现当按←或→键时，通过改变摄像机的 x 坐标值使摄像机向左或向右

移动。

- 第 23~27 行实现通过虚拟摇杆控制摄像机的移动。通过获得摇杆偏移量 x 和 y 的值来确定摄像机移动的方向。

（13）单击"运行"按钮，观察效果。在 Game 窗口中可以看到烟雾缭绕的山群。通过上、下、左、右键可以控制摄像机移动。当然，还可以将项目导入 Android 设备中运行，通过虚拟摇杆控制摄像机的移动，Android 设备中的运行效果如图 6-35 和图 6-36 所示。

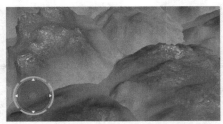 

▲图 6-35　Android 设备中的运行效果（1）　　▲图 6-36　Android 设备中的运行效果（2）

> **说明**　本案例的源文件位于随书资源中的源代码/第 6 章/FogExampleB。如果读者想运行本案例，只需把 FogExampleB 文件夹复制到非中文路径下，然后双击 FogExampleB/Assets 目录下的 text.unity 文件就能够打开并运行了。

6.5　渲染通道的通用指令

渲染通道可以通过一些通用指令来控制，固定管线着色器、顶点片元着色器及表面着色器都可以使用这些通用指令。这些通用指令可以制作一些游戏中非常常用的特效，例如半透明效果。下面将详细介绍这些通用指令。

6.5.1　设置 LOD 数值

在着色器中可以给 SubShader 设置一个 LOD 数值，使程序根据脚本中设置的可以使用的最大 LOD 数值来决定是否使用某个 SubShader。如果 SubShader 中设置的 LOD 值小于或等于脚本中设置的可以使用的最大 LOD 数值，就可以使用此 SubShader。下面通过一个案例来更加具体地介绍 LOD 数值。

（1）新建场景。在 LOD 文件夹下创建一个场景，命名为 test，在场景中创建一个小球对象。在 LOD 文件夹下创建一个材质资源，并命名为 LODShader，具体步骤为右击，在弹出的快捷菜单中选择 Create→Material。

（2）将创建的材质资源拖到小球对象的网格渲染器组件的材质属性栏中。在 LOD 文件夹下创建一个着色器，命名为 LODShader，然后双击将其打开，开始 LODShader 着色器的编写。

代码位置：随书资源中的源代码/第 6 章/Shader/Assets/pass/LOD/ LODShader.shader。

```
1    Shader "Custom/LODShader" {
2        SubShader {                              //使对象渲染为红色的 SubShader
3            LOD 600                              //设置 LOD 数值为 600
4            CGPROGRAM
5            #pragma surface surf Lambert         //表面着色器编译指令
6            struct Input {                       //Input 结构体
7                float2 uv_MainTex;
8            };
```

```
9        void surf (Input IN, inout SurfaceOutput o) {//表面着色器方法
10           o.Albedo = float3(1,0,0);                  //设置颜色为红色
11        }
12      ENDCG
13    }
14    SubShader {                                       //使对象渲染为绿色的SubShader
15      LOD 500                                         //设置LOD数值为500
16      CGPROGRAM
17      #pragma surface surf Lambert                    //表面着色器编译指令
18      struct Input {                                  //Input结构体
19         float2 uv_MainTex;
20      };
21      void surf (Input IN, inout SurfaceOutput o) {//表面着色器方法
22           o.Albedo = float3(0,1,0);                  //设置颜色为绿色
23        }
24      ENDCG
25    }
26    SubShader {                                       //使对象渲染为蓝色的SubShader
27      LOD 400                                         //设置LOD数值为400
28      CGPROGRAM
29      #pragma surface surf Lambert                    //表面着色器编译指令
30      struct Input {                                  //Input结构体
31         float2 uv_MainTex;
32      };
33      void surf (Input IN, inout SurfaceOutput o) {//表面着色器方法
34           o.Albedo = float3(0,0,1);                  //设置颜色为蓝色
35        }
36      ENDCG
37 }}
```

❏ 第2~3行开始定义使对象渲染为红色的SubShader并设置LOD数值为600。
❏ 第9~11行为表面着色器方法,其设置对象表面颜色为红色。
❏ 第14~15行开始定义使对象渲染为绿色的SubShader并设置LOD数值为500。
❏ 第21~23行为表面着色器方法,其设置对象表面颜色为绿色。
❏ 第26~27行开始定义使对象渲染为蓝色的SubShader并设置LOD数值为400。
❏ 第33~35行为表面着色器方法,其设置对象表面颜色为蓝色。

(3)将创建的着色器拖到LODShader材质的着色器属性栏中。然后创建一个控制可用的最大LOD数值的C#脚本,并将其命名为SetShaderLOD.cs,双击将其打开,开始SetShaderLOD.cs脚本的编写。

代码位置:随书资源中的源代码/第6章/Shader/Assets/pass/LOD/SetShaderLOD.cs。

```
1   using UnityEngine;
2   using System.Collections;
3   public class SetShaderLOD : MonoBehaviour {
4      public Shader myShader;                          //着色器
5      private float val = 6;                           //LOD数值
6      void Update(){
7         myShader.maximumLOD = (int)val * 100;         //设置最大LOD数值
8      }
9      void OnGUI(){
10        val = (int)GUI.HorizontalSlider(new Rect(250,125,300,30),val,3,6);
                                                        //显示控制LOD数值的滑动条控件
11        GUI.Label(new Rect(333,100,170,30),"Current LOD is:"+val*100);
                                                        //显示当前的最大LOD数值
12 }}
```

❏ 第4~8行定义LODShader着色器引用及LOD数值,在Update方法中设置着色器可用的最大LOD数值。
❏ 第9~12行在屏幕上绘制控制LOD数值的滑动条控件,用来调节最大LOD数值,以及显示当前的最大LOD数值。

(4)将创建的SetShaderLOD.cs脚本拖到主摄像机上,然后将LODShader着色器拖到主摄像

机的 SetShaderLOD.cs 脚本组件的 myShader 属性栏中。

（5）单击"运行"按钮，观察效果。从右到左依次调节 LOD 数值为 600、500、400、300，观察小球的颜色变化，为红、绿、蓝和小球消失。当 LOD 数值为 600 时，使对象渲染为红色的 SubShader 被使用，而下面的 SubShader 虽然符合要求，但不再被使用，说明在着色器里最多只能有一个 SubShader 被使用。当 LOD 数值为 300 时，找不到符合要求的 SubShader，物体不会被渲染。

> **说明** 本案例的源文件位于随书资源中的源代码/第 6 章/Shader。如果读者想运行本案例，只需把 Shader 文件夹复制到非中文路径下，然后双击 Shader/Assets/pass/LOD 目录下的 test.unity 文件就能够打开并运行了。

除了针对某一特定着色器设置最大 LOD 数值外，也可在脚本中设置一个全局最大 LOD 数值。通过设置 Shader.globalMaximumLOD 属性的数值来设置全局最大 LOD 数值。Unity 内置的着色器都有 LOD 分级，内置着色器的 LOD 分级如表 6-15 所示。

表 6-15　　　　　　　　　　　　Unity 内置着色器的 LOD 分级

LOD 分级	对应值	LOD 分级	对应值
VertexLit kind of shaders	100	Bumped、Specular	300
Decal、Reflective VertexLit	150	Bumped Specular	400
Diffuse	200	Parallax	500
Difuse Detail、Reflective Bumped Unlit、Reflective Bumped VertexLit	250	Parallax Specular	600

6.5.2　渲染队列

渲染队列决定了 Unity 在渲染场景对象时的先后顺序。渲染队列在制作特定场景特效时需要用到，例如半透明材质的制作。在关闭深度检测的情况下，Unity 在渲染对象时总是后渲染的对象遮挡住先渲染的对象。下面通过一个案例来说明。

（1）新建场景。在 RenderQueue 文件夹下创建一个场景，命名为 test，在场景中创建两个小球对象，分别命名为 Sphere100 和 Sphere200。设置它们的位置使 Sphere200 对象比 Sphere100 对象距离摄像机更近。

（2）在 RenderQueue 文件夹下创建两个材质资源，并命名为 RenderQueue100 和 RenderQueue200，将 RenderQueue100 材质设置为 Sphere100 对象的材质，RenderQueue200 材质设置为 Sphere200 对象的材质。

（3）在 RenderQueue 文件夹下创建一个着色器，并命名为 RenderQueue100，双击将其打开，开始 RenderQueue100 着色器的编写。

代码位置：随书资源中的源代码/第 6 章/Shader/Assets/pass/RenderQueue/RenderQueue100.shader。

```
1    Shader "Custom/RenderQueue100" {
2      Properties {
3        _Color ("Main Color", Color) = (0,0,0,0)       //主颜色值
4      }
5      SubShader {
6        Tags { "Queue"="Geometry+100" }                //设置渲染队列
7        ZTest off                                      //关闭深度检测
8        CGPROGRAM
9        #pragma surface surf Lambert                   //表面着色器编译指令
10       fixed4 _Color;                                 //主颜色属性
11       struct Input {                                 //Input 结构体
12         float2 uv_MainTex;
13       };
14       void surf (Input IN, inout SurfaceOutput o) {  //表面着色器方法
```

```
15            o.Albedo = _Color;                    //设置对象表面颜色
16        }
17     ENDCG
18  }}
```

- 第 2~4 行为属性定义块，其中定义了主颜色值用于表面着色器设置对象表面颜色。
- 第 6~7 行设置渲染队列为 Geometry+100 并且关闭深度检测。为了达到后渲染的对象遮挡住先渲染的对象的效果需要关闭深度检测。
- 第 10~13 行定义主颜色属性及 Input 结构体，其中主颜色属性用于在表面着色器方法中设置对象表面颜色。
- 第 14~16 行为表面着色器方法，其使用主颜色值设置对象表面颜色。

（4）将创建的着色器拖到 RenderQueue100 材质的着色器属性栏中。然后再创建一个着色器，命名为 RenderQueue200，该着色器和 RenderQueue100 着色器基本相同，除了渲染队列为 Geometry+200。将创建的 RenderQueue200 着色器拖到 RenderQueue200 材质的着色器属性栏中。

（5）单击"运行"按钮，观察效果。发现绿色小球遮挡住红色小球，虽然红色小球在绿色小球的前面，但因为绿色小球的材质渲染队列比红色小球的大，所以后渲染的绿色小球遮挡住先渲染的红色小球。

（6）单击停止运行按钮。将 RenderQueue100 着色器拖到 RenderQueue200 材质的着色器属性栏中，将 RenderQueue200 着色器拖到 RenderQueue100 材质的着色器属性栏中。单击"运行"按钮，观察效果。发现红色小球遮挡住绿色小球。

> **说明** 本案例的源文件位于随书资源中的源代码/第 6 章/Shader。如果读者想运行本案例，只需把 Shader 文件复制到非中文路径下，然后双击 Shader/Assets/pass/RenderQueue 目录下的 test.unity 文件就能够打开并运行了。

Unity 内置了 5 种默认的渲染队列标签可选值，如表 6-16 所示。

表 6-16　　　　　　　　　　　　　队列标签可选值

队列标签	说明
Background	背景，对应值为 1000。使用此标签的渲染队列在所有队列之前被渲染，通常用于渲染真正需要放在背景上的物体，例如天空盒
Geometry（默认）	几何体（默认），对应值为 2000。使用此标签的队列是默认的渲染队列，被用于大多数对象。不透明的几何体使用这个队列标签
AlphaTest	Alpha 测试，对应值为 2450，Alpha 测试的几何结构使用这个队列标签。使用此标签的是独立于 Geometry 的队列，因为它可以在所有固体对象绘制后更有效地渲染采用 Alpha 测试的对象
Transparent	透明，对应值为 3000。使用此标签的渲染队列在 Geometry 队列之后被渲染，采用从后到前的次序。任何采用 Alpha 混合的对象（不对深度缓冲产生写操作的着色器）在这里渲染。例如玻璃、粒子效果
Overlay	覆盖，对应值为 4000。使用此标签的渲染队列被用于实现叠加效果。任何需要最后渲染的对象都应该放置在使用此标签的队列中。例如镜头光晕

6.5.3 混合操作

混合操作用于在所有的计算已经结束，指定将当前计算结果输出到帧缓冲中的方式。混合操作有两个对象——源和目标，因此也有两个对应的因子，即源因子和目标因子。混合操作常用来绘制透明和半透明的物体，常用指令如下。

- Blend Off：关闭混合。
- Blend 源因子，目标因子：配置并开启混合。先计算产生颜色的数值并和源因子的数值相乘，然后两个颜色的数值相加。

❑ Blend 源因子 目标因子,源因子 A 目标因子 A：源因子和目标因子用于混合颜色值，源因子 A 和目标因子 A 用于混合 Alpha 值。

❑ BlendOp 操作命令：不是将加入的颜色混合在一起，而是对它们做其他操作，主要操作命令有 Min（取最小值）、Max（取最大值）、Sub（求差）和 RevSub（求反差）。

常用的混合因子（对源因子和目标因子都有效）如表 6-17 所示。

表 6-17 常用混合因子

混合因子	说明	混合因子	说明
SrcAlpha	这个阶段的值乘以源 Alpha 值	DstAlpha	这个阶段的值乘以帧缓存源 Alpha 值
DstColor	这个阶段的值乘以帧缓存源颜色值	SrcColor	这个阶段的值乘以源颜色值
One	值为 1，用它可使源颜色或目标颜色完全显示出来	OneMinusSrcAlpha	这个阶段的值乘以（1 至源颜色 Alpha 之间的值）
Zero	值为 0，用它可删除源颜色值或者目标颜色值	OneMinusDstColor	这个阶段的值乘以（1 至目标颜色之间的值）
OneMinusSrcColor	这个阶段的值乘以（1 至源颜色之间的值）	OneMinusDstAlpha	这个阶段的值乘以（1 至目标颜色 Alpha 之间的值）

下面通过一个制作带透明效果的球网案例来详细说明混合操作的应用。

（1）新建场景。在 Blend 文件夹下创建一个场景，命名为 test，在场景中创建一个 Plane 对象和一个 Cube 对象。设置 Plane 和 Cube 对象的位置，使 Plane 对象完全显示在屏幕中，Cube 对象在 Plane 对象后面且 Plane 对象能够完全遮挡住 Cube 对象。

（2）在 Blend 文件夹下创建一个材质资源，并命名为 Blend，将 Blend 材质设置为 Plane 对象的材质，将 Blend 文件夹下的 net 纹理图拖到 Plane 对象上。然后创建一个着色器，并命名为 Blend。双击将其打开，开始 Blend 着色器的编写。

代码位置：随书资源中的源代码/第 6 章/Shader/Assets/pass/Blend/Blend.shader。

```
1    Shader "Custom/Blend" {
2      Properties {
3        _Color ("Main Color", Color) = (1,1,1,1)          //主颜色值
4        _MainTex ("Albedo (RGB)", 2D) = "white" {}        //2D 纹理
5      }
6      SubShader {
7        Tags { "Queue"="Transparent" }                    //设置渲染队列为 Transparent
8        Pass{
9          Material{
10           Diffuse [_Color]                              //设置漫反射颜色
11           Ambient [_Color]                              //设置环境光颜色
12         }
13         Blend SrcAlpha OneMinusSrcAlpha                 //开启混合
14         Lighting On                                     //开灯
15         SetTexture [_MainTex]{                          //设置纹理
16           constantColor [_Color]                        //颜色常量
17           Combine texture*primary DOUBLE,texture*constant   //计算最终颜色
18   }}}}
```

❑ 第 2~5 行为属性定义块，其中定义了主颜色值和 2D 纹理。

❑ 第 6~7 行设置渲染队列为 Transparent，这样做的目的是使对象在场景中其他非透明对象被渲染后再渲染，因为有透明效果的对象需要在没有透明效果的对象渲染后再渲染，否则就不会显示出透明效果。

❑ 第 9~12 行为固定管线着色器的材质块，主要设置了漫反射颜色和环境光颜色。

❑ 第 13~14 行开启混合并打开光照。其中混合的源因子设置为 SrcAlpha，目标因子设置为

OneMinusSrcAlpha，这样做的目的是使对象的颜色先乘以它的 Alpha 值然后再与缓冲区目标颜色的值相混合达到透明的效果。

- 第 15～17 行处理纹理块并计算最终颜色。该部分在讲固定管线着色器时已经详细介绍了，在这里不再赘述。

（3）将创建的着色器拖到 Blend 材质的着色器属性栏中，设置着色器属性栏中的 Main Color 为黑色，以便于观察效果。单击"运行"按钮，观察效果，发现通过球网上的透明小孔可以看到在它后面的 Cube 对象。

> **说明** 本案例的源文件位于随书资源中的源代码/第 6 章/Shader。如果读者想运行本案例，只需把 Shader 文件夹复制到非中文路径下，然后双击 Shader/Assets/pass/Blend 目录下的 test.unity 文件就能够打开并运行了。

6.5.4 Alpha 测试

Alpha 测试是阻止片元被写到屏幕的最后机会。在最终渲染出的颜色被计算出来之后，可选择通过将颜色的透明度值（Alpha 值）和一个固定值比较，如果 Alpha 值满足要求，则通过测试，绘制此片元；否则丢弃此片元，不进行绘制。Alpha 测试指令如下。

- AlphaTest 开关状态：开关状态为 Off（默认）时关闭 Alpha 测试绘制所有片元，开关状态为 On 时开启 Alpha 测试。
- AlphaTest 比较模式 测试值：设置 Alpha 测试只渲染透明度值在某一确定范围内的片元。常用的比较模式如表 6-18 所示。

表 6-18 Alpha 测试常用的比较模式

比较模式	说明	比较模式	说明
Greater	大于	GEqual	大于或等于
Less	小于	LEqual	小于或等于
Equal	等于	NotEqual	不等于
Always	渲染所有片元，等于 AlphaTest Off	Never	不渲染任何片元

下面通过一个案例来具体地介绍 Alpha 测试。

（1）新建场景。在 AlphaTest 文件夹下创建一个场景，命名为 test。在场景中创建一个 Plane 对象，并设置它的位置，使 Plane 对象完全显示在屏幕中。在 AlphaTest 文件夹下创建一个材质资源，并命名为 AlphaTest，将 AlphaTest 材质设置为 Plane 对象的材质。

（2）将 AlphaTest 文件夹下的 wenlitu 纹理图片拖到 Plane 对象上。其中 wenlitu 纹理图片的 Alpha 值从左到右依次递减，如图 6-37 所示。图中灰白相间的格子区域表示透明区域，格子越清楚 Alpha 值越小，这是一种约定俗称的表示方式。

（3）在 AlphaTest 文件夹下创建一个着色器，并命名为 AlphaTest，将创建的着色器拖到 AlphaTest 材质的着色器属性栏中，双击将其打开，开始 AlphaTest 着色器的编写。

代码位置：随书资源中的源代码/第 6 章/Shader/Assets/pass/AlphaTest/AlphaTest.shader。

```
1    Shader "Custom/AlphaTest" {
2        Properties {
3            _Color ("Main Color", Color) = (1,1,1,1)         //主颜色值
4            _MainTex ("Albedo (RGB)", 2D) = "white" {}       //2D 纹理
5            _CutOff("Alpha cutoff",Range(0,9))=0.0           //Alpha 范围
6        }
7        SubShader {
```

```
8       Tags { "Queue"="AlphaTest" }                    //设置渲染队列为AlphaTest
9       Pass{
10        Material{
11          Diffuse [_Color]                             //设置漫反射颜色
12          Ambient [_Color]                             //设置环境光颜色
13        }
14        AlphaTest GEqual [_CutOff]                     //进行Alpha测试
15        Lighting On                                    //打开光照
16        SetTexture [_MainTex]{                         //设置纹理
17          constantColor [_Color]                       //颜色常量
18          Combine texture*primary DOUBLE,texture*constant    //计算最终颜色
19 }}}}
```

- 第2~6行为属性定义块，其中定义了主颜色值、2D纹理和Alpha范围。
- 第7~8行设置渲染队列为AlphaTest，这样做的目的是使该对象在场景中其他普通对象被渲染后再渲染，因为带Alpha测试的对象需要在普通对象渲染后再渲染，否则就不会显示出Alpha测试的效果。
- 第10~13行为固定管线着色器的材质块，主要设置了漫反射颜色和环境光颜色。
- 第14~15行进行Alpha测试并打开光照。其中将进行Alpha测试的比较模式设置为GEqual，这样做的目的是只渲染Alpha值大于或等于_CutOff的片元。
- 第16~18行处理纹理块并计算最终颜色。该部分在讲固定管线着色器时已经详细介绍了，在这里不再赘述。

（4）单击"运行"按钮，观察效果。发现黑色的Plane对象完整地显示在屏幕上，这是因为默认的_CutOff数值为0，Plane对象的纹理图片的所有Alpha值都大于或等于0。在着色器属性栏中调节_CutOff数值使它不断增大，发现Plane对象从右到左不断消失，这是因为Plane对象的纹理图的Alpha值从右到左不断增大。_CutOff为0.5时的运行效果如图6-38所示。

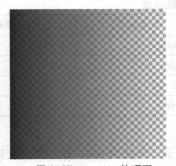
▲图6-37 wenlitu纹理图

▲图6-38 _CutOff为0.5时的运行效果

> 说明
> 本案例的源文件位于随书资源中的源代码/第6章/Shader。如果读者想运行本案例，只需把Shader文件夹复制到非中文路径下，然后双击Shader/Assets/pass/AlphaTest目录下的test.unity文件就能够打开并运行了。

6.5.5 深度测试

深度测试是为了使距离摄像机近的对象遮挡住距离摄像机远的对象，确保场景看起来是正确的。在片元写入帧缓冲前，需要将待写入的片元的深度值z与深度缓冲区对应的深度值进行比较测试，只有测试成功才会将其写入帧缓冲。深度测试指令如下。

- ZWrite深度写开关。

ZWrite深度写开关控制是否将来自对象的片元深度值z写入深度缓冲（默认开启）。如果绘制

不透明物体，则将其设置为 On；绘制半透明物体时将其设为 Off。

❑ ZTest 深度测试模式。

深度测试的默认模式是 LEqual（使深度值 z 小于或等于深度缓冲区对应的深度值的片元写入帧缓冲，实现距离摄像机近的物体遮挡住距离摄像机远的物体）。深度测试模式如表 6-19 所示。

表 6-19 深度测试模式

深度测试模式	说明	深度测试模式	说明
Less	小于	Greater	大于
LEqual	小于或等于	GEqual	大于或等于
Equal	等于	NotEqual	不等于
Always	总是渲染，相当于关闭深度测试	—	—

❑ Offset Factor, Units。

允许使用两个参数，即因子（Factor）和单元（Units）指定深度偏移，因子衡量多边形 z 轴与 x 轴或 y 轴的最大斜率，而单元衡量可分解的最小深度缓存值。这样可以强制地将一个多边形绘制在另一个多边形上，即使它们实际上处于相同位置。例如：Offset 0, -1 忽略多边形的斜率，使其靠近摄像机，而 Offset -1, -1 使多边形从切线角看时更加靠近摄像机。

下面通过一个案例来具体介绍深度测试。

（1）新建场景。在 ZTest 文件夹下创建一个场景，命名为 test，在场景中创建 4 个 Plane 对象。设置它们的位置，使它们以不同的方向倾斜，它们在场景中的位置如图 6-39 所示。将向左倾斜的 Plane 对象重命名为 Plane_Z。

（2）在 ZTest 文件夹下创建 3 个材质资源，分别命名为 Material1、Material2 和 Material3。将 Material1 材质设为红色，Material2 材质设为绿色，Material3 材质设为蓝色。将 3 个材质分别设置为 3 个 Plane 对象的材质。

（3）在 ZTest 文件夹下创建一个文件夹，命名为 Shader，在 Shader 文件夹下创建 7 个材质资源，分别命名为 Always、Equal、GEqual、Greater、LEqual、Less 和 NotEqual。然后再创建 7 个着色器，名字和 7 个材质资源一一对应。

▲图 6-39 4 个 Plane 对象在场景中的位置

（4）将 7 个着色器分别拖到对应名称的材质的着色器属性栏中。这 7 个着色器除了深度测试模式不同外其他部分都相同，而 7 个着色器的深度测试模式与其名称对应。下面以 LEqual 着色器为例来介绍。

代码位置：随书资源中的源代码/第 6 章/Shader/Assets/pass/ZTest/Shader/AlphaTest.shader。

```
1   Shader "Custom/LEqual" {
2     SubShader {
3       ZTest LEqual                                    //深度测试
4       CGPROGRAM
5       #pragma surface surf Lambert                    //表面着色器编译指令
6       struct Input {                                  //Input 结构体
7         float2 uv_MainTex;                            //UV 纹理坐标
8       };
9       void surf (Input IN, inout SurfaceOutput o) {   //表面着色器方法
10        o.Albedo = float3(1,1,1);                     //设置漫反射颜色为白色
11      }
```

```
12          ENDCG
13     }}
```

❏ 第 2～3 行设置深度测试模式。这个着色器的深度测试模式为 LEqual，其他几个着色器的深度测试模式与着色器的名称对应。

❏ 第 4～12 行对应一个非常简单的表面着色器，其主要功能为将物体漫反射颜色设置为白色。

（5）创建用于改变 Plane_Z 对象材质资源的脚本。在 ZTest 文件夹下创建一个脚本，命名为 ZTest，然后将其拖到 Plane_Z 对象上，双击将其打开，开始 ZTest 脚本的编写。

代码位置：随书资源中的源代码/第 6 章/Shader/Assets/pass/ZTest/ZTest.cs。

```
1   using UnityEngine;
2   using System.Collections;
3   public class ZTest : MonoBehaviour {
4       public Renderer rd;                              //渲染器组件
5       public Material[] mats;                          //材质数组
6       public string[] labels;                          //用于显示当前深度测试模式
7       public Rect rect,tip;                            //滑动条控件和显示控件的位置和大小
8       public int n;                                    //渲染器当前使用材质的序列号
9       void Start () {
10          rd=this.GetComponent<MeshRenderer>();        //获取渲染器组件
11      }
12      void Update () {
13          rd.material = mats[n];                       //为渲染器设置材质
14      }
15      void OnGUI(){
16          n = (int)GUI.HorizontalSlider(rect, n, 0, 6);//显示滑动条控件并获取滑动条控件的值
17          GUI.Label(tip,"Current ZTest "+labels[n]);   //显示当前深度测试模式
18  }}
```

❏ 第 4～8 行定义变量，主要定义了渲染器组件、材质数组、用于显示当前深度测试模式及渲染器当前使用材质的序列号等变量。

❏ 第 9～14 行获取渲染器组件并为渲染器设置材质。在 Start 方法内获取渲染器组件，在 Update 方法内根据滑动条控件设置的值来为渲染器设置对应序列号的材质。

❏ 第 15～18 行重写了 OnGUI 方法，其主要功能为显示滑动条控件并获取滑动条控件的值，以及显示当前深度测试模式。

（6）设置 Plane_Z 对象的 ZTest 脚本组件的相关属性，如图 6-40 所示。其中 Mats 数组数量设为 7，将上面创建的 7 个材质资源拖到相应位置。

（7）单击"运行"按钮，观察效果。Plane_Z 对象使用的默认材质的深度测试模式为 LEqual，场景看起来和普通的场景没有什么区别，都是距离摄像机近的物体遮挡住距离摄像机远的物体。滑动滑动条切换深度测试模式，观察效果。深度测试模式为 LEqual 时的运行效果如图 6-41 所示。

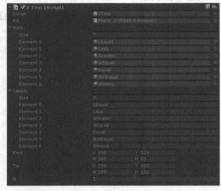
▲图 6-40　ZTest 脚本组件的属性设置

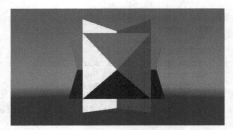
▲图 6-41　LEqual 深度测试模式运行效果

> **说明** 本案例的源文件位于随书资源中的源代码/第 6 章/Shader。如果读者想运行本案例，只需把 Shader 文件夹复制到非中文路径下，然后双击 Shader/Assets/pass/ZTest 目录下的 test.unity 文件就能够打开并运行了。

6.5.6 模板测试

模板测试与 Alpha 测试、深度测试类似，能够决定一个片元是否被写入帧缓冲中，模板缓冲区中通常是每像素 8 位整数，该值可写入、增加或减少。之后能够对该值进行测试，决定在执行片元着色器之前是否丢弃此片元。模板测试中的语义如表 6-20 所示。

表 6-20　　　　　　　　　　　　　　模板测试中的语义

语义	说明
Ref referenceValue	要比较或写入缓冲区的值，取值范围为 0～255 的整数
ReadMask readMask	与 referenceValue 及 stencilBufferValue 进行按位与操作，取值范围为 0～255 的整数，默认值为 255，二进制为 11111111
WriteMask writeMask	当写入模板缓冲时进行按位与操作，取值范围为 0～255 的整数，默认值为 255，当修改 stencilBufferValue 值时，写入的仍然是原始值
Comp comparisonFunction	定义将 referenceValue 与 stencilBufferValue 比较的操作方法，默认值为 always
Pass stencilOperation	当模板测试与深度测试通过时，根据 stencilOperation 的值对模板缓冲值（stencilBufferValue）进行处理，默认值为 keep
Fail stencilOperation	当模板测试与深度测试失败时，根据 stencilOperation 的值对模板缓冲值（stencilBufferValue）进行处理，默认值为 keep
ZFail stencilOperation	当模板测试通过而深度测试失败时，根据 stencilOperation 的值对模板缓冲值进行处理，默认值为 keep

其中 Comp 比较语义需要指定比较方法进行比较，所有的比较方法如表 6-21 所示。

表 6-21　　　　　　　　　　　　　　比较方法

比较方法	说明	比较方法	说明
Less	小于	Greater	大于
LEqual	小于或等于	GEqual	大于或等于
Equal	等于	NotEqual	不等于
Always	总是通过模板测试	Never	总是不能通过模板测试

模板测试结束后，无论模板测试通过与否，都需要对模板进行相应的更新。具体更新方法由开发人员自行定义，在模板测试的语义中，Pass、Fail 与 ZFail 根据不同的判断条件对模板缓冲区的值进行更新操作，这些操作的具体含义如表 6-22 所示。

表 6-22　　　　　　　　　　　　　　操作命令

操作命令	说明	操作命令	说明
Zero	将 0 写入缓冲，即 stencilBufferValue 值变为 0	Invert	将当前模板缓冲值按位取反
DecrSat	stencilBufferValue 减 1，如果 stencilBufferValue 超过 0，则保留为 255	IncrSat	stencilBufferValue 加 1，如果 stencilBufferValue 超过 255，则保留为 255
Replace	将参考值写入缓冲，即将 referenceValue 赋值给 stencilBufferValue	Keep	保留当前缓冲中的内容，即 stencilBufferValue 不变
IncrWrap	当前缓冲值加 1，如果超过 255，则变为 0	—	—

下面通过一个案例来具体介绍模板测试。

（1）新建场景。在 Stencil 文件夹下创建一个场景，命名为 test，在场景中创建一个 Plane 对象与两个 Sphere 对象，将 Sphere 对象分别命名为 Shpere_UP 与 Shpere_DOWN，并设置它们的位置，使两个 Sphere 对象放置在 Plane 对象的上方与下方。

（2）创建一个材质资源，命名为 plane。将创建的材质资源设置为 Plane 对象的材质。创建一个着色器并命名为 Stencil_Plane，将该着色器拖到 plane 材质的着色器属性栏中，双击将其打开，开始 Stencil_Plane 着色器的编写，该着色器实现了半透明的效果，具体如下。

代码位置：随书资源中的源代码/第 6 章/Shader/Assets/pass/Stencil / Stencil_Plane.shader。

```
1   Shader "Custom/Stencil_Panel" {
2     Properties {                                          //定义属性块
3       _MainTex("MainTex", 2D) = "white"{}                 //纹理
4     }
5     SubShader{
6       Tags{"RenderType" = "Transparent" "Queue"="Transparent"   //设置渲染队列
7           "IgnoreProjector"="True"}
8       Pass{
9         Stencil{                                          //定义模板测试指令
10          Ref 2                                           //设置 referenceValue 为 2
11          Comp always                                     //总是通过模板测试
12          Pass replace                                    //测试通过后将缓冲值替换
13        }
14        ZWrite Off                                        //关闭深度写
15        Blend SrcAlpha OneMinusSrcAlpha                   //开启混合
16        CGPROGRAM
17        #pragma vertex vert                               //声明顶点着色器
18        #pragma fragment frag                             //声明片元着色器
19        #include "Lighting.cginc"                         //导入光照计算包
20        sampler2D _MainTex;                               //纹理
21        float4 _MainTex_ST;                               //坐标变化值
22        struct v2f {
23          float4 pos : SV_POSITION;                       //顶点位置
24          float3 normal : TEXCOORD0;                      //法线
25          float2 uv : TEXCOORD1;                          //纹理 UV 坐标
26        };
27        v2f vert(appdata_base v) {                        //顶点着色器
28          v2f o;                                          //输出结构体
29          o.pos = UnityObjectToClipPos(v.vertex);         //将顶点位置变换到剪裁空间
30          o.uv = TRANSFORM_TEX(v.texcoord, _MainTex);     //纹理坐标变换
31          return o;                                       //返回结构体
32        }
33        half4 frag(v2f i) : SV_Target{                    //片元着色器
34          fixed3 albedo = tex2D(_MainTex,i.uv).rgb;       //对纹理进行采样
35          return fixed4(albedo,0.5);                      //将采样的纹理值赋给对应片元
36        }
37        ENDCG
38  }}}
```

- 第 2~4 行为属性定义块，定义了需要贴在对象上的纹理。
- 第 5~7 行声明了渲染队列，使渲染对象作为透明物体进行渲染，这是渲染透明物体的必备条件。
- 第 8~13 行为模板测试的主要指令，需要将所有的模板测试指令写入 Stencil 大括号内，先对 referenceValue 进行赋值，并且声明该对象总是能通过模板测试，测试通过后将缓冲值替换。
- 第 14~15 行关闭了深度写功能，同时开启了混合模式，能够将渲染对象的颜色值与颜色缓冲中的数值进行混合，达到透明的效果。
- 第 16~26 行是 Cg 代码片段，并且声明了顶点着色器与片元着色器，最后声明了顶点着

色器的输出结构体。

- 第 27~36 行编写了顶点着色器与片元着色器,顶点着色器负责将物体空间上的顶点转换到剪裁空间,同时对纹理坐标进行平移旋转变换;片元着色器负责为每个片元的颜色进行采样,将每个片元变为半透明。

(3) 创建一个名为 basketball 的材质,将该材质设置为 Shpere_DOWN 的材质。创建 Stencil_Ball 着色器并将其拖到 basketball 材质的着色器属性栏中,双击将其打开,开始 Stencil_Ball 着色器的编写,该着色器开启了模板测试功能,具体如下。

代码位置:随书资源中的源代码/第 6 章/Shader/Assets/pass/Stencil / Stencil_Ball.shader。

```
1   Shader "Custom/Stencil_Ball" {
2       Properties{                                         //定义属性块
3           _Color ("Color Tint", Color) = (1, 1, 1, 1)     //颜色值
4           _MainTex ("Main Tex", 2D) = "white" {}          //纹理
5       }
6       SubShader{
7           Tags{"Queue" = "Overlay" }                      //设置渲染队列
8           Pass{
9               Stencil{                                    //定义模板测试指令
10                  Ref 2                                   //设置 referenceValue 为 2
11                  Comp equal                              //相等的情况下测试通过
12                  Pass keep                               //测试通过后保留缓冲值
13              }
14              CGPROGRAM
15              #pragma vertex vert                         //声明顶点着色器
16              #pragma fragment frag                       //声明片元着色器
17              #include "Lighting.cginc"                   //导入光照工具包
18              fixed4 _Color;                              //颜色值
19              sampler2D _MainTex;                         //纹理
20              float4 _MainTex_ST;                         //坐标变化
21              struct a2v {
22                  float4 vertex : POSITION;               //顶点位置
23                  float3 normal : NORMAL;                 //法线
24                  float4 texcoord : TEXCOORD0;            //纹理颜色值
25              };
26              struct v2f {                                //顶点着色器输入结构体
27                  float4 pos : SV_POSITION;               //顶点坐标
28                  float3 worldNormal : TEXCOORD0;         //顶点世界空间中的法线
29                  float3 worldPos : TEXCOORD1;            //顶点世界空间中的位置
30                  float2 uv : TEXCOORD2;                  //纹理UV坐标
31              };
32              v2f vert(a2v v) {                           //顶点着色器
33                  v2f o;                                  //声明输出结构体
34                  o.pos = UnityObjectToClipPos(v.vertex); //将顶点转化到剪裁空间
35                  o.worldNormal = UnityObjectToWorldNormal(v.normal); //将法线转化到世界空间
36                  o.worldPos = mul(unity_ObjectToWorld, v.vertex).xyz;//将顶点转化到世界空间
37                  return o;
38              }
39              fixed4 frag(v2f i) : SV_Target{             //片元着色器
40                  fixed3 worldNormal = normalize(i.worldNormal);      //归一化顶点法线
41                  fixed3 worldLightDir = normalize(UnityWorldSpaceLightDir(i.worldPos));
                                                            //归一化光照方向
42                  fixed3 albedo = tex2D(_MainTex, i.uv).rgb * _Color.rgb;//纹理采样
43                  fixed3 ambient = UNITY_LIGHTMODEL_AMBIENT.xyz * albedo;//计算环境光
44                  fixed3 diffuse = _LightColor0.rgb * albedo * max(0, dot(worldNormal,
                    worldLightDir));                        //漫反射值
45                  return fixed4(ambient + diffuse, 1.0);  //返回片元颜色值
46              }
47              ENDCG
48  }}}
```

- 第 2~5 行定义了球体的颜色值与纹理。

- 第 7 行声明了渲染队列,该渲染队列定义为 Overlay,能够在所有物体渲染完成后再进行渲染。

❑ 第 8~13 行为模板测试的主要指令，需要将所有的模板测试指令写入 Stencil 大括号内，先将 referenceValue 赋值为 2，与 Plane 对象的 referenceValue 值相同，当与比较值相同时，通过模板测试，保留当前的缓冲值。

❑ 第 14~31 行是 Cg 代码片段，并且声明了顶点着色器与片元着色器，最后声明了顶点着色器的输入与输出结构体。

❑ 第 32~38 行为顶点着色器的实现，将顶点从物体空间转化到剪裁空间中，同时，将顶点与法线都转化到世界空间中。

❑ 第 39~46 行为片元着色器的实现，使用半兰伯特光照模型计算漫反射值，将环境光与漫反射值相加得到片元的颜色。

（4）为 Plane 与 Sphere_UP 对象添加碰撞体，创建两个物理材质分别挂载到这两个对象上，除此之外还要为 Sphere_UP 添加刚体组件来实现碰撞效果。之后，创建并编写脚本 Run，使得 Sphere_DOWN 对象根据 Sphere_UP 的运动轨迹进行反向移动，具体内容可查看源代码。

（5）单击"运行"按钮，观察效果。发现 3 个对象均正常渲染，如图 6-42 所示，但是等到小球弹起并超出 Plane 对象的范围时，Sphere_DOWN 不再进行渲染，如图 6-43 所示，这是因为小球未显示的部分没有通过模板测试。

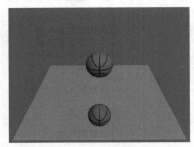
▲图 6-42 场景初始位置

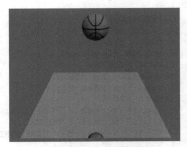
▲图 6-43 模板测试效果

6.5.7 通道遮罩

通道遮罩可以让开发人员指定渲染结果的输出通道，而不是通常情况下的 R、G、B、A 这 4 个通道皆会被写入。可选参数是 R、G、B、A 的任意组合及 0。如果参数为 0，意味着不会写入任何通道，但会做一次深度测试并会写入深度缓冲。

下面通过一个案例来具体介绍通道遮罩。

（1）新建场景。在 ColorMask 文件夹下创建一个场景，命名为 test。在场景中创建两个 Plane 对象，设置它们的位置，使它们一前一后显示在屏幕上，后面的 Plane 对象要比前面的大，使前面的 Plane 对象不能完全遮挡住后面的 Plane 对象，具体在场景中的位置如图 6-44 所示。

（2）创建一个材质资源，命名为 Test。将创建的材质资源设置为前面的 Plane 对象的材质，然后再创建一个着色器并命名为 Test，将创建的着色器拖到 Test 材质的着色器属性栏中。双击将其打开，开始 Test 着色器的编写。

代码位置：随书资源中的源代码/第 6 章/Shader/Assets/pass/ColorMask/Test.shader。

```
1    Shader "Custom/Test" {
2        SubShader {
3            Tags {"Queue"="Geometry+2"}      //设置渲染队列
4            Pass{
5                Color(1,1,1,1)               //设置对象表面颜色
6    }}}
```

> **说明** 该着色器的功能为设置渲染队列使物体在场景中最后被渲染，并且渲染为白色。

（3）将 ColorMask 文件夹下的 wulitu 纹理图片拖到后面的 Plane 对象上。在场景中创建一个小球，设置小球的位置使小球在前面的 Plane 对象的前面。

（4）创建一个材质资源，命名为 ColorMask。将创建的材质资源设置为小球对象的材质，再创建一个着色器并命名为 ColorMask，将创建的着色器拖到 ColorMask 材质的着色器属性栏中。然后双击将其打开，开始 ColorMask 着色器的编写。

代码位置：随书资源中的源代码/第 6 章/Shader/Assets/pass/ColorMask/ColorMask.shader。

```
1  Shader "Custom/ColorMask" {
2    SubShader {
3      Tags{"Queue"="Geometry+1"}      //设置渲染队列
4      Pass{
5        ColorMask 0                   //设置通道遮罩模式为 0
6        Color(1,1,1,1)                //设置对象表面颜色
7  }}}
```

> **说明** 该着色器的功能为设置渲染队列使物体在前面的 Plane 对象渲染前，后面的 Plane 对象渲染后被渲染，并且将通道遮罩模式设置为 0，使物体的 R、G、B、A 通道都不会被写入。

（5）单击"运行"按钮，观察效果。发现在小球的位置可以透过前面的 Plane 对象直接看到后面的 Plane 对象，这是因为场景中最先渲染后面的 Plane 对象，然后渲染小球。因为小球的 R、G、B、A 通道都不被写入，但深度值写入了深度缓冲，使得最后渲染的前面的 Plane 对象的小球位置的片元深度测试失败。运行效果如图 6-45 所示。

▲图 6-44　两个 Plane 对象在场景中的位置　　　　▲图 6-45　运行效果

> **说明** 本案例的源文件位于随书资源中的源代码/第 6 章/Shader。如果读者想运行本案例，只需把 Shader 文件夹复制到非中文路径下，然后双击 Shader/Assets/pass/ColorMask 目录下的 test.unity 文件就能够打开并运行了。

6.5.8　面的剔除操作

面的剔除操作是一种通过不渲染背对摄像机的几何体面来提高性能的优化措施。所有的几何体都包含正面和反面。面的剔除操作基于大多数对象都是封闭的这一事实，因此不需要绘制出背面。面的剔除操作模式如表 6-23 所示。

第 6 章　着色器和着色语言

表 6-23　　　　　　　　　　　　　面的剔除操作模式

面的剔除操作模式	说明
Cull Back	不绘制背向摄像机的面（默认）
Cull Front	不绘制面向摄像机的面
Cull Off	关闭面的剔除操作

下面将通过一个产生描边效果的案例来具体介绍面的剔除操作。

（1）新建场景。在 Cull 文件夹下创建一个场景，命名为 test。在场景中创建一个 Sphere 对象，设置它的位置，使它显示在屏幕中间。在 Cull 文件夹下创建一个材质资源，命名为 Cull，将其设置为 Sphere 对象的资源。

（2）创建用于产生描边效果的着色器。在 Cull 文件夹下创建一个着色器，并命名为 Cull。将创建的 Cull 着色器拖到 Cull 材质的着色器属性栏中。双击将其打开，开始 Cull 着色器的编写。

代码位置：随书资源中的源代码/第 6 章/Shader/Assets/pass/Cull/Cull.shader。

```
1    Shader "Custom/Cull" {
2      SubShader {
3        Pass{
4          Cull Front                       //不绘制面向摄像机的面
5          CGPROGRAM
6          #pragma vertex vert              //指定 vert 方法为顶点着色器方法
7          #pragma fragment frag            //指定 frag 方法为片元着色器方法
8          #include "UnityCG.cginc"         //引入 UnityCG.cginc 文件
9          struct v2f{                      //片元着色器方法输入结构体
10           float4 pos:SV_POSITION;        //顶点位置
11         };
12         v2f vert(appdata_base v){        //顶点着色器方法
13           v2f o;
14           o.pos=v.vertex;                //获取顶点位置
15           o.pos.xyz+=v.normal*0.03;      //使顶点位置沿法线挤出一点点
16           o.pos=mul(UNITY_MATRIX_MVP,o.pos);     //计算变换后最终顶点位置
17           return o;                      //返回顶点数据
18         }
19         float4 frag(v2f i):COLOR{        //片元着色器方法
20           return float4(1,1,1,1);        //返回片元颜色为白色
21         }
22         ENDCG
23       }
24       Pass{
25         Cull Back                        //不绘制背向摄像机的面
26         Lighting On                      //打开光照
27         Material{ Diffuse(1,1,1,1) }     //设置漫反射颜色
28   }}}
```

❏ 第 3～4 行设置第一个 Pass 的面的剔除操作模式为不绘制面向摄像机的面。第一个 Pass 用于渲染描边，不绘制面向摄像机的面是为了使其不遮挡小球本体。

❏ 第 6～8 行指定 vert 方法为顶点着色器方法，指定 frag 方法为片元着色器方法，并且引入 UnityCG.cginc 文件。

❏ 第 9～18 行定义片元着色器方法输入结构体及顶点着色器方法。在顶点着色器方法中使顶点位置沿法线挤出一点点，使其出现描边轮廓。

❏ 第 19～21 行为片元着色器方法。其主要功能为返回片元颜色为白色。

❏ 第 24～28 行为渲染小球本体的 Pass，设置面的剔除操作模式为不绘制背向摄像机的面，并且打开光照设置漫反射颜色。

（3）单击"运行"按钮，观察效果。发现小球的周围有一圈白边。这是因为该球的着色器包含两个 Pass，第一个 Pass 使用的是 Cull Front，并将球体沿法线挤出一点点，第二个 Pass 使用 Cull

Back 正常渲染，两个 Pass 结合，从而产生了描边效果。

> **说明** 本案例的源文件位于随书资源中的源代码/第 6 章/Shader。如果读者想运行本案例，只需把 Shader 文件夹复制到非中文路径下，然后双击 Shader/Assets/pass/Cull 目录下的 test.unity 文件就能够打开并运行了。

6.5.9 抓屏操作

GrabPass（抓屏）是一种特殊的通道类型，它会捕获物体所在位置的屏幕的内容并将其写入一个纹理中。这个纹理能被用于后续的通道中完成一些高级图像特效。总体来说 GrabPass 开销较大，一般不使用。GrabPass 指令有以下两种形式。

❏ GrabPass{}：能捕获当前屏幕的内容到一个纹理中。纹理能在后续通道中通过 _GrabTexture 进行访问。

> **说明** 这种形式的捕获通道将在每一个使用该通道的对象渲染过程中执行"昂贵"的屏幕捕获操作。

❏ GrabPass{ "TextureName" }：能捕获屏幕内容到一个纹理中，但只会在每帧中处理第一个使用给定纹理名的纹理的对象的渲染过程中产生捕获操作。

下面通过一个案例来具体介绍抓屏操作。

（1）新建场景。在 GrabPass 文件夹下创建一个场景，命名为 test。首先在场景中创建一个 Plane 对象作为地面，再创建两个 Capsule 对象放在 Plane 对象上面，最后创建一个 Plane 对象，将其命名为 Grab，用于显示抓屏信息。场景中游戏对象的位置排布如图 6-46 所示。

（2）创建一个材质资源，命名为 GrabPass。将创建的材质资源设置为 Grab 对象的材质，然后再创建一个着色器并命名为 GrabPass，将创建的着色器拖到 GrabPass 材质的着色器属性栏中。双击将其打开，开始 GrabPass 着色器的编写。

代码位置：随书资源中的源代码/第 6 章/Shader/Assets/pass/GrabPass/GrabPass.shader。

```
1   Shader "Custom/GrabPass" {
2     SubShader {
3       Tags {"Queue"="Overlay"}           //设置渲染队列
4       GrabPass {"_MyGrab"}               //捕获屏幕的内容并写入_MyGrab 纹理中
5       Pass{
6         CGPROGRAM
7         #pragma vertex vert              //指定 vert 方法为顶点着色器方法
8         #pragma fragment frag            //指定 frag 方法为片元着色器方法
9         #include "UnityCG.cginc"         //引入 UnityCG.cginc 文件
10        sampler2D _MyGrab;               //声明 _MyGrab 纹理变量
11        struct v2f {                     //片元着色器方法输入结构体
12          float4 pos:SV_POSITION;        //顶点位置
13          float2 uv:TEXCOORD0;           //UV 纹理坐标
14        };
15        v2f vert (appdata_full v) {      //顶点着色器方法
16          v2f o;
17          o.pos=mul(UNITY_MATRIX_MVP,v.vertex);   //计算变换后最终顶点位置
18          o.uv=v.texcoord.xy;            //设置 UV 坐标
19          return o;                      //返回顶点数据
20        }
21        float4 frag(v2f i):COLOR{        //片元着色器方法
22          float4 c=tex2D(_MyGrab,i.uv);  //从捕获屏幕的内容的纹理中提取颜色
23          return c;                      //返回片元颜色
24        }
25        ENDCG
26   }}}
```

❑ 第 3~4 行设置渲染队列为 Overlay，捕获屏幕的内容并将其写入_MyGrab 纹理中。为了捕获场景中的所有物体，抓屏通道需要最后渲染。

❑ 第 7~9 行指定 vert 方法为顶点着色器方法，指定 frag 方法为片元着色器方法，并且引入 UnityCG.cginc 文件。

❑ 第 10~14 行声明_MyGrab 纹理变量及片元着色器方法输入结构体。

❑ 第 15~20 行为顶点着色器方法。其主要功能为计算变换后最终顶点位置并且设置 UV 纹理坐标，最后返回顶点数据。

❑ 第 21~24 行为片元着色器方法。其主要功能为从捕获屏幕的内容的纹理中提取颜色，然后返回片元颜色。

（3）单击"运行"按钮，观察效果。发现右上方的屏幕显示了 GrabPass 抓取的屏幕内容，程序运行效果如图 6-47 所示。

> 说明　本案例的源文件位于随书资源中的源代码/第 6 章/Shader。如果读者想运行本案例，只需把 Shader 文件夹复制到非中文路径下，然后双击 Shader/Assets/pass/GrabPass 目录下的 test.unity 文件就能够打开并运行了。

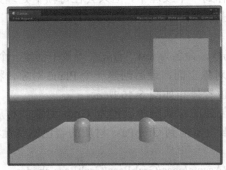
▲图 6-46　场景中游戏对象的位置排布

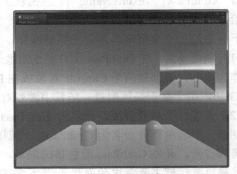
▲图 6-47　运行效果

6.6　曲面细分着色器

曲面细分（Tessellation）技术由 ATI（Array Technology Industry）开发，微软公司将其加入 DirectX 11，使其成为 DirectX 11 的组成部分之一。开启曲面细分后，Unity 能够自动插入大量新的顶点，模型的曲面能够被分得非常细腻，从而极大地提升画面细节和画质。

Unity 中的表面着色器支持 DX11 GPU 曲面细分，但这种技术目前也有局限性，仅支持三角面，不支持四边形等其他图形，这样对更复杂的细分要求就有一定的局限性。

目前，Unity 支持的曲面细分分为固定数量的曲面细分、基于距离的曲面细分、基于边缘长度的曲面细分、Phong 曲面细分 4 种。

6.6.1　固定数量的曲面细分

固定数量的曲面细分是指为整个网格模型应用相同的细分级别进行细分，效果如图 6-48 所示。如果模型的面在屏幕上是大致相同的尺寸，这种做法是合适的。但是对于距离摄像机比较远的低多

▲图 6-48　固定数量的曲面细分效果

边形模型选用此方法就没有必要了，因为人眼视角中距离越远，细分效果越不明显。

在固定数量的曲面细分效果图中，左侧的恐龙使用了固定数量的曲面细分，右侧的恐龙未开启曲面细分着色器，可以明显看到左侧恐龙的顶点与面片数量远多于未使用固定数量曲面细分着色器的右侧恐龙，具体着色器代码如下。

代码位置：随书资源中的源代码/第 6 章/ShaderAdd/Shader/Tessellation1.shader。

```
1  Shader "Custom/Tessellation1" {           //定义名称为 Tessellation1 的着色器
2          Properties {                      //定义属性块，用来指定这段代码将有哪些输入
3              _Tess ("Tessellation", Range(1,32)) = 4   //定义切分区间，默认值为 4
4              _MainTex ("Base (RGB)", 2D) = "white" {}  //定义 2D 纹理属性，默认白色
5              _DispTex ("Disp Texture", 2D) = "gray" {} //定义 2D 纹理属性，默认灰色
6              _NormalMap ("Normalmap", 2D) = "bump" {}  //定义法线纹理图
7              _Displacement ("Displacement", Range(0, 1.0)) = 0  //定义置换区间
8              _Color ("Color", color) = (1,1,1,0)       //定义主颜色值
9              _SpecColor ("Spec color", color) = (0.5,0.5,0.5,0.5)//定义颜色值
10         }
11         SubShader {
12             Tags { "RenderType"="Opaque" }     //设置标签
13             LOD 300                            //设定 LOD 值
14             CGPROGRAM
15             #pragma surface surf BlinnPhong addshadow //表面着色器编译指令
16                 fullforwardshadows vertex:disp tessellate:tessFixed nolightmap
17             #pragma target 5.0                 //着色器编译目标
18             struct appdata {                   //定义顶点属性结构体
19                 float4 vertex : POSITION;      //定义坐标值
20                 float4 tangent : TANGENT;      //定义切线值
21                 float3 normal : NORMAL;        //定义法线值
22                 float2 texcoord : TEXCOORD0;   //定义坐标值
23             };
24             float _Tess;                       //声明切分值
25             float4 tessFixed(){
26                 return _Tess;                  //返回切分值
27             }
28             sampler2D _DispTex;                //声明 2D 纹理
29             float _Displacement;               //声明置换值
30             void disp (inout appdata v){
31                 float d = tex2Dlod(_DispTex, float4(v.texcoord.xy,0,0)).r * _Displacement;
32                 v.vertex.xyz += v.normal * d;  //添加法线值
33             }
34             struct Input {                     //定义输入参数结构体
35                 float2 uv_MainTex;             //纹理 UV 坐标
36             };
37             sampler2D _MainTex;                //声明主纹理图
38             sampler2D _NormalMap;              //声明法线纹理图
39             fixed4 _Color;                     //声明颜色值
40             void surf (Input IN, inout SurfaceOutput o) {   //表面着色器方法
41                 half4 c = tex2D (_MainTex, IN.uv_MainTex) * _Color;
                                                   //根据 UV 坐标从纹理提取颜色
42                 o.Albedo = c.rgb;              //设置反射率
43                 o.Specular = 0.2;              //设置镜面反射率
44                 o.Gloss = 1.0;
45                 o.Normal = UnpackNormal(tex2D(_NormalMap, IN.uv_MainTex));
46             }
47             ENDCG
48         }
49         FallBack "Diffuse"                     //备用着色器
50  }
```

❑ 第 2～10 行为属性定义块，定义了材质的默认颜色为白色，定义了法线纹理图和置换区间，定义了切分区间，可以通过调节切分值来控制模型的细分程度，切分值越大则细分程度越大，还定义了主颜色值。

❑ 第 11～17 行为 SubShader 模块，设置了标签为不透明，使渲染器渲染非透明物体，设定了 LOD 值，设置了表面着色器编译指令，使用 BlinnPhong 光照模型，设置了着色器编译目标。

- 第18～23行定义顶点属性结构体，包括顶点的坐标值、切线值和法线值。
- 第24～27行声明切分值，构建tessFixed方法，返回切分值。曲面细分方法tessFixed可以返回一个float4值：其中x、y、z是三角形的3个顶点的细分程度，w是比例，在该着色器中只是一个float常量作为细分程度。
- 第28～33行定义了顶点方法，把每个顶点都向着法线方向偏移一些（偏移量取决于_Displacement的值），tex2Dlod以指定的细节级别和可选的位置来解析贴图。
- 第34～36行定义输入参数结构体，包含纹理UV坐标。
- 第37～39行声明主纹理图、法线纹理图、颜色值。
- 第40～46行构建表面着色器方法，根据UV坐标从纹理图中提取颜色值，设置光照反射率、镜面反射率；根据主纹理图和UV坐标进行坐标采样，并调用UnpackNormal方法获取法线值，并赋值给输出变量。

6.6.2 基于距离的曲面细分

根据到相机的距离来确定细分级别。使用时需要依据两个阈值，一个为细分级别最大时到相机的距离（例如30米），当距离大于此值时级别不再增加。另一个为细分级别最小时到相机的距离（例如10米），当距离小于此值时细分级别不再减小。

当摄像机距离被渲染物体越近，显示的顶点与面片数量越多；当摄像机距离被渲染物体越远，显示的顶点与面片数量就越少，具体着色器代码如下。

代码位置：随书资源中的源代码/第6章/ShaderAdd/Shader/Tessellation2.shader。

```
1    Shader "Custom/Tessellation2" {        //定义名称为Tessellation2的着色器
2        Properties {                        //定义属性块，用来指定这段代码将有哪些输入
3            _Tess ("Tessellation", Range(1,32)) = 4    //定义切分区间，默认值为4
4            _MainTex ("Base (RGB)", 2D) = "white" {}    //定义2D纹理属性，默认白色
5            _DispTex ("Disp Texture", 2D) = "gray" {}   //定义2D纹理属性，默认灰色
6            _NormalMap ("Normalmap", 2D) = "bump" {}    //定义法线纹理图
7            _Displacement ("Displacement", Range(0, 1.0)) = 0.3  //定义置换区间
8            _Color ("Color", color) = (1,1,1,0)         //定义主颜色值
9            _SpecColor ("Spec color", color) = (0.5,0.5,0.5,0.5) //定义颜色值
10       }
11       SubShader {
12           Tags { "RenderType"="Opaque" }              //设置标签
13           LOD 300                                     //设定LOD值
14           CGPROGRAM
15           #pragma surface surf BlinnPhong addshadow   //表面着色器编译指令
16               fullforwardshadows vertex:disp tessellate:tessDistance nolightmap
17           #pragma target 5.0                          //着色器编译目标
18           #include "Tessellation.cginc"               //引用Tessellation.cginc
19           struct appdata {                            //定义顶点属性结构体
20               float4 vertex : POSITION;               //定义坐标值
21               float4 tangent : TANGENT;               //定义切线值
22               float3 normal : NORMAL;                 //定义法线值
23               float2 texcoord : TEXCOORD0;            //定义坐标值
24           };
25           float _Tess;                                //声明切分值
26           float4 tessDistance (appdata v0, appdata v1, appdata v2) {
27               float minDist = 10.0;                   //初始化最小距离
28               float maxDist = 25.0;                   //初始化最大距离
29               return UnityDistanceBasedTess(v0.vertex, v1.vertex,//产生新的顶点
30                   v2.vertex, minDist, maxDist, _Tess);
31           }
32           sampler2D _DispTex;                         //声明2D纹理
33           float _Displacement;                        //声明置换值
34           void disp (inout appdata v){
35               float d = tex2Dlod(_DispTex, float4(v.texcoord.xy,0,0)).
                     r * _Displacement;
36               v.vertex.xyz += v.normal * d;           //添加法线值
```

```
37              }
38              struct Input {                              //定义输入参数结构体
39                  float2 uv_MainTex;                      //纹理UV坐标
40              };
41              sampler2D _MainTex;                         //声明主纹理图
42              sampler2D _NormalMap;                       //声明法线纹理图
43              fixed4 _Color;                              //声明颜色值
44              void surf (Input IN, inout SurfaceOutput o) {  //表面着色器方法
45                  half4 c = tex2D (_MainTex, IN.uv_MainTex) * _Color;
46                  o.Albedo = c.rgb;                       //设置反射率
47                  o.Specular = 0.2;                       //设置镜面反射
48                  o.Gloss = 1.0;
49                  o.Normal = UnpackNormal(tex2D(_NormalMap, IN.uv_MainTex));
50              }
51          ENDCG
52      }
53      FallBack "Diffuse"                                  //备用着色器
54  }
```

❑ 第 2~10 行为属性定义块，定义了材质的默认颜色为白色，定义了法线纹理图和置换区间，定义了切分区间，可以通过调节切分值来控制模型的细分程度，切分值越大则细分程度越大，还定义了主颜色值。

❑ 第 11~18 行为 SubShader 模块，设置了标签为不透明，使渲染器渲染非透明物体，设定了 LOD 值，设置了表面着色器编译指令，使用 BlinnPhong 光照模型，设置了着色器编译目标，并引用了 Tessellation.cginc 文件。

❑ 第 19~24 行定义顶点属性结构体，包括顶点的坐标值、切线值和法线值。

❑ 第 25~31 行声明切分值，构建 tessDistance 方法，初始化最小距离和最大距离，调用 Unity DistanceBasedTess 方法产生新的顶点。

❑ 第 32~37 行声明 2D 纹理，声明置换值，按照纹理图进行采样，为顶点添加法线值。

❑ 第 38~40 行定义输入参数结构体，包含纹理 UV 坐标。

❑ 第 41~43 行声明主纹理图、法线纹理图、颜色值。

❑ 第 44~50 行构建表面着色器方法，根据 UV 坐标从纹理图中提取颜色值，设置光照反射率、镜面反射率，根据主纹理图和 UV 坐标进行坐标采样，并调用 UnpackNormal 方法获取法线值，并赋值给输出变量。

6.6.3 基于边缘长度的曲面细分

当物体的三角形网格的尺寸都很相似时，基于距离的曲面细分才能够有较好的效果。但是如果物体三角形片面有大有小，会出现小的三角形细分网格太多，而大三角形的细分网格却不够的情况。基于边缘长度的曲面细分能够根据三角形的边长计算细分因数，越长的边采用越大的细分因数，具体代码如下。

代码位置：随书资源中的源代码/第 6 章/ShaderAdd/Shader/Tessellation3.shader。

```
1   Shader "Custom/Tessellation3" {      //定义名称为Tessellation3的着色器
2       Properties {                     //定义属性块，用来指定这段代码将有哪些输入
3           _EdgeLength ("Edge length", Range(2,50)) = 15  //定义边线长度区间
4           _MainTex ("Base (RGB)", 2D) = "white" {}       //定义2D纹理属性，默认白色
5           _DispTex ("Disp Texture", 2D) = "gray" {}      //定义2D纹理属性，默认灰色
6           _NormalMap ("Normalmap", 2D) = "bump" {}       //定义法线纹理图
7           _Displacement ("Displacement", Range(0, 1.0)) = 0.3   //定义置换区间
8           _Color ("Color", color) = (1,1,1,0)                   //定义主颜色值
9           _SpecColor ("Spec color", color) = (0.5,0.5,0.5,0.5)  //定义颜色值
10          _Tess("Tess",Range(1,32))=3
11      }
12      SubShader {
```

第 6 章 着色器和着色语言

```
13              Tags { "RenderType"="Opaque" }              //设置标签
14              LOD 300                                     //设定 LOD 值
15              CGPROGRAM
16              #pragma surface surf BlinnPhong addshadow   //表面着色器编译指令
17                      fullforwardshadows vertex:disp tessellate:tessEdge nolightmap
18              #pragma target 5.0                          //着色器编译目标
19              #include "Tessellation.cginc"               //引用 Tessellation.cginc
20              struct appdata {                            //定义顶点属性结构体
21                  float4 vertex : POSITION;               //定义坐标值
22                  float4 tangent : TANGENT;               //定义切线值
23                  float3 normal : NORMAL;                 //定义法线值
24                  float2 texcoord : TEXCOORD0;            //定义坐标值
25              };
26              float _EdgeLength;                          //声明边线长度
27              float4 tessEdge (appdata v0, appdata v1, appdata v2){//返回新的顶点坐标
28                  return UnityEdgeLengthBasedTess (v0.vertex, v1.vertex,
                        v2.vertex, _EdgeLength);
29              }
30              sampler2D _DispTex;                         //声明 2D 纹理
31              float _Displacement;                        //声明置换值
32              void disp (inout appdata v){
33                  float d = tex2Dlod(_DispTex, float4(v.texcoord.xy,0,0)).r * _Displacement;
34                  v.vertex.xyz += v.normal * d;           //添加法线值
35              }
36              struct Input {                              //定义输入参数结构体
37                  float2 uv_MainTex;                      //纹理 UV 坐标
38              };
39              sampler2D _MainTex;                         //声明主纹理图
40              sampler2D _NormalMap;                       //声明法线纹理图
41              fixed4 _Color;                              //声明颜色值
42              void surf (Input IN, inout SurfaceOutput o) { //表面着色器方法
43                  half4 c = tex2D (_MainTex, IN.uv_MainTex) * _Color;
44                  o.Albedo = c.rgb;                       //设置反射率
45                  o.Specular = 0.2;                       //设置镜面反射
46                  o.Gloss = 1.0;
47                  o.Normal = UnpackNormal(tex2D(_NormalMap, IN.uv_MainTex));
48              }
49              ENDCG
50          }
51          FallBack "Diffuse"                              //备用着色器
52      }
```

❑ 第 2~11 行为属性定义块，定义了材质的默认颜色为白色，定义了法线纹理图和置换区间，定义了边线长度区间，渲染器根据三角形边线长度比例添加新的顶点，边长越大的三角形获得越多新的顶点，定义了主颜色值。

❑ 第 12~19 行为 SubShader 模块，设置了标签为不透明，使渲染器渲染非透明物体，设定了 LOD 值，设置了表面着色器编译指令，使用 BlinnPhong 光照模型，设置了着色器编译目标，引用了 Tessellation.cginc 文件。

❑ 第 20~25 行定义顶点属性结构体，包括顶点的坐标值、切线值和法线值。

❑ 第 26~29 行声明边线长度，构建 tessEdge 方法，调用 UnityEdgeLengthBasedTess 方法，根据边线长度返回新的顶点坐标。

❑ 第 30~35 行声明 2D 纹理，声明置换值，按照纹理图进行采样，为顶点添加法线值。

❑ 第 36~38 行定义输入参数结构体，包含纹理 UV 坐标。

❑ 第 39~41 行声明主纹理图、法线纹理图、颜色值。

❑ 第 42~48 行构建表面着色器方法，根据 UV 坐标从纹理图中提取颜色值，设置光照反射率，设置镜面反射率，根据主纹理图和 UV 坐标进行坐标采样，并调用 UnpackNormal 方法获取法线值，并赋值给输出变量。

6.6.4 Phong 曲面细分

Phong 曲面细分修改细分面的位置，以便产生的表面稍微向着模型网格法线位置。这是一个非常有效的方式，能使低多边形网格变得更加光滑，效果如图 6-49 和图 6-50 所示。

▲图 6-49 未使用 Phong 曲面细分的效果

▲图 6-50 使用 Phong 曲面细分的效果

可以明显看出，未使用 Phong 曲面细分的恐龙模型十分粗糙且边框较为明显，而使用了 Phong 曲面细分的恐龙模型轮廓十分光滑。对一些需要光滑呈现的模型来说，Phong 曲面细分较前 3 种曲面细分效果更好，着色器具体代码如下。

代码位置：随书资源中的源代码/第 6 章/ShaderAdd/Shader/Tessellation4.shader。

```
1   Shader "Custom/Tessellation4" {          //定义名称为 Tessellation4 的着色器
2       Properties {                          //定义属性块，用来指定这段代码将有哪些输入
3           _EdgeLength ("Edge length", Range(2,50)) = 5  //定义边线长度区间
4           _Phong ("Phong Strengh", Range(0,1)) = 0.5    //定义 Phong 值区间
5           _MainTex ("Base (RGB)", 2D) = "white" {}       //定义 2D 纹理属性，默认白色
6           _Color ("Color", color) = (1,1,1,0)            //定义主颜色值
7           _Tess("Tess",Range(1,32))=3                    //定义颜色值
8       }
9       SubShader {
10          Tags { "RenderType"="Opaque" }                 //设置标签
11          LOD 300                                         //设定 LOD 值
12          CGPROGRAM
13          #pragma surface surf Lambert vertex:dispNone   //表面着色器编译指令
14                   tessellate:tessEdge tessphong:_Phong nolightmap
15          #include "Tessellation.cginc"                   //引用 Tessellation.cginc
16          struct appdata {                                //定义顶点属性结构体
17              float4 vertex : POSITION;                   //定义坐标值
18              float3 normal : NORMAL;                     //定义法线值
19              float2 texcoord : TEXCOORD0;                //定义坐标值
20          };
21          void dispNone (inout appdata v) { }
22          float _Phong;                                   //声明 Phong 值
23          float _EdgeLength;                              //声明边线长度
24          float4 tessEdge (appdata v0, appdata v1, appdata v2){//获取新的顶点坐标
25              return UnityEdgeLengthBasedTess (v0.vertex, v1.vertex,
                     v2.vertex, _EdgeLength);
26          }
27          struct Input {                                  //定义输入参数结构体
28              float2 uv_MainTex;                          //纹理 UV 坐标
29          };
30          fixed4 _Color;                                  //声明颜色值
31          sampler2D _MainTex;                             //声明主纹理图
32          void surf (Input IN, inout SurfaceOutput o) {   //表面着色器方法
33              half4 c = tex2D (_MainTex, IN.uv_MainTex) * _Color;
34              o.Albedo = c.rgb;                           //设置反射率
35              o.Alpha = c.a;                              //设置透明度
```

```
36            }
37        ENDCG
38    }
39    FallBack "Diffuse"                                    //备用着色器
40 }
```

❑ 第 2~8 行为属性定义块，定义了材质的默认颜色为白色，定义了 Phong 值区间，定义了边线长度区间，渲染器根据三角形边线长度比例添加新的顶点，边长越大的三角形获得的新顶点越多，定义了主颜色值。

❑ 第 9~15 行为 SubShader 模块，设置了标签为不透明，使渲染器渲染非透明物体，设定了 LOD 值，设置了表面着色器编译指令，使用 BlinnPhong 光照模型，设置了着色器编译目标，引用了 Tessellation.cginc 文件。

❑ 第 16~20 行定义顶点属性结构体，包括顶点的坐标值、切线值和法线值。

❑ 第 21~26 行构建 dispNone 方法。声明 Phong 值和边线长度，构建 tessEdge 方法，用以根据 EdgeLength 值获取新的顶点坐标。

❑ 第 27~39 行定义输入参数结构体，包含纹理 UV 坐标。

❑ 第 30~36 行声明颜色值、主纹理图，构建 surf 方法，根据 UV 坐标从纹理图中提取颜色值，设置光照反射率、透明度。

6.7 几何着色器

几何着色器是一种专门用来处理几何图形的可选着色器，顶点着色器每次运行只能处理一个顶点的数据，并且每次也只能输出一个顶点的结果。可是在整个游戏场景中，绘制几何图形的任务量十分庞大，如果仅依靠顶点着色器完成，效率会比较低下，基于这一点，Unity 自 DX10 版本以后增添了几何着色器。

Unity 可以为几何着色器设置输入与输出的几何图元，能够使用点、线与三角形 3 种图元，在几何着色器中可以任意增加或删减顶点，其具体的代码片段如下。

```
1   #pragma geometry geom.                              //声明几何着色器
2   [maxvertexcount(3)]                                 //输出顶点的最大数量
3   void geom(triangle v2g p[3], inout TriangleStream<g2f> triStream){//几何着色器方法
4       ...//此处为几何着色器的具体操作代码
5   }
```

❑ 第 1~2 行与顶点、片元着色器的编写相同，编写几何着色器之前，先要在 Pass 的开头定义几何着色器；第 2 行定义了几何着色器输出顶点的最大数量。

❑ 第 3~5 行为几何着色器方法，方法名需要与上面声明的名称相同，第一个参数为传入几何着色器的图元，包含 point、line、triangle、lineadj 与 triangleadj 共 5 种类型，数组大小需要与处理的图元顶点数量一致；第二个参数是几何着色器的输出图元，分为 PointStream、LineStream 与 TriangleStream 这 3 种类型，必须要加 inout 前缀。

下面通过一个简单案例来介绍几何着色器的具体应用。该案例通过编写几何着色器实现了将模型的点法线转化为面法线的效果，案例制作过程如下。

（1）创建一个新场景，保存并命名为 GeometryDemo.unity。在场景中创建两个 Sphere 对象，调整其大小与位置之后新建名为 Geometry 的材质与名为 GeometryDemo 的着色器。双击打开着色器，编写面法线效果程序，具体代码如下。

代码位置：随书资源中的源代码/第 6 章/ShaderAdd/Shader/GeometryShaderDemo.shader。

```
1   Shader "Custom/GeometryShaderHard"{              //定义名称为 GeomtryShaderHard 的着色器
2       Properties{                                  //定义属性块
```

6.7 几何着色器

```
3        _Diffuse("Diffuse",Color) = (1,1,1,1)            //漫反射颜色值
4    }
5    SubShader{
6      Pass{
7        Tags{"RenderType" = "Opaque"}                    //设置标签
8        CGPROGRAM                                        //Cg 程序开始标志
9        #pragma target 5.0                               //着色器编译目标
10       #pragma vertex vert                              //声明顶点着色器
11       #pragma fragment frag                            //声明片元着色器
12       #pragma geometry geom.                           //声明几何着色器
13       #include "UnityCG.cginc"                         //导入基础方法包
14       #include "Lighting.cginc"                        //导入光照包
15       fixed4 _Diffuse;                                 //漫反射值
16       struct v2g{                                      //定义几何着色器输入结构体
17         float4 pos:POSITION;                           //顶点位置
18         float3 normal:NORMAL;                          //模型法线
19       };
20       struct g2f{                                      //定义几何着色器输出结构体
21         float4 pos:SV_POSITION;                        //位置坐标
22         float3 normal:NORMAL;                          //法线
23       };
24       v2g vert(appdata_base v) {                       //顶点着色器
25         v2g o;                                         //输出结构体对象
26         o.pos = mul(unity_ObjectToWorld, v.vertex);    //将顶点转化到世界空间
27         o.normal = v.normal;                           //输出法线
28         return o;
29       }
30       [maxvertexcount(3)]                              //设置几何着色器最大输出顶点数
31       void geom(triangle v2g p[3], inout TriangleStream<g2f> triStream){//几何着色器
32         float3 A = p[1].pos.xyz - p[0].pos.xyz;//计算三角形从顶点1到顶点0的方向向量
33         float3 B = p[2].pos.xyz - p[0].pos.xyz;//计算三角形从顶点2到顶点0的方向向量
34         float3 fn = normalize(cross(A, B));            //计算该三角形面的法向量
35         g2f o;                                         //输出结构体对象
36         for (int i = 0; i < 3; i++){                   //遍历三角形的3个顶点
37           o.pos = mul(UNITY_MATRIX_VP, p[i].pos);      //将顶点转变到剪裁空间
38           o.normal = fn;                               //设置顶点法向量为面法向量
39           triStream.Append(o);                         //将该顶点添加到输出流
40       }}
41       fixed4 frag(g2f i):COLOR{                        //片元着色器
42         fixed3 ambient = UNITY_LIGHTMODEL_AMBIENT.xyz;//获取环境光
43         fixed3 worldNormal = normalize(i.normal);      //法线归一化
44         fixed3 worldLightDir = normalize(_WorldSpaceLightPos0.xyz);//光向量归一化
45     //根据半兰伯特光照模型计算光照
46         fixed3 diffuse = _LightColor0.rgb * _Diffuse.rgb * (dot(worldNormal,
           worldLightDir)*0.5+0.5);
47         return fixed4(ambient + diffuse, 1);           //为片元着色
48       }
49       ENDCG
50  }}}
```

❑ 第 1～4 行定义了着色器，其中包含漫反射的属性，这样就可以通过 Unity 中的 Inspector 面板修改物体的漫反射颜色值。

❑ 第 5～15 行定义了一个 SubShader。声明了顶点、片元与几何着色器，并设置 SubShader 的编译目标为 5.0，同时导入基础方法包与光照包。

❑ 第 16～23 行为几何着色器的输入与输出结构体，顶点着色器需要向几何着色器传入模型顶点的坐标与法线向量，同时，需要从几何着色器传送到片元着色器的数据包括模型顶点在剪裁空间的位置与法线向量。

❑ 第 24～29 行为顶点着色器的实现，在顶点着色器中把对象的顶点坐标从物体空间转换到了世界空间，并将顶点坐标与法线向量传送到几何着色器。

□ 第 30~40 行为几何着色器的实现,首先定义了几何着色器输出顶点的最大数量为 3,设置几何着色器接收图元为三角形,输出流也为三角形的形式;之后根据传入三角形的两边向量计算出三角形的面法向量;最后将这 3 个顶点的坐标变换到剪裁空间,给法线赋值为面法向量。

□ 第 41~48 行为片元着色器的实现,根据环境光、法线、光源的方向向量计算每个片元的具体着色情况,利用半兰伯特光照模型进行计算,最终将计算结果与前面定义的漫反射颜色值相加,得出每个片元的具体颜色。

(2) 新建一个不更改法线的着色器作为参照,将该着色器命名为 GeometryCommon,该着色器与上述着色器类似,只不过删减了几何着色器,由于篇幅有限这里不赘述。运行项目,可以看到图 6-51 所示采用顶点法线的球体、图 6-52 所示利用几何着色器将顶点法线修改为面法线的球体。

▲图 6-51 顶点法线球体

▲图 6-52 面法线球体

6.8 Standard Shader

除了自行编写着色器外,Unity 还提供了两个基于物理的着色器,分别为 Standard 和 Standard (Specular setup),开发人员可以通过简单地调节这两个着色器的参数实现各种酷炫的效果,本节将详细介绍什么是基于物理的着色及其应用方法。

6.8.1 什么是基于物理的着色

基于物理的着色(Physically Based Shading,PBS)用模拟现实的方法呈现出材质和灯光之间的相互作用,给予用户逼真的视觉效果。基于物理学的着色的思路是给用户营造出连续,并且看上去是在不同灯光控制下的场景效果,模仿灯光在真实情景中的行为,而不需要使用过多的专业工具。

为了表现出逼真的灯光效果,基于物理的着色模仿了物理过程,包括能量贮存(意味着物体反射的光不大于它接收的光)、Fresnel 反射(视线不垂直于物体表面时,夹角越小,反射越明显),以及表面的遮蔽等。

Unity 包含的 Standard 着色器和完整的 PBS 一起使用时,就可以实现很好的画面效果,真实地模拟出石头、陶瓷、黄铜、橡胶等材质,甚至还可以模拟皮肤、头发、布料等材质。

6.8.2 材质编辑器

本小节将介绍 Standard 着色器的材质编辑器。Unity 包含的两个标准着色器的材质编辑器窗口如图 6-53 和图 6-54 所示。用户可以在 Project 面板中右击并从弹出的快捷菜单中选择 Create→Material 创建一个材质,然后在 Inspector 面板中的 Shader 下拉列表框中选择想要的标准着色器。

6.8 Standard Shader

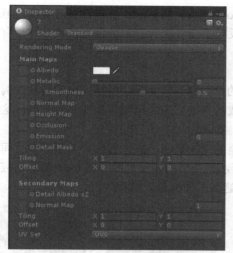

▲图 6-53 Standard 着色器的材质编辑器

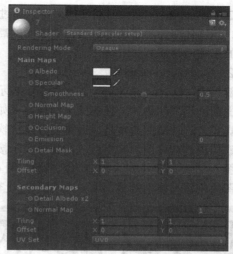

▲图 6-54 Standard（Specular setup）着色器的材质编辑器

在项目的制作过程中，可以通过需要调节这两个材质上的相关参数，达到特定的效果，编辑器中的参数说明如表 6-24 所示。

表 6-24　　　　　　　　　　　　　Standard 着色器中的参数

参数名	用途	参数名	用途
Tiling	贴图的重复贴图次数	Normal Map	法线贴图
Specular	高光，颜色可以自行设置	Height Map	高度图，通常是灰度图
Metallic	金属性，值越高，反射效果越明显	Rendering Mode	渲染模式，有 4 种模式可选，后文会详细介绍
Occlusion Map	环境遮盖贴图，后文会详细介绍	Smoothness	此值影响计算反射时表面光滑程度，值越高，反射效果越清晰
Emission	自发光属性，开启后该材质在场景中类似一个光源，可以调节其 GI 模式	Secondary Maps	细节贴图，后文会详细介绍
Albedo	漫反射纹理图，也可以设置其颜色和透明度（透明度需要正确的 Rendering Mode）	Detail Mask	细节遮罩贴图，当某些地方不需要细节图可以使用遮罩图来进行设置，如嘴唇部分不需要体现毛孔等
Offset	贴图的偏移量	—	—

1. Rendering Mode

Standard 着色器的渲染模式（Rendering Mode）有 4 种不同的类型。在使用 Standard 着色器时，一定要设置正确的渲染模式，否则很可能无法得到正确的视觉效果，具体内容如下。

❑ **Opaque** 模式：着色器不支持透明通道，也就是说此时该标准着色器只能是完全不透明的（当制作如石头、金属等材质时使用该模式）。

❑ **Cutout** 模式：着色器支持透明通道，但是不支持半透明，也就是说，要显示的纹理图片的内容要么完全透明，要么完全不透明。图片内容是否透明由 Albedo 中的 Alpha 值和 Alpha Cutoff 决定（这种模式下的着色器适合制作叶子、草等带有透明通道却又不希望出现半透明效果的材质）。

❑ **Fade** 模式：褪色模式，在该模式下可以通过操控 Albedo 中 Color 的 Alpha 值来操作材质的透明度，根据 Alpha 值的设定可以制作出半透明的效果。但是该模式并不适合制作类似玻璃等半透明材质，因为当 Alpha 值降低时，其表面的高光、反射等效果也会跟着变淡（比较适合制作物体渐渐淡出的动画效果）。

❑ Transparent 模式：材质同样可以通过 Albedo 中 Color 的 Alpha 值来调整透明度，但不同的是，当物体变为半透明的时候，其表面的高光和反射不会变淡（非常适合制作玻璃等具有光滑表面的半透明材质）。

2. Occlusion Map

遮挡图（Occlusion Map）是一种用于表示模型的表面应当接受多少间接光照的图片，例如一个表面凹凸不平的物体，在其凹下的地方（如裂纹或折叠处）应当接受较少的间接光照，这样才显得真实。这种贴图通常是通过第三方建模软件渲染得到的。

遮挡图是灰度图。其中白色的部分表示接受完全的间接照明，黑色的地方表示不接受间接照明。图 6-55 所示是机器人模型的遮挡图，图 6-56 所示是模型的漫反射图，图 6-57 所示是应用了遮挡图的机器人模型效果，图 6-58 所示是没有应用遮挡图的机器人模型效果。

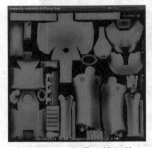
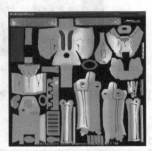

▲图 6-55 机器人模型的遮挡图　　▲图 6-56 机器人模型的漫反射图　　▲图 6-57 应用了遮挡图的机器人模型效果　　▲图 6-58 没有应用遮挡图的机器人模型效果

3. Secondary Maps

Standard 着色器的 Secondary Maps，也可以叫作 Detail Map，简单来说就是材质的次级贴图（细节贴图），其用来展示第一组贴图中没有显示出的材质的细节效果。Unity 允许用户在一个材质上添加一个次级的漫反射图和法线图，这两张图会在物体的表面重复贴若干次。

使用 Secondary Maps 是为了让摄像机近距离观察材质时可以显示出更多的细节内容，同时在摄像机远离材质时又有一个普通的显示效果（即看不到细节的效果），若是不使用另外一张贴图，为了实现细节就会需要一张非常精细的贴图，这显然是非常浪费资源的。

可以用到 Secondary Maps 的地方有很多，如用于显示皮肤上的毛发和毛孔、石路上的地衣和细小的裂缝等。图 6-59 和图 6-60 所示是皮肤上没有使用 Secondary Maps 和使用了 Secondary Maps 的效果对比。

▲图 6-59 没有使用 Secondary Maps 的皮肤　　▲图 6-60 使用了 Secondary Maps 的皮肤

6.9 着色器的组织、复用和移动平台上的优化

本小节将介绍如何通过组织着色器、复用代码来提高着色器的运行效率，高效地开发着色器。

此外还将介绍一些移动平台上的优化方法。

6.9.1 着色器的组织和复用

有效地组织和复用着色器代码,可以帮助开发人员有效地利用自己开发好的着色器代码或者方法库,从而减少不必要的重复操作,降低着色器代码的复杂度,以实现节省资源,提高着色器的运行效率的目的。

1. .cginc 文件

Unity 含有大量用来引入预定义变量和帮助方法的文件,可由开发人员所编写的着色器调用。这是通过标准#include 指令完成的。这些文件的扩展名为.cginc。在前面编写的着色器中也会经常见到如下格式的语句。

```
1    CGPROGRAM
2    ...//此处省略与导入文件无关的代码
3    #include "UnityCG.cginc"              //导入 UnityCG.cginc 文件
4    ENDCG
```

如果想看帮助代码中具体完成了什么操作,可在 Unity 应用程序内找到这些文件,Windows 系统下文件的路径为{安装路径}\Unity\Data\CGIncludes;Mac OS 下文件的路径为 Applications/Unity/Unity.app/Contents/CGIncludes/UnityCG.cginc。常用的.cginc 文件如表 6-25 所示。

表 6-25 常用的.cginc 文件

文件名称	说明	文件名称	说明
UnityCG.cginc	常用的帮助方法	UnityShaderVariables.cginc	(自动包含)常用的全局变量
AutoLight.cginc	光照和阴影功能,例如表面着色器在内部使用此文件	HLSLSupport.cginc	(自动包含)用于声明多个预处理器宏来协助多平台着色器的开发
Lighting.cginc	标准表面着色器光照模型;当编写表面着色器时自动将其包含	TerrainEngine.cginc	用于地形(Terrain)和植被(Vegetation)着色器的帮助方法

上述.cginc 文件中,UnityCG.cginc 文件使用得最为频繁,通常包含在 Unity 着色器中以引入多个帮助方法和定义。下面将介绍 UnityCG.cginc 文件所包含的数据结构和帮助方法,方便读者查询和使用。

(1)UnityCG.cginc 中的数据结构

❑ appdata_base:具有位置、法线和一个纹理坐标的顶点着色器输入数据结构。具体结构如以下代码所示。

```
1    struct appdata_base {
2        float4 vertex : POSITION;            //位置变量
3        float3 normal : NORMAL;              //法线变量
4        float4 texcoord : TEXCOORD0;         //纹理坐标变量
5    };
```

❑ appdata_tan:具有位置、切线、法线和一个纹理坐标的顶点着色器输入数据结构。具体结构如以下代码块所示。

```
1    struct appdata_tan {
2        float4 vertex : POSITION;            //位置变量
3        float4 tangent : TANGENT;            //切线变量
4        float3 normal : NORMAL;              //法线变量
5        float4 texcoord : TEXCOORD0;         //纹理坐标变量
6    };
```

❑ appdata_full:具有位置、切线、法线、顶点颜色和纹理坐标的顶点着色器输入数据结构。具体结构如以下代码块所示。

```
1    struct appdata_full {
2        float4 vertex : POSITION;              //位置变量
3        float4 tangent : TANGENT;              //切线变量
4        float3 normal : NORMAL;                //法线变量
5        float4 texcoord : TEXCOORD0;           //纹理坐标变量
6        float4 texcoord1 : TEXCOORD1;          //纹理坐标变量
7        float4 texcoord2 : TEXCOORD2;          //纹理坐标变量
8        float4 texcoord3 : TEXCOORD3;          //纹理坐标变量
9    #if defined(SHADER_API_XBOX360)
10       half4 texcoord4 : TEXCOORD4;           //纹理坐标变量
11       half4 texcoord5 : TEXCOORD5;           //纹理坐标变量
12   #endif
13       fixed4 color : COLOR;                  //颜色变量
14   };
```

- appdata_img：具有位置和一个纹理坐标的顶点着色器输入数据结构。具体结构如以下代码块所示。

```
1    struct appdata_img {
2        float4 vertex : POSITION;              //位置变量
3        half2 texcoord : TEXCOORD0;            //纹理坐标变量
4    };
```

（2）UnityCG.cginc 中的帮助方法

UnityCG.cginc 中含有很多常用的帮助方法，包括一些通用帮助方法、正向渲染帮助方法和顶点光照帮助方法。这些方法如表 6-26 所示。

表 6-26 UnityCG.cginc 中的常用帮助方法

方法签名	说明
float3 WorldSpaceViewDir (float4 v)	返回从给定模型空间顶点位置朝向摄像机的世界空间方向（未规范化）
float3 ObjSpaceViewDir (float4 v)	返回从给定模型空间顶点位置朝向摄像机的模型空间方向（未规范化）
float2 ParallaxOffset (half h, half height, half3 viewDir)	计算用于视差法线贴图（Normal Mapping）的 UV 偏移量
fixed Luminance (fixed3 c)	将颜色转换为亮度（灰度）
fixed3 DecodeLightmap (fixed4 color)	从 Unity 光照贴图（视平台而定为 RGBM 或 dLDR）解码颜色
float4 EncodeFloatRGBA (float v)	将[0,1]的浮点数编码为 RGBA 颜色，以存储于低精度渲染目标中
float DecodeFloatRGBA (float4 enc)	将 RGBA 颜色解码为一个浮点数
float2 EncodeFloatRG (float v)	使用两个颜色通道将[0,1]的浮点数编码为 RGBA 颜色，以存储于低精度渲染目标中
float DecodeFloatRG (float2 enc)	使用两个颜色通道将 RGBA 颜色解码为一个浮点数
float2 EncodeViewNormalStereo (float3 n)	将视图空间法线编码为[0,1]的两个数字
float3 DecodeViewNormalStereo (float4 enc4)	从 enc4.xy 解码视图空间法线
float3 WorldSpaceLightDir (float4 v)	在给定模型空间顶点位置的情况下，计算到光源的世界空间方向（未规范化）
float3 ObjSpaceLightDir (float4 v)	在给定模型空间顶点位置的情况下，计算到光源的模型空间方向（未规范化）
float3 Shade4PointLights (...)	在光照数据被紧密打包进向量中的情况下，计算 4 个点光源的照明。正向渲染使用这个方法来计算逐顶点光照
float3 ShadeVertexLights (float4 vertex, float3 normal)	在给定模型空间位置和法线的情况下，计算 4 个逐顶点光源和环境光的照明

6.9 着色器的组织、复用和移动平台上的优化

> **说明** 由于篇幅所限,关于帮助方法的内容不能够一一介绍,读者可根据前面提供的路径打开 UnityCG.cginc 文件,查看每个方法的具体定义。

除了使用 Unity 提供的.cginc 文件,开发人员还可以自定义.cginc 文件,然后通过#include 指令来调用。先在 CGIncludes 文件夹下创建一个自定义的.cginc 文件,将其命名为 MyStructs.cginc,打开文件,在其中编写自定义结构体或者方法。例如下面的代码块。

```
1   #ifndef MY_CG_INCLUDE
2   #define MY_CG_INCLUDE
3   struct myappdata_base {
4       float4 vertex : POSITION;           //位置变量
5       float3 normal : NORMAL;             //法线变量
6       float4 texcoord : TEXCOORD0;        //纹理坐标变量
7   };
8   #endif
```

编写完成后,就可以在编写着色器的时候使用自定义的结构体或者方法了。具体如以下代码所示。

```
1   Pass{
2       CGPROGRAM
3       #pragma vertex vert                 //指定 vert 方法为顶点着色器方法
4       #pragma fragment frag               //指定 frag 方法为片元着色器方法
5       #include "UnityCG.cginc"            //导入 UnityCG.cginc 文件
6       #include "MyStructs.cginc"          //导入自己定义的 MyStructs.cginc 文件
7       sampler2D _MainTex;                 //2D 纹理
8       float4 _Color;                      //主颜色值
9       struct v2f {                        //v2f 结构体
10          float4 pos :POSITION;           //顶点位置
11          float4 uv :TEXCOORD0;           //UV 纹理坐标
12          float4 col :COLOR;              //颜色值
13      };
14      v2f vert( myappdata_base v ) {      //使用自定义的结构体来定义变量
15          v2f o;                          //声明 v2f 结构体变量
16          o.pos = mul (UNITY_MATRIX_MVP, v.vertex); //计算最终顶点位置
17          o.uv = v.texcoord;              //设置 UV 纹理坐标
18          o.col.xyz = v.normal * 0.5 + 0.5; //计算颜色值
19          o.col.w = 1;                    //设置颜色值 w 为 1
20          return o;
21      }
22      ...//此处省略与导入自定义的 MyStructs.cginc 文件无关的代码
23  }
```

2. UsePass 复用

在 6.1.3 ShaderLab 语法基础这一小节中,在介绍 Pass 时,简单提到了通过 UsePass 重用其他着色器中已存在的 Pass,从而提高代码的重用率。这是编写着色器时使用较多的技巧。

下面的代码块展示定义 Pass 的大致格式,在名为 MyPass 的着色器中定义 3 个 Pass,名称分别为 ONE、TWO、THREE。Unity 要求 Pass 的名字要为大写,在开发时需要注意。

```
1   Shader "Custom/MyPass" {
2   ...//此处省略着色器内其他无关代码
3       SubShader {
4           ...//此处省略子着色器内其他无关代码
5           Pass {                          //自定义 Pass
6               Name "ONE"                  //名称为 ONE
7               ...//此处省略通道内容
8           }
9           Pass {                          //自定义 Pass
10              Name "TWO"                  //名称为 TWO
11              ...//此处省略通道内容
12          }
13          Pass {                          //自定义 Pass
```

```
14              Name "THREE"                //名称为 THREE
15              ...//此处省略通道内容
16          }}
17  }
```

定义了 Pass 后,就可以在其他的着色器中进行复用,复用的方法如以下代码块所示。

```
1   Shader "Custom/NewShader" {
2       SubShader {
3           ...//此处省略子着色器内其他无关代码
4           UsePass "Custom/MyPass/ONE"        //复用已定义的 Pass
5       }}
```

3. 使用 multi_compile 编译着色器的多个版本

Unity 提供的 multi_compile 选项用来让 Unity 能够针对不同的定义条件或者关键字多次编译着色器,以便在之后的运行中能通过在脚本中开启或者关闭相关的关键字,使着色器在不同条件下执行不同的代码。具体使用方法如以下代码所示。

```
1   Shader "Custom/Multi_Compile" {
2       SubShader {
3           Pass {
4           CGPROGRAM
5           #pragma vertex vert          //指定 vert 方法为顶点着色器方法
6           #pragma fragment frag        //指定 frag 方法为片元着色器方法
7           #pragma multi_compile MY_multi_1 MY_multi_2
                                         //告诉 Unity 编译两个不同版本的着色器
8           #include "UnityCG.cginc" //导入 UnityCG.cginc 文件
9           struct vertOut {                              //vertOut 结构体
10              float4 pos:SV_POSITION;                   //顶点位置
11          };
12          vertOut vert(appdata_base v) {                //顶点着色器方法
13              vertOut o;
14              o.pos = mul(UNITY_MATRIX_MVP, v.vertex);//计算最终顶点位置
15              return o;                                 //返回顶点数据
16          }
17          float4 frag(vertOut i):COLOR {                //片元着色器方法
18              float4 c = float4(0, 0, 0, 0);            //颜色变量
19              #ifdef MY_multi_1                         //针对条件 MY_multi_1
20              c = float4(1, 0, 0, 0);                   //输出红色
21              #endif
22              #ifdef MY_multi_2                         //针对条件 MY_multi_2
23              c = float4(0, 1, 0, 0);                   //输出绿色
24              #endif
25              return c;                                 //返回最终颜色值
26          }
27          ENDCG
28          }}
29      FallBack "Diffuse"                                //降级着色器
30  }
```

当使用 multi_complie 编译出多个版本的着色器后,就可以在脚本中通过 Shader 的类方法来开启或者关闭相关的关键字,从而实现着色器的版本选择,具体使用方法如以下代码所示。

```
1   using UnityEngine;
2   using System.Collections;
3   public class Multi_Compile : MonoBehaviour {
4       public bool multi_1;              //判断选择着色器版本的标识
5       void Start () {
6           if(multi_1) {                 //选择 MY_multi_1 版本着色器
7               Shader.EnableKeyword ("MY_multi_1"); //启用 MY_multi_1 版本的着色器
8               Shader.DisableKeyword ("MY_multi_2");//关闭 MY_multi_2 版本的着色器
9           } else {
10              Shader.EnableKeyword ("MY_multi_2"); //启用 MY_multi_2 版本的着色器
11              Shader.DisableKeyword ("MY_multi_1");//关闭 MY_multi_1 版本的着色器
12  }}}
```

6.9.2 移动平台上的优化

相比 PC 平台，移动平台各方面的性能都相差较大，主要原因是移动平台注重的是便携性，考虑到机身的重量和外观等因素，限制了元器件的尺寸。

此外，移动平台设备采用电池供电，使得机器的负荷有限，高功耗意味着高发热，散热问题也是制约其性能的因素。一般的移动设备不会通过风扇散热，机身散热能力很有限。

所以，除了提升硬件的制作工艺，开发人员还要考虑如何最大限度地优化代码，使程序在现有条件下提高运行效率。

1. 着色计算的代码优化

编写着色器时，开发人员应特别注意由于着色器代码的执行效率很高，所以应该尽量优化这部分代码，使其运算量和复杂度降到最低，这样才能提高着色器的执行效率。具体需要开发人员注意以下几点。

（1）编写着色器时常常会进行一些计算，计算要尽量通过代数方法简化，这样可以最大限度地提高计算效率。例如：p=sqrt(2*(X+1))可以改写成 1.414*(X+1)。

（2）编写着色器时经常会对向量进行操作，例如，将向量归一化，求两个向量的点积、叉积等。对于这些操作，Unity 提供了强大的支持，其内置了很多方法，方便开发人员使用。例如求点积运算的方法 dot 等。这些方法大部分都是由硬件实现的，开发时可以直接使用，能够降低代码的复杂度、提高计算速度。

（3）编写着色器时，有时候需要进行一些简单的计算，对于这些重复性较低且计算的内容较为简单的操作，开发过程中不应该将其封装成方法，直接用代码计算即可。这样能大大减少 GPU 在方法调用与返回的消耗。

2. 着色计算的位置优化

与着色计算相关的任务有 3 个可能的执行位置：CPU、顶点着色器和片元着色器。从获得更高画面质量考虑，很多开发人员会把大量的着色计算相关代码放在片元着色器中。但在不影响画面质量或略微牺牲画面质量的情况下，可以考虑将相关代码的执行位置做一些改变，以换取性能的提升，主要包括以下两点。

（1）每当把计算任务安排到片元着色器中时，应该考量一下：若将这个计算任务安排到顶点着色器中，画面质量会不会受到影响，若会，所受在不在可接受的范围内。如果条件允许，则应该将相应的计算任务安排到顶点着色器中进行。因为顶点着色器的执行频率远低于片元着色器，这样做一般可以获得较为明显的性能提升。

（2）每当把计算任务安排到顶点着色器中时，要先判断一下此计算任务是对于每个顶点单独计算、结果不同的，还是所有顶点共享一个相同的计算结果。如果是所有顶点共享一个相同计算结果的情况，则应该将此计算任务交由 CPU 执行，然后由宿主程序将计算结果作为一致变量传入顶点着色器以供使用。

3. 几何复杂度的考量

顶点数量可以成为影响渲染效率的重要阈值，在 iOS 平台上，当前视口内的顶点总数最好不要超过 100000 个，因为这是 iOS 底层驱动默认的顶点数据缓冲区的大小，超过这个数字，就可能会导致底层驱动做一些分解操作，进而耗费更多的资源。

4. 纹理图片的优化

使用纹理图片前，需要对纹理图片做一些必要的处理后，这样能很好地避免资源的浪费。出于性能考虑，一般应该注意以下几点。

（1）贴图的大小尽量是 2 的幂次方，因为所有的计算和存储最终都是要以 2 的幂次方为单位进行。尽管 ShaderLab 提供了非 2 的幂次方的属性支持,但存储和查找的效率还是会受影响。

(2)在游戏或者可视化应用中,需要用到很多非常小的纹理,比较好的办法是把这些纹理组合在一起,做成一张大的纹理。这样驱动程序在加载纹理的时候,仅需要加载一次。例如集成游戏的 UI 图标、人物角色的面部和身体等。

(3)对于大场景贴图而言,进行纹理采样时要尽量使用 mipmap,虽然这样相对而言会占用一些存储空间,但是会提高纹理采样的效率,同时一般会得到更好的画面效果。

(4)所有的贴图类型在导入 Unity 引擎中时,都会被处理为 Unity 所支持的格式,任何贴图文件的原始尺寸和类型与最终发布时的尺寸和类型完全无关,这对开发人员或者美工人员来说,意味着可以使用自己方便的格式和尺寸来制作贴图文件。

(5)ETC、DXT 和 PVRTC 都是硬件压缩格式,如果硬件不支持,而开发人员又使用了它们,那么在贴图被加载时将由 CPU 来解压缩。ETC 是在 Android 平台上被硬件所普遍支持的一种压缩格式,推荐在 Android 上使用 ETC 的压缩格式。但是 ETC 不支持 Alpha 通道,因此当贴图含有 Alpha 通道时,Unity 认为在贴图大小、质量及渲染速度之间的平衡格式是 RGBA-16bit。对于 NVIDIA 的硬件 Tegra,DXT5 更合适。如果目标平台是 iOS,或者其他使用 PowerVR 的设备,最好选择 PVRTC 的贴图压缩格式。

5. 使用适当的数据类型

先对比不同变量类型所占用的内存大小,以及通常使用的地方。

❏ float:根据硬件的不同,有 24~32 位单精度数据类型,是 3 种类型中运行最慢的,对应的坐标类型为 float2、float3 和 floa4。比较适合于三维空间的坐标表示,用作数学运算的标量。

❏ half:低精度的 16 位浮点数据类型,对应的坐标类型有 half2、half3 和 half4,适合存放 UV 值、颜色值,它的运行速度比 float 快很多。

❏ fixed:3 种类型中最小的数据类型,对应的坐标类型有 fixed2、fixed3 和 fixed4,被所有的 Fragment Profiles 所支持,可以用于光照计算、颜色和其他单位化的方向矢量。

在移动平台上,half 类型的运行效率大约是 float 类型的两倍,fixed 类型的运行效率大约是 half 类型的两倍。此外,应避免这 3 种数据类型之间的相互转换,否则会引起性能和精度的损失。但是,部分 Android 设备对这类精度并不敏感,例如高通的骁龙系列。

> **说明** 向量最长不能超过 4 元,即可以声明 float1、float2、float3、float4 类型的数组变量,但是不能声明超过 4 元的向量,例如 float5 array。

6. 变量的使用

因为大多数 GPU 都会尽量减少从 vertex 方法传递到 fragment 方法的参数数量,所以通常需要把变量包装起来,例如将两个 fixed2 打包成一个 fixed4。但 PowerVR 除外,PowerVR 对变量的数量是不敏感的,如果变量是用来读取贴图的 UV 变量,则应尽量使用独立的 UV 变量,不要使用一个四元数来包装两个二元数。在进入 fragment 方法前确定 UV,这样 PowerVR 就能提前读取贴图的值,从而避免在 fragment 方法中读取贴图的操作。在移动平台上,tex2D 是一个消耗性能的操作。

7. 慎用透明效果

透明效果意味着 Unity 引擎要进行排序操作,在 GPU 中进行逐像素地渲染,所以应尽量避免使用透明效果。如果必须使用,要尽早进行一些可能会导致后续计算被取消的操作,例如尽早进行 clip 操作。除此之外,可以使用混合操作来实现透明效果。但即便如此,也要尽量避免透明物体的叠加,因为每一个透明物体的渲染都会迫使 Unity 引擎进行排序操作。

6.10 Shader Graph

Unity 2018 推出了一个可编程渲染管线工具 Shader Graph,让开发人员可以通过可视化界面拖动来实现着色器的创建和编辑。目前 Shader Graph 支持通用渲染管线（Universal Render Pipeline, URP）和高清渲染管线（High Definition Render Pipeline, HDRP）。

6.10.1 Shader Graph 环境安装

本小节将对 Shader Graph 的环境安装进行讲解和展示,包括对应的渲染管线,如 URP 的导入等,具体如下。

（1）在 Package Manager 中安装 Shader Graph。单击 Window→Package Manager→Shader Graph,在 packages 中选择 Unity Registry。

（2）通过 Unity 的 Package Manager 安装 Shader Graph,还需要安装对应的渲染管线工具包,例如要使用 URP,则需要通过 Package Manager 安装 Universal RP。

（3）在 Project 面板中右击并从弹出的快捷菜单中选择 Create→Rendering→Universal Render Pipeline→Pipeline Assets（Forward Renderer）即可创建一个 Pipeline Assets 资源：Universal Render Pipeline Assets。

（4）单击 Edit→Project Settings,弹出 Project Settings 窗口,单击 Graphics,将上面创建的 Universal Render Pipeline Assets 拖到 Scriptable Render Pipeline Settings 中。

6.10.2 创建一个 Shader Graph

本小节介绍 Shader Graph 的简单应用及相应的操作面板,下面会给出一个具体的小案例来介绍它的面板和实际操作步骤等。

（1）在 Project 面板中右击并从弹出的快捷菜单中选择 Create→Shader→Blank Shader Graph 创建一个 Graph 脚本,双击打开 Graph 文件编辑窗口。

（2）单击左上角的属性窗口中的]可以创建变量,这里创建一个 Color 变量。

（3）将变量拖动到操作区当中,将 Color 节点连接到 Fragment 节点中的 Base Color,即可看到预览窗口中的模型的表面已变成了红色。同时也可以通过 Fragment 的其他选项进行其他设置,如通过 Smoothness 更改平滑度,Ambient Occlusion 更改环境光遮蔽,Emission 设置自发光,Metallic 设置金属性模式。

（4）单击 Save Asset 即可保存 Shader Graph 文件。创建一个 Material 材质球,然后直接将 Shader Graph 文件拖动到材质球文件上即可。

6.11 着色器综合案例

前面对 Unity 的着色器进行了系统化的介绍,下面将用两个使用着色器的综合案例来进行说明。这两个案例使用顶点与片元着色器来实现点光源照明及光的明暗逐渐变化效果,使用曲面细分与几何着色器实现鹅卵石曲面细化与线框显示的效果。

这两个案例包含通过顶点片元着色器实现自定义光照、表面着色器实现自定义光照,顶点变换,半透明效果的制作,通过 UV 变换实现换帧动画,通过细分着色器实现曲面细化,以及通过几何着色器实现物体线框渲染,这些技术的应用使整个场景十分美观。

6.11.1 着色器综合案例一

本案例包含本章所讲解的大部分内容，先讲解案例所需资源，然后简述项目的创建及场景的搭建，之后对着色器相关脚本的开发进行着重讲解，并附带案例运行展示。

1. 案例策划及准备工作

下面对本案例开发之前的准备工作进行介绍，包括对相关的图片、模型等资源的选择与用途进行简单介绍，介绍内容包括资源的名称、大小、像素（格式）及用途和各资源的存储位置，具体如下。

（1）本案例所用到的图片资源全部放在项目文件的 Assets/Texture 文件夹下。其详细情况如表 6-27 所示。

表 6-27　　　　　　　　　　　　　　图片资源

图片名	文件大小（KB）	尺寸（px×px）	用途	图片名	文件大小（KB）	尺寸（px×px）	用途
Water_01.png	8280	2048×2048	水面纹理	Vegetation01.png	710	1024×1024	蘑菇纹理
Rock01.png	254	512×512	石头纹理	Mushroom01.png	858	1024×1024	蘑菇房纹理
Tree01.png	912	1024×1024	树纹理	House_Wind_01.png	38.3	400×397	窗户纹理
Stuff02.png	814	1024×1024	木桩纹理	Ground-sand01.png	241	512×512	灰色山纹理
Stuff01.png	259	512×512	木桩纹理	Ground-grass1.png	280	512×512	绿色山纹理
Left.jpg	420	1024×1024	天空盒左部	Castle01.png	1550	1024×1024	砖块纹理
Right.jpg	384	1024×1024	天空盒右部	Back.jpg	369	1024×1024	天空盒后部
Up.jpg	496	1024×1024	天空盒上部	Down.jpg	23.5	256×256	天空盒下部
wanfanshe.png	4.48	512×512	漫反射纹理	Front.jpg	413	1024×1024	天空盒前部
rock1.png	19	512×512	鹅卵石纹理	rock3.png	19	512×512	鹅卵石纹理
rock2.png	19	512×512	鹅卵石纹理	rock4.png	19	512×512	鹅卵石纹理
wall.jpg	432	1024×1024	水井纹理	—	—	—	—

（2）本案例所用到的模型资源全部放在项目文件的 Assets/Mesh 文件夹下。其详细情况如表 6-28 所示。

表 6-28　　　　　　　　　　　　　　模型资源

文件名	文件大小（KB）	用途	文件名	文件大小（KB）	用途
Bench01.fbx	26	木质凳子模型	Mount01.fbx	55	山模型 1
Box01.fbx	21	木质箱子模型	Mount02.fbx	47	山模型 2
House_01.fbx	43	房屋模型	Mount03.fbx	64	山模型 3
Island01.fbx	78	小岛模型	MushRoom_01.fbx	69	蘑菇模型 2
Mushroom01.fbx	26	蘑菇模型 1	Table01.fbx	27	木质桌子模型
Mushroom03.fbx	26	蘑菇模型 3	Teleport01.fbx	27	石墩模型
Mushroom04.fbx	26	蘑菇模型 4	Tent01.fbx	29	帐篷模型
Tree01.fbx	30	树模型 1	Well01.fbx	28	井模型
Tree02.fbx	37	树模型 2	Woodpile.fbx	31	木头堆模型
Tree03.fbx	26	树模型 3	Wall.obj	5	水井模型
Tree04.fbx	30	树模型 4	Stone.obj	7	石头模型

2. 创建项目及场景搭建

下面介绍项目的创建及游戏场景搭建的具体过程，主要包括新建 Unity 项目、将场景需要的对象放入场景中、发光小球的创建、天空盒的创建等。

（1）单击 File→New Scene 新建一个场景，如图 6-61 所示。单击 File→Save Scene，在保存对话框中设置场景名为 test。

（2）模型与图片资源已经在前面的介绍中提过，放在对应文件目录下。

（3）调节场景中光源的位置和方向，具体如图 6-62 所示。设置光源的光照强度，具体如图 6-63 所示。

（4）在场景中摆放模型。场景需要的对象如小山、花草、房屋、水井等从文件夹下找到对应的模型拖到场景中即可，具体对象的摆放位置参考本案例源文件中的场景。为这些对象设置对应的纹理图。再创建一个空对象，将这些对象拖到空对象中。

 ▲图 6-61 新建场景    ▲图 6-62 光源的位置和方向    ▲图 6-63 光源的光照强度

（5）创建水。单击 GameObject→3D Object→Plane 新建一个 Plane 对象，并重命名为 water。设置它的位置和大小，使它覆盖整个池塘，具体如图 6-64 所示。

（6）创建发光小球。单击 GameObject→3D Object→Sphere 新建一个 Sphere 对象，并将其命名为 qiu。设置它的位置和大小，具体如图 6-65 所示。

 ▲图 6-64 water 对象的位置和大小    ▲图 6-65 qiu 对象的位置和大小

（7）创建天空盒。在 Materials 文件夹下右击并从弹出的快捷菜单中选择 Create→Material 新建一个材质资源，并将其命名为 Skybox。在 Inspector 面板中设置该材质的着色器为 Mobile/Skybox。之后为该天空盒的前后、左右、上下各面添加纹理图片，如图 6-66 所示。

（8）设置天空盒。单击 Window→Lighting→Settings 打开光照设置窗口。将上面创建的天空盒材质拖到 Skybox Material 属性栏中，如图 6-67 所示。

（9）创建 Canvas。单击 Create→UI→Canvas 创建画布，如图 6-68 所示。在画布中创建两个 Toggle 组件，分别命名为 Toggle_Tess 和 Toggle_Geom，将其放到画布的右上角，取消勾选 Toggle 组件中的 Is On 复选框，如图 6-69 所示。

3. 着色器及相关脚本的开发

着色器的开发是本案例最重要的部分，包含顶点片元着色器实现自定义光照、表面着色器实现自定义光照及顶点变换、半透明效果的制作、曲面细分与几何着色器的使用等。

（1）创建一个文件夹，并命名为 Shader。在 Shader 文件夹下创建一个着色器，命名为 Guang，通过自定义光照实现场景中对象接受发光小球的光照的效果。双击打开该文件，开始 Guang 着色

器的编写。

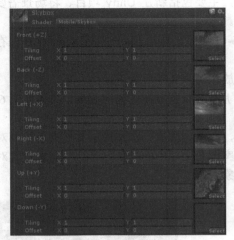

▲图 6-66 天空盒材质

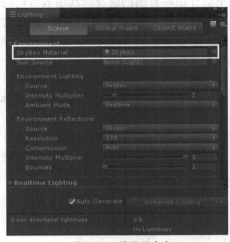

▲图 6-67 设置天空盒

▲图 6-68 创建 Canvas

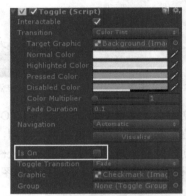

▲图 6-69 取消勾选 Is On 复选框

代码位置：随书资源中的源代码/第 6 章/ShaderDemo/Assets/Shader/Guang.shader。

```
1    Shader "Custom/Guang" {
2      Properties {
3        _Color ("Color", Color) = (0.2,0.2,0.2,1)         //主颜色值
4        _teColor ("teColor", Color) = (1,0.2,0.2,1)       //接受发光小球光照颜色
5        _MainTex ("Albedo (RGB)", 2D) = "white" {}        //2D 纹理值
6        _Tex1 ("Tex1", 2D) = "white" {}                   //漫反射 2D 纹理值
7        _Length("Length",float)=6.0                       //接受发光小球范围
8        _Range("Range",Range(0,1))=0.8                    //接受发光小球光照强度
9      }
10     SubShader {
11       Tags { "RenderType"="Opaque" }                    //设置 RenderType 为 Opaque
12       Pass{
13         CGPROGRAM
14         #pragma vertex vert                             //指定 vert 方法为顶点着色器方法
15         #pragma fragment frag                           //指定 frag 方法为片元着色器方法
16         #include "UnityCG.cginc"                        //引入 UnityCG.cginc 文件
17         float4 _Position;                               //发光小球位置
18         ...//此处省略了 Properties 块中对应的属性变量的声明,有兴趣的读者可以自行查看随书资源中的源代码
19         fixed4 _LightColor0;                            //场景中平行光颜色
20         struct v2f{                                     //v2f 结构体
21           float4 pos:SV_POSITION;                       //顶点位置
22           float2 uv:TEXCOORD0;                          //UV 纹理坐标
23           float4 vitPosition:TEXCOORD1;                 //发光小球位置
```

```
24          float3 normal:TEXCOORD2;                    //世界空间下的法线
25          float4 position:TEXCOORD3;                  //世界空间下的顶点位置
26          float3 lightDir:TEXCOORD4;                  //世界空间下的光照方向
27       };
28       v2f vert (appdata_full v) {                    //顶点着色器方法
29          v2f o;                                      //声明v2f结构体变量
30          o.pos=mul(UNITY_MATRIX_MVP,v.vertex);       //计算最终顶点位置
31          o.uv=v.texcoord.xy;                         //设置UV纹理坐标
32          o.normal=mul((float3x3)_Object2World, SCALED_NORMAL);//计算世界空间下的法线
33          o.position=mul(_Object2World, v.vertex);    //计算世界空间下的顶点位置
34          o.vitPosition=_Position;                    //获取发光小球位置
35          o.lightDir=mul((float3x3)_Object2World,ObjSpaceLightDir(v.vertex));
                                                        //计算世界空间下的光照方向
36          o.lightDir=normalize(o.lightDir);
37          return o;                                   //返回顶点数据
38       }
39       float4 frag(v2f i):COLOR{                      //片元着色器方法
40          float4 c=tex2D(_MainTex,i.uv)*_Color;       //从纹理图片中获取颜色值
41          float3 te=i.vitPosition.xyz-i.position.xyz;//计算顶点到发光小球位置的向量
42          float l=length(te);                         //计算顶点到发光小球位置的距离
43          l=max(0,_Length-l);
44          float ll=l/_Length;                         //通过距离计算光照衰减系数
45          te=normalize(te);
46          i.normal=normalize(i.normal);               //标准化法线
47          float h=dot(i.normal,te);   //计算顶点到发光小球位置的向量与法线的点积
48          h=h*0.5+0.5;                //将数值转换到0到1之间
49          float diff=max(0,dot(i.normal,i.lightDir));//计算光照方向与法线的点积
50          diff=diff*0.5+0.5;          //将数值转换到0到1之间
51          float3 ramp=tex2D(_Tex1,float2(diff-0.01,0.5));//从漫反射纹理图片中获取颜色值
52          c.rgb=c.rgb*h*ll*_teColor.rgb*_Range+c.rgb*_LightColor0.rgb*ramp*ramp;
                                                        //计算最终颜色
53          return c;                                   //返回最终颜色
54       }
55       ENDCG
56    }}
57    FallBack "Diffuse"                                //降级着色器
58 }
```

❑ 第 2~9 行为属性定义块,主要定义了主颜色值、接受发光小球光照颜色、2D 纹理值、漫反射 2D 纹理值、接受发光小球范围及接受发光小球光照强度。

❑ 第 11~16 行设置 RenderType 为 Opaque,指定 vert 方法为顶点着色器方法,以及指定 frag 方法为片元着色器方法并且引入 UnityCG.cginc 文件。

❑ 第 17~19 行定义发光小球位置、场景中平行光颜色及 Properties 块中对应的属性。

❑ 第 20~27 行定义 v2f 结构体。v2f 结构体有顶点位置、UV 纹理坐标、发光小球位置、世界空间下的法线、世界空间下的顶点位置及世界空间下的光照方向等变量。

❑ 第 28~32 行在顶点着色器方法中声明 v2f 结构体变量,并且计算最终顶点位置和设置 UV 纹理坐标,最后计算世界空间下的法线。其中计算世界空间下的法线中不能直接使用 appdata_full 结构体中的法线,而需要使用 Unity 内置的 SCALED_NORMAL。

❑ 第 33~37 行在顶点着色器方法中计算世界空间下的顶点位置、获取发光小球位置及计算世界空间下的光照方向。

❑ 第 40~44 行在顶点着色器方法中从纹理图片中获取颜色值,计算顶点到发光小球位置的向量和顶点到发光小球位置的距离,然后通过距离计算光照衰减系数。

❑ 第 47~53 行计算顶点到发光小球位置的向量与法线的点积,计算光照方向与法线的点积,然后从漫反射纹理图片中获取颜色值。

❑ 第 57~58 行为备用的着色器。如果所有的 SubShader 都失败了,为了在用户的设备上呈现设定的机制,则会调用 FallBack 下的着色器。

（2）将 GameObject 对象下的所有子对象的着色器设置为步骤（1）创建的着色器，然后设置属性，如图 6-70 所示。再创建一个着色器，命名为 Qiu，用于实现小球闪烁和半透明的效果。双击将其打开，开始 Qiu 着色器的编写。

代码位置：随书资源中的源代码/第 6 章/ShaderDemo/Assets/Shader/Qiu.shader。

```
1    Shader "Custom/Qiu" {
2      Properties {
3        _Color ("Color", Color) = (1,1,1,1)             //主颜色值
4        _Range("Range",Range(0,1))=0.8                  //发光小球光照强度
5      }
6      SubShader {
7        Tags { "Queue"="Transparent" }                  //设置 Queue 为 Transparent
8        CGPROGRAM
9        #pragma surface surf Phong vertex:vert alpha    //表面着色器编译指令
10       struct Input {                                  //Input 结构体
11         float2 uv_MainTex;                            //UV 纹理坐标
12       };
13       float _Range;                                   //发光小球光照强度属性
14       half _Glossiness;                               //高光系数属性
15       half _Metallic;                                 //金属光泽系数属性
16       fixed4 _Color;                                  //主颜色属性
17       float4 LightingPhong(SurfaceOutput s, float3 lightDir,half3 viewDir,
                  half atten){                           //自定义光照方法
18         float4 c;
19         float diffuseF = max(0,dot(s.Normal,viewDir));//计算法线与视口方向点积
20         float3 col=float3(1,0.8,0.5);                 //设置发光小球颜色
21         col.g=col.g*diffuseF;                         //计算发光小球颜色 G 通道数值
22         col.b=col.b*diffuseF*diffuseF*diffuseF;       //计算发光小球颜色 B 通道数值
23         c.rgb = col*_Range;                           //计算发光小球最终颜色
24         c.a = diffuseF*diffuseF*diffuseF;             //计算 Alpha 值
25         return c;
26       }
27       void vert (inout appdata_base v) {              //顶点变换方法
28         float te=(_Range-0.5)/2+0.75;                 //根据发光小球光照强度计算缩放比
29         v.vertex.xyz = v.vertex.xyz * te;             //计算顶点位置
30       }
31       void surf (Input IN, inout SurfaceOutput o) {   //表面着色器方法
32         fixed4 c = _Color;
33         o.Albedo = c.rgb;                             //设置漫反射颜色
34         o.Alpha = c.a;                                //设置 Alpha 值
35       }
36       ENDCG
37     }
38     FallBack "Diffuse"                                //降级着色器
39   }
```

- 第 2~5 行为属性定义块，主要定义了主颜色值和发光小球光照强度。
- 第 7~9 行设置渲染队列为 Transparent 并给出表面着色器编译指令。其中因为小球为半透明的，所以渲染队列为 Transparent，表面着色器编译指令中 alpha 指令表示该表面着色器为半透明着色器。
- 第 10~16 行定义发光小球光照强度属性、高光系数属性、金属光泽系数属性、主颜色属性及 Input 结构体，在 Input 结构体中包含了 UV 纹理坐标。
- 第 17~26 行为自定义光照方法。在自定义光照方法中通过法线与视口方向的点积来计算发光小球颜色及 Alpha 值。
- 第 27~30 行为顶点变换方法。在顶点变换方法中根据发光小球光照强度计算缩放比，通过缩放比来计算顶点位置。
- 第 31~35 行为表面着色器方法。在表面着色器方法中根据主颜色值来设置小球表面的漫

反射颜色和 Alpha 值。

- 第 38～39 行为备用的着色器。如果所有的 SubShader 都失败了，为了在用户的设备上呈现设定的机制，会调用 FallBack 下的着色器。

（3）创建小球材质。在 Materials 文件夹下新建一个材质资源，并命名为 qiu。将创建的材质设置为 qiu 对象的材质。将步骤（2）创建的 Qiu 着色器设置为 qiu 材质的着色器，然后设置其属性如图 6-71 所示。

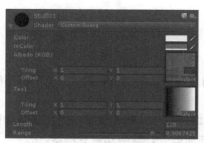
▲图 6-70　Guang 着色器属性设置

▲图 6-71　qiu 着色器属性设置

（4）创建渲染水井与鹅卵石小路的着色器。在 Shader 文件夹下新建名为 TessOnGemoOn 的着色器，该着色器的主要功能是实现模型细分操作与线框显示，其中分别编写了曲面细分着色器与几何着色器。双击将其打开，开始着色器的编写。

代码位置：随书资源中的源代码/第 6 章/ShaderDemo/Assets/Shader/TessOnGemoOn.shader。

```
1   Shader "Tess/TessOnGeomOn" {
2       Properties {
3           _Out("Out",Range(0.1,20)) = 2              //三角形 3 条边的细分程度
4           _In("In",Range(0,20)) = 2                  //三角形内部的细分程度
5           _MainTex ("Albedo (RGB)", 2D) = "white" {} //主纹理
6           _Color ("Color", Color) = (0.2,0.2,0.2,1)  //模型颜色值
7       }
8       SubShader {
9           Pass{
10              CGPROGRAM                              //开始编写 Cg 程序段
11              #pragma target 5.0                     //编译目标为 5.0
12              #pragma vertex VS                      //声明顶点着色器为 VS
13              #pragma fragment PS                    //声明片元着色器为 PS
14              #pragma hull HS                        //声明曲面细分控制着色器为 HS
15              #pragma domain DS                      //声明曲面细分计算着色器为 DS
16              #pragma geometry GS                    //声明几何着色器为 GS
17              #include "UnityCG.cginc"               //导入工具包
18              ...//此处省略了部分结构体与变量,有兴趣的读者可翻看随书源代码
19              struct VS_Input{                       //顶点着色器输入结构体
20                  float4 pos : POSITION;             //模型顶点坐标
21                  float3 normal : NORMAL;            //模型法线
22                  float2 uv : TEXCOORD0;             //模型纹理坐标
23              };
24              HS_Input VS( VS_Input Input ){         //顶点着色器
25                  ...//此处省略了部分代码,有兴趣的读者可翻看随书源代码
26              }
27              HS_ConstantOutput HSConstant( InputPatch<HS_Input, 3> Input ){ //细分因子计算方法
28                  ...//此处省略了部分代码,后文将详细讲解
29              }
30              HS_ControlPointOutput HS( InputPatch<HS_Input, 3> Input,//曲面细分控制着色器
31                  uint uCPID : SV_OutputControlPointID ){
32                  ...//此处省略了部分代码,后文将详细讲解
33              }
34              float3 PNCalInterpolation(float3 p1,float3 p2,float3 p3,    //细分顶点位置计算方法
35                  float3 n1,float3 n2, float3 n3,float u,float v,float w){
36                  ...//此处省略了部分代码,有兴趣的读者可翻看随书源代码
37              }
```

```
38          DS_Output DS( HS_ConstantOutput HSConstantData,              //曲面细分计算着色器
39              const OutputPatch<HS_ControlPointOutput, 3> Input,
40              float3 BarycentricCoords : SV_DomainLocation){
41              ...//此处省略了部分代码，后文将详细讲解
42          }
43          void GS(triangle DS_Output p[3], inout LineStream<FS_Input> lineStream){
                                                                            //几何着色器
44              ...//此处省略了部分代码，后文将详细讲解
45          }
46          FS_Output PS( FS_Input i ){                                    //片元着色器
47              ...//此处省略了部分代码，后文将详细讲解
48          }
49          ENDCG
50      }}
51      FallBack "Diffuse"
52  }
```

❑ 第2～7行为属性定义块，其中分别定义了三角形3条边的细分程度、三角形内部的细分程度、主纹理与模型颜色值。

❑ 第8～17行定义了子着色器，由于需要编写曲面细分与几何着色器，因此将编译目标设置为5.0，然后分别声明顶点、片元、曲面细分控制、曲面细分计算与几何着色器。

❑ 第18～23行定义了细分精度与主纹理等变量，便于在Cg代码段内调用，除此之外，还定义了一系列的结构体，能够在顶点、片元等着色器之间进行信息传递。

❑ 第24～33行为顶点、曲面细分控制着色器与细分因子计算方法的实现，其中顶点着色器主要是将模型顶点坐标与纹理坐标传递给下一个处理阶段，起到信息传递的作用，曲面细分控制着色器调用细分因子计算方法标定细分结果的精细程度。

❑ 第34～37行为细分顶点位置计算方法，使用了基于点-法线（PN）三角形的细分方式，进而实现有效的平滑度计算，该方法能够根据三角形的3个顶点坐标位置、法线向量与切分系数计算出细分顶点的坐标位置。

❑ 第38～45行为曲面细分计算着色器与几何着色器的实现，细分计算着色器计算新生成顶点的位置坐标与纹理坐标，几何着色器将输入的三角形图元变换成3条线段，使被渲染的物体以线框的形式显示。

❑ 第46～48行定义了片元着色器，该着色器的主要功能是为每一个片元进行颜色赋值，根据纹理坐标对纹理上的颜色进行采样。

（5）前面介绍了物体细分渲染着色器的代码结构，下面详细介绍细分因子计算方法、曲面细分控制、曲面细分计算、几何与片元着色器的实现，曲面细分控制与曲面细分计算着色器实现对物体表面的细化，使模型看起来更加光滑；几何着色器实现对模型的线框显示处理，具体代码如下。

代码位置：随书资源中的源代码/第6章/ShaderDemo/Assets/Shader/TessOnGemoOn.shader。

```
1   HS_ConstantOutput HSConstant( InputPatch<HS_Input, 3> Input ){//细分因子计算方法
2       HS_ConstantOutput Output = (HS_ConstantOutput)0;             //输出结构体
3       Output.TessFactor[0] = Output.TessFactor[1] = Output.TessFactor[2] = _Out;
                                                                     //设置周长细分因子
4       Output.InsideTessFactor =  _In;                              //设置三角形内部细分因子
5       return Output;
6   }
7   [domain("tri")]                                   //曲面细分控制着色器的输入图元是三角形
8   [partitioning("integer")]                         //细分因子为整数
9   [outputtopology("triangle_cw")]                   //组成三角形的3个顶点的按顺时针方向排列
10  [patchconstantfunc("HSConstant")]                 //指明计算factor的方法
11  [outputcontrolpoints(3)]                          //输出面片的顶点数量
12  HS_ControlPointOutput HS( InputPatch<HS_Input, 3> Input,    //曲面细分控制着色器
13      uint uCPID : SV_OutputControlPointID ){
14      HS_ControlPointOutput Output = (HS_ControlPointOutput)0; //输出结构体
```

```
15      Output.pos = Input[uCPID].pos;              //传递顶点的位置坐标
16      Output.normal = Input[uCPID].normal;        //传递顶点的法线
17      Output.uv = Input[uCPID].uv;                //传递顶点的位置坐标
18      return Output;
19   }
20   [domain("tri")]                                //曲面细分计算着色器的处理图元为三角形
21   DS_Output DS( HS_ConstantOutput HSConstantData,        //曲面细分计算着色器
22      const OutputPatch<HS_ControlPointOutput, 3> Input,
23      float3 BarycentricCoords : SV_DomainLocation){
24      DS_Output Output = (DS_Output)0;            //输出结构体
25      ...//此处省略顶点位置等变量的初始化步骤,有兴趣的读者可翻看随书源代码
26      float3 currPosition = PNCalInterpolation(p1,p2,p3,n1,n2,n3,u,v,w);
                                                    //利用PN三角形方法计算切分点坐标
27      Output.pos = float4(currPosition,1.0);      //将当前细分点的最终绘制位置传给渲染管线
28      float3 tempTexCoor = PNCalInterpolation(t1,t2,t3,n1,n2,n3,u,v,w);
                                                    //计算出当前切分点的纹理坐标
29      Output.uv = tempTexCoor.xy;                 //将当前细分点的纹理坐标传给渲染管线
30      return Output;
31   }
32   [maxvertexcount(32)]                           //设置几何着色器最多输出6个顶点
33   void GS(triangle DS_Output p[3], inout LineStream<FS_Input> lineStream){//几何着色器
34      FS_Input o;                                 //输出结构体
35      o.pos = UnityObjectToClipPos(p[0].pos);     //将顶点从物体空间转换到剪裁空间
36      o.uv = p[0].uv;                             //设置顶点纹理坐标
37      lineStream.Append(o);                       //将该顶点添加到输出流
38      ...//此处省略了另外两条线段的生成过程,有兴趣的读者可翻看随书源代码
39   }
40   FS_Output PS( FS_Input i ){                    //片元着色器
41      FS_Output Output;                           //输出结构体
42      float4 c=tex2D(_MainTex,i.uv)*_Color;       //根据顶点纹理坐标对纹理进行颜色采样
43      Output.color =float4(c.rgb,1);              //给片元赋颜色值
44      return Output;
45   }
```

❑ 第1～6行定义了细分因子计算方法,该方法最终生成周长细分因子与三角形内部细分因子,供曲面细分计算着色器使用,其中周长细分因子包含3个变量,分别为三角形3条边的细分程度,而三角形内部细分因子定义了内部的细分段。

❑ 第7～19行为曲面细分控制着色器的实现,在该着色器中,调用了细分因子计算方法生成细分因子,定义了输出面片的顶点数量为3,并且指定了组成三角形的3个顶点按顺时针方向排列。

❑ 第20～31行为曲面细分计算着色器的实现,定义了该阶段的处理图元为三角形,获取曲面细分生成阶段传送过来的重心坐标值,使用PN三角形方法计算细分顶点的坐标位置,同样,计算出细分顶点的纹理坐标并传送到下一个处理阶段。

❑ 第32～39行定义了几何着色器,设置该着色器最多输出6个顶点,输入图元为线框三角形,实现了对渲染物体的线框显示,将顶点从物体空间转换到剪裁空间。

❑ 第40～45行定义了片元着色器,根据顶点纹理坐标对纹理进行颜色采样,确定片元的最终颜色。

> **提示** 为了方便读者在案例中观察曲面细分着色器与几何着色器的开启效果,除了TessOnGemoOn着色器外还编写了TessOnGemoOff、TessOffGemoOn与TessOffGemoOff这3个着色器,分别实现了鹅卵石细分、几何着色器的开启与关闭效果,由于编写内容大致相同,这里不再详细介绍,有兴趣的读者可翻看随书源代码。

(6)创建水的着色器。在Shader文件夹下新建一个着色器,并命名为Water,用于实现接受发光小球的光照及使用UV变换实现水纹波动的效果,其中接受发光小球的光照的代码与Guang着色器的代码相同。

代码位置：随书资源中的源代码/第 6 章/ShaderDemo/Assets/Shader/Water.shader。

```
1    Shader "Custom/Water" {
2      Properties {
3        .../ /此处省略了与 Guang 着色器相同的代码，有兴趣的读者可以自行翻看随书资源中的源代码
4        _uv_x("uv_x",int)=0                  //UV 纹理坐标 x 轴偏移量
5        _uv_y("uv_y",int)=0                  //UV 纹理坐标 y 轴偏移量
6      }
7      SubShader {
8        Tags { "Queue"="Transparent" }       //设置 Queue 为 Transparent
9        Pass{
10         blend SrcAlpha OneMinusSrcAlpha    //设置混合模式
11         CGPROGRAM
12         #pragma vertex vert                 //指定 vert 方法为顶点着色器方法
13         #pragma fragment frag               //指定 frag 方法为片元着色器方法
14         #include "UnityCG.cginc"            //引入 UnityCG.cginc 文件
15         int _uv_x;                          //UV 纹理坐标 x 轴偏移量
16         int _uv_y;                          //UV 纹理坐标 y 轴偏移量
17         ...//此处省略了与 Guang 着色器相同的代码，有兴趣的读者可以自行翻看随书资源中的源代码
18         v2f vert (appdata_full v) {         //顶点着色器方法
19           ...//此处省略了与 Guang 着色器相同的代码，有兴趣的读者可以自行翻看随书资源中的源代码
20         }
21         float4 frag(v2f i):COLOR{           //片元着色器方法
22           i.uv.x=i.uv.x/8+_uv_x*0.125f;     //计算出 UV 纹理坐标的 x 轴数值
23           i.uv.y=i.uv.y/8+_uv_y*0.125f;     //计算出 UV 纹理坐标的 y 轴数值
24           ...//此处省略了与 Guang 着色器相同的代码，有兴趣的读者可以自行翻看随书资源中的源代码
25         }
26         ENDCG
27    }}}
```

❑ 第 2~6 行为属性定义块，主要定义了 UV 纹理坐标 x 轴偏移量和 y 轴偏移量。此处省略了与 Guang 着色器相同的代码，有兴趣的读者可以自行翻看随书资源中的源代码。

❑ 第 8~14 行设置渲染队列为 Transparent，指定 vert 方法为顶点着色器方法，以及指定 frag 方法为片元着色器方法并且引入了 UnityCG.cginc 文件。

❑ 第 15~17 行定义 UV 纹理坐标 x 轴偏移量和 y 轴偏移量。此处省略了与 Guang 着色器相同的代码，有兴趣的读者可以自行翻看随书资源中的源代码。

❑ 第 18~20 行为顶点着色器方法。顶点着色器方法与 Guang 着色器中的顶点着色器方法相同，这里不再赘述，有兴趣的读者可以自行翻看随书资源中的源代码。

❑ 第 21~25 行为片元着色器方法。在片元着色器方法中计算出 UV 纹理坐标的 x 轴数值和 y 轴数值。这里计算光照的代码与 Guang 着色器中的相同，故不再赘述，有兴趣的读者可以自行翻看随书资源中的源代码。

（7）创建水的材质。在 Materials 文件夹下新建一个材质资源，并命名为 Water_01。将创建的材质设置为 water 对象的材质。将步骤（6）创建的 Water 着色器设置为 Water_01 材质的着色器，然后设置其属性如图 6-72 所示。

（8）创建脚本。在 Script 文件夹下新建一个 C#脚本，并命名为 KongZhi，该脚本用于向着色器传递参数，以及不断变换发光小球的发光强度和控制 UV 纹理偏移量。双击将其打开，开始 KongZhi 脚本的编写。

代码位置：随书资源中的源代码/第 6 章/ShaderDemo/Assets/Script/KongZhi.cs。

```
1    using UnityEngine;
2    using System.Collections;
3    public class KongZhi : MonoBehaviour {
4      public Material[] mat;                  //使用 Guang 着色器的材质
5      public Material qiuMat;                 //使用 Qiu 着色器的材质
6      public Material water;                  //使用 Water 着色器的材质
7      public GameObject qiu;                  //发光小球
8      public float range = 0.8f;              //发光小球的发光强度
9      bool add;
```

6.11 着色器综合案例

```
10      int x=0,y=7;                                //UV 纹理偏移量
11      float time;                                 //用于记录时间
12      void Start () {
13          for (int i = 0; i < mat.Length; i++){
14              mat[i].SetVector("_Position", qiu.transform.position);//将小球位置传入着色器
15              mat[i].SetFloat("_Range", range);   //将发光强度传入着色器
16          }
17          qiuMat.SetFloat("_Range", range);       //将发光强度传入着色器
18      }
19      void Update () {
20          if(add){                                //如果发光强度需要增加
21              range = range + 0.5f * Time.deltaTime;   //不断增大发光强度
22              if(range > 1f){                     //如果发光强度大于1
23                  add = false;                    //发光强度需要减小
24          }}else{
25              range = range - 0.5f * Time.deltaTime;  //不断减小发光强度
26              if(range < 0.5f){                   //如果发光强度小于0.5
27                  add = true;                     //发光强度需要增大
28          }}
29          for(int i = 0; i < mat.Length; i++){
30              mat[i].SetVector("_Position", qiu.transform.position);//将小球位置传入着色器
31              mat[i].SetFloat("_Range", range);   //将发光强度传入着色器
32          }
33          time += Time.deltaTime;                 //用于记录时间的变量不断增加
34          if(time >= 0.0625){                     //如果时间大于0.0625
35              x++;                                //UV 纹理偏移量 x 轴数值不断增大
36              if(x == 8){                         //如果 UV 纹理偏移量 x 轴数值为8
37                  x = 0;                          //将 UV 纹理偏移量 x 轴数值设置为0
38                  y--;                            //UV 纹理偏移量 y 轴数值不断减小
39                  if(y <0){                       //如果 UV 纹理偏移量 y 轴数值小于0
40                      y = 7;                      //将 UV 纹理偏移量 y 轴数值设置7
41              }}
42              time = 0;                           //用于记录的时间归零
43          }
44          qiuMat.SetFloat("_Range", range);       //将发光强度传入着色器
45          water.SetVector("_Position", qiu.transform.position);//将小球位置传入着色器
46          water.SetFloat("_Range", range);        //将发光强度传入着色器
47          water.SetInt("_uv_x", x);               //将 UV 纹理偏移量 x 轴数值传入着色器
48          water.SetInt("_uv_y", y);               //将 UV 纹理偏移量 y 轴数值传入着色器
49      }}
```

❑ 第4~11行定义变量,主要定义了各种材质、发光小球、发光小球的发光强度及UV纹理偏移量等变量。

❑ 第12~18行重写了Start方法。该方法在场景加载时被系统调用,主要功能为将小球位置和发光强度传入Guang着色器,以及将发光强度传入Qiu着色器。

❑ 第19~28行不断改变发光小球的发光强度。如果发光强度小于0.5,则不断增大发光强度;如果发光强度大于1,则不断减小发光强度。

❑ 第29~32行将小球位置和发光强度传入Guang着色器。

❑ 第33~43行不断改变UV纹理偏移量。让用于记录时间的变量的值不断增加,如果时间大于0.0625,则UV纹理偏移量x轴数值不断增大;如果UV纹理偏移量x轴数值为8,则UV纹理偏移量y轴数值不断减小。

❑ 第44~49行传递数据给着色器。将发光强度传入Guang着色器和Water着色器。将小球位置传入Water着色器。将UV纹理偏移量传入Water着色器。

(9)将创建的脚本拖到主摄像机对象上,然后设置相应属性,将使用Guang着色器的材质拖到Mat属性栏中,将使用Qiu着色器的材质拖到Qiu Mat属性栏中,将使用Water着色器的材质拖到Water属性栏中,具体设置如图6-73所示。

(10)创建脚本并命名为MenuListener,该脚本会根据画布上几何着色器与曲面细分着色器的勾选情况实时更换场景中模型的材质,方便更好地观察曲面细分着色器、几何着色器开启与关闭

时的区别，从而进一步了解这两个着色器的用途，具体代码如下。

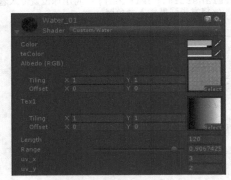

▲图 6-72　Water 着色器属性设置

▲图 6-73　KongZhi 脚本组件属性设置

代码位置：随书资源中的源代码/第 6 章/ShaderDemo/Assets/Script/MenuListener.cs。

```
1    using UnityEngine;
2    using UnityEngine.UI;
3    public class MenuListener : MonoBehaviour {
4        public Toggle Tess;                      //曲面细分着色器开关
5        public Toggle Geometry;                  //几何着色器开关
6        public Material[] TessONGeomON;          //曲面细分着色器与几何着色器同时开启的材质数组
7        public Material[] TessONGeomOFF;         //开启曲面细分着色器与关闭几何着色器时的材质数组
8        public Material[] TessOFFGeomON;         //关闭曲面细分着色器与开启几何着色器时的材质数组
9        public Material[] TessOFFGeomOFF;        //曲面细分着色器与几何着色器同时关闭的材质数组
10       public GameObject[] Obj;                 //对象数组
11       private void Start(){
12           Change();                            //在程序初始时变换模型材质
13       }
14       public void Change(){                    //变换模型的材质
15           if(Tess.isOn && Geometry.isOn){      //全部开启
16               for(int i = 0; i < TessONGeomON.Length; i++){    //遍历材质数组
17                   foreach(Transform obj in Obj[i].transform){  //遍历物体数组
18                       obj.GetComponent<Renderer>().material = TessONGeomON[i];//更改模型对应的材质
19           }}}
20           ...//此处省略了另外 3 种选择情况，有兴趣的读者可翻看随书源代码
21       }
22   }
```

❏ 第 1～2 行导入了该脚本需要使用的工具包。

❏ 第 3～10 行定义了曲面细分着色器与几何着色器开关的引用，除此之外还定义了 4 种不同选择的材质数组与对应的对象数组。

❏ 第 11～13 行在程序刚开始运行时调用 Change 方法变换模型的材质为初始状态。

❏ 第 14～20 行是变换模型材质的方法，该方法能够根据曲面细分着色器与几何着色器开关引用的状态更换场景中模型的材质。

（11）编写完 MenuListener 脚本后，将其挂载到 Canvas 对象上，同时初始化材质数组等变量，如图 6-74 所示。之后，将 MenuListener 脚本中的 Change 方法添加到 Canvas 对象下的两个 Toggle 组件上，如图 6-75 所示。

4. 节点对象的创建及相关脚本的开发

在场景中，发光对象的移动不是随机的，而是按照一条预置的路线进行的，这条路线由多个节点连起来组成。下面将详细介绍场景中节点对象的创建及相关脚本的开发。节点的具体制作步骤如下。

6.11 着色器综合案例

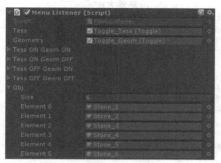

▲图 6-74 MenuListener 脚本组件属性设置

▲图 6-75 Toggle 组件

（1）在场景中新建节点对象。为了便于观察节点的位置，这里使用球体来标识节点的位置。先创建一个空对象用于统一存放所有的节点，步骤为单击 GameObject→Create Empty，此时 Hierarchy 面板中会多出一个名为 GameObject 的空对象，将其重命名为 nodes。

（2）单击 GameObject→Sphere，此时 Hierarchy 面板中会多出一个 Sphere 对象，将其拖到 nodes 下面，使其成为 nodes 的子对象。重复上述创建操作，具体次数视所需要的节点数目而定，最终 Hierarchy 面板中的结构如图 6-76 所示。将每个节点按照顺序放置在场景中合适的位置，这些位置就是游戏对象要经过的点。

（3）节点创建完成后，将 FollowNode 脚本挂载到前面创建的 qiu 对象上，在 Inspector 面板中改变数组的长度，并将创建好的节点按照顺序添加到数组对象中，如图 6-77 所示。

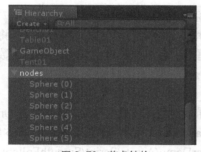

▲图 6-76 节点结构

▲图 6-77 节点成员

（4）FollowNode 脚本的功能是使游戏对象在游戏场景中能够沿着预设好的节点顺序移动，脚本代码如下。

代码位置：随书资源中的源代码/第 6 章/ShaderDemo/Assets/Script/FollowNode.cs。

```
1    using UnityEngine;
2    using System.Collections;
3    public class FollowNode : MonoBehaviour {
4        public GameObject[] nodes = new GameObject[16];    //存放节点数组
5        public float m_speed = 2;                           //移动速度
6        private GameObject target_node;                     //目标节点
7        public int index;                                   //当前目标节点序号
8        void Start( ) {
9            target_node = nodes[0];                         //默认 0 号节点为当前目标节点
10       }
11       void Update( ) {
12           RotateTo( );                                    //转向下一个节点
13           MoveTo( );                                      //朝向下一个节点移动
14       }
```

```
15        public void RotateTo( ) {                              //旋转方法
16            this.transform.LookAt(target_node.transform);
17        }
18        public void MoveTo( ) {                                //移动方法
19            Vector3 pos1 = this.transform.position;            //当前目标节点位置
20            Vector3 pos2 = target_node.transform.position;     //小球自身位置
21            float distance = Vector3.Distance(pos1, pos2);     //计算两者距离
22            if(distance < 1.0f) {                              //距离小于一定阈值
23                index++;                                       //序号加 1
24                if(index < nodes.Length) {                     //序号不超过数组长度
25                    if(nodes[index] != null) {                 //节点不为空
26                        target_node = nodes[index];            //更新目标节点
27                    }
28                } else {                                       //序号超过数组长度
29                    index = 0;
30                    target_node = nodes[index];                //重新将 0 号节点作为目标节点
31                }
32            this.transform.Translate(new Vector3(0, 0, m_speed * Time.deltaTime));
                                                                 //向目标节点移动
33        }}
```

❑ 第 4～7 行用于声明变量，这里声明了一个用于存放所有节点的数组，修饰符应使用 public，以便于在 Unity 环境中改变数组的大小及添加数组的每个成员。还声明了存放游戏对象的移动速度、目标节点的实例、当前时刻目标节点在数组中的序号的变量，在该脚本中主要通过序号来改变目标节点。

❑ 第 8～10 行重写了 Start 方法，将节点数组中的 0 号成员作为程序开始运行时的目标节点。

❑ 第 11～14 行重写了 Update 方法，在这里实现了对象转向下一个节点，以及朝下一个节点移动的功能。这两个功能分别被写成了两个方法，具体内容将在后文介绍。

❑ 第 15～17 行为旋转方法 RotateTo 的实现，该方法功能简单，只需要一直注视着下一节点，所以使用系统提供的 LookAt 方法来实现。

❑ 第 19～21 行计算当前时刻游戏对象与目标节点的距离。

❑ 第 22～31 行判断并改变目标节点，当距离小于给定的阈值时，序号加 1，将数组中新序号所对应的节点对象赋给 target_node，如果序号超出了数组的长度，说明已经到达数组的最后一个节点对象，将序号置 0，从头开始遍历节点数组。

❑ 第 32 行实现朝下一个节点移动，通过 m_speed 变量来改变移动速度。

（5）摄像机跟随脚本用于使主摄像机实时跟随游戏对象在场景中移动。该脚本在 Unity 自带的资源包中可以找到并能直接使用，不过原脚本是由 JavaScript 编写的，将其改写成 C#脚本后代码如下。

代码位置：随书资源中的源代码/第 6 章/ShaderDemo/Assets/Script/SmoothFollow.cs。

```
1   using UnityEngine;
2   using System.Collections;
3   public class SmoothFollow : MonoBehaviour{
4       public GameObject target;                              //所要跟随的目标对象
5       public float distance = 10.0f;                         //与目标对象的距离
6       public float height = 5.0f;                            //与目标对象的高度差
7       public float heightDamping = 2.0f;                     //高度变化中的阻尼参数
8       public float rotationDamping = 0.5f;                   //绕 y 轴的旋转中的阻尼参数
9       void Start ( ) {}
10      void LateUpdate( ) {
11          if (!target){return;                               //如果目标对象不存在将跳出方法
12          //摄像机期望的旋转角度及高度
13          float wantedRotationAngle = target.transform.eulerAngles.y;
14          float wantedHeight = target.transform.position.y + height;
15          //摄像机当前的旋转角度及高度
16          float currentRotationAngle = transform.eulerAngles.y;
17          float currentHeight = transform.position.y;
18          //计算摄像机绕 y 轴的旋转角度
19          currentRotationAngle = Mathf.LerpAngle(currentRotationAngle, wantedRotationAngle,
```

```
20              rotationDamping * Time.deltaTime);
21          //计算摄像机高度
22          currentHeight = Mathf.Lerp(currentHeight, wantedHeight, heightDamping *
            Time.deltaTime);
23          //转换成旋转角度
24          var currentRotation = Quaternion.Euler(0, currentRotationAngle, 0);
25          //摄像机到目标背后的距离
26          transform.position = target.transform.position;
27          transform.position -= currentRotation * Vector3.forward * distance;
28          //设置摄像机的高度
29          transform.position = new Vector3(transform.position.x, currentHeight,
            transform.position.z);
30          transform.LookAt(target.transform);          //摄像机一直注视目标
31      }}
```

❑ 第 4～8 行声明变量，包括摄像机所要跟随的目标对象及一些需要用来调节跟随效果的参数，主要有与目标对象的距离、与目标对象的高度差、高度变化中的阻尼参数、绕 y 轴的旋转中的阻尼参数。

❑ 第 11 行判断目标对象是否存在，如果不存在，直接跳出方法。

❑ 第 12～14 行获取摄像机期望的旋转角度及高度。

❑ 第 15～17 行获取摄像机当前的旋转角度及高度。

❑ 第 18～20 行计算摄像机绕 y 轴的旋转角度，使用了 Mathf 方法库提供的 LerpAngle 方法进行插值计算，LerpAngle 方法的含义就是基于浮点数 rotationDamping * Time.deltaTime 返回 currentRotationAngle 到 wantedRotationAngle 之间的插值。

❑ 第 21～22 行摄像机的高度变化，使用了 Mathf 方法库提供的 Lerp 方法，具体原理同上。

❑ 第 23～24 行将 currentRotationAngle 变量转换为旋转角度并保存在 currentRotation 变量中。

❑ 第 25～27 行使摄像机与目标对象保持一定的距离。

❑ 第 28～29 行设置摄像机的高度，因为是高度，所以只改变了 y 轴上的值。

❑ 第 30 行让摄像机一直注视目标，保证目标一直出现在视野里。

> **说明** 本案例的源文件位于随书资源中的源代码/第 6 章/ShaderDemo。如果读者想运行本案例，只需把 ShaderDemo 文件夹复制到非中文路径下，然后双击 ShaderDemo/Assets 目录下的 test.unity 文件就能够打开并运行了。

5. 案例运行效果

运行该案例，可以看到小球沿着特定的路线缓慢移动，在移动的过程中不断进行缩放变换，与此同时，小球会照亮周围的物体，其光线强度会随自身大小发生变化，使其周围的物体出现明暗变化，如图 6-78 和图 6-79 所示。

▲图 6-78 小球变亮效果

▲图 6-79 小球变暗效果

第 6 章 着色器和着色语言

当勾选右上角的曲面细分着色器复选框后，水井、石雕与鹅卵石模型会变得十分光滑，如图 6-80 所示。除此之外，地形中央的水面也有波动效果；当勾选几何着色器复选框后，水井、石雕与鹅卵石模型将会以线框形式显示，效果如图 6-81 所示。

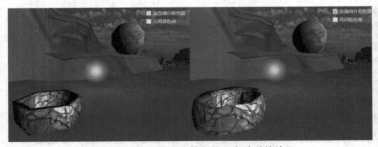

▲图 6-80　曲面细分着色器开启前后的效果

▲图 6-81　几何着色器开启的效果

6.11.2　着色器综合案例二

由于本案例与案例一的基本场景有很大的相似之处，所以在这里不再赘述案例的准备工作及相关场景的搭建工作，主要对 Shader Graph 这一部分进行详细的讲解和介绍，将着色器部分用 Shader Graph 来完整代替并顺利运行。

1. Shader Graph 的开发应用

Shader Graph 不同于案例一的着色器的开发，有效地应用 Shader Graph 会给开发带来很大的便利。

（1）在 Package Manager 中安装 Shader Graph，下载对应渲染管线的配置，这里采用 URP，并且将管线加入本案例中，具体内容前文已有介绍，这里不再赘述。

（2）安装完相应环境之后，创建一个文件夹并命名为 Shader Graph。在 Shader Graph 文件夹下创建一个 Shader Graph，命名为 Box，如图 6-82 所示。创建之后的 Shader Graph 界面如图 6-83 所示。

▲图 6-82　创建 Shader Graph

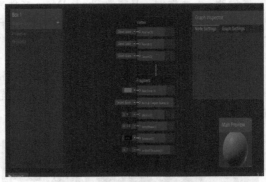

▲图 6-83　Shader Graph 的初始界面

（3）以 Box 为例子，先单击左侧面板加入一个 2D 贴图（Texture2D），并将其拖动到界面中间，然后在右侧树状图节点上，将创建的上一个节点从原位置脱离出来，并在原位置创造新的节点。这是加入 2D 贴图，所以选择对应的 Sample Texture2D，并将对应的输出节点连接到对应的着色器的 Color 通道上，如图 6-84 所示。

（4）完成对应节点的添加和连接工作后，在 Graph 的 Inspector 面板中选择对应的纹理贴图，完成 Texture2D 的贴图工作，如图 6-85 所示。之后单击左上角的 Save Assert 保存。

6.11 着色器综合案例

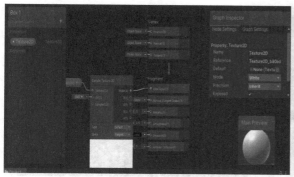

▲图 6-84 加入 Texture2D 节点

▲图 6-85 添加 Box 纹理贴图

（5）在 Materials 文件夹下创建一个材质球并命名为 Box，然后将创建的 Shader Graph 拖到 Box 材质球上，完成了对应材质球的创建。将材质球拖到对应的场景中，完成材质贴图的工作。

（6）将 GameObject 对象下的所有子对象按照上述方法创建一个新的 Shader Graph，并完成材质球的创建和贴图工作，然后将每个子对象的着色器设置为对应的 Shader Graph，如图 6-86 所示。

（7）上面介绍了一些简单的 Shader Graph 的应用，下面介绍运用 Shader Graph 完成一些特效明显的对象的开发，本案例将介绍"能量球"的开发。先在 Shader Graph 文件夹下创建一个 Graph 并将其命名为 qiu，如图 6-87 所示。

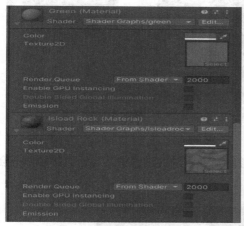

▲图 6-86 对应着色器的设置

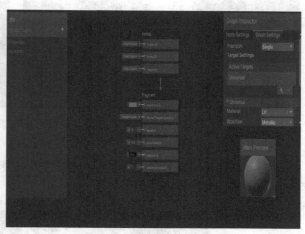

▲图 6-87 能量球的着色器的开发

（8）创建一个场景深度节点（Scene Depth）及屏幕位置节点（Screen Position），将屏幕位置输出到拆分节点（Split），然后用减法节点（Subtract）将 Scene Depth 与 Split 中的 Alpha 做减法，并创建一个 Float 节点命名为 Offset 与 Alpha 做减法以此来控制边缘的交界的宽度，接入着色器中的 Emisson 节点中来完成能量罩交界部分的显现，如图 6-88 所示。

（9）创建一个 Color 节点，选择模式为 HDR，调整其颜色和发光强度属性后将其拖入 Emission 节点，以此控制边缘发光强度。

（10）完成交界处的特效后，下面分析发光轮廓特效。先创建一个 Fresnel Effect 节点，设置功效为 5，再加入一个 Float 节点 Fresnel power 使其数值在面板处可修改，如图 6-89 所示。

（11）完成球体轮廓之后，可以加入滚动效果，即加入一张纹理图片，同步骤（3）一样加入一个 Texture2D 的纹理节点，然后选择对应的六角形网格纹理图片。加入乘法节点，让轮廓和纹理节点接入乘法节点后输出到 Alpha，如图 6-90 所示。

279

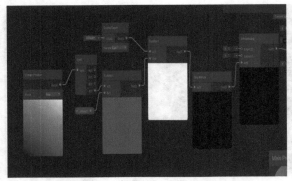
▲图 6-88 能量罩交界部分特效设置

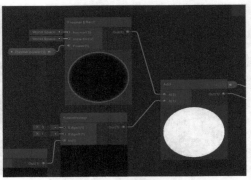
▲图 6-89 发光轮廓特效设置

（12）为了呈现能量球的滚动效果，需要加入一个时间节点，并加入一个 Float 节点来控制滚动速度。最后将其连接到纹理节点即可完成能量球的滚动特效，如图 6-91 所示。

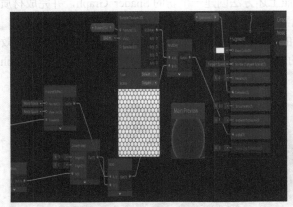
▲图 6-90 能量球纹理图设置

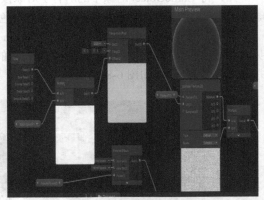
▲图 6-91 球体滚动特效设置

2. 案例运行效果

运行该案例，可以看到小球沿着特定的路线缓慢移动，在移动的过程中其与地面接触部分会产生渐变效果，如图 6-92 所示。

▲图 6-92 案例运行效果

6.12 本章小结

本章简要介绍了 Unity 中开发高级特效的着色语言 ShaderLab 及着色器编程，主要介绍了 ShaderLab 的基本语法、着色器的 3 种形态、表面着色器、曲面细分着色器与几何着色器等，对每个知识点都使用了一个或者多个案例进行详细的讲解。

通过对本章的学习，读者应该对着色器和 Unity 着色语言有了一定的了解，能够初步开发着色器，为以后开发复杂的、更加真实的 3D 场景打好基础。

第 7 章 常用着色器特效

在游戏的开发过程中经常会使用一些着色器特效,如边缘发光、描边效果、菲涅耳效果等来增强游戏的视觉表现能力与操作体验。本章将灵活运用着色器的基础知识实现一些常用的酷炫特效,希望读者在学习完本章后,能够受到一定的启发,加深对着色器的理解,能够独立编写简单的着色器。

7.1 顶点动画

在 3D 游戏的开发中,很多情况下需要控制模型顶点来实现特定的动画,从而让场景变得更加生动有趣。通常在游戏中使用顶点动画模拟飘扬的旗帜与水面的起伏效果等,本节将以模拟飘扬的旗帜为例,讲解顶点动画的实现方式。

7.1.1 基本原理

介绍本案例的具体开发步骤之前先介绍实现飘扬的旗帜的基本原理。飘扬的旗帜的线框图如图 7-1 所示,其中,上图为原始情况下旗帜的顶点位置情况,下图为顶点着色器根据参数计算后某一帧画面中旗帜的顶点位置情况。

从图 7-1 可以看出,矩形的旗帜与单一矩形对象 Quad 不同,它不再是仅由两个三角形组成的整体,而是由大量的小三角形组成的。这样只要在绘制一帧画面时由顶点着色器根据一定的规则变换各个顶点的位置,即可得到旗帜迎风飘动的效果。

为了使旗帜的飘动过程比较平滑,本案例采用的是基于正弦曲线的顶点位置变换规则。

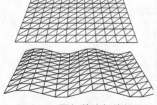

▲图 7-1 飘扬的旗帜线框图

> **说明** 图 7-2 给出的是旗帜面向 z 轴正方向,即顶点沿 z 轴上下振动,形成的波浪沿 x 轴传播的情况。同时注意,观察的方向是沿 y 轴的方向。

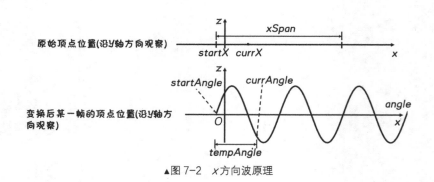

▲图 7-2 x 方向波原理

7.1 顶点动画

从图7-2中可以看出，传入顶点着色器的原始顶点的 z 坐标都是相同的（本案例中为0），经过顶点着色器变换后顶点的 z 坐标是根据正弦曲线分布的。具体计算步骤如下。

（1）计算出当前处理的顶点的 x 坐标值与最左侧顶点的 x 坐标值的差值，即 x 距离。

（2）根据距离与角度的换算率将 x 距离换算为当前顶点与最左侧顶点的角度差（*tempAngle*）。

> **提示**　距离与角度的换算率指的是由开发人员人为设定的一个值，将距离乘以该值就可以得出角度值。例如可以规定，x 方向上的距离 4 等于 2π，则换算公式为：x 距离 $\times 2\pi/4$。

（3）将 *tempAngle* 加上最左侧顶点的对应角度（*startAngle*）即可得到当前顶点的对应角度（*currAngle*）。

（4）通过求 *currAngle* 的正弦值可得到当前顶点变换后的 z 坐标。

可以想象，只要在绘制每帧画面时传入不同的 *startAngle* 值（例如在 0～2π 连续变化），即可得到平滑的基于正弦曲线的旗帜飘扬的动画。

7.1.2 开发步骤

上一小节介绍了飘扬旗帜的基本原理，本小节将基于此原理开发旗帜迎风飘扬案例，案例运行效果如图7-3所示。

▲图 7-3　飘扬旗帜运行效果

> **提示**　图7-3所示从左到右分别为 x 方向波浪、斜向下方向波浪和 xy 双向波浪的效果。建议读者运行随书项目进行体会。

接下来对本案例的具体开发过程进行简要介绍。由于本章重点讲解着色器特效的开发，所以不再介绍脚本的开发，有兴趣的读者可翻看随书源代码。具体内容如下。

（1）从案例效果图中可以看出，本案例的波浪方向有3种选择，因此需要3个着色器来实现。先介绍最简单的 x 方向波浪的实现，该功能的实现主要位于顶点着色器中。具体代码如下。

代码位置：随书资源中的源代码/第 7 章/SpecialEffect/Shader/VertexAnimation_1.shader。

```
1   Shader "Custom/VertexAnimation_1" {
2       Properties {                                    //定义属性块
3           _MainTex ("Albedo (RGB)", 2D) = "white" {}  //主纹理
4           _WidthSpan("WidthSpan", Range(4,5)) = 4.5   //旗帜的横向跨度
5           _StartAngle("StartAngle", Range(1,5)) = 1   //振动的起始角度
6           _Speed("Speed", Range(1,15)) = 5            //飘扬速度
7       }
8       SubShader {
9           Pass{
10              CGPROGRAM
11              #pragma vertex vert                     //声明顶点着色器
12              #pragma fragment frag                   //声明片元着色器
```

```
13          #include "UnityCG.cginc"           //导入UnityCG工具包
14          struct a2v {                       //顶点着色器输入结构体
15            float4 pos : POSITION;           //顶点坐标位置
16            float2 uv : TEXCOORD0;           //纹理坐标
17          };
18          struct v2f {                       //顶点着色器输出结构体
19            float4 pos : SV_POSITION;        //剪裁空间下的顶点位置
20            float2 uv : TEXCOORD0;           //纹理坐标
21          };
22          sampler2D _MainTex;                //声明主纹理变量
23          float _WidthSpan;                  //声明旗帜的横向跨度变量
24          float _StartAngle;                 //声明振动的起始角变量
25          float _Speed;                      //声明旗帜飘扬速度变量
26          v2f vert(a2v v){                   //顶点着色器
27            v2f o;                           //定义输出结构体
28            float angleSpanH = 2 * 3.14159265;//横向角度总跨度,用于进行x距离与角度的换算
29            float startX = -_WidthSpan / 2.0;//起始x坐标
30            float currAngleX = _StartAngle + _Time.y * _Speed +
                                               //计算当前点x坐标对应的角度
31              ((v.pos.x - startX) / _WidthSpan) * angleSpanH;
32            float tz = sin(currAngleX) * 6;  //通过正弦函数求出当前顶点的z坐标
33            o.pos = UnityObjectToClipPos(float4(v.pos.x, v.pos.y, tz, 1));
                                               //将顶点变换到剪裁空间
34            o.uv = v.uv;                     //将纹理坐标传递给片元着色器
35            return o;
36          }
37          fixed4 frag(v2f i) :SV_Target{     //片元着色器
38            fixed4 c = tex2D(_MainTex,i.uv); //纹理采样
39            return c;                        //返回片元颜色值
40          }
41          ENDCG
42        }}
43        FallBack "Diffuse"                   //备选着色器
44      }
```

❑ 第2~7行为属性定义块,分别定义了主纹理、旗帜的横向跨度、旗帜振动的起始角度与旗帜飘扬速度属性,便于在Inspector面板中动态修改这些属性值。

❑ 第8~13行声明了顶点着色器与片元着色器,除此之外还导入了UnityCG工具包。

❑ 第14~25行定义了顶点着色器输入与输出结构体,结构体中仅包含顶点坐标位置与顶点的纹理坐标,同时,声明了与属性定义块相对应的变量。

❑ 第26~36行为顶点着色器的实现。顶点动画的主要功能都在顶点着色器内实现,顶点着色器根据横向角度总跨度、横向长度总跨度及当前顶点的x坐标计算出当前顶点x坐标对应的角度,并通过正弦函数求出当前点的z坐标,最后将顶点转换到剪裁空间传送给片元着色器。

❑ 第37~40行为片元着色器的实现。该片元着色器只实现了纹理采样功能,根据纹理坐标在纹理图片上进行采样,将采样结果赋值给每个片元作为片元的颜色。

(2)实现斜向下方向波浪的着色器除顶点着色器外,均与实现x方向波浪的着色器相同,故在此只讲解顶点着色器。具体代码如下。

代码位置:随书资源中的源代码/第7章/SpecialEffect/Shader/VertexAnimation_2.shader。

```
1    v2f vert(a2v v){                          //顶点着色器
2      v2f o;                                  //定义输出结构体
3      float angleSpanH = 2 * 3.14159265;      //横向角度总跨度,用于进行x距离与角度的换算
4      float startX = -_WidthSpan / 2.0;       //起始x坐标(即最左侧顶点的x坐标)
5      float currAngleX = _StartAngle * _Time.y * _Speed +;//计算当前顶点x坐标对应的角度
6        ((v.pos.x - startX) / _WidthSpan) * angleSpanH;
7      float HeightSpan = 0.618 * _WidthSpan;  //纵向长度总跨度
8      float startY = -HeightSpan / 2.0;       //起始y坐标(即最上侧顶点的y坐标)
9      //计算当前顶点y坐标对应的角度
10     float currAngleY = _Time.y * _Speed + ((v.pos.y - startY) / HeightSpan) * angleSpanH ;
11     float tz = sin(currAngleX - currAngleY) * 4;//通过正弦函数求出当前点的z坐标
```

```
12      o.pos = UnityObjectToClipPos(float4(v.pos.x, v.pos.y, tz, 1));
                                                  //将顶点变换到剪裁空间
13      o.uv = v.uv;                              //将纹理坐标传递给片元着色器
14      return o;                                 //将结构体传递给片元着色器
15  }
```

> **说明** 上述实现斜向下方向波浪的顶点着色器与前面实现 x 方向波浪的顶点着色器没有本质区别，仅是在计算当前顶点的对应角度时增加了对 y 轴方向的计算，不再是仅考虑 x 坐标。因此，形成的波浪方向就是斜向下的。

（3）沿 x、y 两个方向的波浪效果叠加的着色器同样是除顶点着色器外，均与实现 x 方向波浪的着色器相同，故在此只讲解顶点着色器，具体代码如下。

代码位置：随书资源中的源代码/第 7 章/SpecialEffect/Shader/VertexAnimation_3.shader。

```
1   v2f vert(a2v v){                              //顶点着色器
2       v2f o;                                    //输出结构体
3       float angleSpanH = 2 * 3.14159265;        //横向角度总跨度，用于进行 x 距离与角度的换算
4       float startX = -_WidthSpan / 2.0;         //起始 x 坐标（即最左侧顶点的 x 坐标）
5       float currAngleX = _StartAngle * _Time.y * _Speed +
6           ((v.pos.x - startX) / _WidthSpan) * angleSpanH;  //计算当前顶点 x 坐标对应的角度
7       float HeightSpan = 0.618 * _WidthSpan;    //纵向长度总跨度
8       float startY = -HeightSpan / 2.0;         //起始 y 坐标（即最上侧顶点的 y 坐标）
9       float currAngleY = _Time.y * _Speed +
10          ((v.pos.y - startY) / HeightSpan) * angleSpanH;  //计算当前顶点 y 坐标对应的角度
11      float tzX = sin(currAngleX) * 4;          //x 方向波浪对应的 z 坐标
12      float tzY = sin(currAngleY) * 4;          //y 方向波浪对应的 z 坐标
13      o.pos = UnityObjectToClipPos(float4(v.pos.x, v.pos.y, tzX + tzY, 1));
                                                  //将顶点变换到剪裁空间
14      o.uv = v.uv;                              //将纹理坐标传递给片元着色器
15      return o;                                 //将结构体传递给片元着色器
16  }
```

> **说明** 上述实现 x、y 双向波浪的顶点着色器与前面实现 x 方向波浪的顶点着色器没有本质区别，仅是分别计算了 x 方向和 y 方向波浪在当前顶点位置的 z 坐标，最后将两个 z 坐标叠加从而实现波的叠加。因此，运行案例时看到的波浪就是 x、y 两个方向的了。

7.2 纹理动画

当今的游戏中，纹理动画的应用十分广泛，尤其是在一些性能较低的平台上，比较常见的效果如瀑布、河流、序列帧动画等都能使用纹理动画技术实现。本节将以序列帧动画为例，讲解如何实现纹理动画。

7.2.1 基本原理

介绍本案例的具体开发步骤之前先介绍实现序列帧动画的基本原理。序列帧图像包含了动画播放过程中的所有关键帧图像，如图 7-4 所示。因此，只需要通过更改 UV 坐标依次播放所有的关键帧图像即可实现序列帧动画效果。

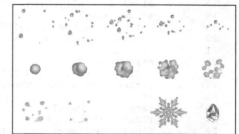

▲图 7-4 序列帧图像

在真正的游戏开发中，序列帧动画技术无须任何的物理计算或是调节复杂的粒子系统参数就可实现炫酷的效果，但同时也增加了美工制作序列帧图像的工作量，可根据项目的具体功能与需

求决定是否采用序列帧动画技术。

7.2.2 开发步骤

上一小节介绍了序列帧动画的基本原理，本小节将基于此原理开发一个序列帧动画案例，案例的运行效果如图 7-5 所示。

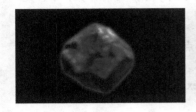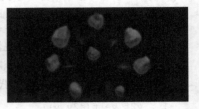

▲图 7-5 序列帧动画案例运行效果

> **提示**：由于插图是静态的，不能够完全体现序列帧动画的效果，建议读者运行随书项目进行体会。除此之外，随书项目中附带了十余个序列帧动画图像，便于读者学习与使用。

接下来对本案例的具体开发过程进行简要介绍。由于本章重点讲解着色器特效的开发，所以不再介绍脚本的开发，有兴趣的读者可翻看随书源代码。本案例先创建一个 Quad 对象，通过 Quad 实现对序列帧动画的呈现，其中着色器代码如下。

代码位置：随书资源中的源代码/第 7 章/SpecialEffect/Shader/TextureAnimation.shader。

```
1   Shader "Custom/TextureAnimation" {
2     Properties{                                         //定义属性块
3       _MainTex ("Image Sequence", 2D) = "white" {}      //主纹理
4       _HorizontalAmount ("Horizontal Amount", Float) = 4 //水平图像数量
5       _VerticalAmount ("Vertical Amount", Float) = 4    //竖直图像数量
6       _Speed ("Speed", Range(1, 20)) = 1                //序列帧播放速度
7     }
8     SubShader{
9       Tags{"Queue" = "Transparent" "IgnoreProjector" = "True"//子着色器标签的定义
10         "RenderType" = "Transparent"}
11      Pass{
12        ZWrite Off                                      //关闭深度写入
13        Blend SrcAlpha OneMinusSrcAlpha                 //开启混合
14        CGPROGRAM
15        #pragma vertex vert                             //声明顶点着色器
16        #pragma fragment frag                           //声明片元着色器
17        #include "UnityCG.cginc"                        //导入UnityCG工具包
18        struct a2v {                                    //顶点着色器输入结构体
19          float4 vertex : POSITION;                     //顶点位置坐标
20          float2 texcoord : TEXCOORD0;                  //顶点纹理坐标
21        };
22        struct v2f {                                    //顶点着色器输出结构体
23          float4 pos : SV_POSITION;                     //顶点在剪裁空间下的位置
24          float2 uv : TEXCOORD0;                        //顶点纹理坐标
25        };
26        sampler2D _MainTex;                             //主纹理变量
27        float4 _MainTex_ST;                             //纹理变换坐标变量
28        float _HorizontalAmount;                        //水平图像数量变量
29        float _VerticalAmount;                          //竖直图像数量变量
30        float _Speed;                                   //序列帧播放速度变量
31        v2f vert(a2v v){                                //顶点着色器
32          v2f o;                                        //输出结构体
33          o.pos = UnityObjectToClipPos(v.vertex);       //将顶点坐标转化到剪裁空间
34          o.uv = TRANSFORM_TEX(v.texcoord, _MainTex);   //进行纹理坐标变换
35          return o;                                     //将结构体传递给片元着色器
```

```
36        }
37        fixed4 frag(v2f i) :SV_Target{              //片元着色器
38          float time = floor(_Time.y * _Speed);      //计算播放序列帧的时间
39          float row = floor(time / _HorizontalAmount);//计算当前播放序列帧图像的行数
40          float column = time - row * _HorizontalAmount;//计算当前播放序列帧图像的列数
41          half2 uv = i.uv + half2(column, -row);     //根据行数与列数计算纹理坐标
42          uv.x /= _HorizontalAmount;                 //将纹理横坐标规范到当前序列帧图像范围内
43          uv.y /= _VerticalAmount;
44          fixed4 c = tex2D(_MainTex, uv);            //纹理采样
45          return c;                                  //返回片元颜色值
46        }
47      ENDCG
48 }}}
```

- 第2~7行为属性定义块，分别定义了主纹理、水平图像数量、竖直图像数量与序列帧播放速度，方便根据程序需要对着色器中的属性进行修改。
- 第8~13行定义了子着色器的标签，以透明效果对序列帧图像进行渲染，在Pass中，使用Blend命令来开启并设置混合模式，同时关闭深度写入。
- 第14~17行声明了顶点着色器与片元着色器，除此之外还导入了UnityCG工具包。
- 第18~30行定义了顶点着色器输入与输出结构体，结构体中仅包含顶点坐标位置与顶点的纹理坐标，同时，声明了与属性定义块相对应的变量。
- 第31~36行为顶点着色器的实现，在顶点着色器中将模型的顶点位置从物体空间下转换到了剪裁空间，同时对纹理进行了坐标变换，最后将处理后的信息传送给片元着色器。
- 第37~46行根据自加载场景后经过的时间与播放速度属性_Speed的值计算出模拟时间，同时使用floor方法对计算结果取整，之后计算出当前序列帧图像对应的行、列索引值，并对纹理坐标进行偏移操作，将坐标规范到当前序列帧图像内，最后再进行纹理采样。

7.3 边缘发光

边缘发光是游戏中非常常用的一种效果，通常为了凸显游戏中的某个对象，会给此对象添加边缘发光的效果。简单来说，边缘发光效果就是通过修改模型边缘片元的颜色来实现的，本节将详细讲解如何编写着色器来实现边缘发光的效果。

7.3.1 基本原理

在介绍本案例的具体开发步骤之前先介绍边缘发光效果的基本原理，如图7-6所示，实线箭头代表物体的法线方向，虚线箭头代表视线的方向，从图中可以看出越靠近物体边缘的法线向量与视线向量夹角越大，这就是判断顶点是否处于边缘位置的依据。

当视线向量 v 与法线向量 n 垂直时，此法线对应的面就与视线向量平行，即当前的顶点对于此视角处于边缘位置，这样就可以通过 n 与 v 向量获得

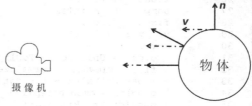

▲图7-6 边缘发光原理

相应余弦值，再根据余弦值判断片元是否处于边缘位置，进而确定是否为片元添加边缘发光效果。

7.3.2 开发步骤

上一小节介绍了边缘发光的基本原理，本小节将基于此原理开发一个人物模型边缘发光的案例，案例运行效果如图7-7和图7-8所示。可以清楚地看到游戏中人物角色的边缘发光效果，能

够在较为昏暗或区分度不高的场景中凸显出人物角色。

▲图 7-7　人物边缘发光效果（1）

▲图 7-8　人物边缘发光效果（2）

接下来对本案例的具体开发过程进行简要介绍。由于篇幅有限，在此只对开启边缘发光的着色器进行详细讲解。该着色器根据视线方向与法线方向判断片元是否处于边缘位置，进而实现边缘发光效果。其他着色器读者可自行翻看随书源代码。具体代码如下。

代码位置：随书资源中的源代码/第 7 章/SpecialEffect/Shader/RimLightOn.shader。

```
1    Shader "Custom/RimLightOn" {
2      Properties {                                            //定义属性块
3        _MainTex ("Base (RGB)", 2D) = "white" {}              //主纹理
4        _Color ("Main Color", Color) = (1, 1, 1, 1)           //主颜色值
5        _RimColor ("Rim Color", Color) = (1, 1, 1, 1)         //边缘发光颜色
6        _RimWidth ("Rim Width", Float) = 0.8                  //边缘发光范围
7      }
8      SubShader {
9        Pass {
10         Lighting Off                                        //关闭光照效果
11         CGPROGRAM
12         #pragma vertex vert                                 //声明顶点着色器
13         #pragma fragment frag                               //声明片元着色器
14         #include "UnityCG.cginc"                            //导入 UnityCG 工具包
15         struct a2f{                                         //顶点着色器输入结构体
16           float4 pos : POSITION;                            //物体顶点坐标位置
17           float3 normal : NORMAL;                           //法线向量
18           float2 uv : TEXCOORD0;                            //纹理坐标
19         };
20         struct v2f{                                         //顶点着色器输出结构体
21           float4 pos : SV_POSITION;                         //物体顶点在剪裁空间下的坐标位置
22           float2 uv : TEXCOORD0;                            //纹理坐标
23           fixed3 color : COLOR;                             //边缘发光颜色值
24         };
25         fixed4 _RimColor;                                   //边缘发光颜色变量
26         float _RimWidth;                                    //边缘发光宽度变量
27         sampler2D _MainTex;                                 //主纹理变量
28         fixed4 _Color;                                      //模型颜色变量
29         v2f vert (a2f v) {                                  //顶点着色器
30           v2f o;                                            //定义输出结构体
31           o.pos = UnityObjectToClipPos (v.pos);//将顶点坐标从物体空间转换到剪裁空间
32           float3 viewDir = normalize(ObjSpaceViewDir(v.pos));  //获取顶点对应的视线方向
33           float dotValue = 1 - dot(v.normal, viewDir);         //构造平滑差值的参数
34           o.color = smoothstep(1 - _RimWidth, 1.0, dotValue);  //根据因子计算边缘发光强度
35           o.color *= _RimColor;                             //混合边缘发光颜色
36           o.uv = v.uv.xy;                                   //将纹理坐标传递给片元着色器
37           return o;
38         }
39         fixed4 frag(v2f i) : COLOR {                        //片元着色器
40           fixed4 texcol = tex2D(_MainTex, i.uv);            //纹理采样
41           texcol *= _Color;                                 //混合主颜色值
42           texcol.rgb += i.color;                            //混合边缘发光片元的颜色值
43           return texcol;                                    //返回片元颜色值
44         }
45         ENDCG
46    }}}
```

❑ 第 2~7 行为属性定义块，分别定义了主纹理、主颜色值、边缘发光颜色与边缘发光范围，方便根据程序需要对着色器中的属性进行修改。

❑ 第 8~14 行声明了顶点着色器与片元着色器，除此之外还导入了 UnityCG 工具包，同时关闭了光照效果，便于观察边缘发光效果。

❑ 第 15~28 行定义了顶点着色器输入与输出结构体，结构体中包含顶点坐标位置、顶点的纹理坐标、法线向量与边缘发光的颜色值，除此之外还声明了与属性定义块相对应的变量。

❑ 第 29~38 行为顶点着色器的实现，在顶点着色器中将模型的顶点位置从物体空间转换到了剪裁空间。之后，利用顶点的位置计算出视线方向，并构造出平滑差值参数，根据参数因子计算边缘发光的强度，最后混合边缘发光的颜色。

❑ 第 39~44 行为片元着色器的实现，在片元着色器中根据顶点纹理坐标对纹理进行采样，混合主颜色值与边缘发光片元的颜色值，这样就能够得到每一个片元的最终颜色。

7.4 描边效果

上一小节讲解了边缘发光效果的开发过程，简单来说，边缘发光效果就是调整边缘片元的颜色值，并不能准确地确定发光的宽度；而本节将要讲解的描边效果是在物体的边缘真正地扩展出轮廓，并且能够随意更改边缘轮廓的宽度与颜色。

7.4.1 基本原理

在介绍本案例的具体开发步骤之前先介绍描边的基本原理，明确想要达到的效果是在模型的正常渲染状态下，在模型外面扩展出一个描边效果，如图 7-9 所示。

想要实现图 7-9 所示的描边效果，需要编写两个 Pass 进行渲染，其中一个 Pass 渲染描边效果，进行外扩，另一个 Pass 进行模型原本效果的渲染。第一个 Pass 使用不绘制面向摄像机的面模式，这样原本模型的周围就出现了描边效果。在渲染描边效果的 Pass 中，有以下 3 种方法能够实现对模型的外扩。

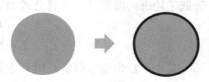

▲图 7-9 描边效果

（1）直接外扩

在顶点着色器中，根据顶点的位置坐标与法线向量，直接使用公式"顶点坐标+法线向量×描边粗细参数"对顶点进行向外扩展，然后再对扩展后的顶点进行 MVP（Mode-View-Projection）变换。具体代码如下。

```
1    v.vertex.xyz += v.normal * _OutlineFactor;        //根据公式计算顶点外扩后的位置
2    o.pos = UnityObjectToClipPos(v.vertex);           //将外扩后的顶点坐标变换到剪裁空间
```

这种方法简单且容易理解，但这样做有一个弊端，模型离摄像机近的地方的描边效果较粗，离摄像机远的地方描边效果较细，导致模型描边近大远小。

（2）剪裁空间的外扩

为了解决模型描边近大远小的问题，可以在剪裁空间中对模型进行外扩，分别把顶点坐标与法线向量变换到剪裁空间，之后再对模型进行向外扩展。具体代码如下。

```
1    o.pos = UnityObjectToClipPos(v.vertex);          //将顶点坐标变换到剪裁空间
2    float3 vnormal = mul((float3x3)UNITY_MATRIX_IT_MV, v.normal);//将法线变换到摄像机空间
3    float2 offset = TransformViewToProjection(vnormal.xy);    //将法线变换到剪裁空间
4    o.pos.xy += offset * _OutlineFactor;             //对剪裁空间中的点进行外扩
```

这里对法线进行空间变换的时候不能像顶点一样直接使用 MVP 矩阵进行转换，需要通过 UNITY_MATRIX_IT_MV 矩阵将法线变换到摄像机空间。这是因为如果按照顶点转换的方式，对于非均匀缩放，会导致变换的法线归一化后与对应的面不垂直，如图 7-10 所示。

（3）采用插值方法的外扩

剪裁空间的外扩方法已能够适用于大多数光滑物体的描边渲染，但是在锐利的表面上使用该方法经常会出

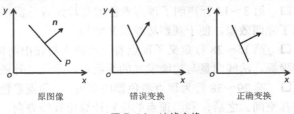

▲图 7-10　法线变换

现断层的效果，如图 7-11 所示。可以发现正方体 3 个角点出现描边断裂的情况，而图 7-12 所示采用插值方法外扩的描边效果则没有这一问题。

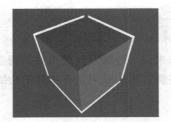
▲图 7-11　采用剪裁空间外扩的描边

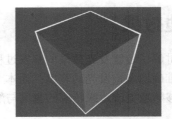
▲图 7-12　采用插值方法外扩的描边

本方法的思路并不是严格地将表面沿着法线方向扩展，而是在标准化的点元位置和法线方向之间取一个恰当的参数进行插值，这样做的好处是表面在扩展的过程中会尽量向点元方向靠拢，降低了轮廓的撕裂感，计算公式如下。

$$P_{new} = P_{old} + L \times W_{outline} / D_{cam}$$
$$L = Normalize(MV_{IT} \times lerp(V, N, F))$$

其中，L 为偏移向量，W 代表描边线条的粗细程度，D 是物体和摄像机之间的距离，V 是标准化后的顶点坐标，N 为法线向量，F 为插值参数。

7.4.2　开发步骤

上一小节介绍了描边效果的基本原理，本小节将通过采用插值方法的外扩对物体进行描边渲染，本案例的运行效果如图 7-13 和图 7-14 所示。可以明显地看到，开启描边效果后画面中心的商品周围呈现白色描边，能够在众多商品中突出显示。

▲图 7-13　原场景效果

▲图 7-14　描边效果

接下来对本案例的具体开发过程进行简要介绍。由于篇幅有限，在此只对开启描边效果的着色器进行详细讲解，对于其他的脚本与着色器，读者可自行翻看随书源代码。具体代码如下。

7.4 描边效果

代码位置：随书资源中的源代码/第 7 章/SpecialEffect/Shader/Outline.shader。

```
1   Shader "Cutstom/Outline"{
2       Properties{
3           _Diffuse("Diffuse", Color) = (1,1,1,1)                  //定义属性块
                                                                    //主颜色值
4           _OutlineCol("OutlineCol", Color) = (1,0,0,1)            //描边颜色值
5           _OutlineFactor("OutlineFactor", Range(0,10)) = 0.1      //描边宽度
6           _MainTex("Base 2D", 2D) = "white"{}                     //主纹理
7       }
8       SubShader{
9           Pass{                                                   //绘制描边的 Pass
10              Cull Front                                          //不绘制面向摄像机的面
11              CGPROGRAM
12              #pragma vertex vert                                 //声明顶点着色器
13              #pragma fragment frag                               //声明片元着色器
14              #include "UnityCG.cginc"                            //导入 UnityCG 工具包
15              fixed4 _OutlineCol;                                 //声明描边颜色值变量
16              float _OutlineFactor;                               //声明描边宽度变量
17              struct v2f {                                        //顶点着色器输出结构体
18                  float4 pos : SV_POSITION;                       //顶点在剪裁空间中的位置坐标
19              };
20              v2f vert(appdata_full v) {                          //顶点着色器
21                  v2f o;                                          //输出结构体
22                  o.pos = UnityObjectToClipPos(v.vertex);         //将顶点位置坐标变换到剪裁空间
23                  float3 dir = normalize(v.vertex.xyz);           //对顶点位置坐标进行归一化
24                  float3 dir2 = v.normal;                         //获取法线向量
25                  dir = lerp(dir, dir2, 0.9);                     //对顶点坐标与法线向量进行插值
26                  dir = mul((float3x3)UNITY_MATRIX_IT_MV, dir);   //将向量变换到摄像机空间
27                  float2 offset = TransformViewToProjection(dir.xy);//将向量变换到剪裁空间
28                  offset = normalize( offset );                   //归一化偏移值
29                  float dist = distance(mul(UNITY_MATRIX_M,v.vertex),
                        _WorldSpaceCameraPos );                     //计算距离
30                  o.pos.xy += offset * o.pos.z * _OutlineFactor / dist;//对顶点进行偏移操作
31                  return o;
32              }
33              fixed4 frag(v2f i) : SV_Target{                     //片元着色器
34                  return _OutlineCol;                             //直接输出描边颜色
35              }
36              ENDCG
37          }
38          Pass{                                                   //正常着色的 Pass
39              ...//此处省略了模型正常着色的代码，前面的案例已经多次使用，如果读者有兴趣可翻看随书源代码
40  }}}
```

❑ 第 2~7 行为属性定义块，分别定义了主颜色值、描边颜色值、描边宽度与主纹理，方便根据程序需要对着色器中的属性进行修改。

❑ 第 8~16 行属于描边着色器的第一个 Pass，此 Pass 负责将顶点沿法线方向向外扩展，达到描边的效果。其中必不可少的一步就是不绘制面向摄像机的面，使不需要显示的部分被原模型遮挡住，不再被渲染。

❑ 第 17~19 行定义了顶点着色器输出结构体，结构体中仅包含顶点在剪裁空间下的坐标，除此之外还声明了与属性定义块相对应的变量。

❑ 第 20~30 行为顶点着色器的实现，描边效果的核心代码都在顶点着色器中进行编写。先对顶点坐标与法线向量进行插值，并将插值所得结果与顶点坐标转换到剪裁空间，计算摄像机与顶点在世界空间下的距离，最后根据前面的公式对顶点进行偏移操作。

❑ 第 33~35 行为片元着色器的实现，在渲染描边的 Pass 中，片元着色器直接输出描边的颜色即可。

❑ 第 38~40 行是对模型进行正常着色的 Pass，也就是说在编写描边效果时，只需要在原有着色器基础上添加一个渲染描边的 Pass 即可。

7.5 遮挡透视效果

在大部分第三人称角色扮演游戏中，摄像机会跟随角色进行移动，但是场景中不免会有一些建筑物阻挡在摄像机与角色之间，这样在摄像机中就不能确定角色的位置。为此在游戏开发过程中通常会编写着色器对角色被遮挡的部分进行相应的处理使其呈现在屏幕上，本节就来讲解如何实现这一效果。

7.5.1 基本原理

遮挡透视效果往往呈现为没有被物体遮挡的部分正常显示，被物体遮挡的部分灰化或者以其他效果显示。这时该效果的着色器需要两个 Pass 来实现，其中一个 Pass 正常渲染模型，而另一个实现灰化或者以类似边缘发光的效果突显模型。

（1）将角色模型放置到最后渲染，也就是说当渲染完所有的建筑物后再对角色模型进行渲染，通常情况下建筑物的渲染队列为 Geometry，这里只需要将角色模型的渲染队列调节到比 Geometry 更大即可。

（2）关闭深度缓存，将深度测试参数设为 Greater，这样就可以比较角色模型与深度缓存中的深度值，判断角色模型是否被其他物体所遮挡，只有当其被遮挡时才进行灰化渲染。

（3）当通过深度测试后，输出角色模型被遮挡部分的颜色即可，这样开启 Blend 后的 Pass 就能将输出片元的颜色与深度缓存中的颜色混合，得到角色模型的最终颜色。

7.5.2 开发步骤

上一小节介绍了遮挡透视效果的实现原理，本小节将通过具体的案例介绍该效果的开发步骤，案例运行效果如图 7-15 和图 7-16 所示。可以清楚地看到，当建筑物遮挡住角色时，角色模型被遮挡的部分灰化显示，未被遮挡的部分正常显示。

▲图 7-15　角色正常渲染效果

▲图 7-16　角色遮挡透视效果

接下来对本案例的具体开发过程进行简要介绍。由于篇幅有限，在此只对实现角色模型遮挡透视效果的着色器进行详细讲解，对于其他的脚本与着色器，读者可自行翻看随书源代码。具体代码如下。

代码位置：随书资源中的源代码/第 7 章/SpecialEffect/Shader/ OcclusionPerspective.shader。

```
1    Shader "Custom/OcclusionPerspective" {
2        Properties {
3            _MainTex ("Albedo (RGB)", 2D) = "white" {}        //主纹理
4            _PColor("Perspective Color", Color) = (1,1,1,0.5)  //灰化部分的颜色
5        }
6        SubShader {                                            //子着色器
7            Tags{"Queue" = "Geometry+900" "RenderType" = "Opaque"}  //设置标签
8            Pass{                                              //用于渲染被物体遮挡部分的通道
```

```
9       ZWrite off                                  //关闭深度写入
10      Lighting off                                //关闭光照计算
11      Ztest Greater                               //开启深度测试
12      Blend SrcAlpha OneMinusSrcAlpha             //开启混合
13      CGPROGRAM
14      #pragma vertex vert                         //声明顶点着色器
15      #pragma fragment frag                       //声明片元着色器
16      #include "UnityCG.cginc"                    //导入UnityCG包
17      float4 _PColor;                             //声明灰化颜色变量
18      struct v2f{                                 //顶点着色器输出结构体
19          float4 pos : SV_POSITION;               //顶点在剪裁空间中的位置
20      };
21      v2f vert(appdata_img v){                    //顶点着色器
22          v2f o;                                  //定义输出结构体
23          o.pos = UnityObjectToClipPos(v.vertex); //将顶点位置转化到剪裁空间
24          return o;
25      }
26      float4 frag(v2f i) : COLOR{                 //片元着色器
27          return _PColor;                         //输出片元颜色值
28      }
29      ENDCG
30   }
31   Pass{
32      ...//此处省略了对角色模型进行正常渲染的代码,有兴趣的读者可翻看随书源代码
33   }}
34   FallBack "Diffuse"
35 }
```

- 第2~5行为属性定义块,包含角色模型的主纹理与灰化部分的颜色属性的定义。
- 第6~7行设置了子着色器的标签,其中最重要的一步是将渲染队列的值设置得比建筑物的渲染队列的值更大。
- 第8~12行配置了用于渲染角色模型被建筑物遮挡部分的通道所必须的操作,关闭深度写入、光照计算,开启深度测试与混合。
- 第13~20行是Cg代码,声明顶点、片元着色器与相关的变量,同时定义相关结构体。
- 第21~30行分别定义了顶点与片元着色器,其中顶点着色器仅将物体顶点从物体空间转换到剪裁空间,而片元着色器仅将属性定义块中定义的颜色赋给片元。
- 第31~33行是对模型进行正常渲染的通道,读者可根据项目的具体需求对该通道进行编写,也可翻看随书源代码查看详细内容。

7.6 菲涅尔效果

在游戏的渲染中,经常会使用到菲涅尔反射来根据视角控制物体的反射程度,模拟出逼近于真实世界的游戏场景,比较常见的,如水与玻璃等物体在光线的照射下都会产生菲涅尔效果。本节将详细讲解如何编写着色器实现菲涅尔效果。

7.6.1 基本原理

在介绍具体开发步骤之前先介绍产生菲涅尔效果的原因。当光线到达两种材质的接触面时,一部分光线被反射,另一部分光线被折射。大致的规律是当入射角较小时主要发生折射,当入射角较大时主要发生反射。

例如在湖边或池塘边观察水面,当目光相对于水面基本垂直时,主要看到的是水面下的内容;而当目光相对于水面的入射角很大时,主要看到的是湖面反射的内容,而看不到水面下的内容。图7-17简单地说明了这个原理。

了解了菲涅尔效果的基本原理后还有一个重要的问题需要解决,那就是在给定情况下,反射

和折射各自所占的比例为多少。这个问题的精确计算十分复杂，需要用到专门为菲涅尔效果建立的复杂数学模型，但基于这些模型的计算难以满足游戏实时性的需求。

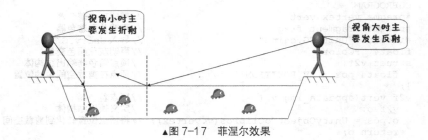

▲图 7-17　菲涅尔效果

在实际开发中建议采用简化的数学模型，也就是将折反射比例分成 3 种情况进行计算，具体如下。

- 若入射角小于一定的值，则只计算折射效果。
- 若入射角大于一定的值，则只计算反射效果。
- 若入射角在一定的范围内，则先单独计算折射效果与反射效果，再将两种效果的计算结果按一定的比例进行融合。

7.6.2　立方体纹理技术

明白了菲涅尔效果的基本原理后，还不能直接编写着色器实现该效果。因为还需要知道如何对物体反射与折射后的效果进行模拟，为此引入立方体纹理技术。立方体纹理技术是一种特殊的纹理映射技术，主要包括以下两个要点。

- 立方体纹理的单位是套，一套立方体纹理包括 6 幅尺寸相同的正方形纹理图片。与构造天空盒的思路相同，这 6 幅图片正好包含了 360°内的场景内容。
- 对立方体纹理进行采样时，需要给出的不再是 S、T 两个轴的纹理坐标，而是一个规格化的向量。此规格化向量代表采样的方向，用来确定在代表 360°场景内容的 6 幅图片中的哪一幅的哪个位置进行采样。图 7-18 所示以反射效果为例说明如何使用立方体纹理技术对环境进行采样。

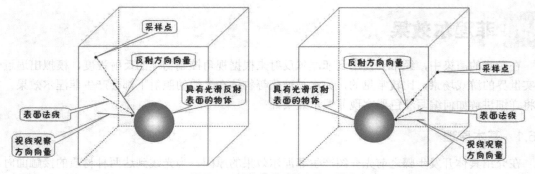

▲图 7-18　立方体纹理技术使用说明

7.6.3　开发步骤

本小节基于菲涅尔效果原理实现玻璃工艺品的菲涅尔效果，本案例的运行效果如图 7-19 和图 7-20 所示。可以清楚地看到场景中玻璃工艺品边缘产生了反射效果，而中间部分产生了折射效果。

7.6 菲涅尔效果

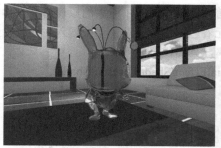
▲图7-19 玻璃工艺品菲涅尔效果（1）

▲图7-20 玻璃工艺品菲涅尔效果（2）

> **提示** 建议读者运行随书项目观察效果。

接下来对本案例的具体开发过程进行简要介绍。将重点讲解着色器特效的开发，不再对场景搭建等步骤进行介绍，如果读者有兴趣可翻看随书项目。

（1）在当前的玻璃工艺品模型摆放位置采集场景，生成 Cubemap 立方体纹理。Unity 提供了 RenderToCubemap 方法实现此操作。为了简单地通过菜单操作就能实现 Cubemap 的生成，在此对编辑器进行了扩展，具体代码如下。

代码位置：随书资源中的源代码/第 7 章/SpecialEffect/Editor/RenderCubemapWizard.cs。

```
1   public class RenderCubemapWizard : ScriptableWizard{
2       public Transform renderFromPosition;                //渲染位置坐标
3       public Cubemap cubemap;                             //立方体纹理
4       void OnWizardUpdate(){                              //当向导窗口更新时调用此方法
5           string helpString = "Select transform to render from and cubemap to
            render into";                                   //提示信息
6           bool isValid = (renderFromPosition != null) && (cubemap != null);
                                                            //向导窗口是否可用判断依据
7       }
8       void OnWizardCreate(){                              //单击窗口中的 Create 按钮时调用
9           GameObject go = new GameObject("CubemapCamera");    //创建临时对象
10          go.AddComponent<Camera>();                      //为该对象添加摄像机组件
11          go.transform.position = renderFromPosition.position;    //设置摄像机位置
12          go.transform.rotation = Quaternion.identity;    //设置摄像机旋转角
13          //将摄像机位置周围的场景映射到 Cubemap 中
14          go.GetComponent<Camera>().RenderToCubemap(cubemap);
15          DestroyImmediate(go);                           //销毁摄像机对象
16      }
17      [MenuItem("GameObject/Render into Cubemap")]        //定义菜单
18      static void RenderCubemap(){
19          ScriptableWizard.DisplayWizard<RenderCubemapWizard>(
20              "Render cubemap", "Render!");               //创建向导窗口
21  }}
```

❑ 第 4～7 行定义了 OnWizardUpdate 方法，当扩展窗口打开或用户对窗口的内容进行改动时，会调用此方法，此方法用于显示帮助文字并进行内容有效性的验证。

❑ 第 8～16 行是当用户单击窗口的 Create 按钮时进行的操作，主要为创建临时的摄像机对象，将渲染位置的坐标赋予此摄像机对象，调用 RenderToCubemap 方法，将摄像机周围的场景映射到立方体纹理中，最后删除此摄像机对象。

❑ 第 17～21 行定义了菜单，可单击 GameObject→Render into Cubemap 弹出本脚本所代表的窗体。

> **说明** 编写完毕后需要将此脚本放入 Editor 文件夹内才能正常使用，关于扩展编辑器的相关知识将会在后文详细讲解，这里读者只需简单理解即可。

（2）生成所需的立方体纹理之后，需要编写着色器根据菲涅尔效果的原理对立方体纹理进行采样，顶点着色器获取并组织模型数据传递给片元着色器，片元着色器根据入射角进行采样，在该着色器中还能够调节反射、折射光颜色与折色率，具体代码如下。

代码位置：随书资源中的源代码/第 7 章/SpecialEffect/Shader/Fresnel.shader。

```
1   Shader "Custom/Fresnel" {
2       Properties{                                                //定义属性块
3           _Color("Color Tint", Color) = (1, 1, 1, 1)             //主颜色
4           _ReflectColor("Reflection Color", Color) = (1, 1, 1, 1) //反射光颜色
5           _RefractColor("Refraction Color", Color) = (1, 1, 1, 1) //折射光颜色
6           _RefractRatio("Refraction Ratio", Range(0.1, 1)) = 0.5  //折射率
7           _Cubemap("Reflection Cubemap", Cube) = "_Skybox" {}     //立方体纹理
8           _MaxH("Max Value", Range(0, 1)) = 0.7       //入射角大于此值，仅计算折射
9           _MinH("Min Value", Range(0, 1)) = 0.2       //入射角小于此值，仅计算反射
10      }
11      SubShader{
12          Tags{ "RenderType" = "Opaque" "Queue" = "Geometry" }   //子着色器标签的定义
13          Pass{
14              Tags{ "LightMode" = "ForwardBase" }                //定义 Pass 标签
15              CGPROGRAM
16              #pragma vertex vert                                //声明顶点着色器
17              #pragma fragment frag                              //声明片元着色器
18              #include "Lighting.cginc"                          //导入 Lighting 工具包
19              #include "AutoLight.cginc"                         //导入 AutoLight 工具包
20              ...//此处省略了与属性定义块中相同的属性变量的声明，如果读者有兴趣可翻看随书源代码
21              struct a2v {                                       //定义顶点着色器输入结构体
22                  float4 vertex : POSITION;                      //顶点位置
23                  float3 normal : NORMAL;                        //法向量
24              };
25              struct v2f {                                       //定义顶点着色器输出结构体
26                  float4 pos : SV_POSITION;                      //顶点在剪裁空间中的坐标
27                  float3 worldPos : TEXCOORD0;                   //顶点在世界空间中的坐标
28                  fixed3 worldNormal : TEXCOORD1;                //世界空间中的法线
29                  fixed3 worldViewDir : TEXCOORD2;               //世界空间中的视线方向
30              };
31              v2f vert(a2v v) {                                  //顶点着色器
32                  v2f o;
33                  o.pos = UnityObjectToClipPos(v.vertex);        //从物体空间到剪裁空间
34                  o.worldNormal = UnityObjectToWorldNormal(v.normal);//世界空间下的法向量
35                  o.worldPos = mul(unity_ObjectToWorld, v.vertex).xyz;//世界空间下的顶点位置
36                  o.worldViewDir = UnityWorldSpaceViewDir(o.worldPos);  //视线方向
37                  return o;
38              }
39              fixed4 frag(v2f i) : SV_Target{                    //片元着色器
40                  ...//此处省略了片元着色器的内容，将在后文详细介绍
41              }
42              ENDCG
43  }}}
```

❑ 第 2～10 行为属性定义块，分别定义了主颜色、反射光颜色、折射光颜色、折射率、立方体纹理、入射角最大分界值与入射角最小分界值。

❑ 第 11～19 行定义了子着色器，声明渲染队列标签为 Geometry，同时定义了渲染通道，声明顶点与片元着色器，导入.cginc 工具包。

❑ 第 20～30 行声明了与属性定义块中的属性相同的变量，并且还定义了顶点着色器的输入与输出结构体，用于在渲染管线中传递信息。

❑ 第 31～38 行为顶点着色器的实现，将顶点位置从物体空间分别转换到世界空间与剪裁空间中，将法向量转换到世界空间下，并根据世界空间下的顶点位置获取视线方向。

❑ 第 39～41 行为片元着色器的实现。在本案例的程序中菲涅尔效果主要是利用片元着色器实现的，根据入射角的值判断每个片元是产生反射还是折射效果。

（3）在实现菲涅尔效果的过程中，片元着色器计算视线方向向量与法向量的余弦值，通过比

7.7 高斯模糊

较该余弦值与最大、最小分界值的大小关系来决定产生反射效果还是折射效果，具体代码如下。

代码位置：随书资源中的源代码/第 7 章/SpecialEffect/Shader/Fresnel.shader。

```
1   fixed4 frag(v2f i) : SV_Target{
2       fixed3 worldNormal = normalize(i.worldNormal);              //归一化法向量
3       fixed3 worldLightDir = normalize(UnityWorldSpaceLightDir(i.worldPos));//归一化光照方向向量
4       fixed3 worldViewDir = normalize(i.worldViewDir);            //归一化视线方向向量
5       fixed3 vTextureCoord;        //用于进行立方体纹理采样的向量
6       fixed3 reflection;           //反射采样结果
7       fixed3 refraction;           //折射采样结果
8       fixed3 color;                //最终颜色
9       fixed testValue = abs(dot(worldViewDir,worldNormal));//计算视线方向向量与法向量的余弦值
10      if(testValue > _MaxH) {      //余弦值大于 MaxH 仅折射
11          vTextureCoord = refract(-worldViewDir, worldNormal, _RefractRatio);
                                     //计算折射采样向量
12          refraction = texCUBE(_Cubemap, vTextureCoord).rgb * _RefractColor.rgb;
                                     //对 Cubemap 采样
13          color = refraction;      //赋予片元最终颜色值
14      }else if (testValue > _MinH && testValue < _MaxH) {    //折射与反射融合
15          vTextureCoord = reflect(-worldViewDir, worldNormal);   //计算反射采样向量
16          reflection = texCUBE(_Cubemap, vTextureCoord).rgb * _ReflectColor.rgb;
                                     //获取反射采样结果
17          vTextureCoord = refract(-worldViewDir, worldNormal, _RefractRatio);
                                     //计算折射采样向量
18          refraction = texCUBE(_Cubemap, vTextureCoord).rgb * _RefractColor.rgb;
                                     //获取折射采样结果
19          fixed ratio = (testValue - _MinH) / (_MaxH - _MinH);  //融合比例
20          color = refraction * ratio + reflection * (1.0 - ratio);//折射与反射结果线性融合
21      }else {                      //只有反射
22          vTextureCoord = reflect(-worldViewDir, worldNormal);   //计算反射采样向量
23          reflection = texCUBE(_Cubemap, vTextureCoord).rgb * _ReflectColor.rgb;
                                     //获取反射采样结果
24          color = reflection;      //赋予片元最终颜色值
25      }
26      return fixed4(color, 0.5);   //返回片元颜色值
27  }
```

❑ 第 2～9 行用于归一化法向量、光照方向向量、视线方向向量，以及声明用于进行立方体纹理采样的向量、反射采样结果、折射采样结果等变量，同时计算世界空间下的视线方向向量与法向量的余弦值。

❑ 第 10～13 行表示当余弦值大于最大分界值时仅发生折射，计算折射的采样向量，对立方体纹理进行采样。

❑ 第 14～20 行表示当余弦值处于最小与最大分界值之间时，将折射效果与反射效果进行融合，即分别获取反射与折射的采样结果，根据计算出的融合比例对反射与折射结果进行线性融合。

❑ 第 21～25 行表示当余弦值小于最小分界值时，仅发生反射，计算反射采样向量，对立方体纹理进行采样。

7.7 高斯模糊

在游戏开发中，常用高斯模糊技术来减少图像噪声及降低细节层次。高斯模糊是屏幕后处理效果的一种。在 3D 游戏中，通常是将摄像机观察到的场景渲染到一张图片上，然后再将这张图片呈现在设备屏幕上，而高斯模糊正是对摄像机渲染后的图片进行处理。

7.7.1 基本原理

高斯模糊是对一整幅图像进行加权平均，每一个像素点的值都由其本身和邻域内的其他像素值经过加权平均后得到。具体做法是用一个模板扫描图像中的每一个像素，用模板确定邻域内像

素的加权平均值从而代替模板中心像素点的值。数学表达式如下。

$$G(x,y) = \frac{1}{2\pi\sigma^2} e^{-\frac{x^2+y^2}{2\sigma^2}}$$

> **说明** 其中，σ 为标准方差，x 与 y 分别代表了当前像素位置到卷积核中心的整数距离。卷积核通常是一个四方形网格，该网格区域内的每个方格中都有一个权重值。

通常，实现高斯模糊的流程是取图像中一个像素为中心点，然后取该像素周围的点作为采样点，根据相对中心点的距离为区域内的像素点分别乘以对应的权值，再求出它们的平均值作为处理后中心点的像素值。但是这样做在处理图像中每个像素点的时候，需要进行大量的采样计算。

假设屏幕分辨率是 $M \times N$，卷积核大小是 $m \times n$，那么进行一次高斯模糊处理就需要进行 $M \times N \times m \times n$ 次采样。幸运的是，可以将二维高斯函数拆分成两个一维函数，如图 7-21 所示。

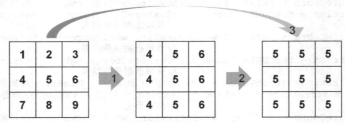

▲图 7-21　线性拆分过程

线性拆分过程如下。
- 步骤 1：计算每列的平均值，（1+4+7）÷3=4，（2+5+8）÷3=5，（3+6+9）÷3=6。
- 步骤 2：计算每行的平均值。（4+5+6）÷3=5，（4+5+6）÷3=5，（4+5+6）÷3=5。
- 步骤 3：直接加权平均。（1+2+3+4+5+6+7+8+9）÷9=5。

高斯模糊是线性操作，所以能够进行线性拆分，将二维高斯函数拆分成横向与纵向的两个一维操作，这样采样的次数就从 $M \times N \times m \times n$ 缩减成了 $(M+N) \times m \times n$，极大地减少了采样次数，提升了操作效率。

7.7.2　开发步骤

上一小节介绍了高斯模糊的基本原理与优化方法，本小节将通过具体的案例来介绍其使用方法，案例运行效果如图 7-22 和图 7-23 所示。可以看到开启高斯模糊后，屏幕上呈现的场景图像变得较为模糊，无法看到更多的细节。

▲图 7-22　场景原效果

▲图 7-23　场景高斯模糊效果

7.7 高斯模糊

接下来对本案例的具体开发过程进行简要介绍。在此只对高斯模糊效果的实现过程进行讲解，其他着色器效果与操作过程读者可自行翻看随书项目。

（1）高斯模糊属于屏幕后处理效果，为了实现这种效果，除了编写对应的着色器外，还需要编写脚本实现对屏幕图像的抓取与处理。Unity 提供了 OnRenderImage 与 Graphics.Blit 方法抓取屏幕上的图像并进行处理。具体代码如下。

代码位置：随书资源中的源代码/第 7 章/SpecialEffect/Scripts/GaussianBlur.cs。

```
1   using UnityEngine;
2   using System.Collections;
3   [ExecuteInEditMode]                                    //编辑状态下也能运行
4   [RequireComponent(typeof(Camera))]                     //挂载对象需有摄像机组件
5   public class GaussianBlur : MonoBehaviour{
6       public Material _Material;                         //图像处理材质
7       public float BlurRadius = 1.0f;                    //模糊半径
8       public int downSample = 2;                         //降分辨率
9       public int iteration = 1;                          //迭代次数
10      void OnRenderImage(RenderTexture source, RenderTexture destination){//抓取屏幕
11          if(_Material){                                 //是否有图像处理材质
12              //创建 RenderTexture，其分辨率按照 downSample 降低
13              RenderTexture rt1 = RenderTexture.GetTemporary(source.width >> downSample,
14                  source.height >> downSample, 0, source.format);
15              RenderTexture rt2 = RenderTexture.GetTemporary(source.width >> downSample,
16                  source.height >> downSample, 0, source.format);
17              Graphics.Blit(source, rt1);                //直接将原图复制到降低了分辨率的 RenderTexture 上
18              for(int i = 0; i < iteration; i++){//进行迭代高斯模糊
19                  //第一次高斯模糊，设置_offsets，竖向模糊
20                  _Material.SetVector("_offsets", new Vector4(0, BlurRadius, 0, 0));
21                  Graphics.Blit(rt1, rt2, _Material);
                    //利用图像处理材质对 rt1 进行处理并将处理结果输出到 rt2 中
22                  //第二次高斯模糊，设置_offsets，横向模糊
23                  _Material.SetVector("_offsets", new Vector4(BlurRadius, 0, 0, 0));
24                  Graphics.Blit(rt2, rt1, _Material);
                    //利用图像处理材质对 rt2 进行处理并将处理结果输出到 rt1 中
25              }
26              Graphics.Blit(rt1, destination);           //将处理结果输出到屏幕上
27              RenderTexture.ReleaseTemporary(rt1);       //释放申请的两块 RenderTexture 缓存
28              RenderTexture.ReleaseTemporary(rt2);
29  }}}
```

- 第 3~4 行定义了脚本的标签，表明该脚本在编辑器模式下同样能够运行，并且只能挂载到含有摄像机组件的对象上。

- 第 6~9 行定义了公有变量，用于调节图像高斯模糊的程度，分别为图像处理材质、模糊半径、降分辨率与迭代次数，其中图像处理材质用于处理所抓取的图像。

- 第 10~29 行定义了 OnRenderImage 方法，该方法能够实现对屏幕的抓取，其中 source 为原始图像，destination 为经过处理最终显示到屏幕上的图像。

- 第 11~17 行先判断是否有对图像进行处理的材质，如果有就创建两个临时的 RenderTexture，其分辨率按照 downSample 的值进行降低，这样做的目的是减少处理像素的个数，在一定程度上也能增强模糊效果，最后将原图像复制到降低了分别率的 RenderTexture 上。

- 第 18~28 行进行迭代高斯模糊，通过设置图像处理材质的_offsets 属性分别对图像进行纵向与横向采样，利用临时开辟的两个 RenderTexture 将横向与纵向处理结果叠加。最后将高斯模糊的处理结果输出到屏幕上，释放所申请的两块 RednerTexture 缓存。

（2）步骤（1）介绍了实现屏幕图像抓取与处理的代码，其中用到了图像处理材质对图像进行操作处理。下面讲解高斯模糊图像处理材质所对应的着色器。在该着色器中分别计算与中心像素点上下或左右距离各 1、2、3 的像素点颜色，对这些像素进行加权平均得到中心像素的颜色，具体代码如下。

代码位置：随书资源中的源代码/第 7 章/SpecialEffect/Shader/GaussianBlur.shader。

```
1   Shader "Custom/GaussianBlur"{
2     Properties{                                 //定义属性块
3       _MainTex("Base (RGB)", 2D) = "white" {}   //主纹理
4     }
5     CGINCLUDE
6     #include "UnityCG.cginc"
7     struct v2f_blur{                            //顶点着色器输出结构体
8       float4 pos : SV_POSITION;                 //顶点位置
9       float2 uv  : TEXCOORD0;                   //本像素点纹理坐标
10      float4 uv01 : TEXCOORD1;                  //与中心点距离为 1 的两个像素点的纹理坐标
11      float4 uv23 : TEXCOORD2;                  //与中心点距离为 2 的两个像素点的纹理坐标
12      float4 uv45 : TEXCOORD3;                  //与中心点距离为 3 的两个像素点的纹理坐标
13    };
14    sampler2D _MainTex;                         //纹理变量
15    float4 _MainTex_TexelSize;                  //_MainTex 纹理对应的每个纹理的大小
16    float4 _offsets;                            //设置横向和竖向高斯模糊的关键参数
17    v2f_blur vert_blur(appdata_img v){          //顶点着色器
18      v2f_blur o;                               //定义输出结构体
19      o.pos = UnityObjectToClipPos(v.vertex);   //将顶点坐标转化到剪裁空间
20      o.uv = v.texcoord.xy;                     //纹理坐标
21      _offsets *= _MainTex_TexelSize.xyxy;      //计算偏移量
22      //计算中心点上下或左右距离为 1、2、3 的像素点的纹理坐标
23      o.uv01 = v.texcoord.xyxy + _offsets.xyxy * float4(1, 1, -1, -1);
24      o.uv23 = v.texcoord.xyxy + _offsets.xyxy * float4(1, 1, -1, -1) * 2.0;
25      o.uv45 = v.texcoord.xyxy + _offsets.xyxy * float4(1, 1, -1, -1) * 3.0;
26      return o;
27    }
28    fixed4 frag_blur(v2f_blur i) : SV_Target{   //片元着色器
29      fixed4 color = fixed4(0,0,0,0);           //初始化颜色值
30      color += 0.4 * tex2D(_MainTex, i.uv);     //将中心点及周围的像素进行加权平均
31      color += 0.15 * tex2D(_MainTex, i.uv01.xy); color += 0.15 * tex2D(_MainTex, i.uv01.zw);
32      color += 0.10 * tex2D(_MainTex, i.uv23.xy); color += 0.10 * tex2D(_MainTex, i.uv23.zw);
33      color += 0.05 * tex2D(_MainTex, i.uv45.xy); color += 0.05 * tex2D(_MainTex, i.uv45.zw);
34      return color;                             //返回片元的颜色值
35    }
36    ENDCG
37    SubShader{                                  //子着色器
38      Pass{
39        ZTest Always Cull Off ZWrite Off        //通道操作
40        CGPROGRAM
41        #pragma vertex vert_blur                //声明顶点着色器
42        #pragma fragment frag_blur              //声明片元着色器
43        ENDCG
44  }}}
```

❏ 第 2～4 行为属性定义块，其中必须声明一个名为_MainTex 的纹理属性，因为步骤（1）脚本中的 Graphics.Blit(src,dest,material)方法会将 src 传递给本着色器中的_MainTex。

❏ 第 5～13 行引入了 UnityCG 工具包，并且定义了顶点着色器的输出结构体，用于顶点着色器与片元着色器之间的信息传递，其中声明了顶点坐标与 7 个像素点的纹理坐标变量。

❏ 第 14～16 行声明了本着色器中需要用到的变量，其中_MainTex_TexelSize 是_MainTex 纹理对应的每个纹理的大小。例如，若_MainTex 的分辨率为 512×512，则_MainTex_TexelSize 的 x、y 值均为 1/512。而_offsets 能够决定对图像进行横向采样还是纵向采样。

❏ 第 17～27 行为顶点着色器的实现，其主要作用就是计算中心点周围 6 个像素点的纹理坐标。_offsets 变量在步骤（1）的脚本中赋值为(0,1,0,0)或(1,0,0,0)，分别代表横向或纵向地选取中心点周围的像素点，这样通过对中心点纹理坐标的偏移计算就能得到其余 6 个像素点的纹理坐标。

❏ 第 28～36 行为片元着色器的实现，其主要作用是将像素本身及像素左右（或者上下，

取决于顶点着色器传进来的纹理坐标）像素值进行加权平均，最后将计算结果赋予该像素作为颜色值。

- 第 37~44 行定义了子着色器，在 Pass 中关闭了面的剔除与深度写入等。

7.8 Bloom 效果

Bloom 效果又称为"全屏泛光"，是游戏中常用的一种屏幕后处理效果。使用 Bloom 效果后，游戏画面的对比会得到增强，亮处的曝光也会得到增强，呈现出一种朦胧的效果。该效果一般用来近似模拟高动态范围（High Dynamic Range，HDR）效果，本节将详细介绍如何编写程序实现 Bloom 效果。

7.8.1 基本原理

计算机在表示图像的时候是用 8bit 或 16bit 来区分图像亮度的，这一数量并不能够再现真实自然光的情况，而 HDR 利用 ToneMapping 技术能够用有限的亮度分布模拟更大范围的亮度分布，但这对性能的要求十分高。

由于游戏的实时性要求很高，通常采用 Bloom 近似模拟 HDR，将图像中的光照范围调至过饱和程度，Bloom 效果的实现流程如下。

（1）利用脚本获取屏幕图像，检测屏幕中每个像素的亮度，并设置阈值，当像素的亮度大于阈值时保留该像素颜色值，否则将像素颜色值置为黑色。

（2）将处理后的图像进行模糊化处理，模拟光线扩散的效果，这里采用高斯模糊。

（3）将模糊后的图像与原图像混合，得到 Bloom 效果的图像。

7.8.2 开发步骤

上一小节介绍了 Bloom 的基本原理，本小节将通过具体的案例来介绍其应用，案例运行效果如图 7-24 和图 7-25 所示。可以看到，开启 Bloom 效果后，屏幕上亮的地方曝光更强，较原场景而言逼真度有了较大的提升。

▲图 7-24　场景原效果

▲图 7-25　场景 Bloom 效果

接下来对本案例的具体开发过程进行简要介绍。在此只对 Bloom 效果的实现过程进行讲解，对于其他着色器效果与操作过程，读者可自行翻看随书项目。

（1）Bloom 同样属于屏幕后处理效果，需要编写脚本实现对屏幕图像的抓取与处理。创建名为 Bloom 的脚本，将其挂载到摄像机对象上，该脚本依次实现了根据阈值提取图像、对图像进行高斯模糊与混合图像操作，具体代码如下。

代码位置：随书资源中的源代码/第 7 章/SpecialEffect/Scripts/Bloom.cs。

```
1  public class Bloom: MonoBehaviour{
2      public Material _Material;                              //图像处理材质
```

```
3      public Color colorMix = new Color(1, 1, 1, 1);    //特效的颜色
4      [Range(0.0f, 1.0f)]
5      public float threshold = 0.25f;                    //Bloom 效果范围
6      [Range(0.0f, 2.5f)]
7      public float intensity = 0.75f;                    //Bloom 效果强度
8      [Range(0.2f, 1.0f)]
9      public float BlurSize = 1.0f;                      //高斯模糊范围与质量
10     public int downSample = 2;                         //降分辨率
11     void OnRenderImage(RenderTexture source, RenderTexture destination){
12       if(_Material){
13         _Material.SetColor("_ColorMix", colorMix);//设置材质中特效的颜色
14         _Material.SetVector("_Parameter", new Vector4(BlurSize * 1.5f, 0.0f,
                                                           //向材质中传入参数
15           intensity, 0.8f - threshold));
16         //申请 RenderTexture，其分辨率按照 downSample 降低
17         RenderTexture rt1 = RenderTexture.GetTemporary(source.width >> downSample,
18           source.height >> downSample, 0, source.format);
19         RenderTexture rt2 = RenderTexture.GetTemporary(source.width >> downSample,
20           source.height >> downSample, 0, source.format);
21         Graphics.Blit(source, rt1, _Material, 0);//第一步：根据阈值提取图像
22         //第二步：高斯模糊
23         _Material.SetVector("_offsets", new Vector4(0, 1, 0, 0));    //竖向模糊
24         Graphics.Blit(rt1, rt2, _Material, 1);
25         _Material.SetVector("_offsets", new Vector4(1, 0, 0, 0));    //横向模糊
26         Graphics.Blit(rt2, rt1, _Material, 1);
27         _Material.SetTexture("_Bloom", rt1);       //第三步：与原图像混合
28         Graphics.Blit(source, destination, _Material, 2);
29         RenderTexture.ReleaseTemporary(rt1);       //释放申请的两块 RenderTexture 缓存
30         RenderTexture.ReleaseTemporary(rt2);
31     }}}
```

❑ 第 2~10 行定义了 Bloom 效果的属性，分别为图像处理材质、特效的颜色、Bloom 效果范围、Bloom 效果强度、高斯模糊范围与质量等。

❑ 第 13~20 行设置材质中特效的颜色，并将成员变量中定义的参数以向量的形式传入图像处理材质中，创建两个 RednerTexture，根据 downSample 的值降低分辨率以减少需要处理的像素个数。

❑ 第 21 行为实现 Bloom 效果的第一个步骤，根据阈值提取出图像中比较亮的像素，将其他低于该阈值的像素置为黑色，具体的操作在图像处理着色器中编写，此步骤对应着色器中的第一个 Pass。

❑ 第 22~26 行是实现 Bloom 效果的第二个步骤，对第一步提取出来的图像进行高斯模糊处理，处理步骤与上一节讲解的高斯模糊相同，此步骤对应着色器中的第二个 Pass。

❑ 第 27~30 行是实现 Bloom 效果的最后一个步骤，将高斯模糊后的图像与原图像进行混合，此步骤对应着色器中的第三个 Pass，释放前面创建的两块 RenderTexture 缓存。

（2）步骤（1）介绍了实现屏幕图像抓取与处理的代码，其中用到了图像处理材质对图像进行处理。下面讲解 Bloom 效果图像处理材质所对应的着色器，具体代码如下。在该段代码中，定义了 3 个 Pass，分别对应步骤（1）脚本中实现 Bloom 效果的 3 步。

代码位置：随书资源中的源代码/第 7 章/SpecialEffect/Shader/Bloom.shader。

```
1    Shader "Custom/Bloom"{
2      Properties{                                        //定义属性块
3        _MainTex("Base (RGB)", 2D) = "white" {}          //主纹理
4        _Bloom ("Bloom (RGB)", 2D) = "black" {}          //Bloom 效果纹理
5      }
6      CGINCLUDE
7      ...//此处省略了一些变量的声明，如果读者有兴趣可翻看随书源代码
8      struct v2f_withMaxCoords {                         //Pass 0 顶点着色器输出结构体
9        half4 pos : SV_POSITION;                         //顶点位置坐标
10       half2 uv2[5] : TEXCOORD0;                        //纹理坐标数组
11     };
```

```
12      v2f_withMaxCoords vertMax (appdata_img v){    //Pass 0 顶点着色器
13        v2f_withMaxCoords o;                         //输出结构体
14        o.pos = UnityObjectToClipPos (v.vertex);     //将顶点坐标转化到剪裁空间
15        o.uv2[0] = v.texcoord + _MainTex_TexelSize.xy * half2(1.5,1.5);
                                                       //计算周围像素的纹理坐标
16        o.uv2[1] = v.texcoord + _MainTex_TexelSize.xy * half2(-1.5,1.5);
17        o.uv2[2] = v.texcoord + _MainTex_TexelSize.xy * half2(-1.5,-1.5);
18        o.uv2[3] = v.texcoord + _MainTex_TexelSize.xy * half2(1.5,-1.5);
19        o.uv2[4] = v.texcoord ;                      //记录本顶点的纹理坐标
20        return o;                                    //将信息传递到片元着色器
21      }
22      fixed4 fragMax ( v2f_withMaxCoords i ) : COLOR{   //Pass 0 片元着色器
23        fixed4 color = tex2D(_MainTex, i.uv2[4]);        //采样当前像素的颜色
24        color = max(color, tex2D (_MainTex, i.uv2[0])); //与周围像素比较颜色值
25        ...//此处省略了对另外 3 个像素值的比较, 如果读者有兴趣可翻看随书源代码
26        return saturate(color - _Parameter.w);        //设置阈值提取出图像中较亮的部分
27      }
28      ...//此处省略了 Pass 1 高斯模糊处理的顶点着色器与片元着色器的实现
29      struct v2f_mix {                               //Pass 2 顶点着色器输出结构体
30        half4 pos : SV_POSITION;                     //顶点位置坐标
31        half4 uv : TEXCOORD0;                        //纹理坐标
32      };
33      v2f_mix vertMix (appdata_img v){               //Pass 2 顶点着色器
34        v2f_mix o;                                   //输出结构体
35        o.pos = UnityObjectToClipPos (v.vertex);     //将顶点坐标转化到剪裁空间
36        o.uv = v.texcoord.xyxy;                      //记录纹理坐标
37        #if UNITY_UV_STARTS_AT_TOP                   //若为 DirectX 平台
38          if(_MainTex_TexelSize.y < 0.0)             //判断是否开启抗锯齿
39            o.uv.w = 1.0 - o.uv.w;                   //对竖直方向的纹理坐标进行翻转
40        #endif
41        return o;                                    //将信息传递到片元着色器
42      }
43      fixed4 fragMix( v2f_mix i ) : COLOR{           //Pass 2 片元着色器
44        fixed4 color = tex2D(_MainTex, i.uv.xy);     //对主纹理进行采样
45        color += tex2D(_Bloom, i.uv.zw)* _Parameter.z* ColorMix;
                                                       //将主纹理与高斯模糊后的图像混合
46        return color;                                //返回片元颜色值
47      }
48      ENDCG
49      SubShader {                                    //子着色器
50        ...//此处省略了子着色器的代码, 如果读者有兴趣可翻看随书源代码
51      }}
```

❏ 第 2~5 行为属性定义块, 其中 _MainTex 代表屏幕输出的图像, _Bloom 代表对 _MainTex 经过提取高亮与高斯模糊处理后的图像。

❏ 第 8~21 行为 Pass 0 的顶点着色器输出结构体的定义与顶点着色器的实现, Pass 0 的主要功能是从原图像中提取高亮的像素, 将低于高亮阈值的区域置为黑色。顶点着色器负责计算顶点坐标及与本顶点相邻的上、下、左、右 4 个片元的纹理坐标。

❏ 第 22~27 行为 Pass 0 的片元着色器的实现, 其主要功能是根据从顶点着色器传递过来的 5 个纹理坐标比较采样颜色的大小, 选取最亮的颜色作为本片元的颜色, 最后根据设置的阈值决定是否在输出图像上显示该片元。

❏ 第 28 行省略了 Pass 1 的顶点着色器与片元着色器的实现, Pass 1 的主要功能是对 Pass 0 输出的图像进行高斯模糊。

❏ 第 29~42 行为 Pass 2 的信息传递结构体的定义与顶点着色器的实现, Pass 2 的主要功能是将原图像与 Pass 1 输出的图像进行混合, 得到最终的 Bloom 效果图。由于 OpenGL 与 DirectX 平台使用了不同的屏幕空间坐标, 所以在顶点着色器中进行翻转处理。

❏ 第 43~51 行定义了 Pass 2 中的片元着色器, 根据从顶点着色器传递过来的纹理坐标进行颜色采样, 最终与经过参数调节的模糊图像进行混合。在程序的最后定义了 SubShader, 该部分

代码十分简单，只需要将前面定义的各个方法按顺序组织成 3 个 Pass 即可。

7.9 景深

景深（Depth of Field，DOF）是在相机完成对焦时，景物在感光元件上清楚、锐利的范围，简单来说景深效果就是相机焦点前后的物体是清晰的，其他物体离相机焦点越远越模糊。在游戏的开发过程中，通常会使用景深效果来表现场景的层次感或突出主体。

7.9.1 基本原理

真实世界中，景深是由相机的光圈、镜头及物体的距离共同决定的，其计算方法较为复杂；而游戏开发中常常会使用简化的方法模拟景深效果来减少运算量，简化后的方法十分简单，实现流程如下。

（1）使用前文讲解的高斯模糊对原图像进行模糊处理。

（2）利用_CameraDepthTexture 获取屏幕的深度纹理，通过此纹理就能知道场景中物体距离摄像机的远近。

（3）根据场景中物体距离摄像机的远近，将原图像与高斯模糊后的图像进行插值混合，这样就能呈现距离摄像机近的物体十分清晰，而距离摄像机远的物体较为模糊的效果。

> **提示** 需要将摄像机对象的 DepthTextureMode 属性值设置为 Depth，开启 Depth 模式后就可以在着色器中通过_CameraDepthTexture 获取屏幕的深度纹理。

7.9.2 开发步骤

上一小节介绍了景深效果实现的流程，本小节将通过具体的案例来介绍其应用，案例运行效果如图 7-26 和图 7-27 所示。可以看到开启景深效果后，距离摄像机远的物体变得十分模糊，而距离摄像机近的物体较为清晰，这样就能够在场景中突出呈现主体。

接下来对本案例的具体开发过程进行简要介绍。在此只对景深效果的实现过程进行讲解，对于其他操作过程，读者可自行翻看随书项目。具体内容如下。

（1）景深属于屏幕后处理效果，需要编写脚本实现对屏幕图像的抓取与处理。创建名为 DepthOfField 的脚本，将其挂载到摄像机对象上，该脚本依次实现了高斯模糊、计算焦点、混合图像等操作，具体代码如下。

▲图 7-26 场景原效果

▲图 7-27 景深效果

代码位置：随书资源中的源代码/第 7 章/SpecialEffect/Scripts/DepthOfField.cs。

```
1  public class DepthOfField : MonoBehaviour{
2      public Material _Material;                    //模糊处理材质
```

```csharp
3      public Material _BlendMaterial;           //混合处理材质
4      public float BlurRadius = 1.0f;           //模糊半径
5      public int downSample = 2;                //降分辨率
6      public int iteration = 1;                 //迭代次数
7      public float dist = 0;                    //起始模糊位置
8      void OnEnable(){
9          GetComponent<Camera>().depthTextureMode |= DepthTextureMode.Depth; //更改模式
10     }
11     void OnRenderImage(RenderTexture source, RenderTexture destination){ //抓取屏幕
12         if(_Material){                        //是否有图像处理材质
13             //申请 RenderTexture,分辨率按照 downSample 降低
14             RenderTexture rt1 = RenderTexture.GetTemporary(source.width >> downSample,
15                 source.height >> downSample, 0, source.format);
16             RenderTexture rt2 = RenderTexture.GetTemporary(source.width >> downSample,
17                 source.height >> downSample, 0, source.format);
18             Graphics.Blit(source, rt1);       //将原图复制到降分辨率的 RenderTexture 上
19             for(int i = 0; i < iteration; i++){ //进行迭代高斯模糊
20                 //第一次高斯模糊,设置_offsets,竖向模糊
21                 _Material.SetVector("_offsets", new Vector4(0, BlurRadius, 0, 0));
22                 Graphics.Blit(rt1, rt2, _Material);
                   //利用图像处理材质对 rt1 进行处理并将处理结果输出到 rt2 中
23                 //第二次高斯模糊,设置_offsets,横向模糊
24                 _Material.SetVector("_offsets", new Vector4(BlurRadius, 0, 0, 0));
25                 Graphics.Blit(rt2, rt1, _Material);
                   //利用图像处理材质对 rt2 进行处理并将处理结果输出到 rt1 中
26             }
27             Camera camera = GetComponent<Camera>();  //获取摄像机组件
28             float focalDist = Mathf.Clamp(dist, camera.nearClipPlane, camera.farClipPlane);   //限制 dist 的大小
29             focalDist = focalDist / (camera.farClipPlane - camera.nearClipPlane);
                                                        //转换起始模糊位置
30             _BlendMaterial.SetTexture("_BlurTex", rt1);   //设置混合材质的纹理
31             _BlendMaterial.SetFloat("_Dist", focalDist);  //传递起始模糊位置
32             Graphics.Blit(source, destination, _BlendMaterial); //进行混合处理操作
33             RenderTexture.ReleaseTemporary(rt1);     //释放申请的两块 RenderTexture 缓存
34             RenderTexture.ReleaseTemporary(rt2);
35     }}}
```

❑ 第2~7行声明了公有变量,用于调节图像高斯模糊的程度等,分别为模糊处理材质、混合处理材质、模糊半径、降分辨率、迭代次数与起始模糊位置,其中模糊处理材质用于对抓取图像进行高斯模糊处理,混合处理材质用于将原图像与模糊图像进行混合。

❑ 第8~10行为 OnEnable 方法,该方法在对象被激活时调用,将摄像机更改为 Depth 模式。

❑ 第12~26行对抓取的屏幕图像进行高斯模糊处理。

❑ 第27~29行获取摄像机组件,将起始的模糊位置限定在摄像机的近平面与远平面之间。

❑ 第30~34行将高斯模糊处理后得到的纹理与起始模糊位置参数传入_BlendMaterial 材质中,利用该材质将原图像与模糊图像进行混合。

(2)步骤(1)的脚本中使用到了两个材质,分别为模糊处理与混合处理材质,其中模糊处理对应的着色器与 7.7 节高斯模糊所使用的着色器相同,这里不再进行讲解;混合处理材质根据摄像机深度纹理对原图像与模糊图像进行混合,具体代码如下。

代码位置:随书资源中的源代码/第 7 章/SpecialEffect/Shader/DepthOfFieldBlend.shader。

```
1   Shader "Custom/DepthOfFieldBlend"{
2       Properties {                                //定义属性块
3           _MainTex ("Base (RGB)", 2D) = "" {}     //主纹理
4       }
5       Subshader {                                 //子着色器
6           Pass {
7               ZTest Always Cull Off ZWrite Off   //通道操作
8               CGPROGRAM
9               #pragma vertex vert                 //声明顶点着色器
```

```
10          #pragma fragment frag                        //声明片元着色器
11          #include "UnityCG.cginc"                     //引入UnityCG包
12          struct v2f {                                 //顶点着色器输出结构体
13            float4 pos : POSITION;                     //顶点位置
14            float2 uv : TEXCOORD0;                     //顶点纹理坐标
15          };
16          sampler2D _MainTex;                          //主纹理
17          sampler2D _CameraDepthTexture;               //摄像机深度纹理
18          sampler2D _BlurTex;                          //模糊纹理
19          float _Dist;                                 //起始模糊位置
20          v2f vert (appdata_img v) {                   //顶点着色器
21            v2f o;                                     //定义输出结构体
22            o.pos = UnityObjectToClipPos(v.vertex);    //将顶点转化到剪裁空间
23            o.uv.xy = v.texcoord.xy;                   //纹理坐标
24            return o;
25          }
26          half4 frag (v2f i) : COLOR {                 //片元着色器
27            half4 ori = tex2D(_MainTex,i.uv);          //对原始图像进行采样
28            half4 blur = tex2D(_BlurTex,i.uv);         //对模糊图像进行采样
29            float dep = tex2D(_CameraDepthTexture,i.uv).r;//获取摄像机深度值
30            dep = Linear01Depth(dep);                  //将深度值映射到[0,1]空间中
31            return lerp(ori,blur,dep - _Dist);         //将原图像与模糊图像进行插值处理
32          }
33          ENDCG
34      }}}
```

- 第2~4行为属性定义块，其中必须声明一个名为_MainTex的纹理属性，因为步骤（1）脚本中的Graphics.Blit(src,dest,material)方法会将scr传递给本着色器中的_MainTex。
- 第5~11行在Pass中关闭了面的剔除与深度写入等，声明了顶点与片元着色器。
- 第12~19行定义了顶点着色器输出结构体，同时还声明了主纹理、摄像机深度纹理、模糊纹理与起始模糊位置4个变量，其中主纹理、模糊纹理与起始模糊位置由DepthOfField脚本传入。
- 第20~25行为顶点着色器的实现，该着色器的功能是将顶点坐标由物体空间变换到剪裁空间，同时记录纹理坐标并传递给片元着色器。
- 第26~32行为片元着色器的实现，其分别对原始与模糊图像进行采样，并获取摄像机的深度值（取RGB中任意一个值即可），之后将深度值映射到[0,1]空间，根据深度值与起始模糊位置对原始与模糊图像插值取样。

7.10 积雪效果

角色扮演游戏中常常会包含许多大型的场景，随着游戏剧情的发展，通常需要对季节进行变换。例如当冬季下雪时，就要改变场景中的物体的贴图来模拟积雪效果，但这一过程可能会消耗大量的时间；而使用屏幕后处理技术来实现就较为简单。本节就来讲解如何使用屏幕后处理技术实现积雪效果。

7.10.1 基本原理

积雪效果的实现原理十分简单，就是将所有法线向上的像素点改变为事先准备好的雪花纹理，而对于法线朝向其他方向的像素点则需要在原始像素点与雪花纹理之间平滑过渡采样，这样就能够通过屏幕后处理技术实现积雪效果了。在实现的过程中有以下两个需要解决的问题。

- 如何获取像素对应的法线。在上一节景深效果的实现中，通过_CameraDepthTexture获取了像素的深度值，同样，这里可以使用_CameraDepthNormalsTexture获取法线，需要注意的是，此时得到的法线是摄像机空间中的。

❑ 如何将雪花纹理映射到 3D 物体。屏幕后处理技术是对屏幕上呈现的图像进行深加工，这时就需要获取积雪部分对应在屏幕上的纹理坐标，这里采用的方法是获取每一个像素的世界坐标，之后将世界坐标的 x 和 z 值作为纹理坐标。

> **提示** 需要将摄像机对象的 DepthTextureMode 属性值设置为 DepthNormals，开启此模式后就可以在着色器中通过_CameraDepthNormalsTexture 获取屏幕的深度法线纹理。

7.10.2 开发步骤

上一小节介绍了积雪效果实现的基本原理，本小节将通过具体的案例来介绍其应用，案例运行效果如图 7-28 和图 7-29 所示。可以清楚地看到，开启积雪效果后场景中的所有模型均被雪花覆盖。

▲图 7-28　原始场景

▲图 7-29　积雪效果

接下来对本案例的具体开发过程进行简要介绍。在此只对积雪效果的实现过程进行讲解，其他操作过程读者可自行翻看随书项目。

（1）积雪效果的实现使用了屏幕后处理技术，需要编写脚本实现对屏幕图像的抓取与处理。创建名为 SnowScreen 的脚本，将其挂载到摄像机对象上，该脚本依次对积雪材质的各个属性进行赋值，具体代码如下。

代码位置：随书资源中的源代码/第 7 章/SpecialEffect/Scripts/SnowScreen.cs。

```
1   public class SnowScreen : MonoBehaviour{
2       public Texture2D SnowTexture;              //雪花纹理
3       public Color SnowColor = Color.white;      //雪花颜色
4       public float SnowTextureScale = 0.1f;      //雪花纹理大小
5       [Range(0, 1)]                              //限定该值在 0 到 1 范围内
6       public float BottomThreshold = 0f;         //底阈值
7       [Range(0, 1)]
8       public float TopThreshold = 1f;            //顶阈值
9       public Material _Material;                 //主纹理
10      void OnEnable(){
11          GetComponent<Camera>().depthTextureMode |= DepthTextureMode.DepthNormals;
                                                   //更改模式
12      }
13      void OnRenderImage(RenderTexture src, RenderTexture dest){    //抓取屏幕
14          //摄像机到世界空间的转换矩阵
15          _Material.SetMatrix("_CamToWorld", GetComponent<Camera>().cameraToWorldMatrix);
16          _Material.SetColor("_SnowColor", SnowColor);              //雪的颜色
17          _Material.SetFloat("_BottomThreshold", BottomThreshold);  //底阈值
18          _Material.SetFloat("_TopThreshold", TopThreshold);        //顶阈值
19          _Material.SetTexture("_SnowTex", SnowTexture);            //雪花纹理
20          _Material.SetFloat("_SnowTexScale", SnowTextureScale);    //纹理规格
```

第 7 章 常用着色器特效

```
21        Graphics.Blit(src, dest, _Material);    //对原图像进行雪花处理操作
22    }}
```

- 第 2～9 行声明了公有变量,其中包含雪花的纹理、颜色及纹理大小,还有用于控制雪花覆盖范围的底阈值与顶阈值。
- 第 10～12 行为 OnEnable 方法的定义,该方法在对象被激活时调用,将摄像机更改为 DepthNormals 模式,只有改为该模式,才能在着色器中获取摄像机的深度与法线纹理。
- 第 13～22 行定义了 OnRenderImage 方法,在该方法中主要完成了积雪处理材质的属性赋值操作,将脚本中设定的参数与雪花纹理传入积雪处理材质中。

(2) 步骤 (1) 介绍了实现屏幕图像抓取与处理的代码,其中用到了图像处理材质对图像进行处理,下面讲解积雪效果图像处理材质所对应的着色器,具体代码如下。在该段代码中,根据摄像机法线与深度纹理计算出像素点对应的积雪数量。

代码位置:随书资源中的源代码/第 7 章/SpecialEffect/Shader/SnowScreen.shader。

```
1   Shader "Unlit/SnowScreen"{
2     Properties{                                              //定义属性块
3       _MainTex ("Texture", 2D) = "white" {}                  //主纹理
4     }
5     SubShader{                                               //子着色器
6       Pass{
7         Cull Off ZWrite Off ZTest Always                     //通道操作
8         CGPROGRAM
9         #pragma vertex vert                                  //声明顶点着色器
10        #pragma fragment frag                                //声明片元着色器
11        #include "UnityCG.cginc"                             //导入 UnityCG 包
12        struct v2f{                                          //顶点着色器输出结构体
13          float2 uv : TEXCOORD0;                             //纹理坐标
14          float4 vertex : SV_POSITION;                       //顶点位置坐标
15        };
16        sampler2D _MainTex;                                  //主纹理
17        sampler2D _CameraDepthNormalsTexture;                //摄像机深度法线纹理
18        float4x4 _CamToWorld;                                //摄像机到世界空间的转换矩阵
19        sampler2D _SnowTex;                                  //雪花纹理
20        float _SnowTexScale;                                 //雪花纹理覆盖大小
21        half4 _SnowColor;                                    //雪花的颜色
22        fixed _BottomThreshold;                              //雪花覆盖范围底阈值
23        fixed _TopThreshold;                                 //雪花覆盖范围顶阈值
24        v2f vert (appdata_img v){                            //顶点着色器
25          v2f o;                                             //输出结构体
26          o.vertex = UnityObjectToClipPos(v.vertex);         //将顶点坐标转换到剪裁空间
27          o.uv = v.texcoord.xy;                              //传递纹理坐标
28          return o;
29        }
30        half3 frag (v2f i) : SV_Target{                      //片元着色器
31          half3 normal;                                      //定义法线变量
32          float depth;                                       //定义深度值变量
33          //获取深度值与法线
34          DecodeDepthNormal(tex2D(_CameraDepthNormalsTexture, i.uv), depth, normal);
35          normal = mul((float3x3)_CamToWorld, normal);
                                                               //将法线从摄像机空间转换到世界空间
36          half snowAmount = normal.g;                        //获取法线沿 y 方向的分量
37          half scale = (_BottomThreshold + 1 - _TopThreshold) / 1 + 1;//计算积雪厚度因子
38          snowAmount = saturate( (snowAmount - _BottomThreshold) * scale);//计算雪的厚度
39          float2 p11_22 = float2(unity_CameraProjection._11,
            unity_CameraProjection._22);                       //投影矩阵
40          float3 vpos = float3( (i.uv * 2 - 1) / p11_22, -1) * depth;//计算视口坐标
41          float4 wpos = mul(_CamToWorld, float4(vpos, 1));//将视口坐标转化为世界坐标
42          wpos += float4(_WorldSpaceCameraPos, 0) / _ProjectionParams.z;
                                                               //转化为有效的世界坐标
43          wpos *= _SnowTexScale * _ProjectionParams.z;//乘以可配置参数与远平面的值
44          half3 snowColor = tex2D(_SnowTex, wpos.xz) * _SnowColor;//获取积雪的颜色值
45          half4 col = tex2D(_MainTex, i.uv);                 //采样主纹理的颜色值
46          return lerp(col, snowColor, snowAmount);           //对主纹理与雪花纹理进行插值采样
47        }
```

```
48        ENDCG
49   }}}
```

- 第 2~4 行为属性定义块，其中必须声明一个名为_MainTex 的纹理属性，因为步骤（1）脚本中的 Graphics.Blit(src,dest,material)方法会将 src 传递给本着色器中的_MainTex。
- 第 5~11 行在 Pass 中关闭了面的剔除与深度写入等，声明了顶点与片元着色器。
- 第 12~23 行是顶点着色器输出结构体的定义与变量的声明，这些变量除_CameraDepthNormalsTexture 外其值均由 SnowScreen 脚本输入本着色器中。能够通过_CameraDepthNormalsTexture 获取摄像机的深度与法线纹理。
- 第 24~29 行为顶点着色器的实现，其只把顶点坐标转换到剪裁空间中，并将转换后的坐标与纹理坐标传递给片元着色器。
- 第 30~38 行为片元着色器的实现，先获取了深度值与法线，获取后的法线是摄像机空间中的，需要转化到世界空间中，之后获取每个法线沿 y 轴方向的分量，最后再结合顶阈值与底阈值变量计算积雪厚度因子以确定积雪的厚度。
- 第 39~44 行计算每个像素点的视口坐标，将视口坐标转化为世界坐标，最终根据有效世界坐标值计算每个像素对应的积雪颜色值。
- 第 45~46 行对主纹理进行采样，根据积雪厚度对主纹理与雪花纹理进行插值采样，得到最终的像素颜色值。

7.11 浴室玻璃

在搭建室内场景的过程中，通常会对浴室玻璃进行渲染，如何在场景中渲染出逼真的玻璃效果就是本节要解决的问题。浴室玻璃的实现方法有很多种，不同实现方法呈现效果也不尽相同。本节将模拟玻璃的折射并且使用法线纹理添加扰动效果，最终渲染出逼真的浴室玻璃效果。

7.11.1 基本原理

在普通玻璃的模拟过程中，只需要实现透明效果并添加折射与反射即可；而对于浴室玻璃，除这些效果之外还要添加水珠的扰动效果，以更加逼真地模拟浴室中水滴飞溅后的效果。浴室玻璃效果的实现流程如下。

（1）使用 GrabPass 获取屏幕中呈现的图像，根据玻璃模型的顶点位置计算出每个顶点对应捕获图像中的纹理坐标。

（2）利用法线纹理对顶点纹理坐标进行偏移操作，并根据偏移后的纹理坐标进行采样，模拟近似的折射效果，同时呈现水滴的扰动效果。

（3）将玻璃的主纹理与偏移后的捕获图像进行混合，得到最终的浴室纹理效果。

7.11.2 开发步骤

上一小节介绍了浴室玻璃效果实现的基本原理及流程，本小节将通过具体的案例来介绍其应用，案例运行效果如图 7-30 和图 7-31 所示。可以看到玻璃上有细微的折射效果，同时还有水花溅落在玻璃上，十分逼真地模拟出了浴室玻璃的效果。

> **提示** 建议读者运行随书项目观察效果。

▲图 7-30 浴室玻璃效果（1）　　　　　　▲图 7-31 浴室玻璃效果（2）

接下来对本案例的具体开发过程进行简要介绍。在此只对浴室玻璃效果的实现过程进行讲解。该效果是由 Glass 着色器实现的，对于其他着色器效果与操作过程，读者可自行翻看随书项目。浴室玻璃着色器代码如下。

代码位置：随书资源中的源代码/第 7 章/SpecialEffect/Shader/Glass.shader。

```
1    Shader "Custom/Glass" {
2      Properties {                                          //定义属性块
3        _BumpAmt ("Distortion", range (0,128)) = 10         //法线纹理影响程度
4        _MainTex ("Tint Color (RGB)", 2D) = "white" {}      //主纹理
5        _BumpMap ("Normalmap", 2D) = "bump" {}              //法线纹理
6      }
7      SubShader {                                           //子着色器
8        Tags { "Queue"="Transparent" "RenderType"="Opaque" } //设置标签
9        GrabPass {}                                         //捕获当前屏幕图像
10       Pass {
11         CGPROGRAM
12         #pragma vertex vert                               //声明顶点着色器
13         #pragma fragment frag                             //声明片元着色器
14         #include "UnityCG.cginc"                          //导入 UnityCG 包
15         struct a2v {                                      //顶点着色器输入结构体
16           float4 vertex : POSITION;                       //顶点在物体空间中的位置
17           float2 texcoord: TEXCOORD0;                     //顶点纹理坐标
18         };
19         struct v2f {                                      //顶点着色器输出结构体
20           float4 vertex : SV_POSITION;                    //顶点在剪裁空间中的位置
21           float4 uvgrab : TEXCOORD0;                      //捕获图像的纹理坐标
22           float2 uvbump : TEXCOORD1;                      //法线纹理图像的纹理坐标
23           float2 uvmain : TEXCOORD2;                      //主纹理图像的纹理坐标
24         };
25         ...//此处省略了变量的声明，如果读者有兴趣可翻看随书源代码
26         v2f vert (a2v v) {                                //顶点着色器
27           v2f o;
28           o.vertex = UnityObjectToClipPos(v.vertex);//将顶点坐标转换到剪裁空间
29           #if UNITY_UV_STARTS_AT_TOP                      //若为 DirectX 平台
30             float scale = -1.0;                           //将 scale 置为-1
31           #else                                           //若不是 DirectX 平台
32             float scale = 1.0;                            //将 scale 置为 1
33           #endif
34           //将所捕获图像的纹理坐标规范到 0~1
35           o.uvgrab.xy = (float2(o.vertex.x, o.vertex.y*scale) + o.vertex.w) * 0.5;
36           o.uvgrab.zw = o.vertex.zw;
37           o.uvbump = TRANSFORM_TEX( v.texcoord, _BumpMap );//进行法线纹理坐标变换
38           o.uvmain = TRANSFORM_TEX( v.texcoord, _MainTex );//进行主纹理坐标变换
39           return o;
40         }
41         half4 frag( v2f i ) : COLOR {                     //片元着色器
42           //将法线纹理中的颜色值映射成法线方向
43           half2 bump = UnpackNormal(tex2D( _BumpMap, i.uvbump )).rg;
44           float2 offset = bump * _BumpAmt * _GrabTexture_TexelSize.xy;//计算偏移量
45           i.uvgrab.xy = offset * i.uvgrab.z + i.uvgrab.xy;
                                                             //对所捕获图像的纹理坐标进行偏移操作
```

```
46              half4 col = tex2Dproj( _GrabTexture, UNITY_PROJ_COORD(i.uvgrab));
                                                                    //获取颜色值
47              half4 tint = tex2D( _MainTex, i.uvmain );//获取主纹理颜色值
48              return col * tint;                       //融合主颜色与计算所得图像
49          }
50      ENDCG
51  }}}
```

- 第 2～6 行为定义属性块，分别定义了法线纹理影响程度、主纹理与法线纹理。其中法线纹理为 Unity 内置的，其默认值为 bump，对应了模型自带的法线信息。
- 第 7～9 行定义了子着色器的标签，其中将渲染队列设置为 Transparent 能够保证在渲染本物体时，其他所有不透明的物体都已经被渲染到屏幕上了。同时，GrabPass 将当前屏幕显示的图像捕捉到 _GrabTexture 中。
- 第 10～14 行分别声明了顶点与片元着色器，同时导入了 UnityCG 工具包。
- 第 15～25 行定义了顶点着色器的输入与输出结构体，其中在输出结构体中分别声明了法线纹理、主纹理与所捕获图像的纹理坐标，以便片元着色器使用。
- 第 26～40 行为顶点着色器的实现，将模型顶点从物体空间变换到剪裁空间，根据渲染平台的不同规范，使用顶点所对应的 GrabPass 捕获图像的纹理坐标，同时对法线纹理与主纹理坐标进行变换。
- 第 41～49 行为片元着色器的实现，先将法线纹理中的颜色值映射成法线的方向向量，根据 _BumpAmt 与纹理大小计算偏移量，并对所捕获图像对应的纹理坐标进行偏移，根据偏移后的纹理坐标进行采样，最终将主颜色与采样颜色融合。

7.12 消融效果

在游戏开发过程中，通常将消融效果应用于角色死亡、物体被烧毁等方面。在这些效果中，消融从随机的地方开始，并且向着随机的方向扩展，最终随着片元的逐渐减少整个物体消失不见。本节将要讲解如何编写着色器实现消融效果。

7.12.1 基本原理

在介绍消融效果之前，先介绍噪声。简单来讲，噪声其实就是引入程序中的一些随机变量。如果直接调用生成随机变量的方法就会导致生成结果过于"随机"，由此学者们根据效率、自然程度、用途等方面提出了许多模拟自然噪声的方法以生成噪声纹理。本案例中使用的噪声纹理如图 7-32 所示。

消融效果的实现原理十分简单，主要是使用噪声与透明度测试。从噪声纹理中读取某个通道的值，将此值与设定的阈值做比较，若小于阈值，则使用 clip 方法将对应的片元裁减掉。

▲图 7-32 噪声纹理

为了让消融效果的过渡更加自然，需要将物体原本的颜色与边缘颜色进行混合。

7.12.2 开发步骤

上一小节介绍了消融效果的基本原理，本小节将通过具体的案例来介绍其应用，案例运行效果如图 7-33 所示。可以清楚地看到，从左到右人物角色逐渐消失，其中边缘的颜色偏红色，这是在程序中进行插值的结果。

 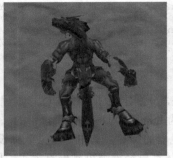 

▲图 7-33 消融效果变化

接下来对本案例的具体开发过程进行简要介绍。在此只对消融效果的实现过程进行讲解，关于死亡动画与相关脚本读者可自行翻看随书项目。消融效果的主要功能集中在片元着色器中，具体代码如下。

代码位置：随书资源中的源代码/第 7 章/SpecialEffect/Shader/Dissolve.shader。

```
1   Shader "Custom/Dissolve"{
2       Properties{                                              //定义属性块
3           _MainTex ("Texture", 2D) = "white" {}                //主纹理
4           _NoiseTex("Noise", 2D) = "white" {}                  //噪声纹理
5           _Threshold("Threshold", Range(0.0, 1.0)) = 0.5       //消融阈值
6           _EdgeLength("Edge Length", Range(0.0, 0.2)) = 0.1    //边缘宽度
7           _EdgeFirstColor("First Edge Color", Color) = (1,1,1,1)   //边缘颜色值1
8           _EdgeSecondColor("Second Edge Color", Color) = (1,1,1,1) //边缘颜色值2
9       }
10      SubShader{
11          Tags { "Queue"="Geometry" "RenderType"="Opaque" }    //定义标签
12          Pass{
13              Cull Off                                         //关闭面的剔除
14              CGPROGRAM
15              #pragma vertex vert                              //声明顶点着色器
16              #pragma fragment frag                            //声明片元着色器
17              #include "UnityCG.cginc"                         //导入UnityCG 工具包
18              struct a2v {                                     //顶点着色器输入结构体
19                  float4 vertex : POSITION;                    //顶点在模型空间中的位置
20                  float2 uv : TEXCOORD0;                       //纹理坐标
21              };
22              struct v2f {                                     //顶点着色器输出结构体
23                  float4 vertex : SV_POSITION;                 //顶点在剪裁空间中的位置
24                  float2 uvMainTex : TEXCOORD0;                //主纹理坐标
25                  float2 uvNoiseTex : TEXCOORD1;               //噪声纹理坐标
26              };
27              ...//此处省略了与属性定义块对应的变量的声明，如果读者有兴趣可翻看随书源代码
28              v2f vert (a2v v) {                               //顶点着色器
29                  v2f o;                                       //输出结构体
30                  o.vertex = UnityObjectToClipPos(v.vertex);   //将顶点坐标变化到剪裁空间
31                  o.uvMainTex = TRANSFORM_TEX(v.uv, _MainTex); //进行主纹理坐标变换
32                  o.uvNoiseTex = TRANSFORM_TEX(v.uv, _NoiseTex); //进行噪声纹理坐标变换
33                  return o;
34              }
35              fixed4 frag (v2f i) : SV_Target {                //片元着色器
36                  fixed cutout = tex2D(_NoiseTex, i.uvNoiseTex).r;//获取噪声图的R通道
37                  clip(cutout - _Threshold);                   //根据消融阈值裁剪片元
38                  float degree = saturate((cutout - _Threshold) / _EdgeLength);//规范化参数值
39                  fixed4 edgeColor = lerp(_EdgeFirstColor, _EdgeSecondColor, degree);//对颜色值进行插值
40                  fixed4 col = tex2D(_MainTex, i.uvMainTex);   //对主纹理进行采样
41                  fixed4 finalColor = lerp(edgeColor, col, degree);//对边缘颜色与片元颜色进行插值
42                  return fixed4(finalColor.rgb, 1);            //返回片元颜色值
43              }
44              ENDCG
45      }}}
```

- 第 2~9 行为属性定义块，分别定义了主纹理、噪声纹理、消融阈值、边缘宽度与两个边缘颜色值，在片元着色器中会根据消融阈值对片元进行裁剪，需要在脚本中实时更改消融阈值来实现动态消融效果。
- 第 10~13 行定义了子着色器的标签，同时关闭了着色器的面的剔除效果，也就是说模型的正面与背面都会被渲染，因为在消融过程中模型的背面有可能会暴露出来，若不关闭面的剔除会产生错误的效果。
- 第 14~17 行是 Cg 代码块，声明了顶点与片元着色器，同时导入了 UnityCG 工具包。
- 第 18~27 行定义了顶点着色器的输入与输出结构体，除此之外还声明了与属性定义块中相对应的属性变量，以便在顶点与片元着色器中调用。
- 第 28~34 行定义了顶点着色器，将顶点坐标从物体空间转化到剪裁空间，同时对主纹理与噪声纹理进行坐标变换。
- 第 35~43 行定义了片元着色器，用于获取噪声纹理的 R 通道颜色值，并根据消融阈值与 R 通道颜色值裁剪片元，对属性定义块中的两种颜色进行插值处理，最终将片元颜色与插值处理后的颜色值进行混合，返回该片元的颜色值。

7.13 能量罩

许多科幻题材的游戏中经常会出现能量罩，这种效果会让游戏更有科幻感。在能量罩效果中，能量罩的边缘会呈高亮显示，能量罩与其他物体相交处也会呈高亮显示，同时能量罩的图案上会有动态变化。本节将讲解如何编写着色器来实现能量罩效果。

7.13.1 基本原理

能量罩效果共分为 3 个部分，边缘光、相交高亮和能量罩图像动态变化。能量罩效果的实现原理如下。

- 边缘光的实现原理与 7.3 节相同，只是在边缘光计算公式中有一些改变。
- 实现相交高亮时，需要将_CameraDepthTexture 中的深度值和当前片元的深度值进行比较，如果相等则说明能量罩和其他物体相交了。
- 实现能量罩图像动态变化时需要用到一些公式模型。除此之外，能量罩的纹理图与平时用的图像有所不同，本案例中使用的纹理图是由 3 张灰度图组合起来的，R、G、B 这 3 个通道分别对应 3 张灰度图，如图 7-34、图 7-35 和图 7-36 所示。

▲图 7-34 R 通道

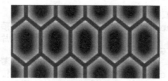

▲图 7-35 G 通道

▲图 7-36 B 通道

> 提示　需要将摄像机对象的 DepthTextureMode 属性值设置为 Depth，开启 Depth 模式后就可以在着色器中通过_CameraDepthTexture 获取屏幕的深度纹理。

7.13.2 开发步骤

上一小节介绍了能量罩的基本实现原理，本小节将通过具体的案例来介绍其应用，案例运行效果如图 7-37 和图 7-38 所示。可以看到在能量罩的边缘有边缘光效果,能量罩与场景相交的地方呈高亮显示,同时能量罩的图像还有动态变化。

▲图 7-37 能量罩效果(1)

▲图 7-38 能量罩效果(2)

> **提示** 由于插图是静态的,不能够完全体现能量罩动态变化的效果,建议读者运行随书项目进行体会。除此之外,随书项目中附带了另一种能量罩的纹理图,便于读者学习与使用。

接下来对本案例的具体开发过程进行简要介绍。在此只对能量罩效果的实现过程进行讲解,对于其他操作过程读者可自行翻看随书项目。

(1)由于本案例的着色器代码较长,所以分为 3 部分来进行介绍。先介绍各个属性的定义、通道设置、子着色器标签的设置、顶点着色器输入结构体的定义、顶点着色器输出结构体的定义,由于能量罩效果的实现较为复杂,所以在顶点着色器输出结构体中要传递较多的语义。

代码位置:随书资源中的源代码/第 7 章/SpecialEffect/Shader/EnergyShield.shader。

```
1    Shader "Custom/EnergyShield"{
2        Properties{
3            _MainTex("Texture", 2D) = "white" {}           //G 通道和 B 通道为能量罩动态变化的图案
4            _FractureTex("Texture", 2D) = "white" {}       //纹理图的 R 通道为能量罩的静态图案
5            _Color("Color", Color) = (0,0,0,0)             //护盾的颜色
6            _RimAlpha("Rim Alpha", Range(0,1)) = 0         //边缘光的透明度
7            _CrackAlpha("Crack Alpha", Range(0,1)) = 0    //能量罩上图案的透明度
8        }
9        SubShader{
10           Blend One One                                  //混合
11           ZWrite Off                                     //关闭深度写入
12           Cull Off                                       //不绘制背向摄像机的面
13           Tags{ "RenderType" = "Transparent"  "Queue" = "Transparent" }//子着色器标签的设置
14           Pass{
15               CGPROGRAM
16               #pragma target 3.0
17               #pragma vertex vert                        //声明顶点着色器
18               #pragma fragment frag                      //声明片元着色器
19               #include "UnityCG.cginc"
20               struct appdata{                            //顶点着色器输入结构体
21                   float4 vertex : POSITION;              //顶点位置坐标
22                   float2 uv : TEXCOORD0;                 //顶点纹理坐标 1
23                   float2 uv2 : TEXCOORD1;                //顶点纹理坐标 2
24                   float3 normal : NORMAL;                //法线向量
25               };
26               struct v2f{                                //顶点着色器输出结构体
27                   float2 uv : TEXCOORD0;                 //纹理坐标 1
28                   float2 uv2 : TEXCOORD1;                //纹理坐标 2
29                   float4 scrPos:TEXCOORD2;               //屏幕坐标
30                   float3 viewDir : TEXCOORD3;            //视向量
31                   float3 objectPos : TEXCOORD4;          //顶点坐标
32                   float4 vertex : SV_POSITION;           //物体顶点在剪裁空间下的坐标位置
33                   float depth : DEPTH;                   //顶点的深度值
```

```
34              float3 normal : NORMAL;         //世界空间下的法线向量
35          };
```

- 第 2~8 行为属性定义块，其中包含了能量罩的纹理图、颜色、边缘光的透明度和能量罩图案的透明度。
- 第 9~12 行开启了混合模式，同时关闭了深度写入，设置了不绘制背向摄像机的面。
- 第 13 行设置了子着色器的标签，其中将渲染队列标签设置为 Transparent 能够保证在渲染本物体时，其他所有不透明的物体都已经被渲染到屏幕上了。
- 第 14~35 行定义了顶点着色器输入结构体和顶点着色器输出结构体，在输出结构体中声明了视向量、顶点的深度值、世界空间下法线向量等变量，以便片元着色器使用。

（2）_MainTex_ST、_FractureTex_ST、_CameraDepthTexture、与属性定义块中对应的属性变量的声明及顶点着色器的实现代码如下。

代码位置：随书资源中的源代码/第 7 章/SpecialEffect/Shader/EnergyShield.shader。

```
1   ...//此处省略了与属性定义块中对应的属性变量的声明，如果读者有兴趣可翻看随书源代码
2   float4 _MainTex_ST;//x、y 分量为材质中_MainTex 纹理图对应的 Tiling，z、w 分量为对应的 Offset
3   float4 _FractureTex_ST;                         //与_MainTex_ST 类似
4   sampler2D _CameraDepthTexture;                  //深度纹理图
5   v2f vert(appdata v){                            //顶点着色器
6       v2f o;
7       o.vertex = UnityObjectToClipPos(v.vertex); //将顶点位置坐标变换到剪裁空间
8       //进行 UV 运算，分别用到_MainTex_ST、_FractureTex_ST 的数值
9       o.uv = TRANSFORM_TEX(v.uv, _MainTex);
10      o.uv2 = TRANSFORM_TEX(v.uv2, _FractureTex);
11      o.scrPos = ComputeScreenPos(o.vertex);      //获得齐次坐标系下的屏幕坐标值
12      o.depth = -mul(UNITY_MATRIX_MV, v.vertex).z * _ProjectionParams.w;//计算深度值
13      o.objectPos = v.vertex.xyz;                 //物体空间的坐标
14      o.normal = UnityObjectToWorldNormal(v.normal);  //世界空间下的法线向量
15      o.viewDir = normalize(UnityWorldSpaceViewDir(
16      mul(unity_ObjectToWorld, v.vertex)));       //从当前顶点到摄像机的向量
17      return o;
18  }
```

- 第 1~4 行声明了与属性定义块中对应的属性变量和_MainTex_ST、_FractureTex_ST，其 x、y 分量分别是两张纹理图中的 Tiling，z、w 分量分别是两张纹理图中的 Offset。最后声明了深度缓冲纹理图_CameraDepthTexture。
- 第 5~12 行为顶点着色器的前半部分，首先将顶点位置坐标变换到剪裁空间中，其次进行 UV 运算，得到最终的 UV 值，然后获得齐次坐标系下的屏幕坐标值，最后计算深度值。
- 第 13~18 行为顶点着色器的后半部分，用于获取物体空间下的坐标值和世界空间下的法线向量，然后计算当前顶点到摄像机的视向量。

（3）片元着色器部分是实现能量罩效果最重要的一部分，这部分先定义了一个方法用来控制图案由两极向中间显示，然后在片元着色器里实现边缘光、相交高亮及能量罩图像动态变化的效果代码如下。

代码位置：随书资源中的源代码/第 7 章/SpecialEffect/Shader/EnergyShield.shader。

```
1   float triWave(float t, float offset, float yOffset){//控制图案由两极向中间显示的方法
2       return saturate(abs(frac(offset + t) * 2 - 1) + yOffset);
3   }
4   fixed4 frag(v2f i) : SV_Target{                 //片元着色器
5       fixed4 fracture = tex2D(_FractureTex, i.uv2); //对原始图像进行采样
6       float rim = 1 - abs(dot(i.normal, normalize(i.viewDir))) * 2;//计算边缘光强度
7       float screenDepth = Linear01Depth(tex2Dproj(_CameraDepthTexture,//获取深度值
8                           UNITY_PROJ_COORD(i.scrPos)).r);
9       float diff = screenDepth - i.depth;         //计算深度值的差值
10      float intersect = 1 - smoothstep(0, _ProjectionParams.w*0.5, diff);//计算相交强度
11      float glow = max(intersect, rim) + _CrackAlpha * fracture;//最终颜色的强度
12      fixed4 glowColor = fixed4(lerp(_Color.rgb, fixed3(1, 1, 1), pow(glow, 5)), 1);
```

```
13          fixed4 mainTex = tex2D(_MainTex, i.uv);        //对原始图像进行采样
                                                           //计算渐变的颜色
14          mainTex.g *= triWave(_Time.x * 5, abs(i.objectPos.y) * 2, -0.6) * 2;
                                                           //控制图案由两极向中间显示
15          mainTex.g *= (sin(_Time.z + mainTex.b * 5) + 1) / 2; //控制图案透明度的变化
16          fixed4 hexes = mainTex.g * _Color;             //动态图案的颜色
17          fixed4 col = _Color * _Color.a + glowColor * glow * _RimAlpha + hexes;
                                                           //相加得到的最终颜色
18          return col;
19      }
20      ENDCG
21   }}}
```

- 第 1~3 行定义了 triWave 方法，该方法用于将图案变成由两极向中间显示的动态效果。由于传入的参数 offset 是−0.5 到 0.5 之间的数值，所以当能量罩 y 坐标对称时，frac(offset+t)计算出的结果是相同的（frac 函数的功能为取小数部分），先将该计算结果乘以 2 减 1 取绝对值。随后加上 yOffset 偏移量，yOffset 越小，能量罩动态变化时显示图案的区域越大，反之能量罩动态变化时显示图案的区域越小。最后用 saturate 方法将最终结果控制在 0 到 1 之间。如果读者有兴趣也可以修改本计算公式或者查阅并尝试其他的计算公式，以得到不同的效果。

- 第 4~10 行为片元着色器的实现，先对原始图像进行采样，计算边缘光强度，原理与 7.3 节中的相同，只是计算公式有所变化；然后从_CameraDepthTexture 中获取深度值，计算出深度值的差异；最后计算出相交强度，_ProjectionParams.w 为 1/far plane，这样在不同的 far plane 下会得到相同的大小比例。

- 第 11~12 行先从边缘光强度和相交强度中选出较大的一个，再加上静态图案的颜色因子得到最终静态颜色因子 glow，然后计算获取最终的 glowColor 颜色值。pow 方法用来控制边缘白光的强度，其返回值越小，白光越强；其返回值越大，白光越弱。这样就可以形成拖尾形状的颜色渐变，如图 7-39 所示。

▲图 7-39 拖尾形状的颜色渐变

- 第 13~18 行先对原始图像进行采样，调用 triWave 方法，将返回值乘到纹理图的 G 通道上，然后将 sin 方法返回的值乘到纹理图的 G 通道上，实现透明度的随机变化。最后将所有的颜色加起来得到最终的颜色值，并返回该片元的颜色。

7.14 本章小结

本章详细讲解了各种常用着色器特效的开发过程，从基础的顶点动画、纹理动画到较为复杂的屏幕后处理效果，由浅入深地对着色器特效的应用场景做了较好的概括。希望本章内容能够加深读者对着色器的理解，使读者在以后的特效开发中可以更加得心应手。

第 8 章　3D 游戏开发的常用技术

在 3D 游戏开发过程中，经常会使用一些技术来加强游戏效果和提升操作体验，例如天空盒、虚拟按钮与摇杆、声音、3D 拾取技术及动态字体等，这些都为移动端游戏的开发提供了便利，本章将对这些技术进行详细介绍，希望读者能够在学习过程中将其熟练掌握。

8.1　立方贴图技术的应用

在实际开发中，立方贴图技术的应用非常广泛，它是一种特殊的纹理映射技术。立方贴图（Cubemap）由 6 幅正方形纹理图无缝拼接组成，这六幅正方形纹理图构成的立方体可以良好地反映出周围环境的内容，下面将结合实际用途来介绍立方贴图技术的使用方式及特点。

8.1.1　Unity 天空盒

在 Unity 中，天空盒（Skybox）是一种特殊的渲染材质。天空盒技术的本质就是立方贴图技术，只不过天空盒的 6 个面充当了场景中的主体环境。天空盒素材可以在 Unity 商店下载，下面将对其具体介绍。

1. Unity 天空盒资源

在 Unity 中，使用天空盒的方法有两种，一种是通过 Lighting 面板的 Scene 选项卡添加天空盒，如图 8-1 所示。这种方法是为整个场景添加天空盒，切换主摄像机后天空盒不会改变。而另外一种方法是为主摄像机添加天空盒，切换主摄像机后天空盒会发生变化，如图 8-2 所示。

▲图 8-1　在 Scene 选项卡中添加天空盒

▲图 8-2　为主摄像机添加的天空盒

（1）因为 Unity 集成开发环境不再内置天空盒资源，因此需要提前从网上下载天空盒资源包。单击 Assets→Import Package→Custom Package，选择要导入的资源文件，单击 Import 按钮导入天空盒资源，如图 8-3 所示。

（2）导入完成后，Project 面板中会出现一个专门存放天空盒资源的文件夹，在 Source Images 文件夹中会有每个天空盒的材质球，在 Sky1 文件夹中放有每个天空盒的图片，如图 8-4 所示。

▲图 8-3　导入天空盒资源

▲图 8-4　天空盒资源列表

（3）天空盒含有 6 幅纹理图的材质，当选中项目资源列表中的任意一个材质球时，Inspector 面板中就会显示这个天空盒材质的具体属性，从而能够更加详细地了解天空盒的组成。天空盒属性如图 8-5 所示，天空盒纹理图属性如图 8-6 所示。

▲图 8-5　天空盒属性

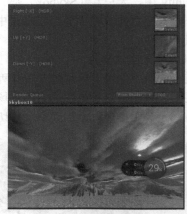

▲图 8-6　天空盒纹理图属性

（4）通过图 8-5 和图 8-6 可以看到附加在天空盒上面的 6 幅图。这 6 幅图就是纹理图，虽然看起来是 6 幅图，但实际上是一幅整图。在此可以添加对应的纹理图并修改每幅图对应的具体参数，从而完成对天空盒的设置。

（5）选中场景中的摄像机，单击 Component→Rendering→Skybox 为其添加天空盒，如图 8-7 所示。

（6）为主摄像机添加 Skybox 组件之后，将任意一个天空盒材质拖入 Skybox 右框当中，完成场景的创建，单击"运行"按钮运行场景，效果如图 8-8 所示。

8.1 立方贴图技术的应用

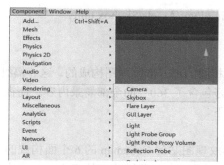

▲图 8-7 添加天空盒

▲图 8-8 场景效果

2. 实际开发需要的天空盒

前面介绍的是现有的天空盒资源,但是在实际开发过程中多数时候需要自行制作满足开发要求的天空盒,下面介绍如何制作满足实际开发需求的天空盒(主要就是将游戏对象材质渲染模式修改为天空盒的渲染模式)。

(1)在 Project 面板中右击 Assets,从弹出的快捷菜单中选择 Create→Material,在项目中创建一个材质,将其命名为 Skyboxtwo。Project 面板中就会出现一个名为 Skyboxtwo 的材质。

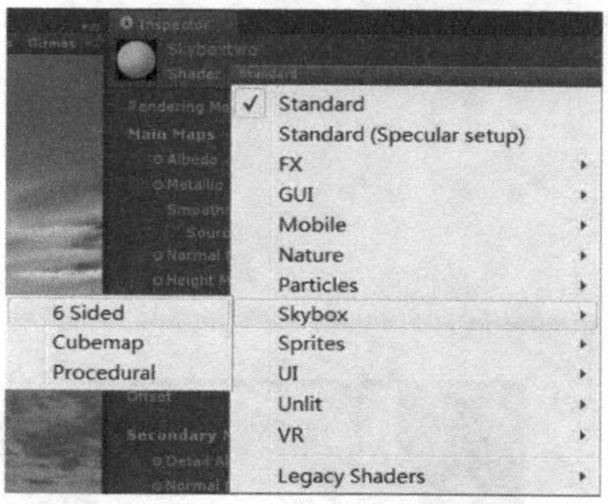

(2)选中 Project 面板中的 Skyboxtwo 材质,在 Inspector 面板中修改其渲染模式为 6 Sided,具体的修改步骤如图 8-9 所示。在修改完成后,Inspector 面板就会如图 8-10 所示。

▲图 8-9 修改天空盒材质的渲染模式

(3)单击 Assets→Import New Asset,弹出 Import New Asset 的对话框,导入需要的纹理图片。选中导入的图片资源将其 Wrap Mode 由 Repeat 修改为 Clamp,以防止天空盒出现黑色边缘线,单击 Apply 按钮应用。

(4)将每张图片拖入 Skyboxtwo 材质的前、后、左、右、上、下各面中,在拖入时要注意的是每张纹理图的边缘搭配。至此,天空盒的制作就完成了。

(5)制作好天空盒后,在 Unity 集成开发环境中对其进行相应的设置并将其显示出来。选中场景中的主摄像机,单击 Component→Rendering→Skybox 为其添加自制的天空盒,效果如图 8-11 所示。

▲图 8-10 修改渲染模式后的 Inspector 面板

▲图 8-11 自制天空盒效果

案例位置：随书资源中的第 8 章/3DUnityTechnology/Assets/Skybox.unity。

8.1.2 Cubemap 的应用

如前文介绍，每个 Cubemap 都是由 6 幅尺寸相同的正方形纹理图构成的。这 6 幅纹理图分别表示上面、下面、左面、右面、前面与后面，正好包含了 360°的全部场景内容。而在 Unity 中，Cubemap 分为静态与动态两种类型，具体介绍如下。

1. 静态 Cubemap

静态 Cubemap 是由预先制作好的 6 幅正方形纹理图贴到 Cubemap 的 6 个面构成的。由于这 6 个面的纹理是固定的，并不是根据场景中的内容自动生成的，所以静态的 Cubemap 不能实时反映场景内容，实际应用并不是很广泛，下面具体介绍其制作过程。

（1）右击 Assets 并从弹出的快捷菜单中选择 Create→Legacy→Cubemap，新建一个 Cubemap 对象，如图 8-12 所示，将其命名为 cubeMap。然后为其各面指定纹理图，如图 8-13 所示。

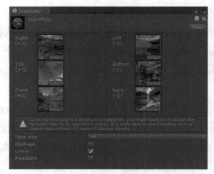

▲图 8-12　创建 CubeMap　　　　　　　▲图 8-13　为 cubeMap 各面指定纹理图

（2）创建的 Cubemap 是静态的，在指定纹理图时要遵循左右手规则，Unity 中遵循的是左手坐标系。创建一个材质，命名为"cubeMapMat"。

（3）新建一个 Shader，并将其命名为 cubeMapShader，在这里代码不做具体介绍，读者可以自行查阅随书源代码。将 cubeMapMat 的 Shader 设为 Custom/cubeMapShader，如图 8-14 和图 8-15 所示。

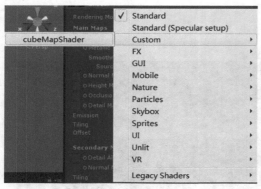
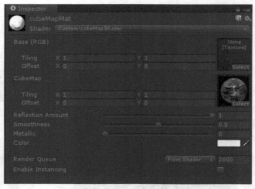

▲图 8-14　更换 Shader（1）　　　　　　▲图 8-15　更换 Shader（2）

（4）Cubemap 和材质创建完毕之后，创建一个球体，命名为 sphere1，为该球体更换材质，即将其 Mesh Renderer→Materials→Element 0 设为 cubeMapMat，如图 8-16 所示。这样就创建了一个静态的 Cubemap 材质的球体，如图 8-17 所示。

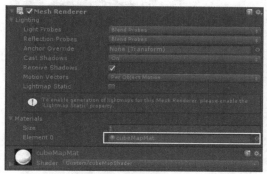

▲图 8-16　为球体更换材质

▲图 8-17　静态 Cubemap

2. 动态 Cubemap

动态 Cubemap 不需要预先制作 6 个面的纹理图，这 6 幅纹理图可以根据场景内容自动生成，所以动态 Cubemap 可以很真实地反映出场景的内容。相较于静态 Cubemap，动态 Cubemap 虽然耗费了一些计算性能，但是其实际作用是静态 Cubemap 无法比拟的，具体内容如下。

（1）创建一个 Cubemap 对象，命名为 cubeMapRealTime，在 Inspector 面板中勾选 Readable 复选框，如图 8-18 所示。由于动态 Cubemap 各个面的图像是实时生成的，所以不必单独设置其各个面的纹理图。

（2）创建一个材质球，命名为 cubeMapRealTimeMat，并将 Shader 设置为 Custom/cubeMapShader。在场景中新建一个 Camera，命名为 Camera_cubeMapRealTime 并删除其 Audio Listener 组件，摄像机的具体属性如图 8-19 所示。

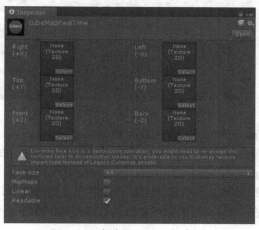

▲图 8-18　勾选 Readable 复选框

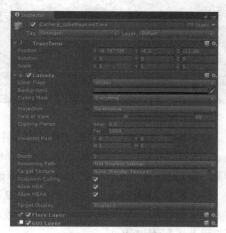

▲图 8-19　摄像机属性

（3）新建一个球体，命名为 sphere2，将其 Mesh Renderer→Materials→Element 0 设为 cubeMapRealTimeMat。新建一个 C#脚本，命名为 cubeMapRealTime，在这里代码不做具体介绍，读者可查阅随书资源中的源代码。

（4）将建立的脚本挂载到 sphere2 上，然后将新建的摄像机拖到脚本的 Camera_cube Map Real Time 栏中，将 cubeMapRealTime 对象拖到脚本的 Cube Map 栏中，如图 8-20 所示。在场景中的 sphere2 旁边新建两个 3D 物体，可以在球体表面上实时反射场景，如图 8-21 所示。

第 8 章　3D 游戏开发的常用技术

▲图 8-20　设置脚本属性

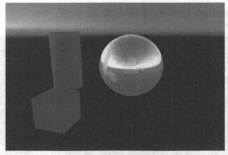

▲图 8-21　Cubemap 实时反射

8.1.3　HDR 天空盒设置

HDRP 是由 Unity 针对现代（与计算着色器兼容的）平台开发的高保真脚本化渲染管线。HDRP 利用基于物理的光照技术、线性光照、HDR 光照和可配置的混合平铺/集群延迟/前向光照架构，为开发人员提供必要的工具来创建符合高图形标准的游戏、技术演示、动画等应用。

在 Unity 中通过 HDRP 创建 HDR 天空盒的步骤如下。

（1）加载 HDRP。单击 Window→Package Manager，在弹出的 Package Manager 窗口中单击上方的 Packages：In Project，将其更改为 Packages：Unity Registry，如图 8-22 所示。选择 High Definition RP 选项，如图 8-23 所示，单击 Install 按钮安装，等待一会儿安装完成。

▲图 8-22　Package Manager 窗口

▲图 8-23　选择 High Definition RP 选项

（2）右击 Assets，从弹出的快捷菜单中选择 Create→Rendering→High Definition Render Pipeline Asset，创建 HDRP 资源如图 8-24 所示。单击 Edit→Project Settings，在弹出的窗口中选择 Player 选项，将 Other Settings 中的 Color Space 改成 Linear，如图 8-25 所示，等待一会儿配置完成。

（3）选择 Graphics 选项，把步骤（2）创建的 HDRP 资源添加到图形配置里，等待几秒，直到文件加载完成。至此配置完成，在新版本中，在 Project 面板中可以直接选择创建 HDRP，不需要进行上述配置过程。

（4）切换至 Hierarchy 面板，右击，在弹出的快捷菜单中选择 Volume→Global Volume 创建 Volume（体积）组件；选中新建的 Volume 组件，单击 Inspector 中 Volume 中的 new，新建一个 Profile；选中新建的 Profile，单击 Add Override 添加 Visual Environment（虚拟环境）组件，并进行相应配置，如图 8-26 所示。

（5）单击 Add Override，添加 Sky→HDRI Sky 组件，如图 8-27 所示。把 HDR 图片拖入 Project 面板，将 Texture Shape 改成 Cube 并单击 Apply 按钮，如图 8-28 所示。把图片拖到天空盒组件中，并设置相应属性，如图 8-29 所示。

8.1 立方贴图技术的应用

▲图 8-24　创建的 HDRP 资源

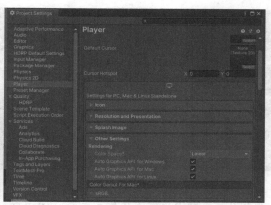

▲图 8-25　设置 Player 选项

▲图 8-26　添加 Visual Environment 组件并配置

▲图 8-27　添加 HDRI Sky 组件

▲图 8-28　HDR 图片属性设置

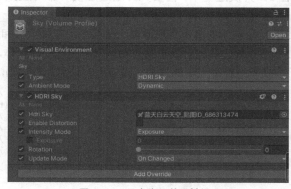

▲图 8-29　天空盒组件属性设置

（6）添加 Fog 组件。选择 HDR 天空盒的 Volume 组件，单击 Add Override 添加 Fog 组件，勾选 Enable 复选框开启并设置 Fog 组件，具体如图 8-30 所示。

（7）若要使用体积雾，还需要在灯光和渲染脚本里进行相应设置，如图 8-31 和图 8-32 所示。单击"运行"按钮，效果如图 8-33 所示。

▲图 8-30　Fog 组件属性设置

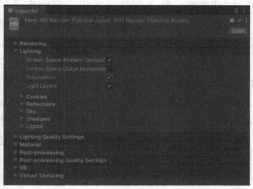

▲图 8-31　渲染脚本属性设置

▲图 8-32　Light 属性设置

▲图 8-33　最终效果

案例位置：随书资源中的第 8 章/NewHDR/Assets/Scenes/hdrsky.unity

8.2　3D 拾取技术

8.2.1　3D 拾取技术简介

在 3D 开发过程中，需要允许通过触摸屏幕对虚拟 3D 世界中的物体进行操作和控制，这时就需要使用 3D 拾取技术。

3D 拾取技术的基本实现原理十分简单，在摄像机和屏幕上的触控点间确定一条射线，此射线射向 3D 世界，最先和此射线碰撞的物体就是被选中的物体，然后对该物体编写控制代码。Unity 底层对 3D 拾取技术进行了完美的封装，在应用时只需几行代码，具体的代码片段如下。

```
1    foreach (Touch touch in Input.touches) {    //对当前触控进行循环
2        Ray ray = Camera.main.ScreenPointToRay(touch.position);
                                               //声明由触控点和摄像机组成的射线
3        RaycastHit hit;                          //声明一个 RayCastHit 型变量 hit
4        if(Physics.Raycast(ray, out hit)){      //判断此物理事件
5            touchname = hit.transform.name;    //获得射线触碰到的物体的名称
6            /*此处省略事件处理代码*/
7    }}
```

❑ 第 1~3 行判断是否为触摸事件并且对事件进行循环判断，声明由摄像机和触控点组成的射线。

❑ 第 4~7 行判断物理事件，获得射线触碰到的物体的名称，并对该事件进行相应的处理。

下面用一个简单的案例来说明 3D 拾取技术的应用，先简述这个案例的整体设计思路：在场景中放入几个不同的物体，并且赋予不同的纹理；然后通过 3D 拾取技术，对物体分别实现位置变换、纹理变换、物体爆炸等效果。案例实现过程如下。

（1）新建一个场景，命名为 3DShiqu。创建 Plane 对象作为地板，调整其大小和位置。再单击 GameObject→3D Object→Cube 创建一个 Cube 对象，其具体的属性信息如图 8-34 所示。

（2）单击 GameObject→3D Object→Sphere 创建一个 Sphere 对象，其具体的属性信息如图 8-35 所示。在 Transform 中调整它的位置，使其位于 Cube 对象的旁边。

（3）单击 GameObject→3D Object→Cylinder 创建一个 Cylinder 对象，其具体的属性信息如图 8-36 所示。在 Transform 中调整它的位置，使其和其他两个对象位于同一行。

（4）利用 Project 面板中现有的纹理图为 3D 对象添加纹理。选择不同的纹理图分别拖到 3D 对象上，为 Plane、Cube、Sphere 及 Cylinder 对象贴上纹理图，使其具有较好的视觉效果。

（5）新场景中系统默认自带平行光光源，所以不需要再单独进行创建。调整主摄像机的属性，使主摄像机的视野中能完美呈现刚刚创建的游戏对象，具体设置如图 8-37 所示。完成场景的搭建

后，场景的具体效果如图 8-38 所示。

▲图 8-34　Cube 对象的属性

▲图 8-35　Sphere 对象的属性

▲图 8-36　Cylinder 对象的属性

▲图 8-37　主摄像机属性设置

▲图 8-38　场景效果

（6）在 Project 面板中右击 Assets，从弹出的快捷菜单中选择 Create→Folder 创建一个新文件夹，将文件夹重命名为 c#。在 c# 文件夹中右击并从弹出的快捷菜单中选择 Create→C# Script 创建一个脚本，将其重命名为 Shiqu，双击该脚本进入默认编译器，具体代码如下所示。

代码位置：随书资源中的源代码/第 8 章/3DUnityTechnology/Assets/c#/Shiqu.cs。

```
1   using UnityEngine;
2   using System.Collections;
3   public class Shiqu : MonoBehaviour {
4       public  string touchname=null;           //声明射线触碰到的物体名称变量
5       private  GameObject gb;                  //声明游戏组成对象变量
6       private  GameObject gbe;                 //声明方块游戏成员变量
7       private  GameObject obj;                 //声明球形游戏成员变量
8       public   GameObject objj;                //声明圆柱游戏成员变量
9       private bool cubeflag=false;             //声明一个标志位用来判断事件的发生
10      private bool sphereflag=false;
11      private bool Cylinderflag=false;
12      public Texture2D texture;                //声明一个 Texture2D 变量
13      void Update () {
14          foreach (Touch touch in Input.touches){  //对当前触控进行循环
15              if(touch.phase==TouchPhase.Began){   //判断事件是否有触摸触发
16                  Ray ray = Camera.main.ScreenPointToRay(touch.position);
                                                      //声明由触控点和摄像机组成的射线
17                  RaycastHit hit;                  //声明一个 RayCastHit 型变量 hit
18                  if (Physics.Raycast(ray, out hit)){  //判断此物理事件
19                      touchname = hit.transform.name;  //获得射线触碰到的物体的名称
20                      SetText(touchname);          //处理碰触触发事件
21          }}}
22          if(sphereflag){                          //如果 sphereflag 为真
23              gb.transform.Rotate(Time.deltaTime *100,0,0);          //开始旋转物体
24              gb.transform.position = new Vector3(-2.82f, -1.45f, 3.48f);//使物体位置发生移动
25          }
```

```
26        if(cubeflag){                                          //如果cubeflag为真
27           gbe.GetComponent<Renderer>().material.mainTexture = texture;//改变物体的纹理图
28        }
29        if(Cylinderflag){                                      //如果Cylinderflag为真
30           GameObject.Destroy(obj );                           //销毁该游戏对象
31           objj.SetActive(true);                               //显示另外一个游戏对象
32     }}
33     void SetText(string   cubename){                          //处理触碰触发事件
34        switch (cubename ){
35           case "Cube":                                        //如果触碰到的是Cube
36              gbe  = GameObject.Find("Cube");                  //找到场景中的Cube对象
37              cubeflag = true;                                 //切换标志位
38              break;
39           case "Sphere":                                      //如果触碰到的是Sphere
40              gb = GameObject.Find("Sphere");                  //找到场景中的Sphere对象
41              sphereflag = true;                               //切换标志位
42              break;
43           case "Cylinder":                                    //如果触碰到的是Cylinder
44              obj  = GameObject.Find("Cylinder");              //找到场景中的Cylinder对象
45              Cylinderflag = true;                             //切换标志位
46              break;
47     }}}
```

❑ 第3～12行主要声明了几个在脚本中需要用到的游戏组成对象变量，以及由摄像机和触控点组成的射线触碰到的物体名称变量。声明了几个在脚本中会用到的判断事件发生的标志位，以及一个用来对3D世界中的物体进行纹理图切换的Texture2D变量。

❑ 第13～21行判断是否为触摸事件并且对事件进行循环判断，声明由摄像机和触控点组成的射线，获取射线在3D世界中触碰到的物体的名称，并且对事件进行处理。

❑ 第22～32行分别对触发的事件进行处理，第一种是对物体进行旋转并且使其位置发生变化；第二种是改变物体的纹理图；第三种是实现物体的爆炸效果。

❑ 第33～47行是判断射线所触碰的物体并且对事件发生标志位进行置反，使Update方法中的触发事件得以发生。

（7）这个案例有单击一个游戏对象发生爆炸的游戏效果，故会用到粒子系统。Unity集成开发环境已经封装好部分粒子系统的效果，只需单击Assets→Import Package→ParticleSystems导入粒子系统即可。

（8）在Project面板中单击Standard Assets→ParticleSystems→Prefabs，将Explosion拖入场景中，调整其位置使其正好与Cylinder重合，然后在Inspector面板中取消勾选Explosion复选框，使其变为不可见。

（9）将脚本代码编写完成后，单击"保存"按钮保存脚本。在Hierarchy面板中选中Main Camera，将脚本拖到主摄像机上，将一个图片拖到Shiqu脚本中的Texture栏中，把Explosion对象拖到Objj栏中。

（10）将程序导入Android设备，将纹理图片压缩格式设置为DXT（Tegra）。单击File→Build Settings，选择Android平台，在Other Settings中修改参数。

（11）单击Bulid按钮生成游戏APK包，在手机上运行游戏观看游戏的运行效果。随意点击3D游戏世界中的游戏对象，会发现Cube对象会切换纹理图，Sphere对象会发生旋转和移动，点击Cylinder对象会使该对象消失并且产生爆炸特效。

案例位置：随书资源中的第8章/3DUnityTechnology/Assets/Shiqujishu.unity。

8.2.2 切换可拾取性

可以打开和关闭场景中对象的可拾取性来标记在Editor中工作时可以拾取的项。默认情况下，所有项都可拾取，但是可以选择在单击场景项时Unity跳过哪些项，不将它们添加到选择范围中。例如，如果在有 10000 多个对象的大型场景中工作，可以暂时关闭特定游戏对象的可拾取性以防止误编辑。

场景拾取控件与场景可见性控件非常相似。可以用 Hierarchy 面板控制各个游戏对象在场景中的可拾取性。可拾取性状态仅在 Editor 中持续存在，并且仅在设置它的项目中持续存在。

要切换场景可拾取性，可单击 Hierarchy 面板中游戏对象的可拾取性图标，在启用和禁用游戏对象及其子项的拾取性之间进行切换。切换游戏对象的可拾取性会影响其所有子游戏对象，可拾取性图标的含义如图 8-39 所示。

A		可以拾取游戏对象，但无法拾取它的某些子项
B		无法拾取游戏对象，但可以拾取它的某些子项
C		可以拾取游戏对象及其子项。仅当鼠标指针悬停在游戏对象上时，才会显示此图标
D		无法拾取游戏对象及其子项

▲图 8-39　可拾取性图标含义

8.3 视频播放器——Video Player

Unity 5.6 推出了 Video Player 功能，其使用方法简单，可以用简短的代码灵活地控制视频的播放状态。因此，Video Player 在推出后受到了广大开发人员的一致好评，在实际开发中应用得越来越广泛。下面讲解 Video Player 的相关知识。

8.3.1　视频的属性

这里结合相关案例进行讲解。先准备一段视频，可以为 MP4、MOV、WEBM、WMV 等常用的格式，然后将视频导入格式工厂中，使视频与音频分离，将分离出来的视频和音频分别拖入 Unity 资源目录中。

（1）查看导入视频的大小、帧速率等属性，具体如图 8-40 所示，该视频的各项属性值如图 8-41 所示。

▲图 8-40　具体操作

▲图 8-41　视频的各项属性

（2）正确地根据项目需求来调整视频的各项属性值是非常重要的，因为播放视频时耗费的内存比较多，如果选择了不恰当的属性值会影响玩家的游戏体验。视频各项属性的具体含义如表 8-1 所示。

表 8-1　视频各项属性及含义

属性	含义
Importer Version	VideoClip：产生适合 Video Player 的视频片段。MovieTexture (Legacy)：转换为影片纹理
Keep Alpha	使用 Alpha 通道（此选项只有在视频源有 Alpha 通道时才会出现）
Deinterlace	Off：不进行隔行扫描。Even：奇数行扫描。Odd：偶数行扫描

续表

属性	含义
Flip Horizontally	开启视频转码时内容的水平翻转
Flip Vertically	开启视频转码时内容的垂直翻转
Import Audio	使用音频（此选项只有在视频源有音频轨道时才可使用）
Transcode	使用转码功能（自动转码成与目标平台相兼容的格式）
Dimensions	控制源视频文件的大小（Original：和原来的大小一致。Three Quarter Res：缩小为原来的3/4。Half Res：缩小为原来的1/2。Quarter Res：缩小为原来的1/4。Square（1024×1024）：调整分辨率为1024×1024；Square（512×512）：调整分辨率为512×512。Square（256×256）：调整分辨率为256×256。Custom：自定义分辨率。）
Width	图像的宽度（当 Dimensions 为 Custom 时出现）
Height	图像的高度（当 Dimensions 为 Custom 时出现）
Aspect Ratio	纵横比（当 Dimensions 不为 Original 时出现）
Codec	使用编解码器的格式（Auto：自动调整为与目标平台最合适的格式。H264：大部分目标平台的硬件支持。VP8：大部分目标平台的软件支持，也包括一些硬件的平台，例如 Android 和 WebGL。）
Bitrate Mode	比特率模式（相对于编解码器的基线配置文件）
Spatial Quality	空间质量（Low Spatial Quality：低空间质量，在回放时视频质量损失比较大。Medium Spatial Quality：中等空间质量，在回放时视频质量损失比低空间质量的小。High Spatial Quality：高空间质量，回放时没有质量损失。）

8.3.2 视频播放器应用案例

上面介绍了导入 Unity 里面的视频的各项属性及含义，下面介绍一个比较完整的视频播放器应用案例，以使读者更加深刻地理解视频播放器使用的流程及使用时一些注意事项。

（1）视频与音频的格式及相关参数修改完毕以后，需要在场景中添加一些模型来匹配视频播放器。本案例的主场景是一间儿童房，里面加入了相关的模型来匹配场景，要将场景的大小和光照等因素调整到合适，具体属性设置如图 8-42 所示。

（2）场景创建完毕后要在场景中的墙壁上创建一个 Plane，这个 Plane 作为播放视频的载体，选中这个 Plane，单击菜单栏中的 Component→Video→Video Player 给这个 Plane 添加 Video Player 组件，如图 8-43 所示。

▲图 8-42　儿童房具体属性设置

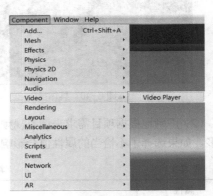

▲图 8-43　添加 Video Player 组件

（3）创建视频所需要的音频源。单击菜单栏中的 GameObject→Audio→Audio Source 创建音频源，如图 8-44 所示。将预先准备好的音频拖到 AudioClip 栏中，完成音频源的创建。

（4）音频添加完成后，单击载体板，可以看到 Video Player 的属性。本案例设置了 3 个按钮，可以控制视频的播放状态，如图 8-45 所示，这 3 个按钮由脚本 kongzhi.cs 控制，具体代码如下所示。

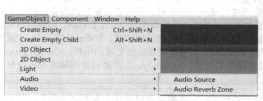
▲图 8-44　创建音频源

▲图 8-45　控制视频播放状态的 3 个按钮

代码位置：随书资源中的源代码/第 8 章/Video Player/Assets/kongzhi.cs。

```
1   public void ButtonOnClick(int index){       //监听按钮
2       if(index == 0) {                        //如果参数为 0
3           var videoPlayer = shipin.GetComponent<UnityEngine.Video.VideoPlayer>();
                                                //获取 Video Player
4           videoPlayer.Pause();}
                                                //暂停视频
5       else if (index == 1) {                  //如果参数为 1
6           var videoPlayer = shipin.GetComponent<UnityEngine.Video.VideoPlayer>();
                                                //获取 Video Player
7           videoPlayer.Play();}                //播放视频
8       else if(index==2) {                     //如果参数为 2
9           var videoPlayer = shipin.GetComponent<UnityEngine.Video.VideoPlayer>();
                                                //获取 Video Player
10          videoPlayer.Stop();}}               //停止视频
```

> 说明　该脚本是用于控制案例中 3 个按钮的逻辑脚本，先获取了案例中的 Video Player，之后使用了 3 个方法来控制视频的播放和暂停等操作。当然，操作视频的方法还有很多，感兴趣的读者可以查看官网的相关 API 学习。

（5）单击载体板，可以看到 Video Player 的具体属性，要修改其中一些属性值来达到要求，如图 8-46 所示。把准备好的视频和音频源分别挂载到 Video Clip 和 Audio Source 上，这样就完成了视频播放器的创建，运行程序即可播放视频。

（6）由于本案例只是一个播放器，所以无须调整 Video Player 的其他属性值，默认的值即可满足要求。但是在真实的项目中通常需要将视频播放器与其他的功能相结合，为了达到更好的效果，就需要修改其中的某些属性，Video Player 的属性如表 8-2 和表 8-3 所示。

▲图 8-46　Video Player 属性设置

表 8-2　　　　　　　　　　Video Player 的属性（1）

属性	含义
Source	选择视频源的类型（Video Clip：视频源在项目资源中。URL：视频通过 URL 流导入。）
URL	选择视频的 URL
Browse	启动路径选择的按钮
Play On Awake	在运行后自动播放
Wait For First Frame	开启视频等待（保证视频的同步）
Loop	开启视频循环播放

续表

属性	含义
Playback Speed	设置视频的播放速度，默认正常速度为 1
Render Mode	视频呈现方式（Camera Far Plane：在摄像机的远平面上显示视频。Camera Near Plane：在摄像机的近平面上显示视频。Camera：定义接收视频的摄像机，只有在渲染模式为摄像机远平面或者近平面时才可使用。Alpha：设置添加到源视频的透明度级别。Render Texture：将视频渲染到纹理中。Target Texture：定义 Video Player 组件渲染图像时的呈现纹理。Material Override：通过游戏对象的渲染材质选择一个纹理特性。Renderer：渲染视频播放器呈现的组件。Material Property：接收 Video Player 组件图像的材质纹理属性的名称。API Only：是否必须使用脚本来将纹理分配到目的地。）
Aspect Ratio	视频画面的长宽比，当使用以下几种渲染模式时，视频的表现形式会有不同的效果。其形式主要有以下几种： 1.No Scaling - 不使用缩放；2.FitVertically - 缩放源垂直于目标矩形，在必要时裁剪左右两边或保留黑色区域。源宽比保持不变；3.Fit Horizontally - 缩放源与目标矩形横向匹配，裁剪顶部和底部区域，或在需要时保留上面和下方的黑色区域，源宽比保持不变；4.Fit Inside - 缩放源适应目标矩形而不用裁剪。根据需要，在左、右或上方或下方留下黑色区域，源宽比保持不变；5.Fit Outside - 缩放源适应目标矩形，而不留下左、右或上下的黑色区域，按需要裁剪。源宽比保持不变；6.Stretch - 水平或垂直缩放适应目标矩形，源宽比没有被保留）
Audio Output Mode	定义源音频音轨的输出方式（Direct：音频样本直接发送到音频输出硬件，绕过 Unity 的音频处理。Audio Source：音频样本被发送到选定的音频源，使 Unity 的音频处理得以应用。Disabled：不使用音频源。）
Controlled Tracks	音频控制轨道，仅在 Source 为 URL 时可以使用

表 8-3　　　　　　　　　　　　Video Player 的属性（2）

属性	含义	属性	含义
Track Enabled	音轨回放	Mute	静音
Audio Source	视频源	Volume	音频源的音频模式

（7）通过调整 Video Player 的相关属性设置可以获得适合项目的视频模式。在本案例中，还可以用 W、S、A、D 键控制摄像机视角的变换，从而达到比较好的观看效果，摄像机的视角变换是由脚本 CameraControl.cs 控制的，在这里不做具体介绍，详情请参考随书源代码。

案例位置：随书资源中的第 8 章/Video Player/Assets/Video Player.unity。

8.4 动态字体

Unity 5.0 及以上版本支持动态字体，还能很好地支持中文字体，例如楷体、隶书、宋体等，这给开发人员带来了很大的便利，开发人员可以根据需要设置不同的字体类型。本节将以一个简单的案例来介绍动态字体的应用，具体步骤如下。

（1）新建一个场景，在菜单栏中单击 File→New Scene，创建一个场景。按 Ctrl+S 快捷键保存该场景，并命名为 font scene。

（2）导入资源。在 Project 面板中右击，在弹出的快捷菜单中选择 Import New Asset 选项，弹出相应对话框然后选择需要的背景图片和字体，单击 Import 按钮导入。

（3）在 Project 面板中右击并从弹出的快捷菜单中选择 Create→C# Script，新建一个脚本，将其重命名为 Font。双击 Font 脚本，在脚本编辑器内编写代码，具体代码如下。

代码位置：随书资源中的源代码/第 8 章/Unity_Demo/Assets/Font/Font.cs。

```
1   using UnityEngine;
2   using System.Collections;
```

8.5 重力加速度传感器

```
3   public class Font : MonoBehaviour {
4     public GUIStyle MyStyle;                              //定义 GUI 格式
5     public Texture BGTexture;                             //定义背景图片
6     float width=Screen.width/540f;                        //定义宽度
7     float height=Screen.height/960f;                      //定义高度
8     void OnGUI(){
9       width=Screen.width/540f;                            //实时计算宽度比
10      height=Screen.height/960f;                          //实时计算高度比
11      GUI.DrawTexture (new Rect(0,0,Screen.width,
12      Screen.height),BGTexture);                          //在给定坐标区域绘制背景图片
13      GUI.Label (new Rect(160*width,100*height,
14      100*width,100*height),"静    夜    思",MyStyle);//在给定坐标区域绘制标签 Label
15      GUI.Label (new Rect(100*width,290*height,
16      100*width,100*height),"床 前 明 月 光",MyStyle);//在双引号内输入想要显示的文字内容
17      GUI.Label (new Rect(100*width,440*height,
18      100*width,100*height),"疑 是 地 上 霜",MyStyle);//设置 GUI 格式可以使 GUI 更加美观
19      GUI.Label (new Rect(100*width,590*height,
20      100*width,100*height),"举 头 望 明 月",MyStyle);//本例只使用它来设置字体
21      GUI.Label (new Rect(100*width,740*height,
22      100*width,100*height),"低 头 思 故 乡",MyStyle);
23  }}
```

❏ 第 1～7 行导入系统包,定义了 GUI 的格式和背景图片、宽度、高度,用于后面的绘制。

❏ 第 8～23 行重写了 OnGUI 方法,该方法用来绘制 GUI 控件、图片等。通过计算屏幕宽高比例,绘制控件以实现在不同分辨率的屏幕上达到自适应效果。绘制图片和标签,给定坐标,绘制内容和 GUI 格式。

(4) 将 Font 脚本挂在摄像机上,然后选中摄像机对象,在 Inspector 面板中查看 Font (Script) 属性,BG Texture 选择导入的图片,如图 8-47 所示。展开 My Style 下的 Overflow,将 Font 设置为导入的字体,并适当调节字号,如图 8-48 所示。

(5) 当全部工作完成后,单击"运行"按钮,可以看到成功显示了的中文字体,并且字体类型为导入的字体类型 (本案例选择的是华文行楷)。

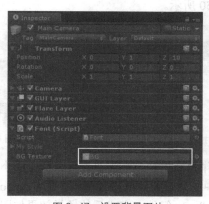
▲图 8-47 设置背景图片

▲图 8-48 设置字体

案例位置:随书资源中的第 8 章/Unity_Demo/Assets/Font/Font_Demo.unity。

8.5 重力加速度传感器

移动端的游戏开发中,由于手机传感器的普及,通常会使得玩家能够通过操控移动设备来进一步影响游戏内容,例如赛车类游戏可以将移动设备的左右倾斜作为方向控制来模拟方向盘。这里就用到了重力加速度传感器。

线性加速度三维向量的 x、y、z 分量分别标识手机的竖直方向、水平方向和垂直屏幕方向。

通过手机重力传感器就能获取手机移动或旋转过程中这 3 个分量的数值,需要使用时只需在代码中调用 Input.acceleration 即可,具体代码如下。

```
1    float speed=10f;                          //声明速度变量
2    void Update () {                          //重写 Update 方法
3      Vector3 dir = Vector3.zero;             //声明三维向量且值为 0
4      dir.x = -Input.acceleration.y;          //三维向量的 x 分量为线性加速度的 y 分量
5      dir.z = Input.acceleration.x;           //三维向量的 z 分量为线性加速度的 x 分量
6      if(dir.sqrMagnitude > 1) {              //如果三维向量的分量大于 1
7        dir.Normalize();                      //将分量置为 1
8      }
9      dir *= Time.deltaTime;                  //将三维向量和时间同步
10     transform.Translate (dir*speed);        //根据获取的三维向量进行移动
11   }
```

❑ 第 3~7 行获取三维向量的零向量,即数值都为 0 的三维向量。获取线性加速度,根据游戏和手机的对应关系,获取不同的加速度分量。将数值大于 1 的线性加速度的分量限制为 1。

❑ 第 9~10 行根据获得的加速度的大小来控制物体的移动。

接下来将用一个简单的案例来演示重力加速度传感器的应用效果,即在一个凹槽内放置一个小球,编写代码实现小球向手机倾斜的一侧滚动,并且同时能够检测物理碰撞,具体步骤如下。

(1)在菜单栏中单击 File→New Scene,创建一个场景。按 Ctrl+S 快捷键保存该场景,命名为 MoveBall。

(2)导入资源。在 Project 面板中右击,在弹出的快捷菜单中选择 Import New Asset 选项,在弹出的对话框中选择需要的图片资源,单击 Import 按钮导入。

(3)在菜单栏中单击 GameObject→3D Object→Cube,如图 8-49 所示,在场景中创建 4 个 Cube 对象用来当作限制小球运动范围的围栏。设置 Cube 对象的大小并将导入的图片拖到 Cube 对象上为其添加纹理,如图 8-50 所示。

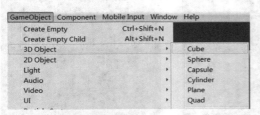

▲图 8-49 创建 Cube 对象

▲图 8-50 搭建围栏

(4)创建一个 Plane 对象作为地板和一个需要被玩家操控的小球,其创建与添加纹理的方法和 Cube 对象的完全相同。选中小球对象并单击菜单栏中的 Component→Physics→Rigidbody,如图 8-51 所示,为小球添加 Rigidbody 组件。完成后的场景效果如图 8-52 所示。

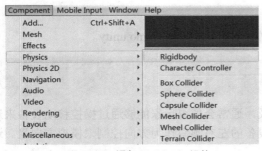

▲图 8-51 添加 Rigidbody 组件

▲图 8-52 场景效果

（5）编写脚本来通过手机的重力加速度传感器来控制小球的移动。在 Project 面板中右击，从弹出的快捷菜单中选择 Create→C# Script，新建一个脚本，将其重命名为 MoveBall。双击 MoveBall 脚本，在脚本编辑器内编写代码，具体代码如下。

代码位置：随书资源中的源代码/第 8 章/Unity_Demo/Assets/ Acceleration/MoveBall.cs。

```
1   using UnityEngine;
2   using System.Collections;
3   public class MoveBall : MonoBehaviour {
4       Vector3 dir = Vector3.zero;           //定义三维向量为零向量
5       void Update(){                        //重写 Update 方法
6           dir.z =-Input.acceleration.x;     //三维向量的 z 分量为线性加速度的 x 分量
7           dir.x = Input.acceleration.y;     //三维向量的 x 分量为线性加速的的 y 分量
8           this.transform.GetComponent
9               <Rigidbody> ().AddForce (dir*5);  //为游戏对象施加一个力
10      }}
```

❏ 第 1~2 行使用相应的命名空间。
❏ 第 4~10 行获取三维向量的零向量，即数值都为 0 的三维向量。之后获取线性加速度，根据游戏和手机的对应关系，获取不同的加速度分量。最后取物体的 Rigidbody 组件调用其中的方法为物体施加一个力。

案例位置：随书资源中的第 8 章/Unity_Demo/Assets/Acceleration/MoveBall.unity。

8.6 PlayerPrefs 类

一个项目在开发过程中经常会遇到一些信息的存储和提取操作，这样可以方便信息在不同的脚本之间进行传递，以达到项目整体的统一。例如在一个游戏中，经常会有游戏分数的存储及分数的提取并根据分数的多少来进行排名等，这就需要使用 PlayerPrefs 类。

使用 PlayerPrefs 类可以将 PlayerPrefs 代码写在相应的脚本中，把脚本挂载到相应的游戏对象上即可。下面将对 PlayerPrefs 类的方法进行详细介绍，方法信息如表 8-4 所示。

表 8-4　　　　　　　　　　　　PlayerPrefs 类的方法

方法名	含义	方法名	含义
SetInt	将需要记录的整型信息用标识符记录下来	GetInt	根据标识符提取相应的整型数据
SetFloat	将需要记录的浮点型信息用标识符记录下来	GetFloat	根据标识符提取相应的浮点型数据
SetString	将需要记录的字符串信息用标识符记录下来	GetString	根据标识符提取相应的字符串数据
HasKey	判断其标识符是否存在，如果存在就返回 true	DeleteAll	删除所有存储的数据
DeleteKey	根据标识符删除相应数据	Save	保存数据

接下来将通过一段代码来演示这些方法的使用，在 Project 面板中右击并从弹出的快捷菜单中选择 Create→C# Script，新建一个脚本，将脚本重命名为 PlayerPrefsDemo。双击 PlayerPrefsDemo 脚本，在脚本编辑器内编写代码，具体代码如下。

代码位置：见随书资源中的源代码/第 8 章/Unity_Demo/Assets/PPDemo/PlayerPrefsDemo.cs。

```
1   using UnityEngine;
2   using System.Collections;
3   public class PlayerPrefs_Demo : MonoBehaviour {
4       void Awake() {
5           PlayerPrefs.SetInt ("First",666);              //添加整型数据 666
6           PlayerPrefs.SetFloat ("Second",1.024f);        //添加浮点型形数据 1.024
7           PlayerPrefs.SetString ("Third","Hellow World");//添加字符串数据 Hellow World
8           PlayerPrefs.SetString ("Forth",WWW.
9               EscapeURL("3D 开发实战详解"));              //添加中文字符串
```

```
10        Print ();                                              //调用 Print 方法
11        PlayerPrefs.DeleteKey ("First");                       //根据标识符删除整型数据
12        Check ();                                              //检测数据是否存在,存在则输出 true
13        PlayerPrefs.DeleteAll ();                              //删除所有数据
14        Check ();                                              //检测数据是否存在,存在则输出 true
15    }
16    void Print(){
17        Debug.Log ("First Value is "+
18        PlayerPrefs.GetInt("First"));                          //输出标识符为 First 的数据
19        Debug.Log ("Second Value is "+
20        PlayerPrefs.GetFloat("Second"));                       //输出标识符为 Second 的数据
21        Debug.Log ("Third Value is "+
22        PlayerPrefs.GetString("Third"));                       //输出标识符为 Third 的数据
23        Debug.Log ("Forth Value is "+WWW.
24        UnEscapeURL(PlayerPrefs.GetString("Forth")));          //输出标识符为 Forth 的数据
25    }
26    void Check(){
27        Debug.Log ("First is "+PlayerPrefs.HasKey("First"));   //检测是否存在 First
28        Debug.Log ("Secong is "+PlayerPrefs.HasKey("Second")); //检测是否存在 Second
29        Debug.Log ("Third is "+PlayerPrefs.HasKey("Third"));   //检测是否存在 Third
30        Debug.Log ("Forth is "+PlayerPrefs.HasKey("Forth"));   //检测是否存在 Forth
31    }}
```

- 第 4~9 行通过相应的 PlayerPrefs 类的方法存储数据。因为直接存储中在读取时会发生未知的错误,所以先用 EscapeURL 将中文字符串转码。
- 第 10~15 行通过调用 Print 方法输出数据。调用 DeleteKey 方法根据标识符删除相关数据。调用 Check 方法检测数据是否存在。调用 DeleteAll 方法将所有存储的数据删除。
- 第 16~31 行通过相应的 Get 方法获取不同类型的数据并输出。获取中文字符串后需要通过 UnEscapeURL 方法将其转换成中文字符。通过 HasKey 方法检测对应的标识符是否存在,存在输出 true,反之输出 false。

将上面编写的脚本挂载到场景摄像机上(其他游戏对象上也可),之后单击"运行"按钮就可以在控制台中看到输出的结果,结果如图 8-53 所示。

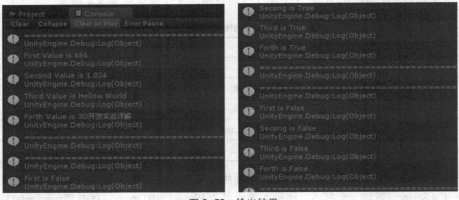

▲图 8-53 输出结果

案例位置:随书资源中的第 8 章/Unity_Demo/Assets/PlayerPrefs/PlayerPrefs_Demo.unity。

8.7 虚拟按钮与摇杆的使用

在实际移动端的项目开发过程中,控制游戏对象的移动及视角的转换可以通过虚拟按钮与摇杆实现。虚拟按钮与摇杆的使用就是在屏幕上绘制按钮,通过玩家对其不同的操作方式来实现游戏对象的不同行为。

8.7 虚拟按钮与摇杆的使用

8.7.1 下载并导入标准资源包

Unity 的标准资源包内包含了多种虚拟按钮与摇杆资源，只需要导入资源包并使用其制作预制件就可以轻松实现相应功能，由于 Unity 安装程序本身并没有标准资源包，下面将对标准资源包的下载及导入进行详细介绍，具体步骤如下。

（1）单击桌面上的 Unity 快捷方式图标，进入 Unity 集成开发环境，单击菜单栏中的 Window→Assets Store 打开 Unity 的资源商店，在搜索栏中输入 Standard Assets，搜索需要的标准资源包。

（2）单击 Standard Assets 图标进入下载界面，单击 DownLoad 按钮开始下载（需要注册 Unity 账户）。下载完成后双击下载好的资源包会立刻弹出 Import Package 对话框，可根据需要选择相应的资源，单击 Import 按钮导入 Unity 标准资源包。

（3）导入完成后，在 Project 面板中就会多出 Editor 和 Standard Assets 两个文件夹，如图 8-54 所示。开发所需要的大部分资源都在 Standard Assets 文件夹中，资源被分门别类地放好以方便开发人员查看。其中不仅有虚拟摇杆的资源，还有很多其他的实用资源，感兴趣的读者可自行查看并使用。

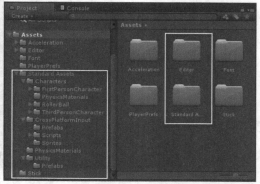

▲图 8-54　Editor 和 Standard Assets 文件夹

8.7.2 使用虚拟按钮和摇杆的案例

（1）在 Unity 集成开发环境中导入虚拟按钮与摇杆的资源包，本案例采用第一人称视角，因此使用 FPSController 预制件，选择文件夹 Standard Assets→Characters→FirstPersonCharacter→Prefabs，将预制件拖入场景中创建一个第一人称的游戏对象，如图 8-55 所示。

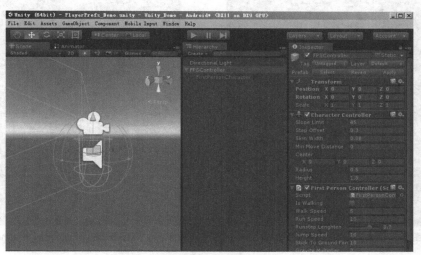

▲图 8-55　第一人称游戏对象

（2）添加按钮和摇杆来控制游戏对象的移动及跳跃，需要使用 MobileSingleStickControl 预制件，选择文件夹 Standard Assets→CrossPlatformInput→Prefabs，将预制件拖入场景中即可创建一个使用 UGUI 实现的按钮和摇杆，如图 8-56 所示。

（3）创建地面，并为地面添加适当的纹理图。单击 GameObject→3D Create→Plane 创建一个平面，单击 GameObject→3D Create→Cube，创建多个 Cube 对象用来当作障碍物和围栏，并在 Inspector 面板中设置具体参数。

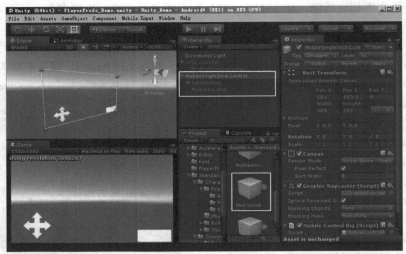

▲图 8-56 添加虚拟按钮和摇杆

（4）将程序导入 Android 设备。单击 File→Build Settings，在弹出的对话框中选择 Android 平台，在 Texture Compression 下拉列表框中选择 DXT(Tegra)，如图 8-57 所示；单击 Player Settings 按钮，将 Inspector 面板 Other Setting 下的 Package Name 修改为 "com.**.**"（*为自定义字符，默认设置无法编译），如图 8-58 所示。

▲图 8-57 选择 Android 平台并配置

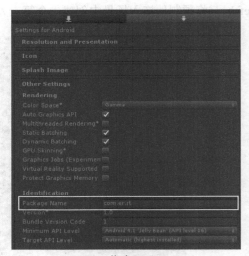

▲图 8-58 修改 Package Name

（5）将屏幕设置为横屏显示。单击 Player Settings 按钮，在 Inspector 面板中的 Resolution and Presentation 下将 Default Orientation*设置为 Landscape Right，如图 8-59 所示。设置完成后单击 Build 按钮，即可成功导出 APK 文件，运行效果如图 8-60 所示。

（6）本案例使用的是官方资源中的摇杆，其功能不是特别全面，对摇杆功能的修改也需要开发人员有着较高的编程能力，不适合新手。初学者可以下载 Easy Touch 插件来使用，Easy Touch 简单易学，能够很容易地实现各种功能，适合新手。

8.8 线的渲染——Line Renderer

▲图 8-59 设置横屏显示

▲图 8-60 运行效果

案例位置：随书资源中的第 8 章/Unity_Demo/Assets/Stick/Stick_Demo.unity。

8.8 线的渲染——Line Renderer

Unity 也提供了画线的方法，在两个点之间可以画一条直线段并且允许修改线的材质、大小、颜色、是否接受光照等属性，以保证线的效果达到最佳；还可以结合数学公式实现较为复杂的功能。本节将结合一个案例进行线的相关知识讲解。

（1）创建一个场景，把场景命名为 Line Renderer，如图 8-61 所示。在场景中创建 3 个游戏对象，作为线的起点、终点及中间点。创建一个空对象，并给空对象挂载上 Line Renderer（线渲染器）组件，过程如图 8-62 所示。

▲图 8-61 创建场景

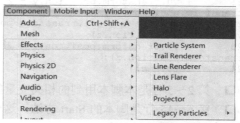

▲图 8-62 添加 Line Renderer 组件

（2）对 Line Renderer 组件的属性如图 8-63 所示，由于本案例只是单纯地讲解线功能的使用，所以使用的是默认设置，但是在完整的项目中，为了满足项目的需求，需要进行一定的修改。

（3）新建一个脚本，命名为 draw.cs，这个脚本的功能是将线的渲染和贝塞尔曲线公式结合起来。创建完毕后，将脚本挂载到空对象上，并且把相应的起点、终点、中间点挂载到脚本上，如图 8-64 所示。

▲图 8-63 Line Renderer 组件的属性

▲图 8-64 脚本属性

（4）这个脚本不但可以控制画线时的每个点之间的间隔，还包含利用贝塞尔曲线公式绘制曲线的方法，具体代码如下所示。

代码位置：随书资源中的源代码/第 8 章/Unity_Demo/Assets/draw.cs。

```
1   public class draw : MonoBehaviour{
2       public GameObject v0, v1, a0;                    //声明起点、终点、中间点
3       LineRenderer lineRenderer;                        //线的引用
4       float jianxi = 0.05f;                             //绘制曲线的间隔
5       public Vector3[] a = new Vector3[20];             //存储曲线路径上的点的数组
6       void Start(){
7           lineRenderer = GetComponent<LineRenderer>();  //初始化线
8           lineRenderer.SetVertexCount(21);}             //设置点的多少
9       void Update(){
10          for(float i = 0; i < 1; i += jianxi){         //从 0 到 1 遍历曲线上的点
11              a[jj++] = po(i, v0, v1,a0);}              //调用 po 方法，将点存储到数组里面
12          jj = 0;                                        //归零数组下标
13          for(int j = 0; j < 20; j++){
14              lineRenderer.SetPosition(j, a[j]);}       //绘制曲线
15          lineRenderer.SetPosition(20,newVector3(v1.transform.position.x,//绘制最后一段线
16      private Vector3 po(float t, GameObject v0, GameObject v1, GameObject a0){
                                                          //po 方法
17          Vector3 a;                                     //声明 Vector3 变量
18          a.x = t * t * (v1.transform.position.x - 2 * a0.transform.position.x + v0.transform.position.x)
19              + v0.transform.position.x + 2 * t * (a0.transform.position.x - v0.transform.position.x);
20          a.y = t * t * (v1.transform.position.y - 2 * a0.transform.position.y + v0.transform.position.y)
21              + v0.transform.position.y + 2 * t * (a0.transform.position.y - v0.transform.position.y);
22          a.z = t * t * (v1.transform.position.z - 2 * a0.transform.position.z + v0.transform.position.z)
23              + v0.transform.position.z + 2 * t * (a0.transform.position.z - v0.transform.position.z);
                                                          //贝塞尔曲线公式
24          return a;}
```

❑ 第 2～5 行是本脚本用到的相关变量的声明。jianxi 变量值越小，所画的线越接近于曲线。

❑ 第 6～15 行是脚本的 Start 方法，这个方法是执行绘制的第一层逻辑，只用于控制 20 个点的绘制并且用曲线连接起来。

❑ 第 16～24 行是本脚本的核心逻辑，这个方法接收 4 个参数，一个间隔点，3 个位置点，包括起点、终点及中间点。里面的具体代码是贝塞尔曲线公式的实现，公式为 $B(t)=(1-t)^2*v0+2*t*(1-t)*a0+t*t*v1$，其中 v0 为起点、v1 为终点、a0 为中间点。

（5）脚本功能实现完毕后，要对线的材质进行更换。新建一个材质，命名为 xian，其所挂载的着色器如图 8-65 所示；对 Line Renderer 组件的材质进行更换，更换的区域如图 8-66 所示，这样就完成了本案例的开发。

▲图 8-65　xian 材质上的着色器

▲图 8-66　更换 Line Renderer 组件中的材质

8.9 Render Texture 的应用

（6）单击"运行"按钮，即可运行本案例。需要注意的是，运行成功后，可以实时改变曲线的形状，只需要在 Scene 窗口中拖动构成曲线的 3 个关键点中的任意一个点即可，如图 8-67 所示，即使只拖动了中间点，所构成的曲线的形状也大不相同。

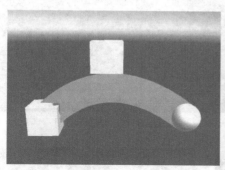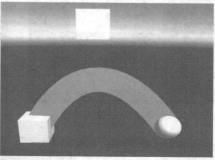

▲图 8-67　运行示意图

案例位置：随书资源中的第 8 章/Unity_Demo/Assets/Line Renderer.unity。

8.9 Render Texture 的应用

在 Unity 中，Render Texture 是一种可以在程序运行时实时更新的纹理类型，利用此类型的纹理可以实现比较复杂的功能。现在广泛应用该类型纹理的是小地图，因为小地图的图像要求实时更新，所以用普通的纹理无法实现。下面结合小地图制作的案例具体介绍 Render Texture 的使用方法。

（1）创建一个 Render Texture，命名为 MinMapTexture，Inspector 面板中会显示其相关属性，如图 8-68 所示。之后将此纹理挂载到摄像机上，如图 8-69 所示。

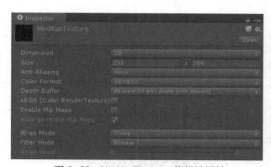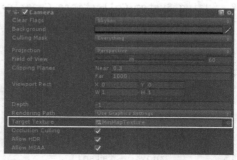

▲图 8-68　MinMapTexture 的相关属性　　　▲图 8-69　在摄像机上挂载 MinMapTexture 纹理

（2）将摄像机改成正交投影模式，即将摄像机的 Projection 属性值修改为 Orthographic，如图 8-70 所示，这样投影出来的小地图不会变形。搭建本案例的场景，一个地板、一个方块和小球，效果如图 8-71 所示。

（3）由于场景中唯一的摄像机已经作为小地图的投影摄像机，所以需要给场景重新添加主摄像机，添加完毕之后只需要将摄像机调整到合适的位置即可，不必调整其他参数。至此便完成了小地图的制作，下面就要将小地图作为 2D 界面上的图片显示出来。

（4）新建一个 Raw Image 对象，创建过程如图 8-72 所示。将已经调整好的 MinMapTexture 挂载到 Raw Image 的 Texture 属性上，调整 Raw Image 的大小和位置即可完成小地图的显示。整个案例运行效果如图 8-73 所示。

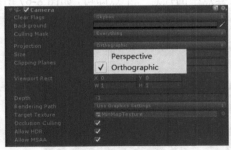
▲图 8-70 修改摄像机的投影模式

▲图 8-71 场景示意图

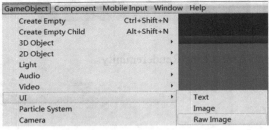
▲图 8-72 新建 Raw Image 对象

▲图 8-73 案例运行效果

（5）本案例为了体现使用 Render Texture 制作小地图的优点，特别地将小方块制作成了动态的，动态效果是由脚本 GameMove 控制的，该脚本实现了物体在一定范围内晃动的效果。具体代码如下所示。

代码位置：随书资源中的源代码/第 8 章/Unity_Demo/Assets/MinMap/GameMove.cs。

```
1    using System.Collections;
2    using System.Collections.Generic;
3    using UnityEngine;
4    public class GameMove : MonoBehaviour {
5        public GameObject cube;                   //声明一个方块变量
6        public GameObject yuan;                   //声明一个球体变量
7        public bool zuoyi = false;                //声明左滑标志位变量并初始化
8        public bool youyi = false;                //声明右滑标志位变量并初始化
9        public float jiange = 0.01f;              //设置晃动速度
10       void Start () {
11           zuoyi = true;}                         //如果左滑标志位为 true
12       void Update () {
13           if(cube.transform.position.x <= 230){  //判断方块的 x 坐标
14               youyi = true;                      //右滑标志位为 true
15               zuoyi = false;}                    //左滑标志位为 false
16           if(cube.transform.position.x >= 240){  //判断方块的 x 坐标
17               youyi = false;                     //右滑标志位为 false
18               zuoyi = true;}                     //左滑标志位为 true
19           if(zuoyi){                             //如果左滑标志位为 true
20               cube.transform.position = new Vector3(cube.transform.position.x - jiange
21               , cube.transform.position.y, cube.transform.position.z);    //设置方块位置
22           }else if (youyi){                      //如果右滑标志位为 true
23               cube.transform.position = new Vector3(cube.transform.position.x + jiange
24               , cube.transform.position.y, cube.transform.position.z);}}}//设置方块位置
```

- 第 5～9 行声明几个脚本需要的变量，包括两个对象的声明，两个标志位的声明，以及方块晃动速度的设置。

- 第 10～11 行是脚本的 Start 方法，将左滑标志位设置为 true，这样做保证了方块的起始移动方向是向左的。

8.10 声音——Audio

❑ 第 12～24 行是脚本的 Update 方法，用于判断方块在某帧的 x 坐标，并且根据两个边界值来修改相应的标志位，达到方块左右来回晃动的效果。

案例位置：随书资源中的第 8 章/Unity_Demo/Assets/MinMap/MinMap.unity。

8.10 声音——Audio

游戏音频在任何游戏中都占据着非常重要的地位，可以分为两种类型，一种为游戏音乐，另一种为游戏音效。前者一般是较长的音乐，如游戏背景音乐。后者一般是较短的游戏音乐，如开枪打怪时的枪击声。下面将对 Unity 中声音的相关知识进行详细讲解。

8.10.1 声音类型

Unity 3D 游戏引擎一共支持 8 种格式的音乐文件，在实际游戏开发过程中可根据实际需要使用合适的音乐类型，其中有 4 种用于音频跟踪模块，分别是 MOD、IT、S3M、XM，此处不做具体介绍；其他 4 种常用于音频源，具体的介绍如下。

❑ AIFF 格式，适用于较短的音乐文件，可用作游戏打斗的音效。
❑ WAV 格式，适用于较短的音乐文件，可用作游戏打斗的音效。
❑ MP3 格式，适用于较长的音乐文件，可用作游戏背景音乐。
❑ OGG 格式，适用于较长的音乐文件，可用作游戏背景音乐。

8.10.2 音频管理器

音频管理器（AudioManager）用于在宏观上对场景中的声音进行设置，通过单击 Edit→Project Settings→Audio 即可打开音频管理器，如图 8-74 所示。

▲图 8-74 音频管理器

在实际开发过程中，可以对音频管理器中的属性进行修改和设置，下面将对这些属性进行介绍，具体的属性如表 8-5 所示。

表 8-5　　　　　　　　　　　音频管理器中的各个属性

属性	含义
Global Volume（音量）	全局声音播放的音量
Volume Rolloff Scale（衰减因子）	设置按指数衰减音频源的全局衰减系数。该值越高，音量的衰减速度越快，反之则越慢（数值为 1 则模拟真实世界的效果）
Doppler Factor（多普勒因子）	模拟多普勒效应的监听效果。0 表示关闭模拟，1 意味着在高速运动的对象上多普勒效应会比较明显地被监听到
Default Speaker Mode（默认扬声器模式）	设置 Unity 项目中的默认扬声器模式，默认值为 2，即立体声模式（模式列表参见脚本 API 手册的 AudioSpeakerMode）
System Sample Rate（输出采样率）	如果设置为 0，那么将使用系统默认的采样率。注意，这只是作为一个参考，只有特定的平台允许改变这一点，例如 iOS 和 Android
DSPBuffer Size（DSP 缓冲区大小）	调整 DSP 缓冲区的大小来优化延迟和性能
Max Virtual Voice（虚拟声音计数）	音频管理器中虚拟声音的数量。这个数值应该总是大于游戏中已经播放过的音频数量，如果没有，警告将在控制台中输出
Max Real Voice（真实声音计数）	能够同时播放的真实声音的数量，每一帧都将选取其音量最大的声音

续表

属性	含义
Disable Audio（禁用音频）	在单独构建中使音频系统停止工作。注意，它也将影响 Move Texture 的音频。在编辑器中音频系统仍将支持预览音频剪辑，除了 Audio Source（音频源）
Spatializer Plugin	使用 3D 音效插件及插件的版本
Virtualize Effects	使用虚拟影响

> **提示** 若想在场景中模拟多普勒效应，可以把多普勒因子设为 1，然后调整音速和多普勒因子直到达到满意的效果为止。扬声器模式可以在程序运行时通过脚本来实时改变。

8.10.3 音频监听器

音频监听器（Audio Listener）在 Unity 中扮演着麦克风的角色。其接收任何在场景中输入的音频源（Audio Source），并通过计算机的扬声器播放声音。在大部分游戏的开发过程中，经常会把音频监听器挂载到主摄像机上（Main Camera）。

（1）如果一个音频监听器在混响区（Reverb Zone）内，混响会应用到在场景中所有能够听到的声音上。此外音频特效（Audio Effects）也可以应用到音频监听器，这些特效也将被应用到在场景中所有能够听到的声音上。

（2）音频监听器配合音频源为游戏提供了声音效果。将音频监听器挂载到场景中的一个游戏对象上后，任何音频源，如果足够接近监听器都会被获取并输出到计算机的扬声器中，并且每个场景只能有一个音频监听器，否则会在控制台输出提示。

> **提示** 音频监听器没有属性，故其必须被挂载后才能使用，并且其总是默认地被挂载到主摄像机上。

8.10.4 音频源

音频源在场景中播放音频剪辑（Audio Clip）。如果音频剪辑是一个 3D 音频剪辑，音频源就在一个给定的位置，并会随距离的增大而进行衰减播放。音频源不仅可以在扬声器之间传播，而且可以在 3D 和 2D 之间进行转换，并可以控制随距离变化的衰减曲线。

音频监听器如果在一个或多个混响区中，混响将被应用到音频源中。单独的音频滤波器可以应用到每个音频源上，从而呈现更加丰富的听觉效果，下面将对音频源的创建、音频源中的各个属性和衰减类型进行详细讲解。

1. 音频源的创建

音频源就像一个控制器，用来控制音频剪辑的播放和停止，并可以通过修改其属性值改变播放效果。没有分配音频剪辑的音频源不会播放任何声音。音频剪辑就是游戏中各种声音的音频文件（MP3、OGG 等格式的文件），下面将介绍音频源的创建方法，具体如下。

（1）单击 Asset→Import New Asset，在弹出的对话框中选择需要的音频文件，将其导入 Unity 项目。单击菜单栏中的 GameObject→Create Empty 创建一个空对象，如图 8-75 所示。

（2）选中刚刚创建的空对象，单击 Component→Audio→Audio Source 为空对象添加 Audio Source 组件，如图 8-76 所示。

8.10 声音——Audio

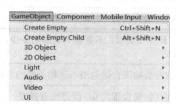

▲图 8-75 创建空对象

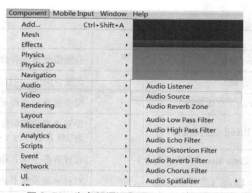

▲图 8-76 为音频源添加 Audio Source 组件

（3）在 Inspector 面板中将导入的音频剪辑添加到 Audio Source 组件中，完成后就可以通过设置属性或编写脚本来控制播放该音频，如图 8-77 所示。

▲图 8-77 Audio Source 组件属性设置

2. 音频源中的各个属性

在 Inspector 面板中，可以查看和设置 Audio Source 组件中的各个属性，从而达到不同的效果。下面对 Audio Source 组件中的各个属性进行详细介绍，具体如表 8-6 所示。

表 8-6　　　　　　　　　　　音频源中的各个属性

属性	含义
AudioClip（音频剪辑）	将要被播放的音频剪辑
OutPut（输出）	音频剪辑通过音频混合器输出
Mute（静音）	如果勾选该复选框，那么音频在播放时会没有声音
Bypass Effect（忽视效果）	应用到音频源的快速"直通"过滤效果，用来快速打开或关闭所有特效
Bypass Listener Effect（忽视监听器效果）	用来快速打开或关闭监听器特效
Bypass Reverb Zone（忽视混响区）	用来快速打开或关闭混响区
Play On Awake（唤醒时播放）	如果勾选该复选框，则音频在场景启动时就会播放；如果取消勾选该复选框，那么需要在脚本中使用 Play 方法来播放音频
Loop（循环）	循环播放音频剪辑
Priority（优先级）	确定场景中所有并存的音频源之间的优先级（0 为最高，256 为最低），一般使用优先级为 0 的音频剪辑，避免偶尔换出

343

续表

属性	含义
Volume（音量）	音频监听器监听到的音量
Pitch（音调）	改变音调值，可以加速或减速播放音频剪辑，默认值为 1，即以正常速度播放
Stereo Pan（立体声道）	最小值为-1，即采用左声道播放；最大值为 1，即采用右声道播放
Spatial Blend（空间混合）	设置该音频剪辑能够被 3D 空间计算（衰减、多普勒等）影响多少，为 0 时为 2D 音效，为 1 时为全 3D 音效
Reverb Zone Mix（混响区混合）	设置有多少从音频源传过来的信号会被混合进与混响区相关联的总体混响
Doppler Level（多普勒级别）	对音频源设置多普勒效应的级别（如果设置为 0，就是没有效果）
Volume Rolloff（音量衰减）	设置音量衰减的模式（对数、线性、自定义）
Min Distance（最小距离）	在最小距离之内，声音会保持最大音量；在最小距离之外，声音就会开始衰减
Spread（扩散）	设置 3D 立体声或者多声道音响在扬声器空间的传播角度
Max Distance（最大距离）	声音停止衰减的距离（距离音频监听器的最大距离）。超过这一距离，将保持音量，不再做任何衰减

3. 衰减模式

衰减模式有 3 种：对数衰减模式、线性衰减模式和自定义衰减模式。自定义衰减模式可以自定义衰减曲线，下面将对这 3 种模式进行详细讲解。

❑ 对数衰减模式：指声音在 Min Distance（最小距离）之外按对数模式进行衰减。将 Inspector 面板中的 Volume Rolloff 设置为 Logarithmic Rolloff（对数衰减），在面板下方将会显示出对数衰减模式曲线图，如图 8-78 所示。

❑ 线性衰减模式：指声音在 Min Distance（最小距离）之外按线性模式进行衰减。将 Inspector 面板中的 Volume Rolloff 设置为 Linear Rolloff（线性衰减），在面板下方将会显示出线性衰减模式曲线图，如图 8-79 所示。

❑ 自定义衰减模式：指声音在 Min Distance（最小距离）之外按自定义模式进行衰减。将 Inspector 面板中的 Volume Rolloff 设置为 Custom Rolloff（自定义衰减），在面板下方将会显示出自定义衰减模式曲线图，如图 8-80 所示。

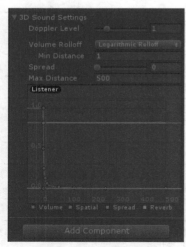
▲图 8-78　对数衰减模式

▲图 8-79　线性衰减模式

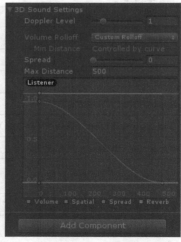
▲图 8-80　自定义衰减模式

4. 3D 音效

3D 音效可以很好地模仿真实世界中的声音。上面提到的衰减模式是构成 3D 音效的一个最重要的因素，它可以很真实地模拟监听器与音频源之间发生相对运动时声音状态的变化，同时也体现了多普勒效应对声音的影响。下面对 3D 音效的制作流程做具体介绍。

（1）3D 音效也是基于音频源产生的，相关的设置是在 3D Sound Settings 里面完成的。先创建一个音频源，然后将音频挂载到音频源的 AudioClip 上，然后将 Spatial Blend 调整为 3D 模式。

（2）Unity 在 5.6 及以上版本已经有了支持 3D 声音的插件，这个插件是与 Windows 合作开发的，只有在 Windows 10 及以上版本才会有此内置插件，应用了此插件可以更好地提高声音在 Windows 系统下的立体仿真性。

（3）单击菜单栏的 Edit→Project Settings→Audio 打开音频管理器。由于前文已经介绍了音频管理器的具体属性，这里就不再介绍。在 Spatializer Plugin 下拉列表框中选择 MS HRTF Spatializer 选项，如图 8-81 所示。

（4）本案例是控制摄像机不断移动来实现声音在不同位置、不同距离的效果的。摄像机的起始位置是在声音源的正前方，主界面上有 5 个按钮，可以控制摄像机向不同方向移动，如图 8-82 所示。通过不断移动摄像机可以比较明显地感受到声音大小及方位的变化。

▲图 8-81 修改插件版本

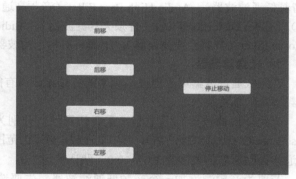
▲图 8-82 案例主界面

（5）为了获得更好的 3D 音效体验，可以修改 3D Sound Settings 属性组里面的一些设置，保证声音与项目中的场景等要素匹配，由于不是综合性的大案例，所以用的属性值大部分是默认的。各个属性的具体含义如表 8-7 所示。

表 8-7　　　　　　　　　　　　　　3D 音效属性

属性	属性含义
Doppler Level（多普勒等级）	该值在[0,5]变化，如果值为 0，则没有多普勒效应。多普勒效应指的是监听器与音频源之间发生相对运动时，声音的传递速度发生变化
Spread（传播角度）	设置音频源在空间中的立体声传播角度
Min Distance（最小距离）	默认值为 1m，监听器与音频源的距离小于或等于此值时，监听器可以获得最大音量
Max Distance（最大距离）	默认值为 500m，监听器与音频源的距离大于或等于此值时，监听器获得最小音量
Rolloff Mode（衰减模式）	Logarithmic Rolloff：对数衰减模式。Linear Rolloff：线性衰减模式。Custom Rolloff：自定义衰减模式

（6）从前文的衰减模式图中可以看到有 4 种不同的曲线【实际上有 5 种，另外一种只有在为音源添加音频低通滤波器时才出现】，不同曲线代表了不同的含义，在自定义曲线时要理解这些含

义，才能制作出符合要求的曲线图，具体曲线及其含义如表 8-8 所列。

表 8-8　　　　　　　　　　　　　衰减曲线及其含义

曲线	曲线含义
Volume	振幅在距离上的变化曲线
Spatial	空间混合参数在距离上的变化曲线，空间混合参数代表了 2D 音源与 3D 音源的插值
Spread	传播角度在距离上的变化曲线
Reverb	回音混合参数在距离上的变化曲线，注意振幅属性、距离和方向上的衰减将被首先应用到信号，因此它们将同时影响到直接传播的声音信号和回音信号
Low-Pass	截断频率在距离上的变化曲线（只有在音源添加了低通滤波器时才出现）

案例位置：随书资源中的第 8 章/Unity_Demo/Assets/Audio/3DAudio.unity。

8.10.5　音频效果

音频滤波器组件可以应用到音频源和音频监听器上，或是应用到带有音频源组件或音频监听组件的游戏对象上，以达到不同的效果。

音频滤波器分为很多种，在 Unity 中进行封装的滤波器有 6 种，分别是 Audio Low Pass Filter（音频低通滤波器）、Audio High Pass Filter（音频高通滤波器）、Audio Echo Filter（音频回声滤波器）、Audio Distortion Filter（音频失真滤波器）、Audio Reverb Filter（音频混响滤波器）和 Audio Chorus Filter（音频合声滤波器），下面将对每个滤波器进行详细介绍。

1. 低通滤波器

音频低通滤波器用于通过低频率的音频源或所有能够到达音频监听器的声音，声音频率比截止频率高的都将被消除。

音频低通滤波器有两个非常重要的属性，分别为 Cutoff Frequency（截止频率）、Lowpass Resonance Q（低通共振品质）。其中低通截止频率的范围为 10.0Hz～22000.0Hz，默认值为 5000Hz；低通共振品质值的范围为 1.0～10.0，默认值为 1.0。

若要为音频源添加一个音频低通滤波器，先要选中带有音频源组件的游戏对象，然后单击 Component→Audio→Low Pass Filter，可在游戏对象的 Inspector 面板中查看 Audio Low Pass Filter 组件的相关属性，如图 8-83 所示。

> **提示**　声音的传播在不同的环境下是不一样的。例如想要表达一个在紧闭的房门外发出的声音通过房门传递到屋内的效果，就需要在监听器上挂载低通滤波器，并且可以通过修改截止频率来模拟打开或关闭房门时的声音变化。

2. 高通滤波器

音频高通滤波器用于通过高频率的音频源或所有能够到达音频监听器的声音，声音频率比截止频率低的都将被消除。

音频高通滤波器有两个非常重要的属性，分别为 Cutoff Frequency（截止频率）、Lowpass Resonance Q（高通共振品质）。其中高通截止频率的范围为 10.0Hz～22000.0Hz，默认值为 5000Hz；高通共振品质值的范围为 1.0～10.0，默认值为 1.0。

> **提示**　高通共振品质被称为高通共振品质因数。

若要为音频源添加一个音频高通滤波器，先要选中带有音频源组件的游戏对象，然后单击

Component→Audio→Audio High Pass Filter,可在游戏对象的 Inspector 面板中查看 Audio High Pass Filter 组件的相关属性,如图 8-84 所示。

▲图 8-83 Audio Low Pass Filter 组件的属性

▲图 8-84 Audio High Pass Filter 组件的属性

3. 回声滤波器

音频回声滤波器一般被添加到一个给定延迟重复的音频源上,其衰减基于重复的衰变率。音频回声滤波器具有 4 个重要的属性,分别为 Delay(延迟)、Decay Ratio(衰变率)、Wet Mix(湿度混合)和 Dry Mix(直达声混合)。下面分别进行说明,具体如表 8-9 所示。

表 8-9 回声滤波器 4 个重要属性

属性	含义
Delay(延迟)	以 ms 为单位,回声延迟值的范围为 10.0~5000.0,默认值为 500
Decay Ratio(衰变率)	回声每次延迟值的范围为 0.0~1.0,1.0 表示不延迟,0.0 表示总延迟,默认值为 0.5
Wet Mix(效果声混响)	回声信号输出的音量值的范围为 0.0~1.0,默认值为 1.0
Dry Mix(直达声混合)	原始信号输出的音量值的范围为 0.0~1.0,默认值为 1.0

> 提示:Wet Mix 标识已加入效果的声音信号的振幅。Dry Mix 标识未加入效果的直达声信号的振幅。

若要为音频源添加一个音频回声滤波器,先要选中带有音频源组件的游戏对象,然后单击 Component→Audio→Audio Echo Filter,可在游戏对象的 Inspector 面板中查看 Audio Echo Filter 组件的相关属性,如图 8-85 所示。

4. 失真滤波器

音频失真滤波器用于对音频源的声音或到达音频监听器的声音进行失真处理。音频失真滤波器的一个重要属性是 Distortion(失真),失真值的范围为 0.0~1.0,默认值是 0.5。

若要为音频源添加一个音频失真滤波器,先在 Hierarchy 面板中选中带有音频源的对象,然后单击 Component→Audio→Audio Distortion Filter,在 Inspector 面板中可以 Audio Distortion Filter 组件的相关属性,如图 8-86 所示。

▲图 8-85 Audio Echo Filter 组件的属性

▲图 8-86 Audio Distortion Filter 组件的属性

5. 混响滤波器

音频混响滤波器采用一个失真的音频剪辑来创建个性化的混响效果。音频混响滤波器具有多个重要的属性,具体如表 8-10 所示。

表 8-10　音频混响滤波器中的各个属性

属性	含义
Reverb Preset（混响预设）	自定义混响预设，选择用户创建自定义的混响
Dry Level（直达声等级）	直达声信号的混合等级，单位为 MB。范围为 –10000.0～0.0，默认值为 0.0
Room（环境）	在低频时的环境效果等级，单位为 MB。范围为 –10000.0～0.0，默认值为 0.0
Room HF（环境高频）	在高频时的环境效果等级，单位为 MB。范围为 –10000.0～0.0，默认值为 0.0
Room LF（环境低频）	在低频时的环境效果等级，单位为 MB。范围为 –10000.0～0.0，默认值为 0.0
Decay Time（衰减时间）	在低频时的混响衰减时间，以 s 为单位。范围为 0.1～20.0，默认值为 1.0
Decay HFRatio（衰减高频比）	高频到低频的衰减时间比，范围为 0.1～2.0，默认值为 0.5
Reflections Level（反射等级）	相对于环境效果，早期反射等级，范围为 –10000.0～1000.0，默认值为 –10000.0
Reflections Delay（反射延迟）	相对于首次反射，早期混响延迟时间，以 s 为单位。范围为 0.0～0.1，默认值为 0.0
Reverb Level（混响等级）	相对于环境效果，后期混响等级，单位为 MB，范围为 –10000.0～2000.0，默认值为 0.0
Reverb Delay（混响延迟）	相对于首次反射，后期混响延迟时间，以 s 为单位。范围为 0.0～0.1，默认值为 0.04
HFReference（引用高频）	高频引用，单位为 Hz。范围为 20.0～20000.0，默认值为 5000.0
LFRegerence（引用低频）	引用低频，单位为 Hz。范围为 20.0～1000.0，默认值为 250.0
Diffusion（散射度）	混响散射度（回声密度）的百分比。范围为 0.0～100.0，默认值为 100
Density（密度）	混响密度（模态密度）的百分比。范围为 0.0～100.0，默认值为 100

> 提示　这些值只有在 Reverb Preset 被设置为 User（用户）时才能被修改，否则这些值显示为灰色，且所有的值都是默认值。

若要为音频源添加一个音频混响滤波器，先要选中带有音频源组件的游戏对象，然后单击 Component→Audio→Audio Reverb Filter，可在游戏对象的 Inspector 面板中查看 Audio Reverb Filter 组件的相关属性，如图 8-87 所示。

6. 合声滤波器

音频合声滤波器采用一个音频剪辑并对其进行处理，创建一个合声效果。合声效果通过一个正弦低频振荡器（Low-Frequency Oscillator，LFO）调节原始声音。输出声音像多个源发出略有变化的相同的声音——类似一个合唱团。音频合声滤波器具有多个重要的属性，具体如表 8-11 所示。

▲图 8-87　Audio Reverb Filter 组件的属性

表 8-11　音频合声滤波器中的各个属性

属性	含义
Dry Mix（直达声混合）	原始信号输出的音量，值的范围为 0.0～1.0，默认值为 0.5
Wet Mix 1（效果声混合 1）	第一个合声节拍的音量，值的范围为 0.0～1.0，默认值为 0.5
Wet Mix 2（效果声混合 2）	第二个合声节拍的音量，这个节拍是第一个节拍的相位 90 度输出，值的范围为 0.0～1.0，默认值为 0.5
Wet Mix 3（效果声混合 3）	第三个合声节拍的音量，这个节拍是第二个节拍的相位 90 度输出，值的范围为 0.0～1.0，默认值为 0.5

续表

属性	含义
Delay（延迟）	以 ms 为单位，低频振荡器的延迟。值的范围为 0.1～100.0，默认值为 40
Rate（比率）	以 Hz 为单位，低频振荡器调节比，值的范围为 0.0～20.0，默认值为 0.8
Depth（深度）	合声调节深度，值的范围为 0.0～1.0，默认值为 0.03

若要为音频源添加一个音频合声滤波器，先在 Hierarchy 面板中选中带有音频源的对象，然后单击 Component→Audio→Audio Chorus Filter，在 Inspector 面板中可以看到 Audio Chorus Filter 组件的相关属性，如图 8-88 所示。

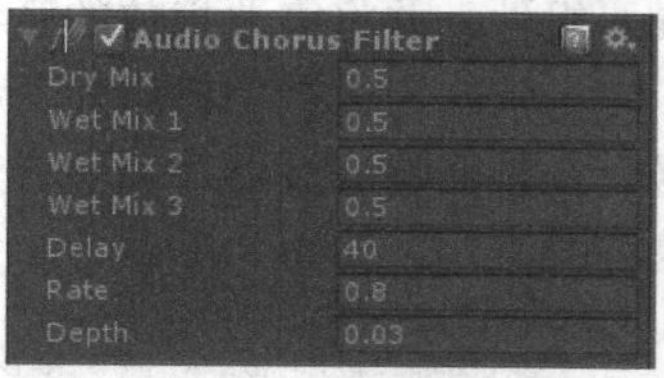

8.10.6 音频混响区

音频混响区通过获取音频剪辑并且根据音频监听器所在的混响区进行失真处理，当一个带有音频监听器的游戏对象从一个没有环境影响的地方移动到有环境影响的地方时音频混响区被使用。音频混响区的属性如表 8-12 所示。

▲图 8-88 Audio Chorus Filter 组件的属性

表 8-12　　　　　　　　音频混响区的各个属性

属性	含义
Min Distance（最小距离）	表示 Gizmo 内圆的半径，这决定了渐变混响效果和完整混响效果的区域（完整混响效果与渐变混响区域的分界线）
Max Distance（最大距离）	表示 Gizmo 外圆的半径，这决定了没有混响效果和渐变混响效果的区域（没有混响效果与渐变混响区域的分界线）
Reverb Preset	确定混响区使用的混响效果（当选为 User 时才会有下列的参数）
Reverb Preset（混响预设）	自定义混响预置，选择用户创建自定义的混响
Dry Level（直达声等级）	直达声信号的混合等级，单位为 MB。范围为-10000.0～0.0，默认值为 0.0
Room（环境）	在低频时的环境效果等级，单位为 MB。范围为-10000.0～0.0，默认值为 0.0
Room HF（环境高频）	在高频时的环境效果等级，单位为 MB。范围为-10000.0～0.0，默认值为 0.0
Room LF（环境低频）	在低频时的环境效果等级，单位为 MB。范围为-10000.0～0.0，默认值为 0.0
Decay Time（衰减时间）	在低频时的混响衰减时间，以 s 为单位。范围为 0.1～20.0，默认值为 1.0
Decay HFRatio（衰减高频比）	高频到低频的衰减时间比，范围为 0.1～2.0，默认值为 0.5
Reflections Level（反射等级）	相对于环境效果，早期反射等级，范围为-10000.0～1000.0，默认值为-10000.0
Reflections Delay（反射延迟）	相对于首次反射，早期混响延迟时间，以 s 为单位。范围是 0.0～0.1，默认值为 0.0
Reverb Level（混响等级）	相对于环境效果，后期混响等级，单位为 MB，范围为-10000.0～2000.0，默认值为 0.0
Reverb Delay（混响延迟）	相对于首次反射，后期混响延迟时间，以 s 为单位。范围为 0.0～0.1，默认值为 0.04
HFReference（引用高频）	高频引用，单位为 Hz。范围为 20.0～20000.0，默认值为 5000.0
LFRegerence（引用低频）	引用低频，单位为 Hz。范围为 20.0～1000.0，默认值为 250.0
Diffusion（散射度）	混响散射度（回声密度）的百分比。范围为 0.0～100.0，默认值为 100
Density（密度）	混响密度（模态密度）的百分比。范围为 0.0～100.0，默认值为 100

若要为音频源添加一个音频混响区，先在 Hierarchy 面板中选中带有音频源的对象，然后单击 Component→Audio→Audio Reverb Zone，在 Inspector 面板中可以看到 Audio Reverb Zone 组件的属性。

8.10.7 简单的声音控制案例

本小节将通过使用 UGUI 搭建一个声音控制界面，并配合相应的声音组件及脚本来实现对声音的控制。下面将对该案例进行详细介绍，具体实现步骤如下。

（1）打开 Unity 集成开发环境，将开发需要的音频文件导入 Unity 中，具体步骤为单击 Assets→Import New Asset 菜单，在弹出的对话框中将需要的音频文件选中并导入。

（2）选中场景中的主摄像机，单击 Component→Audio→Audio Source 为主摄像机添加 Audio Source 组件，并将需要播放的音频剪辑添加到音频源组件中，设置具体参数。

（3）依次为主摄像机添加音频低通滤波器、音频高通滤波器、音频回声滤波器、音频失真滤波器、音频混响滤波器、音频合声滤波器组件。具体方法为单击 Component→Audio 并选取需要的滤波器组件，如图 8-89 所示，添加完成后将所有滤波器组件设置为禁用模式，如图 8-90 所示。

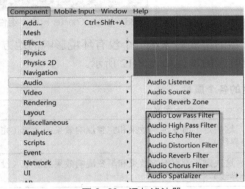 

▲图 8-89　添加滤波器　　　　　　　　▲图 8-90　禁用添加的滤波器组件

（4）使用 UGUI 搭建控制界面。由于本案例主要是演示音频的控制，所以关于 UGUI 的配置及控制界面的搭建将不再赘述，读者可参看本书的 UGUI 章节学习了解。

（5）编写音频源控制脚本来控制音频的播放、暂停与停止。在 Project 面板中右击，从弹出的快捷菜单中选择 Create→C# Script，新建一个脚本，将其重命名为 PlayMusic。双击 PlayMusic 脚本，在脚本编辑器内编写代码，具体代码如下。

代码位置：随书资源中的源代码/第 8 章/Unity_Demo/Assets/Audio/PlayMusic.cs。

```
1    using UnityEngine;
2    using System.Collections;
3    public class PlayMusic : MonoBehaviour {
4      AudioSource music;                              //声明音频源组件变量
5      public void Awake(){                            //重写 Awake 方法
6        music = this.transform.GetComponent<AudioSource> ();//获取音频源组件
7      }
8      public void PressPlay(){                        //当 Play 按钮被按下时调用该方法
9        if(!music.isPlaying) {                        //如果音频没有播放
10           music.Play();                             //播放音频文件
11     }}
12     public void PressPause(){                       //当 Pasue 按钮被按下时调用该方法
13        if(music.isPlaying) {                        //如果音频正在播放
14           music.Pause();                            //暂停音频的播放
15     }}
16     public void PressStop(){                        //当 Stop 按钮被按下时调用该方法
17        music.Stop ();                               //停止音频的播放
18  }}
```

- 第 4~7 行声明了一个音频源组件变量，并通过 Awake 方法在脚本加载时获取音频源组件。
- 第 8~18 行编写 PressPlay 方法控制音频播放，当音频没有播放时开始播放音频。编写

PressPause 方法控制音频暂停,当音频处于播放状态时暂停音频的播放。编写 PressStop 方法控制音频的停止。

(6)脚本编写完成后将其挂载到主摄像机上。单击创建的 Button 对象(Play),在 Inspector 面板中的 Button(Script)下会看到 On Click 选项。单击右下角的"+"按钮,将主摄像机添加到其中,并在列表中选择 PlayMusic→PressPlay(),如图 8-91 所示。

(7)给所有按钮(Button)挂载方法的操作和步骤(8)完全相同。其他音频滤波器的启用可直接使用内置方法而无须手动编写:选中一个 Toggle 控件,在 Inspector 面板中的 On Value Changed 选项里挂载主摄像机,并在列表中选择相应的组件后选择 enabled(启用)即可,如图 8-92 所示。

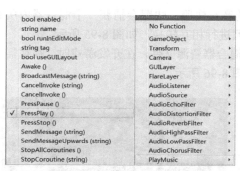

▲图 8-91 关联 PressPlay 方法

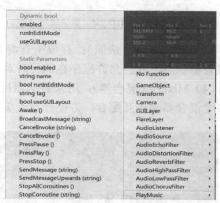

▲图 8-92 启用滤波器

(8)方法全部添加完成后,就可以运行程序了,通过单击相应的功能按钮来调节声音的播放、停止及听觉效果。本案例中的滤波器效果都是默认效果,在实际开发过程中,可以根据需要调节滤波器属性以实现更加丰富的听觉效果。

案例位置:随书资源中的第 8 章/Unity_Demo/Assets/Audio/Audio_Play.unity。

8.10.8 混音器

现代游戏的开发,除了要提供强烈的视觉冲击以外,还要能够很好地烘托环境气氛,因此真实丰富的音效制作便成了必不可少的游戏开发环节。

随着科技的发展,虚拟现实技术已日趋成熟。现今的游戏行业对玩家游戏时的浸入式感官体验也越来越重视,Unity 版本的升级除了 3D 呈现技术外,也引入了新的音频制作插件——AudioMixer(混音器),接下来将对其进行介绍。

1. 初识混音器

混音器是一种能够被音频源引用的资源,并能对从音频源生成的音频信号进行复杂的路由和混合操作。它是一类由用户资源构建的 AudioGroup(音频组)的层次结构的混合。混音器能够让开发人员对音频信号进行 DSP(数字信号处理)操作,从而达到开发所需的音频效果。

混音器已经集成在 Unity 的开发环境中,不需要再下载资源文件。单击 Window→Audio Mixer 即可打开混音器窗口。对音频信号的处理都将在这个窗口内进行。

2. 混音器界面介绍

混音器的界面由 7 部分组成,分别为 The Hierarchy View、The Mixers Views、Snapshots 等,下面将对每一部分进行介绍。

(1)The Hierarchy View(层次结构视图):包含所有的在混音器内的音频组的混合结构,如

图8-93所示。

（2）The Mixer Views（混合视图）：缓存混合器可视参数设置。每一个视图都仅显示主混合器窗口的整体层次的一个子设置，如图8-94所示。

▲图8-93　层次结构视图

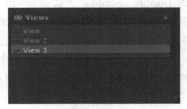
▲图8-94　混合视图

（3）Snapshots（快照）：存放所有混音器资源的音频快照。快照会捕获一个混合器内所有参数设置的状态，并且允许程序在运行时对不同的快照进行相互转换，如图8-95所示。

（4）Mixers（混合器）：用来显示项目中所有的混合器资源文件，在开发游戏时，往往需要用到多个混合器来相互配合，方便开发人员使用，如图8-96所示。

▲图8-95　快照

▲图8-96　混合器

（5）AudioGroup Strip View（音频组带状视图）：显示音频组的概况，包括当前音频水平、衰减（音量）设置、静音、单独播放、效果忽略设置和音频组的DSP效果的列表，如图8-97所示。

（6）Edit In Play Mode（运行模式下编辑）：该功能的开启或关闭将直接影响开发人员是否能在程序运行过程中修改混音器的各个参数，默认状态下，在程序运行期间无法进行修改，它只有在程序运行时才会出现，如图8-98所示。

▲图8-97　音频组带状视图

▲图8-98　运行模式下编辑

（7）Exposed Parameters（暴露参数）：显示关于公开参数和相应字符串名称的列表，公开了的参数可以在程序运行时通过脚本获取并修改相应的参数值。

3. 路由与混合

音频路由是一个获取大量音频输入信号到输出一个或多个音频输出信号的过程，这里的信号是指可以分解成数字音频通道（立体声）的连续的数字音频流数据。

混音器内部通常会对这些信号做一些处理，如混合、应用效果、衰减等。混音器允许任意数量的音频组的存在，用以对这些信号进行混合并最终进行精确的输出。在音频处理过程中，混音器通常用来完成与场景图层次结构的正交操作。

4. 情绪和主题混合

混合和路由通常也可以被用来打造设计师们所追求的虚拟现实的沉浸式体验。例如，混响可以被应用到所有的游戏音效上，可通过对音频信号的衰减来创造身处洞穴中的感觉。从听觉上让玩家融入游戏环境中，仿佛其置身于一个幽深的洞穴中。

混音器能被用来打造游戏中的氛围。将场景中不同的混音器设置应用于快照，游戏便能够让玩家真实地感受到游戏环境中的氛围（紧张、恐怖），例如，游戏中房间外的世界让人恐惧，而屋内是一种静谧温暖的氛围，声音就可以让玩家的情绪在这两种环境下进行变化。

5. 屏幕快照

快照能够捕捉混音器的不同状态，可以通过代码来控制快照之间的切换。即在游戏中，随着游戏场景的切换、游戏剧情的推进来对音频信号进行不同的处理，从而改变游戏的氛围。快照在开发过程中已经将音频参数设置完毕，在大多数情况下开发人员只需要更改当前的快照即可。

快照捕获的混音器内的参数值如下。

- ❑ 音量。
- ❑ 音调。
- ❑ 发送水平。
- ❑ 湿度混合水平。
- ❑ 效果参数。

下面将介绍快照的使用，包含快照的创建及默认快照的选择。单击 Snapshots 右侧的"+"按钮，添加一个快照并为其重命名，如图 8-99 所示。设置默认的快照只需要右击所需要的快照，然后从弹出的快捷菜单中选择 Set as start Snapshot 选项，如图 8-100 所示。

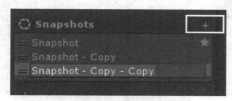
▲图 8-99　添加快照

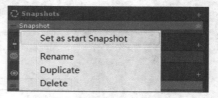
▲图 8-100　设置默认快照

6. 音频组视图

音频组视图是对当前音频组的完美展示，展示了一个混音台音频组的平面布局，这种布局是水平排列的。音频组在视图中表现为垂直的"条带"，这个条带的布局及外观和数字音频工作站等音频编辑器是相同的。下面将详细介绍音频组"条带"。

这个条带顶部是标题栏，是当前音频组的名称。紧接着就是表示当前音频水平的 UV 表，从 UV 表中可以看出当前音频的衰减值及分贝水平，表下面的数值是分贝水平的直接体现。在 UV 表下方有 3 个按钮，3 个按钮的功能在后文解释。音频组视图如图 8-101 所示。

（1）根据图 8-101 来详细介绍 UV 表下的 3 个按钮。

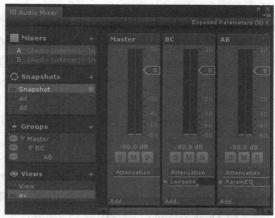
▲图 8-101　音频组视图

- S（Solo，独奏）：这个按钮用于在混合音效与独奏之间进行切换。
- M（Mute，静音）：这个按钮可以使整个音频组播放时静音。
- B（ByPass，忽略）：这个按钮控制混音器忽略或者启用目前存在于音频组的效果。

（2）混音器这款插件除了可以用来建立混合层次结构以外，更令人惊讶的是每个音频组都可以包含很多不同的 DSP 效果。这些 DSP 效果通过音频组逐个以信号的形式叠加，使得开发人员可以对音频进行更丰富的处理。

（3）在要添加效果器的音频组的 UV 列表中右击，选择要添加的位置及效果器的样式，或者直接单击 Add 按钮添加。若想要删除某个效果器，则右击该效果器并从弹出的快捷菜单中选择 Remove 选项。

（4）在每个添加的效果器的左边会有一个圆圈形状的标志，用于启用或者忽略某个独立的效果。添加某个效果器之后在音频组的 Inspector 面板中也可以看到对应效果器并调节效果器的参数。

（5）混音器支持用颜色标记音频组。在每个音频组的 UV 列表中右击，选择想要标记的颜色，会看到在标题栏下面出现了对应的颜色标记，并且在 Groups 列表下的眼睛图标的左侧也有同样的颜色标记。可以通过单击音频组名称的左侧的眼睛图标进行音频组的启用与禁用，如图 8-102 所示。

（6）右击效果器的名称并从弹出的快捷菜单中选择 Allow Wet Mixing（使用湿度混合）选项，效果器下面底部的颜色栏变为可用状态（即可以通过该颜色栏改变湿度混合的湿度值），还可以在 Inspector 面板中调整其对应的音频组中的 Wet（湿度值），如图 8-103 所示。

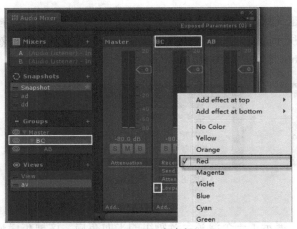

▲图 8-102　颜色标记

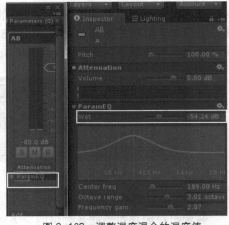

▲图 8-103　调整湿度混合的湿度值

（7）在所有音频组的 Inspector 面板的顶部都会有一个滑块（Pitch）用来定义通过这个音频组的回放音调，开发人员可以通过滑动滑块或者在右侧的文本框中输入值来完成对音调的修改。

（8）Attenuation（衰减）单元的功能是对音频信号进行衰减和增强，衰减能够达到-80dB 而增强能够达到+20dB。每一个衰减单元在 Inspector 面板中都有一个音量计（Volume），代表的是当前音频组音量的大小。

至此，音频组的结构介绍完毕，下面将介绍几个效果器。

（1）Send Units（发送）效果器：允许发送音频信号流到另一个效果单元，当 Effect 被添加到音频组时，默认的发送水平为 80dB。

（2）Receive Units（接收）效果器：接收被发送信号的接收器，该接收器在获取发送给它们的音频信号后，将该信号与音频组中的当前信号进行混合，通常与发送效果器成对出现，如图 8-104 所示。

（3）Duck Volume（音量闪避）效果器：允许开发人员通过被发送的音频信号来创建侧链压缩

器，且能够在混音器内控制音频信号的衰减，如图 8-105 所示。例如 NPC 正在说话，此时想让背景音乐的声音小一点，Duck Volume 就发挥作用了。

▲图 8-104　效果器

▲图 8-105　Duck Volume 效果器

7. 混音器中的效果器

前文介绍了如何添加效果器，下面介绍每一种效果器的属性和作用。在 Unity 5.6 之前，一共有 13 种效果器，每一种都有着不同的效果，恰当地利用不同种类的效果器可以更好地提升音频的效果进而提高整个项目的质量。下面分别对这 13 种效果器做具体介绍。

（1）Audio Low Pass Effect（音效低通效果器）。这个效果器通过一个混音器组消除高于截止频率的频率。这样就把音频中一些过高频率过滤掉，以保证整个音频的效果。其中有两个属性：一个是截止频率，范围为 10～22000Hz；另一个是共振，范围为 1～10Hz。

（2）Audio High Pass Effect（音频高通效果器）。此效果器与音频低通效果器的作用相反，其通过一个混音器组消除低于截止频率的频率。这样就把音频中一些过低的频率过滤掉，以保证整个音频的效果。此效果器也有两个属性，与音频低通效果器的一致。

（3）Audio Echo Effect（音频回声效果器）。这个效果器用于模拟回声效果。在某些场景中，添加回声可以极大地提高场景声音的效果与真实性，这个效果器有 4 个属性，具体如表 8-13 所示。

表 8-13　　　　　　　　　　　音频回声效果器属性

属性	属性说明	属性	属性说明
Delay（延迟）	取值范围为 1～5000ms，默认值为 500ms	Drymix（直达声混合）	取值范围为 0～100%，默认值为 100%
Decay（衰变）	取值范围为 0～100%，默认值为 50%	Wetmix（湿度混合）	取值范围为 0～100%，默认值为 100%

（4）Audio Flange Effect（音频法兰效果器）。这个效果器的作用是将两个相同的音频信号混合在一起产生音频效果。这个音频信号被一个小的、逐渐变化的周期延迟，这个周期通常小于 20ms。这个效果器有 4 个属性，具体如表 8-14 所示。

表 8-14　　　　　　　　　　　音频法兰效果器属性

属性	属性说明	属性	属性说明
Drymix（直达声混合）	取值范围为 0～100%，默认值为 45%	Depth（深度）	取值范围为 0.01～1.0，默认值为 1.0
Wetmix（湿度混合）	取值范围为 0～100%，默认值为 55%	Rate（比率）	取值范围为 0.1～20Hz，默认值为 10Hz

（5）Audio Distortion Effect（音频失真效果器）。这个效果器用于将音频"变形"，只有一个属性——失真长度，取值范围为0～1，默认值为0.5。

（6）Audio Normalize Effect（音频标准效果器）。此效果器对音频施加一个音频流，使得音频的平均值或者峰值达到目标水平。这个效果器有4个属性，具体如表8-15所示，调节某些属性设置即可达到比较好的效果。

表8-15　　　　　　　　　　　音频标准效果器属性

属性	属性说明
Fade in Time（衰减时间）	取值范围为0～20000s，默认值为5000s
Lowest Volume（最低音量）	取值范围为0～1，默认值为0.1
Maximum Amp（最大广度）	取值范围为20～100000，默认值为20

（7）Audio Parametric Equalizer Effect（音频参数均衡效果器）。这个效果器是改变频率响应的音频系统并且采用的是线性滤波器。其中有3个属性和一个坐标图，该图显示了在音频输出的频率范围内应用增益的效果，具体属性如表8-16所示。

表8-16　　　　　　　　　　　音频参数均衡效果器属性

属性	属性说明
Center Freq（中心频率）	取值范围为20～22000Hz，默认值为8000Hz
Octave Range（八度音阶率）	取值范围为0.2～5，默认值为1
Frequency Gain（频率增益）	取值范围为0.05～3，默认值为1

（8）Audio Pitch Shifter Effect（音频音调移相效果器）。该效果器应用在音调中向上或者向下移动信号。它有4个属性，具体如表8-17所示。

表8-17　　　　　　　　　　　音频音调移相效果器属性

属性	属性说明	属性	属性说明
Pitch（音调）	取值范围为0.5～2.0，默认值为1.0	Overlap（帧重叠长度）	取值范围为1～32，默认值为4
FFT Size（快速傅氏变换范围）	取值范围为256～4096，默认值为1024	Max Channels（最大声道）	取值范围为0～16，默认值为0

（9）Audio Chorus Effect（音频合声效果器）。这个效果器比较重要，它用于接收音频混合器组输出并对其进行处理以产生合声的效果。这个效果器可以应用在多种场景中并且只需要一个输入音频就可以输出多种同样的音频，类似于合唱团的效果，具体属性如表8-18所示。

表8-18　　　　　　　　　　　音频合声效果器属性

属性	属性说明	属性	属性说明
Dry Mix（直达声混合）	取值范围为0～1，默认值为0.5	Delay（延迟）	取值范围为0.1～100ms，默认为40ms
Wet Mix Tap 1（湿度混合标签1）	第一个音频，取值范围为0～1，默认值为0.5	Rate（比率）	取值范围为0～20Hz，默认为0.8Hz
Wet Mix Tap 2（湿度混合标签2）	第二个音频，取值范围为0～1，默认值为0.5	Depth（深度）	取值范围为0～1，默认为0.03
Wet Mix Tap 3（湿度混合标签3）	第三个音频，取值范围为0～1，默认值为0.5	Feedback（反馈噪音）	取值范围为0～1，默认为0

（10）Audio Compressor Effect（音频压限效果器）。该效果器通过缩小或压缩音频信号的动态范围来减小或增大音量。它有4个属性，其中某些属性在上面已经出现过，有些是关于压缩比的属性，具体如表8-19所示。

表8-19　　　　　　　　　　音频压限效果器属性

属性	属性说明	属性	属性说明
Threshold（压限阈值）	取值范围为0～60dB，默认值为0dB	Release（释放时间）	取值范围为20～1000ms，默认值为50ms
Attack（压缩时间）	取值范围为10～200ms，默认值为50ms	Make Up Gain（增益）	取值范围为0～30dB，默认值为0dB

（11）Audio SFX Reverb Effect（音频特效混响效果器）。该效果器通过自解压的混响效果以音频混合器组的输出和变形来创建一个自定义的混响效果。这个效果器在制作一些特效声音时会用得上，并且它有比较多的属性，具体属性如表8-20所示。

表8-20　　　　　　　　　　音频特效混响效果器属性

属性	属性说明	属性	属性说明
Dry Level（直达声等级）	取值范围为-10000～0，默认值为0	Decay HF Ratio（延迟高频比率）	取值范围为0.1～2，默认值为0.5
Room（房间模式）	取值范围为-10000～0，默认值为-10000	Reflections（反射）	取值范围为-10000～1000，默认认值为-10000
Room HF（房间高频）	取值范围为-10000～0，默认值为0	Reflect Delay（反射延迟）	取值范围为-10000～2000，默认值为0.02
Decay Time（延迟时间）	取值范围为0.1～20s，默认值为1s	Reverb（混响）	取值范围为-10000～2000mB，默认值为0
Reverb Delay（混响延迟）	取值范围为0～0.1s，默认值为0.04s	Diffusion（扩散）	取值范围为0～100%，默认值为100%
Density（屏幕密度）	取值范围为0～100%，默认值为100%	HFReference（引用高频）	取值范围为20～20000Hz，默认值为5000Hz
Room LF（房间低频）	取值范围为-10000～0，默认值为0	LFReference（引用低频）	取值范围为20～1000Hz，默认值为250Hz

（12）Audio Low Pass Simple Effect（音频低通无损效果器）。它与音频低通效果器类似。它可以无损地处理音频，其原理是谐振（低通谐振品质因数的缩写）决定滤波器的自谐振抑制了多少。低通谐振质量越高，能量损耗越低，振荡越慢。该效果器的属性仅有一个，取值范围是10～22000Hz，默认值为5000Hz。

（13）Audio High Pass Simple Effect（音频高通无损效果器）。它与音频高通效果器类似。它可以无损地处理音频，原理是谐振（低通谐振品质因数的缩写）决定滤波器的自谐振抑制了多少。低通谐振质量越高，能量损耗越低，振荡越慢。该效果器的属性仅有一个，取值范围是10～22000Hz，默认值为5000Hz。

8.10.9　录音

前文介绍了有关音频的各项属性。但是在实际应用中，还有另外一个比较重要的功能就是音频的录制，在一些特定的情景中会用到这项功能，音频的录制没有相关的组件，它是独立存在的。下面将结合一个案例进行音频录制方面的知识的讲解。

音频的录制不像音频的播放那样有音频源，它是由纯脚本实现的，但是其基本的播放思路还是利用音频源。

（1）在场景中创建一个 Audio Source，不给它挂载音频剪辑并且其各项属性均为默认值。

（2）主界面由 3 个按钮构成，并且给 3 个按钮按顺序分别命名为"开始录音""结束录音""播放录音"。将摄像机的 Clear Flags 属性调整为 Solid Color。

（3）录音过程中用到的脚本代码如下。

```
1   using System.Collections;
2   using System.Collections.Generic;
3   using UnityEngine;
4   public class TestAudio : MonoBehaviour{
5     AudioSource aud;                                     //声明一个音频源组件变量
6     void Start(){
7       foreach (string device in Microphone.devices){    //遍历获取连接的所有麦克风设备
8         Debug.Log("Name: " + device);}}                  //输出设备名称
9     void Update(){}
10    public void ButtonOnClick(int index){                //界面按钮监听
11      if(index == 0){                                    //开始录音传入参数为 0
12        aud = GetComponent<AudioSource>();               //对音频源初始化
13        aud.clip = Microphone.Start(Microphone.devices[0], true, 10, 44100);}//开始录音
14      else if (index == 1){                              //结束录音传入参数为 1
15        Microphone.End(Microphone.devices[0]);}          //结束录音
16      else if (index == 2){                              //播放录音传入参数为 2
17        aud = GetComponent<AudioSource>();               //对音频源初始化
18        aud.Play();}}                                    //播放录音
19      int min = 40000;int max = 44100;                   //最低和最高频率
20      Debug.Log("播放状态" + IsRecording(Microphone.devices[0]));//输出当前的播放状态
21      Debug.Log("播放位置" + GetPosition(Microphone.devices[0]));//输出播放位置
22      Microphone.GetDeviceCaps(Microphone.devices[0], out min, out max);}
                                                           //将该设备的频率置于最低和最高频率之间
23    public bool IsRecording(string deviceName){          //播放状态方法
24      return Microphone.IsRecording(deviceName);}
25    public int GetPosition(string deviceName){           //播放位置方法
26      return Microphone.GetPosition(deviceName);}}
```

❑ 第 1～8 行声明一个音频源组件变量 aud，以便在后面进行初始化。接着遍历获取连接的所有麦克风设备，并输出设备名称。

❑ 第 10～22 行是按钮监听方法。当传入参数为 0 时，调用开始录音的方法；当传入参数为 1 时，调用结束录音的方法；当传入参数为 2 时，调用播放录音的方法。

❑ 第 23～26 行是两个具体方法，isRecording 方法返回当前播放状态，GetPosition 方法返回当前播放位置。

（4）将脚本挂载到场景中的音频源上，这样本案例就制作完成了。由于在 PC 上需要使用外部的麦克风设备，所以为了更方便地演示，将本案例运行于手机上，运行完毕后，手机系统会出现使用麦克风权限的提示信息，如图 8-106 所示。主界面如图 8-107 所示。

▲图 8-106　提示使用麦克风权限

▲图 8-107　主界面

8.11 Cinemachine 相机

本节主要对 Cinemachine 相机的使用进行简单的介绍,可以通过简单的拖、拉等操作控制摄像机的运动。例如场景中有一物体并且在不断地运动,需要摄像机不断跟随物体,传统的方式是编写复杂的脚本,而 Cinemachine 相机不用编写脚本即可完成该功能。

8.11.1 Cinemachine 相机的下载与安装

Cinemachine 相机使用简单、操作方便并且不需要代码控制,它虽然还没有被集成到 Unity 的编辑窗口中,需要从外部导入,但是在 Unity 2017.1 推出该功能时仍然受到了广大开发人员的一致好评。下面就开始介绍 Cinemachine 相机的下载与安装。

(1)打开 Unity,单击菜单栏中的 Window→Asset Store,在搜索栏中搜索 Cinemachine,搜索到的结果如图 8-108 所示,打开第一条搜索结果,进入应用详情后单击"导入"按钮即可开始下载,如图 8-109 所示。

▲图 8-108 搜索结果

▲图 8-109 单击"导入"按钮

(2)下载完毕后,系统会自动弹出导入文件的提示。这里需要把文件里面的所有内容导入项目中,导入完毕后即可发现在 Assets 目录下多出来一个 Cinemachine 文件夹,里面包含了 Cinemachine 相机的所有内容。

8.11.2 Cinemachine 相机的使用方法

上一小节介绍了 Cinemachine 相机的下载与安装,本小节对 Cinemachine 相机的使用方法进行介绍。灵活运用 Cinemachine 相机可以极大地提升场景中摄像机的效果,无须编写复杂的逻辑代码,使用简单且操作方便,下面结合一个案例进行讲解。

(1)Cinemachine 相机安装完成后,Unity 的菜单栏中多出了 Cinemachine 菜单,如图 8-110 所示,单击 Cinemachine→Create Dolly Camera with Track 创建一个 Cinemachine 相机及其附属组件,如图 8-111 所示。

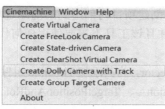
▲图 8-110 Cinemachine 菜单

▲图 8-111 创建 Cinemachine 相机及其附属组件

(2)在场景中创建合适的模型,本案例使用几个基本的几何体,并且赋予其中一个几何体动画属性，通过不断修改物体的坐标，达到物体不断移动的效果，场景效果如图 8-112 所示。

（3）本案例要达到的效果是摄像机不断跟随移动的物体移动并且始终移动的物体基本保持在摄像机视口区域的正中心，如图 8-113 所示，如果用脚本实现，代码会比较复杂，但是使用 Cinemachine 相机只需要简单的几步。

▲图 8-112　场景效果　　　　　　　　　　▲图 8-113　效果示意图

（4）选中 CM vcam1 物体，可以看到 Inspector 面板中挂载的 Cinemachine Virtual Camera 脚本，将需要使用 Cinemachine 相机检测的物体挂载到脚本下的 Look At 和 Follow 属性上，并勾选 Enabled 复选框，如图 8-114 所示。

（5）选中 DollyTrack1 物体，可以看到 Inspector 面板中挂载的 Cinemachine Path 脚本，这个脚本控制了摄像机的轨迹路径，单击脚本属性下的 Add a waypoint to the path 按钮即可创建一个或多个路径点的坐标，如图 8-115 所示，这样就实现了摄像机跟随目标且保持目标基本在视口正中心的功能。

▲图 8-114　设置跟随属性　　　　　　　　▲图 8-115　设置路径点

案例位置：随书资源中的第 8 章/Cinemachine/Assets/Cinemachine/Camera.unity。

8.12　Timeline 的使用

Timeline 是 Unity 推出的影视制作工具，这个工具可以创建项目内部用到的动画过场部分，包括动作动画、声音、脚本、物体移动范围、粒子系统等，并且该工具不需要使用任何代码控制，使用简单。下面结合一个案例进行详细介绍。

（1）在场景中创建一个空对象，并将其命名为 PlayableDirector，为其添加 Timeline 组件。在场景中创建 3 个空对象，分别命名为 TargetPositionAndRotationA、TargetPositionAndRotationB 和 TargetPositionAndRotationC，作为物体移动的中间点。

（2）在场景中创建移动的物体，创建一个 Cube 对象、一个 Sphere 对象、两个 Cylinder 对象，以及一个粒子系统，其中 Cube 对象和粒子系统由两个 Editor 脚本控制，两个脚本的属性如图 8-116 和

图 8-117 所示。Sphere 对象由 Timeline 控制定时显示与消失，Cylinder 对象附加了动画组件，可以不断地改变位置。

▲图 8-116　脚本属性（1）

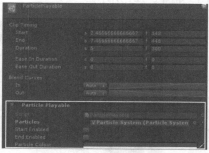

▲图 8-117　脚本属性（2）

（3）单击场景中的 PlayableDirector 对象，可以在 Timeline 窗口中看到各个对象的轨道，如图 8-118 所示。其中包括活动轨道、动画轨道、音频轨道、控制轨道及可跟踪轨道。在这个窗口中可以随意拖动每一个轨道的大小和长度。

（4）单击"运行"按钮，可以运行 Timeline 窗口中的各个物体，运行效果如图 8-119 所示。在这个场景中可以看到物体移动、物体的消失与显示、粒子系统的显示、动画的播放等内容，并且利用 Timeline 可以随意控制各个轨道的属性。

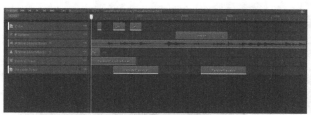

▲图 8-118　Timeline 窗口

▲图 8-119　运行效果

案例位置：随书资源中的第 8 章/Timeline/Assets/1-LerpMoveObject/LerpMoveObject.unity。

8.13　多场景编辑——Multi-Scene Editing

多场景编辑是 Unity 提供的一种场景管理模式，它有着非常重要的意义，一个完整的项目一般都拥有比较大的场景并且场景需要多人来协作完成。此模式不但方便多人协同合作，也可以将大场景切割成若干小场景利用流媒体加载。

8.13.1　多场景编辑的基础操作

下面讲解多场景编辑的基础操作，包括如何启动多场景编辑模式、在此模式中如何修改 Hierarchy 面板中各个场景中的内容，还将介绍场景中不同选项的具体含义。

（1）创建一个项目，命名为 Multi-Scene Editing，之后需要创建 3 个空场景，分别命名为 scene1、scene2、scene3，这是多场景编辑需要的 3 个场景。

（2）双击打开 scene1 场景，这时可以通过相关操作给场景添加对象，现在给 scene1 场景添加一个 Cube 对象，这样就完成了第一个场景的基本操作。

（3）右击 Project 面板中的 scene2 场景，在弹出的快捷菜单中选择 Open Scene Additive 选项，如图 8-120 所示。这样就可以将该场景加入 Hierarchy 面板中，用相同的操作将 scene3 加入 Hierarchy 面板中，如图 8-121 所示。

▲图 8-120　选择 Open Scene Additive 选项

▲图 8-121　将 3 个场景都加入 Hierarchy 面板

（4）开启多场景编辑以后右击 Hierarchy 面板中的 scene2，弹出快捷菜单如图 8-122 所示，里面不同的选项对应不同的功能。GameObject 子菜单中是一个场景常用的一些物体和控件，如图 8-123 所示。

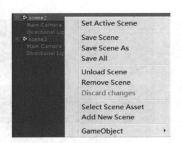
▲图 8-122　弹出的快捷菜单（1）

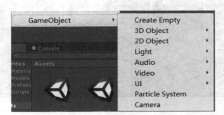
▲图 8-123　GameObject 子菜单

图 8-122 所示的菜单中的大部分选项是关于多场景编辑的，例如 Unload Scene 用于卸载该场景，但是将其保留在 Hierarchy 面板中，而 Remove Scene 是将该场景彻底卸载，Hierarchy 面板中也不再保留该场景，部分选项的详细说明如表 8-21 所示。

表 8-21　选项含义列表

选项名称	选项含义	选项名称	选项含义
Set Active Scene	设置选中的场景为当前打开的场景	Unload Scene	卸载选中的场景，但在 Hierarchy 面板中仍保留
Save Scene	保存选中的场景	Remove Scene	彻底卸载选中的场景
Save Scene As	将选中的场景另存为	Select Scene Asset	选中场景的保存路径
Save All	保存所有的场景	GameObject	创建对象

（5）选择 Unload Scene 选项，scene2 场景就被卸载了，但是 Hierarchy 面板中仍保留该场景，这时再右击该场景会出现另外一个快捷菜单，如图 8-124 所示，其中各个选项的含义都已经在上面的表格中提到，这里不再赘述。

（6）处于多场景编辑模式时，可以通过表 8-21 中的 GameObject 选项创建对象。在 scene2 场景中创建一个 Cube 对象，然后在 scene3 场景中创建一个 Plane 对象，这样 Scene 窗口虽然只打开了一个场景，但是显示的是由 scene1、scene2、scene3 合成的一个大场景，如图 8-125 所示。

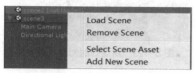

▲图 8-124 弹出的快捷菜单（2）

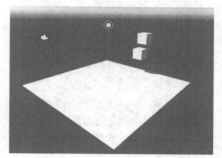

▲图 8-125 场景示意图

8.13.2 多场景编辑的高级操作

多场景编辑的高级操作，主要分为多场景编辑模式下的光照烘焙、导航网格数据的烘焙及特定场景的设置。由于多场景编辑模式比较复杂，所以一些在场景里面的比较复杂的操作必须在一个场景里面进行，不能多场景联合设置。下面做具体介绍。

场景烘焙是一项常见的场景优化技术，其优点是反复打开某一个场景不需要每次都实时计算光照，里面的静态物体的阴影也是由贴图方式渲染的，不再进行实时计算，这样做极大地缩短了计算的时间，提升了项目的性能。

单场景烘焙在这里不再做具体介绍，多场景编辑模式下的烘焙与传统的方式略有不同。

（1）启用多场景编辑模式，如图 8-126 所示。右击 scene1，从弹出的快捷菜单中选择 Set Active Scene 选项，如图 8-127 所示，将 scene1 场景设置为当前显示的场景。

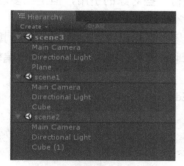

▲图 8-126 启用多场景编辑模式

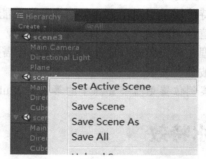

▲图 8-127 选择 Set Active Scene 选项

（2）单击 Window→Lighting→Settings 打开光照设置窗口，如图 8-128 所示。取消勾选 Auto Generate 复选框，取消自动烘焙功能，随后单击 Generate Lighting 按钮，开始场景的烘焙。

（3）开始烘焙后可以在界面的右下方看到烘焙的进度条。烘焙的速度和场景里面的光照设置、3D 物体的复杂程度等因素有关，由于本案例比较小，所以完成的时间比较短。烘焙完成后可在 Project 面板中看到烘焙好的光照资源文件，如图 8-129 所示。

多场景编辑模式下的另外一个高级操作就是导航网格数据的烘焙，这项技术在平常很少使用，但它却是多场景编辑模式下为数不多的高级操作之一，也是继场景烘焙的一个更加深入的技术。在多场景编辑模式下依次烘焙，生成的导航网格由多个场景共享，如图 8-130 所示。

▲图 8-128 光照设置窗口

▲图 8-129 烘焙好的光照资源文件

下面介绍最后一个高级操作——场景的特定设置。在多场景编辑模式下,用于绘制和导航的设置是与当前打开的场景有关的,和其他的场景无关,并且只有与当前场景有关的设置才会保存到该场景文件中。如果要修改某一个场景的设置,只需要打开一个场景,改变相关的设置;或者激活需要修改的场景,改变相关的设置。如果在运行时切换场景,将应用新场景中的所有设置并替换旧场景的所有设置。这和单独的场景操作是不太一样的。

▲图 8-130 烘焙导航网格数据

8.13.3 多场景编辑模式还存在的问题

多场景编辑模式在比较早的版本就已经推出,因为在管理多个场景时非常方便,所以获得了广大开发人员的好评,但是在不断地实际运用中,发现其还存在一些问题,问题包括两个方面。

(1)不支持跨场景引用。在开发过程中,有时要获得一些对象的引用,但是在多场景编辑模式下不支持跨场景引用,主要是因为场景不能保存。

(2)遮挡剔除操作无法读取数据。Unity 支持多种场景优化措施,遮挡剔除便是其中一项,其具体原理在后文会做具体介绍。这项操作需要读取本地的场景数据,但是在多场景编辑模式下,数据不能被顺利读取。

注:案例位置见随书资源中的第 8 章/Multi-Scene Editing。

8.14 水特效

在游戏世界当中,水特效不仅可以为游戏添加动态因素增加动态效果,还可以使得游戏场景更加炫酷。这一节将介绍水特效的开发。

8.14.1 基础知识

Unity 集成开发环境中已经封装好了部分水特效资源,下面将以系统自带的水特效为例进行讲解,帮助读者进一步熟悉水特效从而可以在以后的开发中熟练地利用资源进行水效果的开发,提升游戏视觉效果。

(1)单击 Assets→Import Package→Environment 导入环境资源包,如图 8-131 所示。这时会弹出一个对话框,单击 Import 按钮导入,如图 8-132 所示。

(2)将环境资源成功导入后,Project 面板中会多出几个文件夹,Standard Assets 文件夹下有 Water

和 Water（Basic）文件夹。Water 下的 Prefabs 文件夹中有两个预制件，如图 8-133 所示。同样在 Water（Basic）中也有预制件，如图 8-134 所示。

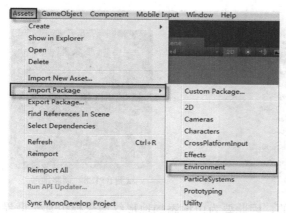

▲图 8-131　导入环境资源包

▲图 8-132　单击 Import 按钮

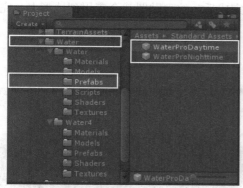

▲图 8-133　Water 预制件

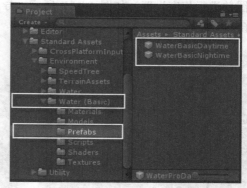

▲图 8-134　Water（Basic）预制件

由 Water 中的预制件的名称可知，WaterProDaytime 和 WaterProNighttime 分别表示日间用水和夜间用水。这两种水可以接收来自太空盒或者其他 3D 物体的反射和折射，效果十分真实，但是相比基本水效果对系统资源的占用较高。

而 Water（Basic）中的 WaterBasicDaytime 和 WaterBasicNighttime 分别表示白天的基本水和夜晚的基本水。这两种水不可以接收来自太空盒或者其他 3D 物体的反射和折射，但是相比高级水效果对系统资源的占用较低。

（3）可以分别将这 4 种水特效拖到场景中，单击 "运行" 按钮运行场景查看效果，仔细查看每种水对应的 Inspector 面板，观察它们的不同（重点在着色器）。

8.14.2　水特效案例

上一小节已经介绍了 Unity 5 中内置的水资源，由于内置的水资源方便开发人员使用，所以大大地降低了游戏开发的技术门槛，下面将通过一个案例来展示水特效及如何使用 Unity 的内置资源，具体步骤如下。

（1）打开 Unity 集成开发环境，将开发需要的标准资源文件导入。单击 Assets→Import Package，在弹出的对话框中将下载好的标准资源包选中并导入 Unity 中，标准资源包的下载前文已经介绍过，这里就不再赘述。

（2）绘制地形，形成山地效果。单击 Component→3D Object→Terrian 创建地形，如图 8-135 所示。使用地形中的 Terrian 组件来对地形进行调整，如图 8-136 所示。只需要在地形上按住鼠标左键并拖动鼠标即可改变地形。

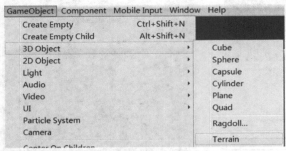

▲图 8-135　创建地形

▲图 8-136　调整地形

（3）山地绘制完成后，地形还是白色的，因此要为山地添加地形纹理来模拟真实世界中的山地效果。单击 Terrain 组件属性面板中的 Paint Texture（绘制贴图）按钮，导入需要的地形纹理贴图并进行相应设置，如图 8-137 所示。导入完成后，纹理贴图就会应用到地形上，完成效果如图 8-138 所示。

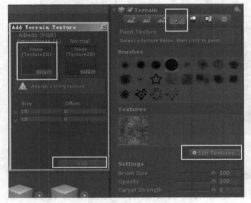

▲图 8-137　添加地形纹理贴图

▲图 8-138　添加地形纹理贴图后的效果

（4）在场景中添加水草，使得效果更加真实。草的添加同样需要通过 Terrain 组件来完成。单击 Paint Details（绘制细节）按钮，导入需要的水草贴图即可，如图 8-139 所示。将鼠标指针移动到场景中需要添加水草的位置，单击即可，完成效果如图 8-140 所示。

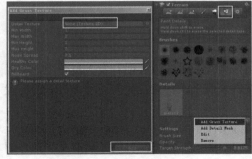

▲图 8-139　添加水草纹理贴图

▲图 8-140　添加水草后的效果

（5）在场景中添加水效果。在 Project 面板中选择文件夹 Standard Assets→Environment→Water→Water4→Prefabs。将文件夹中的 Water4Advanced 预制件拖到场景中，并摆放到合适的位置。可通过 Matrials 文件夹中的 Water4Advanced 材质球进行参数调节，如图 8-141 和图 8-142 所示。

（6）运行效果如图 8-143 所示。本案例只使用了一种水效果，有兴趣的读者可查看标准资源包中的其他水效果资源，并根据实际开发需求选择相应的效果。由于目前移动端的硬件设备性能和其他平台相比稍显逊色，在开发过程中使用 Unity 内置水资源（会消耗大量资源）时还请谨慎。

▲图 8-141　调节参数（1）

▲图 8-142　调节参数（2）

▲图 8-143　运行效果

8.15　雾特效

现实生活中会有这样的情况，在某些时刻周围的环境会充满雾气，弥漫的雾气会遮挡住视线。例如，一个人在山林之间行走，山林中的雾气会使人的视野变得模糊不清。本节将会通过案例介绍雾效果的开发过程。

8.15.1　雾效果基本原理

介绍案例的具体开发过程之前先介绍本案例所要实现的效果及其基本原理，案例效果是使案例中的山和地形周围充满雾，并且能够实现系统提供的 3 种雾的切换和消失功能。

在本案例中，场景的地面上有一个人在奔跑，场景中的雾可以根据玩家的需要选择出现或者消失。案例中的自然场景是用天空盒技术和地形的创建技术搭建完成的，在这里不再赘述，而雾的效果则是用系统提供的 3 种雾实现的。

雾化是通过混合已生成的像素的颜色和基于到镜头的距离来确定一个常量色实现的。雾化不会改变已经混合的像素的透明度值，只改变其 RGB 值。实现了雾化就可以模拟现实中的一些雾化天气等特殊效果，能够极大地提高游戏的可观赏性。

8.15.2　场景搭建及开发步骤

了解案例所要实现的效果及其基本原理后，下面将对案例的场景搭建和开发步骤进行详细介绍，具体内容如下。

（1）创建项目。新建一个文件夹，将其命名为 FogExample。打开 Unity，生成项目。在项目中新建场景，将其命名为 Fog，在项目中新建 3 个文件夹，将创建好的 3 个文件夹分别命名为 Fbx、Texture 和 Script。

（2）导入所需的模型及与模型对应的贴图文件。将准备好的山体模型 shan.fbx 和人物模型 SR.fbx 及人物对应的动画导入前面创建的文件夹 Fbx 中，导入模型后将对应的山体的各个贴图文件和角色的各个贴图文件导入文件夹 Texture 中。

（3）搭建场景。场景搭建的相关工作包括模型位置的摆放、灯光的创建及地形的设定等，这些操作前文已有详细介绍，这里不再赘述。至此基本场景开发完成，下面开始雾特效切换的开发和相关脚本的开发。

（4）单击菜单栏中的 Window→Lighting→Settings，如图 8-144 所示，打开雾效组件界面，勾选 Fog 复选框，在 Mode 下拉列表中可以选择默认雾的类型，如图 8-145 所示。

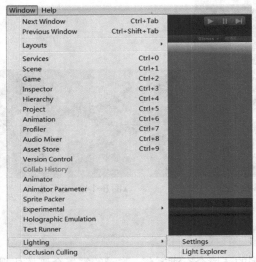
▲图 8-144　打开雾效组件界面

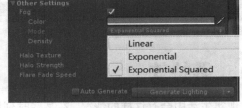
▲图 8-145　Mode 下拉列表

（5）新建一个脚本，将其命名为 Pop.cs，这里使用脚本开发一个下拉列表框，以实现雾效果的切换功能，双击脚本后开始编写，代码如下。

代码位置：随书资源中的源代码/第 8 章/FogExample /Assets/Script / Pop.cs。

```
1   using UnityEngine;
2   using System.Collections;                       //导入系统包
3   public class Pop : MonoBehaviour {              //声明类名
4       private float Ypos1=0.0f;                   //声明框一位置
5       private float Ypos2=0.0f;                   //声明框二位置
6       private float Ypos3=0.0f;                   //声明框三位置
7       private float Ypos4=0.0f;                   //声明框四位置
8       private bool showDropdownButtons1 ;         //声明下拉按钮
9       private bool showDropButtonsUP1;            //声明收缩按钮
10      float dropSpeed = 500.0f;                   //声明弹出速度
11      private string St="FogMode";                //声明初始字符串
12      void Update(){                              //Update 方法
13          if(showDropdownButtons1 == true){       //下拉按钮被按下
14              Ypos1 += Time.deltaTime * dropSpeed;    //弹出按钮一
15              Ypos2 += Time.deltaTime * dropSpeed;    //弹出按钮二
16              Ypos3 += Time.deltaTime * dropSpeed;    //弹出按钮三
17              Ypos4 += Time.deltaTime * dropSpeed;    //弹出按钮四
18              if(Ypos1 >= 60){Ypos1 = 60;}            //按钮一位置
19              if(Ypos2 >= 120){Ypos2 = 120;}          //按钮二位置
20              if(Ypos3 >= 180){ Ypos3 = 180;}         //按钮三位置
21              if(Ypos4 >= 240){Ypos4 = 240;}          //按钮四位置
22          if(showDropButtonsUP1 == true){         //收缩按钮被按下
23              Ypos1 -= Time.deltaTime * dropSpeed;            //按钮一收缩
```

```
24              Ypos2 -= Time.deltaTime * dropSpeed;              //按钮二收缩
25              Ypos3 -= Time.deltaTime * dropSpeed;              //按钮三收缩
26              Ypos4 -= Time.deltaTime * dropSpeed;              //按钮四收缩
27              if(Ypos1 >= 0 || Ypos2 >= 0 || Ypos3 >= 0 || Ypos4 >= 0){  //弹出任意按钮被按下
28                  Ypos1 = 0; Ypos2 = 0;Ypos3 = 0;Ypos4 = 0;     //按钮收缩
29                  showDropButtonsUP1 = false;                   //停止收缩
30                  showDropdownButtons1 = false;                 //停止弹出
31  }}}}
32  void OnGUI (){                                                //OnGUI 方法
33      if(showDropdownButtons1 == false){                        //停止弹出状态
34          if(GUI.RepeatButton (new Rect (50, 0, 200, 60), St)){ //弹出按钮被按下
35              showDropdownButtons1 = true;                      //开始弹出
36          }}
37      if(showDropdownButtons1 == true){                         //弹出状态
38          if(GUI.Button(new Rect(50, 0, 200, 60), St)) {        //按钮框被按下
39              showDropButtonsUP1 = true;                        //开始收缩
40              showDropdownButtons1 = false;                     //停止弹出
41          }
42          if(GUI.Button(new Rect(50, Ypos4, 200, 60), "None")){ //None 按钮被按下
43              showDropButtonsUP1 = true;                        //开始收缩
44              showDropdownButtons1 = false;                     //停止弹出
45              RenderSettings.fogMode = 0;                       //更改雾模式
46              St = "None";                                      //更改按钮字符串
47              /*...此处省略部分代码，读者可自行查阅随书源代码*/
48  }}}}
```

❑ 第 1~11 行主要导入系统包、声明类名，在该案例中需要实现弹出和缩放功能，声明 4 个 y 轴位置变量，声明收缩按钮、弹出速度、初始字符串变量。

❑ 第 12~31 行当弹出按钮被按下时，弹出 4 个按钮并使用声明的速度变量分别更改其 y 轴坐标，以实现弹出效果。当收缩按钮被按下时，将 4 个按钮收缩并使用声明的速度变量分别更改其 y 轴坐标，以实现收缩效果。

❑ 第 32~48 行为 OnGUI 方法的实现，当标志位为真，弹出按钮被按下，开始弹出 4 个按钮，当收缩按钮被按下，停止弹出，开始收缩。绘制 None 按钮，使按钮停止弹出并进行收缩，更改雾的模式及按钮字符串。

（6）介绍了脚本 Pop.cs 的开发之后来介绍场景中的人物控制的开发步骤。先将人物模型摆放好，选中人物模型 SR，单击菜单栏中的 Component→Physics→Character Controller 为人物角色添加角色控制器，调整角色控制器的属性设置如图 8-146 所示。

（7）为人物角色添加动画系统。单击 Component→Miscellaneous→Animation，在人物角色的 Inspector 面板中可以看到 Animation 组件，展开 Animations 选项，将 Size 更改为 2，在 Element0 和 Element1 中分别拖入动画 Laugh 和 Run，如图 8-147 所示。

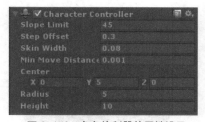
▲图 8-146 角色控制器的属性设置

▲图 8-147 人物角色动画设置

（8）新建脚本，将其命名为 Controller.cs，实现人物角色不同动画的播放并检测摇杆的移动，根据摇杆的移动来判断人物的移动和主摄像机的旋转。双击脚本后开始编写，代码如下。

代码位置：随书资源中的源代码/第 8 章/FogExample /Assets/Script / Controller.cs。

```
1    using UnityEngine;
2    using System.Collections;                    //导入系统包
3    public class Controller : MonoBehaviour {    //声明类名
4      public EasyJoystick MyJoystick;            //声明摇杆
5      CharacterController controller;            //声明角色控制器
6      float RunSpeed;                            //声明移动速度
7      Vector3 MoveDrection ;                     //声明移动方向
8      public GameObject CameraA;                 //声明摄像机
9      void Start () {                            //Start 方法
10       controller = (CharacterController)this.GetComponent("CharacterController");
11       controller.slopeLimit = 30.0f;           //最大限制坡度
12       RunSpeed = 1000;                         //初始化移动速度
13     }
14     void Update () {                           //Update 方法
15       MoveDrection = new Vector3(Input.GetAxis("Fire1"), 0, 0);
16       MoveDrection = transform.TransformDirection(MoveDrection);//获取虚拟轴方向
17       if(MyJoystick.JoystickTouch.y == 0 && MyJoystick.JoystickTouch.x == 0) {
         //摇杆未动
18         GetComponent<Animation>().Play("Laugh");      } //播放静止状态动画
19       if (MyJoystick.JoystickTouch.y > 0.5f) {          //摇杆到前半部分
20     GetComponent<Animation>().Play("Run");          }   //播放奔跑动作
21     /*...此处省略其他摇杆方向的判断，读者可以自行查阅随书源代码*/
22       if(GetComponent<Animation>().IsPlaying("Run")){   //奔跑动作播放中
23         controller.SimpleMove(MoveDrection * (Time.deltaTime * RunSpeed));//向前移动
24     }}}
```

❑ 第 4~13 行声明了摇杆插件对象、角色控制器对象、移动速度对象、移动方向对象及摄像机对象。之后完成角色控制器的获取，设置最大限制坡度，初始化移动速度。

❑ 第 14~23 行获取程序中任务将要移动的方向。根据摇杆插件返回的当前的 x 轴及 y 轴的偏移量来判断当前角色是否静止并播放相应的静止动画。播放相应的动画，根据当前播放的动画判断角色是否正在移动，如果正在移动就使用 SimpleMove 方法来控制角色的移动。

（9）脚本创建完毕后将其挂载到案例中的对象 SR 上，将主摄像机拖到脚本组件的 CameraA 栏中，同时导入插件 Easytouch，将插件中的 NewJoystick 对象挂载到脚本组件的 MyJoystick 上。

（10）至此，案例中的脚本开发完毕，下面导入摄像机跟随脚本，导入 Unity 的标准资源包（前文已经介绍完毕，这里不再赘述）。单击摄像机，在 Inspector 面板下方单击 Add Component 按钮，在搜索框中输入 SmoothFollow 即可搜索到该脚本，单击该脚本完成添加，如图 8-148 所示。

（11）单击主摄像机以打开主摄像机的组件界面，将 SR 对象的子对象 Target 拖到组件 SmoothFollow 中的 Target 中，调整属性值如图 8-149 所示。到此本案例介绍完毕，读者可以在随书资源中查看相关内容。

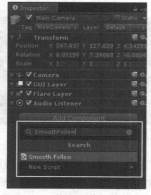

▲图 8-148　添加摄像机跟随脚本

▲图 8-149　摄像机跟随脚本属性设置

案例位置：随书资源中的第 8 章/FogExample/Assets/Fog.unity。

8.16 3D 场景中的其他特效

Unity 5.6 以后支持一些 3D 场景中的特效，例如场景中光源附近的光晕效果、面板渲染效果及投影器效果，开发人员可以直接创建使用，而不必进行复杂的操作，使用得当可以极大地提升场景的效果。

8.16.1 光源周围的光晕

本小节介绍的是第一个特效——光晕。Unity 提供点光源并且效果非常真实，但是在实际生活中，一个灯泡发出的不只有亮光，在灯泡的周围还会产生一些光晕，类似于雾气。所以光晕（Halo）效果就应运而生。

（1）Halo 主要应用于光源以保证光源的效果。选中光源，单击 Component→Effects→Halo 创建一个光晕。

（2）可以看到光源的 Inspector 面板里多出了 Halo 组件，里面有一些属性（Color 和 Size），这些属性帮助调节光晕的效果，以满足场景的需要。Halo 组件的具体属性如表 8-22 所示。

表 8-22　　　　　　　　　　　　　　　　Halo 属性

属性	属性含义	属性	属性含义
Color	光晕的颜色	Size	光晕的范围尺寸

案例位置：随书资源中的第 8 章/Unity_Demo/Assets/Halo/Halo.unity。

8.16.2 面板渲染

本小节介绍的是第二个特效——面板渲染。面板渲染器（Billboard Renderer）的作用是保证具有面板属性的物体始终面向摄像机，就像电视中的某些广告牌一样，始终正面面向镜头以保证广告牌的宣传效果达到最佳。本特效虽然功能有限，但是调整合适之后也可以用在很多场景中。

（1）在场景中创建一个 Plane 和一个 Sphere 作为对照。本案例要给 Sphere 加上 Billboard Renderer 组件先选中 Sphere，在 Inspector 面板中单击最下方的 Add Component 按钮，之后搜索 Billboard Renderer 并添加该组件的属性如图 8-150 所示。

▲图 8-150　Billboard Renderer 组件的属性

（2）不同属性代表着不同的功能。在实际案例中需要修改相应的属性设置来保证制作出来的特效符合场景需要，具体的属性含义如表 8-23 所示。本案中所有属性都是默认值。

表 8-23　　　　　　　　　　Billboard Renderer 属性含义

属性	属性含义
Cast Shadows	是否支持产生阴影（On：支持。Off：不支持。Two Sided：阴影双向分布。Shadows Only：显示的不是真正物体的阴影。）
Receive Shadows	是否支持接收阴影
Motion Vectors	使面板的运动矢量呈现到摄像机纹理里面
Billboard	使用预设的面板资源渲染对该面板

续表

属性	属性含义
Light Probes	是否使用光探针源照明（Off：禁用光探头。Blend Probes：混合光探头。Use Proxy Volume：使用光照代理。）
Reflection Probes	反射探头（Disable Reflection Probes：禁用反射探头。Blend Probes：混合反射探头。Blend Probes and Skybox：天空混合反射探头。Simple：启用了反射探头。）

8.16.3 投影器

本小节介绍第三个特效——投影器。投影器（Projector）顾名思义就是将某些东西投影到另外一个物体上，最多的应用就是制作移动平台人物影子，由于实时计算移动的人物影子是非常消耗性能的，所以在移动端不适合大量使用。下面结合一个案例进行投影器的讲解。

（1）在场景中建立一个 Plane 对象来作为投影器的投影图像的载体，创建一个 Sphere 对象。选中 Sphere，单击菜单栏中的 Component→Effects→Projector 添加 Projector 组件，如图 8-151 所示。

（2）给投影器添加具体的内容材质。创建一个材质，命名为 black，着色器为 caizhi，将预先做好的带有 Unity 3D 字样的图片挂载到该着色器上，这里着色器的具体代码不做具体介绍。将 black 材质挂载到投影器上，完成投影器的创建，投影效果如图 8-152 所示。

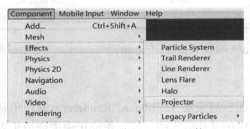
▲图 8-151　添加 Projector 组件

▲图 8-152　投影效果

（3）Sphere 所挂载的 Projector 组件的具体属性如表 8-24 所示。在真实的项目中需要修改其中的一些属性设置以达到最佳的效果。本案例要修改的属性设置不多，许多属性值是默认的。

表 8-24　　　　　　　　　　　　　　Projector 属性

属性	属性含义	属性	属性含义
Near Clip Plane	近平面	Is Ortho Graphic	是否启用平行投影
Far Clip Plane	远平面	Ortho Graphic Size	平行投影的范围
Field Of View	视野范围	Material	投影器的材质
Aspect Ratio	纵横比	Ignore Layers	不照射物体的层

案例位置：随书资源中的第 8 章/Unity_Demo/Assets/Projector/Projector.unity。

8.17　本章小结

本章介绍了 3D 开发常用的开发技术，包括立方贴图技术、纹理贴图技术、3D 拾取、Video Player、动态字体、加速度传感器、PlayerPrefs 类、虚拟按钮与摇杆等 3D 开发技术。通过对本章的学习，相信读者在以后的开发过程中会更加得心应手。

第9章 光影效果的使用

对于如今市面上的 3D 游戏，画面是否精美已经成为评判其优劣的一个重要标准。在画面的优化中，光影效果占据了很重要的地位。一个良好的光影系统可以很好地加强场景的立体感、美观程度等，以至于专业的游戏开发团队都会配备专业的调光师来对场景中的光影效果进行优化。

本章将详细介绍 Unity 3D 开发引擎中光影效果的使用，包括 Unity 自带的几种光源、实时阴影、光照贴图的使用与设置、法线贴图的使用和制作等知识。需要注意的是，Unity 5.0 对其光照系统进行了大量的升级，希望本章内容可以帮助读者很好地掌握这些知识。

9.1 渲染路径与颜色空间

在介绍 Unity 的具体光照功能前，先介绍 Unity 中光影效果的场景设置，即渲染路径和颜色空间。这两者与光照或阴影的渲染有关，对其进行设置可以配合对应的设备产生更加真实的光影效果和配色方案，下面进行详细的介绍。

9.1.1 渲染路径

Unity 支持许多渲染路径（Rendering Path），在开发过程中需要根据场景的实际情况及目标平台和硬件的支持情况来进行选择，不同的渲染路径有不同的性能和效果，且大多数都是影响光照和阴影的，如果显卡无法处理选定的渲染路径，Unity 将自动使用较低保真的渲染路径。

Unity 5.0 设置渲染路径的方式有两种：一种是在 Unity 中的 Edit→Project Settings→Graphics 面板中设置不同级别的渲染路径，如图 9-1 所示；另一种是通过摄像机设置渲染路径，如图 9-2 所示，该设置将覆盖当前摄像机。渲染路径主要有 4 种，下面一一对其进行介绍。

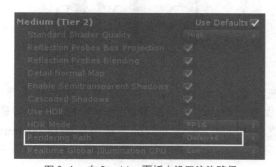

▲图 9-1 在 Graphics 面板中设置渲染路径

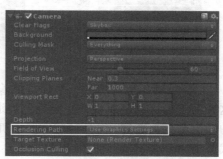

▲图 9-2 通过摄像机设置渲染路径

（1）Forward

Forward 是 Unity 的默认渲染路径，在该渲染路径下，每个游戏对象的着色取决于影响它们的灯光。这个渲染路径的优点是效率高，对硬件的要求低。然而其缺点是要为每个光源付出相应的成本，因此在拥有大量光源的复杂场景中效率反而会降低。

（2）Deferred

Deferred 为延迟渲染路径，该渲染路径的优点是照明的着色成本和像素数量成正比，而非光源数量，所以非常适合在有大量 realtime 模式的光源存在的场景中应用。但是该渲染路径需要较高的硬件水平支持，所以移动设备不支持这种渲染路径。

（3）Legacy Vertex Lit

Legacy Vertex Lit 渲染路径通常在一个 Pass 中渲染对象，所有的光源照明都是在对象的顶点上计算的。该渲染路径是最快速的，并且具有最广泛的硬件支持（不能工作在游戏机上）。由于所有的光照都是在顶点层级上计算的，所以此渲染路径不支持大部分逐像素渲染效果，如阴影、法线贴图、灯光遮罩等。

（4）Legacy Defferred（light prepass）

Legacy Defferred 渲染路径和 Defferred 渲染路径非常相似，只是采用了不同的方式去实现。需要注意的是，该渲染路径不支持 Unity 5.0 中的标准着色器。

9.1.2 颜色空间

设置好渲染路径后，选择合适的颜色空间（Color Space）也是非常重要的。颜色空间决定采用哪种算法来计算照明或者材质加载时的颜色混合。这会对游戏画面的真实感产生非常大的影响，一般情况下，超出颜色空间的设定可能会被目标平台强制限制。

颜色空间的设定方式：单击 Edit→Project→Player，在 Inspector 面板中的 Other Settings 属性组中设置 Color Space，如图 9-3 所示。通常推荐的比较接近真实效果的是 Linear 颜色空间，其优点是场景内提供给着色器的颜色会因为光照强度增加边缘亮度。如果换成 Gamma 颜色空间，亮度会转为以白色作为参考，从而导致照明可能在某些部位太亮。两种颜色空间的效果对比如图 9-4 所示。

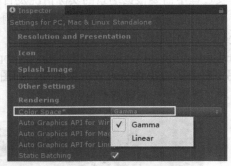 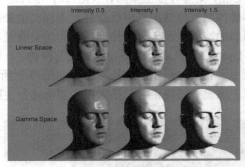

▲图 9-3　颜色空间的设置　　　　　　　　▲图 9-4　颜色空间效果对比

Linear 颜色空间的另一个优点是着色器能在没有 Gamma 补偿的情况下对贴图进行采样，这有助于确保颜色质量在经过着色通道后还能保持一致，这样能提高颜色计算的精度，屏幕的输出会更加真实。但是目前有些手机平台不支持 Linear，在这种情况下就需要使用 Gamma 代替了。

> 说明　切换颜色空间后场景中已经烘焙好的 lightmap 需要重新烘焙（在默认情况下由 Unity 引擎自动完成）。

9.2 光源

光源基本上是每一个游戏场景必不可少的部分。网格和纹理决定了场景的形状和外观,光源则决定了 3D 环境的色调和氛围。同一个场景可以同时开启多个不同类型的光源,如果这些光源配合使用得当,就能搭建出层次分明、光彩绚丽的场景。

Unity 支持的光源有 4 种,分别为点光源、平行光光源、聚光灯光源及区域光光源。可以通过单击菜单栏中的 GameObject→Light 找到这些光源并创建。每种光源都各具特色,下面对各个类型的光源进行详细的介绍。

9.2.1 点光源

点光源(Point Light)是从一个点向四面八方发射光线的,类似于蜡烛、灯泡,是场景搭建的常用光源之一。在合适的位置添加点光源会大大增强游戏对象的层次感。单击 GameObject→Light→Point Light 即可在场景中创建一个点光源,点光源的 Light 组件的属性如图 9-5 所示。

搭建一个简单的 3D 场景,在其中创建若干 3D 游戏对象。需要注意的是,新建的场景包含一个默认的平行光光源,需要将其关闭。在 3D 场景中添加一个点光源,适当调整其 Range(范围)属性值,就可以得到图 9-6 所示的效果。

▲图 9-5 点光源的 Light 组件的属性

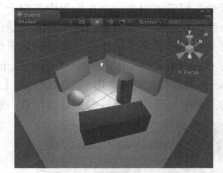
▲图 9-6 点光源运行效果

Unity 中的 4 种光源都挂载有 Light 组件,不同光源的该组件的内部属性大致相同。下面将详细介绍该组件中的各个属性,以便读者能在不同的需求下设置出想要的光照效果。Light 组件属性如表 9-1 所示。

表 9-1　　　　　　　　　　　　　　Light 组件属性

属性	含义
Type	灯光对象当前类型
Directional	将光源改为平行光光源,将其放在无穷远处也可以影响场景中的所有对象
Point	将光源改为点光源,灯光对象从其位置向各个方向发射光线,影响范围内的所有对象
Spot	将光源改为聚光灯光源,光线按照聚光灯定义的角度和范围在一个圆锥形区域内发射光线,影响所在该圆锥区域内的对象
Area	将光源改为区域光光源
Range	灯光所能够影响到的最大范围(平行光光源不需要该属性)
Color	灯光发出的光线的颜色
Intensity	灯光发出的光线的明亮程度,0 为关闭灯光,1 为最亮

续表

属性	含义
Indirect Multiplier	控制间接光的强度
Shadow Type	灯光投射的阴影类型，分为软、硬两种类型
Cookie	使用一个带有 Alpha 通道的纹理来制作一个遮罩，使光线在不同的地方有不同的亮度，当光源是点光源时，该属性值必须为立方图纹理
Draw Halo	绘制光晕，若是勾选此复选框，带有一定范围的球形光晕会被绘制
Flare	可选的灯光耀斑，在光源的位置绘制
Render Mode	灯光的渲染模式
Auto	自动渲染模式，系统会根据环境光和当前设置的质量自行调节
Important	灯光按照逐个像素渲染，只用于一些非常重要的灯光特效的渲染
Not Important	灯光总是以最快的速度渲染
Culling Mask	有选择地使某些层不受该光源影响

案例位置：随书资源中的第 9 章/LightTest/Assets/Lights.unity。

9.2.2 平行光光源

平行光类似于太阳光，当在场景中开启一个平行光光源时，无论光源摆放在什么位置，它都可以影响到场景中的所有对象。这个光源也是搭建场景最常用的光源，特别是在搭建白昼的场景时，平行光的使用是必不可少的。新建的场景会自动包含一个平行光光源（Directional Light）。

单击 GameObject→Light→Directional Light 就可以在场景中创建一个平行光光源，其上挂载的 Light 组件的属性如图 9-7 所示，和点光源上的 Light 组件的属性基本相同，并且平行光光源支持实时动态阴影，开启阴影后的平行光场景，示例如图 9-8 所示。

▲图 9-7 平行光光源的 Light 组件属性

▲图 9-8 开启阴影后的平行光场景示例

> 说明　默认情况下新建的场景都会附带一个平行光光源。在 Unity 5 中还会与天空盒系统相关（Lighting→Settings→Scene→Skybox Material），当然可以删除预设的平行光光源并创建一个新的光源，即从 Sun 属性重新指定（Lighting→Settings→Scene→Sun Source）。

9.2.3 聚光灯光源

聚光灯光源（Spot Light）比较特殊，其光线从一个点发出，只在一个方向按照一个圆锥形范围照射，类似于舞台上的聚光灯。在其 Light 组件的属性中可以调整灯光的范围和角度，并且在灯光可以照射到的范围内，距离光源越近的点，其亮度也越高。

单击 GameObject→Light→Spot Light 就可以创建出一个聚光灯光源，其上挂载的 Light 组件中的属性如图 9-9 所示，大部分属性和点光源上的 Light 组件中的属性相同，仅多了 Spot Angle 属性用于调节灯光的角度范围。聚光灯光源的效果如图 9-10 所示。

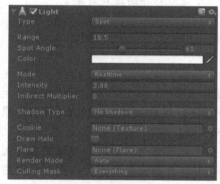

▲图 9-9 聚光灯光源的 Light 组件属性

▲图 9-10 聚光灯光源的效果

案例位置：随书资源中的第 9 章/LightTest/Assets/Lights.unity。

9.2.4 区域光光源

区域光光源（Area Light）是 4 种光源中最特殊的一种，只有在烘焙后才可以看到其光影效果。该光源可以定义 Width 和 Height 属性，只有在该范围内的物体才有光照效果。

单击 GameObject→Light→Area Light 创建一个区域光光源，其 Light 组件的属性如图 9-11 所示。将其放在场景中，调整其 Width 和 Height 属性值可以设置灯光的照射范围（不可以通过调整 Transform 组件中的 Scale 属性代替），将场景中的 3D 物体设置为静态的，然后烘焙，就可以得到图 9-12 所示的效果。

▲图 9-11 区域光光源的 Light 组件属性

▲图 9-12 烘焙后的效果

> **说明**　区域光光源的照射范围会在 Scene 窗口中以黄线表示，其 z 轴（蓝色轴）方向就是光照方向，虽然区域光没有范围属性可以调节，但是其光照强度会随着距离光源越远而递减。在烘焙该光照前要将场景中的 3D 物体设置为静态的。目前该光源只能配合烘焙使用。

9.2.5 发光材质

自发光材质某种意义上应该也算是一种光源,通过给一些物体添加特殊的着色器,调节其自发光参数就可以得到一个柔和的灯光效果。发光材质可以让物体表面发光,还可以反射场景内的颜色或是光强度等。

> **说明** 自发光材质只会作用在被标记为 Static 或 LightMapStatic 的对象上,若该材质附加在非静态对象上则不会有任何效果。并且光的强度以与光源的距离的二次方的速度衰减。自发光材质非常适合制作类似于霓虹灯等的游戏对象。

案例位置:随书资源中的第 9 章/LightTest/Assets/ Emissive Materials.unity。

9.2.6 Cookies

灯光中的 Cookies 是一个很有趣的功能,在早期的电影中,灯光特效就被用来产生一个没有真实存在的物体的印模或轮廓,例如丛林中的树冠阴影等,这些效果可以极大地提升场景的真实感。Unity 也支持这种效果,通过灯光中的 Cookies 来实现。

Cookies 的使用相当简单,在平行光光源中只要把一张带有透明通道的纹理图或者灰度图拖到光源的 Cookies 上即可在画面中看到效果。新导入的纹理图资源要进行设置,单击图片后在 Inspector 面板中将图片类型改为 Cookie 即可。本案例中,平行光光源的 Cookies 设置如图 9-13 所示。本案例使用的 Cookies 图片如图 9-14 所示。

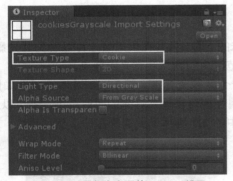

▲图 9-13 平行光光源的 Cookies 设置

▲图 9-14 案例使用的 Cookies 图片

> **说明** Cookies 的投射方式会根据光源的类型发生改变,例如点光源会从中心向四面八方发射光线,所以其 Cookies 的纹理图需要是 Cubemap 格式的。

案例位置:随书资源中的第 9 章/LightTest/Assets/Cookies.unity。

9.2.7 光照过滤

光照过滤(Culling Mask)是灯光系统中一个较为简单的小功能,但是经常会被用到。例如不想让场景中的某些对象受到某个光源的影响、需要某个光源专门为某个对象提供光照等情况就需要使用光照过滤(Culling Mask)。在图 9-15 中,场景中的球就被光照过滤掉,无论场景中的灯光如何调整都不会对其产生光照和阴影,而同样处于场景中的立方体则正常接受光照。

光照过滤的设置也比较简单，将不需要光照的物体放在某个层中，然后在灯光中对该层设置光照过滤即可。接下来通过一个具体案例来介绍光照过滤的设置方法，具体步骤如下。

（1）搭建所需要的场景。依次创建一个球（Sphere）、一个立方体（Cube）和一个平面（Plane），将其摆放到合适的位置后创建一个平行光光源（Directional Light）。

（2）选中球对象，其 Inspector 面板中的右上角的 Layer 下拉列表框会显示出当前场景中的所有层，选择最下方的 Add Layer 选项，如图 9-16 所示，在新出

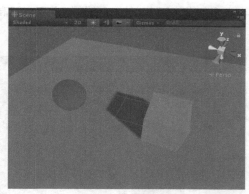

▲图 9-15　光照过滤

现的面板中新输入一个层的名称，如图 9-17 所示。创建完成后将球对象所在层设为该层。

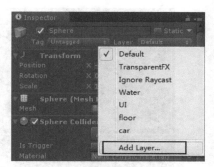

▲图 9-16　选择 Add Layer 选项

▲图 9-17　输入层的名称

（3）选中场景中的光源，在其 Light 组件的 Culling Mask 中取消勾选 sphere 层，这样场景中的球对象及所有处于 sphere 层的对象就都不会受到这个光源的影响。

案例位置：随书资源中的第 9 章/LightTest/Assets/ Culling Mask.unity。

9.3　阴影

在光照系统中，阴影是非常重要的一部分，好的阴影效果可以从整体上提升场景的真实性和美观性。Unity 中的阴影也可以通过对属性的设置来达到不同的效果，本节将详细介绍 Unity 光照系统中的阴影属性。本节使用的是平行光光源（Directional Light）。

9.3.1　阴影质量

Unity 中使用阴影贴图（Shadow Maps）来显示阴影，阴影贴图可以将从灯光投射到场景的阴影通过纹理贴图的形式表现出来，所以其质量主要取决于两个因素：分辨率（Resolution）和阴影类型（Shadow Type）。

阴影的分辨率可以在光源的 Light 组件下进行设置，其中包含的选项有：使用质量设定的参数、低分辨率、中等分辨率、高分辨率和极高分辨率。当然，质量越高，阴影越清晰，越能反应

出更多细节，而其所消耗的性能也相应越高。

将阴影类型设置为 Hard Shadow 时，相同光照条件下不同分辨率的阴影如图 9-18 所示。

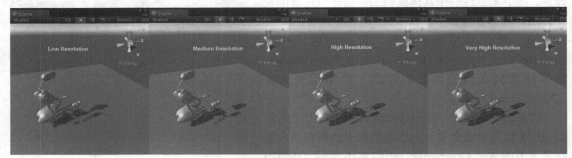

▲图 9-18　相同光照条件不同分辨率的阴影效果

将阴影质量设置为 Use Quality Settings 时，阴影的效果就可以通过 Edit→Project Settings→Quality 进行设置，如图 9-19 和图 9-20 所示。在阴影质量设置面板中可以设置阴影质量的大部分属性，和阴影质量有关的属性及其含义如表 9-2 所示。

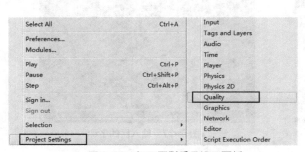

▲图 9-19　打开阴影质量设置面板

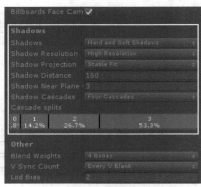

▲图 9-20　阴影质量设置

表 9-2　　　　　　　　　　　　　阴影质量属性及含义

属性	含义
Shadows	阴影的类型
Shadow Resolution	阴影的分辨率，可以将分辨率设置为低、中、高、极高，分辨率越高，处理开销越大
Shadow Projection	阴影投射，平行光的阴影投射方式有两种：Close Fit 渲染高分辨率阴影，但是摄像机移动时，阴影会稍微摆动；Stable Fit 渲染的阴影分辨率低，但是不会在摄像机移动时摆动
Shadow Distance	最大阴影可见距离，超过这个距离的阴影不会被计算
Shadow Near Plane Offset	平面附近阴影偏移，以解决大的三角形被阴影扭曲的问题
Shadow Cascades	阴影层叠，层叠数目越多，阴影质量越好，计算开销越大

还可以设置阴影的类型。Unity 中的阴影分为 Soft Shadow（软阴影）和 Hard Shadow（硬阴影）两种，图 9-18 中展示的就是硬阴影，可以看出该模式下的阴影非常"生硬"，有明显的锯齿，在相同的场景灯光环境下，软阴影在各个分辨率的效果如图 9-21 所示。

可以从图 9-18 和图 9-21 的对比中看出不同的阴影类型反映到场景中的效果是截然不同的。硬阴影相较于软阴影更加"像素化"，有明显的锯齿，而软阴影则类似于在硬阴影上添加了边缘模糊的效果，其边角更加圆滑。当然软阴影的使用会消耗更多的系统资源。

▲图 9-21　Soft Shadow 演示

9.3.2　阴影性能

在 Unity 中开启阴影是需要消耗资源的，所以想要在整个场景都使用实时阴影是非常不现实的，也是非常不明智的，于是便需要使用一些方法在尽可能地降低消耗的同时保证必要的效果。降低阴影消耗的常用方法如下。

（1）使用光照贴图

一个游戏场景中一般会包含一些"静态"的物体，这些物体不会移动和产生形变，所以其阴影也不会发生改变，这时再使用实时阴影非常浪费资源。光照贴图（LightMap）非常适合处理这种情况，它会将场景中静态物体的阴影经过一段时间的烘焙和计算渲染到一张贴图上，应用光照贴图后场景中的静态物体就会有自己的"假阴影"而不必再去计算光照了。

（2）合理设置分辨率和阴影类型

阴影的设置包括阴影的分辨率（Resolution）和阴影类型（Shadow Type）的设置，对游戏中的实时阴影使用合适的阴影设置可以适当降低其性能消耗。需要注意的是，软阴影比硬阴影更消耗资源，但是其只消耗 GPU 资源，所以使用软阴影不会影响 CPU 性能和内存。

（3）设置阴影距离

Quality Settings 面板中有一个属性为 Shadow Distance，可以用来设置阴影距离，例如其默认值 150 就代表着距离观察摄像机 150 个单位以外的阴影将不会进行计算和渲染。这个功能在大型场景中比较实用，可以避免计算很多因距离太远而看不到的阴影。

9.4　光照贴图

光影效果在游戏中是十分重要的，在游戏的开发过程中同样也需要加入多种光源来提高游戏画面的质感，但是每次都根据灯光实时计算物体产生的阴影是不明智的，由于大多数阴影都是不变的，如果可以通过某种手段使这些不变的阴影固化在场景中，这样就可以省去很多不必要的计算。

光照贴图就是用来解决这类问题的，它的基本原理就是将一张包含所有场景中不会变化物体的阴影贴图附加在整个场景中，制作出与实时阴影相似度非常高的"假阴影"，注意这样的"假阴影"是不根据光源和物体的位置变化而变化的，所以只适用于场景中不会移动和产生形变的物体，如建筑、雕塑等。下面将通过一个案例对光照贴图的制作进行详细的介绍。

9.4.1　对场景进行光照烘焙

本小节将讲解如何进行光照烘焙，通过对本小节的学习，读者会对光照烘焙的具体流程有所了解，关于光照烘焙的参数将在下一小节中详细介绍。

（1）搭建一个简单的场景，该场景包含一个简单的地面、若干石头及两棵树，场景包含的模型资源路径为 LightTest/Assets/Area730/Stylized city/Models。将每个 3D 对象都设置为 Lightmap

Static，如图 9-22 所示。

（2）创建一个平行光光源，用于产生阴影，在光源的 Light 组件中将 Mode 设为 Baked，并开启阴影。具体设置如图 9-23 所示。

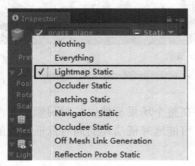

▲图 9-22　将 3D 对象设置为 Lightmap Static

▲图 9-23　光源的 Light 组件设置

（3）至此一个简单的场景就搭建完毕了，效果如图 9-24 所示。接下来单击 Window→Lighting→Settings 打开光照设置窗口，关于光照烘焙的所有参数的设置都可以在该窗口中完成，后文将详细介绍。

（4）检查场景中的 3D 对象是否都为 Lightmap Static 模式，光源的 Light 组件的 Mode 是否为 Baked。确认后在 Scene 选项卡中单击 Generate Lighting 按钮进行烘焙，这时使用的是默认参数，如图 9-25 所示。注意将 Generate Lighting 旁边的 Auto Generate（自动生成）开关关闭。

▲图 9-24　搭建好的简单场景

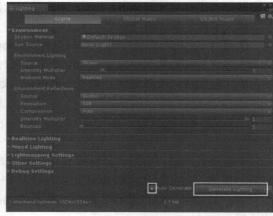

▲图 9-25　单击 Generate Lighting 按钮

（5）等待烘焙结束后，场景中会自动应用烘焙好的光照贴图，这时可以发现，即使将场景中的灯光关闭，在地面上依旧可以看到阴影。若是把产生阴影的物体挪开，则会发现地面上的阴影并没有根据物体位置的改变而改变。这是因为阴影已经固化到场景中了，类似于纹理图。

> **说明**　步骤（4）中提到将自动生成开关关闭，若是将该开关打开，当场景中的物体、光源发生改变时，会先显示出光照的预览效果，然后后台开始自动烘焙当前状态下的光照贴图，烘焙完成后，光照贴图会被自动应用，烘焙效果和预览效果大体相同，但是会更加美观，具有更多细节。预览烘焙效果在调节光照效果时能极大地节省时间。

案例位置：随书资源中的第 9 章/LightTest/Assets/ Lightmap.unity。

9.4.2 光照烘焙参数详解

Unity 4.x 和 Unity 5.x 的光照烘焙系统有很大的不同。Unity 4.x 使用的是 Autodesk 的 Beast，该方法有一定的局限性，只能烘焙静态的光照贴图而不支持动态光照。在漫长的烘焙过程结束前无法直观地得知烘焙效果，这样显然对大部分开发人员不太友好。

而 Unity 5.x 使用的方案是 PowerVR Ray Tracing 和 Enlighten 的结合，前者的特点是不需要烘焙过程，速度极快但是效果不是非常理想，后者依旧需要烘焙过程，但是效果很好。结合起来使用的流程就是在编辑器预览中使用 PowerVR Ray Tracing 来实时观察调整效果，达到理想效果后通过 Enlighten 烘焙出来，而且 Enlighten 具有很好的跨平台特性。

接下来介绍光照设置窗口中的参数，单击 Window→Lighting→Settings 打开光照设置窗口。该窗口分为 4 个选项卡，分别为 Scene、Environment、Realtime Lightmaps、Baked Lightmaps，下面将分别进行介绍。

1. Scene 选项卡

Scene 选项卡显示有关指定给活动场景的照明设置资源的信息，如图 9-26 所示。先介绍 Lighting Settings 相关参数，如表 9-3 所示。

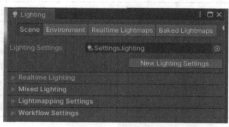

▲图 9-26 Scene 选项卡

表 9-3　　Lighting Settings 相关参数

参数名	功能
Lighting Settings	指定给活动场景的照明设置资源
New Lighting Settings	单击此按钮可在项目中生成新的照明设置资源，并自动将新的照明设置资源指定给活动场景

（1）Realtime Lighting 包含与实时全局照明系统相关的设置。此部分仅在使用内置渲染管线时可见；实时全局照明仅在内置渲染管线中支持，在 URP 或 HDRP 中不受支持。请注意，实时全局照明系统已被弃用，所以不做过多介绍。

（2）Mixed Lighting 包含影响使用此照明设置资源的场景中的烘焙灯光和混合灯光行为的设置。下面介绍其所有参数，如表 9-4 所示。

表 9-4　　Mixed Lighting 相关参数

参数名	功能
Baked Global Illumination	启用此设置后，Unity 将为使用此照明设置资源的场景启用烘焙全局照明系统。禁用此设置后，Unity 将为使用此照明设置资源的场景禁用烘焙全局照明系统。启用烘焙全局照明系统（Baked Global Illumination System）时，Unity 仅将场景中的烘焙灯光用于光照贴图，混合灯光的行为与照明模式设置一致。禁用烘焙全局照明系统时，Unity 将强制场景中的所有烘焙灯光和混合灯光都像实时灯光一样工作
Lighting Mode	指定 Unity 对使用此照明设置资源的场景中的所有混合灯光使用的照明模式。更改照明模式时，需要为使用此照明设置资源的场景重新烘焙照明数据

（3）Lightmapping Settings 包含与光照贴图相关的设置，其特定于每个 Lightmapper 后端。下面介绍其所有参数，如表 9-5 所示。

表 9-5　　Lightmapping Settings 相关参数

参数名	功能
Lightmapper	用于计算场景中光照贴图的内部照明计算者，默认为 Enlighten
Indirect Resolution	间接光照分辨率，若该值为 10 就代表每个单位中分布着 10 个纹理元素

参数名	功能
Lightmap Resolution	光照贴图分辨率,若该值为 10 就代表每个单位中分布着 10 个纹理元素
Lightmap Padding	在光照贴图中不同物体的烘焙图的间距
Lightmap Size	光照贴图纹理的大小
Compress Lightmaps	压缩光照贴图,在移动设备上最好勾选
Ambient Occlusion	烘培光照贴图时产生一定数量的环境阻光。环境阻光计算物体每一点被一定距离内的其他物体或者一定距离内自身物体遮挡的程度(用来模拟物体表面环境光及阴影覆盖的比例,达到全局光照的效果)
Final Gather	控制从最终聚集点发射出的光线数量,较高的数值可以得到更好的效果
Directional Mode	定向模式
Indirect Intensity	使用此滑块控制实时存储的间接光和烘焙光照的亮度,亮度值是 0 到 5 之间的值。高于 1 的值会增大间接光的强度,而小于 1 的值会降低间接光强度
Albedo Boost	使用此滑块加强场景中材料的反照率,以 1 到 10 之间的值来控制表面反射的光量
Lightmap Parameters	一组用于光照映射的常规参数

(4) Lightmapping Settings 中的 Lightmap Parameters 下的参数如表 9-6 所示。

表 9-6　　　　　　　　　　　　Lightmap Parameters 参数

参数名	功能
Resolution	该值在光照设置窗口的 Scene 选项卡中缩放 Realtime Resolution 值以提供光照贴图的最终分辨率(纹理像素/距离单位)
Blur Radius	后期处理过程中应用于直接光照的模糊过滤器的半径(单位为纹理像素)。此半径基本上是相邻纹理像素的平均距离。半径越大,效果越模糊。较高的模糊度往往会减少视觉瑕疵,但也会软化阴影的边缘
Anti-aliasing Samples	应用的抗锯齿程度(减少"块状"瑕疵)。数值越大,质量越高且烘焙时间越长
Direct Light Quality	用于评估直接光照的光线数量。较高数量的光线往往会产生更准确的柔和阴影,但会增加烘焙时间
Backface Tolerance	网格的结构有时会导致某些纹理像素含有背面带有几何体的"视图"。来自背面的入射光在任何场景中都无意义。因此此参数用于设置有多少光量(百分比阈值)来自正面几何体才能将纹理像素视为有效。无效纹理像素的光照值通过相邻纹理像素的值估算得出。降低此值可解决由背面入射光引起的光照问题
Pushoff	开始在建模单元中跟踪射线之前从表面几何体推离的距离。此参数适用于所有烘焙光照贴图,因此会影响直射光、间接光和 AO。Pushoff 可用于摆脱不必要的 AO 或阴影。使用此设置可解决对象表面自身阴影遮挡问题,该问题会导致斑点阴影图案出现在表面上而找不到明显来源。也可以使用此设置去除巨型对象上不必要的瑕疵(这种情况下的浮点精度不够高,无法准确地对精细细节进行射线追踪)
Baked Tag	此数值表示单独的烘焙光照贴图将特定对象集组合在一起。具有不同 Baked Tag 值的对象绝不会被放在同一图集中;但是,也无法保证具有相同 Baked Tag 值的对象最终处于同一图集中,因为这些对象可能不一定适合放入同一个光照贴图(有关此情况的示例,请参阅以下的图像 A)。使用多场景烘焙 API 时不必设置此项,因为分组是自动完成的
Limit Lightmap Count	在将具有相同 Baked Global Illumination 设置的游戏对象进行打包时,Limit Lightmap Count 会限制 Unity 可以使用的最大光照贴图数量

至此,Lightmapping Settings 的参数介绍基本结束,光照设置窗口中还有雾和耀斑的设置,可以根据需要自行调控,本部分不赘述。需要注意的是,烘焙的速度和 Indirect Resolution、Lightmap Resolution、Lightmap 和 Lightmap Size 等有关,当场景过大时需要适当调整相关设置,防止烘焙时间过于漫长。

(5) 在介绍 Workflow Settings 相关参数前先介绍 Light Probes (光探头),光照烘焙对动态物体，也就是没有被设置成 Lightmap Static 的物体来说都是不起作用的，如果希望动态物体也能被正确地照明，则需要创建 Light Probe Group。Workflow Settings 就是对 Light Probes 有关的设置，具体参数如表 9-7 所示。

表 9-7　　　　　　　　　　　WorkflowSettings 相关参数

参数名	功能
GPU Baking Device	可更改 Unity 用于预计算照明数据的 GPU。此参数仅在使用 GPU Progressive Lightmapper 后端时可见
Light Probe Visualization	用于过滤哪些光探头显示在 Scene 窗口中。默认值为 Only Probes Used By Selection
Only Probes Used By Selection	只有影响当前选择的光探头才会显示在 Scene 窗口中
All Probes No Cells	所有光探头都将显示在 Scene 窗口中
All Probes With Cells	所有光探头都将显示在 Scene 窗口中，还会显示用于光探头数据插值的四面体
None	任何光探头都不显示在 Scene 窗口中
Display Weights	勾选此复选框时，Unity 将从用于有效选择的光探头到用于插值的四面体上的位置绘制一条线。这是一种调试探针插值和放置问题的方法
Display Occlusion	勾选此复选框时，如果 Lighting Mode 设置为 __Shadowmask__，则 Unity 将显示光探头的遮挡数据

> **说明**：在光照设置窗口中虽然可以同时开启实时光照和烘焙光照，但是同时启用两个模式系统的负担也会增大，最终要选择哪个方法还要取决于项目的性能和对预期硬件的考虑，例如手机等移动设备使用烘焙 GI 比较合适，而计算机游戏机等使用实时 GI 或两者搭配使用效果会更好。

2. Environment 选项卡

Environment 选项卡包含与当前场景的环境照明效果相关的设置，内容取决于项目使用的渲染管线。内置渲染管线和 URP。在内置渲染管线和 URP 中，Environment 选项卡分为两个部分：Environment、Other Settings。这两部分的相关参数如表 9-8 和表 9-9 所示。

表 9-8　　　　　　　　　　　Environment 相关参数

参数名	功能
Skybox Material	场景中使用的天空盒材质
Sun Source	太阳光，可以为其指定一个平行光光源
Environment Lighting	环境光照
Source	环境光来源，在这里可以指定环境光是来源于天空盒、梯度还是指定的颜色
Intensity Multiplier	环境光的强度
Ambient Mode	指定环境光的光照模式是实时光照还是烘焙光照，若下面的两种 GI 模式没有都开启，则此调节是没有效果的
Environment Reflections	设置控制 Reflection Probe 烘焙中涉及的全局设置及影响全局反射的设置
Source	指定是否要使用天空盒或者自定义的 Cube Map，作为反射效果
Resolution	分辨率
Compression	使用它来定义反射纹理是否被压缩
Intensity Multiplier	反射强度，设定来自天空盒或者 Cube Map 的反射强度
Bounces	反射计算次数

表 9-9　Other Settings 相关参数

参数名	功能
Fog	启用或禁用场景中的雾。注意，雾不适用于延迟渲染路径
Halo Texture	设置要用于在光源周围绘制光晕的纹理
Halo Strength	定义光源周围光晕的可见性，值在 0 到 1 之间
Flare Fade Speed	定义最初出现镜头光晕之后从视图中淡出的时间（以 s 为单位）。默认情况下，该值设置为 3
Flare Strength	定义光源下镜头光晕的可见性，值在 0 到 1 之间
Spot Cookie	设置用于聚光灯光源的 Cookie 纹理

3. Realtime Lightmaps 选项卡

Realtime Lightmaps 选项卡显示当前场景中实时全局照明系统生成的所有灯光贴图的列表。如果项目未启用实时全局照明，则此选项卡为空。内置渲染管线支持实时全局照明系统，但不支持 URP 或 HDRP。因此，此选项卡仅在内置渲染管线中可见。

4. Baked Lightmaps 选项卡

Baked Lightmaps 选项卡显示由 Lightmapper 为当前场景生成的所有灯光贴图及照明数据资源的列表。如果项目未启用烘焙全局照明，则此选项卡为空。

9.5　光探头

光照贴图无法作用于非静态的对象上，这会导致非静态对象的光照效果在烘焙好的场景中显得非常突兀。为了让动态对象能够很好地融入场景中，理想的方式是为其实时生成光照贴图，但是目前的硬件水平满足这样的要求，不过可以采用一种效果上近似的方法：Light Probes（光探头）。

Light Probes 的原理是在场景中放上若干个采样点，收集采样点周围的明暗信息，然后在附近几个点围成的区域内进行差值计算，当动态的游戏对象位于这些区域内时就会根据位置返回光照差值结果。这种做法并不会消耗太多的系统资源，但却可以使动态对象和静态场景的光照效果相互融合。

9.5.1　Light Probes 的使用

本小节将讲解如何使用光探头组件。通过对本小节的学习，读者可以对光探头的使用有一定的了解，为以后的游戏场景制作和开发打下基础。接下来将通过一个具体案例来演示如何使用 Light Probes 并介绍其功能。具体步骤如下。

（1）利用和上节相同的模型搭建一个简单的游戏场景，并且将创建的模型设置为静态的，之后在整个场景的上方创建一个黄色的点光源，具体设置如图 9-27 所示。为了体现光探头的特性，在场景中再创建一个范围很小的紫色点光源，具体设置如图 9-28 所示。

（2）将光源摆放到合适的位置后，按前一节介绍的步骤进行光照烘焙。烘焙好的场景如图 9-29 所示。当场景烘焙结束后，在场景中创建一个新的空对象，并且为其添加 Light Probe Group 组件。组件的属性如图 9-30 所示。

（3）为游戏场景布置采样点。单击 Light Probe Group 组件中的 Add Probe 按钮，场景中就会出现一个小球，将该小球移动到合适的位置，单击 Duplicate Selected 按钮可以复制一个当前选中的采样点。

（4）重复步骤（3）的操作，直到场景中大部分阴影比较突显的地方都放置有采样点。和图 9-29 所示相比多出的很多用紫色的线连起来的黄色小球就是设置的采样点。注意，采样点数量的多少并不会影响性能。

9.5 光探头

▲图 9-27 黄色点光源的设置

▲图 9-28 紫色点光源的设置

▲图 9-29 光照烘焙后的游戏场景

▲图 9-30 Light Probe Group 组件的属性

（5）采样点放置完毕后，需要再次烘焙游戏场景，烘焙结束后，所有的采样点都被赋予了其所在位置的光影信息。至此，为场景添加 Light Probe 的工作就完成了。

（6）测试 Light Probe 的功能。创建一个动态的对象，并将对象的 Mesh Renderer 中的 Light Probes 属性设为 Blend Probes。先将创建的对象摆放到场景中距离紫色点光源较近的位置，之后将对象拖动到距离紫色点光源较远的位置，并观察场景效果的区别，如图 9-31 和图 9-32 所示。

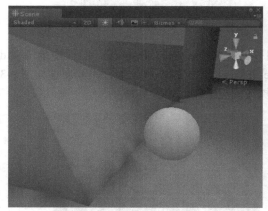

▲图 9-31 距紫色点光源较近的效果

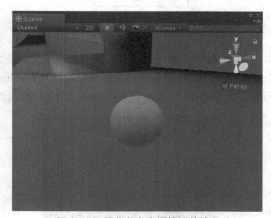

▲图 9-32 距紫色点光源较远的效果

（7）可以观察到当动态对象在距离紫色点光源较近位置时，其会受到周围较强紫色光信息的影响，被染上紫色。而当动态对象在距离紫色点光源较远位置时，其不会受到紫色光信息的影响，但会受到周围黄色光信息的影响，被染上黄色。

案例位置：随书资源中的第 9 章/LightTest/Assets/ Light Probes.unity。

9.5.2 Light Probes 应用细节

通常情况下，布置 Light Probes 最简单有效的方式是将采样点均匀地分布在场景中，虽然这样不会消耗内存，但是布置起来却很麻烦。完全没有必要在光影毫无变化的区域内布置多个采样点，而应当在光影差异较大的位置（如阴影的边缘）布置多个采样点。对于采样点有以下两点需要注意。

（1）采样点的工作原理是将场景空间划分为多个相邻的四面体空间，为了能够合理地划分出空间以便进行正确的差值计算，需要注意不要将所有采样点放置在同一个平面上，否则会导致无法划分空间。

（2）当动态对象只能在一定的高度下活动时，在其高度的上方就没有必要布置多个采样点了。当然也不能将所有的采样点布置得太低，否则将无法划分空间。

9.5.3 LPPV 光探头代理

Unity 5.4 新推出了一个功能：光探头代理。光探头代理是一个可以为无法使用烘焙光照贴图的大型动态对象提供更多光照信息的组件，此外，使用光探头代理粒子系统也可以接受烘焙光照信息。接下来用一个具体案例来介绍。

（1）搭建和上一小节类似的场景，将光源换成一个红色的点光源。单击 GameObject→Particle System 创建一个粒子系统，如图 9-33 所示。在不对粒子系统做任何编辑的情况下，粒子系统的颜色默认是白色的，可见它并没有受到场景中光照的影响，如图 9-34 所示。

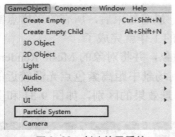

▲图 9-33　创建粒子系统

▲图 9-34　粒子系统没有受到光照影响

（2）为粒子系统对象添加一个光探头代理组件。在粒子系统的 Inspector 面板中单击 Add Component→Rendering→Light Probe Proxy Volume 来创建一个光探头代理组件，其属性如图 9-35 所示。之后在粒子系统的 Renderer 组件中挂载光探头代理组件，如图 9-36 所示。

▲图 9-35　光探头代理组件的属性

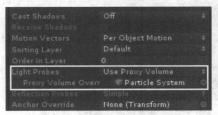

▲图 9-36　挂载光探头代理组件

9.5 光探头

（3）新建一个材质球，该材质将作为粒子系统的材质。在 Project 面板中单击 Create→Material 创建一个材质，如图 9-37 所示。之后在 Project 面板中单击 Create→Shader→Standard Surface Shader 创建一个着色器，该着色器使粒子系统接收周围的光照，如图 9-38 所示。

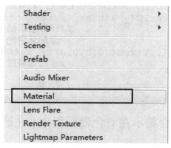

▲图 9-37　创建一个材质　　　　　　　　▲图 9-38　创建一个着色器

（4）开发着色器。脚本的主要功能是使粒子系统可以实时接收周围的光照。其中最重要的部分就是通过 ShadeSHPerPixel 方法获取一些特殊光照信息，具体代码如下。

代码位置：随书资源中的源代码/第 9 章/LightTest/Assets/Script/LPPV.shader。

```
1   Shader "Particles/AdditiveLPPV" {
2       Properties {
3           _MainTex ("Particle Texture", 2D) = "white" {}          //纹理
4           _TintColor ("Tint Color", Color) = (0.5,0.5,0.5,0.5)    //纹理颜色
5       }
6       Category {
7           Tags {"Queue"="Transparent" "IgnoreProjector"="True" "RenderType"="Transparent"}
8           Blend SrcAlpha One                                      //开启混合
9           ColorMask RGB                                           //通道遮罩
10          Cull Off Lighting Off ZWrite Off                        //关闭一些设置
11          SubShader {
12              Pass {
13                  CGPROGRAM
14                  #pragma vertex vert                             //声明顶点着色器
15                  #pragma fragment frag                           //声明片元着色器
16                  #pragma multi_compile_particles                 //声明粒子系统
17                  #pragma multi_compile_fog                       //声明雾
18                  #pragma target 3.0                              //目标设备 3.0
19                  #include "UnityCG.cginc"
20                  #include "UnityStandardUtils.cginc"
21                  fixed4 _TintColor;                              //纹理颜色
22                  sampler2D _MainTex;                             //纹理
23                  struct appdata_t {
24                      float4 vertex : POSITION;                   //顶点位置
25                      float3 normal : NORMAL;                     //顶点法线
26                      fixed4 color : COLOR;                       //顶点颜色
27                      float2 texcoord : TEXCOORD0;                //UV 信息
28                  };
29                  struct v2f {
30                      float4 vertex : SV_POSITION;                //顶点位置
31                      fixed4 color : COLOR;                       //顶点颜色
32                      float2 texcoord : TEXCOORD0;                //UV 信息
33                      UNITY_FOG_COORDS(1)                         //雾数据
34                      float3 worldPos : TEXCOORD2;                //顶点的世界坐标
35                      float3 worldNormal : TEXCOORD3;             //法线的世界坐标
36                  };
37                  float4 _MainTex_ST;                             //纹理缩放
38                  v2f vert (appdata_t v){                         //顶点着色器
39                      v2f o;                                      //输出结构体
40                      o.vertex = UnityObjectToClipPos(v.vertex);  //将顶点转到剪裁空间
41                      o.worldNormal = UnityObjectToWorldNormal(v.normal); //将法线转到世界空间
42                      o.worldPos = mul(unity_ObjectToWorld, v.vertex).xyz;//将顶点转到世界空间
43                      o.color = v.color;                          //获取颜色信息
```

```
44            o.texcoord = TRANSFORM_TEX(v.texcoord,_MainTex);            //获取纹理坐标
45            UNITY_TRANSFER_FOG(o,o.vertex);                              //开启雾
46            return o;                                                    //返回结果
47        }
48        fixed4 frag (v2f i) : SV_Target{                                 //片元着色器
49            half3 currentAmbient = half3(0, 0, 0);                       //环境光
50            half3 ambient = ShadeSHPerPixel(i.worldNormal, currentAmbient, i.worldPos);
51            fixed4 col = _TintColor * i.color * tex2D(_MainTex, i.texcoord);
                                                                           //计算纹理颜色
52            col.xyz += ambient;                                          //添加环境光
53            UNITY_APPLY_FOG_COLOR(i.fogCoord, col, fixed4(0,0,0,0));     //考虑混合雾
54            return col;                                                  //返回最终颜色
55        }
56        ENDCG                                                            //结束
57 }}}}
```

❑ 第 1～5 行为属性定义块，在这部分中定义的属性会显示在着色器面板中。在这里声明了一种纹理图及其对应的色调，以便下面的代码使用。

❑ 第 6～10 行对着色器进行了一些设置，先设置渲染队列为 Transparent，之后开启混合，再将通道遮罩设置为 RGB 全通道，最后关闭面的剔除操作，关闭灯光影响，不将像素的深度写入深度缓存中。

❑ 第 11～22 行添加了一个 SubShader，声明与属性定义块中属性对应的变量着色器内部参数，将传入 Unity 中的参数赋值给着色器中的参数以供使用。

❑ 第 23～36 行声明了结构体 appdata_t 和 v2f。appdata_t 记录了顶点位置、顶点法线、顶点颜色、UV 信息。v2f 记录了顶点位置、顶点颜色、UV 信息、顶点的世界坐标、法线的世界坐标。

❑ 第 37～57 行为顶点着色器和片元着色器的实现，顶点着色器的工作是将顶点位置信息储存在结构体中的 vertex 变量中，片元着色器的工作是通过 ShadeSHPerPixel 方法获取一些特殊光照信息，从而实现光探头代理组件的功能。

（5）把创建好的材质球拖到场景中的粒子系统上，并且在材质面板中选择着色器为 Particles/AdditiveLPPV，如图 9-39 所示。此时粒子系统就开始收集周围的光照信息，使自身粒子的颜色随周围环境的改变而改变，效果如图 9-40 所示。

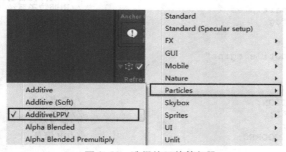
▲图 9-39　选择编写的着色器

▲图 9-40　粒子系统的颜色被环境影响

案例位置：随书资源中的第 9 章/LightTest/Assets/ LPPV.unity。

9.6 法线贴图

法线贴图（Normal Mapping）在三维计算机图形学中是凹凸贴图（Bump Mapping）技术的一种应用，法线贴图有时也被称为"Dot3（仿立体）凹凸纹理贴图"。凹凸纹理贴图的原理是通过改变表面光照方程的法线，而不是表面的几何法线来模拟凹凸不平的视觉特征。

与凹凸贴图类似的是，法线贴图也是用来在不增加多边形的情况下在浓淡效果中添加细节的。

但是凹凸贴图通常根据一个单独的灰度图像通道进行计算，而法线贴图的数据源图像通常是更加细致版本的物体（精模）的多通道图像，即红、绿、蓝通道都作为单独的数据通道。

9.6.1 在 Unity 中使用法线贴图

法线贴图的使用在如今的游戏开发中越来越频繁，这样又节省资源又能得到良好的视觉效果的方法得到了越来越多开发人员的认可，Unity 也对法线贴图提供了支持，下面将通过一个例子演示如何在 Unity 中使用法线贴图。

（1）导入案例所需要的模型与贴图。本案例使用的模型和贴图如表 9-10 所示，可以根据表格找到这些资源并进行导入。

表 9-10　　　　　　　　　　　　　　案例所需要的资源

资源名	用途	位置
Dinosaur.fbx	恐龙模型	Assets/model/Dinosaur.fbx
GRANDEB2.jpg	恐龙的法线贴图	Assets/model/GRANDEB2.jpg
GRABDECO.jpg	恐龙的漫反射贴图	Assets/model/GRABDECO.jpg

（2）导入资源后，单击 File→New Scene 新建一个场景，将 Dinosaur.fbx 拖到场景中，将其摆放到摄像机前方，在 Game 窗口中就可以看到恐龙的模型。

（3）对导入的法线贴图进行设置。在 Project 面板中选中 GRANDEB2.jpg 图片，在 Inspector 面板中将 Texture Type 设为 Normalmap，Bumpiness 滑块可以控制贴图的凹凸程度，根据需要进行设置后单击 Apply 按钮应用设置。

（4）在 Project 面板中右击并从弹出的快捷菜单中选择 Create→Materal，如图 9-41 所示，创建两个材质，分别命名为 DinosaurNormal 和 DinosaurAlbedo。

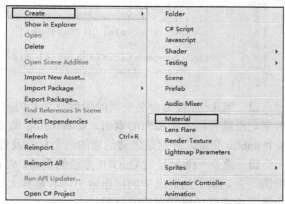

▲图 9-41　创建材质

（5）为材质指定对应的着色器。DDiffuse 材质的着色器为 Legacy Shaders/Diffuse，对应的贴图为 GRABDECO.jpg。DNormal 材质的着色器为 Legacy Shaders/Bumped Diffuse，Base 对应的贴图为 GRABDECO.jpg，Normalmap 对应的贴图为 GRANDEB2.jpg，如图 9-42 和图 9-43 所示。

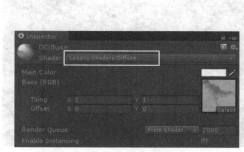 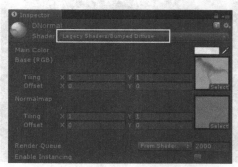

▲图 9-42　DDiffuse 材质的着色器设置　　　　▲图 9-43　DNormal 材质的着色器设置

（6）准备工作做好后，接下来进行脚本的开发，脚本的主要功能是生成两个单选按钮，然后根据选择切换恐龙的材质，显示使用漫反射贴图的恐龙或者使用法线贴图的恐龙。在 Project 面板中右击并从弹出的快捷菜单中选择 Create→C# Script 新建脚本，命名为 UseNormalMap.cs，脚本代码如下。

代码位置：随书资源中的源代码/第 9 章/LightTest/Assets/Script/UseNormalMap.cs。

```
1   using UnityEngine;
2   using System.Collections;
3   public class UseNormalMap : MonoBehaviour {
4       int selectindex = -1;                                           //选中按钮的索引
5       string[] selectstring = new string[] { "法线", "默认" };          //按钮显示的字样
6       public Material normalmap;                                      //使用法线贴图的材质
7       public Material diffusemap;                                     //使用漫反射贴图的材质
8       public GameObject model;                                        //恐龙游戏对象
9       void OnGUI(){
10          int lastchange = selectindex;                               //记录上次选择的结果
11          selectindex = GUI.SelectionGrid(new Rect(Screen.width * 1 / 2 - Screen.width * 1 / 6, 0,
12              Screen.width * 1 / 3, Screen.height * 1 / 15), selectindex, selectstring, 2);
                                                                        //创建单选按钮组
13          if(lastchange != selectindex){                              //选择结果发生变化
14              if(selectindex == 0)                                    //玩家选择显示法线贴图
15                  ChangeMaterial(normalmap);                          //调用方法使用法线材质
16              if(selectindex == 1)                                    //玩家选择显示漫反射贴图
17                  ChangeMaterial(diffusemap);                         //调用方法使用漫反射材质
18          }}
19      void ChangeMaterial(Material m){                                //切换模型的材质
20          model.GetComponent<MeshRenderer>().materials = new Material[2] { m, m };
21      }}
```

❑ 第 1～8 行为命名空间的引用及变量的声明，在变量声明的地方需要声明一个 int 类型的数字记录选择的单选按钮的索引，selectstring 数组用于控制单选按钮上显示的字样，然后声明了 3 个 public 变量，分别是之前创建的两个材质及恐龙游戏对象。

❑ 第 9～18 行是对 OnGUI 方法的重写，先记录下上次选择按钮的索引，然后绘制两个单选按钮，并记录下当前选中的按钮索引，若是和上次选择的索引不一样，就调用 ChangeMaterial 方法按照选择赋予模型对应的材质。

❑ 第 19～21 行是一个 ChangeMaterial 方法的实现，需要传入一个 Material 类型的参数代表需要换的材质。先获取模型的 MeshRenderer 组件，然后更换其 materials 属性的材质列表即可。

（7）至此，案例的开发结束，运行效果如图 9-44 和图 9-45 所示。

▲图 9-44 使用法线贴图的恐龙

▲图 9-45 仅使用漫反射贴图的恐龙

9.6 法线贴图

> 说明　通过图 9-44 和图 9-45 明显可以看出法线贴图在模型精度很低的情况下依旧可以呈现出很多凹凸的细节，这在次时代游戏的开发中非常重要，使用较少面数的低精度模型配合法线贴图就可以搭建出非常真实的场景。需要注意的是，由于法线贴图改变了顶点的法线，所以产生的凹凸感还可以影响光影效果。

案例位置：随书资源中的第 9 章/LightTest/Assets/ Normal Map.unity。

9.6.2　如何在 3ds Max 中制作法线贴图

上一小节介绍了在 Unity 中使用一张法线贴图的方法，本小节将介绍如何使用 3ds Max 来制作法线贴图。当然制作法线贴图的方法有很多，这里仅介绍这一种，读者可以根据需要使用其他方法进行法线贴图的制作。具体步骤如下。

（1）准备一个表面具有凹凸细节的高精度模型，本案例使用的是一个高精度的足球模型，如图 9-46 和图 9-47 所示。该模型具有 50400 个面，具有非常精细的外观。

▲图 9-46　高精度模型外观

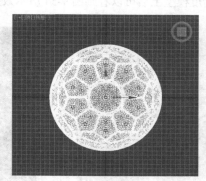
▲图 9-47　高精度模型线框图

（2）创建一个简单的球体作为低精度模型，如图 9-48 和图 9-49 所示。该球体只有 960 个面，将其大小调整到比高精度模型略大一点后，使其和高精度模型重叠。

▲图 9-48　低精度模型

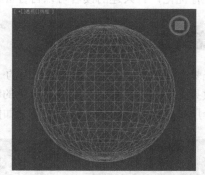
▲图 9-49　低精度模型线框图

（3）选中低精度模型，单击菜单栏中的"渲染"→"渲染到纹理"打开渲染设置面板，在"常规设置"卷展栏的"输出"下配置好输出路径。在"烘焙对象"卷展栏中启用"投影贴图"，单击"选取"按钮，在列表中选择之前准备的高精度模型，如图 9-50 和图 9-51 所示。

（4）在"输出"卷展栏中单击"添加"按钮，在弹出的"添加纹理元素"对话框中选择 NormalsMap（法线贴图），然后设置输出文件的名称、格式，"目标贴图位置"选择"凹凸"，设置输出图像的分辨率，并勾选下面的"输出到法线凹凸"复选框，如图 9-52 所示。

▲图 9-50 配置输出路径

▲图 9-51 单击"选取"按钮

▲图 9-52 输出配置

（5）设置好后单击"渲染"按钮，3ds Max 会自动渲染出一张法线贴图，如图 9-53 所示。将其附加到低精度模型上后可以看到图 9-54 所示效果，其中左边是高精度模型，右面是低精度模型。

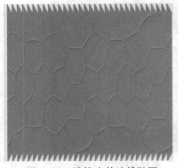
▲图 9-53 渲染出的法线贴图

▲图 9-54 渲染效果

（6）后期处理。从 3ds Max 中渲染出贴图后，可以直接使用，也可以根据需要在 Photoshop 中对贴图进行优化，有兴趣的读者可以自行尝试。

9.7 镜头光晕——Flare

镜头光晕也叫耀斑，是模拟相机镜头内的一种光线折射的效果，常用来表示非常明亮的灯光。由于这种效果是动态的，耀斑会随着摄像机的移动而改变位置，从而能产生非常漂亮的效果，所以非常适合用来美化游戏场景。耀斑的效果如图 9-55 和图 9-56 所示。

▲图 9-55 耀斑示例（1）

▲图 9-56 耀斑示例（2）

耀斑的图片资源需要开发人员自行制作或者从网上下载，Unity 4.x 中有自带的几种耀斑资源，而这些资源在 Unity 5.0 中已经被移除，本节使用的是从 Unity 4.x 中提取出来的几种耀斑资源，若是读者需要可以在随书资源的 LightTest/Assets/PIC/Light Flares 中找到。下面将介绍如何添加耀斑。

添加耀斑最简单的方法就是找到场景中想要产生耀斑的光源，向其 Light 组件下的 Flare 中拖入需要的耀斑效果文件，如图 9-57 所示。还有一种方法是新建一个游戏对象，为其添加 Lens Flare 组件，并在其 Flare 属性中指定需要的耀斑资源即可，如图 9-58 所示。

▲图 9-57　Light 组件中 Flare 属性的设置　　　　▲图 9-58　Lens Flare 组件

> **说明**　如果需要使用多个耀斑不要将其都叠放在一起。耀斑会被碰撞体遮挡，一个介于产生耀斑的游戏对象和摄像机之间的碰撞体会将耀斑遮挡住（即使关闭 MeshRenderer 组件或者是使用透明材质的游戏对象也会遮挡住耀斑）。

案例位置：随书资源中的第 9 章/LightTest/Assets/ Flare.unity。

9.8　反射探头

反射是 CG 电影中常见的一种光学特效。在现实生活中，类似于金属、镜子等具有光滑表面的物体都会发生反射。在游戏中制作实时反射效果是非常消耗资源的，传统上使用 Reflection mapping 来制作反射效果，但是这种方法具有局限性，例如其默认反射环境是相同的、无法实现自身反射等。

Unity 5.0 新增了一种制作反射的功能 Reflection Probe（反射探头），该功能允许在场景中放置若干个反射采样点，当需要计算反射时，通过这些采样点来生成反射 Cubemap，然后通过特定的着色器从 Cubemap 中采样，从而显示出反射效果。

9.8.1　反射探头的使用

介绍反射探头的属性前，先通过一个案例来讲解如何使用这个组件。该案例创建一个光滑的汽车表面，当周围的环境发生改变（如汽车移动或摄像机移动）时，光滑的汽车表面会反射出周围的场景，效果非常真实。具体步骤如下。

（1）搭建一个简要的场景，本场景包含一个平面（Plane）、两个用于反射的颜色不同的房子、一个平行光光源用于产生阴影。将汽车模型 31.fbx 导入，并拖到场景中，效果如图 9-59 所示。

（2）为该场景更换一个天空盒，因为天空盒也会出现在反射效果中。单击 Window→Lighting→Settings 打开光照设置窗口，在 Environment 下将 Skybox Material 选为一个自建的天空盒，如图 9-60 所示。本场景使用的天空盒在随书资源中的第 9 章/LightTest/Assets/PIC/Skybox。

 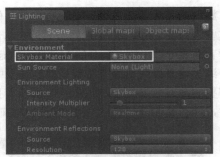

▲图 9-59　场景的搭建　　　　　　　▲图 9-60　切换天空盒

（3）创建材质。选中场景中的 3l 游戏对象（汽车模型），其中包含若干个子对象，找到 DrawCall28 子对象，该对象是汽车的外壳，为这个对象添加一个着色器为 Standard 的材质，如图 9-61 所示。其中的 Metallic 和 Smoothness 的设置会影响反射效果，现在调节还无法看到对应的效果。

（4）为 3l 游戏对象及其所有子对象创建一个专属的层 car，这是防止汽车表面反射周围环境时将自身也进行反射。创建层的方法在这里不再赘述，设置完成后如图 9-62 所示。

▲图 9-61　汽车表面的材质　　　　　　　▲图 9-62　层的设置

（5）单击 GameObject→Light→Reflection Probe，创建反射探头。对反射探头进行设置（具体设置内容如图 9-63 所示），将其摆到车子的几何中心并设置为 3l 的子对象。选中 3l 对象的 DrawCall28 子对象，将其 Mesh Renderer 组件的 Light Probes 设置为 Blend Probes，如图 9-64 所示。

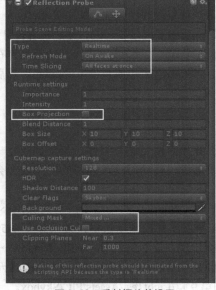

▲图 9-63　反射探头的设置　　　　　　　▲图 9-64　DrawCall28 的 MeshRenderer 组件设置

（6）这时，在场景中已经可以看到汽车表面的反射效果了，若汽车移动或者摄像头的观察角度发生变化，还可以看到反射效果在实时地变化。

案例位置：随书资源中的第 9 章/LightTest/Assets/ Reflection Probes.unity。

9.8.2 反射探头属性详解

反射探头类似于一个摄像机，用于捕捉其所在位置各个方向的环境视图，所捕获的图像会被存储为一个在反射材质上可以使用的立方体纹理（Cubemap）。同一个场景中可以同时存在若干个反射探头，参与反射的物体会根据其探头所处的位置产生真实的反射效果。该组件的属性如表 9-11 所示。

表 9-11　　　　　　　　　　　Reflection Probe 组件属性

属性	含义
Type	反射探头的类型（有 Baked、Custom 和 Realtime 共 3 种类型）
Dynamic Object	（Custom 类型的参数）将场景中没有标示为 Static 的对象烘焙到反射纹理中
Cubemap	（Custom 类型的参数）烘焙出来的立方体纹理图
Refresh Mode	（Realtime 类型的参数）刷新模式。On Awake：只在唤醒时刷新一次。Every Frame：每帧刷新。Via Scripting：由脚本控制刷新
Time Slicing	（Realtime 类型的参数）反射画面刷新频率。All faces at once：9 帧完成一次刷新（性能消耗中等）。Individual Faces：14 帧完成一次刷新（性能消耗低）。No timeslicing：一帧完成一次刷新（性能消耗最高）
Importance	权重。影响一个物体同时处于多个 Probe 中时 MeshRenderer 中多个 Probe 的 Weight。这时首先会计算每个 Probe 的 Importance，然后再计算每个 Probe 与物体间分别交叉的体积大小，用于混合不同 Probe 的反射情况
Intensity	反射纹理的颜色亮度
Box Projection	若是勾选此复选框，Probe 的 Size 和 Origin 会影响反射贴图的映射方式
Box Distance	与其他探头混合使用时探头周围的区域，仅用于延迟探头
Box Size	该反射探头的区域大小，在该区域中的所有物体会应用反射（需要 Standard 着色器）
Box Offset	Probe 相对于 GameObject 的位置
Resolution	生成的反射纹理的分辨率，分辨率越高，反射图片越清晰，但是更消耗资源
HDR	在生成的 Cubemap 中是否使用高动态范围（High Dymainc Range）图像，这也会影响探头的数据储存位置
Shadow Distance	在反射图中的阴影距离，即超过该距离的阴影不会被反射
Clear Flags	设置反射图中的背景是天空盒（Skybox）或者是单一的颜色（Solid color）
Background	当 Clear Flags 设置为 Solid color 时反射的背景颜色
Culling Mask	反射剔除，可以根据是否勾选对应的层来决定某层中的物体是否进行反射
Use Occlusion Culling	烘焙时是否启用遮挡剔除
Clipping Planes	反射的剪裁平面（类似于摄像机的剪裁平面，near、far 两个可选值分别设置近平面和远平面）

表 9-11 介绍了 Reflection Probe 组件的所有属性，接下来将详细介绍其中比较重要的几个属性的作用。

1. 反射探头的 3 种类型

先要了解的是反射探头有 3 种类型，对应表 9-11 中的 Type 属性，根据需要选择合适的与正确的反射探头可以最大化节省资源。下面将分别介绍这 3 种类型的作用和区别。

（1）Baked（烘焙）类似于光照烘焙，当反射探头的位置和范围设置好后，将其反射信息烘焙到 Cubemap 中，这样在游戏运行时，在该探头范围内的可以反射的物体会直接使用这张烘焙好的 Cubemap。当然，如果这样做，反射就不是实时的而是烘焙时的状态，但也相应地会减少资源消耗。

> **说明** 当在光照设置窗口中勾选了 Auto Generate 时，如图 9-65 所示，场景中的静态物体一旦发生改变，其反射图就会被自动烘焙。若是没有勾选该复选框，在 Reflection probe 组件中就会出现 Bake 按钮，单击该按钮就可以对当前状态下的场景的反射图进行烘焙，如图 9-66 所示。

▲图 9-65 光照设置窗口中的自动烘焙设置

▲图 9-66 Reflection Probe 组件中的 Bake 按钮

（2）Custom（自定义）默认状态下，Custom 类型的反射探头和 Baked 类型的反射探头的用法和效果是相同的，都需要进行手动烘焙才能看到效果。但是 Custom 类型的探头提供了更多的设置项，如勾选 Dynamic Object 就会将非静态的物体也烘焙到反射图中（反射效果只是烘焙时的效果，并不会随着动态物体的移动而改变），Cubemap 选项可以指定烘焙出的 Cubemap。

（3）Realtime（实时）Realtime 类型的反射探头可以实时更新反射图，在这种类型的反射探头中不需要将想要被反射的物体勾选为静态的（Static 或者 Reflection Probe Static），可以通过其 Culling Mask 来剔除某些不应出现在反射图中的物体。在游戏中使用 Realtime 类型的反射探头可以制作出实时的反射，当然这个类型的反射探头消耗的资源最多，在正式的项目中需要谨慎使用。

2. 反射探头的位置和大小

反射探头的位置由挂载 Reflection Probe 组件的游戏对象的位置决定。位置设置完毕后就需要设置其大小（Box Size），可以直接设置其 Box Size 属性来改变立方体区域，如图 9-67 所示；也可以单击按钮来手动拖动的设置其大小，如图 9-68 所示。对于探头的位置摆放有以下几点需要注意。

▲图 9-67 设置探头的大小

▲图 9-68 编辑探头区域按钮

（1）根据需要反射物体的大小对探头的摆放进行调节。场景的中心、墙壁的角落都比较适合放置反射探头。若是有一些物体比较小，但是能产生强烈的视觉效果（例如篝火），就需要探头距离它很近才可以得到理想的反射效果。

（2）在场景中适当的地方摆放好反射探头后，就需要调节其大小，即调节 Box Size 属性，探头的形状是一个轴对齐的立方体，立方体内的物体若有对应的着色器，其反射效果就会根据其所在的反射探头区域进行显示。若是一个物体同时处于多个探头内就会根据交叉面积及探头的 Importance 属性来进行融合。

（3）默认情况下，探头的原点（Origin）在该探头区域的几何中心。但是这可能不适合于所有情况，例如一个体积非常大的物体需要反射一个从边缘接近它的点，这种情况下就不能从大物体的中心点进行反射，这时需要对反射探头组件中的 Box Offset 属性进行设置以实现偏移。

3. 循环反射

两面镜子面对面摆放，这时两面镜子间就会不断地进行反射，这样的现象称为 InterReflection。Unity 的反射探头也可以制作出这样的效果，在现实生活中这样的循环反射是无限次的，然而在游戏中这样的反射必然需要消耗资源，所以不能让其无限进行下去，具体的实现方法如下。

（1）创建两个面对面的 Cube 充当镜子并赋予其 Standard 材质，将其 Metallic 属性值和 Smoothness 属性值调为 1，这是为了让反射效果更加清晰。在两面镜子间创建一个反射探头，并设置为 Baked 类型。这时单击 Reflection Probe 组件中的 Bake 按钮，在场景中就会看到两面镜子互相发生反射。

（2）可能会看到仅反射了一次，并且反射出的另一面镜子是黑色的情况，这是由于光照设置窗口 Scene 选项卡中 Environment 下的 Bounces 的值为 1，这个值是用来控制反射次数的，最多可相互反射 5 次。

9.9 镜子的开发

镜面反射是日常生活中常见的一种光影效果，虽然在 Unity 中可以使用 Reflection Probe 来制作类似的反射效果（后面将详细讲解），但是实时使用 Reflection Probe 反射是很消耗资源的，所以可以自己实现类似的效果。本节就介绍如何开发镜面反射，案例的效果如图 9-69、图 9-70、图 9-71 所示。

▲图 9-69　案例效果（1）　　　　▲图 9-70　案例效果（2）　　　　▲图 9-71　案例效果（3）

案例位置：随书资源中的第 9 章/MirrorTest/Assets/ Mirror_Dance.unity。

9.9.1 场景的搭建

制作镜面材质之前先要进行场景的搭建，本小节将主要讲解关于场景搭建的一些细节与要点，只有精美的场景才能将镜面反射的效果衬托出来。本小节涉及的内容主要有模型的导入、光照烘焙、模型动画的设置与播放、创建声音源、资源的加载等。具体步骤如下。

（1）导入模型。在 Unity 中单击 Assets→Import New Asset 加载本案例需要用到的所有模型、贴图和音乐文件等，具体需要加载的文件如表 9-12、表 9-13 和表 9-14 所示。

表 9-12　　　　　　　　　　　　　　模型资源

文件名	文件大小	用途
Room.fbx	6.23MB	案例房间模型
Mirror.fbx	24.2KB	镜面模型
Mirrorframe.fbx	20.9KB	镜框模型
woman.fbx	1.54MB	人物模型
woman@dance.fbx	11.8MB	包含骨骼动画的模型

表 9-13 图片资源

文件名	文件大小（KB）	格式	用途
Body.png	3670	PNG	人物身体贴图
Body_normal.png	2670	PNG	人物身体法线贴图
Hair.png	193	PNG	人物头发贴图
Hair_normal.png	222	PNG	人物头发法线贴图
MirrorframePIC.jpg	21.5	JPG	镜框纹理图
Book1.jpg	117	JPG	书本纹理图 1
Book2.jpg	72	JPG	书本纹理图 2
Book3.jpg	15.6	JPG	书本纹理图 3
Book4.jpg	142	JPG	书本纹理图 4
Book5.jpg	9.47	JPG	书本纹理图 5
Rug.jpg	329	JPG	地毯纹理
Rug_normal.jpg	313	JPG	地毯法线贴图
Wood.jpg	41.7	JPG	木纹纹理贴图

表 9-14 音乐资源

文件名	文件大小（KB）	格式	用途
Music1.mp3	658	MP3	案例背景音乐

（2）将导入的 Room.fbx 模型拖到游戏场景中，并赋予其模型贴图。其中房间地毯的贴图有两个，一张是漫反射贴图 Rug.jpg，还有一张是法线贴图 Rug_normal.jpg。选中场景中的地板，在材质面板中的 Shader 下拉列表框中选择 Standard，Albedo 选择漫反射贴图，Normal Map 选择法线贴图，具体如图 9-72 所示。

（3）创建灯光。单击菜单栏中的 GameObject→Light→Directional Light 创建一个平行光光源，命名为 Dlight in，该光源作为太阳光，设置如图 9-73 所示。再创建一个点光源作为照亮室内的灯光，命名为 Point Light，设置如图 9-74 所示。

▲图 9-72 地板材质设置

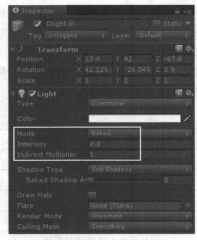

▲图 9-73 平行光光源的设置

▲图 9-74 点光源的设置

（4）光照烘焙。创建好场景需要的灯光后，为了优化性能，要进行光照烘焙，具体的烘焙方法可以参考本章光照烘焙的相关内容。单击 Window→Lighting→Settings 打开光照设置窗口。本案例使用的烘焙参数如图 9-75 所示，效果如图 9-76 所示。烘焙完毕后将场景中的 Point Light 关闭。

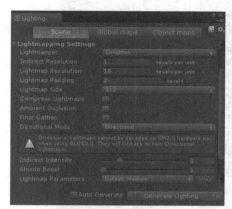
▲图 9-75　烘焙参数

▲图 9-76　烘焙效果

（5）将 woman.fbx 模型拖入场景，并赋予其贴图。在 Project 面板中选中 woman@dance.fbx 模型，该模型包含了骨骼动画，采用"模型名+@+动画名"的命名规则会让 Unity 3D 引擎自动识别其为动画文件，在 Inspector 面板的 Animation 中设置 Wrap Mode 为 Loop，即设置为循环播放，如图 9-77 所示。

（6）播放动画。选择游戏场景中的 woman 游戏对象，然后找到其 Animation 组件中的 Animation 属性，设置其值为 dance 动画，如图 9-78 所示。设置好后单击"运行"按钮就可以看到场景中的人物开始跳舞了。

▲图 9-77　动画文件设置

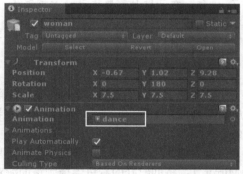
▲图 9-78　Animation 组件设置

（7）由于人物不是静态的，并且之前烘焙的两盏灯选择的模式都是 Baked，所以灯光是无法照亮人物的，这样人物就会非常暗，所以需要再创建一个聚光灯来专门照亮人物。这里应当使用光照过滤功能，使创建的灯光只会照到人物。

（8）选择场景中的人物，在 Inspector 面板中的 Layer 下拉列表中选择 ADD Layer 选项，在弹出的面板中添加新的层 Woman，如图 9-79 所示。新建一个聚光灯，设置其 Light 组件的 Mode 为 Realtime，设置其 Culling Mask 为 Woman，如图 9-80 所示，之后场景中的聚光灯就只会影响人物了。

（9）创建音乐源。创建一个名为 Music 的空对象，右击该对象并从弹出的快捷菜单中选择 Audio

→Audio Source 添加一个声音源。在 Inspector 面板中设置 Audio Clip 为导入的音乐资源 Music1.mp3，并勾选 Play On Awak 和 Loop 复选框。

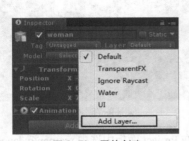
▲图 9-79　层的创建

▲图 9-80　光照过滤设置

（10）创建镜子。导入镜框模型 Mirrorframe.fbx 与镜面模型 Mirror.fbx，其中镜框的纹理贴图为 MirrorframePIC.jpg，在 Project 面板中右击并从弹出的快捷菜单中选择 Create→Material 创建一个新的材质并将其赋予镜面模型。最后将镜面模型摆放到合适的位置。

> **说明**　在步骤（4）的烘焙过程中，需要特别注意的是，不要勾选 Scene 选项卡的 Compress Lightmaps，否则很可能出现"波浪"问题。另外该场景的窗户部分包含很多长方体，在开发时需要手动设置抗锯齿，使场景更加和谐，具体方法读者可自行上网查阅资料，这里不赘述。

9.9.2　镜面着色器的开发

上一小节介绍了场景的搭建，本小节将介绍镜面着色器的开发。着色器基于硬件开发，由 GPU 处理，所以对画面效果的提升非常明显。该着色器的主要功能为将摄像机渲染出来的图片渲染到镜面上。

在 Project 面板中右击并从弹出的快捷菜单中选择 Create→Shader 创建一个着色器文件，并重命名为 Mirror_1，将创建好的着色器拖到镜面游戏对象上。着色器代码如下。

代码位置：随书资源中的源代码/第 9 章/Mirror_Text/Assets/text/Mirror_1.shader。

```
1    Shader "Custom/Mirror_1" {
2        Properties {
3            _RefTex ("Reflection Tex", 2D) = "white" {}    //声明一个反射纹理
4        }
5        SubShader {                                          //子着色器
6            Pass{                                            //通道
7                Tags{"LightMode"="Always"}                   //标签设置光照为永久光照
8                CGPROGRAM
9                #pragma vertex vert                          //定义顶点着色器
10               #pragma fragment frag                        //定义片元着色器
11               #include "UnityCG.cginc"                     //引用 Unity 自带的方法库
12               sampler2D _RefTex;                           //渲染出的目标纹理
13               float4x4 _ProjMat;                           //摄像机的内投影
```

```
14       struct v2f{                                //定义一个结构体
15         float4 pos:SV_POSITION;                  //声明顶点位置
16         float4 texc:TEXCOORD0;                   //声明纹理
17       };
18       v2f vert(appdata_base v){                  //顶点着色器
19         float4x4 proj;                           //声明一个矩阵
20         proj=mul(_ProjMat,_Object2World);        //将顶点转换为世界空间下的矩阵
21         v2f o;                                   //声明一个结构体对象
22         o.pos=mul(UNITY_MATRIX_MVP,v.vertex);
23         o.texc=mul(proj,v.vertex);               //转换为镜面坐标
24         return o;                                //返回结构体
25       }
26       float4 frag(v2f i):COLOR{                  //片元着色器
27         float4 c = tex2Dproj(_RefTex,i.texc);    //获取顶点颜色
28         return c;                                //返回颜色
29       }
30     ENDCG                                        //着色器结束
31   }}}
```

- 第1~4行为属性定义块，这些属性会显示在着色器对应的Inspector面板中。在这里声明了一种反射纹理，以便下面的代码使用。
- 第5~13行对着色器进行了一些设置，设置光照为永久光照，声明与属性定义块中的属性对应的变量作为着色器内部参数，将传入Unity中的参数赋值给着色器中的参数以供使用。
- 第14~17行定义了一个结构体v2f。v2f包含顶点位置和纹理信息。
- 第18~25行为顶点着色器的实现，顶点着色器的工作是将顶点位置信息存储在结构体中的pos变量中。首先将物体的顶点坐标转换到世界空间，然后使用投影矩阵，最后顶点在镜面上的位置投影会作为UV坐标来采样传入的相机渲染图。
- 第26~31行为表面着色器的实现，主要工作是利用tex2Dproj方法获取纹理的顶点颜色，之后返回最终的颜色结果，实现将一张图片渲染到镜面上的效果。

9.9.3 C#脚本的开发

本案例包含两个C#脚本，分别是控制摄像机根据玩家手指的滑动而移动的CameraRot.cs和生成镜像摄像机并将其拍摄到的画面存储下来加工后传到着色器中的MirrorText.cs。下面将对这两个脚本进行介绍。

（1）在Project面板中右击并从弹出的快捷菜单中选择Create→C# Script创建一个C#脚本，重命名为CameraRot.cs，并将其挂载到Main Camera上。该脚本的主要功能是控制摄像机根据玩家手指的滑动而产生位移。脚本的具体代码如下。

代码位置：随书资源中的源代码/第9章/Mirror_Text/Assets/text/CameraRot.cs。

```
1   using UnityEngine;
2   using System.Collections;
3   public class CameraRot : MonoBehaviour {
4     private Vector3 aimpos;                          //摄像机围绕旋转的点的坐标
5     private bool hdflag = true;                      //滑动标志位，true为横向，false为纵向
6     void Start () {
7       aimpos = new Vector3(-1.3f,7.4f,9.5f);         //初始化坐标
8       hdflag = true;                                 //初始化滑动标志位
9     }
10    void Update () {
11     if(Input.touchCount>0&&Input.GetTouch(0).phase==TouchPhase.Moved){
                                                       //如果发生触摸并且在移动
12       Vector2 touchDeltaPos = Input.GetTouch(0).deltaPosition;//存储手指的帧位移
13       if(Mathf.Abs(touchDeltaPos.x) > 10){          //横向滑动
14         hdflag = true;                              //更改滑动标志位
15       }else
16       if(Mathf.Abs(touchDeltaPos.y) > 10){          //纵向滑动
17         hdflag = false;                             //更改滑动标志位
```

```
18          }
19          if(hdflag){                                    //根据标志位对摄像机进行旋转
20              transform.RotateAround(aimpos, Vector3.up, -1 * touchDeltaPos.x * 0.1f);
                                                           //使摄像机围绕aimpos旋转
21          }
22          else{                                          //若是手指上下滑动
23              if(transform.forward.x > -0.4f || transform.forward.x < -0.9f){
                                                           //若是摄像机视口范围大于界限
24                  return;                                //不进行缩放
25              }
26              if(transform.position.x > -4.5f && touchDeltaPos.y>0){
                                                           //摄像机在缩放范围内且手指向上滑动
27                  transform.Translate(new Vector3(0, 0, touchDeltaPos.y * 0.05f), Space.Self);
                                                           //摄像机平移
28              }
29              if(transform.position.x < 3.6f && touchDeltaPos.y < 0){
                                                           //摄像机在缩放范围内且手指向下滑动
30                  transform.Translate(new Vector3(0, 0, touchDeltaPos.y * 0.05f), Space.Self);
                                                           //摄像机平移
31          }}}
32          if(Input.GetKeyUp(KeyCode.Escape)){            //对手机返回按键进行监听
33              Application.Quit();                        //退出游戏
34  }}}
```

❏ 第1~9行为变量的声明与初始化，声明了一个三维向量aimpos代表摄像机围绕旋转的点，以及一个记录手指滑动方式的标志位hdflag，该标志位为true时代表横向滑动，为false时代表纵向滑动。

❏ 第10~18行先识别手指，并且判断手指的触摸相位，若是相位为滑动中就记录下手指的帧位移。再根据帧位移来判断手指滑动的方向是上下还是左右，然后更改hdflag的值。

❏ 第19~31行根据手指滑动标志位及手指滑动幅度（touchDeltaPos）对摄像机进行旋转、平移。在这里还对摄像机平移的范围进行了限制，若是摄像机距离镜子太远，就不会进行平移。

❏ 第32~34行对Android手机上的"返回"按键进行监听，若是玩家点击了返回键就会退出游戏。

（2）MirrorText.cs脚本挂载在镜面上，主要功能是在镜子后面生成一个镜像摄像机，并存储和修改摄像机拍下的画面，将其传给着色器。脚本代码如下。

代码位置：随书资源中的源代码/第9章/Mirror_Text/Assets/text/MirrorText.cs。

```
1   using UnityEngine;
2   using System.Collections;
3   public class MirrorText : MonoBehaviour {
4       public RenderTexture refTex;                       //声明一张图片
5       public Matrix4x4 world2MirCam;                     //镜像摄像机自身矩阵
6       public Matrix4x4 projM;                            //摄像机的投影矩阵
7       public Matrix4x4 cm;                               //镜像摄像机内的投影矩阵
8       public Matrix4x4 correction;                       //修正矩阵
9       private Camera mirrorCam;                          //镜像摄像机
10      private bool busy = false;                         //忙碌标志位，防止串线
11      void Start () {
12          if (mirrorCam){return;}                        //若是已经存在镜像摄像机，跳过
13          GameObject g = new GameObject("Mirror Camera");//创建一个名为Mirror Camera的物体
14          mirrorCam=g.AddComponent<Camera>();            //将创建的物体设置为摄像机
15          mirrorCam.enabled = false;                     //关闭MirrorCam
16          refTex = new RenderTexture(800,600,16);        //渲染纹理，16为深度位数
17          refTex.hideFlags = HideFlags.DontSave;         //设置图片的隐藏标示
18          mirrorCam.targetTexture = refTex;              //设置摄像机渲染纹理
19          renderer.material.SetTexture("_RefTex", refTex);      //给着色器附加贴图
20          correction = Matrix4x4.identity;                      //标准化矩阵
21          correction.SetColumn(3, new Vector4(0.5f, 0.5f, 0.5f, 1f));//设置矩阵第4列
22          correction.m00 = 0.5f;                         //重设矩阵中的第1个元素
23          correction.m11 = 0.5f;                         //重设矩阵中的第12个元素
24          correction.m22 = 0.5f;}                        //重设矩阵中的第23个元素
25      void OnWillRenderObject(){
```

```
26        if (busy){return;}                                //若是正在执行，则跳过
27        else{busy = true;}                                //未正在执行，标志位设置为true
28        Camera cam = Camera.main;                         //获取主摄像机
29        mirrorCam.CopyFrom(cam);                          //将设置复制到mirrorCam
30        mirrorCam.transform.parent = transform;           //将mirrorCam设置为镜子的子物体
31        Camera.main.transform.parent = transform;         //设置主摄像机的父对象
32        Vector3 mirrpos = mirrorCam.transform.localPosition;//记录镜像摄像机的位置
33        mirrpos.y *= -1;                                  //对位置做镜像
34        mirrorCam.transform.localPosition = mirrpos;      //重新设置镜像摄像机的位置
35        Vector3 rt = Camera.main.transform.localEulerAngles;//记录主摄像机的角度
36        Camera.main.transform.parent = null;              //设置主摄像机的父对象为空
37        mirrorCam.transform.localEulerAngles = new Vector3(-rt.x,rt.y,-rt.z);
                                                            //镜像主摄像机的角度
38        float d = Vector3.Dot(transform.up, Camera.main.transform.position - transform.position) + 0.05f;
39        mirrorCam.nearClipPlane = d;                      //摄像机的剪裁平面
40        mirrorCam.targetTexture = refTex;                 //设置目标纹理
41        mirrorCam.Render();                               //渲染
42        Proj();                                           //矩阵转换
43        renderer.material.SetMatrix("_ProjMat", cm);      //设置着色器中的摄像机投影矩阵
44        busy = false;                                     //关闭忙碌标志位
45      }
46      void Proj(){
47        world2MirCam = mirrorCam.transform.worldToLocalMatrix;//将世界矩阵转为自身矩阵
48        projM = mirrorCam.projectionMatrix;               //得到摄像机的投影矩阵
49        projM.m32 = 1;                                    //第32个数字
50        cm = correction * projM * world2MirCam;           //设置摄像机内的投影矩阵
51      }
52    void Update () { renderer.material.SetTexture("_RefTex", refTex);}//设置渲染纹理
53    }
```

❑ 第1～10行为变量的声明。声明了摄像机游戏对象、渲染图片，以及和摄像机有关的一系列矩阵。这些矩阵将在后面参与一系列的数学运算以计算出着色器中需要的镜像摄像机内的投影矩阵。

❑ 第11～24行是对Start方法的重写。主要功能为创建出一个类型为Camera的游戏对象并设置其渲染出的纹理图的格式与参数，然后将渲染出的图片传给着色器。在这里还初始化了一个修改矩阵，将其设置为标准状态后修改其内部参数，使其更加符合需求。

❑ 第25～37行是对OnWillRenderObject方法的重写，这部分代码的主要功能是以镜面为中心镜像出一个镜像摄像机，该摄像机的位置、角度都与主摄像机相反，在镜像的过程中用到了父子对象的转换，简化了计算的难度。

❑ 第38～45行先计算出主摄像机与镜面之间的距离，然后将这个距离设置为镜像摄像机的近剪裁平面。之后指定摄像机的渲染目标纹理，调用Proj方法计算镜像摄像机内的投影矩阵，并将其传入着色器中。

❑ 第46～53行先计算出摄像机的自身矩阵，再计算出摄像机的投影矩阵，其中projM.m32原本的值是-1，所以出来的像是反的，需要将其设置为1才可以得到正常的像。最后相乘得到摄像机内的投影矩阵。在Update方法中将渲染出的纹理送入着色器。

> **说明** OnWillRenderObject方法在渲染所有被消隐的物体之前被调用，可以用来创建具有依赖性的渲染纹理，只有在被渲染的物体可见时才更新这个渲染纹理。Proj方法是自定义的方法，主要功能是将物体坐标转换为摄像机内部坐标。

9.10 真实水面效果的开发

水面的光影特效一直是游戏开发中的重点，也是难点，因为真实的水面光影效果并非一成不

变的，而是会根据水面的波动实时在适当位置产生高光及反射和折射等光学变化。所以，一个真实的水面效果会对游戏画面效果的提升做出非常大的贡献。本节将通过一个案例介绍如何从零开始制作一个真实的水面效果。案例效果如图 9-81 和图 9-82 所示。

▲图 9-81　案例效果（1）

▲图 9-82　案例效果（2）

案例位置：随书资源中的第 9 章/WaterMirror_Text/Assets/ MyWater.unity。

9.10.1　基本原理

本小节将简要介绍制作一个真实的水面效果所应用的技术的基本原理，以帮助读者理解后面的代码逻辑。制作一个真实的水面效果大致需要 4 个步骤：应用凹凸贴图模拟细小波纹、改变网格顶点位置模拟水面波动、利用高光及反射效果加强水面光影效果、扰动反射贴图。基本步骤如图 9-83 所示。

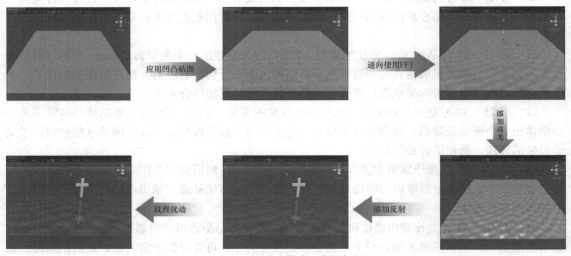
▲图 9-83　制作水面效果的基本步骤

下面将对每个步骤所使用的关键技术的实现原理进行介绍，这些原理大部分都是在本案例中的着色器 Water_Shader.shader 中实现的。

（1）应用凹凸贴图

制作水面上的细小的波纹可通过应用凹凸贴图来实现。凹凸贴图可以让一个平面模型从视觉上有凹凸起伏感，基于此再通过代码中对凹凸贴图进行实时纹理偏移，就可以得到较为真实的细小水面波纹的效果。

（2）逆向使用 FFT

快速傅里叶变换（Fast Fourier Transform，FFT）的基本理论是任意形状的波形都可以通过若干个波长、波频不同的正弦波叠加得到,理论上正弦波的数量越多得到的最终波形越真实,本案例将使用快速傅里叶变换的逆向运用,也就是使用多个不同的正弦波进行叠加得到类似水面波动的效果。

(3) 添加高光

现实中的水面会对阳光、灯光等进行反射,呈现局部高光的效果。本案例可以使用着色器进行实现。在这个着色器中自定义了一个高光反射的模型,计算入射光线和视线的中间平均值,即半角向量,然后使用它和法线计算出和视角相关的高光。

(4) 添加反射

水面的反射是本案例开发的重点,具体实现的原理是先将视口的主摄像机根据水平面镜像,然后将镜像摄像机拍下的反射图片处理后贴在水平面上。具体步骤可以参考本案例中的 Mirror_3.cs 脚本的相关代码。

(5) 纹理扰动

将反射纹理应用到水面上后,可能会发现这样的反射效果其实并不真实,由于水面是凹凸不平的,所以反射出来的图案并非像镜面反射一样,而是经过扭曲的图案。这时就要使用纹理扰动,根据法线方向进行扰动后得到的效果就和真实的水面效果非常相似了。扰动的公式如下所示。

$$T_{x1} = T_{x0} + C_0 \cdot T_{x0} \cdot N_x$$
$$T_{y1} = T_{y0} + C_0 \cdot T_{y0} \cdot N_y$$

其中 T_{x1}、T_{y1} 是扰动后反射纹理坐标分量,T_{x0}、T_{y0} 是未扰动时的反射纹理坐标分量,C_0 是扰动系数,用于控制扭曲程度,对应着色器代码中的_PerturbationAmt 变量,N_x、N_y 是对当前法线贴图查询得到的当前顶点的法向量的分量。

9.10.2 场景的搭建

在制作水面光影效果前可以先搭建场景,若是觉得案例场景太复杂可以先简要搭建必要场景对象进行水面的开发。场景必要的游戏模型只有水面模型 water_plane.fbx,将其拖到游戏场景中再加上合适的灯光就可以进行开发了。

本案例的场景搭建并非本章重点,所以进行了封装,找到项目中根目录下的文件 Water_Model.unitypackage,双击打开导入对话框,全选后单击 Import 按钮进行导入。导入后将 Water_Model 预制件拖入场景中再将制作好的水面摆放到合适的位置即可。

9.10.3 C#脚本的开发

上一小节中介绍了场景的搭建,本小节将要介绍案例中 C#脚本的开发。本案例的 C#脚本主要的工作是让水面游戏对象进行波动模拟较为剧烈的水波,以及提供水面反射纹理图,这两项功能分别由 Water_wave.cs 和 Mirror_3.cs 脚本实现。下面对这两个脚本进行具体的介绍。

(1) Water_wave.cs 脚本挂载在水面游戏对象 water_plane 上。该脚本的主要原理是先获取网格上的每个顶点的引用,再根据逆向 FFT 算法更改每个顶点的位置实现波动效果。脚本代码如下。

代码位置:随书资源中的源代码/第 9 章/WaterMirror_Text/Assets/Water/waterScript/Water_wave.cs。

```
1    using UnityEngine;
2    using System.Collections;
3    public class Water_wave : MonoBehaviour {
4        private Vector3[] vertices;                        //顶点数组
5        private float mytime;                              //计时器
6        public float waveFrequency1 = 0.3f;                //1号波波频
7        public float waveFrequency2 = 0.5f;                //2号波波频
```

```csharp
8      public float waveFrequency3 = 0.9f;                              //3号波波频
9      public float waveFrequency4 = 1.5f;                              //4号波波频
10     private Vector3 v_zero = Vector3.zero;                           //零点位置
11     public float Speed = 1;                                          //波速
12     private  int index1= 760;                                        //1号波起始顶点索引
13     private int index2 = 900;                                        //2号波起始顶点索引
14     private int index3 = 12000;                                      //3号波起始顶点索引
15     private Vector2 uv_offset = Vector2.zero;                        //纹理偏移量
16     private Vector2 uv_direction = new Vector2(0.5f,0.5f);//纹理偏移方向
17     void Start () {
18         vertices = GetComponent<MeshFilter>().mesh.vertices;//获取网格顶点坐标数组值
19     }
20     void Update () {
21         mytime += Time.deltaTime*Speed;                              //开启计时器
22         for (int i = 0; i < vertices.Length;i++ ){                   //遍历每个顶点
23             vertices[i] = new Vector3(vertices[i].x, FindHight(i), vertices[i].z);
                                                                        //调用方法计算顶点位置
24         }
25         GetComponent<MeshFilter>().mesh.vertices=vertices;   //使用更改后的顶点位置
26         uv_offset += (uv_direction * Time.deltaTime*0.1f);   //计算纹理偏移坐标
27         this.renderer.material.SetTextureOffset("_NormalTex", uv_offset);//设置纹理偏移
28         GetComponent<MeshFilter>().mesh.RecalculateNormals();        //重新计算法线
29     }
30     float FindHight(int i){
31         float H = 0;                                                 //声明高度
32         float distance1= Vector2.Distance(new Vector2(vertices[i].x,vertices[i].z),v_zero);
                                                                        //获取点到中心的距离
33         float distance2 = Vector2.Distance(new Vector2(vertices[i].x, vertices[i].z),
34           new Vector2(vertices[index1].x,vertices[index1].z));//顶点与2号起始位置的距离
35         float distance3 = Vector2.Distance(new Vector2(vertices[i].x, vertices[i].z),
36           new Vector2(vertices[index2].x, vertices[index2].z));//顶点与3号起始位置的距离
37         float distance4 = Vector2.Distance(new Vector2(vertices[i].x, vertices[i].z),
38           new Vector2(vertices[index3].x, vertices[index3].z));//顶点与4号起始位置的距离
39         H  = Mathf.Sin((distance1) * waveFrequency1 * Mathf.PI + mytime) / 30;
                                                                        //设置顶点高度
40         H += Mathf.Sin((distance2) * waveFrequency2 * Mathf.PI + mytime) / 25;
                                                                        //设置顶点高度
41         H += Mathf.Sin((distance3) * waveFrequency3 * Mathf.PI + mytime) / 35;
                                                                        //设置顶点高度
42         H += Mathf.Sin((distance4) * waveFrequency4 * Mathf.PI + mytime) / 40;
                                                                        //设置顶点高度
43         return H;
44     }}
```

❑ 第1~16行为变量声明,声明了每个顶点的引用及逆向FFT算法所需的4个正弦波的波频、波速及起始位置。还声明了纹理偏移量和偏移方向,用于后面制作水面法线贴图的纹理偏移。

❑ 第17~19行是对Start方法的重写,该方法在场景加载时调用一次,其主要功能为获取水面的网格编辑器中的所有顶点的引用并将其存储在数组vertices中。

❑ 第20~29行是对Update方法的重写,该方法每帧调用一次。其主要功能为遍历每个顶点,然后调用FindHight方法进行顶点高度的计算。最后根据计时器及纹理偏移方向计算出纹理偏移坐标并将其传入着色器。

❑ 第30~44行是自定义的方法FindHight,该方法接收顶点索引,然后计算出该顶点与波动起始点的距离,再根据Sin方法计算出正弦波的高度并将其存储到H变量中,最后将4个波分别计算出来的H叠加后即计算出的该点位置。

(2)用于提供反射贴图的脚本Mirror_3.cs的主要功能是以水面为中心镜像出一个摄像机,再将摄像机拍摄下来的画面渲染到一张图片上并传给着色器。脚本代码如下。

代码位置:随书资源中的源代码/第9章/WaterMirror_Text/Assets/Water/waterScript/Mirror_3.cs。

```csharp
1   public class Mirror_3 : MonoBehaviour{
2       public RenderTexture refTex;                                    //声明一张图片
3       public Matrix4x4 correction;                                    //修正矩阵
```

9.10 真实水面效果的开发

```
4      public Matrix4x4 projM;                                    //摄像机的投影矩阵
5      Matrix4x4 world2ProjView;                                  //镜像摄像机自身矩阵
6      public Matrix4x4 cm;                                       //镜像摄像机内的投影矩阵
7      private Camera mirCam;                                     //镜像摄像机
8      private bool busy = false;                                 //忙碌标志位
9      void Start(){
10         if (mirCam)  return;                                   //若是场景中已经有镜像摄像机就跳过
11         GameObject g = new GameObject("Mirror Camera");        //创建一个镜像摄像机游戏对象
12         mirCam=g.AddComponent<Camera>();                       //设置对象为摄像机属性
13         mirCam.enabled = false;                                //关闭摄像机
14         refTex = new RenderTexture(800, 600,16);               //设置反射图大小
15         refTex.hideFlags = HideFlags.DontSave;                 //设置反射图属性
16         mirCam.targetTexture = refTex;                         //指定反射图
17         renderer.material.SetTexture("_MainTex", refTex);//将反射图传给着色器
18         correction = Matrix4x4.identity;                       //初始化修正矩阵
19         correction.SetColumn(3, new Vector4(0.5f, 0.5f, 0.5f, 1f));//设置矩阵第4列
20         correction.m00 = 0.5f;                                 //设置矩阵第1个参数
21         correction.m11 = 0.5f;                                 //设置矩阵第12个参数
22         correction.m22 = 0.5f;                                 //设置矩阵第23个参数
23      }
24      void Update(){renderer.material.SetTexture("_MainTex", refTex);}//将反射图传给着色器
25      void OnWillRenderObject(){
26         if (busy) return;                                      //若是正在执行就跳过
27         busy = true;                                           //否则设置正在执行状态
28         Camera cam = Camera.main;                              //获取场景中的主摄像机
29         mirCam.CopyFrom(cam);                                  //将主摄像机的设置复制给镜像摄像机
30         mirCam.transform.parent = transform;                   //设置镜像摄像机的父对象为水面
31         Camera.main.transform.parent = transform;              //设置主摄像机的父对象为水面
32         Vector3 mPos = mirCam.transform.localPosition;         //记录镜像摄像机的位置
33         mPos.y *= -1f;                                         //对位置做镜像
34         mirCam.transform.localPosition = mPos;                 //设置镜像位置
35         Vector3 rt = Camera.main.transform.localEulerAngles;//记录下主摄像机的朝向参数
36         Camera.main.transform.parent = null;                   //将主摄像机的父对象设置为空
37         mirCam.transform.localEulerAngles = new Vector3(-rt.x, rt.y, -rt.z);
                                                                  //对主摄像机的角度做镜像
38         float d = Vector3.Dot(transform.up, Camera.main.transform.position
39             -transform.position)+0.05f;                        //计算镜像摄像机到水面的距离
40         mirCam.nearClipPlane=d;                                //设置镜像摄像机的近剪裁平面
41         Vector3 pos = transform.position;                      //记录水面的位置
42         Vector3 normal = transform.up;                         //记录水面的法线方向
43         Vector4 clipPlane = CameraSpacePlane(mirCam, pos, normal, 1.0f);//计算剪裁平面
44         Matrix4x4 proj = cam.projectionMatrix;                 //获取摄像机投影矩阵
45         proj=cam.CalculateObliqueMatrix(clipPlane);            //计算倾斜矩阵
46         mirCam.projectionMatrix = proj;                        //指定摄像机的投影矩阵
47         mirCam.targetTexture = refTex;                         //指定渲染图片
48         mirCam.Render();                                       //渲染
49         Proj();                                                //计算摄像机内的投影矩阵
50         renderer.material.SetMatrix("_ProjMat", cm);           //传递摄像机内部投影矩阵到着色器
51         busy = false;                                          //关闭忙碌标志位
52      }
53   ...//以下省略一些代码,后文将详细介绍
54   }
```

- 第1~8行主要为变量的声明，声明了反射图、矩阵、标志位及摄像机游戏对象等以便于下面的代码使用。

- 第9~23行是对Start方法的重写。其主要功能为创建出一个类型为Camera的游戏对象并设置其渲染出的纹理图的格式与参数，然后将渲染出的图片传给着色器。在这里还初始化了一个修正矩阵，将其设置为标准状态后修改其内部参数，使其更加符合需求。

- 第24行是对Update方法的重写。其主要功能为将镜像摄像机拍下的反射图片refTex传递给水面的着色器中的_MainTex参数供着色器使用。

- 第25~54行是对OnWillRenderObject方法的重写，其主要功能是以镜面为中心镜像出一个摄像机，该摄像机的位置、角度都与主摄像机相反，在镜像的过程中用到了父子对象的转换，简化了计算的难度。同时还计算出了摄像机的剪裁平面。

（3）Mirror_3.cs 脚本中的剩余代码基本都是一些矩阵的变换方法及数据的处理方法。脚本代码如下。

代码位置：随书资源中的源代码/第 9 章/WaterMirror_Text/Assets/Water/waterScript/Mirror_3.cs。

```
1    using UnityEngine;
2    using System.Collections;
3    public class Mirror_3 : MonoBehaviour{
4        ...//继续介绍 Mirror_3.cs 的剩余代码
5        void Proj(){
6            world2ProjView = mirCam.transform.worldToLocalMatrix;    //将世界矩阵转为自身矩阵
7            projM = mirCam.projectionMatrix;                          //得到摄像机的投影矩阵
8            projM.m32 = 1f;                                           //修改第 32 个数字翻转矩阵
9            cm = correction * projM * world2ProjView;                 //设置摄像机内的投影矩阵
10       }
11       private Vector4 CameraSpacePlane(Camera cam, Vector3 pos, Vector3 normal, float sideSign){
12           Vector3 offsetPos =pos + normal * -0.1f;                  //偏移后的位置
13           Matrix4x4 m = cam.worldToCameraMatrix;                    //从世界空间到摄像机空间的变换矩阵
14           Vector3 cpos = m.MultiplyPoint(offsetPos);                //经过矩阵变换后的位置
15           Vector3 cnormal = m.MultiplyVector(normal).normalized * sideSign;
                                                                       //经过矩阵变换后的方向
16           return new Vector4(cnormal.x, cnormal.y, cnormal.z, -Vector3.Dot(cpos, cnormal));
                                                                       //返回剪裁平面
17       }}
```

- 第 5~10 行先计算出摄像机的自身矩阵，再计算出摄像机的投影矩阵，其中 projM.m32 原本的值是-1，所以出来的像是反的，需要将其设置为 1 才可以得到正常的像。最后相乘得到摄像机内的投影矩阵。在 Update 方法中将渲染出的纹理送入着色器。
- 第 11~17 行计算水面的位置，用于之后调用方法计算摄像机的剪裁平面，使其只会拍摄水面以上的部分。具体实现是先在水面的位置添加一个扰动量，使计算后的剪裁平面略低于水面，然后得到摄像机的变换矩阵，计算变换后的水面位置与法线方向并返回。

> **说明** 该脚本与 9.9 节镜子的开发中的反射脚本代码大体相似，增加的只有计算镜像摄像机的剪裁平面部分，该计算使用了 Camera.CameraSpacePlane(Vector4 clipPlan) 方法，该方法会根据平面参数自动计算出一个投影矩阵。

9.10.4　镜面着色器的开发

上一小节介绍了 C#脚本的开发，本小节将要介绍本案例中的水面着色器的开发，本着色器包含的内容有：使用法线贴图、使用漫反射贴图、添加高光、添加半透明效果及添加法线扰动纹理图。通过对本小节的学习，读者会更加了解着色器的开发技巧。

（1）着色器的参数声明和结构体定义部分先定义了顶点着色器和表面着色器需要用的变量，之后定义了一个结构体，里面带有贴图的 UV 及顶点位置等信息。最后定义了一个自定义光照模型，具体代码如下。

代码位置：随书资源中的源代码/第 9 章/WaterMirror_Text/Assets/Water/waterScript/Water_Shader.shader。

```
1    Shader "Custom/Water_Shader" {
2        Properties {
3            _MainTint("Diffuse Tint",Color) = (1,1,1,0)              //反射纹理色调
4            _MainTex("Base (RGB)", 2D) = "white" {}                   //反射纹理
5            _BackTint("Back Tint",Color) = (1,1,1,0)                  //背景纹理色调
6            _BackTex("Background",2D)="white" {}                      //背景纹理
7            _SpecColor("Specular Color",Color)=(1,1,1,1)              //高光颜色
8            _SpecPower("Specular Power",Range(0.5,100))=3             //高光强度
9            _NormalTex("Normal Map",2D)="bump"{}                      //法线贴图
```

9.10 真实水面效果的开发

```
10      _TransVal("Transparecy Value",Range(0,1))=0.5              //透明度
11      _PerturbationAmt   ("Perturbation Amt", range (0,1)) = 1   //扰动强度
12    }
13    SubShader {
14      Tags {"Queue"="Transparent-20" "RenderType"="Opaque" }//要确保渲染顺序在透明之前
15      CGPROGRAM
16      #pragma surface surf CustomBlinnPhong vertex:vert alpha
17      #pragma target 3.0
18      #include "UnityCG.cginc"
19      sampler2D _MainTex;                              //主纹理
20      sampler2D _NormalTex;                            //法线图
21      sampler2D _BackTex;                              //背景色
22      float _SpecPower;                                //高光强度
23      float4 _MainTint;                                //主颜色
24      float4 _BackTint;                                //背景色
25      float _TransVal;                                 //透明度
26      float4x4 _ProjMat;                               //摄像机投影矩阵
27      float _PerturbationAmt;                          //扰动参数
28      struct Input {
29        float2 uv_MainTex;                             //反射纹理 UV
30        float2 uv_NormalTex;                           //法线纹理 UV
31        float4 pos;                                    //顶点位置
32        float4 texc;                                   //扰动后的纹理坐标
33        INTERNAL_DATA
34      };
35      inline fixed4 LightingCustomBlinnPhong(SurfaceOutput s,fixed3 lightDir,
        half3 viewDir,fixed atten){
36        float3 halfVector = normalize(lightDir+viewDir); //半角向量
37        float diff = max(0,dot(s.Normal,lightDir));      //对漫反射的计算
38        float nh = max(0,dot(s.Normal,halfVector));      //高光部分
39        float spec= pow(nh,_SpecPower)*_SpecColor;       //计算高光强度
40        float4 c;                                        //声明一个颜色
41        c.rgb=(s.Albedo*_LightColor0.rgb*diff)+(_LightColor0.rgb
42          *_SpecColor.rgb*spec)*(atten*2);               //高光颜色
43        c.a=s.Alpha;                                     //设置透明度
44        return c;                                        //返回颜色
45      }
46      ...//以下下省略一些代码,后文将详细介绍
47      ENDCG
48    }
49    FallBack "Diffuse"
50  }
```

❑ 第 1~12 行为属性定义块,在这部分中定义的属性会在着色器属性面板中看到,主要包含 3 种纹理图及对应的色调,还有透明度、高光强度、扰动强度等,以便下面的代码使用。

❑ 第 13~27 行开始定义 SubShader,并将渲染顺序改为在透明物体渲染之前,声明了与属性定义块中属性对应的变量作为着色器内部参数,将传入 Unity 中的参数赋值给着色器中的参数以供使用。

❑ 第 28~45 行先定义了一个结构体 Input,里面带有贴图的 UV 及顶点位置,然后自定义一个光照模型 LightingCustomBlinnPhong,使用入射光线和视线的中间平均值,即半角向量,和法线计算出和视角相关的高光。

> **说明** 本着色器代码中的第 16 行声明了顶点着色器方法 vert,自定义光照模式 LightingCustomBlinnPhong 对应代码第 35~45 行,使用 alpha 通道制作半透明效果。法线扰动的公式可以参考前面的相关内容。

(2) Water_Shader.Shader 脚本中的剩余代码主要是着色器中的顶点着色器和表面着色器的实现。脚本代码如下。

代码位置:随书资源中的源代码/第 9 章/WaterMirror_Text/Assets/Water/waterScript/Water_Shader.shader。

```
1   void vert (inout appdata_full v,out Input o) {
2       UNITY_INITIALIZE_OUTPUT(Input,o);
3       o.pos=v.vertex;                                   //设置 pos 为当前顶点位置
4   }
5   void surf (Input IN, inout SurfaceOutput o) {
6       float4x4 proj=mul(_ProjMat,_Object2World);        //摄像机投影矩阵转为世界矩阵
7       IN.texc=mul(proj,IN.pos);                         //使用 proj 矩阵转换顶点坐标
8       float4 c_Back = tex2D(_BackTex,IN.uv_MainTex);    //背景贴图采样
9       float3 normalMap=UnpackNormal(tex2D(_NormalTex,IN.uv_NormalTex));// 采样法线图
10      half2 offset=IN.texc.rg/IN.texc.w;                //原纹理坐标
11      offset.x=offset.x+_PerturbationAmt*offset.x*normalMap.x;
                                                          //根据法线扰动后的纹理坐标 x
12      offset.y=offset.y+_PerturbationAmt*offset.y*normalMap.y;
                                                          //根据法线扰动后的纹理坐标 y
13      float4 c_Main = tex2D(_MainTex,offset)*_MainTint; //反射纹理采样
14      float3 finalcolor=lerp(c_Back,c_Main,0.7).rgb*_BackTint;//最终颜色
15      o.Normal=normalize(normalMap.rgb+o.Normal.rgb);   //设置片元法线
16      o.Specular= _SpecPower;                           //设置高光强度
17      o.Gloss=1.0;                                      //设置自发光强度
18      o.Albedo=finalcolor;                              //设置反射颜色
19      o.Alpha=(c_Main.a*0.5+0.5)*_TransVal;             //设置透明度
20  }
```

❑ 第 1~4 行为顶点着色器的实现,顶点着色器将顶点位置信息存储在结构体的 **pos** 变量中。

❑ 第 5~20 行为表面着色器的实现,表面着色器的工作是为水面添加反射贴图、背景贴图及法线贴图,同时指定水面的高光强度及透明度。在反射贴图中使用法线扰动贴图坐标达到模拟水面波纹干扰的效果。

案例位置:随书资源中的第 9 章/WaterMirror_Text/Assets/ MaterMirror.unity。

9.11 本章小结

本章主要介绍了 Unity 中实现光影效果的相关技巧,讲解了 Unity 中与光影效果相关的组件的基本应用。通过对本章的学习,读者应该对 Unity 的光影系统有了一定的了解,能初步完成对游戏场景的优化,为以后搭建复杂、真实的大型游戏场景打下坚实的基础。

最后,通过两个生活中常见的光影效果案例的开发,对基础知识进行了整合和应用。希望通过对案例的编写与开发,读者能够顺利掌握并熟练使用这些基本光影组件。

第 10 章 模型与动画

本章将对 Unity 中模型的网格概念及新旧动画系统进行介绍。通过对本章的学习，读者将会对网格的使用有所了解，并能够使用最新的 Mecanim 动画系统制作出自然连贯的角色动画，增强游戏的真实性和可玩性。

10.1 3D 模型导入

3D 模型是构成游戏场景的主要元素，这些模型通过三维软件来制作。Unity 几乎支持所有主流的 3D 模型文件格式，例如 FBX、OBJ 等格式。美工或者开发人员在 3ds Max、Maya 等 3D 建模软件中制作并导出的模型文件，在被添加到 Assets 夹后，Unity 会刷新资源列表，显示在 Project 面板中供使用。

10.1.1 主流 3D 建模软件的介绍

本小节将介绍一些当前主流的 3D 建模软件，这些软件广泛应用于模型制作、工业设计、建筑设计、三维动画制作等各个领域，每款软件都拥有自己擅长的功能及专有的文件格式。正是因为有这些专业的软件来完成建模工作，Unity 才得以展现出丰富的游戏场景及真实的角色动画。目前主流的 3D 建模软件有以下几款。

（1）Autodesk 3D Studio Max

Autodesk 3D Studio Max，常简称为 3ds Max 或 Max，是 Discreet 公司开发的（后被 Autodesk 公司合并）基于 PC 的三维动画渲染和制作软件。其前身是基于 DOS 的 3D Studio 系列软件。在 Windows NT 出现以前，工业级的 CG 制作被 SGI 所垄断。而 3D Studio Max + Windows NT 组合的出现则降低了 CG 制作的门槛，一开始运用在计算机游戏中的动画制作，之后便开始参与影视片的特效制作。在 Discreet 3ds Max 7 后，其正式更名为 Autodesk 3ds Max。

3ds Max 目前支持的操作系统为 Windows（64 位）。

（2）Autodesk Maya

Autodesk Maya 是 Autodesk 公司出品的世界顶级的三维动画软件，应用对象是专业的影视广告、角色动画、电影特技等。Maya 功能完善，使用灵活，易学易用，制作效率极高，渲染真实感极强，是电影级别的高端制作软件。

Maya 集成了 Alias、Wavefront 先进的动画及数字效果技术。它不仅包括一般三维和视觉效果制作的功能，还与先进的建模、数字化布料模拟、毛发渲染、运动匹配技术相结合。Maya 可在 Windows NT 与 SGI IRIX 操作系统上运行。目前市场上用来进行数字和三维制作的工具中，Maya 是首选解决方案。

Maya 目前支持的操作系统为 Windows（64 位）、Linux。

（3）Cinema 4D

Cinema 4D 是由 Maxon Computer 公司开发的三维软件，其应用广泛，在广告、电影、工业设计等方面都有出色的表现，该软件以极高的运算速度和强大的渲染插件闻名，其很多模块的功能相比同类软件更加成熟，因而受到越来越多的电影公司的重视，例如影片《阿凡达》由花鸦三维影动研究室工作人员使用 Cinema 4D 制作了部分场景，在这样的大片中可以看到 Cinema 4D 的表现是很优秀的。它正成为许多一流创作者和电影公司的首选，Cinema 4D 已经逐渐走向成熟。

Cinema 4D 目前支持的操作系统为 Windows。

（4）Blender

Blender 是一款开源的跨平台全能三维动画制作软件，提供从建模、动画、材质、渲染到音频处理、视频剪辑等一系列动画短片制作解决方案。Blender 拥有方便在不同工作需求下使用的多种用户界面，内置绿屏抠像、摄像机反向跟踪、遮罩处理、后期节点合成等高级影视解决方案。同时还内置卡通描边和基于 GPU 技术的 Cycles 渲染器。

Blender 以 Python 为内建脚本，支持多种第三方渲染器。Blender 为全世界的媒体工作者和艺术家而设计，可以被用来进行 3D 可视化，同时也可以创作广播和电影级品质的视频，另外其内置的实时 3D 游戏引擎让制作独立回放的 3D 互动内容成为可能。

Blender 目前支持的操作系统为 Windows、Linux 等所有主流操作系统。

（5）Cheetah3D

Cheetah3D 是 Mac OS 下的一款非常专业的 3D 建模和渲染软件，Cheetah3D 提供了高效率的角色动画工具，并提供了功能强大的多边形建模、可编辑细分曲面和 HDRI 渲染。使用 Cheetah3D 可以轻松完成模型创建、角色动画等工作。

（6）LightWave

LightWave 是一个具有悠久历史的重量级 3D 软件，LightWave 从有趣的 AMIGA 开始，发展到今天的 11.5 版本，已经成为一款功能非常强大的三维动画软件。它被广泛应用在电影、电视、游戏、网页、广告、印刷、动画等领域。

10.1.2 Unity 与建模软件单位的比例关系

Unity 默认的系统单位为"m"，例如在 Unity 中新建一个 Cube 游戏对象，其长、宽、高都是一个单位，即 1m。但 3D 建模软件默认的系统单位并不都是"m"，为了让模型可以按照理想的尺寸导入 Unity，就需要调整建模软件的系统单位或者尺寸。

在 3D 建模软件中，应尽量使用"m"制单位，表 10-1 展示了建模软件的系统单位在设置成"m"制单位后，与 Unity 系统单位的对应比例。

表 10-1　　　　　　　常用建模软件与 Unity 的单位比例关系

建模软件	建模软件内部尺寸/m	导入 Unity 中的尺寸/m	与 Unity 单位的比例关系
3ds Max	1	0.01	100:1
Maya	1	100	1:100
Cinema 4D	1	100	1:100
LightWave	1	0.01	100:1

以 3ds Max 为例，介绍如果想要模型能够直接按照理想的尺寸导入 Unity，需要进行的相关参数设置，具体步骤如下。

10.1 3D 模型导入

（1）打开 3ds Max 软件，在"自定义"菜单中选择"单位设置"选项，如图 10-1 所示。

（2）在弹出的"单位设置"对话框中，将"显示单位比例"下的"公制"选项修改为"厘米"，如图 10-2 所示。

（3）单击对话框顶部的"系统单位设置"按钮，在弹出的"系统单位设置"对话框中将单位修改为"厘米"，如图 10-3 所示。

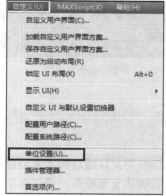
▲图 10-1　选择"单位设置"选项

▲图 10-2　"单位设置"对话框

▲图 10-3　系统单位设置

10.1.3　将 3D 模型导入 Unity

在 Unity 开发过程中，将模型导入 Unity 是很重要的一步，下面将以 3ds Max 为例，为读者演示从建模到将模型导入 Unity 的过程，具体步骤如下。

（1）打开 3ds Max，单击右侧"标准基本体"中的"茶壶"按钮，在场景中创建一个茶壶模型，这时就完成了一个简单的建模工作。

（2）单击窗口左上角的 3ds Max 标志，打开下拉菜单，选择"导出"选项，此时会立刻弹出导出对话框，选择导出路径并为导出文件命名，这里保存类型选择 FBX，单击"保存"按钮。

（3）在弹出的"FBX 导出"对话框的"高级选项"→"单位"下面可以看到，场景单位转化自动选择为"厘米"，这是因为在 10.1.2 小节中修改了 3ds Max 的系统单位，这样导出的模型在导入 Unity 后，尺寸才是不变的，单击"确定"按钮，完成导出工作，如图 10-4 所示。

（4）将导出的模型导入 Unity 中。单击菜单栏中的 Assets→Import New Assets，会立刻弹出 Import New Asset 对话框，如图 10-5 所示，按照刚才的导出路径找到并选中模型，单击 Import 按钮，完成导出。此时 Unity 的 Project 面板里就会出现用 3ds Max 创建的茶壶模型了，如图 10-6 所示。

▲图 10-4　"FBX 导出"对话框

▲图 10-5　在 Unity 中导入模型

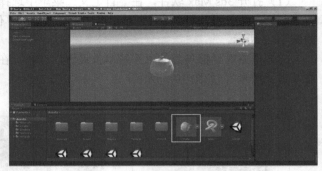
▲图 10-6　Project 面板中的茶壶模型

10.2 网格——Mesh

本节主要介绍网格（Mesh）的相关知识，Unity 提供了一个 Mesh 类允许通过脚本来创建和修改网格。通过 Mesh 类生成或修改物体的网格能够做出非常酷炫的物体变形特效。通过本节的学习，读者将能够较好地理解和掌握网格。

10.2.1　网格过滤器

网格过滤器（Mesh Filter）从资源中拿出网格并将其传递给网格渲染器（Mesh Renderer）用于在屏幕上渲染。网格过滤器中有一个重要的属性 Mesh 用于存储物体的网格数据。在导入模型资源时，Unity 会自动创建一个网格过滤器，如图 10-7 所示。

▲图 10-7　网格过滤器组件

10.2.2　Mesh 的属性和方法

Mesh 中有一些用于存储物体的网格数据的属性和生成或修改物体网格的方法，下面将对这些属性和方法进行详细介绍。

（1）Mesh 中有一些用于存储物体的网格数据的属性，如表 10-2 所示。

表 10-2　　　　　　　　　　　　Mesh 的属性

属性	说明
vertices	网格的顶点数组
normals	网格的法线数组
tangents	网格的切线数组
uv	网格的基础纹理坐标
uv2	如果存在，这是为网格设定的第二个纹理坐标
bounds	网格的包围体
colors	网格的顶点颜色数组
triangles	包含所有三角形顶点索引的数组
vertexCount	网格中顶点的数量（只读）
subMeshCount	子网格的数量。每种材质都有一个独立的网格列表

10.2 网格——Mesh

续表

属性	说明
boneWeights	每个顶点的骨骼权重
bindposes	绑定的姿势。每个索引绑定的姿势使用具有相同索引的骨骼

（2）Mesh 中有生成或修改物体网格的方法，这些方法主要用于设置存储网格各种数据的数组，方法的详细说明如表 10-3 所示。

表 10-3　　　　　　　　　　　　　Mesh 的方法

方法	说明
Clear	清空所有顶点数据和所有三角形索引
RecalculateBounds	重新计算从网格包围体的顶点
RecalculateNormals	重新计算网格的法线
Optimize	显示优化的网格
GetTriangles	返回网格的三角形列表
SetTriangles	为网格设定三角形列表
CombineMeshes	组合多个网格到同一个网格

10.2.3 Mesh 的使用

网格包括顶点和多个三角形数组。三角形数组是顶点的索引数组，每个三角形包含 3 个索引。每个顶点可以有一条法线、两个纹理坐标，以及颜色和切线。所有的顶点信息被存储在单独的同等规格的数组中。

通过为顶点数组赋值并为三角形数组赋值来新建一个网格。通过获取顶点数组修改这些数据并把这些数据放回网格来改变物体形状。在赋予新的顶点值和三角形索引值之前调用 Clear 方法是非常重要的，Unity 会实时检查三角形的索引值，判断它们是否超出边界。

10.2.4 使用 Mesh 使物体变形的简单案例

前面简单介绍了网格的相关知识，相信读者对使用 Mesh 创建和修改网格已经有了一定的了解。本小节将通过一个使用 Mesh 使物体变形的案例来使读者对 Mesh 的使用有一个更加明确的认识。案例的设计目的是控制物体变形，具体操作步骤如下。

（1）新建一个场景。在菜单栏中单击 File→New Scene 创建一个场景。按 Ctrl+S 快捷键保存该场景，命名为 text。

（2）创建地形。创建地形的方法读者可参考本书介绍地形创建的相关章节，这里不再重复介绍。

（3）添加光源。单击 GameObject→Light→Directional Light 创建一个平行光光源，调整其位置和角度，使其能够照亮场景，具体设置如图 10-8 所示。

（4）创建水。右击 Assets 文件夹并从弹出的快捷菜单中选择 Import Package→Water(Pro Only) 导入标准水资源包（Daylight Water），然后将其拖到场景中，如图 10-9 所示。

（5）单击 GameObject→Create Empty，如图 10-10 所示，创建两个空对象，分别命名为 zhang 和 sanjiao。选中对象，单击菜单栏中的 Component→Mesh→Mesh Filter 如图 10-11 所示，为刚创建的两个空对象添加网格过滤器。

▲图 10-8　光源的位置和大小

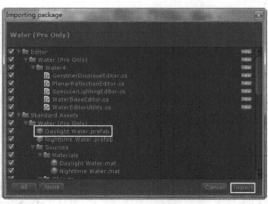

▲图 10-9　标准水资源包

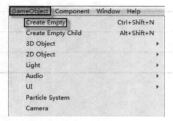

▲图 10-10　创建空对象

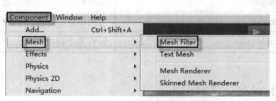

▲图 10-11　添加网格过滤器

（6）为两个空对象的网格过滤器组件设置网格属性。将 Assets\Meshes 文件夹下的 sanjiao.fbx 和 zhang.fbx 模型文件中的网格 Box01 分别拖到 sanjiao 和 zhang 对象的网格过滤器组件的 Mesh 属性中，如图 10-12 所示。

（7）创建一个空对象，并且命名为 g1，调整该对象的位置和大小，具体设置如图 10-13 所示。为 g1 对象添加网格过滤器后选中对象，单击菜单栏中的 Component→Mesh→Mesh Renderer，如图 10-14 所示，为对象添加网格渲染器。

▲图 10-12　模型文件中的网格 Box01

▲图 10-13　g1 对象的位置和大小设置

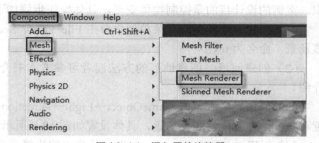

▲图 10-14　添加网格渲染器

（8）为 g1 对象添加纹理。将 Assets\Textures 文件夹下的 wenli.tga 纹理文件拖到 g1 对象上，这时 g1 对象的网格渲染器的 Materials 属性就设置为 wenli 材质，如图 10-15 所示。用相同的方法再创建 5 个对象，创建的对象如图 10-16 所示。

10.2 网格——Mesh

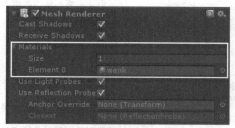

▲图 10-15 g1 对象的网格渲染器组件

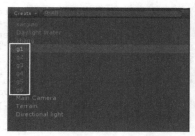

▲图 10-16 创建的对象

（9）在 Script 文件夹中右击，在弹出的快捷菜单中选择 Create→C# Script 创建脚本，将脚本命名为 XiFen.cs。双击打开脚本，开始 XiFen.cs 脚本的编写，该脚本主要用于控制物体变形，脚本代码如下。

代码位置：随书资源中的源代码/第 10 章/Mesh/Assets/Script/XiFen.cs。

```
1   using UnityEngine;
2   using System.Collections;
3   using System.Collections.Generic;
4   public class XiFen : MonoBehaviour {
5       Mesh mesh;                              //物体的网格对象
6       int time;                               //用于记录时间
7       public GameObject[] g;                  //包含网格的对象数组
8       Mesh[] m;                               //网格对象数组
9       public List<Vector3> vertice;           //网格的顶点数组
10      public List<int> triangle;              //包含所有三角形顶点索引的数组
11      public List<Vector2> uv;                //网格的基础纹理坐标
12      public List<Vector3> normal;            //网格的法线数组
13      public List<Vector4> tangent;           //网格的切线数组
14      bool bian = true;                       //物体一次变形是否完成标志位
15      int s=0;                                //物体变形形状标志位
16      void Start(){
17          ...//此处省略了对 Start 方法的重写，后文将详细介绍
18      }
19      void Update () {
20          ...//此处省略了对 Update 方法的重写，后文将详细介绍
21  }}
```

❑ 第 5～8 行声明变量，主要声明了物体的网格对象、包含网格的对象数组及网格对象数组等变量。控制物体变形的代码中会用到这些变量。

❑ 第 9～15 行声明变量，主要声明了用于存储网格数据的各个数组及物体一次变形是否完成的标志位和物体变形形状的标志位。

❑ 第 16～18 行实现了 Start 方法的重写，该方法在游戏加载时执行，主要功能是细化物体的网格。此处省略了具体代码，后文将详细介绍。

❑ 第 19～21 行实现了 Update 方法的重写，该方法系统每帧调用一次，主要功能是通过不断改变网格数据使物体不断变形。此处省略了具体代码，后文将详细介绍。

（10）在 XiFen.cs 脚本中通过场景加载时系统调用 Start 方法来实现细化物体的网格，在 Start 方法中先声明了一个网格对象数组，之后遍历数组，对网格对象中的顶点进行变形，从而变形整个模型，Start 方法的具体代码如下。

代码位置：随书资源中的源代码/第 10 章/Mesh/Assets/Script/XiFen.cs。

```
1   void Start(){
2       m = new Mesh[2];                        //实例化网格对象数组
3       for(int a = 0; a < g.Length; a++){
4           for(int j = 0; j < 2; j++){
5               vertice = new List<Vector3>();  //实例化网格的顶点数组
6               triangle = new List<int>();     //实例化三角形顶点索引的数组
7               uv = new List<Vector2>();       //实例化纹理坐标数组
```

第 10 章 模型与动画

```
8               normal = new List<Vector3>();                        //实例化网格的法线数组
9               tangent = new List<Vector4>();                       //实例化网格的切线数组
10              m[a] = g[a].GetComponent<MeshFilter>().mesh;         //获取物体网格对象
11              if(m[a].vertexCount > 100){                          //如果顶点数大于 100
12                  break;                                           //不再细化
13              }
14              for(int i = 0; i < m[a].triangles.Length / 3; i++){
15                  Vector3 te1 = m[a].vertices[m[a].triangles[i * 3]];//获取三角形第一个顶点坐标
16                  Vector3 te2 = m[a].vertices[m[a].triangles[i * 3 + 1]];
                                                                     //获取三角形第二个顶点坐标
17                  Vector3 te3 = m[a].vertices[m[a].triangles[i * 3 + 2]];
                                                                     //获取三角形第三个顶点坐标
18                  Vector3 te4 = Vector3.Lerp(te1, te2, 0.5f);      //插值出第四个顶点坐标
19                  Vector3 te5 = Vector3.Lerp(te2, te3, 0.5f);      //插值出第五个顶点坐标
20                  Vector3 te6 = Vector3.Lerp(te3, te1, 0.5f);      //插值出第六个顶点坐标
21                  ...//此处省略了将顶点添加到顶点数组和缠绕三角形的代码,读者可以自行翻看随书资源中的源代码
22                  Vector2 u1 = m[a].uv[m[a].triangles[i * 3]];//获取三角形第一个顶点纹理坐标
23                  Vector2 u2 = m[a].uv[m[a].triangles[i * 3 +1]];//获取三角形第二个顶点纹理坐标
24                  Vector2 u3 = m[a].uv[m[a].triangles[i * 3 +2]];//获取三角形第三个顶点纹理坐标
25                  Vector2 u4 = Vector2.Lerp(u1, u2, 0.5f);//插值出第四个顶点纹理坐标
26                  Vector2 u5 = Vector2.Lerp(u2, u3, 0.5f);//插值出第五个顶点纹理坐标
27                  Vector2 u6 = Vector2.Lerp(u3, u1, 0.5f);//插值出第六个顶点纹理坐标
28                  ...//此处省略了将顶点纹理坐标添加到纹理坐标数组的代码,读者可以自行翻看随书资源中的源代码
29                  Vector3 n1 = m[a].normals[m[a].triangles[i * 3]];//获取三角形第一个顶点的法线
30                  Vector3 n2 = m[a].normals[m[a].triangles[i * 3 + 1]];//获取三角形第二个顶点的法线
31                  Vector3 n3 = m[a].normals[m[a].triangles[i * 3 + 2]];//获取三角形第三个顶点的法线
32                  Vector3 n4 = Vector3.Lerp(n1, n2, 0.5f);         //插值出第四个顶点的法线
33                  Vector3 n5 = Vector3.Lerp(n2, n3, 0.5f);         //插值出第五个顶点的法线
34                  Vector3 n6 = Vector3.Lerp(n3, n1, 0.5f);         //插值出第六个顶点的法线
35                  ...//此处省略了将顶点法线添加到法线数组的代码,读者可以自行翻看随书资源中的源代码
36                  Vector4 t1 = m[a].tangents[m[a].triangles[i * 3]];//获取三角形第一个顶点的切线
37                  Vector4 t2 = m[a].tangents[m[a].triangles[i * 3 + 1]];//获取三角形第二个顶点的切线
38                  Vector4 t3 = m[a].tangents[m[a].triangles[i * 3 + 2]];//获取三角形第三个顶点的切线
39                  Vector4 t4 = Vector4.Lerp(t1, t2, 0.5f);         //插值出第四个顶点的切线
40                  Vector4 t5 = Vector4.Lerp(t2, t3, 0.5f);         //插值出第五个顶点的切线
41                  Vector4 t6 = Vector4.Lerp(t3, t1, 0.5f);         //插值出第六个顶点的切线
42                  ...//此处省略了将顶点切线添加到切线数组的代码,读者可以自行翻看随书资源中的源代码
43              }
44              m[a].vertices = vertice.ToArray();                   //为网格的顶点数组赋值
45              m[a].tangents = tangent.ToArray();                   //为网格的切线数组赋值
46              m[a].normals = normal.ToArray();                     //为网格的法线数组赋值
47              m[a].triangles = triangle.ToArray();                 //为网格的三角形索引数组赋值
48              m[a].uv = uv.ToArray();                              //为网格的纹理坐标数组赋值
49              m[a].RecalculateBounds();                            //重新计算网格的包围体
50              g[a].GetComponent<MeshFilter>().mesh = m[a];         //设置物体的网格
51          }}
52          mesh = GetComponent<MeshFilter>().mesh;                  //获取物体的网格
53          mesh.Clear();                                            //清除网格数据
54          mesh.vertices = m[0].vertices;                           //为网格的顶点数组赋值
55          mesh.triangles = m[0].triangles;                         //为网格的三角形索引数组赋值
56          mesh.uv = m[0].uv;                                       //为网格的纹理坐标数组赋值
57          mesh.normals = m[0].normals;                             //为网格的法线数组赋值
58      }
```

- ❑ 第 5~9 行实例化存储网格数据的数组。通过实例化存储网格数据的数组可以将网格数据添加到这些数组中。

- ❑ 第 10~13 行获取物体的网格对象,并且判断网格中的顶点数量。如果顶点数量大于 100,则跳出循环不再细化网格。

- ❑ 第 15~21 行获取细分后三角形的 6 个顶点的坐标,并且将顶点坐标添加到顶点数组。用这些顶点缠绕三角形。此处省略了将顶点添加到顶点数组和缠绕三角形的代码,有兴趣的读者可以自行翻看随书资源中的源代码。

- ❑ 第 22~28 行获取细分后三角形的 6 个顶点的纹理坐标,并且将顶点纹理坐标添加到纹理坐标数组。此处省略了将顶点纹理坐标添加到纹理坐标数组的代码,读者可以自行翻看随书资源

10.2 网格——Mesh

中的源代码。

- 第 29～35 行获取细分后三角形的 6 个顶点的法线，并且将法线添加到法线数组。此处省略了将顶点法线添加到法线数组的代码，读者可以自行翻看随书资源中的源代码。
- 第 36～42 行获取细分后三角形的 6 个顶点的切线，并且将切线添加到切线数组。此处省略了将顶点切线添加到切线数组的代码，读者可以自行翻看随书资源中的源代码。
- 第 44～51 行为网格的顶点、切线、法线、三角形索引和纹理坐标数组赋值，并且重新计算网格的包围体。
- 第 52～58 行获取物体的网格，并且清除网格数据，重新为网格的顶点、法线、三角形索引和纹理坐标数组赋值。

（11）在 XiFen.cs 脚本中，Update 方法按照一定规律不断地修改模型的顶点数据及相应的标志位，从而实现模型不断变形的效果，Update 方法的具体代码如下。

代码位置：随书资源中的源代码/第 10 章/Mesh/Assets/Script/XiFen.cs。

```
1   void Update() {
2       time++;                                 //用于记录的时间不断增加
3       if(time < 80) {
4           List<Vector3> l = new List<Vector3>();//实例化用于存储顶点坐标的数组
5           List<Vector3> n = new List<Vector3>();//实例化用于存储顶点法线的数组
6           for(int i = 0; i < mesh.vertexCount; i++) {
7               Vector3 tel = Vector3.Lerp(mesh.vertices[i], mesh.vertices[i].
8                   normalized / 5, 0.04f);     //将顶点坐标不断渐变成圆的顶点坐标
9               l.Add(tel);                     //将顶点坐标添加到顶点坐标数组
10              Vector3 ten = Vector3.Lerp(mesh.normals[i], mesh.vertices[i].
11                  normalized, 0.04f);         //将顶点法线不断渐变成圆的顶点法线
12              n.Add(ten);                     //将顶点法线添加到法线数组
13          }
14          mesh.normals = n.ToArray();         //为网格的法线数组赋值
15          mesh.vertices = l.ToArray();        //为网格的顶点数组赋值
16          bian = false;                       //变形没有完成
17      }else if(time < 160) {
18          if(!bian) {                         //如果变形没有完成
19              if(s == 0) {                    //如果上一次变形标志位为 0
20                  s = 1;                      //将变形标志位置为 1
21              }else if (s == 1) {             //如果上一次变形标志位为 1
22                  s = 0;                      //将变形标志位置为 0
23              }
24              bian = true;                    //变形完成
25          }
26          mesh = GetComponent<MeshFilter>().mesh;  //获取物体的网格
27          List<Vector3> l = new List<Vector3>();   //实例化用于存储顶点坐标的数组
28          List<Vector3> n = new List<Vector3>();   //实例化用于存储顶点法线的数组
29          for(int i = 0; i < mesh.vertexCount; i++) {
30              //将顶点坐标不断渐变成原来物体的顶点坐标
31              Vector3 tel = Vector3.Lerp(mesh.vertices[i], m[s].vertices[i], 0.04f);
32              l.Add(tel);                     //将顶点坐标添加到顶点坐标数组
33              //将顶点法线不断渐变成原来物体的顶点法线
34              Vector3 ten = Vector3.Lerp(mesh.normals[i], m[s].normals[i], 0.04f);
35              n.Add(ten);                     //将顶点法线添加到法线数组
36          }
37          mesh.normals = n.ToArray();         //为网格的法线数组赋值
38          mesh.vertices = l.ToArray();        //为网格的顶点数组赋值
39      }else{
40          time = 0;                           //时间归零
41      }
42      mesh.RecalculateBounds();               //重新计算网格的包围体
43      GetComponent<MeshFilter>().mesh = mesh; //设置物体的网格
44  }
```

- 第 2～5 行使用于记录的时间不断增加，并且实例化用于存储顶点坐标的数组和用于存储顶点法线的数组。

- 第 6～13 行将顶点坐标和法线不断渐变成圆的顶点坐标和法线，并且将顶点坐标和法线分别添加到顶点坐标数组和法线数组。
- 第 14～25 行为网格的法线数组和顶点数组分别赋值，并且如果变形没有完成，则改变物体变形形状标志位的值。
- 第 26～28 行获取物体的网格，并且实例化用于存储顶点坐标的数组和用于存储顶点法线的数组。
- 第 29～36 行将顶点坐标和法线不断渐变成原来物体的顶点坐标和法线，并且将顶点坐标和法线分别添加到顶点坐标数组和法线数组。
- 第 37～44 行为网格的法线数组和顶点数组分别赋值，重新计算网格的包围体并设置物体的网格。

（12）将脚本 XiFen.cs 分别拖到上面创建的 6 个游戏对象上。单击游戏对象，在 Inspector 面板中会出现此脚本对应的组件，单击组件前面的三角形展开按钮可看到脚本组件的内容，然后进行相应设置，如图 10-17 所示。

▲图 10-17　XiFen 脚本组件

（13）单击"运行"按钮，观察效果。在 Game 窗口中可以看到地形和不断变形的 6 个物体。当然，还可以导入 Android 设备，在 Android 设备上运行并观察物体变形的效果，如图 10-18 和图 10-19 所示。

▲图 10-18　Android 设备运行效果（1）

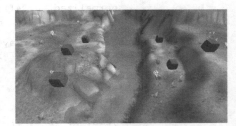

▲图 10-19　Android 设备运行效果（2）

> **说明**　本案例的源文件位于随书资源中的源代码/第 10 章/Mesh。如果读者想运行本案例，只需把 Mesh 文件夹复制到非中文路径下，然后双击 Mesh\Assets 目录下的 text.unity 文件就能够打开并运行了。

10.3　第三方切割工具库 Shatter Toolkit 的使用

本节主要介绍第三方切割工具库 Shatter Toolkit 的使用，Shatter Toolkit 是用来制作切割物体的一个第三方插件。使用 Shatter Toolkit 可以很简单地在游戏中制作切割物体特效来提升游戏质量。通过对本节的学习，读者可以较好地使用 Shatter Toolkit 工具库来切割物体。

10.3.1　Shatter Toolkit 简介

本小节将介绍 Shatter Toolkit 工具库、Shatter Toolkit 工具库的下载及导入，通过对本小节的学习，读者可以较好地认识 Shatter Toolkit 工具库。

10.3 第三方切割工具库 Shatter Toolkit 的使用

1. Shatter Toolkit 的介绍

Shatter Toolkit 是一个第三方的切割工具库，用于实现切割物体的效果。Shatter Toolkit 满足切割物体的基本要求，但是要实现具体的效果还是需要对切割前后的事件进行处理和扩展。Shatter Toolkit 自带案例，运行效果如图 10-20 所示。

▲图 10-20　Shatter Toolkit 自带案例运行效果

本工具使用平面对物体进行分割，这种方法考验 CPU 的运算能力，切割时先根据平面方程将物体分割成两部分，需要对处于边界线上的三角面片的顶点、法线、纹理、颜色、切线等进行插值计算，以产生新的信息。

2. Shatter Toolkit 的下载

（1）打开浏览器，登录 Shatter Toolkit 的官方网站下载 Shatter Toolkit 插件，如图 10-21 所示。单击 Unity Asset Store 跳转到 Unity 的官方商店页面，如图 10-22 所示。

▲图 10-21　登录 Shatter Toolkit 的官方网站　　▲图 10-22　Shatter Toolkit 的下载页面

（2）单击购买按钮进入账户登录界面，输入账号密码后单击 Log In 按钮进入购买选择界面，如图 10-23 所示。单击"立即结算"按钮进行购买下载。

3. Shatter Toolkit 的导入

（1）新建一个 Unity 项目并将其打开。打开 Unity 出现新建或打开项目界面，如图 10-24 所示。单击 NEW PROJECT 按钮新建一个项目，输入项目名称并且选择项目路径，选择 3D，单击 Create Project 按钮，如图 10-25 所示，新建并打开这个项目。

▲图 10-23　购买选择界面

▲图 10-24　打开 Unity 项目界面

▲图 10-25　新建项目界面

（2）导入 Shatter Toolkit 插件资源包。在菜单栏中单击 Assets→Import Package→Custom Package，如图 10-26 所示；选择下载的资源包 Shatter Toolkit 1.41.unitypackage，单击打开按钮打开 Importing package 对话框，单击 Import 按钮导入资源包，如图 10-27 所示。

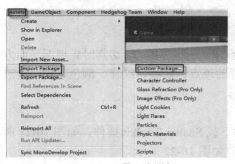
▲图 10-26　导入资源包

▲图 10-27　Importing package 对话框

10.3.2　使用 Shatter Toolkit 的简单案例

本小节将通过一个使用 Shatter Toolkit 切割物体的简单案例来介绍 Shatter Toolkit 工具库的使用。案例的设计目的是控制人物角色用刀砍石像，具体操作步骤如下。

（1）新建一个场景。在菜单栏中单击 File→New Scene，创建一个场景。按 Ctrl+S 快捷键保存该场景，命名为 text。

（2）创建地形。创建地形的方法读者可参考本书介绍地形创建的相关章节，这里不再重复介绍。

（3）添加光源。单击 GameObject→Light→Directional Light 创建一个平行光光源。调整其位置和角度，使其能够照亮场景，具体设置如图 10-28 所示。

（4）导入建筑模型。将 Assets\Model 文件夹下的 entrance.fbx 文件导入场景，将建筑对象命名为 entrance，设置 entrance 对象的位置和大小，具体如图 10-29 所示。

▲图 10-28　光源的位置和角度设置

▲图 10-29　entrance 对象的位置和大小设置

（5）为建筑对象添加网格碰撞体。单击 Component→Physics→Mesh Collider 为对象添加网格碰撞体，如图 10-30 所示。设置 Mesh Collider 组件的属性，如图 10-31 所示。

（6）创建角色对象，将模型 bruce.fbx 拖到场景中，这时场景中就会出现一个名为 bruce 的对象，

10.3 第三方切割工具库 Shatter Toolkit 的使用

设置 bruce 对象的位置和大小，具体如图 10-32 所示。

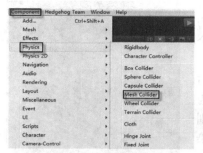
▲图 10-30　添加网格碰撞体

▲图 10-31　设置 Mesh Collider 组件属性

▲图 10-32　bruce 对象的位置和大小设置

（7）为 bruce 对象添加动画组件。单击 Component→Miscellaneous→Animation 为对象添加动画组件，如图 10-33 所示。将 Animation 组件的 Size 属性值改为 4，然后单击 Element 后面的小圆圈，选择动画，具体设置如图 10-34 所示。

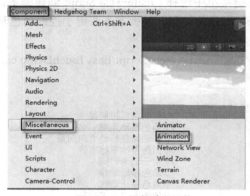
▲图 10-33　添加动画组件

▲图 10-34　Animation 组件属性设置

（8）为角色添加角色控制器。选中 bruce 对象，单击菜单栏中的 Component→Physis→Character Controller 为对象添加角色控制器，如图 10-35 所示。设置 Character Controller 组件的各个属性，如图 10-36 所示。

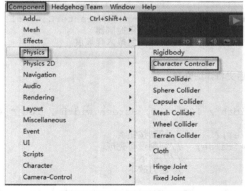
▲图 10-35　添加角色控制器

▲图 10-36　Character Controller 组件属性设置

（9）创建两个空对象，分别命名为 g1 和 g2，将 g1 放置在左刀刃头位置，将 g2 放置在左刀刀尾位置，将创建的两个空对象拖到左刀对象上使其成为左刀对象的子对象。

（10）创建一个 Cude 对象，命名为 s1，调整其位置和大小，使其和左刀的位置和大小基本相同，将创建的 s1 对象拖到左刀对象上使其成为左刀对象的子对象。按照上面的步骤再创建两个空对象和一个 Cude 对象放在右刀的位置。

（11）添加刀光。创建两个空对象，将其分别放置在左、右两个刀上，将创建的两个空对象分别拖到两个刀对象上使其成为刀对象的子对象，场景中对象的目录结构如图 10-37 所示。分别给两个空对象添加拖尾渲染器，具体步骤参考 11.3 节拖尾渲染器中的相关内容。

（12）创建控制角色移动的虚拟摇杆并实现摄像机跟随角色移动。这些步骤在介绍虚拟摇杆和角色控制器的章节有详细的讲解，这里不再重复介绍，读者可以参考本书介绍虚拟摇杆和角色控制器的章节进行创建。

▲图 10-37　场景中对象的结构

（13）在 Script 文件夹中右击，在弹出的快捷菜单中选择 Create→C# Script 创建脚本。将脚本命名为 EasyTouchDemo.cs，双击打开脚本，开始脚本的编写，该脚本主要用于控制角色移动和砍石像动画的播放，脚本代码如下。

代码位置：随书资源中的源代码/第 10 章/Shattertext/Assets/Script/EasyTouchDemo.cs。

```
1    using UnityEngine;
2    using System.Collections;
3    public class EasyTouchDemo : MonoBehaviour{
4        CharacterController controller;                //声明角色控制器
5        float RunSpeed = 30.0f;                        //角色移动速度
6        Vector3 MoveDrection;                          //声明角色移动方向向量
7        bool kanb = false;                             //刀是否砍下标志位
8        float time = 0;                                //用于记录时间
9        public AnimationClip run;                      //角色移动动作
10       public AnimationClip ting;                     //角色停止动作
11       public AnimationClip kan1;                     //角色右刀砍下动作
12       public AnimationClip kan2;                     //角色左刀砍下动作
13       public GameObject guan1;                       //右刀光对象
14       public GameObject guan2;                       //左刀光对象
15       public Texture2D anNiuA;                       //按钮 A 图片
16       public Texture2D anNiuB;                       //按钮 B 图片
17       public GUIStyle myStyle;                       //用于显示按钮的样式
18       int n = 0;                                     //判断是左刀砍下还是右刀砍下
19       void Start(){
20           controller = (CharacterController)this.GetComponent("CharacterController");
                                                        //获取角色控制器
21           controller.slopeLimit = 30.0f;             //设置角色最大爬坡度
22       }
23       void Update(){
24           ...//此处省略了对 Update 方法的重写，后文将详细介绍
25       }
26       void OnGUI(){
27           if (GUI.Button(new Rect(Screen.width / 100 * 80, Screen.width / 100 * 45,
             Screen.width / 7,
28           Screen.width / 7), anNiuA, myStyle)){     //绘制按钮 A
29               GetComponent<QieGe>().qieOver = false; //切割没有完成
30               kanb = true;                           //刀砍下
31               n = 1;                                 //右刀砍下
32           }
33           if (GUI.Button(new Rect(Screen.width / 100 * 90, Screen.width / 100 * 45,
             Screen.width / 7,
34           Screen.width / 7), anNiuB, myStyle)){     //绘制按钮 B
35               GetComponent<QieGe>().qieOver = false; //切割没有完成
36               kanb = true;                           //刀砍下
```

```
37        n = 2;                                                    //左刀砍下
38    }}
39    ...//此处省略了用虚拟摇杆控制角色移动的代码，后文将详细介绍
40    void houTui(){
41      if(GetComponent<Animation>()[run.name].time == 0){//如果开始播放角色移动动画
42        GetComponent<Animation>()[run.name].time = GetComponent<Animation>()[run.name].
43    length;                               //将动画开始帧设为最后一帧
44    }}}
```

❑ 第 4~8 行声明变量，主要声明了角色控制器、角色移动速度和方向向量及刀是否砍下标志位等变量。控制角色移动的代码中会用到这些变量。

❑ 第 9~17 行声明变量，主要声明了角色动作、刀光对象及按钮图片等变量。在 Unity 集成开发环境下的 Inspector 面板中可以为各个参数指定资源或者赋值。

❑ 第 19~22 行实现了 Start 方法的重写，该方法在脚本加载时执行。其主要功能是获取角色控制器和设置角色的最大爬坡度。

❑ 第 23~25 行实现了 Update 方法的重写，该方法系统每帧调用一次，主要用于实现用键盘控制角色的移动和砍石像动画的播放，此处省略了具体代码，后文将详细介绍。

❑ 第 26~38 行实现了 OnGUI 方法的重写。其主要功能是绘制按钮 A 和按钮 B，以及当按下这两个按钮时使角色对应方向的刀砍石像。

❑ 第 39~44 行主要实现用虚拟摇杆控制角色移动，以及当播放角色后退动画时，如果开始播放角色移动动画，则将动画开始帧设为最后一帧，此处省略了用虚拟摇杆控制角色移动的具体代码，后文将详细介绍。

（14）在 EasyTouchDemo.cs 脚本中通过系统调用 Update 方法来实现用键盘控制角色的移动和砍石像动画的播放，在这里有键盘监听事件，里面有相应的动画执行逻辑控制动画的播放状态。Update 方法的具体代码如下。

代码位置：随书资源中的源代码/第 10 章/Shattertext/Assets/Script/EasyTouchDemo.cs。

```
1   void Update(){
2     MoveDirection = new Vector3(0, 0, 1);                      //设置角色移动方向
3     MoveDirection = transform.TransformDirection(MoveDirection);//将角色移动方向变换到世界空间
4     if (!Input.anyKey && !GetComponent<Animation>().IsPlaying(kan1.name) && !
5   GetComponent<Animation>().IsPlaying(kan2.name)){              //如果角色没有播放动画
6       GetComponent<Animation>().Play(ting.name);                //播放角色停止动画
7     }
8     if((Input.GetKey(KeyCode.UpArrow))){                        //如果按向上键
9       GetComponent<Animation>()[run.name].speed = 1.0f;  //将角色移动动画播放速度设为1
10      GetComponent<Animation>().Play(run.name);                 //播放角色移动动画
11      controller.SimpleMove(MoveDirection * (Time.deltaTime * RunSpeed));//角色向前移动
12    }
13    if((Input.GetKey(KeyCode.DownArrow))){                      //如果按向下键
14      GetComponent<Animation>()[run.name].speed = -1.0f;//将角色移动动画播放速度设为-1
15      houTui();                 //调用将动画开始帧设为最后一帧的方法
16      GetComponent<Animation>().Play(run.name);                 //播放角色移动动画
17      controller.SimpleMove(-MoveDirection * (Time.deltaTime * RunSpeed));//角色向后移动
18    }
19    if(Input.GetKey(KeyCode.LeftArrow)){                        //如果按向左键
20      if(GetComponent<Animation>()[run.name].speed < 0f){//如果倒放角色移动动画
21        houTui();                 //调用将动画开始帧设为最后一帧的方法
22      }
23      GetComponent<Animation>().Play(run.name);                 //播放角色移动动画
24      this.transform.Rotate(0, -1.0f, 0);                       //角色向左转向
25    }
26    ...//此处省略了按向右键控制角色向右转向的代码，有兴趣的读者可以自行翻看随书资源中的源代码
27    if(Input.GetKey(KeyCode.A)){                                //如果按 A 键
28      GetComponent<QieGe>().qieOver = false;                    //切割没有完成
29      kanb = true;                                              //刀砍下
30      n = 1;                                                    //左刀砍下
31    }
32    ...//此处省略了按 B 键控制左刀砍石像的代码，有兴趣的读者可以自行翻看随书资源中的源代码
```

```
33      if(kanb){                                            //如果刀需要砍下
34        if(n == 1){                                        //如果是右刀
35          GetComponent<Animation>().Play(kan1.name);       //播放右刀砍下动画
36        }
37        else if(n==2){                                     //如果是左刀
38          GetComponent<Animation>().Play(kan2.name);       //播放左刀砍下动画
39      }}
40      if(kanb){                                            //如果刀需要砍下
41        time += Time.deltaTime;                            //用于记录的时间不断增加
42      }
43      if(time > 0.8f){                                     //如果时间超过 0.8s
44        time = 0;                                          //时间归零
45        kanb = false;                                      //砍下动作完成
46      }
47      if(GetComponent<Animation>().IsPlaying(kan1.name)){  //如果正在播放右刀砍下动画
48        guan1.GetComponent<TrailRenderer>().enabled = true;    //渲染右刀光
49      }
50      else{                                                //如果没有播放右刀砍下动画
51        guan1.GetComponent<TrailRenderer>().enabled = false;   //不渲染右刀光
52      }
53      ...//此处省略了控制左刀光渲染的代码,有兴趣的读者可以自行翻看随书资源中的源代码
54    }
```

❑ 第 2~7 行设置角色移动方向并将角色移动方向变换到世界空间,如果角色没有播放动画,则播放角色停止动画。

❑ 第 8~12 行主要实现如果按向上键,则将角色移动动画播放速度设为 1 并播放角色移动动画,同时角色向前移动。

❑ 第 13~18 行主要实现如果按向下键,则将角色移动动画播放速度设为-1 并将动画开始帧设为最后一帧,使角色移动动画倒放,同时角色向后移动。

❑ 第 19~26 行主要实现按向左或向右键控制角色向左或右转向。此处省略了按向右键控制角色向右转向的代码,有兴趣的读者可以自行翻看随书资源中的源代码。

❑ 第 27~32 行主要实现如果按 A 键,则使右刀砍石像。此处省略了按 B 键控制左刀砍石像的代码,有兴趣的读者可以自行翻看随书资源中的源代码。

❑ 第 33~39 行主要实现如果刀需要砍下,则播放刀砍下动画。通过判断是左刀还是右刀砍下来从而播放对应方向刀砍下动画。

❑ 第 40~46 行主要实现如果刀正在砍下,则用于记录的时间不断增加。如果时间超过 0.8s,则用于记录的时间归零并且砍下动作完成。

❑ 第 47~54 行主要实现当播放右刀砍下动画时,开启右刀光渲染器,当没有播放右刀砍下动画时,关闭右刀光渲染器,此处省略了控制左刀光渲染的代码,有兴趣的读者可以自行翻看随书资源中的源代码。

(15)在 EasyTouchDemo.cs 脚本中,当滑动虚拟摇杆时通过调用 OnJoystickMove 方法来实现用虚拟摇杆控制角色的移动,脚本中有摇杆偏移量值的判断条件,不同的条件下执行不同的逻辑代码,OnJoystickMove 方法的具体代码如下。

代码位置:随书资源中的源代码/第 10 章/Shattertext/Assets/Script/EasyTouchDemo.cs。

```
1     void OnJoystickMove(MovingJoystick move){
2       MoveDrection = new Vector3(0, 0, 1);                 //设置角色移动方向
3       MoveDrection = transform.TransformDirection(MoveDrection);//将角色移动方向变换到世界空间
4       float joyPositonX = move.joystickAxis.x;             //获得摇杆偏移量 x 的值
5       float joyPositonY = move.joystickAxis.y;             //获得摇杆偏移量 y 的值
6       if(joyPositonY > 0.5f){                              //如果摇杆偏移量 y 大于 0.5
7         GetComponent<Animation>()[run.name].speed = 1.0f;  //将角色移动动画播放速度设为 1
8         GetComponent<Animation>().Play(run.name);          //播放角色移动动画
9         controller.SimpleMove(MoveDrection * (Time.deltaTime * RunSpeed));//角色向前移动
10      }
11      if(joyPositonY < -0.5f){                             //如果摇杆偏移量 y 小于-0.5
```

10.3 第三方切割工具库 Shatter Toolkit 的使用

```
12          GetComponent<Animation>()[run.name].speed = -1.0f;//将角色移动动画播放速度设为-1
13          houTui();                                        //调用将动画开始帧设为最后一帧的方法
14          GetComponent<Animation>().Play(run.name);        //播放角色移动动画
15          controller.SimpleMove(-MoveDrection * (Time.deltaTime * RunSpeed));//角色向后移动
16      }
17      if(joyPositonX < -0.5f){                             //如果摇杆偏移量 x 小于-0.5
18          if(GetComponent<Animation>()[run.name].speed < 0f){//如果倒放角色移动动画
19              houTui();                                    //调用将动画开始帧设为最后一帧的方法
20          }
21          GetComponent<Animation>().Play(run.name);        //播放角色移动动画
22          this.transform.Rotate(0, -1.0f, 0);              //角色向左转向
23      }
24      if(joyPositonX > 0.5f){                              //如果摇杆偏移量 x 大于 0.5
25          ...//此处省略了控制角色向右转向的代码，有兴趣的读者可以自行翻看随书资源中的源代码
26  }}
```

❑ 第 2～5 行设置角色移动方向，将角色移动方向变换到世界空间下并获得摇杆偏移量 *x* 和 *y* 的值。

❑ 第 6～10 行主要实现如果摇杆偏移量 *y* 大于 0.5，则将角色移动动画播放速度设为 1 并且播放角色移动动画，同时角色向前移动。

❑ 第 11～16 行主要实现如果摇杆偏移量 *y* 小于-0.5，则将角色移动动画播放速度设为-1 并且将动画开始帧设为最后一帧，使角色移动动画倒放，同时角色向后移动。

❑ 第 17～26 行主要实现如果摇杆偏移量 *x* 小于-0.5 或者大于 0.5 时控制角色向左或右转向。此处省略了摇杆偏移量 *x* 大于 0.5 控制角色向右转向的代码，有兴趣的读者可以自行翻看随书资源中的源代码。

（16）将脚本 EasyTouchDemo.cs 拖到 Hierarchy 面板中的 bruce 对象上。单击 bruce 对象，在 Inspector 面板中会出现此脚本对应的组件，单击组件前面的三角形展开按钮可看到脚本组件的内容，设置如图 10-38 所示。

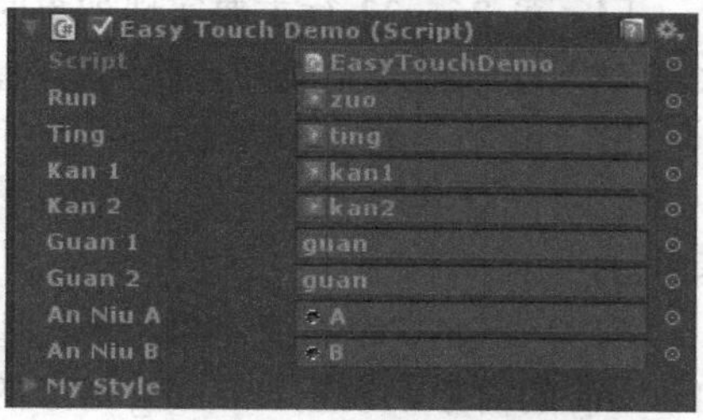

（17）新建脚本，并且将脚本命名为 QieGe.cs。该脚本的主要功能是当砍石像时产生切割石像平面。该脚本编写完毕以后，将其拖到 bruce 对象上，具体代码如下。

▲图 10-38 设置 EasyTouchDemo 脚本组件

代码位置：随书资源中的源代码/第 10 章/Shattertext/Assets/Script/QieGe.cs。

```
1   using UnityEngine;
2   using System.Collections;
3   public class QieGe: MonoBehaviour {
4       float time = 0;                                      //用于记录时间
5       public AnimationClip kan1;                           //角色右刀砍下动作
6       public AnimationClip kan2;                           //角色左刀砍下动作
7       ...//此处省略一些用于声明计算切割平面变量的代码，有兴趣的读者可以自行翻看随书资源中的源代码
8       public static GameObject shiXiang;                   //石像对象
9       public bool qieOver = false;                         //切割是否完成标志位
10      void Update () {
11          if(GetComponent<Animation>().IsPlaying(kan1.name)&&!
12          qieOver){                                        //如果正在播放右刀砍下动画并且切割没有完成
13              time += Time.deltaTime;                      //用于记录的时间不断增加
14              te1 = gz1;                                   //获取右刀刃头的空对象
15              te2 = gz2;                                   //获取右刀刃尾的空对象
16          }
17          ...//此处省略了正在播放左刀砍下动画时的代码，有兴趣的读者可以自行翻看随书资源中的源代码
18          if(!GetComponent<Animation>().IsPlaying(kan1.name) && !GetComponent<Animation>().
19          IsPlaying(kan2.name)){                           //如果没有播放砍下动画
20              time = 0;                                    //用于记录的时间归零
21          }
22          if(time<0.2f&&time>0f){                          //如果时间大于 0.2 并且小于 0
23              g1Start = te1.transform.position;            //设置刀刃头砍下开始位置
24              g2Start = te2.transform.position;            //设置刀刃尾砍下开始位置
25          }
```

```
26      if(time < 0.6f && time > 0.2f){           //如果时间小于0.6并且大于0.2
27        g1Ent = te1.transform.position;         //设置刀刃头砍下结束位置
28      }
29      if(time > 0.6f && shiXiang != null && shiXiang.GetComponent<
30      PengZhuang>().dao){                       //如果砍下动画播放完成并且砍到石像
31        Vector3 line1 = g1Ent - g1Start;
32        Vector3 line2 = g1Start - g2Start;
33        Vector3 te = Vector3.Normalize(Vector3.Cross(line1, line2));    //产生法线
34        Vector3 random = new Vector3(0,Random.Range(-0.5f, 0.5f), 0);//产生一个随机向量
35        Vector3 normal = Vector3.Normalize(te + random);//将法线与这个随机向量相加
36        Plane splitPlane = new Plane(normal, shiXiang.transform.position);//生成切割平面
37        shiXiang.SendMessage("Split", new Plane[] { splitPlane }, SendMessageOptions.
38        DontRequireReceiver);                   //调用石像对象上脚本的切割物体的方法
39        qieOver = true;                          //切割完成
40        time = 0;                                //用于记录的时间归零
41   }}}
```

❑ 第4~9行声明变量，主要声明了角色动画、石像对象及用于计算切割平面的变量。计算切割平面的代码中会用到这些变量。

❑ 第11~17行主要实现如果正在播放右刀砍下动画并且切割没有完成，获取右刀的空对象用于计算切割平面。此处省略了正在播放左刀砍下动画时的代码，有兴趣的读者可以自行翻看随书资源中的源代码。

❑ 第18~25行主要实现如果没有播放砍下动画，则将用于记录的时间归零。如果时间大于0.2并且小于0，则设置刀刃头和刀刃尾砍下的开始位置。

❑ 第26~32行主要实现如果时间小于0.6并且大于0.2，则设置刀刃头砍下的结束位置。如果砍下动画播放完成并且砍到石像，则生成用于计算切割平面的两条线。

❑ 第33~41行计算切割平面并且调用石像对象上脚本的切割物体的方法。通过产生法线和一个随机向量并将法线与这个随机向量相加来作为切割平面的法线，石像对象的位置作为切割平面上的一点。

（18）创建5个石像对象。将模型 shixiang.fbx 拖动到场景中，这时场景中就会出现一个名为 shixiang 的对象，设置 shixiang 对象的位置和大小，具体如图10-39所示。用相同的方法再创建4个石像对象。

（19）为石像对象添加刚体组件。单击 Component→Physics→Rigidbody 为对象添加刚体组件，如图10-40所示。设置 Rigidbody 组件的属性如图10-41所示。

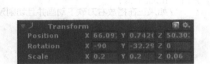

▲图 10-39　shixiang 对象的位置和大小设置

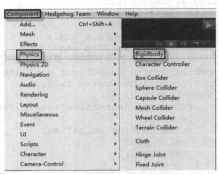

▲图 10-40　添加刚体组件

（20）为石像对象添加网格碰撞体。单击 Component→Physics→Mesh Collider 为对象添加网格碰撞体。设置 Mesh Collider 组件属性如图10-42所示。

（21）为石像对象添加脚本。将 Shatter Toolkit 工具库中的 ShatterTool.cs 和 TargetUv Mapper.cs 脚本分别拖到5个石像对象上。ShatterTool.cs 脚本的主要功能是将一个物体切割成两个，

TargetUvMapper.cs 脚本的主要功能是为切割后的物体贴纹理图。

▲图 10-41　Rigidbody 组件属性设置

▲图 10-42　Mesh Collider 组件属性设置

（22）新建脚本，并且将脚本命名为 PengZhuang.cs。该脚本的主要功能是判断刀是否砍到石像。该脚本编写完毕以后，将其分别拖到 5 个石像对象上，具体代码如下。

代码位置：随书资源中的源代码/第 10 章/Shattertext/Assets/Script/PengZhuang.cs。

```
1   using UnityEngine;
2   using System.Collections;
3   public class PengZhuang : MonoBehaviour {
4     public bool dao = false;                           //判断刀是否砍到石像标志位
5     void OnTriggerEnter() {                            //如果刀碰撞到石像
6       QieGe.shiXiang = this.gameObject;                //设置碰撞到的石像对象是本对象
7       dao = true;                                      //刀砍到石像
8   }}
```

> 说明　该脚本重写了 OnTriggerEnter 方法，该方法在刀碰撞到石像时被调用，其主要功能是刀碰撞到石像时判断刀砍到石像。

（23）单击 "运行" 按钮，观察效果。在 Game 窗口中可以看到角色和石像，通过按向上、向下、向左、向右键可以控制角色移动，角色移动到石像前面按 A 或 B 键就能砍下石像。当然，还可以将其导入 Android 设备中运行，通过虚拟摇杆控制角色移动。

> 说明　本案例的源文件位于随书资源中的源代码/第 10 章/Shattertext。如果读者想运行本案例，只需把 Shattertext 文件夹复制到非中文路径下，然后双击 Shattertext\Assets 目录下的 text.unity 文件就能够打开并运行了。

10.4　旧版动画系统

本节将对 Unity 中的旧版动画系统进行介绍。旧版动画系统是 Unity 4.0 以前唯一可以使用的动画系统，该动画系统主要使用脚本控制动画的播放。本节将主要介绍导入角色动画资源、动画系统的使用方法及使用旧版动画系统制作的一个案例。

10.4.1　导入角色动画资源

在 Unity 中导入角色动画的常见方式有两种：使用多个模型文件导入动画和使用动画分割技术导入动画。使用多个模型文件导入会增加模型文件的数量，但这种方法便于管理，而使用动画分割技术导入只需导入少量的模型，但对动画制作和后期分割都有较高要求。读者可以根据自身需要进行选择。

1. 使用多个模型文件导入动画

Unity 支持 FBX 格式的模型文件，读者可以通过 Maya、3ds Max、MotionBuilder 等建模软件进行角色建模，并将其导出为 FBX 格式的 3D 文件，然后再导入 Unity。读者在建模的过程中需要对角色模型进行骨骼绑定和蒙皮处理，以便在动画系统中使用。

❑ 读者可以导出带骨骼动画的人形角色模型文件，或只有骨骼动画的 FBX 文件。建议读者选择后者，并另外导出一个经过骨骼绑定和蒙皮处理且不带骨骼动画的角色模型，这样可以最大限度地减小项目文件的大小，同时不影响各个动画的使用。

❑ 导出带骨骼动画的模型文件时，需要遵循"角色模型名@动作名"的命名方案，这种命名方案在 Unity 4.0 前被广泛使用，该命名方案可以使动画文件迅速匹配到角色模型，为开发提供方便。遵循该命名方案有助于提高开发效率。

2. 使用动画分割技术导入动画

除了使用多个模型文件逐个导入动画，还可以直接导入一个包含多个动画的模型文件，然后在 Unity 中将其分割成多个动画文件，这种方法可以极大地减小项目文件的大小。下面将详细介绍这种技术的使用。

❑ 导出带动画的角色模型文件，将其拖到 Unity 中，选中角色模型文件，在 Inspector 面板中单击 Animations 选项卡，如图 10-43 所示，动画分割操作将在此处进行，该选项卡中的分割参数及说明如表 10-4 所示。

表 10-4　　　　　　　　　　　　　　　分割参数

参数	说明
Start	动画片段的第一帧
End	动画片段的最后一帧
Loop Time	设定该动画片段为循环动画
Loop Pose	设定该动画片段的姿势循环
Cycle Offset	为该动画片段指定一定的偏移量

❑ 动画分割操作并不复杂，读者可单击动画片段列表右下角的 "+" 或 "-" 按钮来进行动画片段的增删。拖动动画滑块或修改 Start 和 End 参数可以修改该动画片段的长度，同时，分割出来的动画片段就会变成模型文件的子对象，如图 10-44 所示。

▲图 10-43　Animations 选项卡

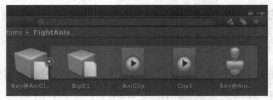

▲图 10-44　动画片段文件

10.4.2　动画控制器

制作一个动画角色的第一步是为角色对象添加动画控制器（Animation），即给角色对象添加 Animation 组件。选中对象后单击 Component→Miscellaneous→Animation，在 Inspector 面板中可以看到动画控制器的属性，属性及说明如表 10-5 所示。

表 10-5　　　　　　　　　　　　　　动画控制器属性

属性	说明
Animation	启用自动播放（Play Automatically）时，默认播放的动画
Animations	可以从脚本访问的动画列表
Play Automatically	启动游戏时自动播放的动画
Animate Physics	动画是否与物理交互
Culling Type	设置动画的剔除模型

其中 Culling Type 有两个选项，分别为 Always Animate 和 Based On Renderers。Always Animate 为总是播放动画，Based On Renderers 为只有对象渲染在屏幕上时才播放动画。

10.4.3　动画脚本

旧版动画系统通过脚本来控制动画的播放，本小节将着重讲解使用脚本控制动画播放的相关内容。Unity 的旧版动画系统支持动画的融合、混合等效果。这些效果都是通过脚本完成的。

1. 播放动画

Unity 脚本使用 Animation 类的 Play 方法播放指定名称的动画，如果没有参数则播放默认动画。使用 Stop 方法停止播放指定名称的动画，如果没有参数则停止播放所有动画。具体可以使用如下 C#代码片段来实现。

```
1    public Animation animation;                          //声明 Animation 组件
2    void Start () {
3        animation = this.GetComponent<Animation>();      //获取 Animation 组件
4        animation.Play("run");                           //播放动画
5        animation.Stop("run");                           //停止播放动画
6    }
```

> **说明**　该代码片段通过 GetComponent 方法获取了对象上的动画组件，调用 Play 和 Stop 方法来播放和停止对象上的动画片段。

2. 动画融合

动画融合是确保角色动画平滑的一项重要功能。在游戏的任何时间点都有可能从一个动画转换到另一个动画，开发人员不会希望两个不同的动作之间突然跳转，而是想要动画平滑过渡。

动画融合使用 CrossFade 方法，其方法签名为 void CrossFade (animation : string, fadeLength : float = 0.3F, mode : PlayMode = PlayMode.StopSameLayer)，它能够使动画模型在一定时间内淡入名为 name 的动画并淡出其他动画。参数解释如下。

- animation：要淡入的动画的名称。
- fadeLength：淡入淡出过程的时间（单位是 s），不是必须参数，不填写时使用默认值 0.3。
- mode：淡入淡出模式，不是必须参数，不填写时使用默认值 PlayMode.StopSameLayer，即在淡入 name 时只淡出与 name 在同一层的动画。如果使用 PlayMode.StopAll，则在淡入 name 时淡出所有动画。

下面的代码片段在 0.2s 之内淡入名称为 walk 的动画并且淡出同一层的所有其他动画。

```
1    public Animation animation;                          //声明 Animation 组件
2    void Start () {
3        animation = this.GetComponent<Animation>();      //获取 Animation 组件
4        animation.CrossFade("walk", 0.2f);               //淡入名称为 walk 的动画
5    }
```

> **说明** 该代码片段通过 GetComponent 方法获取了对象上的动画组件，调用 CrossFade 实现了当前状态到 walk 动画片段的平滑过渡，过渡时间为 0.2s。

3. 动画混合

动画混合可以消减为游戏创建的动画数量，让一些动画只应用给角色的一部分。这意味着这样的动画可以和其他动画组合在一起使用。例如，有一个挥手动画，想要在空闲角色或正在行走的角色上播放，没有动画混合，就必须创建两个手挥舞着的动画：一个用于空闲角色，一个用于正在行走的角色。

不过，如果添加肩膀变换作为混合变换来做挥手动画，那么挥手动画将只控制肩膀和手臂，身体的其余部分将继续播放空闲或行走动画。因此，只需要一个挥手动画即可。在给定的动画状态下，通过调用 AddMixingTransform 方法进行动画混合变换。动画混合代码片段如下。

```
1   public AnimationClip wave_hand;                      //挥手动画片段
2   private Transform shoulder;
3   void Start () {
4       //将 wave_hand 动画应用在 shoulder 上
5       GetComponent<Animation>()[wave_hand.name]. AddMixingTransform(shoulder);
6       //用路径增加一个混合 transform
7       Transform mixTransform = transform.Find("root/upper_body/left_shoulder");
8       //将 wave_hand 动画应用在 mixTransform 上
9       GetComponent<Animation>()[wave_hand.name]. AddMixingTransform(mixTransform);
10  }}
```

> **说明** 该代码片段通过 GetComponent 方法获取了对象上的动画组件，并调用 AddMixingTransform 方法来将 wave_hand 动画片段混合到人物模型的 shoulder（肩膀）部位。

10.4.4 使用旧版动画系统的简单案例

本小节将引导读者开发一个简单的动画播放案例，如图 10-45 和图 10-46 所示。使用前文介绍过的 GUI 来控制动画的播放，帮助读者在案例开发的过程中能够巩固之前学过的知识。具体操作步骤如下。

▲图 10-45　简单案例演示（1）

▲图 10-46　简单案例演示（2）

（1）创建一个 3D 项目，命名为 OldAnimation，如图 10-47 所示。新建一个场景，在菜单栏中单击 File→New Scene，创建一个场景。按 Ctrl+S 快捷键保存该场景，并命名为 Demo。

（2）导入准备好的模型资源包。模型资源包位于随书资源第 10 章目录下的 OldAnimation/Assets/Model 文件夹里，该文件夹包含了带角色动画的人物模型及模型贴图。单击菜单栏的

Assets→Import New Assets,找到模型资源,将其导入 Unity,该模型自带了 6 个动画片段,如图 10-48 所示。

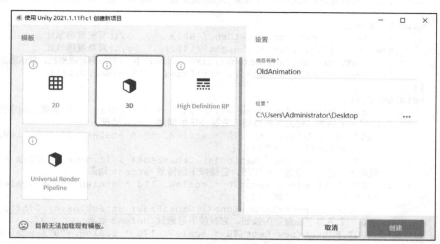

▲图 10-47　新建项目

(3)将导入的模型 People.fbx 拖入场景中,调整其位置,这里使其位于坐标原点即可。为了方便使用模型,单击 Assets→Create→Prefab 为其创建预制件,并命名为 People.prefab,如图 10-49 所示。将 Hierarchy 面板中的 People 拖到所创建的预制件上,此时如果 Hierarchy 面板中的 People 显示为蓝色字体,说明预制件创建成功。

▲图 10-48　导入模型资源

▲图 10-49　模型预制件

(4)单击 Assets→Create→C# Script 创建控制脚本。将创建的脚本命名为 OldAnimation.cs,将其挂载到场景中的预制件上。双击打开脚本,开始脚本的编写,该脚本主要用于控制人物模型播放角色动画,脚本代码如下。

代码位置:随书资源中的源代码/第 10 章/OldAnimation/Assets/Scripts/OldAnimation.cs。

```
1   using UnityEngine;
2   using System.Collections;
3   public class OldAnimation : MonoBehaviour{
4       private float scaleW = 1.0f;            //宽度缩放比
5       private float scaleH = 1.0f;            //高度缩放比
6       public AnimationClip _idle;             //站立动作片段
7       public AnimationClip _attack;           //攻击动作片段
8       public AnimationClip _defend;           //闪避动作片段
9       public AnimationClip _jump;             //跳跃动作片段
10      public AnimationClip _run;              //跑动作片段
11      public AnimationClip _die;              //倒下动作片段
```

```csharp
12    void Start(){
13        GetComponent<Animation>()[_idle.name].enabled = true;//设置_idle动作片段为可用
14        GetComponent<Animation>()[_idle.name].layer = 1;//设置_idle动作片段层级为1
15        ...//此处省略其他动作片段的激活和层级设置，读者可以自行翻看随书资源中的源代码
16    }
17    void Update(){
18        scaleW = (float)Screen.width / 800;           //计算宽度缩放比
19        scaleH = (float)Screen.height / 480;          //计算高度缩放比
20        if (!GetComponent<Animation>().isPlaying) {   //若没有动画播放，默认播放_idle动画
21            GetComponent<Animation>().CrossFade(_idle.name, 0.5f);
22    }}
23    void OnGUI(){
24        GUI.skin.button.fontSize = (int)(25 * scaleW);        //调整按钮字体大小
25        //创建一个名为"站立"的按钮，它被按下后播放_idle动画
26        if (GUI.Button(new Rect(70 * scaleW, 50 * scaleH, 90 * scaleW,
            40 * scaleH), "站立")) {
27            GetComponent<Animation>().CrossFade(_idle.name, 0.5f); }
28        //创建一个名为"攻击"的按钮，它被按下后播放_attack动画
29        if (GUI.Button(new Rect(70 * scaleW, 110 * scaleH, 90 * scaleW,
            40 * scaleH), "攻击")) {
30            GetComponent<Animation>().CrossFade(_attack.name, 0.5f); }
31        //创建一个名为"躲避"的按钮，它被按下后播放_defend动画
32        if (GUI.Button(new Rect(70 * scaleW, 170 * scaleH, 90 * scaleW,
            40 * scaleH), "躲避")) {
33            GetComponent<Animation>().CrossFade(_defend.name, 0.5f); }
34        //创建一个名为"跳"的按钮，它被按下后播放_jump动画
35        if (GUI.Button(new Rect(70 * scaleW, 230 * scaleH, 90 * scaleW,
            40 * scaleH), "跳")) {
36            GetComponent<Animation>().CrossFade(_jump.name, 0.5f); }
37        //创建一个名为"跑"的按钮，它被按下后播放_run动画
38        if (GUI.Button(new Rect(70 * scaleW, 290 * scaleH, 90 * scaleW,
            40 * scaleH), "跑")) {
39            GetComponent<Animation>().CrossFade(_run.name, 0.5f); }
40        //创建一个名为"倒下"的按钮，它被按下后播放_die动画
41        if (GUI.Button(new Rect(70 * scaleW, 350 * scaleH, 90 * scaleW,
            40 * scaleH), "倒下")) {
42            GetComponent<Animation>().CrossFade(_die.name, 0.5f); }
43    }}
```

- 第4~11行声明变量，声明了屏幕宽度和高度的缩放因子用以实现GUI对屏幕的自适应，还声明了需要播放的动画片段，这些动画片段在Unity中添加，在脚本中被播放。

- 第12~16行重写Start方法，在该方法中，将所有的动画片段设置为可用，并将其层级都设置为1，代表所有动画片段的权重是一样的。

- 第17~22行重写Update方法，在该方法中，计算了宽度和高度的缩放比，这里以800像素×480像素为标准屏，在标准屏上，UI都合理分布，当屏幕尺寸发生变化时，缩放比就会改变，屏幕上的UI的坐标乘以缩放比，就会得到新屏幕下的坐标，整体的比例与在标准屏下是一样的。为了使场景中的角色能够一直播放动画，所以在Update方法中一直进行检测，若没有动画播放，则默认播放_idle动画。

- 第23~43行重写OnGUI方法，在该方法中，在屏幕上绘制了多个按钮，当按钮被按下时，就会播放对应的动画，使用CrossFade方法来完成动画融合，过渡时间为0.5s，这样做的目的是使每个动画之间能够有一个简单的过渡，不至于动作变化得太过僵硬。所绘制的UI的尺寸及坐标都乘以缩放因子，也是为了实现UI对屏幕的自适应。

（5）在Unity中为模型的组件添加动画片段。先是Animation组件，默认播放片段设置为Idle，动画片段总数修改为6，并依次将模型自带的动画片段拖至其中，勾选Play Automatically复选框，如图10-50所示，程序开始运行时就会自动播放默认动画。接下来为脚本组件添加动画片段，方法同上，最终效果如图10-51所示。

10.5 Mecanim 动画系统

▲图 10-50 设置 Animation 组件

▲图 10-51 添加动画片段到脚本组件

10.5 Mecanim 动画系统

本节主要介绍 Unity 中的一个精密而复杂的动画系统——Mecanim。上一节介绍的旧版动画系统，开发人员只能通过代码操控角色动画的播放，随着动画个数的增多，其代码复杂度也随之增大。同时，动画的过渡需要烦琐的代码控制，这使得缺乏编程经验的游戏动画师很难对动画效果进行处理。

Unity 4.0 后引入的 Mecanim 动画系统就是为了解决这个问题的。该动画系统使游戏动画师能够参与到游戏的开发中来，且其经过不断优化和改善，在 Unity 5.x 中已经变得非常强大。通过对本节的学习，读者会对 Mecanim 动画系统有一个大体的了解，同时，能够掌握该动画系统的基本操作。

10.5.1 角色动画的配置

角色动画资源导入之后，需要进行适当的配置才能被 Mecanim 动画系统所识别和使用。Mecanim 动画系统非常适合用于人形角色动画的控制，下面将着重讲解对人形角色动画的配置。

1. 创建骨骼结构映射——Avatar

把自带动画的模型文件拖进 Unity 时，系统会自动为模型文件生成一个 Avatar 文件作为其子对象，如图 10-52 所示。Avatar 是 Mecanim 动画系统自带的人形骨骼结构与模型文件中的骨骼结构间的映射，但此时选中 Avatar 文件只会出现图 10-53 所示的空白面板，且无法对其进行配置。

▲图 10-52 Avatar 文件

▲图 10-53 空白面板

选中人形角色模型文件，在右边的 Inspector 面板中选择 Rig 选项卡，如图 10-54 所示，在 Animation Type 下拉列表框中选择 Humanoid 选项，并单击右下角的 Apply 按钮应用该设置，如图 10-55 所示。至此，该模型已经被指定为人形角色模型，同时，系统重新为其创建 Avatar 文件。

▲图 10-54 Rig 选项卡

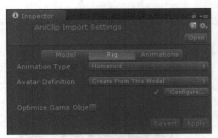
▲图 10-55 Humanoid 模式

> **说明** Animtion Type 下拉列表中有 4 个选项，分别为 None、Legacy、Generic 和 Humanoid，分别对应无模式、旧版动画模式、其他动画模式和人形角色动画模式，运用于 Mecanim 动画系统中的人形角色动画都要选择 Humanoid。

2. 配置 Avatar

Avatar 的配置步骤如下。

（1）选择模型文件下的 Avatar 文件，在 Inspector 面板中会出现 Configure Avatar 按钮，如图 10-56 所示。

（2）单击 Configure Avatar 按钮后，系统会弹出图 10-57 所示的提示对话框，用于提示读者是否保存场景中的所有信息。这是由于在配置 Avatar 的时候，系统会关闭原场景窗口，并开启一个临时窗口作为配置 Avatar 的实时显示窗口，并在配置结束后关闭该临时窗口。

▲图 10-56 Configure Avatar 按钮

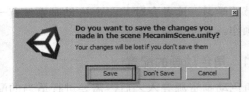
▲图 10-57 系统提示

（3）单击 Save 按钮，Inspector 面板如图 10-58 所示，同时，Scene 窗口会出现图 10-59 所示的骨骼，Inspector 面板中的属性值的改变会实时体现在 Scene 的属性值中，同时可以在 Scene 窗口中实时看到 Avatar 的效果，而不必再重建场景验证其准确性。

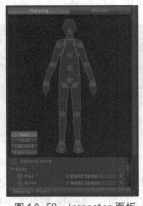
▲图 10-58 Inspector 面板

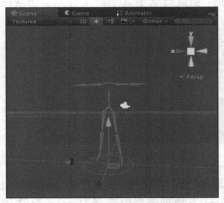
▲图 10-59 Scene 窗口

（4）分别单击 Avatar 配置窗口中的 Body、Head、Left Hand 和 Right Hand 等按钮进行 Avatar

不同层次的配置。可以在不同的窗口进行不同部位的骨骼配置，这样做的好处是各个骨骼层次配置互不影响，并能同时播放。

（5）一般情况下 Uniy 都会正确地对 Avatar 进行初始化，但有时候会因骨骼的名称不规范等导致 Unity 不能准确地识别相应的骨骼，从而出现图 10-60 和图 10-61 所示的情况，此时就需要使用系统自带的工具手动对其进行校正。

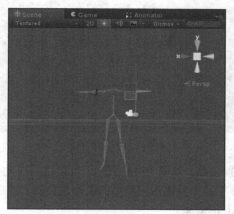 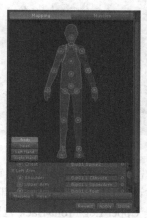

▲图 10-60　识别错误时的 Scene 窗口　　　▲图 10-61　识别错误时的 Inspector 面板

（6）当遇到上述情况时，可以在 Hierarchy 面板中找到正确的骨骼，如图 10-62 所示。将正确的骨骼拖到 Inspector 面板中 Optional Bone 下的指定位置，如果拖动的骨骼正确无误，则其面板如图 10-63 所示，若所有骨骼都变成绿色，则代表 Avatar 已经配置完成。

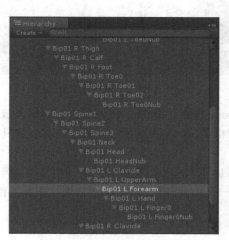 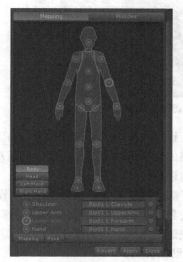

▲图 10-62　Hierarchy 面板中的骨骼　　　▲图 10-63　配置完成后的 Inspector 面板

3. Muscle 的配置

在实际的开发过程中，开发人员可能会遇到一些骨骼动画动作过于夸张的情况，如果使用的是旧版动画，就需要重新制作该动画，而 Mecanim 动画系统则为其提供了一套解决方案，即可以通过设置 Avatar 中的 Muscle 属性来限制角色模型各个部位的运动范围，防止某些骨骼运动范围超过合理值。

（1）单击 Inspector 面板中的 Muscles 按钮进入 Muscle 的配置窗口。该窗口由预览窗口、设置窗口及附加配置窗口组成。下面将具体介绍如何配置。

（2）以左脚骨骼为例，选中设置窗口中的 Left Leg，其附带的所有子项也会随之展开，如图 10-64 所示。可以通过选项左边的滑动条来观察指定的骨骼的运动范围，同时 Scene 窗口会在对应的骨骼上生成若干个扇形，代表骨骼旋转的范围，如图 10-65 所示。

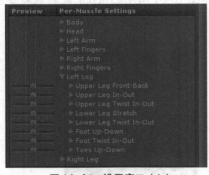

▲图 10-64　设置窗口（1）

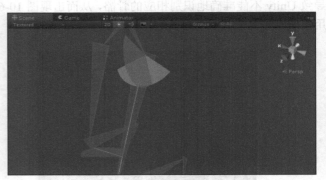

▲图 10-65　Scene 窗口（1）

（3）单击 Upper Leg Front-Back 可显示配置参数，如图 10-66 所示。可通过其滑动条或设置其左右参数对该骨骼的运动范围进行调整，Scene 窗口中骨骼对应扇形的大小也会随之改变，图 10-67 显示的就是 Upper Leg Front-Back 范围为 0～10 的效果。

▲图 10-66　设置窗口（2）

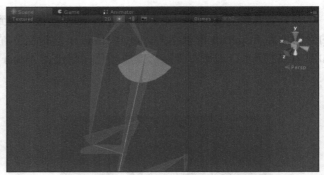

▲图 10-67　Scene 窗口（2）

（4）设置完毕之后单击设置窗口右下角的 Done 按钮结束 Muscle 的配置。重新播放该动画，如果骨骼的最大运动范围与动画中的运动范围有相交，则在更改后的动画中，其骨骼只会在相交的范围内运动。

除了防止过于夸张或错误的动作，设置 Muscle 属性还可以实现对原动画的修改，例如原动画是一个边奔跑边招手的动作，而开发所需的仅是一个单纯奔跑的动画，那么通过限制手部的运动，便可以快速地完成动画的修改。

4．动画剪辑

Unity 也支持动画剪辑，通过剪辑导入的动画来完成不同的需求。例如有一段动画包含了很多种不同的动作，现在需要将这段动画按照不同的动作种类播放出来，这就要用到动画剪辑功能，将整个动画切割成不同的小段，分段播放即可满足要求，下面进行介绍。

（1）准备一个常规的人物模型，将该模型导入相关的 3D 建模软件中完成建立骨骼、绑定、蒙皮等操作，之后将模型导出为 FBX 格式。相关操作这里不做介绍，有兴趣的读者可以上网查阅相关资料。

（2）将制作好的人物模型导入 Unity 资源目录中，模型的具体属性如图 10-68 所示。单击

10.5 Mecanim 动画系统

Animations 选项卡，其中包括动画片段的信息、动画的总帧数、是否重复播放动画等属性，如图 10-69 所示。

▲图 10-68 人物模型的属性

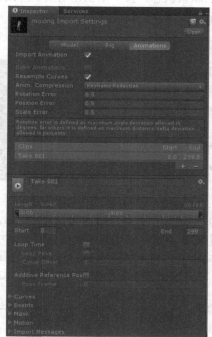
▲图 10-69 Animations 选项卡

（3）剪辑模型自带的动画，单击 Animations 选项卡中 Clips 下的"+"按钮创建第二段动画，如图 10-70 所示。动画默认的范围是整段动画的长度，但是真正需要的是其中的一小段，单击创建的第二段动画，修改下方的 Start 和 End 参数值，单击 Apply 按钮，完成第二段动画的创建。

（4）单击"+"按钮并且修改相应的动画帧数范围，如此往复完成多段动画的创建，如图 10-71 所示。剪辑好的动画不仅用于该模型，还可用于其他人物模型，只需要将需要的动画片段拖入动画控制器的动画状态里面即可。

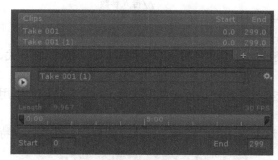
▲图 10-70 创建第二段动画

▲图 10-71 创建多段动画

5. 添加动画事件

在游戏中，经常需要在动画结束或者某一帧的特定时刻执行一些方法。例如一个踢球动作，脚尖位置到达足球位置时足球会飞出，但是足球受的力并不是人给的，而是通过执行添加力的方法给的，这就需要判断脚尖到达足球位置的动画帧数，同时执行添加力的方法。下面具体介绍。

（1）准备构建案例的场景所需要的模型、动画等素材，将模型调整到合适的位置。再将准备的人物模型导入相关的 3D 建模软件中，执行建立骨骼、绑定骨骼、蒙皮、绑定动画等操作。

441

第 10 章 模型与动画

（2）创建一个动画控制器，如图 10-72 所示。将人物自带的动画分成两段，其中一段动画作为人物的默认状态。接下来创建动画状态图，如图 10-73 所示。这个状态图控制了动画的播放状态、播放效果等属性。

▲图 10-72 创建动画控制器　　　　　　　　▲图 10-73 动画状态图

（3）创建一个脚本，命名为 kongzhi.cs，这个脚本用于控制动画控制器来控制动画的播放状态，这个脚本还监听了场景中的按钮并且其中一个方法用于控制足球的运动逻辑，具体代码如下。

代码位置：随书资源中的源代码/第 10 章/New Unity Project/Assets/kongzhi.cs。

```
1   using System.Collections;
2   using System.Collections.Generic;
3   using UnityEngine;
4   public class kongzhi : MonoBehaviour {
5       public Animator myAnimator;                              //声明骨骼动画
6       public bool pdAnim = false;                              //控制动画开关
7       public static readonly string jiqiu = "Take 001";        //动画名称
8       public Rigidbody rigidbody;                              //声明刚体
9       void Start () {
10          myAnimator = GetComponent<Animator>();}              //初始化骨骼动画
11      void Update () {
12          AnimatorStateInfo info = myAnimator.GetCurrentAnimatorStateInfo(0);
                                                                 //获取动画状态引用
13          if(info.IsName(jiqiu) && info.normalizedTime <= 0.25f && info.
            normalizedTime > 0.2f){                              //控制条件
14              Controlball();                                   //给足球力的方法
15              pdAnim = true;}}                                 //将动画开关置为true
16      public void ButtonOnClick(int index){                    //按钮监听方法
17          if(index == 0){                                      //传入参数
18              myAnimator.SetFloat("biaozhi", 1);}}}            //播放指定动画
19      public void Controlball(){
20          rigidbody.AddForce(new Vector3(-215, 100, 0));}}     //给足球一个固定的力
```

❑ 第 1~8 行是脚本的头文件及整个脚本需要的变量的声明，包括骨骼动画、动画控制开关、动画名称和刚体的声明。

❑ 第 9~10 行是脚本中的 Start 方法，这个方法在程序运行时立即执行，对骨骼动画的引用进行初始化，方便下面的代码使用。

❑ 第 11~15 行是脚本中的 Update 方法，这个方法用于判断动画执行的程度，在执行到特定的程度时会调用给足球施加力的方法。

❑ 第 16~20 行是按钮监听方法及给足球施加力的方法，由于本案例主要讲解的是如何获取动画执行帧数及在特定的帧数执行相应的方法，所以在这里不对这两个方法做具体讲解。

（4）将该脚本挂载到人物模型上，单击"运行"按钮，即可运行本案例，效果如图 10-74 所示。在播放过程中可以看到，踢球的动画没有播放完毕，

▲图 10-74 案例效果

足球就飞出,这是在相应的动画位置添加了给足球力的方法的事件。

本案例在第 10 章随书资源中的 New Unity Project 文件夹下的 Anim 场景中。

10.5.2 动画控制器的创建

Mecanim 动画系统引入了动画控制器的概念,通过动画控制器可以把大部分与动画相关的工作从代码中分离出来,游戏动画师可以独立地完成动画控制器的创建,且不涉及任何代码。下面将介绍动画控制器的创建。

本小节笔者将创建一个项目来向读者讲解 Mecanim 动画系统的其他知识点,读者可参考书中的操作步骤进行开发,该项目所需的所有资源文件均可在本书随书资源中的第 10 章/MecanimStudy/Assets 目录下获得。

(1)创建一个名为 MecanimStudy 的项目,将随书资源中的 Animations、Models、Textures 等文件夹依次复制进本项目中的 Assets 文件夹下。在 Assets 文件夹下创建一个名为 AniControllers 的空文件夹,用于存放项目所需的动画控制器文件。

(2)在 AniControllers 文件夹中右击,在弹出的快捷菜单中选择 Create→Animator Controller 创建一个动画控制器,并命名为 StaticAnimator Controller,如图 10-75 所示。双击该动画控制器,进入动画控制器编辑窗口,如图 10-76 所示。

▲图 10-75 新建动画控制器

▲图 10-76 动画控制器编辑窗口

10.5.3 动画控制器的配置

前一小节已经详细地介绍了动画控制器的创建方法,下面将逐步讲解动画控制器的配置。配置动画控制器是学习 Mecanim 动画系统的重点,通过对本小节的学习,读者应该能够独立搭建一个完整的动画控制器,为后续的学习打好基础。

1. 动画状态机和过渡条件

介绍动画控制器的配置之前,先要介绍 Mecanim 动画系统中动画状态机的概念。新动画系统基于状态机思想对动画进行控制,通过使用动画状态机,游戏动画师可以进行无代码的可视化开发,动画控制器中状态机的参数及说明如表 10-6 所示。

表 10-6　　　　　　　　　　　　状态机参数说明

参数	说明
StateMachine	动画状态机,可包含若干个动画状态单元
State	动画状态单元,动画状态机机制中的最小单元
Sub-State Machine	子动画状态机,可包含若干个动画状态单元或子动画状态机
Blend Tree	混合树,一种特殊的动画状态单元

参数	说明
Any State	特殊的状态单元，表示任意动画状态
Entry	动画状态机的入口
Exit	动画状态机的出口

每一个动画控制器都可以有若干个动画层，每个动画层都是一个动画状态机，动画状态机可以同时包含若干个动画状态单元或子动画状态机。在 Unity 5.x 中，每一个动画状态机都必然含有 Any State、Entry、Exit 动画状态单元，用于实现该状态机不同的必要功能。

下面将简单介绍动画状态单元和动画过渡条件的搭建，详细步骤如下。

（1）右击并从弹出的快捷菜单中选择 Create State→Empty 创建空动画状态单元，也可以将动画片段直接拖进动画状态机编辑窗口中进行动画状态单元的创建。在此笔者通过向编辑窗口拖进 Boy@ForwardKick 和 Boy@KickBack 两个动画文件来创建两个动画状态单元，如图 10-77 所示。

（2）将鼠标指针悬停在动画状态单元上，右击并从弹出的快捷菜单中选择 Make Transition 选项创建动画过渡条件，并再次单击另一个动画状态单元，完成动画过渡条件的连接。Mecanim 动画系统通过动画过渡条件实现各个动画片段之间的逻辑关系，开发人员只需控制这些过渡条件即可实现对动画的控制。

（3）为了实现所需效果，读者可按照图 10-78 所示的状态搭建该动画状态机，在这个动画状态机中，Idle 被设为默认动画，且显示为黄色，其他动画状态单元则显示为灰色，读者可以在任意非默认动画单元上右击并从弹出的快捷菜单中选择 Set As Default 选项将其设置为默认动画。

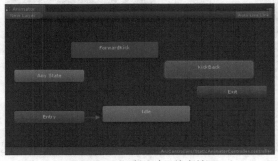 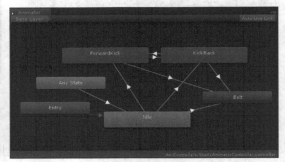

▲图 10-77　创建动画状态单元　　　　　▲图 10-78　进行动画状态单元之间的连接

2. 过渡条件的参数设置

动画状态机和过渡条件搭建完成之后，就需要对状态机间的过渡条件进行设置。为了实现对各个过渡条件的操控，需要创建一个或多个参数与之搭配。Mecanim 支持的过渡参数类型有 Float、Int、Bool 及 Trigger。这些参数在动画控制器代表的意义需要游戏动画师提前设计好。

下面向动画控制器添加一个 Float 类型的参数实现对过渡条件的控制。

（1）单击 Parameters 面板中的"+"按钮添加一个 Float 类型的参数，并命名为 AniFlag，设置其初始值为-1.0，如图 10-79 所示。

（2）选中任意一个过渡条件，在 Inspector 面板的 Conditions 列表中单击"+"按钮添加参数控制，进行参数的设置，即为参数添加对比条件，Mecanim 动画系统为 Float 类型的参数提供了 Greater 和 Less 对比条件，如图 10-80 所示。

（3）本项目所用到的动画控制器请参考随书资源的第 10 章/MecanimStudy/Assets/AniControllers 中的 AniController 动画控制器，所用到的过渡条件参数配置也可在该动画控制器中找到，由于篇幅有限，在此不再赘述。

▲图 10-79 新建参数

▲图 10-80 参数设置

3. 代码对动画控制器的控制

（1）动画控制器创建和配置完成之后，创建一个名为 MecanimBehaviour 的场景来测试该动画控制器是否可用。在该场景中创建一个地形，给地形添加绿色草地纹理，再将 Models 文件夹下的 Boy 模型文件拖到场景中，并调整光照方向至合适角度，如图 10-81 所示。

（2）开发 UI。单击 GameObject→UI→Button 创建一个按钮，并命名为 Button0，按照此步骤再创建一个 Button1 按钮，如图 10-82 所示，这两个按钮分别用于对两个动画的控制，当按下任意一个按钮时，系统将启动对应的动画过渡。

▲图 10-81 调整场景

（3）选中 Boy 游戏对象，为其添加一个 Animator 组件，并将先前创建的 StaticAnimatorController 动画控制器拖到 Animator 组件下的 Controller 栏中，如图 10-83 所示。

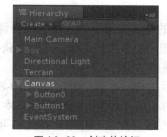

▲图 10-82 创建的按钮

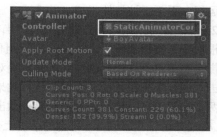

▲图 10-83 Animator 组件

（4）新建一个 C#脚本，将其命名为 StaticAniCtrl.cs，并把脚本挂载到 Boy 对象上，如图 10-84 所示。

StaticAniCtrl 脚本用于实现对动画控制器的控制、游戏按钮的响应及摄像机的跟随，脚本中 Start 方法进行变量的初始化，Update 方法进行摄像机的具体操作，下面将重点讲解动画控制器部分的代码。其详细代码如下。

▲图 10-84 StaticAniCtrl 脚本

代码位置：随书资源中的源代码/第 10 章/MecanimStudy/Assets/Scripts/StaticAniCtrl.cs。

```
1   using UnityEngine;
2   using System.Collections;
3   public class StaticAniCtrl : MonoBehaviour {
4     Animator myAnimator;                              //声明 Animator 组件
5     Transform myCamera;                               //声明摄像机对象
6     void Start () {
7       myAnimator = GetComponent<Animator>();          //初始化 Animator 组件
```

```
 8        UIInit();                                                  //初始化UI
 9        myCamera = GameObject.Find("Main Camera").transform;        //初始化摄像机对象
10    }
11    void Update () {
12        myCamera.position = transform.position + new Vector3(0, 1.5f, 5);//摄像机对象跟随
13        myCamera.LookAt(transform);                                 //摄像机对象朝向
14    }
15    void UIInit() {
16        //按钮位置
17        GameObject.Find("Canvas/Button0").transform.GetComponent<RectTransform>().
          localPosition
18        = new Vector3(Screen.height / 6 - Screen.width / 2, Screen.height * 2 /
          5 - Screen.height / 2);
19        //按钮大小
20        GameObject.Find("Canvas/Button0").transform.GetComponent<RectTransform>().
          localScale
21        = Screen.width / 600.0f * new Vector3(1, 1, 1);
22        //按钮位置
23        GameObject.Find("Canvas/Button1").transform.GetComponent<RectTransform>().
          localPosition
24        = new Vector3(Screen.height / 6 - Screen.width / 2, Screen.height / 6 -
          Screen.height / 2);
25        //按钮大小
26        GameObject.Find("Canvas/Button1").transform.GetComponent<RectTransform>().
          localScale
27        = Screen.width / 600.0f * new Vector3(1, 1, 1);
28    }
29    public void ButtonOnClick(int index) {
30        myAnimator.SetFloat("AniFlag", index);    //向动画控制器传递参数
31    }}
```

❏ 第 1~14 行重写了 Start 方法和 Update 方法。在 Start 方法中，初始化了 Animator 组件和摄像机对象，Aniamtor 组件用于动画的播放控制，而摄像机对象则在 Update 方法中进行调用。Update 方法进行了摄像机对象的跟随操作，使摄像机对象与游戏角色对象相互关联。

❏ 第 15~28 行为 UIInit 方法的开发，用于初始化游戏按钮，使本案例在任意分辨率的屏幕中都能正常运行，不至于被拉伸。

❏ 第 29~31 行为按钮回调方法的开发，当被指定的按钮被按下时，系统将会调用此方法。该方法将会根据按下按钮的不同，向 Animator 组件传递相应的参数值，动画控制器获得该参数值之后，将对指定的过渡条件进行调控，从而实现对动画播放的操控。

（5）单击"运行"按钮之后，案例的运行效果会显示在 Game 窗口中，如图 10-85 所示。单击屏幕上的两个按钮，可以使场景中的小男孩做出不同的动作，如图 10-86 所示。本案例还可以导出成 APK 格式并运行在 Android 平台的手机上，导出方法前文已有介绍，在此不再赘述。

▲图 10-85 运行效果（1）

▲图 10-86 运行效果（2）

10.5.4 角色动画的重定向

角色动画的重定向是 Mecanim 动画系统的一大特色功能，Unity 提供了一套用于人形角色动

画的重定向机制，游戏美工可独立地制作好所有角色模型，而游戏动画师也可独立地进行动画的制作，两者互不干涉，之后只需在 Mecanim 动画系统中稍做处理即可使用。

1. 角色动画重定向原理

前文已经介绍了 Avatar 的创建和配置，但读者可能还不能完全理解 Avatar 的作用，本小节将对其进行进一步介绍。

❑ 人形角色模型绑定的骨骼架构所包含的骨骼数量和名称不尽相同，难以实现动画的通用。为了解决这一问题，Mecanim 动画系统提供了一套简化过的人形角色骨骼架构，而 Avatar 文件就是模型骨骼架构与系统自带骨骼架构间的桥梁，重定向的模型骨骼架构都要通过 Avatar 与自带骨骼架构搭建映射。

❑ 映射后的模型骨骼可能通过 Avatar 驱动系统自带骨骼运动，这样就会产生一套通用的骨骼动画，其他角色模型只需借助这套通用的骨骼动画，就可以做出与原模型相同的动作，即实现角色动画的重定向。运用这项技术可以极大地减少开发人员的工作量，并减小项目文件和安装包的大小。

2. 角色动画重定向的应用

下面通过一个简单的场景详细讲解角色动画重定向的应用，该场景的创建和配置的详细步骤如下。

（1）新建一个场景，在场景中创建两个游戏对象用于演示，将其分别命名为 Boy 和 Girl，如图 10-87 所示。创建一个动画控制器并命名为 SetParController，然后将其挂载到两个游戏对象的 Animator 组件中的 Controller 上，如图 10-88 所示。

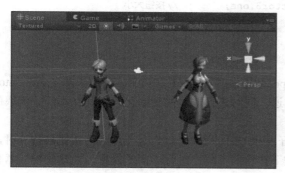
▲图 10-87　创建游戏对象

▲图 10-88　Animator 组件设置

（2）创建一个 C#脚本，并将其命名为 AniController，然后把脚本拖到 Boy 对象上，该脚本用于操控角色动画的播放、实现动画按钮的回调、实现摄像机对象的跟随，以及实现动画按钮位置的摆放，其详细代码如下。

代码位置：随书资源中的源代码/第 10 章/MecanimStudy/Assets/Scripts/AniController.cs。

```
1   using UnityEngine;
2   using System.Collections;
3   public class AniController : MonoBehaviour {
4       #region Variables
5       Animator animator;                          //声明 Boy 对象动画控制器
6       Animator girlAnimator;                      //声明 Girl 对象动画控制器
7       Transform myCamera;                         //声明摄像机对象
8       #endregion
9       #region Function which be called by system
10      void Start () {
11          animator = GetComponent<Animator>();    //初始化 Boy 对象动画控制器
12          //初始化 Girl 对象动画控制器
13          girlAnimator = GameObject.Find("Girl").GetComponent<Animator>();
```

```
14        UIInit();                                              //初始化界面
15        myCamera = GameObject.Find("Main Camera").transform;//初始化摄像机对象
16    }
17    void Update () {
18        myCamera.position = transform.position + new Vector3(0, 1.5f, 5);//摄像机跟随
19        myCamera.LookAt(transform);                           //摄像机朝向
20    }
21    #endregion
22    #region UI recall function and setting
23    public void ButtonOnClick(int Index) {                    //按钮回调事件
24        bool[] pars = new bool[] { true, false };             //声明启动数组
25        animator.SetBool("JtoR", pars[Index]);                //传递控制参数
26        animator.SetBool("RtoJ", pars[(Index + 1) % 2]);      //传递控制参数
27        girlAnimator.SetBool("JtoR", pars[Index]);            //传递控制参数
28        girlAnimator.SetBool("RtoJ", pars[(Index + 1) % 2]);  //传递控制参数
29    }
30    void UIInit() {
31        //按钮位置
32        GameObject.Find("Canvas/Button0").transform.GetComponent<RectTransform>().localPosition
33            = new Vector3(Screen.height / 6 - Screen.width / 2, Screen.height * 2 / 5 - Screen.height / 2);
34        GameObject.Find("Canvas/Button0").transform.GetComponent<RectTransform>().localScale
35            = Screen.width / 600.0f * Vector3.one;            //按钮大小
36        //按钮位置
37        GameObject.Find("Canvas/Button1").transform.GetComponent<RectTransform>().localPosition
38            = new Vector3(Screen.height / 6 - Screen.width / 2, Screen.height / 6 - Screen.height / 2);
39        GameObject.Find("Canvas/Button1").transform.GetComponent<RectTransform>().localScale
40            = Screen.width / 600.0f * Vector3.one;            //按钮大小
41    }
42    #endregion
43 }
```

❑ 第 5~7 行进行变量的声明。

❑ 第 10~20 行重写了 Start 方法和 Update 方法。在 Start 方法中，进行了两个 Animator 组件的初始化，以便在后续代码中进行参数传递。同时进行 UI 的初始化，使其在不同分辨率的屏幕中可以正常运行。

❑ 第 21~43 行进行按钮回调事件的开发和 UI 的初始化。当有任意一个按钮被按下时，系统将会调用 ButtonOnClick 方法，并根据按下按钮的不同，进行不同的操作，向动画控制器传递特定的参数，从而实现对动画的操控。

（3）单击"运行"按钮，运行效果会呈现在 Game 窗口中，如图 10-89 所示。当单击任意一个按钮时，两个游戏角色对象就会做出相同的动作，如图 10-90 所示。两个游戏角色对象通过 Mecanim 中的动画重定向功能同时播放同一个动画。

▲图 10-89 运行效果

▲图 10-90 播放动画

10.5.5 角色动画的混合——创建动画混合树

在实际的游戏开发过程中，有时候会有两个动画混合成一个动画的需求，例如要做一个边跑边招手的动作等。在 Unity 4.0 以前，想要完成这样的动作只能重新制作一个动画，而如今 Mecanim 动画系统为开发人员提供了另一种途径——角色动画的混合。

本小节将通过一个简单的案例来讲解角色动画混合的使用，该场景的创建和配置的详细步骤如下。

（1）新建一个动画控制器，并将其命名为 BlendController，如图 10-91 所示。打开动画控制器编辑窗口，右击并从弹出的快捷菜单中选择 Create State→From New Blend Tree 创建一个动画混合树，并命名为 Blend Tree，如图 10-92 所示。

▲图 10-91 创建动画控制器

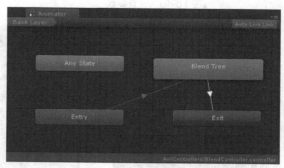
▲图 10-92 创建动画混合树

（2）动画混合树的创建按钮是 Create State 的子按钮，从中可以发现动画混合树实际上也是一个动画状态单元，在动画状态机看来，其体现出来的作用与普通动画状态单元并无区别，只是动画混合树能够将若干个动画混合成一个动画进行处理而已。

（3）双击动画混合树，进入混合树编辑窗口，如图 10-93 所示。新建一个 Float 类型的参数，并将其命名为 BlendPar，如图 10-94 所示，该参数用于对动画混合进行控制，Mecanim 动画系统会根据这个参数值的大小，对该动画混合树进行配置。

（4）回到 Inspector 面板，将 Parameter 设置为 BlendPar，如图 10-95 所示。在 Motion 列表的右下角单击 "+" 按钮添加两个动画条目，将 Assets\Animations\FightAnis 目录下的 Boy@JumpTurnKick 和 Boy@StepSideKick 动画分别拖到对应框内，如图 10-96 所示。

▲图 10-93 混合树编辑窗口

▲图 10-94 BlendPar 参数

（5）搭建一个场景，并命名为 MecanimBlend，将 Assets\Models 目录下的 Boy 角色模型拖到场景中，如图 10-97 所示。将 BlendController 动画控制器挂载到 Boy 对象的 Animator 组件上，单击 "运行" 按钮，运行效果在 Game 窗口中显示，如图 10-98 所示。

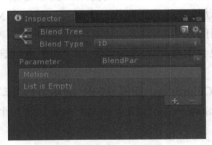
▲图10-95 设置参数

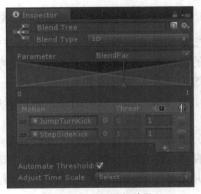
▲图10-96 添加动画

▲图10-97 搭建场景

▲图10-98 运行效果

> **说明** 本案例中，笔者使用了简单的1D混合方式进行混合，BlendPar参数在其中充当了混合因子的角色。除了1D混合方式，Mecanim动画系统还支持其他动画混合方式，下一小节将详细介绍。

10.5.6 角色动画的混合——混合类型介绍

角色动画混合的强大之处在于动画混合树的混合方式有多种，不同的混合方式和巧妙的参数设置可以混合出丰富的动画效果。动画混合树编辑窗口中的"Blend Type"下拉列表有多个选项，下面将详细讲解这几个选项的意义和用法。

1．1D混合方式

1D混合方式是最简单的动画混合方式，也是最常用的。每个被混合的子动画都会被分配一个可修改的Float类型的参数，开发人员通过改变挂载的混合参数，实现不同的混合效果，混合参数越接近某个动画值，该动画在混合结果中占的比例就越大。

这种混合方式的缺点是每个混合动画最多只能由两个原动画混合而成，这在一些特殊情况下很难满足要求。而Mecanim动画系统提供的2D类型混合方式刚好解决了这个问题。

2．2D Simple Directional混合方式

2D Simple Directional以两个混合参数作为被混合结果动画横纵坐标值，混合动画和混合动画以正方形的形式分布在混合面板中，各自的混合比例用正方形外围的圆圈表现出来。每个动画的分布也以颜色深浅形象地表现出来。

3. 2D Freeform Directional 混合方式

使用 2D Freeform Directional 混合方式时，原动画的分布以另外一种方式存在，如图 10-99 所示。每个原动画都是一个放射性的显示面板，颜色越白动画权重越大，反之动画权重越小，同时可以通过移动原动画点对显示面板进行调整。

4. 2D Freeform Cartesian 混合方式

使用 2D Freeform Cartesian 混合方式时，原动画用与其他动画相连的渐变表示，如图 10-100 所示。与其他混合方式相同，这种混合方式也通过两个混合参数控制混合动画效果，并以混合面板中的颜色深浅代表各个子动画在混合动画中的权重。

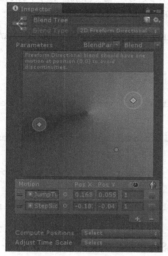 

▲图 10-99 2D Freeform Directional   ▲图 10-100 2D Freeform Cartesian

> **说明**　动画混合树中的混合参数值在使用的过程中不可以设置为刚好等于某个原动画的值，否则将出现不可知错误。要知道，动画混合树起到的仅是混合的作用，不带任何的逻辑成分，读者不可试图通过混合树实现某段动画的关闭或开启，那样的功能只能通过搭建状态单元和过渡条件实现。

10.5.7　Mecanim 中的代码控制

接下来详细介绍 Mecanim 动画系统中独有的代码控制和开发方法，与 Unity 4.x 相比，Unity 5.x 中的 Mecanim 动画系统对采用的 API 做出了很大的改动，新增了许多特性，熟练运用这些 API 可以有效地提高项目的开发速度并节约开发成本。

1. StateMachineBehaviour 脚本

在 Unity 5.0 及以上版本中，开发人员可以为动画状态机或动画状态单元添加继承自 StateMachineBehaviour 类的脚本，用于在指定动画的播放过程中进行自定义操作，可在该脚本中进行表 10-7 所示方法的重写，这些方法在 StateMachineBehaviour 类中已经被定义。

表 10-7　　　　　StateMachineBehaviour 类中的方法及说明

方法签名	说明
OnStateEnter(Animator animator, AnimatorStateInfo stateInfo, int layerIndex)	在动画开始播放的时候被调用一次
OnStateUpdate(Animator animator, AnimatorStateInfo stateInfo, int layerIndex)	动画播放时，每一帧调用一次
OnStateExit(Animator animator, AnimatorStateInfo stateInfo, int layerIndex)	当动画结束播放时调用一次

方法签名	说明
OnStateMove(Animator animator, AnimatorStateInfo stateInfo, int layerIndex)	当动画被移动时调用
OnStateIK(Animator animator, AnimatorStateInfo stateInfo, int layerIndex)	当动画触发逆向运动学时调用此方法

下面通过一个简单的案例来介绍 StateMachineBehaviour 的使用方法，该案例的创建和配置的详细步骤如下。

（1）创建一个 C#脚本，将其命名为 FKBehaviour，并使其继承自 StateMachineBehaviour 类，该脚本的主要功能是实现对角色对象挂载的脚本的开启和关闭，与其他脚本不同的是，该脚本的挂载对象是动画状态单元，而不是游戏对象。其详细代码如下。

代码位置：随书资源中的源代码/第 10 章/MecanimStudy/Assets/Scripts/StateBehaviour/FKBehaviour.cs。

```
1   using UnityEngine;
2   using System.Collections;
3   public class FKBehaviour : StateMachineBehaviour {
4       //动画开始播放时进行的操作
5       override public void OnStateEnter(Animator animator, AnimatorStateInfo
        stateInfo, int layerIndex) {
6           //开启脚本
7           GameObject.Find("Boy").GetComponentInChildren<MeleeWeaponTrail>().enabled=true;
8       }
9       //动画结束播放时进行的操作
10      override public void OnStateExit(Animator animator, AnimatorStateInfo stateInfo,
        int layerIndex) {
11          //关闭脚本
12          GameObject.Find("Boy").GetComponentInChildren<MeleeWeaponTrail>().enabled=false;
13  }}
```

> **说明** 该脚本主要用于 OnStateEnter 和 OnStateExit 方法的重写，这两个方法分别在被挂载动画开始播放和结束播放时调用，并开启和关闭挂载在 Boy 对象上的 Melee Weapon Trail 脚本。

（2）打开前面创建的 MecanimBehaviour 场景，把 Assets/Scripts 目录下的 MeleeWeaponTrail 脚本拖给 Hierarchy 面板中的 Boy/Boy/Boy Pelvis/Boy Spine/Boy R Thigh/Boy R Calf 下的 Boy R Foot 对象上，如图 10-101 所示。

（3）给 Boy R Foot 创建 Base 和 Tip 子对象，再将这两个子对象分别拖到 Melee Weapon Trail 脚本组件中的 Base 和 Tip 栏中，如图 10-102 所示。该脚本主要用于使 Boy 对象的右脚产生一个划痕，前面开发的 FKBehaviour 脚本通过开启和关闭本脚本来说明其作用。

▲图 10-101 挂载脚本的对象

▲图 10-102 设置脚本组件属性

（4）双击前面创建的 StaticAnimatorController 动画控制器，选中 ForwardKick 状态单元，单击 Inspector 面板中的 Add Behaviour 按钮，在弹出的列表中选择 FKBehaviour 脚本，如图 10-103 所示。

（5）单击"运行"按钮，观察 Game 窗口，当单击按钮 1 时，Boy 对象播放 KickBack 动画，此时运行效果与其他动画相比并无区别；而当单击按钮 0 时，Boy 对象播放 ForwardKick 动画，Boy 对象的右脚就会出现一道划痕，如图 10-104 所示。

▲图 10-103 挂载脚本

▲图 10-104 运行效果

2. 通过代码生成动画控制器

可以想象一下，如果需要创建一个带有 10 个动画状态单元的动画控制器，任意一个动画都可以过渡到其他动画包括其自身，那就需要为这个动画控制器搭建 100 个过渡条件，直接搭建不仅工作量庞大，也不便于修改和维护，因此掌握通过代码动态生成动画控制器的方法是很有必要的。

下面通过一个简单的案例讲解动态生成动画控制器的方法。该案例的创建和配置详细步骤如下。

（1）打开 MecanimStudy 项目，在 Assets 目录下创建一个名为 Editor 的文件夹，如图 10-105 所示，该文件夹用于存放编辑器类脚本文件。在该文件夹中创建一个 C#脚本，并命名为 CreateController，如图 10-106 所示。

▲图 10-105 创建文件夹

▲图 10-106 创建脚本

（2）双击 CreateController 脚本将其打开以开始编写。该脚本实现了动画的初始化及获取动画片段等操作，该脚本的详细代码如下。

代码位置：随书资源中的源代码/第 10 章/MecanimStudy/Assets/Editor/CreateController.cs。

```
1   using UnityEngine;
2   using System.Collections;
3   using UnityEditor.Animations;
```

```
4   using UnityEditor;
5   public class CreateController : Editor {                        //该类继承自编辑器类
6     [MenuItem("CreatAnimator/CreateDynamicController")]           //指定按钮
7     static void Run() {
8       //生成控制器
9       AnimatorController dynamicController = UnityEditor.Animations.AnimatorController.
10      CreateAnimatorControllerAtPath("Assets/AniControllers/DynamicController.controller");
11      //根动画
12      AnimatorStateMachine rootStateMachine = dynamicController.layers[0].stateMachine;
13      AnimatorState[] states = new AnimatorState[10];             //声明动画状态单元集合
14      for(int i = 0; i < states.Length; i++) {                    //遍历动画状态单元集合
15        states[i] = rootStateMachine.AddState("state" + i);       //向状态机添加动画
16        states[i].speed = 1.5f;                                   //初始化动画播放速度
17      }
18      rootStateMachine.defaultState = states[0];                  //初始化根动画
19      AnimationClip[] anis = new AnimationClip[10];               //声明动画片段集合
20      for(int i = 0; i < anis.Length; i++) {                      //获取动画片段
21        anis[i] = AssetDatabase.LoadAssetAtPath("Assets/Animations/AnisWithNum/
          Ani" + i + ".FBX",
22        typeof(AnimationClip)) as AnimationClip;                  //获取动画片段
23        states[i].motion = anis[i];                               //设置动画状态中的动画片段
24        states[i].iKOnFeet = false;                               //关闭逆向运动学
25      }
26      for(int i = 0; i < states.Length; i++) {                    //构建动画过渡条件
27        for(int j = 0; j < states.Length; j++) {
28          dynamicController.AddParameter("state" + i + "TOstate" + j,//添加过渡参数
29          AnimatorControllerParameterType.Trigger);               //在动画控制器中生成一个触发器参数
30          AnimatorStateTransition trans = states[i].AddTransition(states[j],
            false);                                                 //生成触发器
31          trans.AddCondition(AnimatorConditionMode.If, 0, "state" + i +
            "TOstate" + j);                                         //指定触发器参数
32      }}
33      states[states.Length - 1].AddExitTransition();              //指定输出动画
34  }}
```

❑ 第1~25行主要进行动画控制器的创建，同时在动画控制器中创建10个动画状态单元，然后把Assets/Animations/AnisWithNum目录下的10个动画分别配置到这10个动画状态单元中去，最后再进行动画速度和逆向运动学的设置，统一其运行效果。

❑ 第26~32行主要是在前面创建的任意动画状态单元之间创建动画过渡条件，同时为每一个过渡条件创建并匹配一个过渡参数，这些参数根据前后动画名进行命名，以便在控制脚本中进行控制，最后给动画控制器指定结束动画，完成脚本的开发。

（3）打开Unity，可以在菜单栏见到CreatAnimator→CreateDynamicController，如图10-107所示，其在CreateController脚本中声明。单击它可以在Assets/AniControllers目录下生成一个名为DynamicController的动画控制器，如图10-108所示。

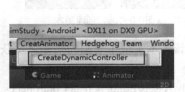

▲图10-107 自定义按钮

▲图10-108 新建动画控制器

（4）双击刚生成的DynamicController动画控制器，可在动画控制器编辑窗口查看其详情，

拖动其中的动画状态单元,可发现其结构较为复杂,如图10-109所示。同时,该动画控制器携带了大量的过渡参数,如图10-110所示。这些复杂的结构均由CreateController脚本动态生成。

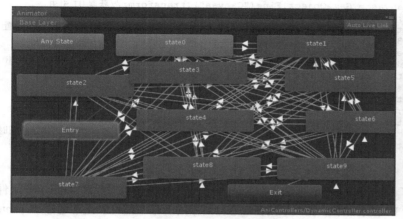

▲图10-109 动画控制器结构　　　　　　　　　　▲图10-110 动画控制器中的参数

（5）创建一个场景来检验动态动画控制器的可行性。新建一个名为 Mecanim Create 的场景,将 Assets/Models 目录下的 Boy 模型文件拖到场景中,并创建10个按钮,如图10-111所示。然后把前面创建的 DynamicController 动画控制器拖到 Boy 对象的 Animator 组件中,如图10-112所示。

▲图10-111 拖入 Boy 模型并创建10个按钮　　　　▲图10-112 配置 Animator 组件

（6）创建一个 C#脚本并命名为 DynamicAniCtrl.cs,然后将其拖到 Boy 对象上,该脚本用于操控角色动画的播放、实现动画按钮的回调、实现摄像机对象的跟随及遍历动画按钮等相关的逻辑,其详细代码如下。

代码位置：随书资源中的源代码/第10章/MecanimStudy/Assets/Scripts/DynamicAniCtrl.cs。

```
1   using UnityEngine;
2   using System.Collections;
3   public class DynamicAniCtrl : MonoBehaviour {
4       private Animator myAnimator;                                //声明Animator组件
5       private Transform cameraHandle;                             //声明摄像机对象
6       void Start () {
7           cameraHandle = GameObject.Find("Main Camera").transform; //初始化摄像机对象
8           myAnimator = GetComponent<Animator>();                  //初始化动画组件
9           UIInit();                                               //进行UI的初始化
10      }
11      void Update () {
```

```
12          cameraHandle.position = transform.position + new Vector3(0, 1.2f, 4);//摄像机跟随
13          cameraHandle.LookAt(transform);                              //摄像机朝向
14      }
15      void UIInit() {                                                  //UI 的初始化
16          Transform uiCanvas = GameObject.Find("Canvas").transform;    //获取 UI 引用
17          for(int i = 0; i < uiCanvas.childCount; i++) {               //遍历 UI 集合
18              uiCanvas.GetChild(i).GetComponent<RectTransform>().localPosition = //设置按钮位置
19                  new Vector3(-Screen.width*0.4f+i/5*Screen.height/6,Screen.height/
                      3-i%5*Screen.height/6,0);
20              uiCanvas.GetChild(i).GetComponent<RectTransform>().localScale =   //设置按钮大小
21                  Screen.width / 600.0f * new Vector3(1, 1, 1);
22      }}
23      public void ButtonOnClick(int index) {                           //按钮回调事件
24          for(int i = 0; i < 10; i++) {                                //遍历所有按钮
25              if(myAnimator.GetCurrentAnimatorStateInfo(0).IsName("state" + i)) {
                                                                         //当按下指定按钮时
26                  myAnimator.SetTrigger("state" + i + "TOstate" + index);//激活指定触发器
27                  return;                                              //结束遍历
28      }}}}
```

❏ 第 6~14 行重写了 Start 和 Update 方法。在 Start 方法中进行摄像机对象和 Animator 组件的声明和初始化，同时进行 UI 的初始化，使该案例在任意分辨率的屏幕中都可以正常运行。Update 方法实现摄像机对象的实时跟随和朝向设置。

❏ 第 15~28 行进行 UIInit 和 ButtonOnClick 方法的开发。UIInit 方法根据当前屏幕的尺寸和分辨率进行按钮的位置和大小的初始化。ButtonOnClick 方法实现按钮的回调，当按下任意一个按钮时，系统将向动画控制器发送指令，使其播放相应的动画。

（7）单击"运行"按钮，其运行效果会出现在 Game 窗口中，如图 10-113 所示。场景中的 Boy 对象挂载了前面通过代码生成的动画控制器，单击其中的任意一个按钮之后，场景中的 Boy 对象会调用 Animator 组件中的动画控制器播放指定的动画片段，如图 10-114 所示。

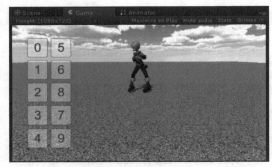
▲图 10-113　运行效果

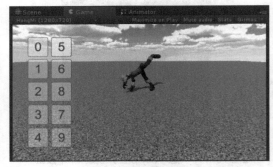
▲图 10-114　播放动画

10.5.8　案例分析

本小节将开发一个综合性较强的案例，并在其中尽可能多地使用 Mecanim 动画系统。具体操作步骤如下。

（1）创建一个场景并命名为 MecanimScene，如图 10-115 所示。把 Models 文件夹中的 Boy 模型文件拖到 Scene 窗口中，再创建一个地形，命名为 Terrain，创建地形的方法前文已经进行了介绍，在此不再赘述，如图 10-116 所示。调整灯光朝向，使场景足够明亮。

（2）导入 EasyTouch 插件。双击该插件，将其导入，打开 Unity 会发现菜单栏多了图 10-117 所示的按钮，单击 Hedgehog Team→EasyTouch→Extensions 下的 Adding a new joystick 和 Adding a new button 添加一个虚拟摇杆和 4 个按钮，如图 10-118 所示。

10.5 Mecanim 动画系统

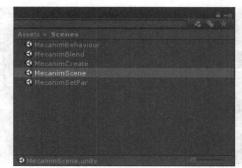

▲图 10-115 新建场景　　　　　　　▲图 10-116 创建地形

（3）场景创建完成之后就要进行动画控制器的创建和配置。新建一个空动画控制器，并命名为 AniController，如图 10-119 所示。该动画控制器将用于对本案例中所有动画进行播放控制。

▲图 10-117 导入 EasyTouch 后多出的按钮　　▲图 10-118 新建摇杆和按钮　　▲图 10-119 新建动画控制器

（4）双击该动画控制器，进入动画控制器编辑窗口，将 Assets/Animations/ FightAnis 目录下的 Idle、Walk、JumpDodge、TurnKick、StepSideKick 及 CartWheel 等动画拖进动画控制器编辑窗口，如图 10-120 所示。

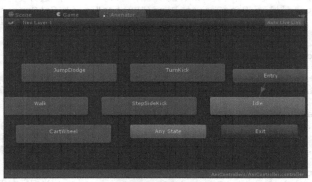

▲图 10-120 添加状态单元

（5）为动画控制器依次添加 Trigger2SSK、Trigger2JD、Trigger2CW、Trigger2TK、Trigger2Exit、Trigger2Walk 和 Trigger2Idle 等触发器类型的动画过渡条件参数，如图 10-121 所示。这些参数将分别用于操控动画控制器中各个动画的播放。

（6）为动画控制器搭建过渡条件如图 10-122 所示，并为所有过渡条件添加过渡参数，由于篇幅有限，各个过渡条件与参数间的详细搭配关系在此就不赘述，读者可参考随书资源中的第 10 章 /MecanimStudy/Assets/AniControllers 目录下的 AniController 文件进行配置。

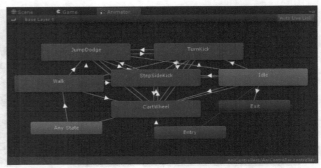

▲图 10-121 添加参数　　　　　　▲图 10-122 添加过渡条件

（7）把 AniController 动画控制器挂载给 Boy 对象的 Animator 组件。在 Scripts 文件夹中新建一个 C#脚本，并命名为 HeroController.cs，该脚本用于实现对动画播放的控制，将这个脚本挂载到 Boy 对象上。该脚本的详细代码如下。

代码位置：随书资源中的源代码/第 10 章/MecanimStudy/Assets/Scripts/HeroController.cs。

```csharp
1   using UnityEngine;
2   using System.Collections;
3   public class HeroController : MonoBehaviour{
4       #region Variables
5       private Animator myAnimator;                              //声明 Animator 组件
6       private Transform myCamera;                               //声明摄像机对象
7       private EasyJoystick myJoystick;                          //声明摇杆
8       private EasyButton[] myButtons = new EasyButton[4];       //声明游戏按钮
9       private string[] triggerStrings = new string[] { "Trigger2SSK", "Trigger2JD",
10      "Trigger2CW", "Trigger2TK" };                             //声明游戏控制器参数名
11      public static bool isWalk;                                //是否正在播放行走动画
12      #endregion
13      #region StartFunction
14      void Start () {
15          myAnimator = GetComponent<Animator>();                //初始化 Animator 组件
16          myCamera = GameObject.Find("Main Camera").transform;  //初始化摄像机对象
17          myJoystick = GameObject.Find("MyJoystick").GetComponent<EasyJoystick>();
                                                                  //初始化摇杆
18          for(int i = 0; i < myButtons.Length; i++) {           //遍历按钮集合
19              myButtons[i] = GameObject.Find("Button" + i).GetComponent<EasyButton>();
                                                                  //初始化按钮
20          }}
21      #endregion
22      #region UpdateFunction
23      void Update () {
24          CameraBehaviour();                                    //摄像机控制操作
25          DirectBehaviour();                                    //摇杆响应操作
26      }
27      void CameraBehaviour() {
28          myCamera.position = transform.localPosition + new Vector3(0, 2, -5);
                                                                  //摄像机对象跟随
29          myCamera.LookAt(transform);                           //摄像机对象朝向
30      }
31      void DirectBehaviour() {
32          if(myJoystick.JoystickTouch != Vector2.zero) {        //当摇杆有所触碰时
33              if(!isWalk) {
34                  myAnimator.SetTrigger("Trigger2Walk");        //传递行走参数
35              }
36              isWalk = true;                                    //修改标志位
37              transform.LookAt(new Vector3(myJoystick.JoystickTouch.x * 10000,
                    transform.position.y,
38                  myJoystick.JoystickTouch.y * 10000));         //对象朝向设置
39          } else {
40              if(isWalk) {
41                  myAnimator.SetTrigger("Trigger2Idle");        //传递闲定参数
42              }
```

10.6 动画变形——Blend Shapes

```
43            isWalk = false;                              //修改标志位
44        }}
45    void ButtonOnClick(string button) {                   //游戏按钮监听事件
46        myAnimator.SetTrigger(triggerStrings[button.ToCharArray()[button.Length - 1] - 48]);
                                                            //传递参数
47    }
48    #endregion
49 }
```

❑ 第 1～20 行主要进行 Start 方法的重写，在该方法中进行了动画组件、摄像机对象及 UI 的声明和初始化，同时声明了一个参数集合，便于在开发过程中对动画播放进行控制。

❑ 第 21～44 行主要是 Update 方法的重写，该方法主要调用了 CameraBehaviour 和 DirectBehaviour 方法，这两个方法分别进行摄像机对象跟随的开发和虚拟摇杆的监控，使场景中的 Boy 对象实时地朝向摇杆所指向的地方。

❑ 第 45～49 行主要实现 4 个 UI 按钮的监听，当任意一个按钮被按下时，系统将调用该方法，向动画控制器传递相应的参数，实现对动画播放的控制。

（8）单击"运行"按钮来运行本案例，Game 窗口将显示本案例的运行效果，如图 10-123 所示。当操控虚拟摇杆时，场景中的 Boy 对象将按摇杆指向的方向行走，当单击 4 个按钮中的任意一个时，场景中的 Boy 对象将执行相应的动作，如图 10-124 所示。

▲图 10-123 运行效果

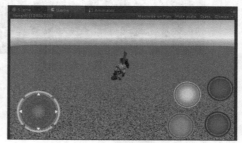
▲图 10-124 执行动作

10.6 动画变形——Blend Shapes

在实际项目中，动画变形这项技术的应用是非常广泛的，这项技术可以脱离骨骼来实现动画，尤其适合应用在面部的细微表情上，因为面部表情用骨骼实现非常麻烦，并且控制动画的逻辑也比较复杂。下面结合一个案例进行动画变形的讲解。

（1）在制作 Blend Shapes 时，先要将模型导入 Maya 中进行处理，Maya 的下载地址及安装过程请读者自行上网查阅，这里不做具体介绍。本案例使用的 Maya 版本是 2015，其他版本的使用流程与之一致。

（2）准备一个人物的头部模型，将该模型导入 Maya，导入过程如图 10-125 所示。当然也可以将模型直接拖入 Maya，但是这样容易造成模型数据的丢失，所以不推荐使用这种方法，导入效果如图 10-126 所示。

（3）在 Maya 的资源列表中选中模型，如图 10-127 所示，选中的模型后清楚地看到模型的网格构成，如图 10-128 所示。按 Ctrl+D 快捷键复制模型。

（4）源模型作为基本模型，复制而来的模型作为目标模型。单击目标模型上的顶点，单击 Maya 左侧按钮中的拖动按钮，如图 10-129 所示。单击目标模型的面，待出现坐标系之后，拖动不同坐标系来完成目标表情的动画，拖动后的模型如图 10-130 所示。

▲图 10-125　导入过程

▲图 10-126　导入效果

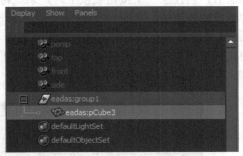
▲图 10-127　选中模型

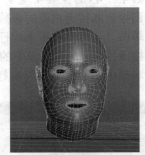
▲图 10-128　模型的网格构成

▲图 10-129　拖动按钮

▲图 10-130　目标模型表情动画

（5）由于拖动目标模型的具体操作用到了大量专业的动画技术，所以在这里不做具体介绍，本案例使用的微笑目标表情并不是很精细。

（6）给模型添加 Blend Shapes 属性。选中资源列表中的目标模型，按住 Ctrl 键，选择基本模型完成基本模型与目标模型关系的创建。单击 Window→Animation Editors→Blend Shape，如图 10-131 所示。弹出的动画变形窗口及创建 Blend Shapes 的界面如图 10-132 所示。

（7）这样就完成了添加 Blend Shapes 属性的操作，之后在资源列表中选中基本模型，单击 File→Export Selection，如图 10-133 所示，将选中的模型导出为 FBX 格式。在导出时要注意把 Deformed Models 一并导出，如图 10-134 所示。

（8）导出成功后，将模型导入 Unity 资源文件中，将这个 FBX 格式的模型制作成一个预制件，预制件的具体属性如图 10-135 所示。之后将预制件拖到 Hierarchy 面板中，单击模型，在 Inspector 面板中可以看到模型的具体属性，如图 10-136 所示。

10.6 动画变形——Blend Shapes

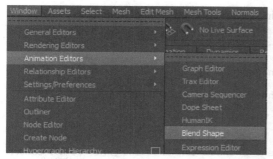

▲图10-131　打开Blend Shape窗口

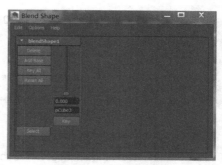

▲图10-132　创建Blend Shapes

▲图10-133　导出菜单

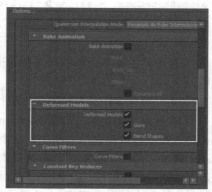

▲图10-134　导出属性

▲图10-135　预制件属性

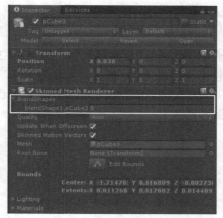

▲图10-136　模型属性

（9）将模型拖入场景中并调整其大小和位置，由于本案例是3个拥有不同表情的模型对比，所以需要将摄像机调整为正交模型，调整方式如图10-137所示。之后在场景中建立3个滑动条，其值表示动画的播放进度。

（10）动画的播放控制及滑动条的逻辑是由脚本实现的，本案例是3个相同的模型，所以建立3个脚本，但是这3个脚本的内容大体一致，只是控制动画的内容不同，所以在这里只介绍其中一个脚本，脚本代码如下。

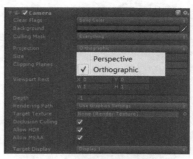

▲图10-137　调整摄像机的投影模式

第 10 章　模型与动画

代码位置：随书资源中的源代码/第 10 章/AnimTset/Assets/ BlendShapeExample.cs。

```
1    using UnityEngine;                                    //脚本固定头文件
2    using System.Collections;
3    using UnityEngine.UI;
4    public class BlendShapeExample : MonoBehaviour{
5      int blendShapeCount;                                //动画播放进度
6      SkinnedMeshRenderer skinnedMeshRenderer;            //皮肤 Mesh 的引用
7      Mesh skinnedMesh;                                   //Mesh 的引用
8      float count = 0;                                    //动画播放指数
9      public GameObject eye;                              //模型引用
10     void Awake(){
11       skinnedMeshRenderer = GetComponent<SkinnedMeshRenderer>();    //初始化皮肤 Mesh
12       skinnedMesh = GetComponent<SkinnedMeshRenderer>().sharedMesh;//初始化 Mesh
13     void Start(){
14       blendShapeCount = skinnedMesh.blendShapeCount;}              //获取动画播放程度
15     void Update(){
16       int count = (int)(eye.GetComponent<Scrollbar>().value * 100);//取整获取滑动的值
17       skinnedMeshRenderer.SetBlendShapeWeight(0, count);}}          //播放动画
```

❑ 第 1～9 行声明了脚本用到的动画播放指数、皮肤 Mesh 及模型引用等变量，方便下面逻辑方法的调用。

❑ 第 10～14 行对脚本开头声明的变量进行初始化并且获取动画的相关状态。

❑ 第 15～17 行是该脚本的核心逻辑，count 是将滑动条的值取整并且乘以 100 得到的新值。之后将 count 传入控制播放动画的方法中，这个方法有两个参数，第一个参数是控制模型的第几个 Blend Shapes 属性，第二个参数是动画的播放进度。

以上就是本案例的创建过程，由于本案例主要讲解 Blend Shapes 的实现，所以案例所用的动画并不是很精细。本案例在随书资源第 10 章目录的 AnimTset 文件夹下的 Test 场景中。

10.7　本章小结

本章介绍了主流的 3D 建模软件、Unity 中 3D 模型的网格概念、第三方切割工具库、新旧动画系统的使用及动画变形，通过对本章的学习，相信读者对模型的网格概念有了更深的理解，并会在游戏开发中使用新版 Mecanim 动画系统制作角色动画，从而在以后的开发中更加得心应手，使项目达到预期效果。

第 11 章 地形与寻路技术

在实际开发过程中,地形和寻路技术是不可或缺的重要元素,无论是虚拟现实还是经典游戏的开发,都会涉及地形的设计制作和寻路技术的开发。本章将详细讲解这方面的知识,以便读者在以后的开发过程中能够熟练运用这些技术。

11.1 地形引擎

Unity 内置了使用简便、功能强大的地形引擎,合理使用该地形引擎可以快速地设计出逼真、自然的地形对象。本节将系统地介绍与 Unity 内置地形引擎相关的知识,以便读者能够使用 Unity 内置的地形引擎快速地创建和调整出合适的游戏地形。

11.1.1 地形的创建

本小节将分别对地形引擎中的所有属性及与之相关的组件进行详细的介绍,由于所涉及的知识点较多,所以在学习的过程中,读者应当跟随讲解进行实践,以达到加深理解的效果,在以后的开发过程中,也可以参考本小节知识进行理解。

(1)单击 GameObject→3D Object→Terrain 创建一个地形,如图 11-1 所示。选中新建的 Terrain 对象,在 Inspector 面板中出现了 Terrain 和 Terrain Collider 两个组件,前者负责地形的基础功能,后者充当地形的物理碰撞体。Terrain Collider 组件如图 11-2 所示。

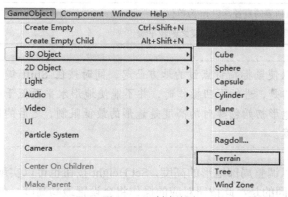

▲图 11-1 创建地形

▲图 11-2 Terrain Collider 组件

(2)组件 Terrain Collider 属于物理引擎组件,该组件主要用于实现地形的物理碰撞模拟计算,使其他挂载了碰撞体的游戏对象能够与地形进行物理交互。Terrain Collider 组件的各项属性及含义如表 11-1 所示。

表 11-1　Terrain Collider 属性及含义

属性	含义
Material	地形的物理材质，通过改变该参数可以分别开发出软草地和戈壁滩的效果
Terrain Data	地形的数据，用于存储该地形的地势及其他重要信息
Enable Tree Colliders	允许树木参与碰撞检测，如果不是迫不得已，建议设置为不允许

（3）Terrain 组件中有一排按钮，分别对应地形引擎中的各项操作或设置，下面将进行详细介绍。单击 Raise or Lower Terrain 按钮，如图 11-3 所示。

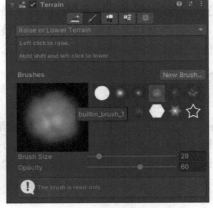

▲图 11-3　Raise or Lower Terrain 功能区

（4）Raise or Lower Terrain 功能区主要用于调整地形的凹凸程度，并且可以以笔刷的方式进行地形坡度的设置。其中各项属性及含义如表 11-2 所示。

表 11-2　Raise or Lower Terrain 属性及含义

属性	含义
Brushes	画笔样式，使用不同的画笔样式可以绘制出不同样式的地形
Brush Size	画笔大小，其实际含义为画笔的直径，以 m 为单位
Opacity	画笔透明度，其值越大，调整的强度越大，反之则越平缓

> 说明　通过单击和拖动鼠标，可以使鼠标指针点过的地方凸起，同时按住 Shift 键可以实现下凹的功能。需要注意的是，进行下凹操作时，并不能使地形水平面低于未进行任何操作时的水平面，即地形初始创建时的高度是地形的最低限制，之后的任何操作都不能使地形低于该高度。

（5）除了 Raise or Lower Terrain 按钮可以调整局部地形的高度，Set Height 按钮也可以实现类似的功能。与 Raise or Lower Terrain 按钮不同的是，此按钮对应的操作将会设置最高高度，使被调整的部分地形高度不会高于该值，其功能区如图 11-4 所示。

（6）通过修改 Set Height 功能区的各项属性对地形进行调整，可以使地形在限定的范围内进行局部上升或下降。若限定值低于当前值，则单击会使该部位的地形往下降，实现了下凹的功能。其中各项属性及含义如表 11-3 所示。

11.1 地形引擎

表 11-3 Set Height 属性及含义

属性	含义
Brushes	画笔样式，使用不同的画笔样式可以绘制出不同样式的地形
Brush Size	画笔大小，其实际含义为画笔的直径，以 m 为单位
Opacity	画笔透明度，其值越大，调整的强度越大，反之则越平缓
Height	指定高度值
Flatten Tile	将整个地形瓦片都调整到指定高度
Flatten All	将场景中所有地形瓦片都调平

（7）在地形的开发过程中，难免会有某部分地形显得突兀，或一些山峰过于尖锐，这时候就需要对地形进行平滑处理，地形引擎通过压低地形的方式平滑山峰与山峰之间的连接，其功能对应按钮为 Smooth Height，其功能区如图 11-5 所示。

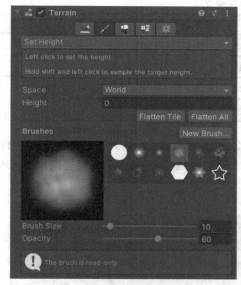

▲图 11-4 Set Height 功能区

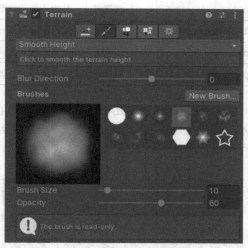

▲图 11-5 Smooth Height 功能区

（8）在 Smooth Height 功能区中也有很多可以设置的属性。其中各项属性及含义如表 11-4 所示。

表 11-4 Smooth Height 属性及含义

属性	含义
Brushes	画笔样式，使用不同的画笔样式可以绘制出不同样式的地形
Brush Size	画笔大小，其实际含义为画笔的直径，以 m 为单位
Opacity	画笔透明度，其值越大，调整的强度越大，反之则越平缓

（9）在开发地形的过程中，如果只能进行地形高低上的调整就显得开发有些局限了。可以在地形中绘制一些开口，例如洞穴和悬崖等。这个时候就可以用 Paint Holes 功能，功能区如图 11-6 所示。

（10）在 Paint Holes 功能区中也有很多可以设置的属性。其中各项属性及含义如表 11-5 所示。

第 11 章 地形与寻路技术

表 11-5　　Paint Holes 属性及含义

属性	含义
Brushes	画笔样式，使用不同的画笔样式可以绘制出不同样式的地形
Brush Size	画笔大小，其实际含义为画笔的直径，以 m 为单位
Opacity	画笔透明度，其值越大，调整的强度越大，反之则越平缓

（11）调整好地形的基本形状之后，还可以为地形贴图。单击 Paint Texture 可以进入绘制纹理的功能区。在 Unity 的地形引擎中，纹理图片以涂画的方式进行设置，开发人员将单元纹理赋给画笔，画笔所经过的地方对应纹理会被贴到地形上。

（12）Paint Texture 是地形引擎里面一个比较有趣的功能，它将纹理模拟为一支画笔，开发人员犹如在一件艺术品上进行涂画上色，且可以调整纹理比例因子。这项功能使开发人员可以非常灵活地进行地形纹理的设计。其各项属性及含义如表 11-6 所示。

表 11-6　　Paint Texture 属性及含义

属性	含义
Brushes	画笔样式，使用不同的画笔样式可以绘制出不同样式的纹理
Edit Terrain Layers	添加地形图层，添加的第一个地形图层将使用配置的纹理填充地形
Brush Size	画笔大小，其实际含义为画笔的直径，以 m 为单位
Opacity	画笔透明度，其值越大，调整的强度越大，反之则越平缓

（13）使用地形引擎还可以在地形上种植花草树木，单击 Paint Trees 进入其功能区，如图 11-7 所示。通过此功能区可以以涂画的方式批量地进行树木的"种植"，开发人员只需提供单棵树木，就可以进行树木的铺设。

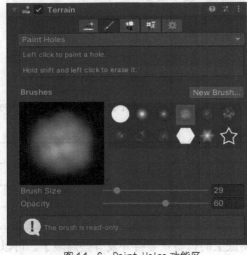
▲图 11-6　Paint Holes 功能区

▲图 11-7　Paint Trees 功能区

（14）在 Paint Trees 功能区中也有很多可以设置的属性。其中各项属性如表 11-7 所示。

表 11-7　Paint Trees 属性及含义

属性	含义
Trees	树木对象的预制件对象
Brush Size	画笔大小，其实际含义为画笔的直径，以 m 为单位
Tree Density	每次绘制时产生的树木的棵数
Tree Height	树木的高度，可指定唯一高度，也可使其随机分布
Lock Width to Height	是否锁定横纵比，使树木保持原始宽高比例
Tree Width	树木的宽度，可指定唯一宽度，也可使其随机

（15）除了进行树木的"种植"，开发人员还可以在地形上铺设花草等修饰物，单击 Paint Details 按钮进入该功能区。

（16）Paint Details 和 Paint Trees 的功能相似，都是将修饰对象以涂画的方式批量地进行铺设。其主要区别是，前者可以使用标志板和网格对象作为修饰对象，后者只能使用网格类型的预制件对象作为修饰对象。功能区 Paint Details 的各项属性及含义如表 11-8 所示。

表 11-8　Paint Details 属性及含义

属性	含义
Brushes	画笔样式，使用不同的画笔样式可以绘制出不同样式的纹理
Details	花草纹理对象列表
Brush Size	画笔大小，其实际含义为画笔的直径，以 m 为单位
Opacity	画笔透明度，其值越大，调整的强度越大，反之则越平缓
Target Strength	画笔涂抹强度值，该值范围为 0~1，代表了与地形原来花草的混合比例大小

（17）对地形进行一些参数设置。在地形设置面板中，可以设置地形的大小及精度等参数，还可以给地形添加一个模拟风，使地形中的花草树木生动地随风摆动，单击 Terrain Settings 按钮进入地形设置功能区。

（18）在 Terrain Settings 功能区中，开发人员可以对地形的整体属性、模拟风的各项属性、地形的精度进行详细的设置，适当设置这些属性可以有效地减少地形对象对资源的占用，提高游戏的整体性能。其中的各项属性及含义如表 11-9 所示。

表 11-9　Terrain Settings 属性及含义

属性	含义	属性	含义
Grouping ID	Auto connect 功能的分组 ID	Speed	吹过草地风的风速
Draw	是否显示地形	Size	模拟风能影响的范围大小
Draw Instanced	禁用实例化渲染	Bending	草被风吹弯的弯曲程度
Draw	是否显示花草树木	Grass Tint	草地的总着色量值
Detail Density	细节的密集程度	Terrain Width	地形的总宽度值
Tree Distance	树木的可视距离值	Terrain Length	地形的总长度值
Cast Shadows	阴影的投射	Terrain Height	地形的总高度值
Thickness	在物理引擎中该地形的可碰撞厚度	Detail Resolution Per Patch	每一小块地形所设置的细节精度值
Reflection Probes	反射探头类型，选项分别为关闭、混合探头、混合及天空盒探头	Control Texture Resolution	将不同的纹理插值绘制在地形上时所设置的精度值

续表

属性	含义	属性	含义
Bake Light Probes For Trees	烘焙光照探头到树木上	Receive Global Illumination	获取地形全局光照
Detail Distance	细节距离，与摄像机间的细节可显示的距离值	Control Texture Resolution	控制不同地形纹理之间混合贴图的分辨率
Collect Detail Patches	进行细节补丁的收集	Base Texture Resolution	在大于 Basemap 距离查看地形上使用的复合纹理分辨率
Billboard Start	标志板起点，以标志板形式出现的树木与摄像机的距离	Scale in Lightmap	调整指定对象的 UV 在光照贴图中的相对大小
Fade Length	渐变长度，树从标志板转换成网格模式时所使用的距离增量	Lightmap Parameters	设置 Lightmap 参数
Max Mesh Trees	允许出现的网格类型的树木的最大数量值	Rendering Layer Mask	确定该地形所在的渲染层
Auto Connect	自动将当前地形区块连接到具有相同 Grouping ID 的相邻区块	Pixel Error	像素误差，表示地形的绘制精度，该值越大，地形的结构细节越少
Compress Holes Texture	是否在运行期间压缩纹理	Heightmap Resolution	地形高度贴图的像素分辨率
Detail Resolution	细节精度值，该值越大，地形显示的细节越精细，但随之占用的资源也会越多	Base Map Dist	基础图距，当与地形的距离超过该值时，则以低分辨率的纹理进行显示
Material	材质类型，选项分别为标准、漫反射、高光、自定义，使用自定义项时需要指定材质	Contribute Global Illumination	是否开启地形影响全局光照计算

11.1.2 灰度图的使用

Unity 内置的地形引擎将地形的信息保存为一张高度图，这与其他游戏开发引擎或建模工具的做法是一致的。这么做的好处是可以将大量与地形有关的信息存储在一张空间占用非常小的灰度图上，同时可以在其他开发工具上设计好地形，而不必拘束于 Unity 内置的地形引擎。

下面将简单介绍一下使用灰度图创建地形对象的步骤。

（1）打开图形处理软件 Photoshop，新建一张长和宽都为 33px 的图片。在 Unity 中，地形使用的高度图的分辨率为 $1+32x$，x 为任意正整数，若 x 取最小值 1，则高度图的长度和宽度为 33。

（2）将新建的图片涂成黑色，并在上面添加字母 U 的样式，如图 11-8 所示。将图片保存为 RAW 格式，如图 11-9 所示。Unity 的地形引擎所使用的高度图格式仅支持 RAW 格式，若读者使用了已经制作完成的高度图，需要先把图片转换成 RAW 格式它才能被 Unity 识别。

▲图 11-8　图片样式

▲图 11-9　保存图片

（3）打开 Unity 3D 游戏开发引擎，新建一个地形。选中创建完成的地形对象，在 Terrain 组件中单击 Terrain Settings 按钮，如图 11-10 所示。单击最下方的 Import Raw 按钮，进行高度图的导入，如图 11-11 所示。

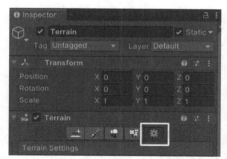

▲图 11-10　单击 Terrain Settings 按钮

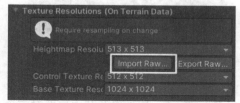

▲图 11-11　单击 Import Raw 按钮

（4）在弹出的对话框中，选中前面保存的 RAW 格式的文件并单击"打开"按钮，如图 11-12 所示，则之前创建的地形会变成图 11-13 所示的形状，该形状与前面创建的字母 U 样式对应。

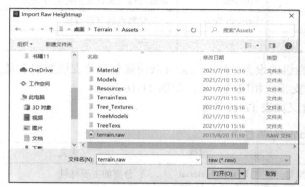

▲图 11-12　选择高度图

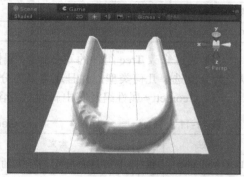

▲图 11-13　最终效果

11.2　树编辑器

上一节介绍了地形引擎中的属性及相关组件，地形引擎支持树木的放置。为了更加方便开发人员的使用，Unity 地形引擎支持树木的编辑，开发人员可以根据自己的需要和喜好来创建树木模型，建立好的树木模型就可以被保存于地形引擎中。

11.2.1　属性介绍

下面将详细介绍 Unity 中树编辑器组件的主要功能及相关属性的作用。

（1）在菜单栏中单击 GameObject→3D Object→Tree 创建一个 Tree 对象。在新建的 Tree 对象的 Inspector 面板中可以看到，Tree 对象的 Tree 组件的第一项是树结构的编辑框，开发人员可以在此处设置整个 Tree 的结构，例如树根、树干、树叶等。可以在适当的位置增加树干和树叶，也可以删除无用的树干和树叶，如图 11-14 所示。

（2）通过修改 Tree 组件的 Distribution 属性组的设置，开发人员可以调整组件中分支的数量和位置，也可以调整分支的生长规模和初始生长角度等。需要注意的是，面板中用于调整分支属性的曲线是相对于母体分支的，如图 11-15 所示。

第 11 章 地形与寻路技术

▲图 11-14 Tree 组件属性

▲图 11-15 Distribution 属性组

（3）Distribution 属性组及其中属性对应含义如表 11-10 所示。

表 11-10　　　　　　　　　　　Distribution 属性组

属性	含义	属性	含义
Group Seed	这个分支的种子	Frequency	调整为每个父分支创建的分支数
Distribution	分支机构沿着父母分配的方式	Growth Scale	定义父节点的节点规模
Growth Angle	定义相对于父节点的初始生长角度	—	—

（4）通过修改 Tree 组件的 Geometry 属性组的设置，开发人员可以调整整个分支模型的质量，以及为分支选择几何类型，并且还可以为分支指定相应的材质，如图 11-16 所示。

（5）Geometry 属性组及其中属性对应含义如表 11-11 所示。

表 11-11　　　　　　　　　　　Geometry 属性组

属性	含义	属性	含义
LOD Multiplier	相对于树的 LOD 质量调整该组的质量	Branch Material	分支的主要材料
Geometry Mode	此分支组的几何类型	Break Material	封顶断枝的材料

（6）通过修改 Tree 组件的 Shape 参数，开发人员可以调整树枝的形状和生长规模。需要注意的是，面板中所有可以调整的参数曲线都是以分支本身作为参照物的，如图 11-17 所示。

▲图 11-16 Geometry 属性组

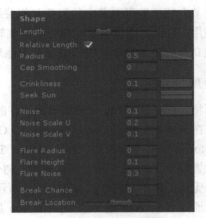

▲图 11-17 Shape 属性组

（7）Shape 属性组及其中属性对应含义如表 11-12 所示。

表 11-12　　　　　　　　　　　　Shape 属性组

属性	含义	属性	含义
Length	分支的长度	Flare	树干的耀斑
Relative Length	分支的半径是否受其长度的影响	Flare Radius	耀斑的半径
Radius	分支的半径	Flare Height	耀斑的高度
Cap Smoothing	分支的顶点、圆点的圆度	Flare Noise	耀斑的噪声
Crinkliness	分支是如何皱褶、弯曲的	Weld Length	焊接扩展开始于分支的距离
Seek Sun	调整分支如何向上、向下弯曲	Spread Top	相对于其母体分支
Noise	总体噪声因素	Spread Bottom	焊接在分支底部的扩散因子相对其母体分支
Noise Scale U	分支周围噪声的大小	Break Chance	分支破裂的机会
Noise Scale V	噪声沿分支的比例	Break Location	此范围定义了分支将在哪里被破坏

（8）在 Tree 组件的 Wind 属性组中可以调整用于激活此组分支的属性，另外需要注意的是，此属性组的设置仅在运行时有效，如图 11-18 所示。

11.2.2　简单案例

前一小节对 Tree 组件进行了详细的介绍，相信读者已经对 Unity 中树的编辑有了一定的了解，本小节将通过一个简单的案例来帮助读者对 Unity 中树的编辑有一个更加明确的认知，并熟练掌握这项技术。

▲图 11-18　Wind 属性组

（1）新建一个场景。在菜单栏中单击 File→New Scene 创建一个场景，按 Ctrl+S 快捷键保存该场景，命名为 TreeTest。在菜单栏中单击 GameObject→3D Object→Tree 如图 11-19 所示，创建一个 Tree 对象。初始 Tree 效果如图 11-20 所示。

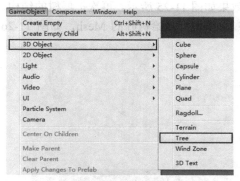

▲图 11-19　创建 Tree

▲图 11-20　初始 Tree 效果

（2）导入资源。单击 Assets→Import Assets 选中所需的模型、贴图和动画，单击 Import 按钮将其导入。本案例中所有的资源文件可在随书项目中找到。

（3）在新建的 Tree 对象的唯一树干上再增加一个树干。选中主树干，单击增加树干按钮，效果如图 11-21 所示。调整新增的树干参数，使整棵树显示图 11-22 的效果，由于修改参数数量过多，读者可以自行参考随书项目。

（4）新建一个材质并命名为 Trunk，将其着色器选择为 Nature/Tree Creator Bark，之后将纹理图和法线图赋给此材质。分别选中两个树干，将材质拖给树干组，如图 11-23 所示。添加材质后的效果如图 11-24 所示。

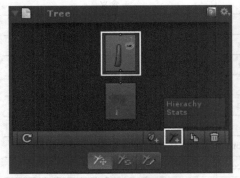
▲图 11-21　新增树干

▲图 11-22　新增树干后的效果

▲图 11-23　为树干添加材质

▲图 11-24　添加材质后的效果

（5）找到 Assets/Models 目录下的 Leaf 模型，将其材质着色器设置为 Nature/Tree Creator Leaves，之后将纹理图和法线图等赋给此材质，模型的效果如图 11-25 所示。再次扩展树的结构，添加 3 个树叶组，具体参数可以参考随书项目，最后将 Leaf 模型赋给树叶的 Mesh，如图 11-26 所示。

▲图 11-25　树叶模型

▲图 11-26　将 Leaf 模型赋给 Mesh

（6）在菜单栏中单击 GameObject→3D Object→Wind Zone 创建一个风区，调整 Wind Zone 组件的属性设置，具体如图 11-27 所示。此时，树模型创建完毕，并且它会受到风的影响而随风晃动，效果如图 11-28 所示。

11.3 拖尾渲染器——Trail Renderer

▲图 11-27 Wind Zone 属性设置

▲图 11-28 运行效果

11.3 拖尾渲染器——Trail Renderer

本节主要介绍拖尾渲染器的相关知识，拖尾渲染器是 Unity 内置的一个渲染器。通过该渲染器可以简单地制作出非常绚丽的拖尾特效。拖尾特效可以提升游戏质量。

11.3.1 背景介绍

游戏中经常能看到例如炮弹后面的拖尾、飞机机翼尖端产生的凝结尾及汽车轮胎拖痕等绚丽的特效，这些特效如果通过编程实现，将是一件很烦琐的工作。为了简化这一过程，Unity 提供了拖尾渲染器这一工具，使拖尾特效的开发变得简单。

当下比较流行的一些 RPG 游戏，如由上海烛龙信息科技有限公司研发的《古剑奇谭》中人物舞动手中的武器产生的剑光，如图 11-29 所示，以及一些赛车类游戏，如由美国艺电游戏公司出品的《极品飞车》中汽车刹车产生的刹车痕，如图 11-30 所示，都是非常绚丽的拖尾特效。

▲图 11-29 《古剑奇谭》中的剑光特效

▲图 11-30 《极品飞车》中的刹车痕特效

11.3.2 拖尾渲染器属性介绍

选中对象后单击 Component→Effects→Trail Renderer 即可给游戏对象添加拖尾渲染器。然后单击对象就可以在 Inspector 面板中查看拖尾渲染器的属性，属性及其说明如表 11-13 所示。

表 11-13　　　　　　　　　　　　　　　拖尾渲染器属性

属性	说明	属性	说明
Cast Shadows	拖尾是否投射阴影	Receive Shadows	如果启用，拖尾会接受阴影
Light Probes	基于探头的照明插值模式	Reflection Probes	添加反射探头
Motion Vectors	如果启用，则轨迹具有渲染到摄像机运动矢量纹理中的运动矢量	Materials	用于渲染拖尾的材质数组
Lightmap Parameters	Lightmap 参数	Min Vertex Distance	轨迹的锚点之间的最小距离
Time	拖尾的长度，以 s 为单位	AutoDestruct	是否自毁
Width	定义宽度值和曲线以控制拖尾在开始和结束之间的宽度	Color	定义渐变以控制沿其长度的拖尾的颜色
Corner Vertices	指定在拖尾中绘制角点时使用多少额外的顶点	End Cap Vertices	指定在拖尾上创建多少顶点以创建终端
Alignment	设置为 View 以使拖尾面向摄像机，或设置为 Local 根据其 Transform 组件的方向进行对齐	Texture Mode	控制纹理如何应用于拖尾

（1）Materials（材质）

拖尾渲染器将使用一个包含粒子着色器的材质。材质使用的贴图必须是平方尺寸。在 Size 属性中可以设置材质个数，在 Element 属性中添加材质。

（2）Width（拖尾宽度）

通过设置拖尾的宽度（Width）、配合时间（Time）属性，可以调节拖尾显示和表现的方式。例如，可以创建一个船后面的浪花，设置开始宽度为 1cm，结束宽度为 2cm。这些值一般需要因游戏不同而进行适当的调节。

（3）Color（拖尾颜色）

可以通过 5 种不同的颜色和透明度组合循环变化拖尾。使用颜色能使一个亮绿色的等离子体拖尾渐渐变暗到一个灰色耗散结构，或是使彩虹循环变为其他颜色。如果不想改变颜色，它可以非常有效地仅改变每一个颜色的透明度来使拖尾在头部和尾部之间进行渐变。

（4）Min Vertex Distance（最小顶点距离）

最小顶点距离决定了包含拖尾的物体在一个拖尾的段实体化之前必须经过的距离。较小的值将更频繁地创建拖尾段，生成更平滑的拖尾。较大的值将创建具有更多锯齿的段。当使用较低最小顶点距离值的拖尾时资源占用率较高。

11.3.3　拖尾渲染器的使用

使用拖尾渲染器时，不能在游戏对象上使用其他渲染器。最好是创建一个空白的游戏对象，并附加拖尾渲染器（Trail Renderer）作为唯一的渲染器。然后可以将想要跟随的任何物体设置为拖尾渲染器的父物体。

拖尾渲染器中最好使用粒子材质，这样可以达到更好的效果。拖尾渲染器必须在一系列帧后显现，而不能突然出现，这样才能达到更加真实的效果。拖尾渲染器与其他粒子系统类似，会旋转为面向摄像机显示。

11.3.4　产生汽车轮胎刹车痕案例

前一小节中简单介绍了拖尾渲染器的内容，相信读者对拖尾渲染器有了一定的了解。本小节将通过一个产生汽车轮胎刹车痕的案例来帮助读者对拖尾渲染器有一个更加明确的认识。案例的

11.3 拖尾渲染器——Trail Renderer

设计目的是控制汽车在移动的过程中通过刹车产生轮胎刹车痕,具体操作步骤如下。

(1)新建一个场景。在菜单栏中单击 File→New Scene 创建一个场景,如图 11-31 所示。按 Ctrl+S 快捷键保存该场景,并命名为 test。

(2)创建地形。创建地形的方法读者可参考之前地形创建的相关步骤,这里不再重复介绍。为了使读者更加方便创建本案例场景,笔者已经将场景制作成预制件,读者只需先将预制件导出,然后再添加进自己的项目中即可,预制件位于 Assets/Models 路径下,如图 11-32 所示。

▲图 11-31 新建场景

▲图 11-32 场景预制件

(3)创建赛车。本案例使用的交通工具是前文用到的 F1 赛车,所以创建方法与之前相同,读者可以自行创建交通工具,并为交通工具添加碰撞体。

(4)创建两个空对象。在菜单栏中单击 GameObject→Create Empty,如图 11-33 所示,分别创建两个空对象并命名为 b1 和 b2,调整两个空对象的位置使其正好分别在赛车后面两个轮胎与地面接触的地方。

(5)将创建的两个空对象 b1 和 b2 拖到 F1 1 赛车对象的"Wheel"子对象下使其成为 Wheel 对象的子对象,如图 11-34 所示。

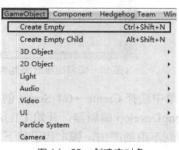
▲图 11-33 创建空对象

▲图 11-34 设置父物体

(6)分别给两个空对象添加拖尾渲染器。选中需要添加拖尾渲染器的对象,在菜单栏中单击 Component→Effects→Trail Renderer,如图 11-35 所示。将 Assets/Textures 文件夹下的 shachehen 材质球分别拖到这两个空对象上,如图 11-36 所示。

(7)设置两个空对象上的拖尾渲染器组件的属性,如图 11-37 所示。设置两个空对象材质的着色器为 Particles/Multiply,如图 11-38 所示,拖尾渲染器最好用使用粒子着色器的材质,这样可以达到更好的效果。之后将 b1 和 b2 拖到 Models 文件夹下制作成预制件。

(8)创建控制赛车移动的虚拟摇杆和实现摄像机跟随赛车移动的脚本,具体步骤可以参考本书介绍交通工具的章节。之后添加光源并设置光源参数。

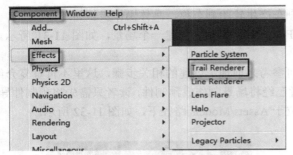
▲图 11-35 添加拖尾渲染器

▲图 11-36 为拖尾渲染器添加材质

▲图 11-37 设置拖尾渲染器组件的属性

▲图 11-38 设置着色器

（9）创建一个 Button，并设置画布和按钮的属性，读者可以自行查看随书项目。将 Assets/Textures 文件夹下的 anniu 纹理图赋给 Button，如图 11-39 所示。在按钮的 Button 组件处右击并从弹出的快捷菜单中选择 Remove Component 选项将 Button 组件移除，如图 11-40 所示。

▲图 11-39 将 anniu 赋给 Button

▲图 11-40 移除 Button 组件

（10）在 Scripts 文件夹中右击，在弹出的快捷菜单中选择 Create→C# Script 创建脚本。将脚本命名为 UILongPressButton.cs，双击脚本，进入 MonoDevelop 编辑器，开始 UILongPressButton 脚本的编写。该脚本主要用于实现汽车的刹车和控制刹车痕的产生，脚本代码如下。

代码位置：随书资源中的源代码/第 11 章/carShaCheHen/Assets/Scripts/UILongPressButton.cs。

```
1   public class UILongPressButton : Selectable,IPointerDownHandler,IPointerExitHandler
2       ,IPointerUpHandler {
3       bool saChe = false;                              //是否踩下刹车
4       public GameObject b1;                            //刹车痕预制件 b1
5       public GameObject b2;                            //刹车痕预制件 b2
6       public GameObject Wheel;                         //车轮组
7       public WheelCollider BackLeftWheel;              //左前轮
8       public WheelCollider BackRightWheel;             //右前轮
9       private GameObject gb1, gb2;                     //复制物体
10      public float longPressDelay = 0.5f;              //多少秒后响应常按事件
11      public float interval = 0.1f;                    //常按后响应事件执行的时间间隔
12      private bool isTouchDown = false;                //是否按下按钮
13      private bool isLongpress = false;                //是否持续按下按钮
```

```csharp
14      private float touchBegin = 0;                         //开始按下时间
15      private float lastInvokeTime = 0;                     //最后时间
16   void Update() {
17      if(isTouchDown && IsPressed() && interactable) {
18         if(isLongpress) {
19            if(Time.time - lastInvokeTime > interval) {//按钮对应长按事件
20               BackLeftWheel.brakeTorque = 40000;        //将左后轮刹车力矩设成 40000
21               BackRightWheel.brakeTorque = 40000;       //将右后轮刹车力矩设成 40000
22               gb1.GetComponent<TrailRenderer>().enabled = true;//开启 gb1 的拖尾渲染器组件
23               gb2.GetComponent<TrailRenderer>().enabled = true; //开启 gb2 的拖尾渲染器组件
24               m_onLongPress.Invoke();
25               lastInvokeTime = Time.time;
26         }}else {
27            isLongpress = Time.time - touchBegin > longPressDelay;
28   }}}
29   public void OnPointerDown(PointerEventData eventData) { //按下按钮事件
30      base.OnPointerDown (eventData);
31      touchBegin = Time.time;                           //获取按钮被按下的时间
32      isTouchDown = true;                               //按钮按下标志位置 true
33      gb1 = (GameObject)Instantiate(b1);                //复制预制件 b1
34      gb2 = (GameObject)Instantiate(b2);                //复制预制件 b2
35      gb1.transform.SetParent(Wheel.transform);         //将 gb1 父物体设为 Wheel
36      gb2.transform.SetParent(Wheel.transform);         //将 gb1 父物体设为 Wheel
37      gb1.transform.localPosition = new Vector3(1.85f, 0.0f, -3.35f);//设置 gb1 的位置
38      gb2.transform.localPosition = new Vector3(-1.85f, 0.0f, -3.35f);//设置 gb2 的位置
39   }
40   public void OnPointerUp(PointerEventData eventData) {//按钮弹起事件
41      base.OnPointerUp(eventData);
42      isTouchDown = false;                              //按钮按下标志位置 false
43      isLongpress = false;                              //按钮长按标志位置 false
44      BackLeftWheel.brakeTorque = 0;                    //将左后轮刹车力矩设成 0
45      BackRightWheel.brakeTorque = 0;                   //将右后轮刹车力矩设成 0
46      gb1.transform.SetParent(null);                    //将 gb1 父物体设为空
47      gb2.transform.SetParent(null);                    //将 gb2 父物体设为空
48   }}
```

- 第 1~15 行声明了脚本中的相关变量，例如是否踩下刹车标志位、刹车痕预制件、车轮组、复制物体多少秒后响应常按事件等。其中前 5 个变量需要读者自行通过拖动的方式来赋值，具体可查阅随书项目。

- 第 16~28 行重写了 Update 方法，并在方法中判断是否触发了长按按钮事件，如果事件触发，则将赛车的后轮刹车力矩置成 40000，并开启拖尾渲染器，之后再刷新记录事件等变量值。

- 第 29~39 行定义了按下按钮事件，当玩家按下按钮时，程序先要做的就是复制出两个带有拖尾渲染器的物体，之后需要设置复制出来的物体的父物体为 Wheel，使其跟随赛车运动。合理设置它们的位置，使它们正好处于轮胎和地面的交接处。

- 第 40~48 行定义了按钮弹起事件，当按钮弹起时表示赛车不再进行刹车了，这时需要将赛车后轮的刹车力矩置零，使赛车不再进行制动，之后将两个复制体的父物体置成 null，目的是使车痕复制体脱离赛车控制并仍可以留在场景中。

（11）将脚本 UILongPressButton.cs 拖到 Hierarchy 面板中的 Button 对象上。单击 Button 对象，在 Inspector 面板中会出现此脚本对应的组件，单击组件前面的三角形按钮可看到脚本组件的内容，设置相应属性，如图 11-41 所示。

（12）单击"运行"按钮，观察效果。在 Game 窗口中可以看到地形和赛车。通过虚拟摇杆控制赛车移动，在赛车移动过程中按下刹车按钮汽车就会刹车同时出现刹车痕。

> 说明　本案例的源文件位于随书资源中的源代码/第 11 章/carShaCheHen。如果读者想运行本案例，只需把 carShaCheHen 文件夹复制到非中文路径下，然后双击 carShaCheHen/Assets 目录下的 text.unity 文件就能够打开并运行了。

▲图 11-41　设置 UILongPressButton 脚本组件的属性

11.4 自动寻路技术

Unity 提供了一套仅限在 Pro 版本中使用的 Navigation 自动寻路系统，开发人员可以通过调用自动寻路系统来快速实现开发所需的寻路效果。这个系统不但支持在不规则地形上的寻路，还支持通过自定义路线和设置跳跃参数对寻路地形进行扩展。

11.4.1 基础知识

下面将详细介绍 Unity 中自动寻路系统可以使用的几个寻路组件的主要功能。

1. 代理器——Nav Mesh Agent

Nav Mesh Agent 组件可实现对指定对象自动寻路的代理，该组件带有许多属性，开发人员通过修改这些属性实现对代理器大小、速度、加速度等值的控制，具体如表 11-14 所示。系统会使附着该组件的对象以指定的速度向开发人员指定的目标点移动，移动过程中忽略一切碰撞体。

表 11-14　　　　　　　　　Nav Mesh Agent 组件属性含义

属性	含义	属性	含义
Agent Type	代理类型	Radius	代理器半径
Base Offset	代理器相对导航网格的高度偏移	Height	代理器高度
Speed	代理器移动速度	Quality	障碍物躲避质量
Angular Speed	代理器角速度	Priority	代理器回避优先级
Acceleration	代理器加速度	Auto Repath	原有路线发现变化时自动重新寻路
Stopping Distance	代理器到达时与目标点的距离	Area Mask	代理寻找路径时将考虑的区域类型
Auto Braking	代理器到达时自动减速	Auto Traverse OffMesh Link	自动遍历网格外连接 OffMesh Link

代理器由直立圆柱体定义，其大小由半径和高度属性指定。代理器与物体一起移动，但即使物体本身旋转，代理器也始终保持垂直。代理器的形状用于检测和响应与其他物体和障碍物之间的碰撞。当 GameObject 的锚点不在圆柱体的底部时，可以使用 Base Offset 属性来调整高度差。

2. 动态障碍物——Nav Mesh Obstacle

由于导航代理在移动的过程中会忽略所有的碰撞体，所以在寻路的过程中可能会出现代理器穿过其他对象的现象，为防止这种情况的发生，Unity 提供了 Nav Mesh Obstacle 组件来提供对动态障碍物的支持，通过这个组件可实现对象横穿人群而不被穿透的效果，该组件的各项属性含义如表 11-15 所示。

11.4 自动寻路技术

表 11-15　　　　　　　　　　Nav Mesh Obstacle 组件属性含义

属性	含义	属性	含义
Shape	障碍物几何形状	Box	盒子
Capsule	胶囊	Center	盒子几何中心
Center	胶囊几何中心	Size	盒子尺寸
Radius	动态障碍物的半径大小	Carve	是否允许被代理器穿入
Height	动态障碍物的高度	—	—

3. 自定义路线——Off Mesh Link

Off Mesh Link 是为了满足复杂地形对生成导航网格的特殊需求的一个组件，开发人员可自行设计所需路线，该路线将会被并入指定的导航网格层中，与其他路线一并进行寻路计算。该组件提供一系列属性，实现对该路线的自定义，其详细含义如表 11-16 所示。

表 11-16　　　　　　　　　　Off Mesh Link 组件属性含义

属性	含义	属性	含义
Start	自定义路线起始位置信息	End	自定义路线目标位置信息
Cost Override	自定义路线成本覆盖	Activated	是否激活该路线
Bi Directional	自定义路线是否允许双向穿越	Navigation Area	描述链接的导航区域类型
Auto Update Positions	启用后，当终点移动时 OffMesh 将重新连接到 NavMesh	—	—

Off Mesh Link 组件挂载在一个对象上，同时需要指定另外两个对象来充当这个路线的起始点和目标点，其产生的自定义路线有一个 name 参数，该参数指向被挂载对象的对象名，可通过获取这个参数来判断当前正在穿越的路线，以进行相应的操作。

11.4.2　简单案例

本小节将通过一个简单的案例来对 Unity 中的自动寻路技术进行应用，其具体步骤如下。

（1）新建一个场景。在菜单栏中单击 File→New Scene 创建一个场景，按 Ctrl+S 快捷键保存该场景，命名为 Pathing。

（2）导入资源。单击 Assets→Import Assets 选中所需的模型、贴图和动画，单击 Import 按钮导入。本案例中所有的资源文件都可在随书项目中找到。

（3）新建一个地形，调整其形状及大小，并将模型包中的 map.fbx 拖进场景，调整其大小，使其位于刚刚创建的地形之上；把模型包中的 hero.fbx 拖进场景，使其位于 map 对象上；将场景的天空盒设置为 Textures 文件夹下的 MySkyBox。

（4）单击 Assets→Import Assets→Projectors 导入阴影资源包，把 Projectors 文件夹下的 Blob Shadow Projector 拖给 hero 对象作为其子对象以产生阴影。

（5）选中 map 对象和 Terrain 对象，在 Inspector 面板中的 Static 下拉列表中选择 Navigation Static 选项，使系统能在该对象的基础上生成导航网格，如图 11-42 所示。单击 Window→Navigation 调出 Navigation 面板，单击该面板中的 Bake 按钮，进行导航网格的烘焙，如图 11-43 所示。

（6）经过短暂的等待，游戏场景中被设置为 Navigation Static 的对象都会出现青色的导航网格层，如图 11-44 所示。同时，Assets 目录下会出现名为 Pathing 的文件夹，生成的导航网格数据会被记录在该文件夹下的 NavMesh.asset 文件中，如图 11-45 所示。

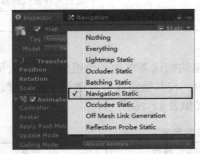
▲图 11-42　选择 Navigation Static 选项

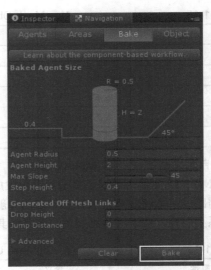
▲图 11-43　烘焙导航网格

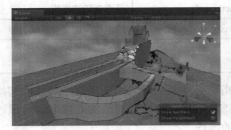
▲图 11-44　导航网格

▲图 11-45　NavMesh 文件

（7）为人物添加代理器组件。选中 hero 对象，单击 Component→Navigation→Nav Mesh Agent，并设置其各项属性，如图 11-46 所示。

（8）为梯子添加自定义路线。创建一个空对象，命名为 JumpLink，并为该空对象创建两个子对象，分别命名为 Start 和 End，按此步骤再创建一个 ClimbLink。分别为 JumpLink、ClimbLink 对象添加 Off Mesh Link 组件，并分别设置其属性，如图 11-47 所示。

▲图 11-46　代理器组件属性设置

▲图 11-47　自定义路线组件属性设置

(9) 分别调整 JumpLink 和 ClimbLink 的子对象的位置,使其两个子对象分别位于两个导航网格上,且 JumpLink 的 Start 在上、End 在下,而 ClimbLink 刚好相反。此时两个子对象之间会产生一条弧线,如图 11-48 所示,这条弧线所代表的路线会归并入对应的导航网格中。

(10) 为 hero 对象添加 Animation 组件,并向该组件挂载 run、jump、hit1、casting 等动画,这些系统动画将会在接下来的脚本开发中进行调用,使 hero 在移动的过程中更为自然。

▲图 11-48 自定义路线

(11) 开发脚本。为摄像机添加监听脚本,通过触摸屏幕,可实现摄像机视角的转换、寻路目标点的设置等功能。该脚本的具体内容如下。

代码位置:随书资源中的源代码/第 11 章/Pathing/Scrpits/ClickListener.cs。

```
1   public class ClickListener : MonoBehaviour {
2       public Transform hero;                              //声明人物对象
3       private NavMeshAgent heroAgent;                     //声明导航代理器对象
4       public Transform flag;                              //声明旗子对象
5       private Vector3 distance;                           //声明移动步长
6       private Rect buttonRect0;                           //声明按钮 0 位置
7       private Rect buttonRect1;                           //声明按钮 1 位置
8       private Vector2 beganPoint;                         //声明开始触摸位置
9       public Texture2D buttonAddTex;                      //声明按钮 0 纹理
10      public Texture2D buttonMoveTex;                     //声明按钮 1 纹理
11      void Start () {
12          heroAgent = hero.GetComponent<NavMeshAgent>();//初始化导航代理器对象
13          flag.transform.position = Vector3.zero;         //初始化旗子对象的位置
14          buttonRect0 = new Rect(30, Screen.height - 40 - Screen.height * 0.1f,
15              Screen.height * 0.15f, Screen.height * 0.15f);//初始化按钮 0 位置
16          buttonRect1 = new Rect(30, Screen.height - 80 - Screen.height * 0.2f,
17              Screen.height * 0.15f, Screen.height * 0.15f);//初始化按钮 1 位置
18      }
19      void Update () {
20          float horizontal = Input.GetAxis("Horizontal");//声明横向轴操控值
21          transform.LookAt(hero);                         //使摄像机一直朝向人物对象
22          if(Input.touchCount != 0) {                     //如果进行了触摸操作
23              if(touchIn(Input.touches[0].position)) {return;}  //若点击了按钮,中断脚本的运行
24              if(Input.touches[0].phase == TouchPhase.Moved) {//若是在移动手指
25                  horizontal = Input.touches[0].deltaPosition.x * 0.2f;//用于旋转摄像机
26              }
27              if(Input.touches[0].phase == TouchPhase.Began) {//若是第一次点击屏幕
28                  beganPoint = Input.touches[0].position; //记录第一次点击的坐标
29              }
30              if(Input.touches[0].phase == TouchPhase.Ended) {//若是最后一次点击屏幕
31                  if(Vector2.Distance(Input.touches[0].position, beganPoint) < Screen.
                        height * 0.1f) {                    //点击操作
32                      Ray ray = Camera.main.ScreenPointToRay(Input.touches[0].position);
                                                            //声明一个射线
33                      RaycastHit hit;                     //声明光线投射碰撞,用于后面的拾取操作
34                      if(Physics.Raycast(ray, out hit)) { //若射线发生了碰撞
35                          heroAgent.SetDestination(hit.point);  //设置导航目标点为碰撞点
36                          flag.transform.position = hit.point;  //将旗子放置到目标点上
37          }}}}
38          transform.RotateAround(hero.position, Vector3.up, horizontal);  //旋转摄像机
39          distance = Vector3.Normalize(hero.position - transform.position);//设置移动步长
40      }
41      void OnGUI() {
42          if(GUI.RepeatButton(buttonRect0, buttonAddTex, new GUIStyle())) {  //当点击靠近按钮
43              transform.position += distance;             //移动摄像机靠近人物
```

```
44        }
45        if(GUI.RepeatButton(buttonRect1, buttonMoveTex, new GUIStyle())) {
                                                                    //当点击远离按钮
46            transform.position -= distance;                       //移动摄像机远离人物
47        }}
48        //...这里省略了判断手指触摸点是否位于两个按钮之内的方法,读者可以自行查阅随书资源中的源代码
49   }}
```

❏ 第1~10行声明了脚本中需要用到的变量,包括人物对象、导航代理器对象、旗子对象、移动步长、按钮位置等,这些变量用于脚本接下来的方法调用。

❏ 第11~18行重写了Start方法,在此方法中先初始化导航代理器对象及旗子对象的位置,然后初始化两个操作按钮的位置。

❏ 第19~40行重写了Update方法,第19~29行主要实现了检测手指触摸位置的功能,其次记录手指水平位移,以此变量来控制摄像机水平旋转角,并且若是第一次点击屏幕,就记录第一次点击的坐标。第30~40行继续完成Update方法中手指触摸逻辑,若是手指最后一次点击屏幕,则定义一个沿摄像机正方向的射线,检测射线与场景中的物体是否发生碰撞,如果发生碰撞则设置该碰撞点为导航目标点,并将旗子放置到目标点上。

❏ 第41~49行重写了OnGUI方法,在此方法中绘制了两个按钮,分别是靠近按钮和远离按钮,并且当玩家点击按钮时,通过改变摄像机与人物之间的距离来实现逻辑功能。

(12) 将上述脚本拖到主摄像机对象上,并调整该脚本组件属性,使其与图11-49所示相符合。该脚本可实现动态更改导航目标点,当用户点击场景中的地图时,场景中的人物会自动寻找最佳路线,并缓慢移动到该点。至此,本案例的基本功能已经实现,其运行效果如图11-50所示。

▲图11-49 摄像机监听脚本组件属性设置

▲图11-50 运行效果

(13) 人物的移动还稍显不自然,且还不能爬梯子和下梯子。接下来进行人物动画脚本的开发,以实现这些缺失的功能。创建一个脚本并将其命名为HeroMovement.cs,其具体代码如下。

代码位置:随书资源中的源代码/第11章/Pathing/Scrpits/HeroMovement.cs。

```
1    using UnityEngine;
2    using System.Collections;
3    public class HeroMovement : MonoBehaviour {
4        private UnityEngine.AI.NavMeshAgent heroNav;            //声明导航代理器
5        private string aniString;                               //声明动画名
6        void Start() {
7            heroNav = GetComponent<UnityEngine.AI.NavMeshAgent>();//进行导航代理器的初始化
8            aniString = "hit1";                                 //初始化动画名
9        }
10       void Update() {
11           if(heroNav.hasPath) {                               //若正在进行自动寻路
12               aniString = "run";                              //设置当前播放动画
13               transform.LookAt(heroNav.nextPosition);//使人物对象一直朝向下一个目标点
14               GetComponent<Animation>().wrapMode = WrapMode.Loop;//将动画播放方式设置为循环
15               if(heroNav.isOnOffMeshLink) {                   //若正在穿越自定义路线
16                   //进入下梯子路线
```

```
17          if(heroNav.currentOffMeshLinkData.offMeshLink.name == "JumpLink") {
18              aniString = "jump";                    //设置跳跃动画
19              heroNav.speed = 3.4f;                  //设置速度
20          }else if(heroNav.currentOffMeshLinkData.offMeshLink.name ==
21              "ClimbLink") {                         //进入爬梯子路线
22              aniString = "jump";                    //设置跳跃动画
23              heroNav.speed = 3.5f;                  //设置速度
24          }else {
25              heroNav.speed = 10.0f;                 //设置速度
26          }
27      }} else {
28          aniString = "hit1";                        //未进行任何寻路操作,则播放默认动画
29          GetComponent<Animation>().wrapMode = WrapMode.Once;   //设置播放模式
30      }
31      GetComponent<Animation>().Play(aniString);                //进行动画的播放
32  }}
```

❏ 第1~9行声明了脚本中需要用到的变量并重写了 Start 方法,变量包括导航代理器、动画名,这些变量都是用于脚本接下来的方法调用。在 Start 方法中完成了导航代理器和动画名的初始化。

❏ 第10~32行重写了 Update 方法,在方法中先判断此时是否正在进行寻路,如果正在寻路则将动画播放方式设置为循环,并使人物对象一直朝向下一个目标点。

❏ 第15~26行判断此时是否正在通过特殊地形,例如正在上下梯子,则设置相应的动画并设置合适速度。如果人物离开特殊路线就会恢复初始的速度。

❏ 第27~32行定义了如果人物未进行任何寻路操作,则播放默认动画,并设置动画的播放模式,之后进行动画的播放。

(14)将上述脚本拖到人物对象 hero 上。该脚本实现了人物对象在自动寻路过程中动画的切换,使其寻路更为自然,而不是简单的平移。

至此,本案例的开发已经全部完成,可将以上案例导出为 APK 文件,并在手机上安装运行,查看案例运行效果。通过点击手机屏幕,在指定位置放置一个旗子,同时,人物对象走向旗子。人物对象寻路的过程中,如果重新点击屏幕,人物对象将会重新进行寻路,走向新的目标点。

11.5 本章小结

本章详细讲解了 Unity 中的地形引擎。通过对本章的学习,读者应该对 Unity 内置的地形引擎有了一定的了解,能初步完成游戏场景中地形的搭建,为以后搭建复杂、真实的大型游戏场景打下坚实的基础。

同时,根据地形引擎,本章又扩展出很多与之相关的技术,例如树编辑器、拖尾渲染器、自动寻路技术等。这些知识在中大型游戏及虚拟现实场景的开发中被广泛应用,读者应该尽量掌握这些技术,从而为以后实现大型游戏的开发打下基础。

第 12 章 游戏资源更新

随着科技的发展，移动终端已经可以像计算机一样浏览网页、玩网络游戏。而且互动性更强的网络游戏尤为受大众的欢迎，那么游戏的更新技术便是开发人员所必备的工作技能。本章将结合 Unity 平台的 AssetBundle 资源包及热更新框架来介绍如何实现游戏的更新。

12.1 AssetBundle 资源包

无论是传统单机游戏，还是新兴网络游戏，在开发的过程中都会面临如何在游戏上线过程中对资源进行动态下载和加载的问题，即游戏的热更新。为此，Unity 引入了 AssetBundle 资源包来满足上述的开发需求。

12.1.1 AssetBundle 简介

AssetBundle 是将资源用 Unity 提供的一种用于存储资源的压缩格式打包后的集合，它可以存储任意一种 Unity 引擎可以识别的资源，例如模型、纹理图、音频、动画甚至场景。除此之外，AssetBundle 也可以打包开发人员自定义的二进制类型文件。

Unity 的 AssetBundle 系统是对资源管理的一个扩展，可以动态加载和卸载资源，并且极大地节约了游戏所占的空间，即使是已经发布的游戏也可以用其来增加新的内容。因此，动态更新、网页游戏、资源下载都是基于 AssetBundle 系统实现的。

一般情况下，AssetBundle 的开发流程如下。

（1）创建 AssetBundle。开发人员在 Unity 编辑器中通过脚本来将所需的各种资源打包成 AssetBundle 文件，更加详细的创建方法请参见 12.1.2 小节。

（2）上传至服务器。开发人员创建好 AssetBundle 文件后，可通过上传工具将其上传到游戏的服务器中，使游戏客户端可以通过访问服务器来获取当前所需要的资源，进而实现游戏的更新。

（3）下载 AssetBundle。游戏在运行时，客户端会将服务器上传的游戏更新所需的 AssetBundle 下载到本地设备中，再通过加载模块将资源加载到游戏中。Unity 提供了相应的 API 来完成从服务器端下载 AssetBundle。详细的下载方法请参见 12.1.3 小节。

（4）加载 AssetBundle。AssetBundle 文件下载成功后，开发人员通过 Unity 提供的 API 可以加载资源包所包含的模型、纹理图、音频、动画、场景等来更新游戏客户端，详细的加载方法请参见 12.1.4 小节。

（5）卸载 AssetBundle。Unity 提供了相应的方法来卸载 AssetBundle，卸载 AssetBundle 可以节约内存资源，并且保证资源的正常更新，详细的卸载方法请参见 12.1.4 小节。

12.1.2 创建 AssetBundle

开发人员可以在 Unity 编辑器中编写 C#脚本来创建 AssetBundle。在 Unity 4.x 中创建

12.1 AssetBundle 资源包

AssetBundle 需要编辑脚本，为了简化这个步骤，Unity 5.x 以后的编辑器中加入了 AssetBundle 创建工具，下面对其相关创建过程进行详细的讲解。

1. AssetBundle 系统

需要说明的是，只有处于 Assets 文件夹下的资源才可以打包。单击 GameObject→3D Object→Cube，然后在 Assets 文件夹内创建一个 Prefab，并命名为 cubeasset，将刚刚创建好的 Cube 拖到 cubeasset 上来创建其所对应的预制件资源，如图 12-1 所示。

单击刚刚创建好的预制件 cubeasset，在编辑器界面右下角资源属性窗口底部有一个选项为 AssetBundle 的创建工具，如图 12-2 所示。接下来创建 AssetBundle，并将其命名为 cubebundle，如图 12-3 所示。

▲图 12-1　创建 cubeasset 预制件

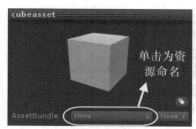

▲图 12-2　AssetBundle 创建工具（1）

▲图 12-3　AssetBundle 创建工具（2）

> **说明**　AssetBundle 的名称固定为小写，如果在名称中使用了大写字母，系统会自动将其转换为小写格式。另外，每个 AssetBundle 都可以设置一个 Variant。如果有不同分辨率的同名资源，可以添加不同的 Variant 来加以区分。

2. BuildAssetBundles 方法

AssetBundle 资源创建好后需要将其导出，这一过程就要编写相应的代码来实现。从 Untiy 5.x 开始的 Unity 编辑器整合了之前版本的 API，提供了一套全新的 API 来实现这一功能。这大大地简化了开发人员手动遍历资源、自行打包的过程，更加的方便快捷。

此方法会将开发人员所需要的所有资源进行打包，即之前使用 AssetBundle 创建工具进行命名的资源，然后将其全部置于指定的文件夹中，其具体的方法声明如下。

```
1    public static AssetBundleMainfest BuildAssetBundles(string outputPath,
     BuildAssetBundleOptions assetBundleOptions=BuildAssetBundleOption.None,BuildTarget
     targetPlatform=BuildTarget.WebPlayer);
```

> **说明**　上述声明中的参数含义：outputPath 参数为 AssetBundls 的输出路径，一般情况下为 Assets 下的某一个文件夹，例如 Assets/MyBundleFolder；assetBundleOptions 参数为 AssetBundles 的创建选项；targetPlatform 参数为 AssetBundles 的目标创建平台。

将上面创建的 cubebundle 资源打包成 AssetBundle 资源然后将其导出，具体的实现方法如下面的代码片段所示。

代码位置：随书资源中的源代码/第 12 章/AssetBundle/Assets/Editor/ExportAsset.cs。

```
1   using UnityEngine;
2   using System.Collections;
3   using UnityEditor;                              //导入系统相关类
4   public class ExporrtAsset : MonoBehaviour {
5     [@MenuItem("Test/Build Asset Bundles")]
    //添加菜单栏"Test"以及子菜单"Build Asset Bundles"
6     static void BuildAssetBundles() {             //声明 BuildAssetBundles 方法
7       BuildPipeline.BuildAssetBundles(
8         "Assets/AssetBundles",
9         BuildAssetBundleOptions.None,
10        BuildTarget.StandaloneWindows);}}//打包资源到 Assets 下的 AssetBundles 文件夹
```

> **说明** 该方法将资源打包到指定的文件夹中，此案例中打包到了 AssetBundles 文件夹中，该文件夹并不会自动创建，需要在运行前手动创建，否则会报错。

此脚本编写完成后并不需要挂载到游戏对象上，单击 Untiy 集成开发环境的"运行"按钮后会在菜单栏生成 Test 一项，单击其下的 Build Asset Bundles，如图 12-4 所示。

▲图 12-4　单击 Test 菜单下的 Build Asset Bundles

所有的 AssetBundle 已经被导出，此外每一个 AssetBundle 资源将会有一个和文件相关的.mainfest 的文本类型的文件，该文件提供了所打包资源的 CRC（cyclic redundancy check）和资源依赖的信息，本案例中为 cubebundle.mainfest 文件，如图 12-5 所示。

除此之外还有一个.mainfest 文件会随着 AssetBundles 的创建被创建，如图 12-6 所示。该文件也是文本类型的文件，记录着是整个 AssetBundles 文件夹的信息，包括资源的列表及各个列表之间的依赖关系。但本案例中只有一个资源，所以并没有依赖关系。

▲图 12-5　单个 AssetBundle 资源信息文件

▲图 12-6　AssetBundles 文件夹整体信息

此方法还可以使用 building map 指定资源的名称和内容来进行打包。building map 简单讲就是一个 AssetBundleBuild 对象的数组，这个数组定义了要打包的文件的关系，也就是说将 Assets 文件夹下的哪些文件以什么样的关系进行打包。具体代码片段如下。

```
1   public static AssetBundleMainfest BuildAssetBundles(string outputPath,
    AssetBundleBuild[] builds,
2   BuildAssetBundleOptions assetBundleOptions=BuildAssetBundleOption.None,
3   BuildTarget targetPlatform=BuildTarget.WebPlayerr);
```

> **说明**
>
> 上述声明中的参数含义：outputPath 参数为 AssetBundls 的输出路径，一般情况下为 Assets 下的某一个文件夹，例如 Assets/MyBundleFolder，但该文件夹并不会自动生成，需开发人员手动创建；assetBundleOptions 参数为 AssetBundles 的创建选项；targetPlatform 为 AssetBundles 的目标创建平台；builds 为 AssetBundle 资源的 buildmap。

将上面创建的 cubebundle 资源打包成 AssetBundle 类型资源然后将其导出，具体的实现过程如下面的代码片段所示。

代码位置：随书资源中的源代码/第 12 章/AssetBundle/Assets/Editor/ExportAsset2.cs。

```
1   using UnityEngine;
2   using System.Collections;
3   using UnityEditor;
4   public class ExportAsset2 : MonoBehaviour {
5     [@MenuItem("Asset/Build Asset Bundles")]   //添加菜单 Build Asset Bundles
6     static void BuildAssetBundles() {
7       AssetBundleBuild[] buildMap = new AssetBundleBuild[2];//定义 AssetBundleBuild 数组
8       buildMap[0].assetBundleName = "resources";  //打包的资源包名称，开发人员可以随便命名
9       string[] resourcesAssets = new string[2];   //定义字符串，用来记录此资源包文件名称
10      resourcesAssets[0] = "resources/1.prefab";  //将需要打包的资源的名称赋给数组
11      resourcesAssets[1] = "resources/Main0.cs";
12      buildMap[0].assetNames = resourcesAssets;   //将资源名称数组赋给 AssetBuild
13      BuildPipeline.BuildAssetBundles("Assets/AssetBundles",
14        buildMap, BuildAssetBundleOptions.None,
15        BuildTarget.StandaloneWindows);}}         //打包资源并导出
```

按照上述方法，Unity 中需要被打包的资源会全部导出到指定的文件夹，开发人员根据需要选择打包好的 AssetBundle 然后上传到开发平台，供客户端下载，这样就可以达到游戏的更新目的，至此就完成了 AssetBundle 的打包。

12.1.3 AssetBundle 的下载

Unity 提供了两种下载 AssetBundle 的方式：非缓存机制和缓存机制。使用非缓存机制下载的资源文件并不会被写入 Unity 引擎的缓存区，而使用缓存机制下载的资源文件会被写入 Unity 引擎的缓存区中。下面将详细介绍这两种下载方式。

1．非缓存机制

非缓存机制通过创建一个 UnityWebRequest 实例来下载 AssetBundle 文件。采用此种方式下载 AssetBundle 的文件并不会存入 Unity 引擎的缓存区。下面将通过一段使用非缓存机制来下载 AssetBundle 文件的代码进行演示，具体实现如下面的代码片段所示。

代码位置：随书资源中的源代码/第 12 章/AssetBundle/Assets/Editor/DowloadAsset.cs。

```
1   using UnityEngine;
2   using System.Collections;
3   public class DowloadAsset : MonoBehaviour {
4     public string BundleURL;                     //定义 URL 字符串
5     public string AssetName;                     //定义资源名称字符串
6     IEnumerator Start(){
7       using (UnityWebRequest www =
8       new UnityWebRequest (BundleURL)){          //创建一个网页链接请求，并赋给 www
9         yield return www;                        //返回 www 的值
10        if (www.error != null)                   //如果下载过程中出现错误
11        Debug.Log("WWW download had an error:" + www.error);//输出错误的提示信息
12        AssetBundle bundle =
13          DownloadHandlerAssetBundle.GetContent(www);        //下载 AssetBundle
14        Instantiate(bundle.LoadAsset(AssetName));            //实例化指定名字的资源
15        bundle.Unload(false); }}}                            //释放 bundle 的序列化数据
```

❑ 第 1~5 行主要声明了 URL 字符串、资源名称字符串等变量。在集成开发环境的 Inspector 面板中可以为各个变量指定资源或者赋值。

❑ 第 6~15 行对 Start 方法进行重写，创建一个网页链接请求并将其赋给 www，返回 www 的值。

❑ 第 10~15 行主要对下载过程中是否出现错误进行判断，如果出现错误测抛出异常，否则下载所指定的 AssetBundle。实例化资源，最后释放 bundle 的序列化数据。

代码编写完成以后单击 GameObject→Create Empty 创建一个空对象，将编写好的代码拖到该空对象上，然后单击它以查看其属性，填写需要选择的 AssetBundle 的 URL 和名称，如图 12-7 所示，然后单击 Unity 编辑器的"运行"按钮就可以在 AssetBundles 文件夹下看到想要下载的资源。

2. 缓存机制

缓存机制通过 UnityWebRequest 类下的接口来实现 AssetBundle 的下载。通过缓存机制下载的 AssetBundle 会被存储在 Unity 的本地缓存区中。下载前系统会在缓存目录中查找该资源，当下载的数据在缓存目录中不存在或者版本较低时，系统才会下载新的数据资源以替换缓存中的原数据。

需要说明的是 Unity 提供的默认缓存大小在不同平台上也有所不同，在 Web Player 平台上发布的网页游戏默认缓存大小为 50MB；在 PC 客户端发布的游戏和在 iOS/Android 平台上发布移动游戏默认缓存大小为 4GB。下面将使用缓存机制来下载 AssetBundle 文件，具体实现如下面的代码片段所示。

代码位置：随书资源中的源代码/第 12 章/AssetBundle/Assets/Editor/DownloadAsset2.cs。

```
1   using System;
2   using UnityEngine;
3   using System.Collections;
4   public class DownloadAsset2: MonoBehaviour{
5     public string BundleURL;                              //定义 URL 字符串
6     public string AssetName;                              //定义资源名称字符串
7     public int version;                                   //定义版本号
8     void Start(){
9       StartCoroutine(DownloadAndCache());}                //开始缓存机制下载协同程序
10    IEnumerator DownloadAndCache(){
11      while (!Caching.ready)                              //如果缓存没准备好
12        yield return null;                                //返回空对象
13      using (UnityWebRequest www =
14        UnityWebRequest.Post(BundleURL, version)){        //创建一个网页链接请求，并赋给 www
15        yield return www;                                 //返回 www
16        if (www.error != null)                            //如果下载过程中出现错误
17          throw new Exception(
18            "WWW download had an error:"+ www.error);     //抛出异常
19        AssetBundle bundle =                              //下载 AssetBundle
20          DownloadHandlerAssetBundle.GetContent(www);     //否则实例化指定资源
21        Instantiate(bundle.LoadAsset(AssetName));
22        bundle.Unload(false); }}}                         //释放 bundle 的序列化数据
```

❑ 第 1~7 行主要声明了 URL 字符串、资源名称字符串、版本号等变量。在集成开发环境的 Inspector 面板中可以为各个变量指定资源或者赋值。

❑ 第 8~22 行是 Start 方法的重写，该方法主要实现了开始缓存机制下载协同程序。

❑ 第 11~15 行先判断了缓存是否准备好了，如果没准备好则返回空对象。然后创建了一个网页链接请求并将其赋给 www，之后返回 www 的值。

❑ 第 16~22 行主要对下载过程中是否出现错误进行了判断，如果错误则抛出异常，否则下载所指定的 AssetBundle。然后实例化指定资源，最后释放 bundle 的序列化数据。

代码编写完成以后单击 GameObject→Create Empty 创建一个空对象，将编写好的代码拖到该空对象上，然后单击它以查看其属性，填写需要选择的 AssetBundle 的 URL、名称以版本号，如

图 12-8 所示，单击 Unity 编辑器的"运行"按钮就可以在 AssetBundles 文件夹下看到想要下载的资源。

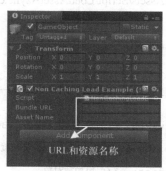

▲图 12-7　GameObject（1）

▲图 12-8　GameObject 属性（2）

12.1.4　AssetBundle 的加载和卸载

将 AssetBundle 下载到本地后，需要将 AssetBundle 加载到内存中并且创建成具体的文件对象，这个过程就是 AssetBundle 的加载。无论是在下载还是加载的过程中，AssetBundle 都会占用内存。下面将介绍 AssetBundle 的加载和卸载。

1．AssetBundle 的加载

将 AssetBundle 下载到本地客户端后，就相当于把硬盘或者网络的一个文件读到内存的一个区域，这时只是 AssetBundle 内存镜像数据块。需要将 AssetBundle 中的内容加载到内存里并创建 AssetBundle 文件中的对象。Unity 5.x 提供了以下 3 种不同的方法来从已经下载的数据中加载 AssetBundle。

（1）AssetBundle.LoadAsset

AssetBundle.LoadAsset 方法使用资源名称标识作为参数，通过给定过的包的名称来加载资源。这个名称在项目视图中可见，开发人员可以选择一个对象类型作为参数传递给加载方法，以确保以一个特定类型的对象加载。

（2）AssetBundle.LoadAssetAsync

AssetBundle.LoadAssetAsync 方法和 AssetBundle.LoadAsset 方法相似，但它并不会在加载资源的同时阻碍主线程，通过给定类型的包的名称异步加载资源。在加载大的资源或者短时间内加载许多资源的情况下能避免停止进程的运行。

（3）AssetBundle.LoadAllAssets

AssetBundle.LoadAllAssets 方法将会加载 AssetBundle 中包含的所有资源对象，并且和 AssetBundle.LoadAssetAsync 一样，开发人员可以通过对象类型来进行资源的过滤。

2．AssetBundle 的卸载

Unity 提供了相应的方法来卸载 AssetBundle，这个方法使用一个布尔值来告诉 Unity 是否要卸载所有的数据（包含加载的资源对象）或者只是卸载已经下载过的被压缩好的资源数据，下面介绍 true 和 false 两个布尔值对应的不同含义。

（1）AssetBundle.Unload(flase)

false 是指释放 AssetBundle 文件的内存镜像，不包含 Load 创建的 Asset 内存对象。

（2）AssetBundle.Unload(true)

true 是指释放 AssetBundle 文件的内存镜像并销毁所有用 Load 创建的 Asset 内存对象。

下面使用 Application.LoadAssetAsync 接口异步加载场景来实现上述的功能。具体实现如下面的代码片段所示。

代码位置：随书资源中的源代码/第 12 章/AssetBundle/Assets/Script/LoadAssetAsync.cs

```
1    using UnityEngine;
2    using System.Collections;
3    public class NewBehaviourScript : MonoBehaviour {
4      public string url;                                          //定义 URL 字符串
5      IEnumerator Start(){
6        UnityWebRequest www =
7          UnityWebRequest.Post(url, 1.ToString());                //通过所给的 URL 开始一个下载
8        yield return www;                                         //等待下载完成
9        AssetBundle bundle =
10         DownloadHandlerAssetBundle.GetContent(www);             //加载并且取回 AssetBundle
11       AssetBundleRequest request =
12        bundle.LoadAssetAsync("myObject", typeof(GameObject));   //异步加载对象
13       yield return request;                                     //等待加载结束
14       GameObject obj = request.asset as GameObject;             //引用加载对象
15       bundle.Unload(false);                                     //卸载 AssetBundle
16       www.Dispose();       }}                                   //释放内存
```

> **说明** Unity 可以让你将一个特定的实例化的 AssetBundle 在应用程序中加载一次。这也就意味着你不能从 UnityWebRequest 对象中检索一个已经被加载却并没有被卸载的 AssetBundle，否则 Unity 会报错。所以你需要做的就是卸载 AssetBundle（当你不再使用它），或者避免下载它（如果它已经在内存中）。这也就解释了为什么要卸载 AssetBundle。

12.1.5　关于 AssetBundle

AssetBundle 的内容并不仅限于这些，例如 AssetBundle 的资源依赖关系，虽然从 Unity 5.x 开始已经由系统自动处理，但是开发人员还是需要进行了解和掌握。下面将介绍一些 AssetBundle 的相关知识。

1. 管理 AssetBundles 之间的依赖

AssetBundle 中不同 bundle 的许多资源可能会依赖于相同的资源，例如不同的模型可能会使用相同的 Material，这称为 AssetBundle 之间的依赖。如果不考虑依赖，将两个模型都打包到不同的 AssetBundle 文件中，则它们共用的 Material 就被打包了两次，这样会浪费很多资源。

为了避免这种浪费，需要将共享的 Material 打包到一个单独的 AssetBundle 中，然后让两个模型所隶属的 AssetBundle 分别依赖于该 AssetBundle，这样 Material 就仅被打包了一次，节省了游戏资源。从 Unity 5.x 开始，系统会自动判断所打包的资源之间的依赖，不再需要开发人员手动处理。

2. 存储和加载二进制数据

如果想要保存以 .bytes 为扩展名的二进制数据文件，需要在 Unity 中将该文件保存为 TextAsset 文件，然后才能对 AssetBundle 进行加载，通过检索二进制数据来实现。在 AssetBundle 中存储和加载二进制数据的具体实现如下面的代码片段所示。

代码位置：随书资源中的源代码/第 12 章/AssetBundle/Assets/Script/Slbinarydata.cs。

```
1    using UnityEngine;
2    using System.Collections;
3    public class NewBehaviourScript : MonoBehaviour {
4      public string url;                                          //定义 URL 字符串
5      IEnumerator Start(){
6        UnityWebRequest www = UnityWebRequest.Post(url, 1.ToString());
                                                                   //通过所给的 URL 开始一个下载
7        yield return www;                                         //等待下载完成
```

```
8       AssetBundle bundle =
9           DownloadHandlerAssetBundle.GetContent(www);//加载并且取回 AssetBundle
10      TextAsset txt = bundle.Load("myBinaryAsText") as TextAsset;//加载对象
11      byte[] bytes = txt.bytes;         }}            //检索二进制数据的字节数组
```

> **说明** TextAsset 文件可以包含在开发人员所构建的 AssetBundle 中。一旦下载了应用程序中的 AssetBundle 并加载了 TextAsset 对象，就可以使用 .bytes 的 TextAsset 文件来检索二进制数据。

3. 将脚本打包进 AssetBundles

AssetBundles 中可以包含脚本，但需要注意的是它们实际上不会执行具体代码。如果想在 AssetBundles 中包含代码，就需要引用 Reflection 类来实现。在 AssetBundle 中存储和加载二进制数据的具体实现如下面的代码片段所示。

代码位置：随书资源中的源代码/第 12 章/AssetBundle/Assets/Script/Includescripts.cs。

```
1   using UnityEngine;
2   using System.Collections;
3   public class Includescripts : MonoBehaviour{
4       public string url;                                      //定义 URL 字符串
5       IEnumerator Start(){
6       UnityWebRequest www = UnityWebRequest.Post(url, 1);//通过所给的 URL 开始一个下载
7       yield return www;                                       //等待下载完成
8       AssetBundle bundle =
9           DownloadHandlerAssetBundle.GetContent(www);         //加载并且取回 AssetBundle
10      TextAsset txt =
11          bundle.LoadAsset("myBinaryAsText") as TextAsset;    //加载对象并转换为 TextAsset 格式
12      var assembly = System.Reflection.Assembly.Load(txt.bytes);//引用 Reflection 类
13      var type=assembly.GetType("MyClassDerivedFromMonoBehaviour");
14      GameObject go = new GameObject();       //实例化一个 GameObject 并添加一个组件
15      go.AddComponent(type); }}
```

> **说明** 在此案例中，如果想要在资源包中包含用来执行应用程序的代码则需要预先编译，然后使用 Reflection 类来加载（注意，Reflection 类在 iOS 平台不可用）。可以使用任何版本的 C# IDE 编辑器（如 MonoDevelop、Visual Studio）或者使用 mono/.net 文档编辑器。

12.1.6 本节小结

AssetBundle 是 Unity 推荐的资源管理方式，是对资源管理的一个扩展，动态更新、网页游戏、资源下载都是基于 AssetBundle 系统实现的。Unity 5.x 对其进行了改动与更新，使得资源之间的依赖可以被自动处理，但是在一定的情况下还是需要手动处理资源之间的依赖关系。

本书也是对 AssetBundle 框架功能进行了一定的介绍，如果还有其他的疑问和需求可以查阅 Unity 官方的 API。学习好 AssetBundle 可以使读者对 Unity 的资源处理有一定的了解，从而可以更加熟练地使用 Unity 开发环境开发出更加优秀的游戏。

12.2 Lua 热更新

本节主要介绍 Unity 热更新的相关知识，主要包括热更新的基本情况介绍、Lua 语言的基本情况介绍，以及 XLua 框架的基本介绍。通过对本节的学习，读者可以对 Unity 的热更新有一个基本的认识并能够通过框架实现简单的游戏内容热更新。

12.2.1 热更新的基本介绍

每一款手游上线之后，经常需要进行游戏 bug 的修复或者是在遇到节日时发布一些活动等，这些通常都会涉及代码和资源的更新，那么除了要更新代码及部分资源外，有没有必要对整个游戏进行完全更新？答案是没有必要。那么该如何去做？在这里就会涉及游戏的热更新。那么什么是游戏的热更新？为什么要热更新？以及如何热更新？下面将对这些问题进行解答。

1. 什么是热更新

热更新（Hot Update）表示在不停机的情况下直接对系统进行修改。热更新是一种各大手游等众多 App 常用的更新方式。在 Unity 中，热更新就是指用户重启客户端就能实现客户端资源代码更新的需求和功能。

2. 为什么要热更新

举例来说，游戏上线以后，玩家下载第一个版本的游戏，在运行过程中，如果发现 bug 或者修改了逻辑，在不用热更新的情况下，就需要玩家重新打包下载，非常浪费流量和时间。而用了热更新技术，可以在不重新下载客户端的情况下更新游戏内容。热更新能够缩短用户取得新版客户端的流程，能够在开发中减少手游打包次数从而提升程序调试效率。游戏在运行时减少大版本更新次数可以在一定程度上减少用户流失。没有热更新时，用户的体验过程如图 12-9 所示。

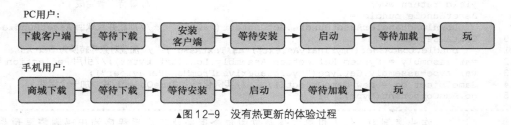

▲图 12-9　没有热更新的体验过程

当有了热更新之后，用户的体验过程如图 12-10 所示。

通过对比可以看出，有和没有热更新对用户的体验及影响非常大，热更新能够大大缩减用户获取新版客户端应用的流程，极大地提升了用户的体验。一个好的游戏，是为了能够吸引用户、方便用户、进而留住用户。要知道，有时多添加一个步骤，就有可能使用户觉得烦琐进而放弃这款游戏。所以，热更新技术已经成了当下大部分游戏的标配。

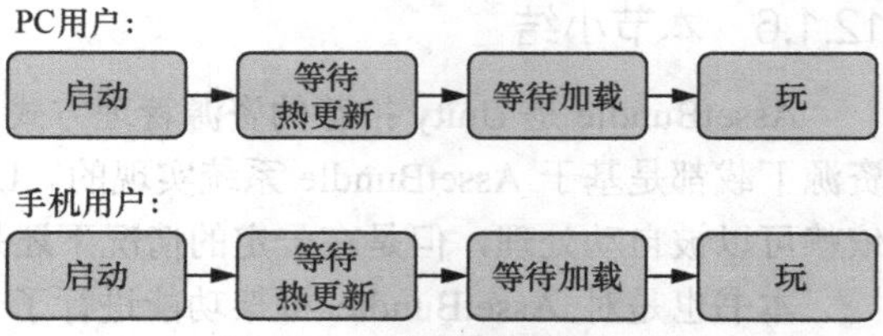

3. 如何热更新

C#是一门编程语言，用它编写的程序要想运行就必须要编译，而编译过程在移动端是无法完成的。所以当需要修改逻辑，C#代码发生改变时，就需要重新在开发环境下编译，然后进行打包下载。但这就违背了热更新的含义。那么有没有一种语言能够在任何平台都能进行编译呢？这就不得不提到在热更新时必须要用到的一门语言——Lua。

▲图 12-10　热更新的体验过程

Lua 是由标准 C 语言编写而成的小巧的脚本语言，几乎在所有操作系统和平台上都可以编译、运行。另外 Lua 还是一种很容易嵌入其他语言中使用的语言。它提供了非常易于使用的扩展接口和机制，Lua 可以使用这些功能，十分方便。Lua 作为目前流行的、免费轻量级嵌入式脚本语言，已然成为市面上各大主流游戏热更新框架的主要选择。其具有高效性、可移植性、可嵌入性、小巧轻便等诸多优点。而在 Unity 游戏更新中会有 SLua、ULua、ToLua、XLua 等多种方案，这里主要介绍的是 XLua 方案。

12.2.2 XLua 的基本介绍

XLua 是 Unity 下的 Lua 编程解决方案,在市面上已经应用于多款游戏。因其性能高、易用性和拓展性强而广受好评。XLua 的设计原则是在保证运行效率的前提下,尽量提升开发效率,所以其在性能、功能、易用性方面都有非常大的突破,主要如下。

❑ 使用 Unity 全平台热补丁技术,可以在运行时把 C#实现(方法、操作符、属性、事件、构造方法、析构方法、支持泛化)替换成 Lua 实现。

❑ 编辑器下无须生成代码,开发更轻量。

XLua 热更新技术支持在运行时把一个 C#实现替换为 Lua,这就意味着平时在编写逻辑时可以用 C#实现,运行时也用 C#,其性能几乎可以秒杀 Lua。在出现 bug 时,只需要开发一个 Lua 脚本去实现正确的 C#逻辑。这样可以做到不重装游戏。不仅如此,XLua 还有其他许多特性,具体如下。

1. XLua 的高性能

作为一个基础库,性能是至关重要的,其中有一项指标是大家非常关注的:C#的 gc alloc。另外,在复杂值类型表达方面,XLua 也取得了相当大的突破。只要一个 struct 只包含值类型,在配置 GCOptimize 后,其参数传递、数组访问无 GC。所有枚举在配置 GCOptimize 后无 GC。

除了在 GC 优化这块,Lua 和 C#的相互协调性能也可圈可点。下面通过用 C#调用 Lua 方法 math.max 来做介绍。先声明一个 delegate,并为它加上 CSharpCallLua 标签。

```
1  [XLua.CSharpCallLua]
2  public delegate double LuaMax(double a, double b);
```

然后将下载的 XLua 文件解压到 Unity 项目 Assets 文件目录下,创建一个 MonoBehaviour 并将其拖到场景中,然后在 Start 方法里加入以下代码语句。

```
1  XLua.LuaEnv luaenv = new XLua.LuaEnv();
2  luaenv.DoString("CS.UnityEngine.Debug.Log('hello world')");
3  luaenv.Dispose();
4  var max = luaenv.Global.GetInPath<LuaMax>("math.max");
5  Debug.Log("max:" + max(32, 12));
```

> **说明** 第 1 行和第 3 行分别是 LuaEnv 的创建和销毁。第 2 行 DoString 里面可以是任意的 Lua 代码,这里是调用 Debug.Log 输出 hello world。通过上述几行代码就可以将 Lua 的 math.max 绑定到 C#的 max 变量,这样就和调用 C#方法差不多了。这种特性既优雅又高效。

2. XLua 的拓展性

在开发过程中往往会用到很多东西,例如用 PB 和后台交互,解析 JSON 格式的配置文件等。虽然在 C#都可以找到相应的库,然后通过 XLua 找到相应的库,但这样效率很低。很多方案都是直接集成一些常用的 Lua 库,但这样会带来许多新的问题,例如这些库不经常用到却增加了安装包,对于某些项目库并不够等问题。

但对于 XLua,开发人员可以在不修改 XLua 代码的情况下根据个人需要添加库;通过 cmake 实现跨平台编译,可以选择伴随 XLua 一起编译,修改一个 makefile 文件就可以实现各平台编译;除了方便加入第三方 XLua 插件,XLua 的生成引擎还支持二次开发,可以编写生成插件,生成自己所需要的一些代码及配置。

3. XLua 的易用性

XLua 的易用不仅体现在编程方面,还体现在方方面面的细节上。其中包括菜单选项,如

图 12-11 所示。在菜单之外，开发人员甚至只需要在 build 手机版本前执行 Generate Code 即可。这就是 XLua 的特色：编辑器下无须生成代码支持所有特性。

XLua 最重要的功能就是热补丁技术。XLua 支持热补丁，这就意味着开发人员在平时开发中可以只用 C#，运行的时候也可以只用 C#，当代码出现问题时才用 Lua 来替换 C#出问题的部分，下次整体更新时再换回 C#，做到无需用户重启程序直接修复 bug。

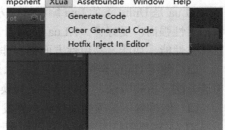

▲图 12-11 XLua 新增菜单

12.2.3 XLua 框架介绍

若想查看 XLua 框架，可以在官网下载官方案例，下载最新版本即可。解压完成后用 Unity 打开，会看到 Assets 文件夹中有几个文件夹，如图 12-12 所示。

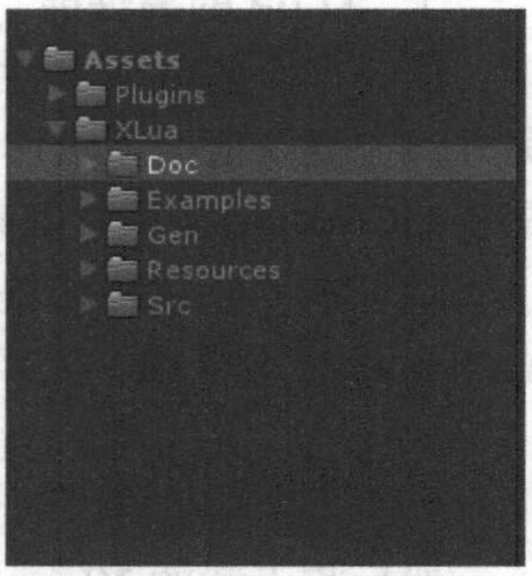

下面对 Assets 文件夹中的每个文件夹进行介绍，具体如下。

❑ Plugins：XLua 底层库所在的目录，里面存放的是不同平台的底层库

❑ Doc：官方文档介绍，其中包括了 XLua 增删的第三方库介绍、XLua 教程、XLua 配置等文档，建议开发人员在编写 XLua 项目时先查看此文件夹下的文档。

❑ Examples：框架自带的官方案例，开发人员可以运行里面的案例。

▲图 12-12 XLua 资源组成

❑ Gen：单击 Xlua→Generate Code 后所生成的 WRAP 文件。

❑ Resources：项目所需要的源文件将保留在此文件夹中。

❑ Src：官方案例所需要的 C#脚本保留在此文件夹中。

下面按照 Examples 中的案例提示进行测试。官方案例包括比较简单的入门例子、UI 逻辑控制、Lua 对象与 C#的配合、怎样通过 Lua 逻辑来使异步逻辑同步化等（运行过程比较简单，在此不做具体介绍，读者可以结合文档介绍自行运行查看），在此只对热补丁的运行过程进行简单介绍，具体如下。

（1）在 Unity 中打开案例后，单击 XLua/Examples/08_Hotfix/HotfixTest，如图 12-13 所示。

（2）由于案例中 hotfix 特性是默认关闭的，需要添加 HOTFIX_ENABLE 宏将其打开：在 Unity 的 File→Build Settings→Scripting Define Symbols 下输入 HOTFIX_ENABLE。如图 12-14 所示。

▲图 12-13 运行 hotfix 案例

▲图 12-14 手动添加宏

12.2 Lua 热更新

（3）定义完 HOTFIX_ENABLE 后需要添加 ceil，这时需要在 Unity 安装目录下找到 Mono.Cecil.dll、Mono.Cecil.Mdb.dll 和 Mono.Cecil.Pdb.dll 并将其放入到项目中。其文件的目录一般都是 Unity\Editor\Data\Managed，如图 12-15 和图 12-16 所示。

▲图 12-15　所需文件目录

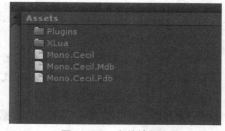

▲图 12-16　文件放置目录

（4）在 Unity 中单击 Xlua→Hotfix Inject In Editor，如果输出 hotfix inject finish!或者 had injected!，那么表示已经注入成功。这样就可以编写或者运行 hotfix 案例了。单击"运行"按钮，可以看到输出修改前和修改后的信息。

（5）同样，根据文档介绍也可以查看其他案例，在此不做介绍。读者如有兴趣可以查看随书案例。

12.2.4　XLua 常用方法介绍

介绍了 XLua 的整体框架后，下面将介绍一些在编写 XLua 时常用的方法，包括 Lua 文件加载、C#访问 Lua 文件、Lua 调用 C#等。

1．Lua 文件加载

热更新时加载 Lua 文件是必需的一个步骤，加载 Lua 文件有多种方式，包括执行 Lua 字符串、执行整套 Lua 脚本等，下面列出了 3 种方式。

（1）执行字符串

在 C#中如果想要执行一段 Lua 字符串，最简单的方式就是使用 LuaEnv.DoString。当然，这一段字符串必须要符合 Lua 语法。举例如下。

```
luaenv.DoString("print('hello world')")       //在 C#中执行 Lua 字符串
```

但这种方法并不常见，更建议使用下面这种方法。

（2）加载 Lua 文件

加载 Lua 文件最常用的是 require 方法，例如：DoString("require'byFile'")。require 实际上是调一个个的 loader 去加载，不成功就继续往下试，全部失败则直接返回文件加载失败。

目前 XLua 除了原生的 loader 外，还添加了从 Resource 加载的 loader，需要注意的是，Resource 只支持有限的扩展名，放在 Resource 文件夹下的 Lua 文件必须加上.txt 扩展名。建议加载 Lua 脚本的方式是：整个程序就执行一个 DoString("require'main'")。然后在 main.lua 脚本里加载其他脚本文件。即使 Lua 文件是从某地下载的或者是某个自定义的文件格式解压出来的，XLua 的 loader 方法仍满足这些需求。

（3）自定义 loader

在 XLua 中自定义 loader 是很简单的，只涉及一个接口。

```
1    public delegate byte[] CustomLoader(ref string filepath);    //定义回调方法
2    public void LuaEnv.AddLoader(CustomLoader loader)             //注册回调方法
```

> **说明** 通过 AddLoader 可以注册回调方法，回调参数应当是字符串，在 Lua 代码里调用 require 时，参数将会传给回调方法，回调方法可以根据这个参数去加载指定的文件，如果要支持调试，需要把 filepath 修改为真实的路径再传出。该回调返回值应当是一个 byte 数组，如果为空则表示该 loader 找不到，否则则为 Lua 文件的内容。

2. C#访问 Lua 文件

要想用 C#与 Lua 共同编写逻辑，二者的交互不可避免，那么如何在 C#中完成对 Lua 的访问呢？下面列出了 C#对 Lua 变量的访问方式。

（1）获取一个全局基本数据类型

这里指的是 C#主动发起对 Lua 数据结构的访问。C#在访问 Lua 的全局变量时只需调用 luaenv.Global 就可以了。其中有 Get 方法，可指定返回的类型。如下所示。

```
1  luaenv.Global.Get<int>("a")       //获取整型变量
2  luaenv.Global.Get<string>("b")    //获取字符串型变量
3  luaenv.Global.Get<bool>("c")      //获取布尔型变量
```

（2）访问一个全局的 table

C#在访问全局 table 时也是用 Get 方法，但数据类型要怎样定义呢？一般会分为以下两种情况。

- 映射到普通 class 或者 struct。

定义一个 class，有对应于 table 字段的 public 属性，而且使用无参数构造方法即可。例如对应于 {f1=100，f2=200} 的 Lua 代码，可以在 C#中定义一个包含 public int f1;public int f2 的 class。这种情况下 XLua 会 new 一个实例，并把字段赋值过去。table 的属性可以多于或者少于 class 的属性。需要注意的是，这个过程是复制，如果 class 比较复杂代价会比较大，而且对 class 字段值的修改不会同步到 table，反过来也不会。

- 映射到一个 interface。

这种方式依赖于生成代码，代码生成器会生成这个 interface 的实例，如果 Get 到一个属性，生成的代码会 Get 对应的 table 的字段。甚至可以通过 interface 的方法访问 Lua 方法。

（3）访问一个全局的 Function

C#访问全局 Function 仍然使用 Get 方法，不同的是类型映射。

- 映射到 delegate。

这种方式性能高，而且类型安全，但缺点是需要生成代码。对于 Function 的每个参数都声明一个输入类型的参数；如果有多个值，就要从左往右映射到 C#的输出参数，输出参数包括返回值、out 参数、ref 参数。其中参数、返回值类型支持各种复杂类型，甚至可以返回另外一个 delegate。

- 映射到 LuaFunction。

这种方式的优缺点恰好和上面的相反。其使用方式也很简单，LuaFunction 上有个 call 参数，可以传任意类型、任意数量的参数。返回值是 object 的数组，对应于 Lua 的多返回值。

> **说明** 访问 Lua 全局数据的代价比较大，建议尽量少做。例如在初始化时把要调用的 Lua Function 获取（映射到 delegate）一次并保存下来，后续直接调用该 delegate 即可；如果 Lua 侧的实现部分都是以 delegate 或者 interface 方式提供，使用时可以和 XLua 解耦：由一个专门的模块负责 XLua 的初始化及 delegate、interface 的映射，然后把这些 delegate 和 interface 设置到要用它们的地方。

3. Lua 调用 C#

同样，在用 Lua 修改逻辑时，就必须要调用 C#中的变量，下面介绍 Lua 访问 C#的一些常用的方法，包括对象的创建、属性的访问等情况。

（1）在 Lua 中创建 C#对象。在 C#代码中可以通过 new 关键字来创建一个对象，示例如下。

```
var newGameObj = new UnityEngine.GameObject();          //C#创建对象的方法
```

而在 Lua 中方法也大致相似，只是 Lua 中没有 new 关键字。如果含有多个构造参数，Lua 仍然支持重载，下例介绍了如何在 Lua 中创建单个对象和带参数的构造方法的对象。

```
local newGameObj = CS.UnityEngine.GameObject()                  //创建单个对象
local newGameObj2 = CS.UnityEngine.GameObject('helloworld')//创建带 string 参数的对象
```

> **说明** 所有与 C#相关的都放在 CS 下，包括构造方法、静态成员属性、方法等。

（2）表 12-1 列出了 Lua 对 C#中一些常用的属性的访问方法，包括队成员属性、静态属性及重载方法的访问。

表 12-1　　　　　　　　　　Lua 对 C#常用属性的访问方法

调用方式	注释	调用方式	注释
testobj:TestEvent('+', lua_event_callback)	读静态属性	testobj.DMF = 1024	写成员属性
CS.UnityEngine.Time.timeScale = 0.5	写静态属性	testobj:DMFunc()	调用成员方法
CS.UnityEngine.GameObject.Find('helloworld')	调用静态方法	testobj.DMF	读成员属性
CS.Tutorial.TestEnum.__CastFrom(1)	整数类型的转换	CS.UnityEngine.Time.deltaTime	增加事件回调

> **说明** 需要注意的是，对于要经常访问的类，可以先用局部变量引用后再访问，既减少了时间还提高了性能。表 12-1 只是列出了在 Lua 调用 C#时常用的几种方法，读者可查看官方案例文档进一步了解。

12.2.5　XLua 热更新案例

通过前面的介绍，读者应该已经初步了解了热更新的含义及相关内容，接下来将通过 XLua 框架来制作并实现热更新的初步案例，让读者明白如何使用框架来构建自己的游戏，并通过服务器来对游戏内容进行更新，具体步骤如下。

（1）单击桌面上的 Unity 快捷方式图标或者从 Unity Hub 进入 Unity，选择文件夹 HotUpdateTest，打开并进入 Unity 集成开发环境。

（2）在 Examples 目录下新建一个文件夹并重命名为 DEMO，如图 12-17 所示。这个文件夹将用来存放资源文件，例如声音、图片等资源。

（3）按 Ctrl+N 快捷键新建一个场景，然后按 Ctrl+S 快捷键保存场景文件并将其重命名为 demo，放到 DEMO 文件夹中。在 DEMO 文件夹下新建 Editor、Resources、Scripts、Texture 这 4 个文件夹来存放资源文件，如图 12-18 所示。

（4）搭建想要更新的游戏内容，这里采取简单的方块来代表具体的游戏内容，将需要使用的图片导入 Texture 文件夹中，如图 12-19 所示。可根据自己的需要搭建各种样式的游戏内容，示例效果如图 12-20 所示。

（5）本案例将通过 XLua 来修改方块的大小、转向，运行游戏让立方体的长、宽、高扩大为原来的两倍，rotation 的 x、y、z 都增加 30，并需要在服务器上传修改逻辑的代码文件 ChangeSelf.lua.txt。游

第 12 章　游戏资源更新

戏内容搭建完后将热更新示例立方体设置成预制件放置在文件夹中，如图 12-21 所示。

▲图 12-17　创建文件夹

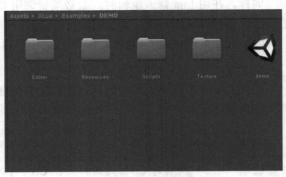
▲图 12-18　保存场景

▲图 12-19　导入图片资源

▲图 12-20　示例效果

（6）预制件创建好后要为其设置 AssetBundle 名称，这样在生成资源文件时才能将其打包并生成。单击预制件文件，在右下角为其设置 AssetBundle 名称，格式为"***.unity3d"，如图 12-22 所示。完成后可以将场景中的界面删除。

▲图 12-21　放置预制件

▲图 12-22　设置 AssetBundle 名称

（7）设置完成后就要编写所需要的 C#脚本了，在此要介绍案例的整体逻辑：将所需要的预制件和脚本打包成 AssetBundle，上传至服务器；每次运行程序时，执行 Lua 脚本中的内容，对事先设置好的预制件进行修改，然后将本地游戏中的内容修改成 Lua 代码所规定的样子。

（8）热更新测试脚本的整体思路是：使用 C#代码修改立方体大小为原来的 1/2，与 Lua 代码修改方案相反，如果执行的是 Lua 代码则代表更新成功。代码如下所示。

代码位置：随书资源中的源代码/第 12 章/HotUpdateTest/Assets/XLua/Examples/DEMO/Scripts/ChangeSelf.cs。

```
1    using UnityEngine;
2    using XLua;
3    [Hotfix]
4    public class ChangeSelf : MonoBehaviour{                    //变换方法
5    public Vector3 currentScale;                                //声明边长变量
```

```
6     public Quaternion currentRotation;              //声明旋转变量
7     public Vector3 laterScale;                      //声明改变后的边长变量
8     public Quaternion laterRotation;                //声明改变后的旋转变量
9     void Start(){
10        currentScale = this.transform.localScale;      //将原参数赋值给边长变量
11        currentRotation = this.transform.localRotation; //将原参数赋值给旋转变量
12        ChangeScale(currentScale);                   //边长变换方法
13        ChangeRotation(currentRotation);             //旋转变换方法
14        this.transform.localScale = laterScale;      //将变换后的值赋给游戏内值
15        this.transform.localRotation = laterRotation;} //将变换后的值赋给游戏内值
16    public void ChangeScale(Vector3 scale){
17        laterScale = scale * 0.5;}
18    public void ChangeRotation(Quaternion rotation){
19      laterRotation=Quaternion.Euler(rotation.eulerAngles.x+30,
20      rotation.eulerAngles.y+30,rotation.eulerAngles.z+30);}}  //修改物体旋转参数
```

> **说明** 第1~3行引用所需框架资源。第4~8行声明使用C#自变换过程中所用到的变量。第9~15行执行简单的赋值变换。第16~20行设定变换数值,除了将立方体的大小设置为原来的1/2外,立方体的x、y、z方向也应该分别旋转30度。

(9)资源下载方法要挂载在空对象上。在调用该方法时,只需将所需要的AssetBundle和立方体名称作为参数传递过来即可。代码如下所示。

代码位置:随书资源中的源代码/第12章/HotUpdateTest/Assets/XLua/Examples/DEMO/Scripts/LoadAssetBundles.cs。

```
1   using System.Collections;
2   using UnityEngine;
3   using System.Collections.Generic;
4   using UnityEngine.Networking;
5   public class LoadAssetBundles : MonoBehaviour{
6     IEnumerator Start(){                            //这里是服务器端的地址
7       string url = @"http://localhost:81/AssetBundles/luatestcube.unity3d";//设定URL地址
8       UnityWebRequest request =
9         UnityWebRequestAssetBundle.GetAssetBundle(url);  //创建Request对象
10      while(Caching.ready == false){
11          yield return null;}
12          using(var re=UnityWebRequest.Post
13            (@"http://localhost:81/AssetBundles/luatestcube.unity3d", 2.ToString())){
14          yield return re;                    //使用当前地址下载资源
15          if (!string.IsNullOrEmpty(re.error)){
16          Debug.Log(re.error);                //执行下载方法
17          yield return null;}
18    AssetBundle assetBundle =
19      (request.downloadHandler as DownloadHandlerAssetBundle).assetBundle;}}}
```

❑ 第1~8行引用所需框架资源,然后用LoadAssetBundles方法从本地文件夹加载出AssetBundle资源,并赋值给创建的AssetBundle对象。

❑ 第9~19行实例化Request对象,并获取其引用,将服务器中的资源通过指定形式下载到本地路径:先判断资源库是否为空,不为空则以指定形式下载资源。

(10)资源加载方法要挂载在空对象上。因为所需资源已经下载到本地,所以当需要调用资源时只需从本地加载即可。代码如下。

代码位置:随书资源中的源代码/第12章/HotUpdateTest/Assets/XLua/Examples/DEMO/Scripts/HotFixTests.cs。

```
1   public class HotFixTests : MonoBehaviour{
2   private LuaEnv m_kLuaEnv;
3   void Start(){
4       m_kLuaEnv = new LuaEnv();                    //Lua虚拟机
5       string path = Application.persistentDataPath + "/ChangeSelf.lua.txt";
                                                     //查找指定路径下Lua热更新文件
```

```
6          StartCoroutine(DownloadFile(path));}            //用协程下载读取文件内容
7     public IEnumerator DownloadFile(string path){
8          UnityWebRequest re = new UnityWebRequest(path);//创建UnityWebRequest对象
9          yield return re;
10         if(re.isDone){
11             System.IO.StreamReader sr =
12                 new System.IO.StreamReader(path, Encoding.UTF8);
13             if(sr != null){
14                 m_kLuaEnv.DoString(sr.ReadToEnd());}}}}//执行Lua中的语句
```

❑ 第 1~6 行创建 Lua 虚拟机，并查找指定路径下的 Lua 热更新文件，然后用 StartCoroutine 方法下载所需读取文件的具体内容，其中 ChangeSelf.lua.txt 是使用 Lua 编写的热更新文件。

❑ 第 7~14 行使用 UnityWebReques 网络类执行 Lua 中的语句，先创建 UnityWebRequest 网络类对象，然后判断是否使用 UnityWebRequest 网络类，如果是则执行 Lua 中的语句。

代码位置：随书资源中的源代码/第 12 章/HotUpdateTest/Assets/XLua/Examples/DEMO/Scripts/ReTexts.cs。

```
1   using System.Collections;
2   using System.IO;
3   using UnityEngine;
4   using UnityEngine.Networking;
5   public class ReTexts : MonoBehaviour{
6    private string urlPath = @"http://localhost:81/Xlua/ChangeSelf.lua.txt";  //设置URL路径
7    private string file_SaveUrl;                      //资源保存路径
8    private FileInfo file;
9    void Start(){
10       file_SaveUrl = Application.persistentDataPath + "/ChangeSelf.lua.txt";
11       file = new FileInfo(file_SaveUrl);
12       StartCoroutine(DownFile(urlPath));}        //执行下载方法
13   IEnumerator DownFile(string url){
14       UnityWebRequest re = new UnityWebRequest(url);  //创建UnityWebRequest对象
15       yield return re;
16       if(re.isDone){
17           Debug.Log("下载完成");                   //输出"下载完成"
18           byte[] bytes = re.downloadHandler.data;  //将资源存储在数组中
19           CreateFile(bytes);}}
20   void CreateFile(byte[] bytes){                   //保存路径所在文件
21       Stream stream;
22       stream = file.Create();                      //创建流
23       stream.Write(bytes, 0, bytes.Length);
24       stream.Close();                              //关闭流并释放资源
25       stream.Dispose();}}                          //释放流
```

❑ 第 1~19 行引用所需框架资源，根据服务器 URL，用 UnityWebRequest 方法获取服务器资源，并存储在 bytes 数组中，将数组作为参数传递给 CreateFile 方法。读取完成后输出"下载完"成信息。

❑ 第 20~25 行是将所获取的资源保存到本地的方法，先获取字节流，创建新的文件资源，将权限设置为读写操作。然后执行缓冲流、关闭流并释放流。

（11）整体逻辑完成后编写 AssetBundle 生成脚本，打开 CreateAssetbundles.cs 脚本，该脚本用于将所需要的预制件生成的 AssetBundle 保存在文件夹中并上传到服务器，如果文件夹不存在，需要手动创建。具体代码如下所示。

代码位置：随书资源中的源代码/第 12 章/HotUpdateTest/Assets/XLua/Examples/DEMO/Editor/CreateAssetbundles.cs。

```
1   sing UnityEditor;
2   sing System.IO;
3   ublic class CreateAssetBundles{
4     [MenuItem("Assets/BuildAssetBundles")]          //创建菜单选项
5     static void BuildAllAssetBundles(){
6        string dir = "F://Web Server//AssetBundles";
```

12.2 Lua 热更新

```
 7        if(Directory.Exists(dir) == false){      //判断文件夹是否存在
 8            Directory.CreateDirectory(dir);}     //不存在的情况下创建文件夹
 9    BuildPipeline.BuildAssetBundles(dir,          //参数：路径 压缩 平台
10        BuildAssetBundleOptions.None, BuildTarget.StandaloneWindows64);}}
```

> **说明** 第 1～5 行引用所需框架资源，创建菜单选项，执行下面的方法。第 6～10 行先判断文件夹是否存在，如果不存在，直接创建文件夹，然后将预制件生成的 AssetBundle 保存在此文件夹下。

（12）创建好 AssetBundle 后，单击菜单栏中的 Assets→BuildAssetBundles，如图 12-23 所示，即可将前面所设置的 AssetBundle 文件保存在指定文件夹下。在浏览器中查看文件列表，如图 12-24 所示，下文再具体介绍。

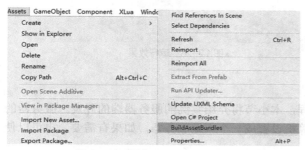

▲图 12-23 单击 BuildAssetBundles

▲图 12-24 查看文件列表

（13）客户端与服务器必须连接在同一局域网下，每次更改局域网需要修改 IP 地址，在 LoadAssetBundles.cs 脚本中设置指定的服务器地址，如图 12-25 所示。将项目导出为 APK 并安装到手机上，将手机与计算机连接在同一局域网下。运行效果如图 12-26 所示。

```
using System.Collections;
using UnityEngine;
using System.Collections.Generic;
using UnityEngine.Networking;
public class LoadAssetBundles : MonoBehaviour
{
    IEnumerator Start(){
        //这里的地址是服务器端的地址 localhost:后的数字是端口
        string url =[@"http://localhost:81/AssetBundles/luatestcube.unity3d";// eslint-disable-line no-unused-vars
        UnityWebRequest request = UnityWebRequestAssetBundle.GetAssetBundle(url);
        while (Caching.ready == false){
            yield return null;}
        using (var re = UnityWebRequest.Post(@"http://localhost:81/AssetBundles/luatestcube.unity3d", 2.ToString())){
            yield return re;
            if (!string.IsNullOrEmpty(re.error)){
                Debug.Log(re.error);
                yield return null;}
            AssetBundle assetBundle = (request.downloadHandler as DownloadHandlerAssetBundle).assetBundle;}}}
```

▲图 12-25 设置 IP 地址

▲图 12-26 运行效果

（14）通过新加的 Lua 代码修改之前的逻辑，将缩小立方体改为扩大立方体，调整旋转角度。代码如下所示。

代码位置：随书资源中的源代码/第 12 章/HotUpdateTest/Assets/XLua/Examples/DEMO/Scripts/ChangeSelf.lua.txt。

```
1  xlua.hotfix(CS.ChangeSelf,'ChangeScale',function(self,scale)  //设定方法,hotfix 标签
2    self.laterScale = scale *2                                    //改写赋值为两倍
3  end)
4  local Quaternion = CS.UnityEngine.Quaternion                    //修改 C#执行
5  local rot = CS.UnityEngine.Quaternion()
6  xlua.hotfix(CS.ChangeSelf,'ChangeRotation',function(self,rotation)  //执行热更新
7    self.laterRotation=Quaternion.Euler(rotation.eulerAngles.x+30,
8      rotation.eulerAngles.y+30,rotation.eulerAngles.z+30) end)    //旋转
```

> **说明** 上述代码使用了 XLua 代码，在代码中重写立方体变换的值，将缩小为原来的 1/2 更改为扩大 2 倍，并执行 30 度转向，上述代码使用时要上传至服务器。

（15）上述所有代码编写完成后，依次编译代码和热更新代码，如图 12-27 所示。重新生成 AssetBundle，将生成的 AssetBundle 上传到服务器上，重新运行项目，可以看到生成的界面如图 12-28 所示。

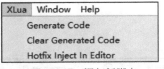

▲图 12-27 添加新脚本

▲图 12-28 运行效果

12.2.6 热更新服务器配置

前文介绍了热更新案例客户端的开发过程，本小节将介绍案例的服务器端的开发。服务器的作用是将更新的资源传给客户端。这里将计算机设置成一个本地服务器，如果有需要，也可以使用其他种类的服务器。

（1）打开控制面板→系统和安全，选择"管理工具"并选择 IIS，如图 12-29 和图 12-30 所示。

▲图 12-29 选择"管理工具"

▲图 12-30 选择 IIS

（2）打开 IIS 网络管理器后，在对话框左侧右击网站选项并在弹出的快捷菜单中选择"添加网站"选项，如图 12-31 所示。自定义"网站名称"，"应用程序池"选择 DefaultAppPool，"物理路径"为服务器所在的路径，在示例中路径设置为 F:\Web Server，"端口"填一个二位数字，如图 12-32 所示。

（3）在本地服务器中创建并打开 AssetBundles 目录，如果是已经使用过的服务器就可以看到在上一小节中创建的所有 AssetBundle，如图 12-33 所示。客户端就是通过下载这些文件来生成游戏更新内容的。

（4）所有内容准备完毕后就要启动服务器了，在 IIS 网络管理器中选择刚创建的网站，在对话框右侧管理网站中单击"启动"即可，如图 12-34 所示。打开服务器后，在浏览器中输入 http://localhost:81 来查看服务器所存放的文件，如果浏览器弹出服务器中的文件目录，如图 12-35 所示，说明服务器启动成功。这样就可以通过客户端来访问服务器了。需要注意的是查看目录这一功能有时需要在 IIS 管理器中手动打开，如图 12-36 所示。

12.2 Lua 热更新

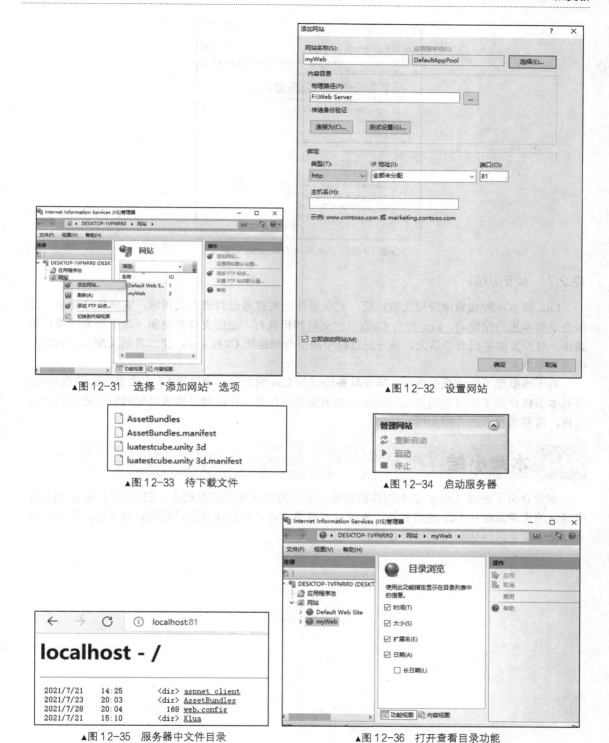

▲图 12-31 选择"添加网站"选项
▲图 12-32 设置网站
▲图 12-33 待下载文件
▲图 12-34 启动服务器
▲图 12-35 服务器中文件目录
▲图 12-36 打开查看目录功能

（5）有时设备中没有启用 IIS 管理器，以 Windows 为例则需要在控制面板→程序→启用或关闭 Windows 功能中，勾选所有 IIS 相关功能，如图 12-37 所示。

▲图 12-37　启用或关闭 Windows 功能

12.2.7　本节小结

Lua 脚本在游戏领域应用比较广泛，它在设计之初就考虑到嵌入式领域，它体积非常小，性能也是脚本里的佼佼者。Lua 相对 C#而言它支持解析执行，进而支持热更新，对于较大的项目免编译，对开发效率提升非常大。在开发过程中需要合理运用 C#和 Lua，使二者相互配合，这样才能使效率最大化。

对于该框架下的游戏热更新，需要具备较强的 Lua 编程能力来实现 UI 丰富多样的游戏功能。而且本节仅介绍了如何使用热更新框架，如果想要明白其工作机制及修改框架内容以适应自己的项目，请参考官方的介绍文档。

12.3　本章小结

本章介绍了通过 Unity 引擎制作的移动端设备游戏更新的开发技术，包括使用 AssetBundle 资源包的更新及使用 Lua 的热更新。通过对本章的学习，相信读者在以后的开发工作过程中可以更加得心应手，以达到所期望的效果。

第 13 章 多线程技术与网络开发

本章将介绍 Unity 中的多线程技术与网络开发，希望通过对本章内容的学习，读者可以比较熟练地在 Unity 游戏开发中使用多线程技术，从而提高开发效率，开发出优秀的网络游戏。

13.1 多线程技术

本节将介绍在 Unity 游戏开发中经常需要使用的多线程技术，主要包括多线程技术的基础知识、多线程技术用于大量计算及多线程技术在网络开发中的应用 3 个部分。

13.1.1 多线程技术的基础知识

本小节将介绍多线程技术的基础知识，Unity 中使用的多线程技术其实就是 C#所使用的多线程技术。本小节介绍的内容主要包括开启线程、加锁及线程休眠等。

1. 开启线程

在 Unity 中开启线程需要使用.net 类库中的 Thread 类，执行线程的方法以方法托管的形式作为 Thread 类的实例化对象的构造方法的参数，由 Thread 类的 Start 方法来启动线程并执行托管的方法。具体可以使用如下的 C#代码片段来实现。

```
1   using UnityEngine;
2   using System.Collections;
3   using System.Threading;                    //引用包含 Thread 类的命名空间
4   public class NewBehaviourScript : MonoBehaviour {
5       void Start () {                         //Start 方法
6           Thread thread = new Thread(run);    //实例化 Thread 类的对象
7           thread.Start();                     //启动线程
8       }
9       void run(){                             //执行线程的方法
10          Debug.Log("开启线程");               //输出提示信息
11  }}
```

> **说明** 因为 Thread 类包含在 System.Threading 命名空间下，所以必须引用 System.Threading 命名空间。run 方法以方法托管的形式作为 Thread 类的 thread 实例化对象的构造方法的参数，然后再由 Thread 类的 Start 方法来启动线程执行 run 方法。

2. 加锁

当多个线程同时访问或修改同一数据时可能导致数据错误，为防止这种现象的发生，就必须强制同一时刻同一数据只能被一个线程访问或修改。这就需要为操作数据的部分加锁，同一时刻只有拿到锁的线程才能操作数据，没有拿到锁的线程需要等待。具体可以使用如下的 C#代码片段来实现。

```
1   using UnityEngine;
2   using System.Collections;
3   using System.Threading;                    //引用包含 Thread 类的命名空间
```

```
4   public class NewBehaviourScript : MonoBehaviour {
5     public static Object o=new Object();        //实例化锁对象
6     public int n = 0;                           //数据
7     void Start () {
8       Thread thread1 = new Thread(run1);        //实例化 Thread 类的对象 thread1
9       Thread thread2 = new Thread(run2);        //实例化 Thread 类的对象 thread2
10      thread1.Start();                          //启动 thread1 线程
11      thread2.Start();                          //启动 thread2 线程
12    }
13    void run1(){                                //thread1 线程执行的方法
14      for (int i = 0; i < 100; i++){
15        lock (o){                               //获取锁
16          n++;                                  //操作数据
17    }}}
18    ...//此处省略了 run2 方法的代码,run2 方法与 run1 方法相似,可以参考 run1 方法的代码
19  }
```

❑ 第 5~11 行主要实例化锁对象和声明数据,在 Start 方法中实例化 Thread 类的对象 thread1 和 thread2,并启动这两个线程。

❑ 第 13~18 行为 thread1 线程执行的 run1 方法和 thread2 线程执行的 run2 方法,在操作数据之前都需要获取锁,只有获得锁的线程才能操作数据,操作数据完成后释放锁。

3. 线程休眠

在 Unity 游戏开发中有时需要另启线程定时做某些事情,这时就需要线程休眠固定的时间。Thread 类的 Sleep 静态方法用于使线程休眠固定的时间,该方法的参数为一个 float 类型的数据,表示线程休眠的以 ms 为单位的时间。具体可以使用如下的 C#代码片段来实现。

```
1   using UnityEngine;
2   using System.Collections;
3   using System.Threading;                       //引用包含 Thread 类的命名空间
4   public class NewBehaviourScript : MonoBehaviour {
5     bool flag = true;                           //线程是否停止标志位
6     void Start () {
7       Thread thread = new Thread(Run);          //实例化 Thread 类的对象
8       thread.Start();                           //启动线程
9     }
10    void Run(){
11      while (flag){                             //线程继续执行
12        Debug.Log("run");                       //输出信息
13        Thread.Sleep(1000);                     //线程休眠 1s
14    }}
15    void OnApplicationQuit(){                   //游戏退出之前系统回调方法
16      flag = false;                             //将线程是否停止标志位设为 false
17  }}
```

❑ 第 3~9 行主要引用包含 Thread 类的命名空间并定义线程是否停止标志位。在 Start 方法中实例化 Thread 类的对象并开启线程。

❑ 第 10~14 行为线程执行的 Run 方法。该方法主要功能为每隔 1s 输出一行提示信息。在 Run 方法中主体为一个循环体,在循环体中先输出提示信息,然后使线程休眠 1s。

❑ 第 15~17 行为 OnApplicationQuit 方法的重写,该方法在游戏退出之前由系统自动回调。该方法的主要功能是将线程是否停止标志位设为 false,使线程停止。

13.1.2 多线程技术用于大量计算

在 Unity 游戏开发中有时会出现因为有些地方需要大量计算引起的游戏卡顿问题,多线程技术就能很好地解决这个问题。大量计算如果在主线程内完成,则因大量计算长时间占用主线程使游戏卡顿,如果另启线程用于计算,就不会占用主线程。下面通过案例来更加直观地展示多线程技术用于大量计算。

(1) 新建场景。在 Assets 文件夹下创建一个场景,命名为 test,在场景中创建一个空对象。

设置空对象的位置，具体设置如图 13-1 所示。创建一个 Sphere 对象，把它拖到空对象上，使其成为空对象的子对象，设置 Sphere 对象的位置和大小，具体如图 13-2 所示。

▲图 13-1 设置空对象的位置

▲图 13-2 设置 Sphere 对象的位置和大小

（2）在 Script 文件夹下创建一个脚本，命名为 XuanZhuan，该脚本的主要功能为使小球围绕空对象不断旋转。将创建的 XuanZhuan 脚本拖到空对象上，双击打开该脚本，开始 XuanZhuan 脚本的编写。

代码位置：随书资源中的源代码/第 13 章/DuoXianCheng/Assets/Script/XuanZhuan.cs。

```
1   using UnityEngine;
2   using System.Collections;
3   public class XuanZhuan : MonoBehaviour {
4     void Update () {                              //Update 方法
5       this.transform.Rotate(0, 0, 5);             //绕 z 轴不断旋转
6   }}
```

（3）创建用于进行大量计算的脚本。在 Project 面板中右击并从弹出的快捷菜单中选择 Create→C# Scripts，在 Script 文件夹下创建一个脚本，命名为 XianShi，将创建的 XianShi 脚本拖到主摄像机对象上，双击打开该脚本，开始 XianShi 脚本的编写。

代码位置：随书资源中的源代码/第 13 章/DuoXianCheng/Assets/Script/XianShi.cs。

```
1   using UnityEngine;
2   using System.Collections;
3   using System.Threading;                         //引用包含 Thread 类的命名空间
4   public class XianShi : MonoBehaviour {
5     public GUIStyle myStyle;                      //GUI 显示样式
6     Object n=new Object();                        //实例化锁对象
7     long shu = 0;                                 //大量计算后的结果数据
8     long xian = 0;                                //用于显示大量计算后的结果数据
9     ...//此处省略了用于显示位置的变量，有兴趣的读者可以查看随书资源中的源代码
10    void Update () {
11      lock (n){                                   //获取锁
12        xian = shu;                               //将大量计算后的结果数据赋给用于显示的数据
13    }}
14    void OnGUI () {
15      GUI.skin.button.fontSize = 50;              //设置显示数字的字体大小
16      GUI.Label(new Rect(xx, yy, xx1, yy1), xian.ToString(),myStyle);
                                                    //显示大量计算后的结果数据
17      if(GUI.Button(new Rect(x, y, x1, y1), "另启线程")){//另启线程进行大量计算的按钮
18        Thread a = new Thread(run);               //实例化线程对象
19        a.Start();                                //开启线程
20      }
21      if(GUI.Button(new Rect(i, j, i1, j1), "主线程")){  //在主线程中进行大量计算的按钮
22        run();                                    //执行大量计算的方法
23      }
24      if(GUI.Button(new Rect(ii, jj, ii1, jj1), "归零")){//数据归零按钮
25        lock (n) {                                //获取锁
26          shu = 0;                                //数据归零
27    }}}
28    void run(){                                   //用于执行大量计算的方法
29      long te = 0;                                //定义临时变量
30      for(long i = 0; i < 100000000; i++){        //模拟大量计算
31        te += 1;                                  //临时变量不断加一
32      }
33      lock (n) {                                  //获取锁
34        shu = te;                                 //将计算结果赋给用于记录大量计算后的结果数据
35    }}}
```

❑ 第 3～9 行主要引用包含 Thread 类的命名空间及声明 GUI 显示样式、锁对象、大量计算后的结果数据及用于显示大量计算后的结果数据等变量。此处省略了用于显示位置的变量，有兴趣的读者可以查看随书资源中的源代码。

❑ 第 10～13 行重写了 Update 方法，该方法系统每帧调用一次，主要功能为获取锁后将大量计算后的结果数据赋给用于显示的数据。

❑ 第 14～27 行主要设置字体大小、显示大量计算后的结果数据及显示另启线程进行大量计算的按钮，设置主线程进行大量计算的按钮和显示数据归零按钮。单击不同线程的按钮后将分别进行大量计算。

❑ 第 28～35 行为用于执行大量计算的方法。通过进行 100000000 次的循环来模拟大量计算。最后将计算结果赋给用于记录大量计算后的结果数据。

（4）单击"运行"按钮，观察效果。先单击"主线程"按钮，会发现小球不再转动，这便是因为大量计算长时间占用主线程而使游戏卡顿。计算完成后小球恢复转动，屏幕上显示出计算结果，这便演示了占用主线程计算的缺点。

（5）单击"归零"按钮使数据归零，再单击"另启线程"按钮，发现游戏正常运行，小球不断转动，这是因为大量计算另启线程不占用主线程。大量计算完成后屏幕上显示出计算结果。案例运行效果如图 13-3 所示。

▲图 13-3　案例运行效果

> 说明　本案例的源文件位于随书资源中的源代码/第 13 章/DuoXianCheng。如果想运行本案例，只需把 DuoXianCheng 文件夹复制到非中文路径下，然后双击 DuoXianCheng/Assets 目录下的 test.unity 文件就能够打开并运行了。

13.1.3　多线程技术在网络开发中的应用

本小节将介绍多线程技术在网络开发中的应用。在网络开发中，从服务器接受信息必须另启线程来完成，否则会因为等待从服务器接受信息而使游戏主线程堵塞。下面通过一个网络开发案例来展示多线程技术在网络开发中的应用。

（1）新建场景。在 Assets 文件夹下创建一个场景，命名为 test，在场景中创建一个 Sphere 对象。设置 Sphere 对象的位置和大小，具体设置如图 13-4 所示。创建虚拟摇杆对象，具体步骤参考前文介绍虚拟摇杆的部分。

▲图 13-4　设置 Sphere 对象的位置和大小

（2）在 Project 面板中右击并从弹出的快捷菜单中选择 Create→C# Scripts，在 Script 文件夹下新建一个脚本，命名为 ConnectSocket，该脚本的主要功能为创建与服务器的连接并另启线程从服务器接受信息。双击打开该脚本，开始 ConnectSocket 脚本的编写。

代码位置：随书资源中的源代码/第 13 章/wangluo/Assets/Script/ConnectSocket.cs。

```
1    using UnityEngine;
2    using System.Collections;
```

13.1 多线程技术

```
3    ...//此处省略了命名空间的引入的代码,有兴趣的读者可以自行查看随书资源中的源代码
4    public class ConnectSocket{
5      public static Socket mySocket;                          //Socket 对象
6      private static ConnectSocket instance;                  //连接 Socket 对象
7      public static System.Object o = new System.Object();    //实例化锁对象
8      public static ConnectSocket getSocketInstance(){        //获取实例化对象
9        instance = new ConnectSocket();                       //创建 Socket 对象
10       return instance;                                      //返回连接 Socket 对象
11     }
12     ConnectSocket(){                                        //构造器
13       mySocket = new Socket(AddressFamily.InterNetwork, SocketType.
14       Stream, ProtocolType.Tcp);                            //获取 Socket 类型的数据
15       IPAddress ip = IPAddress.Parse("192.168.191.1");      //服务器 IP 地址
16       IPEndPoint ipe = new IPEndPoint(ip,2001);             //服务器端口
17       IAsyncResult result=mySocket.BeginConnect(ipe,new AsyncCallback
         (connectCallBack),mySocket);
18       result.AsyncWaitHandle.WaitOne(5000, true);           //连接等待时间
19       if(mySocket.Connected){                               //连接成功
20         Thread thread = new Thread(new ThreadStart(getMSG));//从服务器接收消息
21         thread.IsBackground = true;    //将从服务器接收消息线程设为后台线程
22         thread.Start();                                     //开始线程
23     }}
24     private void connectCallBack(IAsyncResult ast){         //成功建立连接回调方法
25       Debug.Log("Connect Success");
26     }
27     private void getMSG(){
28       ...//此处省略了从服务器接收消息的代码,后文将详细介绍
29     }
30     public void sendMSG(byte[] bytes){
31       ...//此处省略了向服务器发送信息的代码,后文将详细介绍
32   }}
```

❏ 第1~7行引入命名空间、声明变量。主要声明 Socket 对象、连接 Socket 对象及实例化锁对象。在集成开发环境下的 Inspector 面板中可以为各个变量指定资源或者赋值。

❏ 第8~17行创建获取实例化对象的方法,在方法中创建 Socket 对象,最后返回连接 Socket 对象。然后将 Socket 对象设为空,获取 Socket 类型的数据,设置服务器 IP 地址,设置服务器端口,返回异步连接服务器连接成功回调结果。

❏ 第19~23行的主要功能是如果连接服务器成功,则从服务器接收消息,并将从服务器接收消息线程设为后台线程。

❏ 第27~32行的主要功能是从服务器接收消息和向服务器发送消息,通过调用这两个方法来向服务器发送玩家操纵指令。此处省略了代码,下面将分别进行详细介绍。

(3) ConnectSocket.cs 脚本通过 getMSG 方法从服务器接收游戏数据来控制场景中的小球对象,通过 sendMSG 方法来向服务器发送玩家操纵指令,这些方法的具体代码如下。

代码位置:随书资源中的源代码/第13章/wangluo/Assets/Script/ConnectSocket.cs。

```
1   private void getMSG(){                                     //从服务器接收消息的方法
2     while (true){
3       try{
4         byte[] bytesLen=new byte[4];                         //创建数组
5         mySocket.Receive(bytesLen);                          //接收长度
6         int length = ByteUtil.byteArray2Int(bytesLen,0);//将 bytesLen 转成 int 类型
7         byte[] bytes = new byte[length];                     //声明接收数组
8         int count = 0;                                       //计数器
9         while (count < length){                              //当收到长度小于 length
10          int tempLength = mySocket.Receive(bytes);          //接收数据
11          count += tempLength;                  //计数器记录接收到字节的数目
12        }
13        splitBytes(bytes);                                   //拆字符串
14      }catch (Exception e){
15        Debug.Log(e.ToString());                             //输出异常信息
16        break;                                               //退出循环
17   }}}
```

```
18    public void sendMSG(byte[] bytes){              //向服务器发送玩家操纵指令的方法
19      try{
20        int length = bytes.Length;                  //获取要发送数据包的长度
21        byte[] blength = ByteUtil.int2ByteArray(length);  //转换为byte[]数组
22        mySocket.Send(blength,SocketFlags.None);    //发数据包长度
23        mySocket.Send(bytes,SocketFlags.None);      //发数据包
24      }catch (Exception e){
25        Debug.Log(e.ToString());                    //输出异常信息
26    }}
```

❑ 第4~17行主要创建数组用于存储接收长度数字,将bytesLen转成int类型,声明接收数组和计数器。收到数据的长度小于length,则接收数据,计数器记录接收到字节的数目。调用拆字符串的方法来拆字符串。如果程序发生异常,则断开与服务器的连接。

❑ 第18~26行的主要功能是发送信息,由脚本调用并将要发送的信息传入,依旧要按照协议先取出要发送数据包的长度并转换成数据流进行发送,然后发送实际数据包,这样做的好处是可以避免在网络传输过程中出现包的撕裂等现象导致收到的数据不全。

(4)创建用于存储从服务器接收的小球位置数据的脚本,并命名为GameData,该脚本里面的类为静态类,所以不需要挂载到任何游戏对象上。双击打开该脚本,开始GameData脚本的编写。

代码位置:随书资源中的源代码/第13章/wangluo/Assets/Script/GameData.cs。

```
1   using UnityEngine;
2   using System.Collections;
3   public static class GameData {
4     public static float x=0;                      ///小球位置x坐标
5     public static float y=0;                      ///小球位置y坐标
6   }
```

> **说明** 从服务器接收的小球位置先存储在该静态类的静态变量中,然后每帧从该静态类的静态变量中读取数据来设置小球位置。

(5)创建脚本并命名为MoveSphere,该脚本的主要作用为每帧从GameData静态类的静态变量中读取数据来设置小球位置。将该脚本拖到Sphere对象上。双击打开该脚本,开始MoveSphere脚本的编写。

代码位置:随书资源中的源代码/第13章/wangluo/Assets/Script/MoveSphere.cs。

```
1   using UnityEngine;
2   using System.Collections;
3   public class MoveSphere : MonoBehaviour {
4     void Update(){
5       float tex=0, tey=0;                         //声明临时变量
6       lock (ConnectSocket.o){                     //获取锁
7         tex = GameData.x;                         //将读取的小球位置x坐标数据赋值给tex临时变量
8         tey = GameData.y;                         //将读取的小球位置y坐标数据赋值给tey临时变量
9       }
10      Vector3 te = this.transform.position;       //获取小球位置
11      te.x = tex;                                 //设置小球位置x坐标
12      te.y = tey;                                 //设置小球位置y坐标
13      this.transform.position = te;               //设置小球位置
14  }}
```

❑ 第5~9行主要实现在获取锁后将读取的小球位置x坐标数据赋值给tex临时变量并将读取的小球位置y坐标数据赋值给tey临时变量。

❑ 第10~13行主要设置小球位置。先获取小球位置,再设置小球位置x坐标和y坐标,然后设置小球位置。

(6)创建脚本并命名为JoystickButton,该脚本的主要作用为监听虚拟摇杆移动并向服务器发

送玩家操纵指令。将该脚本拖到主摄像机上。双击打开该脚本，开始 JoystickButton 脚本的编写。

代码位置：随书资源中的源代码/第 13 章/wangluo/Assets/Script/JoystickButton.cs。

```
1   using UnityEngine;
2   using System.Collections;
3   ...//此处省略了命名空间的引入的代码，有兴趣的读者可以自行查看随书资源中的源代码
4   public class JoystickButton : MonoBehaviour {
5     private ConnectSocket mySocket;                        //连接 Socket
6     ...//此处省略了给虚拟摇杆加监听的代码，有兴趣的读者可以自行查看随书资源中的源代码
7     void OnJoystickMove(MovingJoystick move) {             //移动虚拟摇杆监听方法
8       float joyPositionX = move.joystickAxis.x/10;         //获取虚拟摇杆 x 轴坐标
9       float joyPositionY = move.joystickAxis.y/10;         //获取虚拟摇杆 y 轴坐标
10      byte[] x = ByteUtil.float2ByteArray(joyPositionX);   //将虚拟摇杆 x 轴坐标转化为 byte 数组
11      byte[] y = ByteUtil.float2ByteArray(joyPositionY);   //将虚拟摇杆 y 轴坐标转化为 byte 数组
12      byte[] sendMSG={x[0],x[1],x[2],x[3],y[0],y[1],y[2],y[3]};//创建操纵指令 byte 数组
13      mySocket.sendMSG(sendMSG);                           //向服务器发送玩家操纵指令
14  }}
```

❑ 第 1～6 行主要引入命名空间和给虚拟摇杆加监听。此处省略了具体的代码，有兴趣的读者可以自行查看随书资源中的源代码。

❑ 第 7～14 行为移动虚拟摇杆监听方法。其主要功能为通过获取虚拟摇杆 x 轴坐标和 y 轴坐标来向服务器发送玩家操纵指令。

（7）开发服务器端。服务器端程序主要用于接收玩家操纵指令，并根据操纵指令修改小球位置，然后将小球位置发送到每个客户端。服务器端的代码相当复杂，因为本书主要讲 Unity 开发，所以服务器端的开发不进行详细介绍。

> **说明** 服务器端的程序可以由多种语言开发，本案例使用 Java 进行了服务器的开发，只要能实现与客户端的数据交互协议，也可以用其他语言进行服务器端的开发，只不过 Java 的跨平台能力比较强，开发服务器端代码比较方便。

（8）运行游戏观察效果。先启动服务器端程序，然后单击"运行"按钮运行客户端，拖动虚拟摇杆，发现小球按照虚拟摇杆拖动的方向移动。也可以将客户端程序导入多部手机上同时运行，发现每部手机都能控制小球的移动，而且所有手机上小球的位置实时同步。案例运行效果如图 13-5 所示。

▲图 13-5　案例运行效果

> **说明** 本案例客服端的源文件位于随书资源中的源代码/第 13 章/wangluo。如果想运行本案例，只需把 wangluo 文件夹复制到非中文路径下，然后双击 wangluo/Assets 目录下的 test.unity 文件就能够打开并运行客服端了。

13.2　UnityWebRequest 类

在 Untiy 中可以很简单地声明和使用网络。本小节将介绍一个简单的访问网络资源的类——

UnityWebRequest。UnityWebRequest 类可以实现访问网络资源的功能。

13.2.1 用 UnityWebRequest 类下载网络资源

Unity 将要逐步放弃 WWW 网络请求 API，将其换为 UnityWebRequest。WWW 的缺点之一是不存在 timeout 属性，因此当网络不好，请求超时时它无法做出判断。而 UnityWebRequest 有断点传送的功能，即下载了一部分下载中断后，再次下载时会从上次下载暂停的地方继续，而不是重新下载。

UnityWebRequest 是用于 HTTP 请求和处理 HTTP 响应的模块化系统。UnityWebRequest 允许 Unity 的 games 去连接 Web brower 后端，同时也具有支持高需求的特点，例如 HTTP 请求、Post/Put 流操作，并且完全控制 HTTP 的包头和动作。下面以一个下载网上资源的案例介绍 UnityWebRequest 的应用，案例效果如图 13-6 所示。

▲图 13-6 案例效果

13.2.2 场景搭建

13.2.1 小节介绍了 UnityWebRequest 类的特性，这一小节将介绍如何利用 UnityWebRequest 类下载网络上的文件。首先需要理解的是断点传送的优点。断点传送可以在网络不稳定的时候从断点处继续下载而不是重新下载。案例创建步骤如下。

（1）本案例的场景搭建极为简单，单击 GameObject→3D Object→Cube，新建一个正方体，如图 13-7 所示。此正方体并无实际作用，仅用于挂载用于下载资源的脚本，故调整摄像机位置时，不用将其显示在视口之内。

▲图 13-7 新建正方体

（2）搭建进度条界面。单击 GameObject→UI→Slider 创建进度条，再单击 GameObject→UI→Button 创建按钮，单击 GameObject→UI→text 创建文本框，如图 13-8 所示。将 3 个组件摆放至合适的位置，如图 13-9 所示。

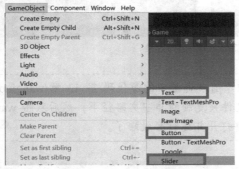

▲图 13-8 搭建进度条界面

▲图 13-9 摆放位置

（3）为下载的文件设置位置。找到此案例文件的位置，打开 Assets 文件新建一个名为

StreamingAssets 的文件夹,再在此文件夹中新建一个名为 MP4 的文件夹,此文件夹就是下载的文件所储存的位置,根据需要可以进行更改,如图 13-10 所示。

(4)新建一个 C#脚本,并重命名为 NetWork。双击脚本,进入 Microsoft Visual Studio 编辑器,开始 Network 脚本的编写。本脚本主要通过 UnityWebRequest 类访问网页并下载视频,将此脚本挂载在前文创建的正方体对象上,具体脚本代码如下。

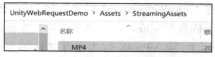

▲图 13-10 文件夹路径

代码位置:随书资源中的源代码/第 13 章/UnityWebRequestDemo/Assets/Network.cs。

```
1   using System;
2   ...//此处省略了部分代码,请参考随书资源
3   using UnityEngine.UI;
4   public class Network : MonoBehaviour{
5       public Slider ProgressBar;                  //进度条
6       public Text SliderValue;                    //滑动条值
7       private Button startBtn;                    //开始按钮
8       void Start() {                              //初始化进度条和文本框
9           ProgressBar.value = 0;                  //设置进度条值为0
10          SliderValue.text = "0.0%";              //设置文本为0.0%
11          startBtn = GameObject.Find("Start Button").GetComponent<Button>();
                                                    //获取按钮对象
12          startBtn.onClick.AddListener(OnClickStartDownload);   //获取按钮监听
13      }
14      public void OnClickStartDownload() {        //按钮监听方法
15          StartCoroutine(DownloadFile());         //调用下载文件方法
16      }
17      IEnumerator DownloadFile(){                 //下载文件的方法
18          UnityWebRequest uwr = UnityWebRequest.Get("http://www.chinar.xin/
            chinarweb/WebRequest
19          /Get/00-效果.mp4");                    //创建UnityWebRequest对象,将URL传入
20          uwr.SendWebRequest();                   //开始请求
21          if (uwr.isNetworkError || uwr.isHttpError) {//如果出错
22              Debug.Log(uwr.error);               //输出错误信息
23          }else{
24              while(!uwr.isDone) {                //只要下载没有完成,一直执行此循环
25                  ProgressBar.value = uwr.downloadProgress;  //展示下载进度
26                  SliderValue.text = Math.Floor(uwr.downloadProgress * 100) + "%";
                                                    //计算进度数值
27                  yield return 0;
28              }
29              if(uwr.isDone) {                    //如果下载完成了
30                  print("完成");                  //输出"完成"
31                  ProgressBar.value = 1;          //改变进度条的值
32                  SliderValue.text = 100 + "%";   //改变文本框内容
33              }
34              byte[] results = uwr.downloadHandler.data;   //获取下载数据
35              CreateFile(Application.streamingAssetsPath + "/MP4/test.mp4",
                results, uwr.downloadHandler
36              .data.Length);
37              AssetDatabase.Refresh();            //刷新一下
38      }}
39      void CreateFile(string path, byte[] bytes, int length){ //新建文件方法
40          Stream sw;                              //声明流
41          FileInfo file = new FileInfo(path);     //声明文件路径
42          if(!file.Exists){                       //文件路径存在,新建文件
43              sw = file.Create();
44          }else{return;}                          //否则返回
45          sw.Write(bytes, 0, length);             //写入数据
46          sw.Close();                             //关闭流
47          sw.Dispose();                           //销毁流
48      }}
```

❑ 第 1~13 行主要导入系统相关类,声明了多个变量,用于获取按钮、文本框和进度条游戏对象组件。重写了 Start 方法,将进度条初始化为 0,文本框内容设置为代表进度的 0.0%,同时

获取按钮对象并获取监听。

❑ 第 14～38 行重写了按钮的监听方法,其主要功能为当按钮被按下,调用下载文件的方法。创建 UnityWebRequest 对象,将 URL 传入,URL 为下载文件的网址,请求出错则报错,否则一直下载直至完成,同时逐步更新文本框的进度数字,下载完成后调用新建文件的方法。

❑ 第 39～48 行为新建文件的方法,先声明流,然后指定文件位置,文件位置存在就写入数据,不存在则报错。接下来关闭并销毁流。

(5)为代码中的进度条和文本框指定对象,选中 Cube 对象,找到脚本位置,单击后方的圆形图案,指定对象,如图 13-11 所示。

▲图 13-11 指定对象

13.3 JSON

本节将介绍在 Unity 游戏开发中可能需要使用的 JSON 解析技术,JSON 是一种数据格式,在与后端的数据交互中有较为广泛的应用。主要包括 JSON 的基础知识、JSON 的解析两个部分。通过对本节的学习,希望读者可以比较熟练地在 Unity 游戏开发中使用 JSON 解析技术。

13.3.1 JSON 的基础知识

本小节将介绍 JSON 的基础知识,JSON 是一种轻量级的数据交换格式。JSON 构建于两种结构:一种是名称与值对的集合,在不同的语言中,它被理解为对象、记录、结构、字典、哈希表、有键列表或者关联数组;另一种是值的有序列表,在大部分语言中,它被理解为数组。例如下面的代码片段。

代码位置:随书资源中的源代码/第 13 章/JsonTest/Assets/Resources/peopleModel.json。

```
{
    "firstName": "明",
    "lastName":"李",
    "age":20
}
```

> 说明 在这个示例中,构造了一个人物模型,并且设置了人物的名是"明",姓是"李",年龄为 20 岁。可见 JSON 具有简洁和清晰的层次结构,易于开发人员阅读和编写,同时也易于机器解析和生成,并能有效地提升网络传输效率。

13.3.2 JSON 的解析

Unity 游戏开发中有时需要保存人物或者建筑物的信息,这时就可以使用 JSON 来保存,同时也就需要 JSON 的解析。JSON 的解析主要有两种方法,一种是开发人员自己编写解析类,另一种是借助 Newtonsoft 插件。接下来将详细介绍开发人员自己编写解析类的方法。

1. 文件部署

新建一个项目并命名为 JsonTest。在 Assets 文件夹下创建一个名为 Resources 的文件夹,之后将上一小节的 JSON 文件拖到 Resources 文件夹下,如图 13-12 所示。

▲图 13-12 JSON 文件设置

2. 脚本编写

本案例共包含两个脚本,分别为 ModelTest 和 JsonTest。其中,ModelTest 脚本在 JSON 文件解析的过程中充当解析类,JsonTest 脚本为测试脚本,它依据解析类实现了 JSON 文件的解析。具体步骤如下。

(1)新建一个 C#脚本,并将其重命名为 ModelTest。双击脚本,进入 Microsoft Visual Studio

编辑器，开始 ModelTest.cs 脚本的编写。本脚本的主要功能是在 JSON 文件解析的过程中充当一个解析类，具体脚本代码如下。

代码位置：随书资源中的源代码/第 13 章/JsonTest/Assets/Resources/ModelTest.cs。

```
1    using UnityEngine;
2    using System;
3    using System.Collections;
4    [Serializable]
5    public class ModelTest {
6       public string firstName;        //人物模型的名
7       public string lastName;         //人物模型的姓
8       public int age;                 //人物模型的年龄
9    }
```

❑ 第 1~4 行引用脚本需要的相关命名空间，并且序列化此类，使这个被序列化的对象在 Inspector 面板中显示，并可以赋予其相应的值。

❑ 第 5~9 行定义和需要解析的 JSON 文件格式类似的变量，例如 JSON 文件中的 firstName 就对应脚本中的 string 类型的 firstName 变量。

（2）新建一个 C#脚本，并将其重命名为 JsonTest。双击脚本，进入 Microsoft Visual Studio 编辑器，开始 JsonTest.cs 脚本的编写。该脚本的主要功能是获取 JSON 文件的内容并解析，具体脚本代码如下。

代码位置：随书资源中的源代码/第 13 章/JsonTest/Assets/Resources/JsonTest.cs。

```
1    using UnityEngine;
2    using System.IO;
3    public class JsonTest : MonoBehaviour {
4       void Start () {
5          StreamReader sr = new StreamReader(
6             Application.dataPath + "/Resources/peopleModel.json");  //定义 StreamReader 对象
7          string json = sr.ReadToEnd();                              //获取 JSON 文件内容
8          ModelTest obj = JsonUtility.FromJson<ModelTest>(json);     //解析 JSON 文件
9          Debug.Log(obj.firstName);                                  //输出名
10         Debug.Log(obj.lastName);                                   //输出姓
11         Debug.Log(obj.age);                                        //输出年龄
12      }}
```

❑ 第 1~7 行主要引用脚本需要的相关命名空间，定义 StreamReader 对象来获取要解析的 JSON 文件，利用 ReadToEnd 方法获取 JSON 文件中的字符串内容并保存在 json 变量中。

❑ 第 8~12 行先应用 JsonUtility 的 FromJson 方法将 JSON 文件按照解析类的格式解析，并将解析结果保存在 obj 变量中，之后就可以输出查看解析信息了。

（3）将 JsonTest 脚本挂载到主摄像机上，单击 Unity 编辑器中的"运行"按钮，便可以查看运行效果。案例运行效果如图 13-13 所示。

▲图 13-13 控制台输出结果

13.4 网络类——Network

网络类（Network）用于多台设备之间的通信，为了完成通信，必须安排服务器端和客户端。服务器端为客户端提供服务，客户端则是用户体验的终端。客户端在运行项目的同时发送和接收数据，而这些数据经过服务器的处理后分发给各个客户端，客户端才能正常地运行项目。

13.4.1 静态变量

先讲解网络类所提供的静态变量（Static Variables），下面将对各个变量及其含义进行详细的介绍，具体的变量信息如表 13-1 所示。

表 13-1　　　　　　　　　　　　　　　静态变量

变量名	说明
connections	所有连接的玩家
connectionTesterIP	用在 Network.TestConnection 中的连接测试的 IP 地址
connectionTesterPort	用在 Network.TestConnection 中的连接测试的端口
incomingPassword	为服务器设置密码（入站连接）
isClient	如果端点类型是客户端，返回 true
isMessageQueueRunning	启用或禁用网络消息处理
isServer	如果端点类型是服务器，返回 true
logLevel	设置网络消息的日志级别（默认是关闭的）
maxConnections	设置允许连接（玩家）的最大数量
minimumAllocatableViewIDs	在 ViewID 池中获取或设置由服务器分配给客户端 ViewID 的最小数量
natFacilitatorIP	NAT 穿透服务商的 IP 地址
natFacilitatorPort	NAT 穿透服务商的端口
peerType	端类型的状态，即 Disconnected、Connecting、Server 或 Client 这 4 种
player	获取本地 NetworkPlayer 实例
proxyIP	代理服务器的 IP 地址
proxyPassword	设置代理服务器的密码
proxyPort	代理服务器的端口
sendRate	用于所有网络视图，网络更新的默认发送速率
time	获取当前网络时间（s）
useProxy	表示是否需要代理支持，在这种情况下，流量通过代理服务器传递

通过表 13-1 读者应该可以初步了解各个变量的含义，但是对其具体的用法还不能理解，下面就对部分变量的声明及用法进行详细的介绍。

（1）Network.connectionTesterIP

Network.connectionTesterIP 变量用来声明用在 Network.TestConnection 中的连接测试的 IP 地址，此变量的具体用法如下。

```
Network.connectionTesterIP = "127.0.0.1";        //设置连接测试的IP地址
```

（2）Network.connectionTesterPort

Network.connectionTesterPort 变量用来声明用在 Network.TestConnection 中的连接测试的端口，此变量的具体用法如下。

```
Network.connectionTesterPort=1000;               //设置连接测试的端口
```

（3）Network.incomingPassword

Network.incomingPassword 变量用来为服务器设置密码（入站连接），此变量的具体用法如下所示。

```
Network.incomingPassword = "HolyMoly";           //设置密码
```

（4）Network.isClient

Network.isClient 变量用于表示该端点类型是否是客户端，如果端点类型是客户端，则返回

true。此变量的具体用法如下。

```
1  if(Network.isClient){                //如果该端点类型是客户端
2      Debug.Log("Running as a Client");  //输出提示信息
3  }
```

（5）Network.isServer

Network.isServer 变量用于表示该端点类型是否是服务器，如果端点类型是服务器，则返回 true。此变量的具体用法如下。

```
1  if(Network.isServer){                //如果该端点类型是服务器
2      Debug.Log("Running as a Server");  //输出提示信息
3  }
```

（6）Network.logLevel

Network.logLevel 变量用于设置网络信息的日志级别（默认是关闭的），也就是说，用于调整记录日志中信息的详细程度。此变量的具体用法如下。

```
Network.logLevel = NetworkLogLevel.Full;    //设置日志级别
```

（7）Network.maxConnections

Network.maxConnections 变量用于设置允许连接（玩家）的最大数量。设置为 0 时，意味着没有新的连接可以被建立，但保持现有连接。设置为-1 时，意味着当前连接数为设置的最大连接数量。此变量的具体用法如下。

```
Network.maxConnections = -1;                //设置当前连接数为最大连接数
```

（8）Network.peerType

Network.peerType 变量用于表示端类型的状态，具体的端类型状态有 4 种，即 Disconnected、Connecting、Server 和 Client。此变量的具体用法如下。

```
1  if(Network.peerType == NetworkPeerType.Connecting){//如果端类型状态为 Connecting
2      Debug.Log("Connecting");                        //提示连接
3  }
```

（9）Network.proxyIP

Network.proxyIP 变量用于设置代理服务器的 IP 地址。此变量的具体用法如下。

```
Network.proxyIP = "127.0.0.1";              //设置代理服务器的 IP 地址
```

（10）Network.proxyPassword

Network.proxyPassword 变量用于设置代理服务器的密码。此变量的具体用法如下。

```
Network.proxyPassword = "secret";           //设置代理服务器的密码
```

（11）Network.proxyPort

Network.proxyPort 变量用于设置代理服务器的端口号。此变量的具体用法如下。

```
Network.proxyPort = 1000;                   //设置代理服务器的端口号
```

（12）Network.sendRate

Network.sendRate 变量用于设置网络更新的默认发送速率，以 ms 为单位。此变量的具体用法如下。

```
Network.sendRate = 30;                      //设置网络更新的默认发送速率为 30ms
```

（13）Network.time

Network.time 变量用于获取当前网络时间，以 s 为单位。此变量的具体用法如下。

```
Debug.Log(Network.time);                    //输出当前网络时间
```

（14）Network.useProxy

Network.useProxy 变量用来表示是否需要代理支持，在开启状态下，网络数据通过代理服务器传递。此变量的具体用法如下。

```
Network.useProxy = true;          //启用代理服务器
```

13.4.2 静态方法

13.4.1 小节介绍了网络类提供的静态变量，接下来将讲解网络类提供的静态方法（Static Functions），具体的方法信息如表 13-2 所示。

表 13-2　　　　　　　　　　　　　　静态方法

方法名	说明
AllocateViewID	查询下一个可用的网络视图 ID 并分配它（保留）
Connect	连接到特定的主机（IP 或域名）和服务器端口
CloseConnection	关闭与其他系统的连接
Destroy	跨网络销毁相关的游戏对象
DestroyPlayerObjects	销毁所有属于这个玩家的所有游戏对象
Disconnect	关闭所有开放的连接并关闭网络接口
GetAveragePing	到给定 player 的最后平均 Ping 时间，以 ms 为单位
GetLastPing	到给定 player 的最后 Ping 时间，以 ms 为单位
HavePublicAddress	检测这台机器是否有一个公网 IP 地址
InitializeSecurity	初始化安全层
InitializeServer	初始化服务器
Instantiate	网络实例化预设
RemoveRPCs	移除所有属于这个玩家的 ID 的 RPC 方法调用
RemoveRPCsInGroup	移除属于给定组的 RPC 方法
SetLevelPrefix	设置关卡前缀，然后所有网络 ViewID 都会使用该前缀
SetReceivingEnabled	启用或禁用一个特定组中来自特定玩家的信息接收
SetSendingEnabled	启用或禁用在特定网络组的信息传输和 RPC 调用
TestConnection	测试这台机器的网络连接
TestConnectionNAT	用于测试特定连接的 NAT 穿透连接性

通过表 13-2 读者应该能够初步了解各个方法的含义，但是对其具体的用法还不能理解，下面就对各个方法的具体使用方法进行详细的介绍。

（1）Network.AllocateViewID

Network.AllocateViewID 方法用于查询下一个可用网络视图 ID 并分配它（保留），这个数字可以被分配到一个实例化物体的网络视图。该方法的应用示例如下。

```
1   using UnityEngine;
2   using System.Collections;
3   public class example : MonoBehaviour {
4       public Transform cubePrefab;                          //声明预制件 cubePrefab
5       void OnGUI() {                                        //重写 OnGUI 方法
6           if (GUILayout.Button("SpawnBox")) {               //绘制按钮
7               NetworkViewID viewID = Network.AllocateViewID();//声明一个 viewID
8               //初始化 networkView.RPC
9               networkView.RPC("SpawnBox", RPCMode.AllBuffered, viewID, transform.position); }}
```

13.4 网络类——Network

```
10      void SpawnBox(NetworkViewID viewID, Vector3 location) {//重写 SpawnBox 方法
11          Transform clone;                                    //声明 clone
12          clone = Instantiate(cubePrefab, location, Quaternion.identity) as Transform;
                                                                //实例化预制件
13          NetworkView nView;                                  //声明 nView
14          nView = clone.GetComponent<NetworkView>();          //获取 NetworkView 组件
15          nView.viewID = viewID;                              //为 nView.viewID 赋值
16      }}
```

> **说明**　上面的例子演示了网络视图 ID 的分配，为使其可正常工作，必须有一个 NetworkView 附加到挂载了这个脚本的物体，这个脚本作为它的观察属性。将脚本中的 cubePrefab 变量设置为 Cube 预设。使用智能的 AllocateViewID 是最简单的方法。如果有超过一个 NetworkView 附加在初始化的 Cube 上将变得更加复杂。

（2）Network.Connect

Network.Connect 方法用于连接到特定的主机（IP 或域名）和服务器端口，其方法签名有 4 种，下面逐一进行介绍。

❏ Network.Connect 的第一种方法签名如下。

```
public static NetworkConnectionError Connect (string IP, int remotePort, string
password = "");    //连接
```

该方法的各个参数分别是：IP 是主机的 IP 地址，包括带点的 IP 地址或域名；remotePort 指定连接到远端机器的端口；password 是一个可选的用于服务器的密码，这个密码必须匹配 Network.incomingPassword 在服务器中的设置。

❏ Network.Connect 的第二种方法签名如下。

```
public static NetworkConnectionError Connect (string[] IPs, int remotePort, string
password = "");//连接
```

该方法与第一种方法类似，但是可以接受一个 IP 地址数组。它可以用于当从一个主服务器的主机信息返回多个内部 IP 地址时，IP 数据结构可以被直接传入这个方法。它实际连接到相应 ping 的第一个 IP（可连接）。

❏ Network.Connect 的第三种方法签名如下。

```
public static NetworkConnectionError Connect (string GUID, string password = "");//连接
```

该方法连接到一个服务器 GUID，NAT 穿透只能在这种方式执行。主机的 GUID 值通过 NetworkPlayer 结构暴露在本地。

❏ Network.Connect 的第四种方法签名如下。

```
public static NetworkConnectionError Connect (HostData hostData, string password = "");//连接
```

该方法通过主服务器返回的一个 hostData 结构连接到主机。

（3）Network.CloseConnection

Network.CloseConnection 方法用于关闭与其他系统的连接，其具体的方法签名如下。

```
public static void CloseConnection (NetworkPlayer target, bool sendDisconnection
Notification);    //关闭连接
```

target 定义连接到的目标系统将被关闭，如果是客户端，连接到服务器的连接将会关闭；如果是服务器，目标玩家将被"踢"掉。sendDisconnectionNotification 启用或禁用通知将被发送到另一端，如果禁用，连接被丢弃，并且如果没有一个可靠断开通知发送给远端，那么之后的连接将被丢弃。

（4）Network.Destroy

Network.Destory 方法用于跨网络销毁相关的游戏对象，这样一来，本地的和远端的都会被销毁。其方法签名有两种，下面逐一进行介绍。

- Network.Destory 方法的第一种方法签名通过 viewID 进而跨网络销毁与该 viewID 相关的游戏对象，其方法签名如下。

```
public static void Destroy (NetworkViewID viewID);      //销毁
```

- Network.Destory 方法的第二种方法签名通过游戏对象进而跨网络销毁该游戏对象，其具体的方法签名如下所示。

```
public static void Destroy (GameObject gameObject);     //销毁
```

（5）Network.DestroyPlayerObjects

Network.DestroyPlayerObjects 方法基于 viewID 销毁所有属于这个玩家的所有游戏对象，其具体的方法签名如下。

```
public static void DestroyPlayerObjects (NetworkPlayer playerID);   //销毁玩家的游戏对象
```

> **说明** 这个方法只能在服务器上调用，例如清理一个已断开的玩家留下的网络游戏对象。

（6）Network.Disconnect

Network.Disconnect 方法用于关闭所有开放的连接并关闭网络接口，其具体的方法签名如下。

```
public static void Disconnect (int timeout = 200);      //断开
```

timeout 参数表示网络接口在未收到信号的情况下，多长时间会断开。网络状态，如安全和密码，也会被重置。

（7）Network.GetAveragePing

Network.GetAveragePing 方法用于设置到给定 player 的最后平均 Ping 时间，以 ms 为单位。其具体的方法签名如下。

```
public static int GetAveragePing (NetworkPlayer player);   //获取平均 Ping 时间
```

> **说明** 如果没有发现玩家，返回-1，并且 Ping 会每隔几秒自动发出。

（8）Network.GetLastPing

Network.GetLastPing 方法用于设置到给定 player 的最后 Ping 时间，以 ms 为单位。其具体的方法签名如下。

```
public static int GetLastPing(NetworkPlayer player);    //获取最后 Ping 时间
```

> **说明** 如果没有发现玩家，返回-1，并且 Ping 会每隔几秒自动发出。

（9）Network.HavePublicAddress

Network.HavePublicAddress 方法用于检测当前网络是否存在一个公网 IP 地址,其具体的方法签名如下。

```
public static bool HavePublicAddress();                 //判断是否存在公网 IP 地址
```

> **说明** 该方法通过检查所有网络接口来获取 Ipv4 公网地址，如果发现则返回 true。

13.4 网络类——Network

（10）Network.InitializeSecurity

Network.InitializeSecurity 方法用于初始化安全层，其具体的方法签名如下。

```
public static void InitializeSecurity();                //初始化安全层
```

> 说明：需要在 Network.InitializeServer 调用后在服务器上调用这个方法。不要在客户端调用该方法。

（11）Network.InitializeServer

Network.InitializeServer 方法用于初始化服务器，其方法签名有两种，下面逐一进行介绍。

- Network.InitializeServer 方法的第一种方法签名如下。

```
public static NetworkConnectionError InitializeServer(int connections, int listenPort);
//初始化服务器
```

connections 是允许的入站连接或玩家的数量，listenPort 是要监听的端口。

- Network.InitializeServer 方法的第二种方法签名如下。

```
public static NetworkConnectionError InitializeServer(int connections, int listenPort,
bool useNat);
```

connections 是允许的入站连接或玩家的数量，listenPort 是要监听的端口，useNat 设置 NAT 穿透功能。

（12）Network.Instantiate

Network.Instantiate 方法用于通过网络预制件来实例化一个网络，其具体的方法签名如下。

```
public static Object Instantiate (Object prefab, Vector3 position, Quaternion
rotation, int group);        //实例化
```

> 说明：给定的预设将在所有的客户端上实例化，同步被自动设置，因此没有额外的工作要做。位置、旋转和网络组数值作为给定的参数。这是一个 RPC 调用，因此，当 Network.RemoveRPCs 方法被调用，这个物体将被移除。注意，在编辑器中必须设置 playerPrefab，在 Object.Instantiate 物体参考中可获取更多实例化信息。

（13）Network.RemoveRPCs

Network.RemoveRPCs 方法用于移除所有属于这个玩家的 ID 的 RPC 方法调用，其方法签名有 3 种，下面逐一进行介绍。

- Network.RemoveRPCs 方法的第一种方法签名如下。

```
public static void RemoveRPCs(NetworkPlayer playerID);              //移除 RPC
```

该方法用于移除所有属于这个玩家的 ID 的 RPC 方法。

- Network.RemoveRPCs 方法的第二种方法签名如下。

```
public static void RemoveRPCs(NetworkPlayer playerID, int group);   //移除 RPC
```

该方法用于移除属于这个玩家 ID 和发送基于给定组的所有 RPC 方法。

- Network.RemoveRPCs 方法的第三种方法签名如下。

```
public static void RemoveRPCs(NetworkViewID viewID);                //移除 RPC
```

该方法用于移除所有与这个 viewID 相关的 RPC 方法调用。

（14）Network.RemoveRPCsInGroup

Network.RemoveRPCsInGroup 方法用于移除属于给定组的 RPC 方法，具体的方法签名如下。

```
public static void RemoveRPCsInGroup(int group);                    //移除给定组的 RPC
```

（15）Network.SetLevelPrefix

Network.SetLevelPrefix 方法用于设置关卡前缀，然后所有网络 ViewID 都会使用该前缀。其具体的方法签名如下。

```
public static void SetLevelPrefix(int prefix);                     //设置关卡前缀
```

> **说明** 此处提供了一些保护，可以防止来自前一个关卡的旧网络更新影响新的关卡。此处可以设置为任何数字并随着新关卡的加载而增加。这不会带来额外的网络负担，只会稍微减小网络 ViewID 池。

（16）Network.SetReceivingEnabled

Network.SetReceivingEnabled 方法用于启用或禁用一个特性组中来自特定玩家的信息接收，其具体的方法签名如下。

```
public static void SetReceivingEnabled (NetworkPlayer player, int group, bool enabled);
//启用接收
```

（17）Network.SetSendingEnabled

Network.SetSendingEnabled 方法是用于启用或禁用在特定网络组的信息传输和 RPC 调用，其具体的方法签名如下。

```
public static void SetSendingEnabled(int group, bool enabled);     //启用发送
```

（18）Network.TestConnection

Network.TestConnection 方法用于测试这台机器的网络连接，其具体的方法签名如下。

```
public static ConnectionTesterStatus TestConnection(bool forceTest = false);//测试连接
```

测试连接有两种测试方法，这取决于当前主机是公网 IP 还是私有 IP。

❑ 公网 IP 测试。

公网 IP 测试主要用于服务器，不需要测试具有公网 IP 的客户端。为了公网 IP 测试能够成功，必须开启一个服务器实例。一个测试服务器将尝试连接到本地服务器的 IP 地址和端口，因此它被显示在服务器中是可连接状态。如果不是，那么防火墙是最有可能阻断服务端口的。服务器实例需要运行以便测试服务器的连接。

❑ 测试检测 NAT 穿透能力。

服务器和客户端都可以进行，无须任何事先设定。如果用于服务器 NAT 测试失败，那么不设置端口转发是不被建议的。本地 LAN 之外的客户端将不能连接。如果测试失败，客户端就不能使用 NAT 穿透连接到服务器，这些服务器将作为主机。

这个方法是异步的，并可能不会返回有效的结果。因为这个测试需要一些时间来完成（1~2s）。测试完成之后，测试结果只在方法被再次调用时返回。这样，频繁访问该方法是安全的。如果需要其他的测试，如网络连接已更改，那么 forcTest 参数值应该为 true。

（19）Network.TestConnectionNAT

Network.TestConnectionNAT 方法用于测试特定连接的 NAT 穿透连接性，其具体的方法签名如下。

```
public static ConnectionTesterStatus TestConnectionNAT(bool forceTest = false);//测试NAT穿透连接性
```

> **说明** 该方法与 Network.TestConnection 类似，只不过 NAT 穿透测试是强制的，即该机器没有一个 NAT 地址（私有 IP 地址），单有一个公有地址。

13.4.3 消息发送

上一小节介绍了网络类提供的静态方法，下面将介绍相关的消息发送方法，网络的本质就是实现多台计算机之间的通信，若要实现通信就必须发送消息，因此网络类不仅配置了网络接口和所有网络参数，还提供了大量的消息发送方法，具体方法及其含义如表 13-3 所示。

表 13-3　　消息发送方法

方法名	说明
OnConnectedToServer	当成功连接到服务器时，在客户端调用这个方法
OnDisconnectedFromServer	在服务器上当连接已经断开，在客户端调用这个方法
OnFailedToConnect	当一个连接因为某些原因失败时，从客户端调用这个方法
OnNetworkInstantiate	当一个物体使用 Network.Instantiate 网络实例化时，在该物体上调用这个方法
OnPlayerConnected	每当一个新玩家成功连接时，在服务器上调用这个方法
OnPlayerDisconnected	每当一个玩家从服务器断开时，在服务器调用这个方法
OnSerializeNetworkView	用来在一个由网络视图监控的脚本中自定义同步变量
OnServerInitialized	每当一个 Network.InitializeServer 被调用并完成时，在服务器上调用这个方法

通过表 13-3 读者可以初步了解各个方法的含义，但是对其具体的用法还不能理解，下面就对各个方法的用法进行详细的介绍。

（1）Network.OnConnectedToServer

成功连接到服务器时，在客户端调用 Network.OnConnectedToServer 方法，具体的方法用法如下。

```
1  void OnConnectedToServer(){               //重写 OnConnectedToServer 方法
2    Debug.Log("Connected to Server");       //输出提示信息
3  }
```

（2）Network.OnDisconnectedFromServer

从服务器断开连接时，客户端调用 Network.OnDisconnectedFromServer 方法，具体的方法用法如下。

```
1  void OnDisconnectedFromServer(){              //重写 OnDisconnectedFromServer 方法
2    Debug.Log("diconnected from the server");   //输出提示信息
3  }
```

（3）Network.OnFailedToConnect

当一个连接因为某些原因失败时，可以从客户端调用 Network.OnFailedToConnect 方法，具体的方法用法如下。

```
1  void OnFailedToConnect(){                   //重写 OnFailedToConnect 方法
2    Debug.Log("Could not connect to server"); //输出连接失败信息
3  }
```

（4）Network.OnNetworkInstantiate

当一个物体使用 Network.Instantiate 进行网络实例化时，可以在该物体上调用这个方法，具体的方法用法如下。

```
1  void OnNetworkInstantiate(NetworkMessageInfo info){//重写 OnNetworkInstantiate 方法
2    Debug.Log(info.sender);                          //输出新物体的创建者名称
3  }
```

（5）Network.OnPlayerConnected

每当一个新玩家成功连接时，在服务器上就会调用 Network.OnPlayerConnected 方法。具体的方法用法如下。

```
1    void OnPlayerConnected(NetworkPlayer player){//重写 OnPlayerConnected 方法
2        Debug.Log(player.ipAddress);                    //输出玩家的 IP 地址
3    }
```

（6）Network.OnPlayerDisconnected

每当一个玩家从服务器断开时,可以在服务器调用 Network.OnPlayerDisconnected 方法。具体的方法用法如下所示。

```
1    void OnPlayerDisconnected(NetworkPlayer player){//重写 OnPlayerDisconnected 方法
2        Network.RemoveRPCs(player);                     //移除玩家
3        Network.DestroyPlayerObjects(player);           //销毁玩家对象
4    }
```

（7）Network.OnSerializeNetworkView

在由网络视图监控的脚本中自定义同步变量,通过调用 Network.OnSerializeNetworkView 方法,其自动决定被序列化的变量是否应该发送或接收。

```
1    void OnSerializeNetworkView(BitStream stream,NetworkMessageInfo info){
2        int health=10;                                  //设置生命值
3        stream.Serialize(ref health);                   //序列化当前生命值
4    }
```

（8）Network.OnServerInitialized

每当一个 Network.InitializeServer 被调用并完成时,在服务器上调用 Network.OnServerInitialized 方法。具体的方法用法如下所示。

```
1    void OnServerInitialized(){
2        Debug.Log("server initialized and ready");      //输出提示信息
3    }
```

13.5 基于 MLAPI 开发网络游戏

网络游戏因其冲破地域限制的特点和高互动性,颇受游戏玩家的青睐。使用 Unity 自带的服务器开发网络游戏时,有两种现成的网络构建方案,分别是非授权服务器和授权服务器。这两种方案皆基于 Unity Network 来开发服务器和客户端。

13.5.1 非授权服务器和授权服务器

非授权服务器和授权服务器这两种网络构建方案都依赖于与服务器连接着的客户端的数据传递,并且还能保证客户端终端用户的隐私,因为客户端之间并不会进行实际意义上的连接,也不会将某一个客户端的 IP 地址通过服务器通知给其他客户端。

（1）非授权服务器

非授权服务器并不控制客户端各个用户的输入与输出。客户端本身用来处理玩家的输入和本地客户端的游戏逻辑,然后发送确定的行为结果给服务器,服务器同步这些操作的状态到游戏世界中。服务器只是给客户端转发状态消息,并不对客户端做更多的处理。

（2）授权服务器

授权服务器可以侦听客户端,然后根据情况执行游戏的逻辑后告诉每个客户端当前发生的事件。客户端输入信息发送到服务器,并持续从服务器接收游戏的当前状态,客户端不参与游戏逻辑状态的修改,而是通过向服务器发送申请信息,服务器根据内部的逻辑修改状态,最后反馈到客户端。

13.5.2 Network Manager 组件

Network Manager 是多人游戏的核心控制组件,是对 Network 的封装,可以直接在 Inspector

面板配置，可控与网络相关的许多设置。先在起始场景中创建一个空对象，然后为其添加组件 NetworkManager，如图 13-14 所示。

（1）NetworkManager 组件可进行游戏状态管理。网络多人游戏可在 3 种模式下运行，即作为客户端、作为专用服务器或作为"主机"（同时充当客户端和服务器），如图 13-15 所示。在客户端模式下，游戏尝试连接到指定的地址和端口。在服务器或主机模式下，游戏会监听指定端口上的传入连接。

▲图 13-14　NetworkManager 组件

▲图 13-15　网络模式选择

（2）使用 NetworkManager 可管理基于预制件的联网游戏对象生成。大多数游戏都有一个代表玩家的预制件，因此 NetworkManager 有一个 Player Prefab 字段。应为此字段分配玩家预制件。设置玩家预制件后，该预制件将用于为游戏的每个用户自动生成玩家游戏对象。

> **注意**　每个场景中只应有一个激活的 NetworkManager。不要将 Network Manager 组件放在联网游戏对象（具有 Network Identity 组件的游戏对象）上，因为 Unity 会在加载场景时禁用这些组件。

13.5.3　使用 MLAPI 进行开发

UNet 是一个已弃用的解决方案，新的多人游戏和联网解决方案是 MLAPI。UNet 是指 Unity 5.0 之后的一套 Mutiplayer 网络架构，主要以 Network Manager 为主。在 MLAPI 中继续以类似的方法进行工作。

MLAPI 提供了更多便利、更多选择、更好的性能和更好的控制。由于 MLAPI 的简单性和灵活性，使用它可以轻松实现 UNet 缺少的次要功能。MLAPI 汇集了几乎所有的内存，几乎没有分配任何东西，尤其是其不在服务器上，相比 UNet 有了很大的提升。

使用 MLAPI 需要安装 MLAPI 软件包，如果 PC 上没有安装 Git，请先安装 Git，安装完毕后需要重启才能更新 Git，否则可能会在添加包时收到错误消息。单击 Unity 菜单栏中的 Window→Package Manager，然后单击"+"按钮，选择从 Git URL 添加包，输入 MLAPI 发布包的 Git URL。

> **说明**　MLAPI 发布包的 Git URL 为 https://github.com/Unity-Technologies/com.unity.multiplayer.mlapi.git?path=/com.unity.multiplayer.mlapi#release/0.1.0。

下面以一个简单的案例介绍 MLAPI 的应用。

（1）右击 Hierarchy 面板，从弹出的快捷菜单中选择 Create Empty 选项，并将创建的空对象重命名为 NetworkManager。选中新建的对象，在 Inspector 面板中单击 Add Component 按钮，从弹出的列表中选择 MLAPI→NetworkManager。在 Inspector 面板中找到 Network Transport 字段，选择 U Net Transport，如图 13-16 所示。

（2）导入人物模型、地形，将人物模型制成预制件，将其重命名为 Player，如图 13-17 所示。从场景中删除 Player，选择 NetworkManager，在 Inspector 面板中找到 Network Prefabs 字段，单击"+"按钮创建插槽,将 Player 预制件拖入空槽,勾选 Default Player Prefab 复选框,如图 13-18 所示。

▲图 13-16　NetworkManager 属性设置

▲图 13-17　人物预制件

(3) 单击"运行"按钮将只能看到地形,在不停止编辑器的播放模式的情况下,选择 NetworkManager,在其 Inspector 面板中向下滚动,并找到 Start Host 按钮,如果单击它,将看到一个 Player 对象的生成,如图 13-19 所示。停止运行。

▲图 13-18　NetworkPrefabs 字段

▲图 13-19　运行效果

(4) 在 Project 面板中右击并从弹出的快捷菜单中选择 Create→C# Scripts 创建脚本,将脚本重命名为 HelloWorldManager,在 Hierarchy 面板右击并从弹出的快捷菜单中选择 Create Empty 创建空对象,重命名为 HelloWorldManage,单击 Add Component→Scripts→Hello World Manager 添加脚本,具体代码如下。

代码位置:随书资源中的源代码/第 13 章/GoldPath/Assets/Scripts / HelloWorldManager.cs。

```
1   using UnityEngine;
2   using MLAPI;
3   namespace HelloWorld{
4     public class HelloWorldManager : MonoBehaviour{
5       void OnGUI(){
6         GUILayout.BeginArea(new Rect(10, 10, 300, 300));//设置 GUI 起始位置
7         if(!NetworkManager.Singleton.IsClient && !NetworkManager.Singleton.IsServer){
8           StartButtons();                              //绘制选择按钮
9         }
10        else{ StatusLabels();}                         //绘制当前状态标签
11        GUILayout.EndArea();                           //绘画结束
12      }
13      static void StartButtons(){
14        if (GUILayout.Button("Host")) NetworkManager.Singleton.StartHost();
                                                         //启动 Host
15        if (GUILayout.Button("Client")) NetworkManager.Singleton.StartClient();
                                                         //启动服务端
16        if (GUILayout.Button("Server")) NetworkManager.Singleton.StartServer();
                                                         //启动客户端
17      }
18      static void StatusLabels(){
19        var mode = NetworkManager.Singleton.IsHost ?   //判断当前状态
20          "Host" :NetworkManager.Singleton.IsServer ? "Server" : "Client";
21        GUILayout.Label("Transport: " +                //显示当前 Transport 类型
22          NetworkManager.Singleton.NetworkConfig.NetworkTransport.GetType().Name);
23        GUILayout.Label("Mode: " + mode);              //显示当前状态
24  }}}
```

- 第 5～12 行主要声明了 GUI 的区域,调用 StartButtons、StatusLabels 两个方法进行画面

绘制，最后结束绘制。

- 第 13～24 行根据单击按钮的不同，调用 StartHost、StartClient、StartServer 启用不同端，再调用 IsHost、IsServer 判断当前处在哪个端，并显示。

（5）选择 Player 预制件，单击 Add Component→MLAPI→Network Transform 为其添加 NetworkTransform 组件，然后单击 Project 面板并从弹出的快捷菜单中选择 Create→C# Script 创建脚本，将脚本重命名为 NetworkTransformTest，具体代码如下。

代码位置：随书资源中的源代码/第 13 章/GoldPath/Assets/Scripts/NetworkTransformTest.cs。

```
1   using UnityEngine;
2   using MLAPI;
3   public class NetworkTransformTest : NetworkBehaviour{
4       float speed = 10.0f;                                        //移动速度
5       float rotationSpeed = 100.0f;                               //旋转速度
6       GameObject camera_Main;                                     //主摄像机
7       GameObject camera_1;                                        //摄像机1
8       GameObject camera_2;                                        //摄像机2
9       float m_Height = 30f;                                       //摄像机距离人物高度
10      float m_Distance = 60f;                                     //摄像机距离人物距离
11      float m_Speed = 4f;                                         //摄像机跟随速度
12      Vector3 m_TargetPosition1;                                  //摄像机1位置
13      Vector3 m_TargetPosition2;                                  //摄像机2位置
14      Transform follow1;                                          //目标1位置
15      Transform follow2;                                          //目标2位置
16      Animator ani;                                               //目标动画
17      ulong idd;                                                  //客户端ID
18      void Start(){
19          camera_Main = GameObject.Find("Main Camera");           //获得主摄像机
20          camera_1 = GameObject.Find("Camera1");                  //获得摄像机1
21          camera_2 = GameObject.Find("Camera2");                  //获得摄像机2
22          idd = OwnerClientId;                                    //获得当前客户端ID
23          ani = NetworkManager.ConnectedClients[idd].PlayerObject.GetComponent<Animator>();
24          if(IsServer){                                           //如果是服务器，则启用主摄像机
25              camera_Main.SetActive(true);                        //主摄像机启用
26              camera_1.SetActive(false);                          //摄像机1停用
27              camera_2.SetActive(false);                          //摄像机2停用
28          }
29          if(idd == 2){                                           //如果是客户端1，则启用摄像机1
30              m_TargetPosition1 = new Vector3(0, 0, 0);           //初始化摄像机1位置
31              camera_Main.SetActive(false);
32              camera_1.SetActive(true);
33              camera_2.SetActive(false);
34              follow1 = NetworkManager.ConnectedClients[idd].PlayerObject.
35              GetComponent<Rigidbody>().transform;                //获得角色1位置
36          if(idd == 3){                                           //如果是客户端2，则启用摄像机2
37              m_TargetPosition2 = new Vector3(0, 0, 0);           //初始化摄像机2位置
38              camera_Main.SetActive(false);                       //主摄像机停用
39              camera_1.SetActive(false);                          //摄像机1停用
40              camera_2.SetActive(true);                           //摄像机2启用
41              follow2 = NetworkManager.ConnectedClients[idd].PlayerObject.
42              GetComponent<Rigidbody>().transform;                //获得角色位置
43          }
44      /*...此处省略部分代码，将在后文进行介绍*/
```

- 第 4～17 行先声明了移动速度和旋转速度，用于控制人物移动。然后声明了 3 个摄像机，及相关属性，主摄像机用于查看整体画面，摄像机 1 和摄像机 2 用于跟随人物，之后声明了人物位置、客户端 ID、人物动画，用于对人物进行相关设置。

- 第 18～44 行找到项目中的摄像机，获取客户端 ID，获取人物动画属性，根据当前窗体状态分别设置摄像机当前状态，如果是客户端，还要获取角色当前位置。

（6）上面介绍了 NetworkTransformTest 中的一部分代码，下面将对剩余部分进行详细的介绍。本部分代码主要是根据输入的按键内容发出命令使角色做出相应反应，实现交互式场景，并设置

摄像机的跟随角色。具体代码如下。

代码位置：随书资源中的源代码/第 13 章/GoldPath/Assets/Scripts / NetworkTransformTest.cs。

```
1    using UnityEngine;
2    using MLAPI;
3    public class NetworkTransformTest : NetworkBehaviour{
4        //继续介绍 NetworkTransformTest 剩余代码
5        void Update() {
6            float translation = Input.GetAxis("Vertical") * speed * Time.deltaTime;
7            float rotation = Input.GetAxis("Horizontal") * rotationSpeed * Time.deltaTime;
8            transform.Translate( 0, 0,translation);              //沿着 z 轴移动
9            transform.Rotate(0, rotation, 0);                    //绕 y 轴旋转
10           TB();
11           if(idd == 2){
12               m_TargetPosition1=follow1.position+ Vector3.up*m_Height- follow1.
                 forward* m_Distance;
13               camera_1.transform.position = Vector3.Lerp(m_TargetPosition1,
14                camera_1.transform.position, m_Speed * Time.deltaTime);   //获得摄像机 1 位置
15               camera_1.transform.LookAt(follow1);                         //摄像机看着人物
16           }
17           if(idd == 3){
18               m_TargetPosition2=follow2.position+ Vector3.up*m_Height- follow1.
                 forward*m_Distance;
19               camera_2.transform.position = Vector3.Lerp(m_TargetPosition2,
20                camera_2.transform.position, m_Speed * Time.deltaTime);   //获得摄像机 2 位置
21               camera_2.transform.LookAt(follow2);                         //摄像机看着人物
22       }}
23       void TB(){
24           if(Input.GetButtonDown("Vertical")){
25               ani.SetBool("walk", true);        //如果按上、下键或者 W、S 键，播放行走动画
26           }
27           if(Input.GetButtonUp("Vertical")){
28               ani.SetBool("walk", false);       //如果按键弹起，则停止播放
29           }
30           if(Input.GetMouseButtonDown(0)){
31               ani.SetBool("attack", true);      //如果按住鼠标左键，播放攻击动画
32           }
33           if(Input.GetMouseButtonUp(0)){
34               ani.SetBool("attack", false);     //如果鼠标左键弹起，则停止播放
35       }}}
```

❑ 第 5～22 行使用上、下键或 W、S 键来控制前进、后退，使用左、右键或者 A、D 键来控制左、右旋转，然后调用方法播放动画。根据当前客户端所用角色，找到摄像机所在位置，让摄像机始终在角色后面并看着角色。

❑ 第 22～34 行根据当前按键输入，设置动画的相关属性，从而播放相关动画。动画控制器具体细节前文已经讲过，此处不再赘述。

（7）至此，项目搭建完成，单击 File→Build and Run，找到文件位置，双击 3 次，同时启用客户端和服务器，短暂的延迟后可以在屏幕上看见角色生成，启用多个客户端，可以看见角色动作与移动在不同客户端上同步，如图 13-20 所示。

▲图 13-20　最终效果

> **提示** 业内厂商一般基于网络引擎（例如 Netty、Photon 服务器等）进行网络游戏服务器的研发。

13.6 基于 Photon 服务器开发网络游戏

Photon 是一款实时的 Socket 服务器和开发框架，其优点是快速、使用方便、容易扩展，服务器架构在 Windows 系统平台上，采用 C#编写，客户端 SDK 提供了多种平台的开发 API，包括 DotNet，Unity、C/C++等。并且 SDK 还能简单地为某个程序设计语言提供 API 的一些文件。

13.6.1 环境搭建

本小节将介绍 Photon 服务器环境的搭建。Photon 的核心是用 C++开发的，不同于其他服务器采用的 Java，因此其在效能上高出其他服务器不少，服务器脚本采用 C#编写，使用容易、效能高、支持平台多，这些优点让 Photon 成为一个优越的 Socket 服务器。

搭建 Photon 服务器环境的第一步是下载 Photon 服务器资源，可以登录官网来下载相应资源。打开浏览器进入 Photon 官网，如图 13-21 所示。之后单击 Server 按钮，进入下载页面，单击 photon-server-sdk_v4-0-29-11263.exe 下载服务器资源，如图 13-22 所示。

▲图 13-21 Photon 官网

▲图 13-22 下载服务器资源

1. 服务器启动

下载好服务器后将看到一个文件夹，这个文件夹就是 Photon 服务器的包，双击将其打开找到 deploy 文件夹，打开。根据计算机型号打开 bin_Win64 或者 bin_Win32 文件夹，找到 PhotonControl.exe，双击启动服务器，如图 13-23 和图 13-24 所示。

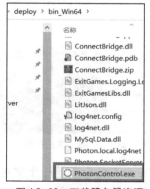

▲图 13-23 下载服务器资源

▲图 13-24 服务器运行界面

2. 下载插件

开发还需要用到 Unity 自带的插件 PhotonPUN，打开 Unity 官网首页的产品列表下的官方商城，找到资源商店 Unity Assets 并搜索 PhotonPUN，由于本资源免费，故直接单击以加入"我的资源"，登录后找到"我的资源"，将其导入 Unity 案例便可以正常使用了。

13.6.2 案例的效果预览

上一小节介绍了 Photon 服务器环境的搭建，下面将给出一个基于 Photon 服务器开发的 Unity 网络游戏案例。在 Unity 开发的客户端上分别能控制一个角色在场景中走动，通过服务器同步后在多台客户端上都可以实时看到其他客户端控制的角色。案例效果如图 13-25 和图 13-26 所示。

▲图 13-25 客户端界面（1）

▲图 13-26 客户端界面（2）

13.6.3 案例场景的搭建

上一小节介绍了案例的效果预览，本小节将进行案例场景的搭建。

（1）导入模型、图片资源。在 Project 面板中右击并从弹出的快捷菜单中选择 Import New Asset 选项，在打开的对话框中选择要导入的文件后单击 Import 按钮即可，当然也可以在外部选中要导入的资源文件直接将其拖到 Unity 的 Project 面板中，记得导入 PhotonPUN 插件。

（2）搭建开始界面。单击 GameObject→UI→Canvas 创建一个界面，如图 13-27 所示。之后再创建 4 个按钮，作为此界面的子对象，调整位置并改变其 text 属性的内容，如图 13-28 所示。设置此界面的标签为 cc。

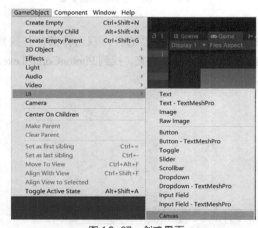

▲图 13-27 创建界面

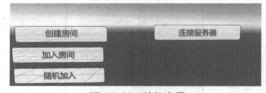

▲图 13-28 按钮布局

（3）搭建游戏里的角色与地形。先单击 GameObject→Create Empty 新建一个空对象并命名为 ground，将地形资源拖入，使其成为此空对象的子对象，并贴上纹理，如图 13-29 所示。然后设置地形的标签为 gg，方便脚本编写。

（4）构建人物。将模型拖入场景中，为其添加动画。单击 Add Component 按钮，搜索 PhotonView 并添加。单击"+"按钮，拖入两个角色预制体，如图 13-30 所示。同理添加 Photon Transform View、Photon AnimatorView 和 Camera Work。

▲图 13-29　地形构建

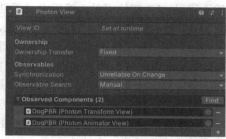

▲图 13-30　创建摇杆

13.6.4　脚本的编写

上一小节介绍了场景搭建，这一小节将介绍如何编写脚本并挂载在相应的位置，以及一些组件相对于脚本的设置修改。本案例使用 C#作为开发语言，主要包括连接服务器、实例化游戏对象及摄像机跟随的相关脚本，具体步骤如下。

（1）编写主要的连接程序代码，此脚本编写完毕后，将其挂载在摄像机上，此脚本需要与前文提到的界面的 4 个按钮相匹配。先编写脚本，稍后再讲解如何和按钮相匹配。新建脚本，并重命名为 PhotonConnect。脚本内容如下。

代码位置：随书资源中的源代码/第 13 章/PUN/Assets/Script/PhotonConnect.cs。

```
1   using UnityEngine;
2   ...//此处省略了部分代码，请参考随书资源
3   using ExitGames.Client.Photon;
4   public class PhotonConnect : MonoBehaviourPunCallbacks{
5       GameObject gg;                                      //地形
6       GameObject cc;                                      //UI
7       void Start(){
8           gg = GameObject.FindWithTag("gg");              //根据标签获得地形
9           gg.SetActive(false);                            //设置地形为不可见
10          cc = GameObject.FindWithTag("cc");              //根据标签获得 UI
11      }
12      public void Btn_CreateRoom(string _roomName){       //创建房间的方法
13          RoomOptions m_Room=new RoomOptions{IsOpen=true,IsVisible=true,
                MaxPlayers=4};
14          PhotonNetwork.CreateRoom(_roomName, m_Room);    //根据设置属性创建房间
15          gg.SetActive(true);                             //设置地形可件
16          cc.SetActive(false);                            //设置 UI 不可见
17      }
18      public void Btn_JoinRoom(string _roomName){//加入房间的方法
19          PhotonNetwork.JoinRoom(_roomName);              //根据给定的房间名加入房间
20          gg.SetActive(true);                             //设置地形可见
21          cc.SetActive(false);                            //设置 UI 不可见
22      }
23      public void Btn_JoinRandomRoom(){                   //随机加入房间的方法
24          PhotonNetwork.JoinRandomRoom();                 //根据已有房间随机加入
25          gg.SetActive(true);                             //设置地形可见
26          cc.SetActive(false);                            //设置 UI 不可见
27      }
28      public void Btn_Connect(){                          //连接服务器的方法
29          PhotonNetwork.NetworkingClient.SerializationProtocol=
30              SerializationProtocol.GpBinaryV16;          //若要连接自己的服务器，要加上这句代码
31          PhotonNetwork.ConnectUsingSettings();           //根据设置进行连接
32      }
```

```
33        void OnGUI(){
34            GUILayout.Label(PhotonNetwork.NetworkClientState.ToString(),GUILayout.
              Width(300),
35            GUILayout.Height(100));                    //显示连接信息
36        }
```

- 第4～17行定义了两个游戏对象,并通过标签获取地形对象和UI对象,设置地形对象初始不可见,UI初始可见。然后定义了创建房间的方法,先设置房间为可见、可加入、最大加入人数为4。然后创建房间,设置地形可见,UI不可见。

- 第18～27行定义了加入房间的两个方法,JoinRoom是根据给定的房间名加入房间,JoinRandomRoom是随机加入已有的房间,同时设置地形可见,UI不可见。

- 第28～36行先定义了连接服务器的方法,根据Resource里面的Photon Sever Setting属性进行连接。然后定义了显示GUI的方法,用来显示当前连接信息。

(2)配置4个按钮。找到"连接服务器"按钮属性的On Click()并单击"+"按钮,在Object位置选中主摄像机,方法选中PhotonConnect脚本里面的Btn_Connect方法,如图13-31所示。其他按钮的配置同理,如图13-32～图13-34所示。

▲图13-31 "连接服务器"按钮设置

▲图13-32 "创建房间"按钮设置

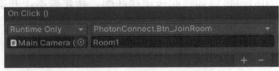

▲图13-33 "加入房间"按钮设置

▲图13-34 "随机加入"按钮设置

(3)角色创建的脚本开发。该脚本主要根据单击实例化游戏对象。新建一个C#脚本,并重命名为ClickFloor。双击脚本,进入Microsoft Visual Studio编辑器,开始ClickFloor脚本的编写。该脚本创建完成后挂载在ground对象上。

代码位置:随书资源中的源代码/第13章/PUN/Assets/Script/ClickFloor.cs。

```
1    using UnityEngine;
2    using Photon.Pun;                                //导入Photon命名空间
3    public class ClickFloor : MonoBehaviour{
4        public GameObject m_Prefab;                  //预制件对象
5        int i;                                       //计数器
6        void Start(){i = 0; }                        //初始化i
7        void Update(){
8            if(Input.GetMouseButtonDown(0)){         //如果按下鼠标左键
9                Ray ray = Camera.main.ScreenPointToRay(Input.mousePosition);//发出一条射线
10               RaycastHit hit;
11               if(Physics.Raycast(ray, out hit)&&i==0)//如果射线发生碰撞,并且计数器为0
12                   PhotonNetwork.Instantiate(m_Prefab.name,hit.point+new Vector3(0,3,0),
13                   Quaternion.identity, 0);         //实例化游戏对象
14           }
15           i++;
16    }}}
```

- 第3～6行定义了一个游戏对象作为预制件和计数器,并给计数器赋初值0,用来判断当前客户端是否已经创建过对象。

- 第7～16行判断当前是否按下鼠标左键,如果是则发射一条射线,如果射线跟地形发生

碰撞并且当前客户端未创建过对象，则生成对象。

（4）摄像机跟随游戏对象脚本的开发。新建一个C#脚本，并重命名为Manager。双击脚本，开始Manager脚本的编写。该脚本创建完成后挂载在游戏对象的预制件上，控制摄像机与游戏对象的距离和跟随速度等。

代码位置：随书资源中的源代码/第13章/PUN/Assets/Script/Manager.cs。

```csharp
1   using UnityEngine;
2   using Photon.Pun;                                   //导入Photon命名空间
3   using Photon.Pun.Demo.PunBasics;
4   public class Manager : MonoBehaviour{
5       public PhotonView photonView;
6       float speed = 10.0f;                            //移动速度
7       float rotationSpeed = 100.0f;                   //旋转速度
8       public Animator ani;                            //获取动画组件
9       void Start(){
10        CameraWork _cameraWork = this.gameObject.GetComponent<CameraWork>();
                                                        //获得摄像机脚本
11        if(_cameraWork != null){                      //摄像机脚本不为空
12            if(photonView.IsMine){                    //是否为房主
13               _cameraWork.OnStartFollowing();        //设置摄像机跟随
14      }}}
15      void Update(){
16        if(photonView.IsMine == false && PhotonNetwork.IsConnected == true){
17            return;           //如果当前连接的客户端不是自己的则返回
18        }
19        if(photonView.IsMine){
20            float translation=Input.GetAxis("Vertical")*speed*Time.deltaTime;
21            float rotation=Input.GetAxis("Horizontal")*rotationSpeed *Time.deltaTime;
22            transform.Translate(0, 0, translation);   //沿着z轴移动
23            transform.Rotate(0, rotation, 0);         //绕y轴旋转
24            if(Input.GetButtonDown("Vertical")){
25                ani.SetBool("walk", true);     //如果按下上、下键或W、S键则播放移动动画
26            }
27            if(Input.GetButtonUp("Vertical")){
28                ani.SetBool("walk", false);           //如果按键弹起，则停止播放
29            }
30            if(Input.GetMouseButtonDown(0)){
31                ani.SetBool("attack", true);          //如果按住鼠标左键则播放攻击动画
32            }
33            if(Input.GetMouseButtonUp(0)){
34                ani.SetBool("attack", false);         //如果鼠标左键弹起则停止播放
35      }}}
```

❑ 第5～14行定义了PhotonView组件来判断当前客户端是否为自己的客户端，并获取CameraWork脚本，如果是自己的客户端则设置摄像机跟随，然后又定义了人物的移动速度、旋转速度，获取人物的动画组件。

❑ 第15～35行先判断当前客户端是否是自己的，如果不是则返回，如果是则根据按键对角色位置进行改变。如果当前按上、下键或者W、S键则播放行走动画，如果当前按住鼠标左键，则播放角色攻击动画。

13.7 本章小结

本章主要介绍了多线程技术及网络开发技术。多线程技术部分介绍了多线程技术的基础知识、用于大量计算和在网络开发中的应用3个部分。网络开发部分主要介绍了基于Unity Network、MLAPI与Photon服务器开发Unity网络游戏。希望读者在以后的开发中能够熟练地使用多线程技术和网络开发技术。